ŒUVRES

COMPLÈTES

DE LAPLACE,

PUBLIÉES SOUS LES AUSPICES

DE L'ACADÉMIE DES SCIENCES,

PAR

MM. LES SECRÉTAIRES PERPÉTUELS.

TOME DOUZIÈME.

PARIS,

GAUTHIER-VILLARS ET FILS, IMPRIMEURS-LIBRAIRES

DE L'ÉCOLE POLYTECHNIQUE, DU BUREAU DES LONGITUDES,

Quai des Grands-Augustins, 55.

M DCCC XCVIII

ŒUVRES

COMPLÈTES

DE LAPLACE.

ŒUVRES

COMPLÈTES

DE LAPLACE,

PUBLIÉES SOUS LES AUSPICES

DE L'ACADÉMIE DES SCIENCES,

PAR

MM. LES SECRÉTAIRES PERPÉTUELS.

TOME DOUZIÈME.

PARIS,

GAUTHIER-VILLARS ET FILS, IMPRIMEURS-LIBRAIRES
DE L'ÉCOLE POLYTECHNIQUE, DU BUREAU DES LONGITUDES,
Quai des Grands-Augustins, 55.

M DCCC XCVIII

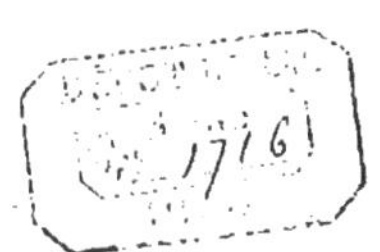

MÉMOIRES

EXTRAITS DES

RECUEILS DE L'ACADÉMIE DES SCIENCES DE PARIS

ET DE

LA CLASSE DES SCIENCES MATHÉMATIQUES ET PHYSIQUES
DE L'INSTITUT DE FRANCE.

TABLE DES MATIÈRES

CONTENUES DANS LE DOUZIÈME VOLUME.

ERRATA.

Page 138, ligne 7, il faut lire :

2° Avec le second axe principal que nous venons de considérer dans le plan de l'équateur ;

3° Avec un troisième axe perpendiculaire aux deux premiers et formant....

MÉMOIRE

SUR LE

FLUX ET REFLUX DE LA MER.

MÉMOIRE

SUR LE

FLUX ET REFLUX DE LA MER.

Mémoires de l'Académie royale des Sciences de Paris, année 1790;
an V (1797).

I.

Les rapports des phénomènes des marées aux mouvements du Soleil et de la Lune ont été connus des anciens, et indiqués par Pline le naturaliste avec une précision remarquable pour son temps; mais la vraie cause de ces phénomènes a été, pour la première fois, exposée par Newton dans son admirable Ouvrage des *Principes*. Ce grand géomètre, ayant découvert la loi de la gravitation universelle, aperçut bientôt que les mouvements des eaux de la mer étaient une suite de leur inégale pesanteur vers le Soleil et vers la Lune. Pour en déterminer les lois, il supposa la mer en équilibre à chaque instant sous l'action de ces deux astres, et cette hypothèse, qui facilite extrêmement les calculs, lui donna des résultats conformes, à beaucoup d'égards, aux observations. L'Académie des Sciences proposa cette matière pour le sujet d'un prix, en 1740. Les pièces couronnées renferment des développements de la théorie newtonienne, fondés sur la même hypothèse de la mer en équilibre sous l'action des astres qui l'attirent. Il est visible cependant que la rapidité du mouvement de rotation de la Terre empêche les eaux qui la recouvrent de prendre, à chaque instant, la figure qui convient à l'équilibre des forces qui les

animent; mais la recherche des oscillations qui résultent de ce mouvement, combiné avec l'action du Soleil et de la Lune, offrait des difficultés supérieures aux connaissances que l'on avait alors dans l'Analyse et sur le mouvement des fluides. Aidé des découvertes que l'on a
faites depuis sur ces deux objets, j'ai repris, dans nos *Mémoires* pour
les années 1775 et 1776 (¹), ce problème, le plus épineux de toute la
Mécanique céleste. Les seules hypothèses que je me suis permises sont
que la mer inonde la Terre entière, et qu'elle n'éprouve que de légers
obstacles dans ses mouvements. Toute ma théorie est d'ailleurs rigoureuse et fondée sur les principes du mouvement des fluides. En me
rapprochant ainsi de la nature, j'ai eu la satisfaction de voir que mes
résultats se rapprochaient des observations, surtout à l'égard du peu
de différence qui existe entre les deux marées d'un même jour, vers
les syzygies des solstices, différence qui, suivant la théorie de Newton,
serait très considérable dans nos ports. Ces résultats, quoique fort
étendus, sont encore restreints par les suppositions précédentes et ne
représentent pas exactement les observations. La manière dont l'Océan
est répandu sur la surface de la Terre, l'irrégularité de sa profondeur,
la position et la pente des rivages, leurs rapports avec les côtes qui les
avoisinent, les courants, les résistances que les eaux de la mer éprouvent, toutes ces causes, qu'il est impossible d'assujettir au calcul, modifient les mouvements de cette grande masse fluide. Tout ce que nous
pouvons faire est d'analyser les phénomènes généraux des marées qui
doivent résulter des forces attractives du Soleil et de la Lune, et de
tirer des observations les données dont la connaissance est indispensable pour compléter, dans chaque port, la théorie du flux et du reflux
de la mer. Ces données sont autant d'arbitraires dépendantes de l'étendue de la mer, de sa profondeur et des circonstances locales du port.

La théorie des oscillations de l'Océan envisagée sous ce point de
vue, et sa correspondance avec les observations sont l'objet de cet Ouvrage. Pour le remplir, il était nécessaire d'avoir un grand nombre

(¹) *OEuvres de Laplace*, T. IX.

d'observations, faites avec soin durant plusieurs années dans un port
où les phénomènes de marées soient très sensibles, suivent une
marche régulière et soient peu altérés par les vents. Le recueil le plus
étendu dans ce genre est celui des observations des marées, faites à
Brest au commencement de ce siècle, que M. de Cassini a trouvées
dans les papiers de son grand-père, et que M. de la Lande a publiées
dans le Tome IV de la seconde édition de son *Astronomie*. J'ai fait
usage de ces observations; en les discutant, elles m'ont offert une
régularité si frappante, eu égard à toutes les causes qui peuvent la
troubler, que je ne balance point à indiquer le port de Brest comme
l'un des plus favorables aux observations des marées, si l'on veut les
suivre avec le soin que l'on a mis à déterminer les autres phénomènes
du système du monde. Ce port doit probablement cet avantage à sa
position avancée dans la mer, et surtout à ce que sa rade ayant une
entrée fort étroite, relativement à son étendue, les oscillations irrégulières des eaux de la mer sont par là très affaiblies. Jacques Cassini
s'était contenté de donner, dans nos *Mémoires*, les conséquences qu'il
avait tirées des observations dont je viens de parler. Sur cela, je remarquerai combien il est utile de publier les observations originales :
souvent la théorie mieux connue des phénomènes rend intéressants
ceux qui d'abord avaient été négligés comme ayant paru de peu d'importance; c'est ce que j'ai moi-même éprouvé dans ces recherches. Le
Recueil cité ne contient point d'observations sur la loi suivant laquelle
la mer monte et descend à Brest; j'y ai suppléé par des observations
très détaillées, que l'on a bien voulu faire dans ce port, à ma prière.

Dans ce genre d'observations, où mille causes accidentelles peuvent
altérer la marche de la nature, il est nécessaire d'en considérer à la
fois un grand nombre, afin que, les effets des causes passagères venant
à se compenser les uns par les autres, les résultats moyens ne laissent
apercevoir que les phénomènes réguliers ou constants. Il faut encore,
par une combinaison avantageuse des observations, faire ressortir les
phénomènes que l'on veut déterminer et les séparer des autres, pour
les mieux connaitre. C'est la méthode que j'ai suivie; en s'en écartant,

on s'expose à prendre pour loi de la nature ce qui n'est que l'effet
d'une cause accidentelle. Jacques Cassini, par exemple, avait conclu,
de la comparaison de quelques observations isolées, que les plus
grandes marées des syzygies ont lieu, toutes choses égales d'ailleurs,
dans les équinoxes. M. de la Lande, en suivant le même procédé, a
trouvé le contraire. On verra ci-après que les résultats d'un grand
nombre d'observations ne laissent aucun lieu de douter qu'à Brest les
plus grandes marées des syzygies et les plus petites marées des quadratures arrivent dans les équinoxes, et que, en général, les déclinaisons du Soleil et de la Lune ont une influence très sensible sur les
hauteurs et sur les intervalles des marées.

Voici maintenant un précis des résultats auxquels je suis parvenu
dans cet Ouvrage.

Considérons d'abord l'action seule du Soleil sur la mer, et supposons que cet astre se meut uniformément dans le plan de l'équateur.
Il est visible que, si le Soleil animait de forces égales et parallèles le
centre de gravité de la Terre et toutes les molécules de la mer, le système entier du globe terrestre et des eaux qui le recouvrent obéirait à
ces forces d'un mouvement commun, et l'équilibre de la mer ne serait
pas troublé. Cet équilibre ne peut donc être altéré que par la différence de ces forces et par l'inégalité de leurs directions. Une molécule
de la mer placée au-dessous du Soleil en est plus attirée que le centre
de la Terre; elle tend ainsi à se séparer de sa surface, mais elle y est
retenue par sa pesanteur, que cette tendance diminue. Douze heures
après, la molécule se trouve en opposition avec le Soleil, qui l'attire
plus faiblement que le centre de la Terre; la surface du globe terrestre
tend donc à s'en séparer, mais la pesanteur de la molécule l'y retient
encore attachée. Cette force est donc encore diminuée par l'action solaire, et il est facile de s'assurer que la distance du Soleil à la Terre
étant fort grande relativement au rayon du globe terrestre, la diminution de pesanteur est, dans ces deux cas, à très peu près la même. Une
simple décomposition de l'action du Soleil sur les molécules de la mer
suffit pour voir que, dans toute autre position de cet astre par rapport

à ces molécules, son action pour troubler leur équilibre redevient la même après un intervalle de douze heures.

Présentement, on peut établir comme principe général de Mécanique que l'état d'un système de corps, dans lequel les conditions primitives du mouvement ont disparu par les résistances qu'il éprouve, est périodique comme les forces qui l'animent. L'état de l'Océan doit donc redevenir le même à chaque intervalle de douze heures, en sorte qu'il doit y avoir un flux et un reflux dans l'espace d'un demi-jour.

La loi suivant laquelle la mer s'élève et s'abaisse peut se déterminer ainsi. Concevons un cercle vertical, dont la circonférence représente un intervalle de douze heures, et dont le diamètre soit égal à la marée totale, c'est-à-dire à la différence des hauteurs de la pleine et de la basse mer; supposons que les arcs de cette circonférence, en partant du point le plus bas, expriment les temps écoulés depuis la basse mer; les sinus verses de ces arcs seront les hauteurs de la mer qui correspondent à ces temps.

La diminution de la marée de nos ports doit s'écarter un peu de cette loi, par la raison suivante : la mer n'y descend qu'en vertu de sa pesanteur; elle doit donc, en s'abaissant, se mouvoir plus lentement et parvenir plus tard à sa plus petite hauteur, que loin des côtes, où elle est à la fois sollicitée pour descendre par sa pesanteur et par l'impulsion des flots qui s'éloignent des rivages. Ainsi la mer commence à remonter au loin, quoique dans le port elle continue de baisser, en vertu de la pesanteur, jusqu'à ce que, l'effet de cette force venant à être balancé par l'impulsion des flots éloignés, la marée commence à croître. La mer ne s'abaisse donc jamais jusqu'à sa plus petite hauteur, déterminée par la théorie, et le temps qu'elle emploie à monter doit être un peu plus court que celui qu'elle met à descendre. Ce dernier résultat est parfaitement conforme à ce que l'on observe à Brest, où la différence de ces deux temps est d'environ un quart d'heure.

Les lois du mouvement de la mer, que nous venons d'exposer, ont généralement lieu quelles que soient sa profondeur et son étendue;

mais, plus une mer est vaste et moins elle est profonde, plus les phénomènes des marées doivent être sensibles.

Dans une masse fluide, les impressions que reçoit chaque molécule
se communiquent à la masse entière; c'est par là que l'action du Soleil, qui est insensible sur une molécule isolée, produit sur l'Océan
des effets remarquables. Imaginons un canal courbé sur le fond de la
mer et terminé à l'une de ses extrémités par un tube vertical qui
s'élève au-dessus de sa surface, et dont le prolongement passe par le
centre du Soleil; l'eau s'élèvera dans ce tube par l'action directe de cet
astre, qui diminue la pesanteur des molécules qu'il contient, et surtout par la pression des molécules renfermées dans le canal, et qui font
toutes un effort pour se réunir au-dessous du Soleil. Si la longueur
du canal augmente, la somme de ces efforts sera plus grande, et il y
aura plus de différence dans la direction et dans la quantité des forces
dont les molécules extrêmes seront animées. Ces deux causes réunies
élèveront l'eau à une plus grande hauteur dans le tube vertical. On voit,
par cet exemple, l'influence de l'étendue des mers sur les phénomènes
des marées, et la raison pour laquelle le flux et le reflux sont insensibles
dans les petites mers, telles que la mer Noire et la mer Caspienne.

Si l'Océan a peu de profondeur, ses molécules doivent venir de fort
loin, pour qu'il prenne la figure que l'action du Soleil tend à lui
donner; ses oscillations doivent donc croître lorsque sa profondeur
diminue. Dans une mer très profonde, un très petit mouvement dans
ses molécules suffit pour lui donner la figure avec laquelle elle serait à
chaque instant en équilibre sous l'action du Soleil, en sorte que cette
figure est la limite de celles que la mer prendrait, en augmentant de
plus en plus sa profondeur. Ces vues générales sont conformes aux
résultats que j'ai trouvés dans nos *Mémoires* pour l'année 1776 (¹).

La grandeur des marées dépend encore des circonstances locales.
Les ondulations de la mer, resserrées dans un détroit, peuvent devenir
considérables; la réflexion des eaux par les côtes peut les augmenter

____

(¹) *OEuvres de Laplace*, T. IX.

encore. C'est ainsi que le flux et le reflux de la Méditerranée deviennent sensibles dans le golfe de Venise; c'est encore ainsi que les marées, généralement fort petites dans les îles de la mer du Sud, sont fort grandes dans nos ports, et surtout à Saint-Malo. Plus les oscillations de la mer sont promptes, plus ces effets doivent augmenter, toutes choses égales d'ailleurs, puisqu'ils sont dus à la vitesse des eaux : ils sont presque nuls pour les oscillations très lentes; mais ils doivent beaucoup influer sur celles dont la période est d'un demi-jour.

Les circonstances locales font encore varier considérablement l'heure de la marée dans des ports même fort voisins. Pour nous faire une juste idée de ces variétés, imaginons un large canal communiquant avec la mer et s'avançant très loin dans les terres. Il est visible que les ondulations qui ont lieu à son embouchure se propageront successivement dans toute sa longueur, en sorte que la figure de sa surface sera celle d'une suite d'ondes en mouvement qui se renouvelleront sans cesse, et qui parcourront leur longueur dans l'intervalle d'un demi-jour. Ces ondes produiront à chaque point du canal un flux et un reflux qui suivront les lois précédentes; mais les heures du flux retarderont à mesure que les points seront plus éloignés de la mer. Ce que nous disons d'un canal peut s'appliquer aux fleuves dont la surface s'élève et s'abaisse par des ondes semblables, malgré le mouvement contraire de leurs eaux. On observe ces ondes dans toutes les rivières, près de leurs embouchures; elles se propagent fort loin dans les grands fleuves, et au détroit du Pauxis, dans la rivière des Amazones, à 200 lieues de la mer, elles sont encore sensibles.

Considérons présentement l'action de la Lune, et supposons que cet astre se meut uniformément dans le plan de l'équateur; il est clair que son action doit exciter dans l'Océan un flux et un reflux semblable à celui qui résulte de l'action du Soleil; or on sait que le mouvement total d'un système, agité par de très petites forces, est la somme des mouvements partiels que chaque force lui eût imprimés séparément; ainsi des ondes légères excitées dans un bassin se mêlent sans se confondre; une onde nouvelle se superpose à la précédente, comme elle se serait disposée sur la surface de niveau du bassin. Les deux flux partiels, produits par les actions du Soleil et de la Lune, s'ajoutent donc sans se troubler mutuellement, et leur somme produit le flux que nous observons dans nos ports.

De la combinaison des deux flux lunaire et solaire, naissent les phénomènes les plus remarquables des marées. Quand la pleine marée lunaire coïncide avec la pleine marée solaire, la marée totale est à son maximum; c'est ce qui a lieu dans les syzygies, où les actions du Soleil et de la Lune concourent. Dans les quadratures, où ces deux actions sont contraires, la pleine marée lunaire coïncide avec la basse marée solaire, et la marée totale est à son minimum.

L'heure du minimum des marées est à six heures de distance du maximum, ce qui prouve que ce minimum est l'excès de la marée lunaire sur la marée solaire, et qu'ainsi l'action de la Lune sur la mer l'emporte sur l'action du Soleil. D'après un grand nombre d'observations des marées, réduites aux moyennes distances du Soleil et de la Lune, je trouve qu'à Brest la marée totale est à fort peu près de $19^m\frac{2}{10}$ dans son maximum, et de $9^m\frac{1}{13}$ dans son minimum. Le rapport de ces deux marées détermine celui des forces de la Lune et du Soleil sur la mer, et l'on en conclut que la première est triple de la seconde. En calculant, d'après ce rapport, les lois de la diminution et de l'accroissement des marées, lorsqu'elles commencent à s'éloigner du maximum et du minimum, on trouve leur accroissement deux fois plus rapide que leur diminution, ce qui est conforme aux observations qui, relativement à ces lois, sont représentées par la théorie avec une précision remarquable.

Les marées lunaires et solaires suivent d'un intervalle constant le passage de leurs astres respectifs au méridien. L'instant de la marée composée doit donc osciller autour de l'instant de la marée lunaire, suivant une loi dépendante des phases de la Lune et du rapport de son action à celle du Soleil. Le premier de ces instants précède le second, depuis le maximum jusqu'au minimum de la marée; il le suit depuis le minimum jusqu'au maximum; leur plus grand écart ne tombe pas au milieu de l'intervalle qui sépare ces deux marées ; mais il est d'environ un tiers plus près du minimum que du maximum. L'heure moyenne de la marée composée est la même que celle de la marée lunaire ; en sorte que l'intervalle moyen de deux marées consécutives du matin ou du soir, dans nos ports, est d'un jour lunaire ou de $24^h 50^m 28^s$. Le retard moyen journalier des marées est donc de $50^m 28^s$; mais ce retard varie, ainsi que les hauteurs des marées, avec les phases de la Lune. Le plus petit retard coïncide avec la plus grande hauteur, et le plus grand retard coïncide avec la plus petite hauteur. La discussion d'un grand nombre d'observations des marées m'a donné le plus grand retard, égal à $1^h 15^m$, et le plus petit égal à $39^m 0^s$. Ces deux quantités dépendent du rapport des forces de la Lune et du Soleil et peuvent conséquemment servir à le déterminer. Il en résulte que la première de ces deux forces est triple de la seconde, comme nous l'avons trouvé par la comparaison de la plus grande et de la plus petite hauteur des marées. En changeant un peu ce rapport, il serait fort éloigné de satisfaire aux observations des hauteurs et des intervalles des marées, qui le donnent par conséquent avec beaucoup d'exactitude. La connaissance de cet élément est nécessaire dans l'Astronomie, à cause de son influence sur la précession et la nutation et sur l'équation lunaire des Tables du Soleil. La valeur que nous venons de lui assigner porte à $10^{\prime\prime}$ la nutation que Bradley a fixée à $9^{\prime\prime}$, et que plusieurs astronomes supposent de $9^{\prime\prime}\frac{1}{2}$; l'équation de la précession est de $18^{\prime\prime},8$, et l'équation lunaire est à très peu près de $9^{\prime\prime}$. Enfin la masse de la Lune est environ $\frac{1}{59}$ de celle de la Terre ; et, comme son volume est à peu près $\frac{1}{49}$ de celui de la Terre, la densité de la Lune n'est qu'environ $\frac{5}{6}$ de la moyenne densité de la Terre.

On doit faire ici une remarque importante, et de laquelle dépend l'explication de plusieurs phénomènes des marées. Si les mouvements du Soleil et de la Lune étaient extrêmement lents par rapport au mouvement de rotation de la Terre, les deux marées lunaire et solaire suivraient à très peu près du même intervalle le passage de leurs astres respectifs au méridien ; mais, le mouvement journalier de la Lune dans son orbite étant considérable, la rapidité de ce mouvement peut sensiblement influer sur l'intervalle dont cet astre précède le flux lunaire. En effet, l'action du Soleil et de la Lune sur chaque molécule de la mer produit à chaque instant une onde infiniment petite, dont cette molécule est l'origine, et qui se propage dans toute l'étendue de l'Océan ; c'est de la somme de ces ondes que se compose le mouvement de cette grande masse fluide. Il est visible que celles dont l'origine est vers l'équateur ou dans l'hémisphère austral doivent employer un temps considérable à parvenir dans nos ports; ainsi le flux que l'on y observe est le résultat des impressions communiquées à la mer plusieurs jours auparavant. La Lune ayant dans cet intervalle un mouvement considérable dans son orbite, le rapport du flux lunaire à la position correspondante de cet astre peut différer sensiblement du rapport du flux solaire à la position correspondante du Soleil. A la vérité, si la mer recouvrait toute la Terre, et si sa profondeur était régulière, les impressions qu'elle reçoit se coordonneraient de manière que le flux arriverait à l'instant du passage de l'astre au méridien; mais l'irrégularité de la profondeur de la mer et les résistances qu'elle éprouve doivent changer ce résultat et faire varier, dans chaque port, l'intervalle dont l'astre précède le flux qu'il produit.

Nous aurons une juste idée de ces variations en imaginant, comme ci-dessus, un vaste canal communiquant avec la mer et s'avançant fort loin dans les terres sous le méridien de son embouchure. Si l'on suppose qu'à cette embouchure la pleine mer a lieu à l'instant même du passage de l'astre au méridien et qu'elle emploie 50 heures à parvenir à son extrémité, il est visible que, à ce dernier point, la marée solaire suivra de 2 heures le passage du Soleil au méridien; mais, 50 heures ne formant que $2^{jours} 19^{m}$ lunaires, le flux lunaire suivra d'environ 19^m le passage de la Lune au méridien; en sorte qu'il y aura $1^h 41^m$ de différence dans les intervalles dont les flux lunaire et solaire suivront le passage de leurs astres respectifs au méridien. Il est facile, d'ailleurs, de s'assurer que cette différence sera la même, à peu près, pour les points assez voisins de l'extrémité du canal, quoiqu'il y ait des différences considérables dans les heures des marées correspondantes : ces résultats sont exactement conformes à ceux que l'on observe dans nos ports.

Il suit de là que le maximum et le minimum de la marée n'ont point lieu le jour même de la syzygie et de la quadrature, mais un ou deux jours après; ainsi, dans l'exemple précédent, ce maximum et ce minimum qui, à l'embouchure du canal, ont lieu le jour même de la syzygie et de la quadrature, n'arrivent à son extrémité que 50 heures après. Ce phénomène est très sensible à Brest sur les hauteurs des marées. Les lois des variations des marées vers leur maximum et vers leur minimum doivent en déterminer les instants. J'ai donc interpolé un grand nombre de hauteurs des marées dans le voisinage des syzygies et des quadratures, et j'ai trouvé que le maximum de la marée suit la syzygie de $35^h 30^m$ et que le minimum suit de 38 heures la quadrature. La différence de ces intervalles qui, par la théorie, doivent être égaux entre eux, est dans les limites des erreurs des observations.

On peut encore déterminer ces intervalles au moyen des heures observées des marées le jour même de la syzygie et de la quadrature. Leur différence serait de 6 heures si elles correspondaient au maximum et au minimum de la marée, mais l'observation la donne plus petite à Brest; elle est de $5^h 5^m 54^s$ pour les marées du matin et de $5^h 18^m 36^s$ pour les marées du soir. Un jour plus tard, ces différences augmentent parce que les marées retardent chaque jour d'environ une demi-heure de plus dans les quadratures que dans les syzygies. En combinant donc ces différences avec les retards journaliers des marées vers leur maximum et vers leur minimum, de manière qu'elles soient précisément de 6 heures, on aura l'intervalle dont le maximum de la marée suit la syzygie. On trouve ainsi que, à Brest, cet intervalle est de $43^h 56^m$.

Enfin, j'ai fait usage d'une quatrième méthode pour déterminer ce même intervalle. Suivant les observations, les marées du jour de la syzygie avancent lorsqu'elles sont périgées et retardent lorsqu'elles sont apogées. Suivant la théorie, le retard des marées apogées sur les marées périgées est proportionnel à l'intervalle du maximum des marées à la syzygie; il peut donc servir à déterminer cet intervalle. Je l'ai trouvé de cette manière, au moyen d'un assez grand nombre d'observations, égale à $25^h 55^m \frac{1}{2}$.

Le milieu entre ces deux intervalles donnés par les heures des marées est $34^h 41^m$, ce qui s'éloigne peu de $36^h 47^m$, milieu entre les intervalles donnés par les variations des hauteurs des marées vers les syzygies et vers les quadratures; mais les différences de $43^h 56^m$ et de $25^h 55^m \frac{1}{2}$ à ce milieu sont trop grandes pour dépendre uniquement des erreurs des observations. En considérant cet objet avec attention, j'ai reconnu que l'heure des marées à Brest retarde sur l'heure déterminée par la théorie à mesure qu'elles sont plus grandes; et il est clair que cela doit être ainsi : car si l'on compare l'étendue de la rade de Brest à la petitesse de son entrée, on voit que les grandes marées doivent employer plus de temps que les petites à se former dans le port; il peut se faire encore qu'elles emploient plus de temps à y parvenir.

Cette cause rapproche l'heure observée de la marée quadrature de celle de la marée syzygie et diminue, par conséquent, la différence de ces heures, différence qui, sans cela, approcherait davantage de 6 heures; l'intervalle du maximum de la marée à la syzygie en paraît donc augmenté. Je trouve que pour le réduire de $43^h 56^m$ à $36^h 47^m$ il faut supposer que l'heure de la marée du jour de la syzygie retarde sur la théorie d'environ 10^m, en supposant exacte l'heure de la marée du jour de la quadrature.

Voyons maintenant quelle est l'influence de la même cause sur les heures des marées syzygies périgées et apogées. Il est visible qu'elle rapproche ces heures et qu'ainsi l'intervalle du maximum de la marée à la syzygie, conclu de leur différence observée, en doit être diminué; c'est la raison pour laquelle je ne l'ai trouvé que de $25^h 55^m \frac{1}{2}$. Pour corriger l'effet de cette cause, j'ai supposé, ce qui est fort naturel, que les marées retardent d'autant plus sur l'heure de la théorie qu'elles sont plus grandes; et en supposant ensuite que ce retard soit, comme on vient de le dire, de 10ᵐ pour les marées syzygies comparées aux marées quadratures, j'ai trouvé que l'intervalle de 25ʰ55ᵐ½ s'élevait à 38ʰ53ᵐ, ce qui se rapproche autant qu'on peut le désirer du résultat moyen donné par les hauteurs des marées et met hors de doute l'influence de la cause dont je viens de parler. C'est en prenant un milieu entre ces divers résultats que j'ai fixé à 36ʰ3oᵐ l'intervalle dont le maximum de la marée à Brest suit la syzygie, et dont le minimum de la marée suit la quadrature. Il en résulte que, dans ce port, le flux solaire suit le passage du Soleil au méridien, de 4ʰ26ᵐ, et que le flux lunaire suit le passage de la Lune au méridien, de 3ʰ19ᵐ; ainsi, sous ce rapport, les heures des marées à Brest sont les mêmes qu'à l'extrémité d'un canal qui communiquerait avec la mer, en concevant que, à son embouchure, les marées partielles ont lieu à l'instant du passage des astres au méridien, et qu'elles emploient 36ʰ3oᵐ à parvenir à son extrémité supposée de 3ʰ56ᵐ plus orientale que son embouchure. En général, l'observation et la théorie m'ont conduit à envisager chacun de nos ports de France, relativement aux marées, comme l'extrémité d'un canal à l'embouchure duquel les marées partielles ont lieu au moment du passage des astres au méridien et emploient un intervalle d'environ un jour et demi à parvenir à son extrémité supposée plus orientale que son embouchure d'une quantité très variable d'un port à l'autre.

On peut observer que la différence dans les rapports des marées à la position des astres qui les produisent ne change point les phénomènes du flux et du reflux; pour un système d'astres mus uniformément dans le plan de l'équateur, elle ne fait que reculer d'environ 36ʰ3oᵐ les phénomènes calculés dans l'hypothèse où les flux partiels suivraient, du même intervalle, le passage de leurs astres respectifs au méridien.

Le retard des phénomènes des marées sur les phases de la Lune a été indiqué par Pline le naturaliste. Plusieurs philosophes l'ont attribué au temps que l'action lunaire emploie, suivant eux, à se transmettre à la terre; mais cette hypothèse ne peut subsister avec l'inconcevable activité de la force attractive. En considérant autrefois les tentatives infructueuses des géomètres pour expliquer l'équation séculaire de la Lune, je soupçonnai que la pesanteur n'agit pas de la même manière sur les corps en repos et en mouvement, et je trouvai que, si l'équation séculaire de la Lune provenait de cette cause, il faudrait supposer à cet astre une vitesse vers la Terre plusieurs millions de fois plus grande que celle de la lumière pour le soustraire à l'action de sa pesanteur. Maintenant que la vraie cause de l'équation séculaire de la Lune est connue, cette vitesse doit être beaucoup plus grande encore. Une aussi prodigieuse activité dans la force attractive de la Terre ne permet pas de penser que l'action de la Lune se transmet dans un ou deux jours à l'océan. Ce n'est donc point au temps de cette transmission, mais à celui que les impressions communiquées par les astres à la mer emploient à parvenir dans nos ports qu'il faut attribuer le retard observé des phénomènes des marées sur les phases de la Lune.

Jusqu'ici nous avons supposé le Soleil et la Lune mus d'une manière uniforme dans le plan de l'équateur; faisons présentement varier leurs mouvements et leurs distances au centre de la Terre. En développant les expressions de leur action sur la mer, on peut en représenter les différents termes par les actions d'un même nombre d'astres mus uniformément à des distances constantes de la Terre; il sera donc facile, par les principes que nous venons d'exposer, de déterminer le flux et le reflux de la mer correspondants aux inégalités des mouvements et des distances du Soleil et de la Lune. Si l'on soumet ainsi à l'analyse les phénomènes des marées, on trouve que les marées produites par ces deux astres augmentent en raison inverse du cube de leurs distances. Les marées doivent donc, toutes choses égales d'ailleurs, croître dans le périgée de la Lune et diminuer dans son apogée. Ce phénomène est très remarquable à Brest. La comparaison des observations m'a fait voir que, à 1 minute de variation dans le demi-diamètre de la Lune, répondent $2^{\text{pieds}},8$ de variation dans la marée totale, et ce résultat de l'observation est tellement conforme à celui de la théorie que l'on aurait pu déterminer par ce moyen la loi de l'action de la Lune sur la mer relative à sa distance.

Il suit de là que, si l'on veut dépouiller les phénomènes des marées des variations de la parallaxe lunaire, il faut les considérer à la même distance de deux syzygies consécutives et prendre un milieu entre eux, car il est clair que, si la Lune est apogée dans une syzygie, elle sera, à peu près, périgée dans la suivante; les effets de la variation de sa distance se détruiront mutuellement, et les résultats moyens des phénomènes en seront indépendants.

Les variations de la distance du Soleil à la Terre sont encore sensibles sur les hauteurs des marées, que les observations donnent un peu plus grandes en hiver qu'en été; mais ce phénomène est beaucoup moins considérable pour le Soleil que pour la Lune, parce que son action pour élever les eaux de la mer est trois fois moindre et que sa distance à la Terre varie dans un plus petit rapport.

L'action de la Lune étant plus grande et son mouvement étant plus rapide lorsqu'elle est plus près de la Terre, la marée composée, dans les syzygies, doit se rapprocher de la marée lunaire et la marée lunaire doit se rapprocher du passage de la Lune au méridien, puisque nous venons de voir que la marée partielle se rapproche d'autant plus de l'astre qui la cause que son mouvement est plus rapide. Les marées périgées doivent donc avancer le jour de la syzygie et les marées apogées doivent retarder. Ce phénomène est très sensible à Brest par les observations; elles m'ont donné $9^m 27^s$ de retard pour 1 minute de diminution dans le demi-diamètre de la Lune, ce qui résulte, à peu près, de la théorie.

La parallaxe de la Lune influe encore sur l'intervalle de deux marées consécutives du matin ou du soir, vers les syzygies, ou dans le voisinage du maximum des marées : cet intervalle augmente dans le périgée de la Lune et diminue dans son apogée. Suivant la théorie, 1 minute de variation dans le demi-diamètre de la Lune fait varier cet intervalle de $6^m 49^s$, et les observations m'ont donné $6^m 50^s$.

Ces deux phénomènes ont également lieu dans les quadratures; mais ils sont beaucoup moins sensibles que dans les syzygies, où les variations du mouvement et de la parallaxe de la Lune sont plus grandes et influent davantage sur ces phénomènes.

La période qui ramène l'apogée de la Lune à la même position par rapport aux équinoxes ramène encore dans les mêmes saisons tout ce qui, dans les marées, dépend de la parallaxe lunaire.

Après avoir développé la théorie du flux et du reflux de la mer, en supposant le Soleil et la Lune mus dans le plan de l'équateur, nous allons considérer les mouvements de ces astres tels qu'ils sont dans la nature. Nous verrons naître de leurs déclinaisons de nouveaux phénomènes qui, comparés aux observations, confirmeront de plus en plus la théorie précédente.

Ce cas général peut encore se ramener à celui de plusieurs astres mus uniformément dans le plan de l'équateur; mais il faut donner à ces astres des mouvements très différents dans leurs orbites. Les uns s'y meuvent avec lenteur; ils produisent un flux et un reflux dont la période est d'environ un demi-jour. D'autres ont un mouvement de révolution à peu près égal à la moitié du mouvement de rotation de la Terre; ils produisent un flux et un reflux dont la période est d'environ un jour. D'autres, enfin, ont un mouvement de révolution à peu près égal au mouvement de rotation de la Terre; ils produisent des flux et des reflux dont les périodes, fort longues, sont d'un mois et d'une année. Examinons ces trois espèces de flux et de reflux.

La première renferme, non seulement les oscillations que nous avons considérées ci-dessus et qui dépendent du mouvement du Soleil et de la Lune et de la variation de leurs distances, mais d'autres encore dépendantes de leurs déclinaisons. En soumettant celles-ci à l'analyse, on trouve que les marées totales des syzygies des équinoxes sont plus grandes que celles des solstices, dans le rapport de l'unité au carré du cosinus de la déclinaison du Soleil et de la Lune vers les solstices; on trouve encore que les marées des quadratures des solstices surpassent celles des équinoxes. Ces résultats de la théorie sont confirmés par toutes les observations, qui ne laissent aucun doute sur l'affaiblissement de l'action des astres, à mesure qu'ils s'éloignent de l'équateur. Les déclinaisons du Soleil et de la Lune sont sensibles, même sur les lois de la diminution et de l'accroissement des marées, en partant de leur maximum et de leur minimum. Leur diminution est, suivant les observations comme par la théorie, d'environ un tiers plus rapide dans les syzygies des équinoxes que dans les syzygies des solstices. Leur accroissement est, suivant les observations comme par la théorie, environ deux fois plus rapide dans les quadratures des équinoxes que dans les quadratures des solstices. La position des nœuds de l'orbite lunaire, qui augmente ou diminue les déclinaisons solsticiales de la Lune, se fait sentir encore dans les observations des marées.

Le mouvement de cet astre en ascension droite, plus prompt dans les solstices que dans les équinoxes, doit rapprocher la marée lunaire du passage de cet astre au méridien. L'heure des marées syzygies équinoxiales doit donc retarder sur l'heure des marées syzygies solsticiales. Par la même raison, l'heure des marées des quadratures des solstices doit retarder sur celle des marées des quadratures des équinoxes, et ce second retard est environ quadruple du premier.

Les déclinaisons des astres influent encore sur les retards journaliers des marées des équinoxes et des solstices; ils doivent être plus grands vers les syzygies des solstices que vers les syzygies des équinoxes; plus grands encore vers les quadratures des équinoxes que vers les quadratures des solstices, et, dans le premier cas, la différence des retards est environ quatre fois moindre que dans le second. Les observations donnent, avec une précision remarquable, ces divers résultats de la théorie.

Les marées de la seconde espèce, dont la période est à peu près d'un jour, sont proportionnelles au produit du sinus par le cosinus de la déclinaison des astres; elles sont nulles lorsque les astres sont dans l'équateur et elles croissent à mesure qu'ils s'en éloignent. En se combinant avec les marées de la première espèce, elles rendent inégales les deux marées d'un même jour. Dans les syzygies des solstices d'hiver, la marée du matin à Brest est d'environ 7 pouces plus grande que celle du soir; elle est plus petite de la même quantité dans les syzygies des solstices d'été. En général, les marées de la seconde espèce sont peu considérables dans nos ports. Leur grandeur est une arbitraire dépendante des circonstances locales qui peuvent les augmenter et diminuer en même temps les marées de la première espèce, jusqu'à les rendre insensibles. Imaginons, en effet, un large canal communiquant par ses deux extrémités avec l'Océan; la marée dans un port situé sur la rive de ce canal sera le résultat des ondulations transmises par ses deux embouchures. Or il peut arriver que, à raison de la situation du port, les ondulations de la première espèce y parviennent de chaque côté dans des temps différents, en sorte que le maximum des unes réponde au minimum des autres; et si l'on suppose d'ailleurs qu'elles sont égales entre elles, il est visible que, en vertu de ces ondulations, il n'y aura point de flux et de reflux dans le port; mais il y en aura en vertu des ondulations de la seconde espèce qui, ayant une période deux fois plus longue que celle des ondulations de la première espèce, ne se correspondront point de manière que le maximum de celles qui viennent d'un côté coïncide avec le minimum de celles qui viennent de l'autre côté. La marée dans le port sera donc formée de ces ondulations. Ainsi, dans ce cas, il n'y aura point de flux et de reflux lorsque le Soleil et la Lune seront dans l'équateur; mais la marée deviendra sensible lorsque la Lune s'éloignera de ce plan, et alors il n'y aura qu'un flux et un reflux par jour lunaire, de manière que si le flux arrive au coucher de la Lune, le reflux arrivera à son lever. Ces phénomènes singuliers ont été observés à Batsha, port du royaume de Tunking, et dans quelques autres lieux. Il est vraisemblable que des observations faites dans les différents ports de la Terre offriraient toutes les variétés intermédiaires entre les marées de Batsha et celles de nos ports.

Considérons enfin les marées de la troisième espèce, dont les périodes sont fort longues et indépendantes du mouvement de rotation de la Terre. Si les durées de ces périodes étaient infinies, ces

marées n'auraient d'autre effet que de changer la figure permanente
de la mer qui parviendrait bientôt à l'état d'équilibre dû aux forces
qui les produisent; mais les périodes de ces marées étant finies, on
peut concevoir le mouvement très lent qui en résulte dans chaque
molécule comme formé de deux autres, l'un d'oscillation autour du
point où cette molécule serait en équilibre si l'action des astres dont
ces marées dépendent devenait invariable, et l'autre qui lui est commun
avec ce point d'équilibre dont la position change à chaque instant. Le
premier de ces mouvements est détruit par les résistances que les eaux
de la mer éprouvent; il ne reste ainsi à la molécule que le mouvement
qui lui est commun avec le point où elle serait à chaque instant en
équilibre. On peut donc considérer la mer comme étant sans cesse en
équilibre sous l'action des astres qui produisent les marées de la troisième espèce, et les déterminer dans cette hypothèse. Ces marées sont
très peu considérables; elles sont cependant sensibles à Brest et conformes au résultat du calcul. Elles offrent le moyen, peut-être le plus
exact, pour avoir le rapport de la moyenne densité de la Terre à celle
des eaux de la mer, rapport intéressant à connaître et que l'on a
cherché à déterminer par l'attraction des montagnes; mais, pour l'obtenir avec précision, il faudrait au moins un siècle d'observations sur
les marées.

On voit, par cet exposé, l'accord de la théorie du flux et du reflux de
la mer, fondée sur la loi de la pesanteur, avec les phénomènes des hauteurs et des intervalles des marées. Plusieurs de ces phénomènes m'ont
été d'abord indiqués par cette théorie et ont ensuite été confirmés par les
observations; d'autres phénomènes que les observations m'avaient fait
connaître, et qui ne me semblaient pas pouvoir dépendre de la théorie,
ont résulté de cette même théorie plus approfondie. En général, tous
les résultats de la théorie, indépendants des circonstances locales, ont
été confirmés par les observations; et, lorsque ces circonstances ont
modifié les résultats de la théorie, j'ai retrouvé le même accord, en y
ayant égard. Des observations plus nombreuses, plus précises et plus
détaillées que celles qui ont été faites, en la confirmant de plus en

plus, pourront encore déterminer les petites marées partielles qui dépendent de la quatrième puissance de la parallaxe lunaire et des autres quantités négligées dans le calcul. Il est donc intéressant de suivre les marées avec le même soin que les mouvements célestes. Il suffirait d'observer, chaque année, les instants et les hauteurs des pleines et des basses mers dans les deux syzygies et dans les deux quadratures consécutives qui comprennent chaque équinoxe et chaque solstice, en considérant le jour même de la phase et les trois jours qui la suivent. L'observation des hauteurs n'a aucune difficulté, mais les instants de la pleine et de la basse mer sont difficiles à saisir. On pourra les obtenir avec précision en prenant un milieu entre les deux instants où la mer est à la même hauteur, environ un quart d'heure avant et après la pleine ou la basse mer. Une longue suite d'observations de ce genre, comparées aux positions correspondantes du Soleil et de la Lune, rectifiera les éléments auxquels je suis parvenu dans cet Ouvrage, fixera ceux qui sont encore incertains et développera des phénomènes jusqu'ici enveloppés dans les erreurs des observations.

II.

Expression générale de la hauteur de la mer.

Si l'on suppose la Terre entière inondée par la mer et que ses oscillations n'éprouvent que de légères résistances, la théorie de la pesanteur donne les résultats suivants. [*Voir* les *Mémoires de l'Académie* pour les années 1775 et 1776 ([1]).]

Soient S la masse du Soleil, r sa distance au centre de la Terre, v sa déclinaison et φ son ascension droite.

Soient L la masse de la Lune, r' sa distance au centre de la Terre, v' sa déclinaison et φ' son ascension droite.

Soient θ le complément de la latitude d'un lieu quelconque sur la Terre, et ϖ sa longitude; t le temps, et nt l'angle que forme le premier

([1]) Œuvres de Laplace, T. IX.

méridien d'où les angles ϖ sont comptés avec le colure des équinoxes, en sorte que $nt + \varpi$ soit la distance ou longitude du lieu de la Terre dont il s'agit, à l'équinoxe du printemps.

Soient enfin y l'élévation de la mer au-dessus du niveau qu'elle prendrait sans l'action du Soleil et de la Lune, g la pesanteur, et ρ le rapport de la densité de la mer à la moyenne densité de la Terre. On aura

$$y = - \frac{1 + 3\cos 2\vartheta}{8g\left(1 - \frac{3\rho}{5}\right)}\left[\frac{S}{r^3}(1 - 3\sin^2 v) + \frac{L}{r'^3}(1 - 3\sin^2 v')\right]$$

$$+ A\left[\frac{S}{r^3}\sin v \cos v \cos(nt + \varpi - \varphi) + \frac{L}{r'^3}\sin v' \cos v' \cos(nt + \varpi - \varphi')\right]$$

$$+ B\left[\frac{S}{r^3}\cos^2 v \cos 2(nt + \varpi - \varphi) + \frac{L}{r'^3}\cos^2 v' \cos 2(nt + \varpi - \varphi')\right],$$

A et B étant des fonctions de ϑ indépendantes de la profondeur de la mer et de la loi de cette profondeur.

Si la profondeur de la mer est constante, $A = 0$, et alors les deux marées d'un même jour sont égales; leur différence est très petite si cette profondeur est à peu près constante; mais la loi de la profondeur de la mer étant inconnue, les valeurs de A de B sont des indéterminées que l'observation seule peut faire connaître.

En supposant avec Newton la mer en équilibre à chaque instant sous l'action combinée du Soleil et de la Lune, on a

$$A = \frac{3\sin\vartheta\cos\vartheta}{g\left(1 - \frac{3\rho}{5}\right)}, \qquad B = \frac{3\sin^2\vartheta}{4g\left(1 - \frac{3\rho}{5}\right)}.$$

Dans ce cas, l'expression de y est fort éloignée de satisfaire aux observations faites dans nos ports, et suivant lesquelles la différence des deux marées d'un même jour, dans les syzygies des solstices, est très petite.

III.

Voyons maintenant les modifications que doivent apporter dans l'expression précédente de y l'irrégularité de la profondeur de la mer et les diverses circonstances locales qui ont une si grande influence dans les phénomènes des marées.

On peut considérer la mer comme un système d'une infinité de molécules qui réagissent les unes sur les autres, soit par leur pression, soit par leur attraction mutuelle, et qui, de plus, sont animées par la pesanteur et par les forces attractives du Soleil et de la Lune. Sans l'action de ces deux dernières forces, le système serait depuis longtemps en équilibre : la loi de ces forces doit donc en régler les mouvements.

Pour déterminer les forces attractives du Soleil et de la Lune, soit R le rayon mené du centre de gravité de la Terre à une molécule de la mer, déterminée par les angles θ et ϖ; nommons V la fonction

$$\frac{S}{2r^3}\left\{3[\cos\theta\sin v + \sin\theta\cos v \cos(nt+\varpi-\varphi)]^2 - 1\right\}$$

$$+ \frac{L}{2r'^3}\left\{3[\cos\theta\sin v' + \sin\theta\cos v' \cos(nt+\varpi-\varphi')]^2 - 1\right\}.$$

La somme des forces solaires et lunaires, décomposées parallèlement au rayon R, sera $2RV$; la somme de ces forces décomposées perpendiculairement au rayon R, dans le plan du méridien de la molécule, sera $R\frac{\partial V}{\partial\theta}$; enfin, la somme des mêmes forces décomposées perpendiculairement au plan de ce méridien sera $R\dfrac{\frac{\partial V}{\partial\varpi}}{\sin\theta}$.

Ces expressions sont très approchées pour le Soleil, à cause de sa grande distance à la Terre, qui rend insensibles les termes multipliés par $\frac{S}{r^4}$; elles sont moins exactes pour la Lune; mais les phénomènes observés des marées ne m'ont rien fait apercevoir qui puisse dépendre des forces de l'ordre $\frac{L}{r'^4}$. Peut-être des observations plus exactes et plus nombreuses que celles qui ont été faites rendront sensibles les effets de ces forces.

IV.

Ne considérons d'abord que l'action du Soleil, et supposons qu'il se meuve dans le plan de l'équateur, uniformément et toujours à la même distance du centre de la Terre; les trois forces précédentes deviennent

$$\frac{SR}{2r^3}\left[3\sin^2\theta - 2 + 3\sin^2\theta\cos 2(nt + \varpi - \psi)\right],$$

$$\frac{3SR}{2r^3}\sin\theta\cos\theta\left[1 + \cos 2(nt + \varpi - \psi)\right],$$

$$-\frac{3SR}{2r^3}\sin\theta\sin 2(nt + \varpi - \psi).$$

En vertu des seules forces constantes

$$\frac{SR}{2r^3}(3\sin^2\theta - 2) \quad \text{et} \quad \frac{3SR}{2r^3}\sin\theta\cos\theta,$$

la mer finirait par être en équilibre; ces forces ne font donc qu'altérer un peu la figure permanente que prend la Terre en vertu de son mouvement de rotation; mais les trois forces variables

$$(\text{A}) \qquad \left\{ \begin{aligned} &\frac{3SR}{2r^3}\sin^2\theta\cos 2(nt + \varpi - \psi), \\[4pt] &\frac{3SR}{2r^3}\sin\theta\cos\theta\cos 2(nt + \varpi - \psi), \\[4pt] -&\frac{3SR}{2r^3}\sin\theta\sin 2(nt + \varpi - \varphi) \end{aligned} \right.$$

doivent exciter dans l'Océan des oscillations dont nous allons déterminer la nature.

Les trois forces précédentes redevenant les mêmes à chaque intervalle d'un demi-jour, l'état de la mer doit redevenir le même à chacun de ces intervalles. Pour le faire voir, supposons que, à un instant quelconque a, la hauteur de la mer, dans un port, ait été h, et qu'elle soit devenue la même après les intervalles $f_1, f_2, f_3, \ldots, f_i, \ldots$, comptés de l'instant a; $a + f_i$ sera l'instant où la hauteur de la mer est h, après le nombre i de ces intervalles. Si l'on suppose i très considérable, cet instant ne dépendra point des conditions du mouvement qui ont eu lieu à l'instant a que nous prenons pour origine du mouvement; car toutes ces conditions ont dû bientôt disparaître par les frottements et les résistances de tout genre que la mer éprouve dans ses oscillations; en sorte que, le mouvement de la mer finissant par n'en plus dépendre et par se rapporter uniquement aux forces actuelles qui la sollicitent, il est impossible de connaître l'état primitif de la mer par son état présent. Imaginons maintenant que, à l'instant a plus un demi-jour, toutes les conditions du mouvement de la mer aient été les mêmes qu'elles étaient dans le premier cas, à l'instant a; puisque les forces solaires sont les mêmes et varient de la même manière dans les deux cas, il est clair que, dans le second cas, les intervalles successifs après lesquels la hauteur de la mer sera h, en partant de l'instant a plus un demi-jour, seront, comme dans le premier cas, $f_1, f_2, \ldots f_i, \ldots$, en sorte que, à l'instant $a + f_i +$ un demi-jour, la hauteur de la mer sera h. Mais, puisque i étant fort grand, l'état actuel de la mer est indépendant de tout ce qui a rapport à l'origine du mouvement, il est visible que l'instant $a + f_i +$ un demi-jour doit coïncider avec quelques-uns des instants où la hauteur de la mer est h dans le premier cas; on doit donc avoir

$$a + f_i + \text{un demi-jour} = a + f_{i+r},$$

r étant un nombre entier; partant

$$f_{i+r} - f_i = \text{un demi-jour};$$

d'où il suit que l'état de la mer redevient le même après l'intervalle d'un demi-jour.

Il est vraisemblable que, en supposant la mer entière ébranlée par une cause quelconque, les résistances qu'elle éprouve anéantiraient l'effet de cette cause dans l'intervalle de quelques mois, de manière que, après cet intervalle, les marées reprendraient leur état naturel.

On peut juger par là du peu d'influence des vents et des ouragans qui, quelque violents qu'ils soient, ne sont que locaux et n'ébranlent que la superficie des mers. Ainsi, en prenant un résultat moyen entre un grand nombre d'observations continuées pendant plusieurs années ces résultats représenteront, à très peu près, l'effet des forces régulières qui agissent sur l'Océan.

Imaginons une droite dont les parties représentent le temps, et sur cette droite, comme axe des abscisses, concevons une courbe dont les ordonnées représentent la hauteur de la mer dans un lieu donné; la partie de la courbe correspondante à l'abscisse qui représente un demi-jour déterminera la courbe entière qui sera formée de cette partie répétée à l'infini. Ainsi l'intervalle entre deux pleines mers consécutives sera d'un demi-jour, de même que l'intervalle entre deux basses mers consécutives.

V.

Déterminons la courbe des hauteurs de la mer. Pour cela, concevons un second Soleil S parfaitement égal au premier et mû de la même manière dans le plan de l'équateur, avec la seule différence qu'il précède le premier, dans son orbite, de l'angle horaire $n'\mathrm{T}$, n' étant égal à $n - m$, et m étant égal à $\frac{d\varphi}{dt}$. On aura les forces relatives à ce nouveau Soleil en changeant, dans l'expression des forces (A) de l'article précédent, φ dans $\varphi + n'\mathrm{T}$: ces nouvelles forces ajoutées aux forces (A) produiront les suivantes :

$$\frac{3\,\mathrm{S}\mathrm{R}}{2\,r^3}\sin^2\theta\,[\cos 2(nt + \varpi - \varphi) + \cos 2(nt + \varpi - \varphi - n'\mathrm{T}),$$

$$\frac{3\,\mathrm{S}\mathrm{R}}{2\,r^3}\sin\theta\cos\theta\,[\cos 2(nt + \varpi - \varphi) + \cos 2(nt + \varpi - \varphi - n'\mathrm{T})],$$

$$-\frac{3\,\mathrm{S}\mathrm{R}}{2\,r^3}\sin\theta\,[\sin 2(nt + \varpi - \varphi) + \sin 2(nt + \varpi - \varphi - n'\mathrm{T})].$$

Si l'on fait

$$\mathrm{S}' = 2\,\mathrm{S}\cos n'\mathrm{T}, \qquad \mathrm{T} = 2\varphi,$$

ces trois forces se réduisent aux suivantes :

$$\frac{3S'R}{2r^3}\sin^2\theta\cos 2(nt + \varpi - \varphi - n'q).$$

$$\frac{3S'R}{2r^3}\sin\theta\cos\theta\cos 2(nt + \varpi - \varphi - n'q).$$

$$-\frac{3S'R}{2r^3}\sin\theta\sin 2(nt + \varpi - \varphi - n'q).$$

Ces dernières forces produiront un flux et un reflux semblable à celui qu'exciterait le Soleil S si sa masse se changeait en S' et si l'on diminuait de q le temps t dans les forces (A). En nommant donc y'' l'ordonnée de la courbe des hauteurs de la mer correspondante à l'abscisse $t - q$, on aura $\frac{S'y''}{S}$ pour la hauteur de la mer produite, après le temps t, par les trois forces précédentes.

Cette hauteur est, par la nature des oscillations très petites, la somme des hauteurs de la mer dues aux actions des deux Soleils S. Soit donc y l'ordonnée de la courbe des hauteurs de la mer, correspondante au temps t, et y' l'ordonnée correspondante au temps $t - T$: $y + y'$ sera la somme de ces hauteurs : on aura, par conséquent,

$$(a) \qquad y + y' = \frac{S'y''}{S};$$

maintenant, si l'on développe y' et y'' en séries ordonnées par rapport aux puissances de T et de q, on aura, en négligeant les cubes et les puissances supérieures de ces quantités,

$$y' = y - T\frac{dy}{dt} + \tfrac{1}{2}T^2\frac{d^2y}{dt^2},$$

$$y'' = y - q\frac{dy}{dt} + \tfrac{1}{2}q^2\frac{d^2y}{dt^2};$$

on a de plus

$$S' = 2S - Sn'^2T^2, \qquad q = \tfrac{1}{2}T.$$

Ces valeurs, substituées dans l'équation (a), donneront

$$\frac{d^2y}{dt^2} = -4n'^2y,$$

d'où l'on tire, en intégrant,

$$y = \frac{BS}{r^3}\cos 2(nt + \varpi - \varphi - \lambda),$$

B et λ étant deux arbitraires dont la première dépend de la grandeur de la marée totale dans le port, et dont la seconde dépend de l'heure de la marée ou du temps dont elle suit le passage du Soleil au méridien.

Cette expression de y donne la loi suivant laquelle la marée s'élève et s'abaisse; elle est la traduction analytique de la règle que nous avons donnée pour cet objet dans l'article I, où nous avons exposé en même temps la raison pour laquelle les observations faites dans nos ports s'en écartent un peu.

VI.

Considérons présentement les actions du Soleil et de la Lune, en supposant ces astres mus uniformément dans le plan de l'équateur. Le Soleil produira toujours des marées conformes aux lois que nous venons d'exposer; la Lune en produira de semblables qui, par la nature des ondulations très petites, se combineront avec les premières sans les altérer et sans en être altérées. Cela posé, L étant la masse de la Lune, r' sa distance au centre de la Terre et φ' son ascension droite, la hauteur de la mer due à l'action de la Lune sera exprimée par la fonction

$$B'\frac{L}{r'^3}\cos 2(nt + \varpi - \varphi' - \lambda'),$$

B' et λ' étant deux arbitraires. Nous avons observé dans l'article I que λ' est plus petit que la constante λ relative au Soleil, à cause de la rapidité du mouvement de la Lune dans son orbite, et que l'on peut supposer ces deux constantes égales à Brest, pourvu que l'on donne aux angles nt, φ et φ' les valeurs qu'ils avaient $36^h\frac{1}{2}$ avant l'instant pour lequel on calcule les phénomènes des marées. La rapidité du mouvement lunaire peut rendre encore B' différent de B; mais cette différence doit être peu considérable : nous supposerons ainsi B' = B, dans le facteur $\frac{B'L}{r'^3}$, en observant que L ne représente pas alors exactement la masse de la Lune, mais cette masse augmentée dans le rapport de B' à B. On pourra ainsi donner à l'expression de la hauteur y de la mer, produite par les actions réunies du Soleil et de la Lune, la forme suivante

$$ y = B\left[\frac{S}{r^3}\cos 2(nt + \varpi - \varphi - \lambda) + \frac{L}{r'^3}\cos 2(nt + \varpi - \varphi' - \lambda)\right], $$

le temps t devant être diminué d'environ $36^h\frac{1}{2}$ à Brest.

Aux instants de la pleine et de la basse mer, on a

$$ \frac{dy}{dt} = 0, $$

ce qui donne

$$ \tan 2(nt + \varpi - \varphi' - \lambda) = \frac{-(n-m)\frac{S}{r^3}\sin 2(\varphi' - \varphi)}{(n-m')\frac{L}{r'^3} + (n-m)\frac{S}{r^3}\cos 2(\varphi' - \varphi)}, $$

m' étant égal à $\frac{d\varphi'}{dt}$. Si $(n-m')\frac{L}{r'^3}$ est plus grand que $(n-m)\frac{S}{r^3}$, c'est-à-dire si l'action de la Lune, pour soulever les eaux de la mer, est plus forte que celle du Soleil, l'angle $nt + \varpi - \varphi' - \lambda$ ne peut jamais atteindre $45°$, et la tangente du double de cet angle est toujours comprise dans les limites

$$ \pm\frac{(n-m)\frac{S}{r^3}}{\sqrt{(n-m')^2\left(\frac{L}{r'^3}\right)^2 - (n-m)^2\left(\frac{S}{r^3}\right)^2}}. $$

Dans ce cas, la pleine mer suivra toujours le passage de la Lune au méridien d'une quantité qui ne passera pas certaines limites et qui dépendra des phases de la Lune. Dans un temps déterminé, il y aura autant de marées que de passages de la Lune au méridien supérieur ou inférieur, en sorte que les marées se régleront principalement sur ces passages.

Dans le cas contraire où l'action du Soleil l'emporterait sur celle de la Lune, les marées se régleraient principalement sur les passages du Soleil au méridien, et il y aurait constamment deux marées par jour. On peut donc ainsi reconnaitre laquelle des deux actions lunaire et solaire est la plus grande : toutes les observations se réunissent à faire voir que la première l'emporte sur la seconde.

VII.

Voyons maintenant ce qui doit arriver lorsque le Soleil et la Lune, toujours supposés dans le plan de l'équateur, sont assujettis à des inégalités dans leurs mouvements et dans leurs distances. Considérons d'abord les effets de l'action du Soleil. Les forces partielles

$$\frac{SR}{2r^3}(3\sin^2\theta - 2), \qquad \frac{3SR}{2r^4}\sin\theta\cos\theta,$$

trouvées dans l'article IV, ne seront plus constantes; mais elles varieront avec une grande lenteur, et la période de leur variation sera d'une année; on pourra donc, par l'article I, supposer la mer en équilibre à chaque instant sous l'action de ces forces. La partie

$$\frac{-(1+3\cos 2\theta)\dfrac{S}{r^3}}{8g\left(1-\dfrac{3\zeta}{5}\right)}$$

de l'expression de y de l'article II exprime la hauteur de la mer due à l'action des forces précédentes en les supposant invariables, et en supposant la Terre entièrement recouverte par la mer; elle exprimera donc encore à très peu près cette hauteur dans le cas de la nature où ces forces varient lentement et où la mer recouvre une grande partie de la surface de la Terre. Cette hauteur étant très petite, l'erreur que l'on peut commettre est fort peu considérable.

Si, dans les forces solaires (A) de l'article IV, on substitue au lieu de r et de φ leurs valeurs, chacune de ces forces se développera en cosinus d'angles de la forme $2nt - 2qt + 2\varepsilon$, en sorte que l'on aura

$$\frac{3SR}{2r^3} \sin^2\theta \cos 2(nt + \varpi - \varphi) = \sin^2\theta \, \Sigma k \cos 2(nt - qt + \varepsilon),$$

$$\frac{3SR}{2r^3} \sin\theta \cos\theta \cos 2(nt + \varpi - \varphi) = \sin\theta \cos\theta \, \Sigma k \cos 2(nt - qt + \varepsilon),$$

$$\frac{3SR}{2r^3} \sin\theta \sin 2(nt + \varpi - \varphi) = \sin\theta \, \Sigma k \sin 2(nt - qt + \varepsilon),$$

le signe Σ des intégrales finies servant ici à désigner la somme de tous les termes de la forme $k \frac{\sin}{\cos} 2(nt - qt + \varepsilon)$, dans lesquels le premier membre de chacune de ces équations peut se décomposer. Les plus considérables de ces termes sont ceux qui dépendent de l'angle $2nt - 2mt + 2\varpi$ et qui donnent le flux et le reflux de la mer dans le cas que nous avons examiné ci-dessus, où le Soleil serait mû uniformément dans le plan de l'équateur, en conservant toujours sa même distance à la Terre. Les autres termes, qui sont fort petits relativement à ceux-ci, peuvent être considérés comme le résultat de l'action d'autant d'astres particuliers, mus uniformément dans le plan de l'équateur. C'est de la combinaison des flux et des reflux partiels dus à l'action de tous ces astres que résulte le flux et reflux total dû à l'action du Soleil.

Si l'on nomme s la masse de l'astre fictif dont l'action produit le terme dépendant de l'angle $2nt - 2qt + 2\varepsilon$, et a sa distance au centre de la Terre, on aura

$$\frac{3Rs}{2a^3} = k \qquad \text{ou} \qquad \frac{s}{a^3} = \frac{2k}{3R}.$$

On a vu, dans l'article V, que le Soleil étant supposé mû uniformément dans le plan de l'équateur avec un mouvement angulaire égal à mt, la partie de l'expression de la hauteur de la mer dépendante de l'angle $2nt - 2mt + 2\varpi$ est égale à

$$R \frac{S}{r^3} \cos 2(nt - mt + \varpi - \lambda),$$

le temps t devant être diminué d'environ $36^h\frac{1}{2}$ relativement au port de

Brest. La hauteur de la mer due à l'action de l'astre s sera donc

$$\mathrm{B}\frac{s}{a^3}\cos 2(nt - qt + \varepsilon - \lambda).$$

On doit encore diminuer dans cette expression le temps t d'environ $36^h\frac{1}{2}$, car le flux lunaire se rapprochant de la Lune plus que le flux solaire du Soleil d'une quantité que nous pouvons représenter par $(m' - m)h$, le flux dû à l'action de l'astre s doit se rapprocher de cet astre d'une quantité égale à $(q - m)h$. On remplit cette condition en supposant que la valeur de λ est la même pour tous les astres S, s, ... et en diminuant le temps t d'environ $36^h\frac{1}{2}$.

Quant à la valeur de B, elle peut être un peu différente pour l'astre s que pour l'astre S, ainsi que nous l'avons observé dans l'article VI, en comparant l'action de la Lune à celle du Soleil. On peut représenter cette constante par $\mathrm{B} + \frac{q-m}{n}\mathrm{C}$, C étant une nouvelle arbitraire qui est la même pour tous les astres s, s', ...; mais, ces astres étant fort petits, ainsi que le coefficient $\frac{q-m}{n}$, on peut négliger les termes multipliés par $\frac{q-m}{n}\mathrm{C}\frac{s}{a^3}$.

Maintenant, la somme de toutes les marées partielles dépendantes des angles de la forme $2nt \div \ldots$, et dues aux actions des astres S, s, ..., sera

$$\mathrm{B}\sum \frac{s}{a^3}\cos 2(nt - qt + \varepsilon - \lambda),$$

et par conséquent elle sera

$$\frac{2\mathrm{B}}{3\mathrm{R}}\Sigma k\cos 2(nt - qt + \varepsilon - \lambda).$$

Mais on a, par ce qui précède,

$$\Sigma k\cos 2(nt - qt + \varepsilon - \lambda) = \frac{3\mathrm{RS}}{2r^3}\cos 2(nt \div \varpi - \gamma - \lambda);$$

la partie de la hauteur de la mer due à l'action du Soleil, et dépendante de l'angle $2n + 2\varpi - 2\varphi$, est donc

$$B\frac{S}{r^3}\cos 2(nt + \varpi - \varphi - \lambda),$$

expression dans laquelle on doit prendre pour t, r et φ leurs valeurs relatives à l'instant qui précède de $36^h\frac{1}{2}$ celui que l'on considère.

Si l'on transporte à la Lune ce que nous venons de dire du Soleil, on trouvera que la partie de la hauteur de la mer due à son action, et indépendante du mouvement de rotation de la Terre, est égale à

$$\frac{-(1 + 3\cos 2\varphi)}{8g\left(1 - \frac{3\varphi}{5}\right)}\frac{L}{r'^3}.$$

Cette expression est un peu moins exacte pour la Lune que pour le Soleil, à cause de la rapidité de son mouvement dans son orbite.

On trouvera ensuite que la partie de la hauteur de la mer due à l'action de la Lune, et dépendante du mouvement de rotation de la Terre, est

$$B\frac{L}{r'^3}\cos(2nt + \varpi - \varphi' - \lambda);$$

les valeurs de r', φ' et t se rapportent à un instant qui précède de $36^h\frac{1}{2}$ l'instant que l'on considère. Cette expression est moins exacte pour la Lune que pour le Soleil, parce que les termes multipliés par $\frac{m'-q}{n}C\frac{s}{a^3}$, et que nous avons négligés, sont beaucoup plus sensibles pour la Lune que pour le Soleil, le facteur $\frac{m'-q}{n}$ étant plus considérable, à cause de la rapidité du mouvement lunaire, et les astres fictifs s, s', ... étant plus grands, à raison des grandes inégalités de ce mouvement. L'omission de ces termes peut être une des causes principales des très petites différences que nous trouverons dans la suite entre les résultats de l'observation et du calcul. Il sera nécessaire d'y avoir égard lorsque l'on aura des observations très nombreuses et très précises des marées, et alors on pourra déterminer l'arbitraire C, impor-

tante à connaître pour conclure exactement la masse L de la Lune
des phénomènes des marées.

En réunissant tous les termes dus aux actions du Soleil et de la
Lune, on aura pour l'expression approchée de la hauteur y de la
mer

$$y = -\frac{1 + 3\cos 2\theta}{8g\left(1 - \frac{3\mu}{5}\right)}\left(\frac{S}{r^3} + \frac{L}{r'^3}\right)$$

$$+ R\left[\frac{S}{r^3}\cos 2(nt + \varpi - \varphi - \lambda) + \frac{L}{r'^3}\cos 2(nt + \varpi - \varphi' - \lambda)\right].$$

cette expression devant se rapporter à $36^h\frac{1}{2}$ avant le moment que l'on
considère.

VIII.

Examinons enfin le cas de la nature, dans lequel le Soleil et la Lune
ne se meuvent pas dans le plan de l'équateur. Nous avons donné, dans
l'article III, la manière d'obtenir les forces solaires et lunaires décomposées parallèlement à trois droites perpendiculaires entre elles, et il
en résulte :

1° Que ces forces, décomposées parallèlement au rayon terrestre R,
sont

$$-\frac{R}{4}(1 + 3\cos 2\theta)\left[\frac{S}{r^3}(1 - 3\sin^2 v) + \frac{L}{r'^3}(1 - 3\sin^2 v')\right]$$

$$+ 6R\sin\theta\cos\theta\left[\frac{S}{r^3}\sin v\cos v\cos(nt + \varpi - \varphi)\right.$$

$$\left. + \frac{L}{r'^3}\sin v'\cos v'\cos(nt + \varpi - \varphi')\right]$$

$$+ \frac{3R}{2}\sin^2\theta\left[\frac{S}{r^3}\cos^2 v\cos 2(nt + \varpi - \varphi)\right.$$

$$\left. + \frac{L}{r'^3}\cos^2 v'\cos 2(nt + \varpi - \varphi')\right];$$

2° Que ces forces, décomposées perpendiculairement à R dans le plan du méridien, sont

$$\frac{3R}{4}\sin 2\theta\left[\frac{S}{r^3}(1-3\sin^2 v)+\frac{L}{r'^3}(1-3\sin^2 v')\right]$$

$$+3R\cos 2\theta\left[\frac{S}{r^3}\sin v\cos v\cos(nt+\varpi-\varphi)\right.$$

$$\left.+\frac{L}{r'^3}\sin v'\cos v'\cos(nt+\varpi-\varphi')\right]$$

$$+\frac{3R}{2}\sin\theta\cos\theta\left[\frac{S}{r^3}\cos^2 v\,\cos 2(nt+\varpi-\varphi)\right.$$

$$\left.+\frac{L}{r'^3}\cos^2 v'\cos 2(nt+\varpi-\varphi')\right];$$

3° Que ces forces, décomposées perpendiculairement au méridien, sont

$$-3R\cos\theta\left[\frac{S}{r^3}\sin v\cos v\sin(nt+\varpi-\varphi)\right.$$

$$\left.+\frac{L}{r'^3}\sin v'\cos v'\sin(nt+\varpi-\varphi')\right]$$

$$-\frac{3R}{2}\sin\theta\left[\frac{S}{r^3}\cos^2 v\,\sin 2(nt+\varpi-\varphi)\right.$$

$$\left.+\frac{L}{r'^3}\cos^2 v'\sin 2(nt+\varpi-\varphi')\right].$$

Les forces partielles

$$-\frac{R}{4}(1+3\cos 2\theta)\left[\frac{S}{r^3}(1-3\sin^2 v)+\frac{L}{r'^3}(1-3\sin^2 v')\right],$$

$$\frac{3R}{4}\sin 2\theta\left[\frac{S}{r^3}(1-3\sin^2 v)+\frac{L}{r'^3}(1-3\sin^2 v')\right]$$

variant avec une grande lenteur, on peut, comme on l'a vu dans l'article précédent, supposer que la mer est à chaque instant en équilibre, en vertu de ces forces, et, dans ce cas, la partie

$$-\frac{1+3\cos 2\theta}{8g\left(1-\frac{3\rho}{5}\right)}\left[\frac{S}{r^3}(1-3\sin^2 v)+\frac{L}{r'^3}(1-3\sin^2 v')\right]$$

de l'expression de y, donnée dans l'article II, représente la hauteur de la mer due à l'action de ces forces.

Les forces partielles dépendantes de l'angle $2nt + 2\varpi + \ldots$ peuvent être décomposées en différents termes multipliés par les sinus et cosinus d'angles de la forme $2nt - 2qt + 2\varepsilon$. On s'assurera, comme dans l'article précédent, qu'il en résulte dans l'expression de la hauteur de la mer une quantité égale à

$$B\left[\frac{S}{r^3}\cos^2 v \cos 2(nt + \varpi - \varphi - \lambda) + \frac{L}{r'^3}\cos^2 v' \cos 2(nt + \varpi - \varphi' - \lambda)\right].$$

le temps t devant être diminué, dans cette fonction, d'un intervalle qui, pour Brest, est d'environ $36^h\frac{1}{2}$.

Il nous reste à considérer la partie des forces précédentes qui dépend de l'angle $nt + \varpi + \ldots$ Cette partie peut se développer en termes multipliés par des sinus et cosinus d'angles de la forme $nt - qt + \varepsilon$, q étant fort petit relativement à n. Chacun de ces termes produira, dans l'intervalle d'un jour à peu près, un flux et un reflux analogues à ceux que produisent les termes dépendants des angles de la forme $2nt - 2qt + 2\varepsilon$, avec la seule différence que le flux relatif à l'angle $nt - qt + \varepsilon$ n'a lieu qu'une fois par jour, au lieu que le flux relatif à l'angle $2nt - 2qt + 2\varepsilon$ a lieu deux fois par jour.

Si la mer inondait la Terre entière et n'éprouvait point de résistance dans ses mouvements, les deux espèces de flux que nous venons de considérer auraient lieu à l'instant même du passage des astres au méridien; mais nous avons déjà observé que, dans nos ports, les flux dont la période est d'un demi-jour suivent ou précèdent ces passages: il en est très probablement de même des flux dont la période est d'un jour; mais il est possible que ces deux espèces de flux n'aient pas lieu au même instant.

Nous avons encore vu que le flux dont la période est d'un demi-jour, et qui dépend de l'action de la Lune, suit de plus près le passage de cet astre au méridien que le flux de la même espèce dépendant de l'action du Soleil suit le passage du Soleil au méridien. La même chose a lieu, selon toute apparence, relativement au flux dont la période est d'un jour.

Cela posé, en suivant l'analyse des articles V et VII, on trouvera que la hauteur de la mer due aux forces dont la période est à peu près d'un jour peut être représentée par la formule

$$A\left[\frac{S}{r^3}\sin v \cos v \cos(nt + \varpi - \varphi - \gamma) + \frac{L}{r'^3}\sin v' \cos v' \cos(nt + \varpi - \varphi' - \gamma)\right].$$

A et γ étant deux arbitraires que l'observation seule peut déterminer dans chaque port, et le temps devant être diminué d'un intervalle que l'observation peut seule encore déterminer.

Si l'on réunit toutes ces hauteurs partielles de la mer, on aura pour sa hauteur entière y

$$y = -\frac{1 + 3\cos 2\varphi}{8g\left(1 - \frac{3\varphi}{5}\right)}\left[\frac{S}{r^3}(1 - 3\sin^2 v) + \frac{L}{r'^3}(1 - 3\sin^2 v')\right]$$

$$+ A\left[\frac{S}{r^3}\sin v \cos v \cos(nt + \varpi - \varphi - \gamma)\right.$$

$$\left. + \frac{L}{r'^3}\sin v' \cos v' \cos(nt + \varpi - \varphi' - \gamma)\right]$$

$$- B\left[\frac{S}{r^3}\cos^2 v \cos 2(nt + \varpi - \varphi - \lambda)\right.$$

$$\left. + \frac{L}{r'^3}\cos^2 v' \cos 2(nt + \varpi - \varphi' - \lambda)\right],$$

expression dans laquelle on doit observer de diminuer le temps d'un certain intervalle dans les termes multipliés par A, et d'un autre intervalle dans les termes multipliés par B. L'observation peut seule faire connaître ces intervalles dans chaque port, ainsi que les constantes A, γ, B, λ.

La partie de cette expression multipliée par A étant très petite dans nos ports, ainsi que la partie indépendante de A et de B, on peut y supposer, sans erreur sensible, le temps t diminué de la même quantité que dans la partie multipliée par B; en sorte que, dans l'expression entière de y, le temps peut être diminué relativement au port de Brest d'environ $36^h\frac{1}{2}$.

IX.

Des hauteurs des marées vers les syzygies.

Développons maintenant les principaux phénomènes des marées qui résultent de l'expression précédente de y, et comparons-y les observations. Nous distinguerons ces phénomènes en deux classes, l'une relative aux hauteurs des marées et l'autre relative à leurs intervalles. Les marées les plus remarquables sont les plus grandes, qui ont lieu vers les syzygies, et les plus petites, qui ont lieu vers les quadratures; considérons d'abord les premières.

Aux instants de la pleine et de la basse mer, on a

$$\frac{dy}{dt} = 0;$$

or on peut, en différentiant l'expression précédente de y, supposer les quantités v, v', r, r', φ et φ' constantes, parce que, ces quantités variant avec lenteur, l'effet de leurs variations est insensible sur les hauteurs de la pleine et de la basse mer ou sur le maximum et sur le minimum de y, car on sait que, vers ces points, une petite erreur sur le temps t est insensible sur la valeur de y. L'équation $\frac{dy}{dt} = 0$ donnera donc

$$0 = \frac{A}{2B}\left[\frac{S}{r^3} \sin v \cos v \sin(nt + \varpi - \varphi - \gamma) \right.$$
$$\left. + \frac{L}{r'^3} \sin v' \cos v' \sin(nt + \varpi - \varphi' - \gamma) \right]$$
$$+ \frac{S}{r^3} \cos^2 v \sin 2(nt + \varpi - \varphi - \lambda) + \frac{L}{r'^3} \sin^2 v' \cos 2(nt + \varpi - \varphi' - \lambda).$$

La fraction $\frac{A}{2B}$ étant très petite dans nos ports, on peut la négliger sans craindre aucune erreur sensible; l'équation précédente donnera ainsi

$$\tan g\, 2(nt + \varpi - \varphi' - \lambda) = \frac{\dfrac{S}{r^3} \cos^2 v \sin 2(\varphi - \varphi')}{\dfrac{L}{r'^3} \cos^2 v' + \dfrac{S}{r^3} \cos^2 v \cos^2(\varphi - \varphi')}.$$

On substituera dans l'expression de y la valeur de $nt + \varpi - \varphi'$ déterminée par cette équation ; soit (A) ce que devient alors la fonction

$$A\left[\frac{S}{r^3}\sin v \cos v \cos(nt + \varpi - \varphi - \gamma) + \frac{L}{r'^3}\sin v' \cos v' \cos(nt + \varpi - \varphi' - \gamma)\right],$$

on aura

$$y = -\frac{1 + 3\cos 2\theta}{8g\left(1 - \frac{3\theta}{5}\right)}\left[\frac{S}{r^3}(1 - 3\sin^2 v) + \frac{L}{r'^3}(1 - 3\sin^2 v')\right] + (A)$$

$$\pm B\sqrt{\left(\frac{L}{r'^3}\cos^2 v'\right)^2 + \frac{2L}{r'^3}\cos^2 v'\frac{S}{r^3}\cos^2 v \cos 2(\varphi - \varphi') + \left(\frac{S}{r^3}\cos^2 v\right)^2}.$$

le signe + ayant lieu pour la haute mer, et le signe — ayant lieu pour la basse mer.

Supposons que cette expression se rapporte à la pleine mer du matin ; on aura l'expression de la hauteur de la pleine mer du soir en augmentant les quantités variables de ce dont elles croissent dans l'intervalle de ces deux marées. Il faut par conséquent changer le signe de (A), parce que l'angle $nt + \varpi - \varphi' - \gamma$ augmente d'environ 180° dans cet intervalle, la petite différence pouvant être négligée à raison de la petitesse de (A).

Nommons présentement y' la demi-somme des hauteurs des marées du matin et du soir ; y' sera ce que nous entendrons dans la suite par *hauteur moyenne absolue de la marée d'un jour*. On aura, à très peu près,

$$y' = -\frac{1 + 3\cos 2\theta}{8g\left(1 - \frac{3\theta}{5}\right)}\left[\frac{S}{r^3}(1 - 3\sin^2 v) + \frac{L}{r'^3}(1 - 3\sin^2 v')\right]$$

$$+ B\sqrt{\left(\frac{L}{r'^3}\cos^2 v'\right)^2 + \frac{2L}{r'^3}\cos^2 v'\frac{S}{r^3}\cos^2 v \cos 2(\varphi - \varphi') + \left(\frac{S}{r^3}\cos^2 v\right)^2},$$

toutes les variables de cette expression étant relatives à la basse mer intermédiaire entre les deux marées du matin et du soir, et devant conséquemment, dans le port de Brest, se rapporter à un instant qui précède de $36^h\frac{1}{2}$ celui de cette basse mer.

L'excès de la marée du matin sur celle du soir sera $2(A)$.

Si l'on nomme (A') ce que devient (A) lorsque l'on augmente $nt + \varpi$ de $90°$, la hauteur de la basse mer intermédiaire entre les deux marées du matin et du soir sera

$$- \frac{1 + 3\cos 2\theta}{8g\left(1 - \frac{3\rho}{5}\right)} \left[\frac{S}{r^3}(1 - 3\sin^2 v) + \frac{L}{r'^3}(1 - 3\sin^2 v') \right] + (A')$$

$$- B\sqrt{\left(\frac{L}{r'^3}\cos^2 v'\right)^2 + \frac{2L}{r'^3}\cos^2 v' \frac{S}{r^3}\cos^2 v \cos 2(\varphi - \varphi') + \left(\frac{S}{r^3}\cos^2 v\right)^2}.$$

En retranchant cette expression de celle de y', on aura ce que nous entendons par *marée totale*, qui est ainsi l'excès de la demi-somme des deux marées d'un jour sur la basse mer intermédiaire; soit y'' cet excès, on aura

$$y'' = -(A') + 2B\sqrt{\left(\frac{L}{r'^3}\cos^2 v'\right)^2 + \frac{2L}{r'^3}\cos^2 v' \frac{S}{r^3}\cos^2 v \cos 2(\varphi - \varphi') + \left(\frac{S}{r^3}\cos^2 v\right)^2};$$

enfin, la différence des deux basses mers consécutives sera $2(A')$.

Vers le maximum des marées, ou vers les syzygies, l'angle $\varphi - \varphi'$ est peu considérable, puisqu'il est nul au maximum; on aura donc, à peu près, à l'instant de la pleine mer,

$$nt + \varpi - \varphi' = \lambda,$$

ce qui donne

$$(A) = \quad A\left(\frac{S}{r^3}\sin v \cos v + \frac{L}{r'^3}\sin v' \cos v'\right)\cos(\lambda - \gamma),$$

$$(A') = -A\left(\frac{S}{r^3}\sin v \cos v + \frac{L}{r'^3}\sin v' \cos v'\right)\sin(\lambda - \gamma).$$

Ces expressions ont une exactitude suffisante à cause de la petitesse de A. Cela posé, si dans les termes multipliés par B on néglige la quatrième puissance de $\varphi' - \varphi$, on aura vers les syzygies

$$y' = - \frac{1 + 3\cos 2\theta}{8g\left(1 - \frac{3\varphi}{6}\right)}\left[\frac{S}{r^3}(1 - 3\sin^2 v) + \frac{L}{r'^3}(1 - 3\sin^2 v')\right]$$

$$+ B\left(\frac{S}{r^3}\cos^2 v + \frac{L}{r'^3}\cos^2 v'\right) - \frac{2B\frac{S}{r^3}\cos^2 v\,\frac{L}{r'^3}\cos^2 v'}{\frac{S}{r^3}\cos^2 v + \frac{L}{r'^3}\cos^2 v'}(\varphi' - \varphi)^2,$$

$$y'' = A\left(\frac{S}{r^3}\sin v\cos v + \frac{L}{r'^3}\sin v'\cos v'\right)\sin(\lambda - \gamma)$$

$$+ 2B\left(\frac{S}{r^3}\cos^2 v + \frac{L}{r'^3}\cos^2 v'\right) - \frac{4B\frac{S}{r^3}\cos^2 v\,\frac{L}{r'^3}\cos^2 v'}{\frac{S}{r^3}\cos^2 v + \frac{L}{r'^3}\cos^2 v'}(\varphi' - \varphi)^2.$$

En considérant ces expressions de y' et de y'', on voit d'abord que les déclinaisons du Soleil et de la Lune influent sur les hauteurs absolues de la mer et sur les marées totales des syzygies, en sorte que, toutes choses égales d'ailleurs, les plus grandes de ces marées totales ont lieu vers les équinoxes, et les plus petites vers les solstices, les premières étant aux secondes à peu près dans le rapport de l'unité au carré du cosinus de l'obliquité de l'écliptique. L'action de la Lune, pour élever les eaux de la mer, étant environ trois fois plus grande que celle du Soleil, l'effet de sa déclinaison est, en même raison, plus considérable. Les marées syzygies des solstices sont donc les plus petites qu'il est possible lorsque le nœud ascendant de l'orbite lunaire coïncide avec l'équinoxe. Ainsi les phénomènes des marées dépendent du mouvement des nœuds de la Lune.

On voit ensuite que, tout étant égal d'ailleurs, les marées syzygies sont plus grandes dans le périgée de la Lune que dans son apogée, parce que la fraction $\frac{L}{r'^3}$ augmente très sensiblement dans le premier cas et diminue dans le second cas. Pareillement, le Soleil étant apogée vers le solstice d'été et périgée vers le solstice d'hiver, les marées des solstices d'hiver surpassent celles des solstices d'été ; mais cet effet de la variation des distances est moins sensible pour le Soleil que pour la Lune, parce que l'excentricité de l'orbite terrestre est environ trois fois moindre que celle de l'orbite lunaire et que l'action du Soleil est trois fois plus faible que celle de la Lune.

X.

Pour démêler ces divers effets dans les observations, afin d'y comparer la théorie, il faut combiner ces observations de manière que chaque effet s'y montre séparément. Considérons d'abord l'effet des déclinaisons des astres. On ajoutera dans l'une des deux syzygies qui comprennent l'équinoxe les hauteurs moyennes absolues de la mer, du jour même de la syzygie et des trois jours qui la suivent. Le maximum de cette hauteur tombera entre ces observations. On ajoutera pareillement dans l'autre syzygie les hauteurs moyennes absolues du jour même de la syzygie et des trois jours qui la suivent. On fera ensuite de ces deux sommes partielles une somme totale que nous désignerons par h. L'effet des variations des distances du Soleil et de la Lune sera à peu près nul dans h, parce que le Soleil est dans sa moyenne distance à la Terre, vers les équinoxes, et que, si dans l'une des deux syzygies la Lune est apogée, elle est périgée dans l'autre. On peut donc supposer, dans h, r égal à la moyenne distance du Soleil et r' égal à la moyenne distance syzygie de la Lune.

Si l'on ajoute les huit valeurs de y' correspondantes aux huit jours d'observation que nous venons de considérer, la somme des termes dépendants de $(\varphi' - \varphi)^2$ sera

$$-\frac{4\alpha B \dfrac{S}{r^3}\dfrac{L}{r'^3}}{\dfrac{S}{r^3} + \dfrac{L}{r'^3}}\, y^2 \cos^2\varepsilon,$$

ε étant l'obliquité de l'écliptique, v étant le moyen mouvement synodique de la Lune dans l'intervalle des deux marées consécutives du
matin ou du soir vers le maximum des marées, et α étant la somme des
carrés des quatre intervalles de l'instant de ce maximum dans chaque
syzygie, aux instants des basses marées intermédiaires entre les deux
marées du matin et du soir, dans chacun des quatre jours que l'on considère, l'intervalle entre deux marées consécutives du matin et du soir
vers les syzygies étant pris pour unité. Cela suit de ce que l'angle
$q' - q$ est nul à l'instant du maximum, et de ce que vers les équinoxes
la variation journalière de cet angle est égale à $v \cos \varepsilon$.

Dans le terme $B\left(\frac{S}{r^3}\cos^2 v + \frac{L}{r'^3}\cos^2 v'\right)$ de l'expression de y', la variation de v' dans l'intervalle des quatre jours d'observation considérés
dans chaque syzygie devient sensible. Supposons que q soit la longitude du Soleil à l'instant de la syzygie, q étant fort petit; la somme des
quatre valeurs du terme précédent relatives à ces quatre jours sera à
fort peu près

$$4 B (1 - q^2 \sin^2\varepsilon)\left(\frac{S}{r^3} + \frac{L}{r'^3}\right) - \alpha B \frac{L}{r'^3} v^2 \sin^2\varepsilon,$$

parce que le maximum des hauteurs des marées tombe à peu près au
milieu des observations extrêmes.

De là il est facile de conclure

$$h = - \frac{1 + 3\cos 2q}{g\left(1 - \frac{3v}{5}\right)}\left(\frac{S}{r^3} + \frac{L}{r'^3}\right)$$
$$\cdot 8 B (1 - q^2 \sin^2\varepsilon)\left(\frac{S}{r^3} + \frac{L}{r'^3}\right) - 2\alpha B \frac{L v^2}{r'^3}\left(\sin^2\varepsilon + \frac{\frac{2S}{r^3}\cos^2\varepsilon}{\frac{S}{r^3} + \frac{L}{r'^3}}\right),$$

la valeur de q^2 étant ici une moyenne entre les deux valeurs de cette
quantité relatives aux deux syzygies qui comprennent l'équinoxe.

Si l'on nomme l la somme des huit marées totales correspondantes
aux huit hauteurs moyennes absolues précédentes, l'expression de y''

donnera

$$l = 16\,\mathrm{B}(1 - q^2 \sin^2\varepsilon)\left(\frac{\mathrm{S}}{r^3} + \frac{\mathrm{L}}{r'^3}\right) - 4\,\alpha\,\mathrm{B}\,\frac{\mathrm{L}}{r'^3}\,\upsilon^2\left(\sin^2\varepsilon + 2\,\frac{\dfrac{\mathrm{S}}{r^3}\cos^2\varepsilon}{\dfrac{\mathrm{S}}{r^3} + \dfrac{\mathrm{L}}{r'^3}}\right).$$

En opérant de la même manière sur les deux syzygies qui comprennent un solstice d'été, et en supposant que, dans ce solstice, la déclinaison de la Lune est la même que celle du Soleil et égale à ε; enfin, en nommant h' et l' ce que deviennent alors h et l, on trouvera, à fort peu près,

$$h' = -\frac{1 + 3\cos 2\theta}{g\left(1 - \dfrac{3\rho}{5}\right)}\left(\frac{\mathrm{S}}{r^3} + \frac{\mathrm{L}}{r'^3}\right)(1 - 3\sin^2\varepsilon)$$

$$\div\; 8\,\mathrm{B}(1 + q'^2 \tan^2\varepsilon)\cos^2\varepsilon\left(\frac{\mathrm{S}}{r^3} + \frac{\mathrm{L}}{r'^3}\right) + 2\,\alpha\,\mathrm{B}\,\frac{\mathrm{L}}{r'^3}\,\upsilon^2\left(\sin^2\varepsilon - \frac{\dfrac{2\mathrm{S}}{r^3}}{\dfrac{\mathrm{S}}{r^3} + \dfrac{\mathrm{L}}{r'^3}}\right),$$

$$l' = 8\,\mathrm{A}\,\sin\varepsilon\,\cos\varepsilon\,\sin(\lambda - \gamma)\left(\frac{\mathrm{S}}{r^3} + \frac{\mathrm{L}}{r'^3}\right)$$

$$+ 16\,\mathrm{B}(1 + q'^2 \tan^2\varepsilon)\cos^2\varepsilon\left(\frac{\mathrm{S}}{r^3} + \frac{\mathrm{L}}{r'^3}\right) + 4\,\alpha\,\mathrm{B}\,\frac{\mathrm{L}}{r'^3}\,\upsilon^2\left(\sin^2\varepsilon - \frac{\dfrac{2\mathrm{S}}{r^3}}{\dfrac{\mathrm{S}}{r^3} + \dfrac{\mathrm{L}}{r'^3}}\right),$$

$90° - q'$ étant la longitude moyenne du Soleil à l'instant de la syzygie, et q'^2 étant une moyenne entre les deux valeurs de cette quantité relatives aux deux syzygies qui comprennent le solstice d'été.

Dans ces expressions de h' et de l', le rayon r est la distance apogée du Soleil; on aura les valeurs de h' et de l', relatives aux solstices d'hiver, en y changeant ε dans $-\varepsilon$, parce que les déclinaisons des deux astres changent de signe, et en supposant que r est la distance périgée du Soleil.

Pour faire disparaître l'effet des variations des distances du Soleil, ainsi que le terme multiplié par A, on ajoutera un nombre quelconque i de valeurs de h', relatives aux solstices d'été, au même nombre de valeurs de h', relatives aux solstices d'hiver. Soit (h') cette somme. On ajoutera semblablement i valeurs de l' relatives aux solstices d'été, à i valeurs de l' relatives aux solstices d'hiver. Soit (l') cette somme. Nommons pareillement (h) et (l) la somme de $2i$ valeurs, soit de h, soit de l, on aura

$$(h) = -2i\,\frac{1+3\cos2\theta}{g\left(1-\frac{3\rho}{5}\right)}\left(\frac{S}{r^3}+\frac{L}{r'^3}\right)$$
$$+16iB(1-q^2\sin^2\varepsilon)\left(\frac{S}{r^3}+\frac{L}{r'^3}\right)-4i\alpha B\,\frac{L}{r'^3}\,v^2\left(\sin^2\varepsilon+\frac{\frac{2S}{r^3}\cos^2\varepsilon}{\frac{S}{r^3}+\frac{L}{r'^3}}\right),$$

$$(l) = 32iB(1-q^2\sin^2\varepsilon)\left(\frac{S}{r^3}+\frac{L}{r'^3}\right)-8i\alpha B\,\frac{L}{r'^3}\,v^2\left(\sin^2\varepsilon+\frac{\frac{2S}{r^3}\cos^2\varepsilon}{\frac{S}{r^3}+\frac{L}{r'^3}}\right),$$

$$(h') = -2i\,\frac{1-3\cos2\theta}{g\left(1-\frac{3\rho}{5}\right)}\left(\frac{S}{r^3}+\frac{L}{r'^3}\right)(1-3\sin^2\varepsilon)$$
$$+16iB(1+q'^2\tan^2\varepsilon)\cos^2\varepsilon\left(\frac{S}{r^3}+\frac{L}{r'^3}\right)$$
$$+4i\alpha B\,\frac{L}{r'^3}\,v^2\left(\sin^2\varepsilon-\frac{\frac{2S}{r^3}}{\frac{S}{r^3}+\frac{L}{r'^3}}\right),$$

$$(l') = 32iB(1+q'^2\tan^2\varepsilon)\cos^2\varepsilon\left(\frac{S}{r^3}+\frac{L}{r'^3}\right)$$
$$+8i\alpha B\,\frac{L}{r'^3}\,v^2\left(\sin^2\varepsilon-\frac{\frac{2S}{r^3}}{\frac{S}{r^3}+\frac{L}{r'^3}}\right).$$

Dans ces expressions, les distances r et r' sont les moyennes distances du Soleil et de la Lune syzygie ; en sorte que l'effet de la variation des distances disparaît, ainsi que la valeur de A. La valeur de q^2 est moyenne entre toutes les valeurs de cette quantité, relatives aux $2i$ syzygies des équinoxes, et la valeur de q'^2 est moyenne entre toutes les valeurs relatives aux $2i$ syzygies des solstices.

Les expressions précédentes donnent

$$(h) - (h') = - \frac{6i(1 + 3\cos 2\theta)}{g\left(1 - \frac{3\rho}{5}\right)} \sin^2\varepsilon \left(\frac{S}{r^3} + \frac{L}{r'^3}\right)$$

$$+ 16i\,\mathrm{B}(1 - 2q^2)\sin^2\varepsilon \left(\frac{S}{r^3} + \frac{L}{r'^3}\right) - 8i\alpha\mathrm{B} \frac{\left(\frac{L}{r'^3}\right)^2}{\frac{S}{r^3} + \frac{L}{r'^3}} v^2\sin^2\varepsilon,$$

$$(l) - (l') = \quad 32i\,\mathrm{B}(1 - 2q^2)\sin^2\varepsilon \left(\frac{S}{r^3} + \frac{L}{r'^3}\right) - 16i\alpha\mathrm{B} \frac{\left(\frac{L}{r'^3}\right)^2}{\frac{S}{r^3} + \frac{L}{r'^3}} v^2\sin^2\varepsilon,$$

la valeur de q^2 dans ces expressions étant une moyenne entre les valeurs de q^2 et de q'^2 relatives aux $4i$ syzygies des équinoxes et des solstices. On voit ainsi que $(l) - (l')$ est à peu près double de $(h) - (h')$; la première de ces quantités est même plus que double de la seconde à Brest, à cause du facteur $1 + 3\cos 2\theta$, qui est positif dans ce port. Voilà donc un moyen simple de juger, par les observations, de l'effet des déclinaisons du Soleil et de la Lune sur les marées, et de comparer à cet égard la théorie aux observations.

XI.

Pour cela, j'ai fait usage des observations faites à Brest vers le commencement de ce siècle, et consignées dans le Recueil dont j'ai fait mention (art. I). J'ai considéré les deux syzygies entre lesquelles l'équinoxe ou le solstice était compris; j'ai pris la somme des hauteurs absolues de la mer au-dessus du zéro de l'échelle d'observation, le jour même de la syzygie et les trois jours qui la suivent. Les hauteurs des deux marées de chaque jour ayant été très souvent observées, j'ai pris, pour hauteur absolue de la marée, la moyenne entre les hauteurs absolues des deux marées. Dans le très petit nombre de cas, où une seule des hauteurs a été observée, je l'ai corrigée pour la réduire à la hauteur moyenne, en faisant usage de l'excès d'une des marées sur l'autre dans les solstices, excès que je déterminerai ci-après. Pour avoir les marées totales, dans le cas où la basse mer intermédiaire entre les deux marées d'un même jour n'a pas été observée, j'ai conclu par interpolation la hauteur de cette basse mer.

C'est en discutant ainsi avec soin les observations, que j'ai formé la Table suivante : les hauteurs absolues et les marées totales de cette Table sont chacune la somme des huit hauteurs absolues et des huit marées totales, correspondantes aux huit jours des deux syzygies, considérées dans chaque équinoxe et dans chaque solstice.

TABLE I.

MARÉES DES SYZYGIES DES ÉQUINOXES.

		Hauteurs absolues.	Marées totales.
		pi	pi
1711.	Septembre	145,549	151,215
		139,299	148,285
1712.	Mars	143,028	145,444
	Septembre	144,667	146,889
1714.	Septembre	141,076	149,201
		141,368	151,076
1715.	Mars	145,639	150,056
	Septembre	141,160	149,285
1716.	Mars	140,701	156,743
	Septembre	138,924	145,007
	Total	1421,411	1493,201

MARÉES DES SYZYGIES DES SOLSTICES.

		Hauteurs absolues.	Marées totales.
		pi	pi
1711.	Juin	132,257	126,368
	Décembre	140,278	130,361
1712.	Juin	133,292	128,042
	Décembre	138,514	129,007
1714.	Juin	134,695	133,236
	Décembre	133,910	134,910
1715.	Juin	133,715	130,799
	Décembre	131,854	137,063
	Décembre	133,938	139,542
1716.	Juin	133,660	140,729
	Total	1346,113	1330,147

J'observerai sur ces résultats que les deux syzygies du solstice de décembre 1711 ne comprennent pas ce solstice, le défaut des observations des basses marées dans la syzygie qui suit ce solstice m'ayant forcé de considérer les syzygies du 25 novembre et du 9 décembre de la même année. Par la même raison, j'ai considéré, en 1716, les syzygies du 1er et du 15 septembre; ces dernières observations n'ont point été imprimées dans le Tome IV de l'*Astronomie* de M. de la Lande, mais M. de Cassini a bien voulu me les communiquer manuscrites.

Pour multiplier les observations, j'ai considéré, en 1711 et en 1714, les deux syzygies consécutives qui ont précédé et celles qui ont suivi chaque équinoxe d'automne; ainsi les premiers nombres de ces deux équinoxes sont relatifs aux deux syzygies dont l'une précède et l'autre suit médiatement l'équinoxe, et les seconds nombres sont relatifs aux deux syzygies, dont l'une précède et l'autre suit immédiatement l'équinoxe. Pareillement, les premiers nombres du solstice de décembre 1715 sont relatifs aux deux syzygies, dont l'une précède et l'autre suit médiatement le solstice, et les seconds nombres sont relatifs aux deux syzygies, dont l'une précède et l'autre suit immédiatement le solstice.

On voit, par la Table précédente, l'influence des déclinaisons du Soleil et de la Lune sur les marées totales des solstices; cette influence est si sensible, qu'elle s'est constamment manifestée dans les dix équinoxes et dans les dix solstices de cette Table, puisque le plus grand des nombres relatifs aux marées totales des solstices est plus faible que le plus petit des nombres relatifs aux marées totales des équinoxes. Dans les quatre premiers solstices, les marées totales sont plus faibles que dans les solstices suivants, parce que la position des nœuds de l'orbite lunaire a augmenté les déclinaisons solsticiales de la Lune en 1711 et 1712. On peut donc regarder comme un phénomène incontestable que les plus fortes marées totales ont lieu à Brest dans les équinoxes, en entendant toujours par *marée totale* la demi-somme des deux marées d'un même jour au-dessus du niveau de la basse mer intermédiaire.

Les déclinaisons du Soleil et de la Lune influent pareillement sur les hauteurs absolues des marées, mais d'une manière moins sensible que sur les marées totales; car la différence du total des hauteurs absolues des marées dans les équinoxes précédents, au total des mêmes hauteurs dans les solstices, n'est que de $75^{pi},298$, tandis que cette même différence pour les marées totales est de $163^{pi},054$, et par conséquent plus que double de la première, comme cela doit être par l'article X.

XII.

Comparons maintenant la théorie aux observations, et voyons si les déclinaisons des astres ont sur les marées la même influence par les observations que par la théorie. On verra ci-après que $\frac{L}{r^3}$ est à fort peu près triple de $\frac{S}{r^3}$, en sorte que l'on peut, sans erreur sensible, faire cette supposition dans les termes de l'expression de $(l) - (l')$, multipliés par v^2; cette expression, trouvée dans l'article X, deviendra ainsi, en négligeant les produits de quatre dimensions de v et de q,

$$(1) \qquad (l) - (l') = (l)\sin^2\varepsilon - (l)\sin^2\varepsilon \left(q^2 + \frac{3x}{3z}v^2\right)(2 - \sin^2\varepsilon);$$

nous prendrons pour q^2 sa valeur moyenne entre les deux extrêmes, qui ont lieu lorsque la syzygie arrive dans l'équinoxe même, et lorsqu'elle arrive quinze jours après; cette valeur est

$$q^2 = \tfrac{1}{2}\sin^2 14°30'.$$

v est le moyen mouvement synodique de la Lune dans l'intervalle de deux marées consécutives du matin ou du soir vers les syzygies; on verra dans la suite que cet intervalle est de $24^h 39^m$. Le moyen mouvement correspondant de la Lune est de $12°47'$, en ayant égard à l'argument de la variation qui augmente constamment ce mouvement dans les syzygies.

Pour déterminer la valeur de x, nous supposerons, par un milieu, que, dans les syzygies de la Table précédente, la syzygie est arrivée à midi, et qu'elle précède de $36^h\frac{1}{2}$ le maximum des marées. L'intervalle de deux marées consécutives du matin et du soir, vers les syzygies, étant pris pour l'unité, les intervalles du maximum des marées à la basse marée intermédiaire de chacun des quatre jours que nous avons considérés dans chaque syzygie seront, par l'article suivant,

$$1,58169, \quad 0,58169, \quad -0,41831, \quad -1,41831.$$

La somme de leurs carrés est la valeur de α qui, par conséquent, est égale à 5,0266. Cela posé, si l'on prend pour ε l'obliquité de l'écliptique, qui, à l'époque des observations précédentes, était d'environ $23°29'$, et si l'on observe que, par la Table I, on a

$$(l) = 1493^{ri}, 201,$$

l'équation (1) deviendra

$$(l) - (l') = 213^{ri}, 347.$$

La Table I donne

$$(l) - (l') = 163^{ri}, 054;$$

ainsi le résultat de l'observation est plus petit que celui de la théorie de $50^{pi}, 293$. Cette différence paraît trop considérable pour pouvoir être attribuée aux erreurs des observations; mais l'expression de $(l) - (l')$, donnée par l'équation (1), suppose l'orbite de la Lune dans le plan de l'écliptique, tandis qu'elle lui est inclinée d'environ $5°$; or, dans le plus grand nombre des observations solsticiales de la Table I, les nœuds de l'orbite lunaire étaient disposés de manière que, dans les solstices, la déclinaison de la Lune était de plusieurs degrés inférieure à l'obliquité de l'écliptique; on doit, par conséquent, supposer ε moindre que cette obliquité dans l'équation (1), et, pour réduire son second membre à la valeur de $(l) - (l')$, donnée par les observations, on trouve qu'il faut supposer ε égal à $20°24'$. C'est encore à peu près ce qui résulte des positions des nœuds de l'orbite lunaire dans les observations solsticiales de la Table précédente.

Cette Table donne

$$(h) - (h') = 75^{pi},298,$$
$$(l) - (l') = 163^{pi},054,$$

et par conséquent l'excès de $\frac{1}{2}(l) - \frac{1}{2}(l')$ sur $(h) - (h')$ est, suivant les observations de cette Table, égal à $6^{pi},229$. Cet excès, par l'article X, est égal à

$$\frac{30(1 + 3\cos 2\theta)}{g\left(1 - \frac{3\rho}{5}\right)} \sin^2 \varepsilon \left(\frac{S}{r^3} + \frac{L}{r'^3}\right).$$

On a [*Mémoires de l'Académie*, année 1776, page 210 (¹)]

$$\frac{3S}{2r^3 g} = 0^{pi},7629;$$

de plus, la densité ρ de la mer est, d'après les observations faites sur l'attraction des montagnes, une petite fraction de la moyenne densité de la Terre, en sorte que l'on peut négliger la fraction $\frac{3\rho}{5}$ vis-à-vis de l'unité; la fraction $\frac{L}{r'^3}$ est égale à $\frac{3S}{r^3}$. L'angle ε doit être supposé, par ce qui précède, égal à $20°24'$; enfin la latitude de Brest est de $48°22'42''$, ce qui donne à peu près

$$2\theta = 83°14'36''.$$

Cela posé, on aura

$$\frac{30(1 + 3\cos 2\theta)}{g\left(1 - \frac{3\rho}{5}\right)} \sin^2 \varepsilon \left(\frac{S}{r^3} + \frac{L}{r'^3}\right) = 10^{pi},037.$$

Ce résultat ne diffère que de $3^{pi},808$ de celui des observations, et cette différence est dans les limites des erreurs dont elles sont susceptibles.

XIII.

Un phénomène bien constaté par les observations est que les plus grandes marées n'arrivent pas le jour même des syzygies, mais un ou deux jours après. Pour le vérifier, j'ai ajouté dans chaque équinoxe

---

(¹) *OEuvres de Laplace*, T. IX, p. 222.

et dans chaque solstice de la Table I les deux marées totales du jour même de la syzygie; j'ai ajouté pareillement les marées totales des deux jours qui suivent la syzygie. Les premières sommes ont été constamment plus faibles que les secondes, ce qui prouve que le phénomène dont il s'agit est très sensible à Brest, puisqu'il s'est manifesté, non seulement dans l'ensemble de toutes les observations, mais encore dans chacun des équinoxes et des solstices de la Table précédente.

L'intervalle dont le maximum des marées suit la syzygie est un élément important de la théorie des marées. Pour le déterminer par les observations, j'ai ajouté les marées totales de chaque jour dans les vingt syzygies équinoxiales et dans les vingt syzygies solsticiales de la Table I, en considérant les marées totales du jour même de la syzygie et des trois jours qui la suivent; j'ai trouvé les quatre sommes suivantes :

$$(a) \qquad 692^{\mathrm{pi}},91, \quad 711^{\mathrm{pi}},73, \quad 722^{\mathrm{pi}},93, \quad 695^{\mathrm{pi}},78,$$

la première de ces sommes étant relative au jour même de la syzygie; la seconde étant relative au premier jour qui la suit; la troisième somme étant relative au second jour; enfin la quatrième étant relative au troisième jour après la syzygie. L'ensemble de ces observations embrasse quarante syzygies, qui sont arrivées, les unes le matin, et les autres le soir; en sorte qu'on peut supposer par un milieu que, dans cet ensemble, le moment de la syzygie a été celui de midi.

Si l'on prend pour unité l'intervalle de deux marées consécutives du matin et du soir vers les syzygies, et que l'on nomme ζ la distance de la basse marée intermédiaire entre les deux marées d'un jour quelconque fort voisin de la syzygie à la syzygie supposée arriver à midi, les quatre sommes précédentes pourront être représentées par la formule $m + n\zeta - p\zeta^2$. En effet, supposons que x soit l'intervalle d'une marée du matin d'un jour quelconque fort voisin de la syzygie à la syzygie supposée arriver à midi, et que la hauteur absolue de cette marée soit exprimée par la formule $a + bx - cx^2$, en n'ayant égard qu'aux flux partiels dont la période est d'un demi-jour, les seuls que l'on doit considérer ici, parce que les effets des autres flux partiels se compensent dans les observations de la Table précédente; la hauteur absolue de la marée du soir du même jour sera

$$a + b(x + \tfrac{1}{4}) - c(x + \tfrac{1}{4})^2,$$

et la hauteur de la basse marée intermédiaire sera

$$- a - b(x + \tfrac{1}{4}) + c(x + \tfrac{1}{4})^2.$$

L'expression de la marée totale sera donc

$$2a - \tfrac{1}{16}c + 2b(x + \tfrac{1}{4}) - 2c(x + \tfrac{1}{4})^2;$$

or $x + \tfrac{1}{4}$ est ce que nous avons nommé ζ; les sommes (a) peuvent donc être représentées par la formule $m + n\zeta - p\zeta^2$.

Pour déterminer les coefficients m, n et p à leur moyen, il faut avoir les valeurs de ζ relatives à chacune d'elles. On verra ci-après que, vers les syzygies, l'intervalle des marées consécutives du matin ou du soir est de $24^h 39^m$; on verra, de plus, que la marée du matin du jour de la syzygie supposée arriver à midi en est éloignée de $8^h 39^m 30^s$, en sorte que sa distance à la syzygie, comptée en intervalles des marées consécutives du matin, pris pour unité, est $- \dfrac{8^h 39^m 30^s}{24^h 39^m}$; je l'affecte du signe $-$, parce qu'elle précède la syzygie. On aura la distance à la syzygie de la basse marée intermédiaire du jour même de la syzygie en ajoutant $\tfrac{1}{4}$ à la distance précédente, ce qui donne, relativement au jour même de la syzygie,

$$\zeta = \tfrac{1}{4} - \frac{8^h 39^m 30^s}{24^h 39^m} = - 0,10125.$$

On aura les valeurs de ζ relatives au premier, au second et au troisième jour qui suivent la syzygie, en augmentant successivement d'une unité cette première valeur de ζ. Ainsi l'on aura, relativement aux quatre nombres (a),

$$\zeta = - 0,10125,$$
$$\zeta = 0,89875,$$
$$\zeta = 1,89875,$$
$$\zeta = 2,89875.$$

Maintenant, si l'on prend la seconde différence des trois premiers nombres (a) et la seconde différence des trois derniers, et que l'on prenne un milieu entre ces secondes différences, on aura la seconde différence finie de la formule $m + n\zeta - p\zeta^2$, ζ variant de l'unité. Cette différence seconde est $-2p$; on trouvera ainsi

$$p = 11^{\mathrm{pi}},4925.$$

On ajoutera ensuite successivement aux nombres (a) les valeurs de $p\zeta^2$ que l'on obtiendra en donnant successivement à ζ les quatre valeurs précédentes, et l'on aura les quatre nouveaux nombres

(b) $\qquad 693^{\mathrm{pi}},03, \quad 721^{\mathrm{pi}},01, \quad 764^{\mathrm{pi}},36, \quad 792^{\mathrm{pi}},35;$

ces quatre nombres sont représentés par la formule $m + n\zeta$; en prenant les différences du premier et du second de ces nombres, du second et du troisième, du troisième et du quatrième, et en prenant le tiers de la somme de ces trois différences, ce qui revient à prendre le tiers de la différence du premier et du quatrième des nombres (b), on aura la différence première de la formule $m + n\zeta$ et par conséquent la valeur de n; on trouvera ainsi

$$n = 33^{\mathrm{pi}},1067.$$

Si l'on retranche des quatre nombres (b) les valeurs correspondantes de $n\zeta$, on aura les suivants

(c) $\qquad 696^{\mathrm{pi}},38, \quad 691^{\mathrm{pi}},26, \quad 701^{\mathrm{pi}},50, \quad 696^{\mathrm{pi}},38;$

chacun de ces nombres est représenté par m; on aura donc la valeur de m en prenant un milieu entre eux, ce qui donne

$$m = 696^{\mathrm{pi}},38.$$

La formule $m + n\zeta - p\zeta^2$ devient ainsi

$$696^{\mathrm{pi}},38 + 33^{\mathrm{pi}},1067\zeta - 11^{\mathrm{pi}},4925\zeta^2.$$

On peut la mettre sous cette forme

(e) $\qquad 720^{\mathrm{pi}},22 - 11^{\mathrm{pi}},4925(\zeta - 1,44036)^2;$

il est aisé de voir que les erreurs de cette formule comparée aux nombres (a) ne sont que les différences des nombres (c) à la valeur de m; ces erreurs sont, par conséquent,

$$0, \quad -5^{pi},12, \quad +5^{pi},12, \quad 0;$$

elles sont dans les limites des erreurs dont les observations elles-mêmes sont susceptibles.

La formule (c) est à son maximum lorsque $\zeta = 1,44036$. En multipliant cette valeur de ζ par $24^h 39^m$, on aura $35^h 30^m$ pour l'intervalle dont le maximum de la marée totale suit la syzygie. Il est visible, par ce qui précède, que cette quantité est encore l'intervalle dont le maximum de la hauteur absolue de la marée suit la syzygie.

Pour comparer, sur ce point, la théorie aux observations, nous remarquerons que la somme des valeurs de (l) et de (l'), trouvées dans l'article X, peut être mise sous cette forme

$$32\,i\mathrm{B}\left(\frac{\mathrm{S}}{r^3} + \frac{\mathrm{L}}{r'^3}\right)(1 + \cos^2\varepsilon)\left[1 - \frac{\dfrac{2\mathrm{S}}{r^3}\dfrac{\mathrm{L}}{r'^3}}{\left(\dfrac{\mathrm{S}}{r^3} + \dfrac{\mathrm{L}}{r'^3}\right)^2}\frac{\alpha}{4}\upsilon^2\right].$$

Si l'on suppose $i = 5$ dans cette fonction, elle sera la somme des quatre nombres (a). La quantité α est la somme des valeurs de $(\zeta - 1,44036)^2$ correspondantes à chacun de ces nombres. Il est aisé d'en conclure que ces nombres sont représentés par la formule

$$40\mathrm{B}\left(\frac{\mathrm{S}}{r^3} + \frac{\mathrm{L}}{r'^3}\right)(1 + \cos^2\varepsilon)\left[1 - \frac{\dfrac{2\mathrm{S}}{r^3}\dfrac{\mathrm{L}}{r'^3}}{\left(\dfrac{\mathrm{S}}{r^3} + \dfrac{\mathrm{L}}{r'^3}\right)^2}\upsilon^2(\zeta - 1,44036)^2\right].$$

En comparant cette formule à celle-ci

$$720^{pi},22 - 11^{pi},4925(\zeta - 1,44036)^2,$$

qui résulte de l'observation, on aura

$$720^{pi},22\,\frac{\dfrac{2\mathrm{S}}{r^3}\dfrac{\mathrm{L}}{r'^3}}{\left(\dfrac{\mathrm{S}}{r^3} + \dfrac{\mathrm{L}}{r'^3}\right)^2}\upsilon^2 = 11^{pi},4925.$$

Pour voir si cette équation est satisfaite, nous observerons que l'on a, à fort peu près,

$$\frac{\mathrm{L}}{r'^3} = \frac{3\,\mathrm{S}}{r^3};$$

de plus, on a par l'article XII

$$\nu = 12°47', \qquad \varepsilon = 20°24';$$

on trouve ainsi que le premier membre de cette équation devient $13^{pi},223$. La différence d'avec le second membre peut être attribuée aux erreurs des observations; ainsi la théorie est, sur ce point, d'accord avec elles.

XIV.

Pour m'assurer encore plus de cette conformité, j'ai déterminé la somme des marées totales dans les syzygies de la Table I, relativement au jour qui précède la syzygie, et que je désigne par — 1, au jour même de la syzygie, que je désigne par zéro, et relativement aux quatre jours qui la suivent, et que je désigne successivement par 1, 2, 3 et 4; j'ai obtenu les résultats suivants.

TABLE II.

Jours.	Marées totales	
	des équinoxes.	des solstices.
	^{pi}	^{pi}
— 1	334,32	308,15
0	363,10	329,81
1	377,52	334,21
2	386,27	336,66
3	366,32	329,46
4	335,14	306,23

Les sommes des marées totales, tant des équinoxes que des solstices, correspondantes aux différents jours sont

$$(q) \qquad 642^{pi},47, \quad 692^{pi},91, \quad 711^{pi},73, \quad 722^{pi},93, \quad 695^{pi},78, \quad 641^{pi},37.$$

Si l'on prend une moyenne entre les différences secondes successives de ces six nombres, on aura $26^{pi},212$, dont la moitié $13^{pi},106$ est la valeur de p donnée par ces observations et que nous venons de trouver, par la théorie, égale à $13^{pi},223$, ce qui s'accorde aussi exactement qu'on peut le désirer.

Nous verrons dans la suite que, en prenant un milieu entre les divers résultats des observations, la distance du maximum des marées à la syzygie est, à fort peu près, de 36^h30^m; en divisant donc $36^h,5$ par 24^h39^m, on aura cette distance en parties de l'intervalle des marées consécutives du matin et du soir vers les syzygies, et l'on trouvera $1,48073$. Cela posé, représentons chacun des six nombres (q) par la formule

$$K - 13^{pi},223(\zeta - 1,48073)^2;$$

en substituant pour ζ ses diverses valeurs relatives aux jours -1, 0, 1, 2, 3, 4 et qui, par l'article précédent, sont égales à

$$-1,10125, \quad -0,10125, \quad 0,89875, \quad 1,89875, \quad 2,89875, \quad 3,89875,$$

on aura

$$6K - 231^{pi},937$$

pour la somme des nombres (q) résultante de la formule précédente; mais cette somme est égale à $4107^{pi},19$; partant

$$K = 723^{pi},188,$$

et la formule précédente devient

$$(r) \qquad 723^{pi},188 - 13^{pi},223(\zeta - 1,48073)^2.$$

En y substituant successivement pour ζ ses valeurs correspondantes aux jours de la Table II, on aura les six nombres

$$635^{pi},035, \quad 690^{pi},095, \quad 718^{pi},709, \quad 720^{pi},877, \quad 696^{pi},599, \quad 645^{pi},876;$$

ces nombres, comparés aux nombres (q), donnent pour les erreurs de la formule

$$-7^{pi},435, \quad -2^{pi},815, \quad +6^{pi},979, \quad -2^{pi},053, \quad +0^{pi},819, \quad +4^{pi},506,$$

et l'on voit que ces erreurs sont dans les limites de celles des observations.

La valeur de K est, par l'article précédent, égale à

$$40\,\mathrm{B}\left(\frac{S}{r^3}+\frac{L}{r'^3}\right)(1+\cos^2\varepsilon);$$

on aura donc

$$2\,\mathrm{B}\left(\frac{S}{r^3}+\frac{L}{r'^3}\right)=\frac{723^{\mathrm{pi}},188}{20(1+\cos^2\varepsilon)}.$$

En supposant, conformément à l'article XII, $\varepsilon = 20°24'$, on aura

$$2\,\mathrm{B}\left(\frac{S}{r^3}+\frac{L}{r'^3}\right)=19^{\mathrm{pi}},249;$$

c'est la valeur de la plus grande marée totale qui aurait lieu à Brest si le Soleil et la Lune se mouvaient uniformément dans le plan de l'équateur aux distances r et r' de la Terre.

On peut craindre que la formule (r) ne s'étende pas à des intervalles aussi éloignés du maximum que ceux que nous avons considérés; mais on s'assurera facilement de son exactitude en développant le radical

$$\sqrt{\left(\frac{L}{r'^3}\cos^2 v'\right)^2+\frac{2S}{r^3}\cos^2 v\,\frac{L}{r'^3}\cos^2 v'\cos 2(\varphi'-\varphi)+\left(\frac{S}{r^3}\cos^2 v\right)^2}$$

qui entre dans l'expression de y''; on trouvera que les termes multipliés par $(\varphi'-\varphi)^2$ sont encore assez petits aux distances précédentes du maximum pour pouvoir être négligés sans erreur sensible.

Si l'on divise $723^{\mathrm{pi}},188$ par $1+\cos^2\varepsilon$ ou par $1+\cos^2 20°24'$, on aura $384^{\mathrm{pi}},98$. En multipliant cette quantité par $1-q^2\sin^2\varepsilon$, l'expression des marées totales des équinoxes de la Table II sera, par l'article X, de cette forme

$$384^{\mathrm{pi}},98(1-q^2\sin^2\varepsilon)-\mathrm{II}(\zeta-1,48073)^2,$$

II étant un coefficient constant ou indépendant de ζ. On doit ici, comme dans l'article XII, supposer

$$q^2=\tfrac{1}{2}\sin^2 14°30',\qquad \varepsilon = 20°24',$$

ce qui change la formule précédente dans celle-ci

$$383^{\mathrm{pi}},56 - \mathrm{H}(\zeta - 1,48073)^2.$$

On trouve de la même manière que l'expression des marées totales des solstices de la Table II est de cette forme

$$384^{\mathrm{pi}},98(1 + q^2\,\mathrm{tang}^2\varepsilon)\cos^2\varepsilon - \mathrm{H}'(\zeta - 1,48073)^2,$$

ce qui se réduit à

$$339^{\mathrm{pi}},63 - \mathrm{H}'(\zeta - 1,48073)^2.$$

Pour déterminer, par l'observation, le rapport de H à H′, nous prendrons dans la Table II la demi-somme des marées totales des équinoxes correspondantes aux jours — 1 et 4; en la retranchant de la demi-somme des marées totales des équinoxes correspondantes aux jours 1 et 2, nous aurons $47^{\mathrm{pi}},165$ pour la différence. Nous considérerons semblablement les marées totales des solstices de la Table II, et nous aurons $28^{\mathrm{pi}},245$ pour la différence. Cela posé, on aura

$$\mathrm{H} : \mathrm{H}' :: 47,165 : 28,245.$$

On voit ainsi que, suivant les observations, les valeurs de H et de H′ ne sont pas égales entre elles et que, la première étant supposée 47,165, la seconde est 28,245.

Ce résultat de l'observation est conforme à la théorie, car il résulte de l'article X que l'on a

$$\mathrm{H} : \mathrm{H}' :: \dfrac{\dfrac{2\mathrm{S}}{r^3}\cos^2\varepsilon}{\dfrac{\mathrm{S}}{r^3} + \dfrac{\mathrm{L}}{r'^3}} + \sin^2\varepsilon : \dfrac{\dfrac{2\mathrm{S}}{r^3}}{\dfrac{2\mathrm{S}}{r^3} + \dfrac{\mathrm{L}}{r'^3}} - \sin^2\varepsilon.$$

Ces deux dernières quantités sont dans le rapport de 0,56075 à 0,37850; ainsi, H étant supposé 47,165, H′ est égal à 32,09, ce qui diffère peu du nombre 28,245 donné par l'observation. La théorie s'accorde donc parfaitement avec les observations sur la loi de la diminution des marées des équinoxes et des solstices, à mesure qu'elles s'éloignent de l'instant de leur maximum.

XV.

Les marées du soir surpassent, à Brest, celles du matin dans les solstices d'été; elles en sont surpassées dans les solstices d'hiver. Pour déterminer la quantité de ce phénomène, j'ai ajouté, dans dix-sept syzygies vers les solstices d'été, l'excès des marées du soir sur celles du matin, le premier et le second jour après la syzygie. Le maximum de la marée tombant à peu près vers le milieu de ces deux jours d'observation, la variation journalière de la hauteur des marées est insensible dans le résultat, qui ne doit, par conséquent, renfermer que l'excès des marées du soir sur celles du matin dans les syzygies des solstices d'été. La somme de ces excès dans les 34 jours d'observation a été de $18^{pi},882$.

J'ai ajouté pareillement l'excès des marées du matin sur celles du soir dans onze syzygies des solstices d'hiver. La somme de ces excès dans les 22 jours d'observation a été de $12^{pi},655$. En prenant un milieu entre ces deux résultats, l'excès d'une marée du soir sur celle du matin, dans les syzygies des solstices d'été, ou d'une marée du matin sur celle du soir, dans les syzygies des solstices d'hiver, est de $0^{pi},563$.

Par l'article IX, cet excès est égal à

$$- 2 \mathrm{A} \sin\varepsilon \cos\varepsilon \left(\frac{\mathrm{S}}{r^1} + \frac{\mathrm{L}}{r'^3}\right) \cos(\lambda - \gamma);$$

cette fonction, à Brest, est donc égale à $0^{pi},563$.

XVI.

Si dans la Table I on ajoute séparément les hauteurs absolues des marées des cinq solstices d'été, on aura $667^{pi},619$ pour leur somme. Relativement aux cinq solstices d'hiver, cette somme est $678^{pi},494$ plus forte que la première de $10^{pi},875$. L'influence de la plus grande proximité du Soleil en hiver qu'en été se manifeste donc dans ces observations.

Suivant l'article IX, on aura la différence des hauteurs absolues de la mer, dans les solstices d'hiver et dans les solstices d'été de la Table I, en multipliant la demi-somme des marées totales de ces solstices par la variation de la fraction $\frac{1}{r^3}$ du solstice d'hiver au solstice d'été, la distance moyenne du Soleil à la Terre étant prise pour unité, et en multipliant encore ce produit par le rapport de l'action du Soleil à la somme des actions réunies du Soleil et de la Lune, rapport qui est égal à $\frac{1}{7}$. On aura ainsi $8^{pi},5o$ pour cette différence, ce qui ne diffère que de $2^{pi},37$ du résultat de l'observation.

L'influence de la plus grande proximité du Soleil en hiver se manifeste encore dans les marées totales de la Table I; la somme des marées totales des cinq solstices d'été est $659^{pi},174$, et cette somme pour les cinq solstices d'hiver est $670^{pi},973$, plus forte que la première de $11^{pi},799$.

Par l'article IX, cet excès est égal à

$$17^{pi},o - 8o\,\mathrm{A}\sin\varepsilon\cos\varepsilon\left(\frac{S}{r^3} + \frac{L}{r'^3}\right)\sin(\lambda - \gamma).$$

En égalant cette quantité à $11^{pi},799$, on aura

$$- 2\mathrm{A}\sin\varepsilon\cos\varepsilon\left(\frac{S}{r^3} + \frac{L}{r'^3}\right)\sin(\lambda - \gamma) = o^{pi},13;$$

mais on a, par l'article précédent,

$$- 2\mathrm{A}\sin\varepsilon\cos\varepsilon\left(\frac{S}{r^3} + \frac{L}{r'^3}\right)\cos(\lambda - \gamma) = o^{pi},563.$$

On aura ainsi

$$\mathrm{tang}(\lambda - \gamma) = \frac{o,13}{o,563},$$

ce qui donne

$$\lambda - \gamma = 13°o'.$$

Il semble par là que les marées de la seconde espèce, ou qui dépendent de l'angle $nt + \varpi$, se rapprochent du passage des astres au méridien d'environ une heure plus que les marées de la première espèce, qui dépendent de l'angle $2nt - 2\varpi$; mais il faudrait avoir un plus grand nombre d'observations pour être assuré de l'existence et de la quantité de ce phénomène. Le moyen le plus précis pour cet objet est de comparer les deux basses marées consécutives du même jour, dans les syzygies des solstices; mais le recueil des observations faites à Brest, dont nous avons fait usage, ne marque, le plus souvent, que les basses marées intermédiaires entre les pleines mers de chaque jour.

XVII.

Nous avons observé dans l'article IX que, suivant la théorie, les marées dans lesquelles la Lune est périgée doivent surpasser celles dans lesquelles cet astre est apogée. Ce phénomène est indiqué par les observations d'une manière très sensible, soit dans les syzygies, soit dans les quadratures.

Pour comparer, sur ce point, la théorie avec les observations, j'ai ajouté, dans douze syzygies où la Lune était vers son périgée et dans les douze syzygies voisines et correspondantes où la Lune était vers son apogée, les marées totales du second et du troisième jour après la syzygie. Ces marées sont très peu différentes de leur maximum dont elles sont très voisines. La Table suivante renferme leurs hauteurs, avec les demi-diamètres correspondants de la Lune et ses déclinaisons.

TABLE III.

			Marées totales.	Demi-diamètres de la Lune.	Déclinaisons de la Lune.
1714.	Janvier	16....	40,979	16.33	17.44
		30....	32,813	14.48	13.40
	Avril	14....	41,667	16.48	12.40
		29 ...	33,195	14.46	16.56
	Août	10....	32,194	14.54	11. 0
		25....	43,507	16.44	6. 0
	Septembre	8....	32,688	14.46	2.20
		23....	44,778	16.48	4.15
	Octobre	8....	32,896	14.48	9.10
		23....	41,486	16.39	13. 0

TABLE III (suite).

			Marées totales.	Demi-diamètres de la Lune.	Déclinaisons de la Lune.
			pi		
1715.	Mars	5....	44,042	16.40	1.50
		20....	33,833	14.47	3.20
	Avril	4....	43,306	16.48	8.20
		18....	31,944	14.46	12.40
	Octobre	12....	44,396	16.44	9.20
		27....	32,188	14.45	13.20
	Novembre	11. ..	42,229	16.48	16.30
		26....	30,757	14.48	19. 0
1716.	Mai	6....	31,549	14.47	16.20
		21....	40,611	16.48	17.45
	Juin	5....	29,542	14.46	19. 0
		19. ..	41,514	16.43	19. 0
	Juillet	4....	30,028	14.54	18. 0
		19....	37,375	16.26	16.50

Dans cette Table, tous les demi-diamètres de la Lune sont ou plus grands que 16′ ou plus petits que 15′, et les marées totales qui correspondent aux premiers sont constamment plus grandes que celles qui correspondent aux seconds.

Si l'on ajoute ensemble les marées totales correspondantes aux demi-diamètres de la Lune plus grands que 16′, on aura 505^{pi},890; pareillement, la somme des marées totales correspondantes aux demi-diamètres de la Lune plus petits que 15′ est de 383^{pi},627. La différence de ces deux sommes est de 122^{pi},263. Voyons ce qu'elle doit être par la théorie.

On aura ainsi cette différence, par l'article IX, en négligeant les quantités dépendantes de (A'), et qui sont insensibles dans la Table précédente, soit par elles-mêmes, soit parce que les déclinaisons de cette Table sont alternativement boréales et australes, en sorte que les quantités (A') se détruisent mutuellement.

On prendra le demi-diamètre moyen de la Lune dans les vingt observations de la Table; ce demi-diamètre est de 15′45″, 1; on multipliera dans chaque observation le carré du cosinus de la déclinaison de la Lune par le cube du rapport de son demi-diamètre à 15′45″, 1. En faisant une somme de ces produits relatifs aux douze observations dans lesquelles le demi-diamètre de la Lune surpasse 16′, on aura 13,5846.

En faisant une somme des mêmes produits relatifs aux douze observations dans lesquelles le demi-diamètre de la Lune est au-dessous de 15′, on aura 9,3628.

La différence de ces deux sommes est 4,2218; en la multipliant par $4\,B\frac{L}{r'^3}$, r' étant la moyenne distance de la Lune à la Terre dans les syzygies, on doit, par l'article IX, retrouver à peu près la différence observée $122^{\text{pi}},263$.

On a, par l'article XIV,

$$2\,B\left(\frac{S}{r^3} + \frac{L}{r'^3}\right) = 19^{\text{pi}},249.$$

De plus, on verra dans la suite que $\frac{S}{r^3}$ est, à très peu près, le tiers de $\frac{L}{r'^3}$, r' étant ici la moyenne distance de la Lune à la Terre, distance qui, à raison de l'argument de la variation, est d'environ $\frac{1}{120}$ plus grande que la moyenne distance de la Lune dans les syzygies; nous ferons donc

$$\frac{S}{r^3} = \frac{40}{123}\,\frac{L}{r'^3},$$

r' étant relatif aux distances syzygies. Nous aurons ainsi

$$\frac{163}{123}\,2\,B\,\frac{L}{r'^3} = 19^{\text{pi}},249,$$

d'où l'on tire

$$4,2218.4\,B\,\frac{L}{r'^3} = 122^{\text{pi}},644,$$

ce qui est d'accord avec le résultat $122^{\text{pi}},263$ donné par l'observation.

Les observations de la Table précédente peuvent servir à déterminer la valeur de $2B\left(\frac{S}{r^3} + \frac{L}{r'^3}\right)$. En effet, si l'on ajoute les marées totales de cette Table, on a pour leur somme $889^{\text{pi}},517$. En ajoutant ensuite tous les produits des carrés des cosinus des déclinaisons de la

Lune par les cubes des rapports des demi-diamètres correspondants de la Lune à $15'45''$, 1, on a $22,9474$ pour la somme de ces produits. Cette somme aurait été, à fort peu près, égale à 24 si la Lune eût été constamment dans le plan de l'équateur; mais elle est plus petite à raison des déclinaisons de la Lune, et l'on peut supposer dans la Table III que, relativement au Soleil, la somme des produits des carrés des cosinus de ses déclinaisons, par les cubes des rapports de ses demi-diamètres correspondants à son diamètre moyen, est encore $22,9474$; il faut donc, pour avoir la somme des marées totales de la Table III, multiplier $4B\left(\dfrac{S}{r^3} + \dfrac{L}{r'^3}\right)$ par $22,9474$, ce qui donne

$$4B\left(\frac{S}{r^3} + \frac{L}{r'^3}\right)22,9474 = 889^{pi},517,$$

d'où l'on tire

$$2B\left(\frac{S}{r^3} + \frac{L}{r'^3}\right) = 19^{pi},381.$$

On doit observer que, dans cette équation, la valeur de $\dfrac{L}{r'^3}$ est moyenne entre les deux valeurs de cette quantité; mais cette valeur moyenne est plus grande que celle qui convient à la distance moyenne syzygie de la Lune. En effet, si l'on prend le demi-diamètre moyen de la Lune, dans les douze syzygies périgées de la Table, on aura $1002'',35$ pour ce demi-diamètre; le demi-diamètre apogée est $887'',85$, et le demi-diamètre moyen est $945'',10$. Représentons par q la valeur de $\dfrac{L}{r'^3}$ qui convient à ce demi-diamètre moyen; on aura $q \cdot 1,01102$ pour la moyenne entre les deux valeurs extrêmes de $\dfrac{L}{r'^3}$. Il faut donc, pour réduire la valeur précédente de $2B\left(\dfrac{S}{r^3} + \dfrac{L}{r'^3}\right)$ à la moyenne distance syzygie de la Lune, en retrancher $2Bq \cdot 0,01102$; or on a

$$2Bq = \frac{123}{163}19^{pi},249;$$

la quantité à soustraire est donc $0^{pi},16007$; mais il faut, d'un autre côté, ajouter $0^{pi},090$, parce que les marées de la Table ne se rapportent point à l'instant du maximum, et l'on trouve, par l'article XIII, qu'elles sont par là diminuées de $0^{pi},090$. On aura donc ainsi

$$2B\left(\frac{S}{r^3} + \frac{L}{r'^3}\right) = 19^{pi},311,$$

ce qui diffère très peu de la valeur $19^{pi},249$ que nous avons trouvée dans l'article XIV.

XVIII.

Les hauteurs absolues des marées de la Table I ne sont pas comptées du niveau d'équilibre que prendrait la mer sans l'action du Soleil et de la Lune; elles sont comptées du zéro de l'échelle d'observation, qui est abaissé de plusieurs pieds au-dessous du niveau d'équilibre. Soit e la hauteur de ce niveau au-dessus de zéro de l'échelle d'observation, et nommons f la quantité

$$\frac{1 + 3\cos 2\theta}{8g\left(1 - \frac{3\rho}{5}\right)}\left(\frac{L}{r^3} + \frac{S}{r'^3}\right);$$

on aura par l'article X et par les observations des équinoxes de la Table I

$$1421^{pi},411 - 80e + 80f = \tfrac{1}{4}(1493^{pi},201).$$

Si l'on néglige, dans l'article XII, la fraction $\frac{3\rho}{5}$, on trouvera par cet article

$$80f = 27^{pi},524;$$

l'équation précédente donnera ainsi

$$e = 8^{pi},7792.$$

On aura pareillement, par l'article X et par les observations des solstices de la Table I,

$$1346^{pi},113 - 80e + 80f(1 - 3\sin^2\varepsilon) = \tfrac{1}{4}(1330^{pi},147);$$

en faisant $\varepsilon = 20°24'$, cette équation donnera

$$e = 8^{pi},7316.$$

Ces deux valeurs de e sont fort peu différentes; en prenant entre elles un milieu, on aura

$$e = 8^{\text{pi}},7554.$$

On peut ainsi, dans chaque port, déterminer le véritable niveau d'équilibre de la mer.

XIX.

Des hauteurs des marées vers les quadratures.

Pour déterminer ces hauteurs, nous reprendrons les expressions complètes de y, y' et y'' de l'article IX, et nous observerons que, si l'on augmente ou si l'on diminue l'angle φ' de $90°$, on aura, en réduisant y' et y'' en série et en supposant $\varphi' - \varphi$ peu considérable, comme cela a lieu vers les quadratures,

$$y' = - \frac{1 + 3\cos 2\vartheta}{8g\left(1 - \frac{3\rho}{5}\right)} \left[\frac{S}{r^3}(1 - 3\sin^2 v) + \frac{L}{r'^3}(1 - 3\sin^2 v') \right]$$

$$+ B\left(\frac{L}{r'^3}\cos^2 v' - \frac{S}{r^3}\cos^2 v\right) + 2B \frac{\frac{S}{r^3}\cos^2 v \frac{L}{r'^3}\cos^2 v'}{\frac{L}{r'^3}\cos^2 v' - \frac{S}{r^3}\cos^2 v}(\varphi' - \varphi)^2,$$

$$y'' = A\frac{L}{r'^3}\sin v' \cos v' \cos(\lambda - \gamma) \pm A\frac{S}{r^3}\sin v \cos v \cos(\lambda - \gamma)$$

$$+ 2B\left(\frac{L}{r'^3}\cos^2 v' - \frac{S}{r^3}\cos^2 v\right) + 4B \frac{\frac{S}{r^3}\cos^2 v \frac{L}{r'^3}\cos^2 v'}{\frac{L}{r'^3}\cos^2 v' - \frac{S}{r^3}\cos^2 v}(\varphi' - \varphi)^2,$$

le signe $+$ ayant lieu vers le premier quartier et le signe $-$ ayant lieu vers le second quartier de la Lune.

L'excès de la marée du matin sur celle du soir, dans les quadratures de l'équinoxe du printemps, sera

$$2A\frac{L}{r'^3}\sin \varepsilon \cos \varepsilon \cos(\lambda - \gamma).$$

Dans les quadratures de l'équinoxe d'automne, cette quantité sera
l'excès des marées du soir sur celles du matin, et, comme elle est
négative par l'article XV, il en résulte que, dans les quadratures des
équinoxes du printemps, la marée du soir surpasse celle du matin, et
qu'elle en est surpassée dans les quadratures des équinoxes d'automne.

En considérant les expressions précédentes de y' et de y'', on voit
d'abord que les déclinaisons du Soleil et de la Lune influent sur les
hauteurs absolues de la mer et sur les marées totales des quadratures;
en sorte que, toutes choses égales d'ailleurs, les plus grandes de ces
marées totales ont lieu vers les solstices où la déclinaison de la Lune
est nulle dans les quadratures, et les plus petites ont lieu vers les
équinoxes où, dans les quadratures, la Lune est à son maximum de
déclinaison. On voit ensuite l'influence des distances du Soleil et de
la Lune sur ces marées.

Si, dans un nombre i d'équinoxes du printemps, on considère les
deux quadratures voisines entre lesquelles chaque équinoxe est compris; si l'on considère pareillement dans le même nombre d'équinoxes d'automne les deux quadratures voisines qui comprennent
chaque équinoxe; si l'on ajoute ensemble les hauteurs moyennes
absolues du jour même de la quadrature et des trois jours suivants;
enfin, si l'on nomme (H) la somme de toutes ces hauteurs, on aura,
en négligeant les quantités insensibles et en suivant l'analyse par
laquelle nous avons déterminé la valeur de (h) dans l'article X,

$$(\mathrm{H}) = - \frac{2\,i(1 + 3\cos 2\theta)}{g\left(1 - \frac{3\rho}{5}\right)}\left[\frac{\mathrm{L}}{r'^3}(1 - 3\sin^2\varepsilon) + \frac{\mathrm{S}}{r^3}\right]$$

$$+ 16\,i\mathrm{B}\left(\frac{\mathrm{L}}{r'^3}\cos^2\varepsilon - \frac{\mathrm{S}}{r^3}\right) + 16\,i\mathrm{B}q^2\sin^2\varepsilon\left(\frac{\mathrm{L}}{r'^3} + \frac{\mathrm{S}}{r^3}\right)$$

$$+ 4\,i\,\alpha'\mathrm{B}\frac{\mathrm{L}}{r'^3}\upsilon^2\left(\sin^2\varepsilon + \frac{\dfrac{2\mathrm{S}}{r^3}}{\dfrac{\mathrm{L}}{r'^3}\cos^2\varepsilon - \dfrac{\mathrm{S}}{r^3}}\right).$$

Si l'on nomme (L) la somme des marées totales correspondantes, on aura

$$(\mathrm{L}) = 32\,i\,\mathrm{B}\left(\frac{\mathrm{L}}{r'^3}\cos^2\varepsilon - \frac{\mathrm{S}}{r^3}\right) + 32\,i\,\mathrm{B}\,q^2\sin^2\varepsilon\left(\frac{\mathrm{L}}{r'^3} + \frac{\mathrm{S}}{r^3}\right)$$

$$+ 8\,i\,\alpha'\mathrm{B}\,\frac{\mathrm{L}}{r'^3}\,\upsilon^2\left(\sin^2\varepsilon + \frac{\dfrac{2\mathrm{S}}{r^3}}{\dfrac{\mathrm{L}}{r'^3}\cos^2\varepsilon - \dfrac{\mathrm{S}}{r^3}}\right).$$

En considérant de la même manière les quadratures d'un nombre i de solstices d'été et celles du même nombre de solstices d'hiver, et en désignant par (H') la somme des hauteurs absolues des marées du jour même de la quadrature et des trois jours suivants, et par (L') la somme des marées totales correspondantes, on aura à très peu près

$$(\mathrm{H}') = -\frac{2\,i(1 + 3\cos 2\theta)}{g\left(1 - \dfrac{3\rho}{5}\right)}\left[\frac{\mathrm{L}}{r'^3} + \frac{\mathrm{S}}{r^3}(1 - 3\sin^2\varepsilon)\right]$$

$$+ 16\,i\,\mathrm{B}\left(\frac{\mathrm{L}}{r'^3} - \frac{\mathrm{S}}{r^3}\cos^2\varepsilon\right) - 16\,i\,\mathrm{B}\,q^2\sin^2\varepsilon\left(\frac{\mathrm{L}}{r'^3} + \frac{\mathrm{S}}{r^3}\right)$$

$$- 4\,i\,\alpha'\mathrm{B}\,\frac{\mathrm{L}}{r'^3}\,\upsilon^2\left(\sin^2\varepsilon - \frac{\dfrac{2\mathrm{S}}{r^3}\cos^4\varepsilon}{\dfrac{\mathrm{L}}{r'^3} - \dfrac{\mathrm{S}}{r^3}\cos^2\varepsilon}\right),$$

$$(\mathrm{L}') = 32\,i\,\mathrm{B}\left(\frac{\mathrm{L}}{r'^3} - \frac{\mathrm{S}}{r^3}\cos^2\varepsilon\right) - 32\,i\,\mathrm{B}\,q^2\sin^2\varepsilon\left(\frac{\mathrm{L}}{r'^3} + \frac{\mathrm{S}}{r^3}\right)$$

$$- 8\,i\,\alpha'\mathrm{B}\,\frac{\mathrm{L}}{r'^3}\,\upsilon^2\left(\sin^2\varepsilon - \frac{\dfrac{2\mathrm{S}}{r^3}\cos^4\varepsilon}{\dfrac{\mathrm{L}}{r'^3} - \dfrac{\mathrm{S}}{r^3}\cos^2\varepsilon}\right).$$

Dans ces expressions de (H), (L), (H') et (L'), r est la moyenne distance du Soleil à la Terre; r' est la moyenne distance de la Lune dans les quadratures, distance qui, à raison de l'argument de la variation, diffère un peu de la moyenne distance de cet astre dans les syzygies; q est la moyenne distance angulaire du Soleil et de la Lune au solstice ou à l'équinoxe, à l'instant de la quadrature; en sorte que q^2 est une moyenne entre toutes ses valeurs relatives aux diverses quadratures que l'on considère; ε est la plus grande déclinaison de la Lune; υ est le moyen mouvement synodique de la Lune dans l'intervalle de deux marées consécutives du matin ou du soir vers les quadratures; enfin, cet intervalle étant pris pour unité, α' est la somme des carrés des quatre intervalles de l'instant du minimum des marées dans les quadratures, à l'instant de la basse marée intermédiaire entre les deux marées d'un même jour dans chacun des quatre jours que l'on considère dans chaque quadrature.

Les expressions précédentes donnent

$$(\mathrm{II'}) - (\mathrm{II}) = -\frac{6i(\iota + 3\cos\vartheta)}{g\left(\iota - \dfrac{3\rho}{\vartheta}\right)}\left(\frac{\mathrm{L}}{r'^3} - \frac{\mathrm{S}}{r^3}\right)\sin^2\varepsilon$$

$$+ 16i\mathrm{B}\left(\frac{\mathrm{L}}{r'^3} + \frac{\mathrm{S}}{r^3}\right)\sin^2\varepsilon(\iota - 2q^2)$$

$$- \frac{8i\alpha'\mathrm{B}\left(\dfrac{\mathrm{L}}{r'^3}\right)^2\left(\dfrac{\mathrm{L}}{r'^3} + \dfrac{\mathrm{S}}{r^3}\right)\upsilon^2\sin^2\varepsilon\cos^2\varepsilon}{\left(\dfrac{\mathrm{L}}{r'^3}\cos^2\varepsilon - \dfrac{\mathrm{S}}{r^3}\right)\left(\dfrac{\mathrm{L}}{r'^3} - \dfrac{\mathrm{S}}{r^3}\cos^2\varepsilon\right)},$$

$$(\mathrm{L'}) - (\mathrm{L}) = 32i\mathrm{B}\left(\frac{\mathrm{L}}{r'^3} + \frac{\mathrm{S}}{r^3}\right)\sin^2\varepsilon(\iota - 2q^2)$$

$$- \frac{16i\alpha'\mathrm{B}\left(\dfrac{\mathrm{L}}{r'^3}\right)^2\left(\dfrac{\mathrm{L}}{r'^3} + \dfrac{\mathrm{S}}{r^3}\right)\upsilon^2\sin^2\varepsilon\cos^2\varepsilon}{\left(\dfrac{\mathrm{L}}{r'^3}\cos^2\varepsilon - \dfrac{\mathrm{S}}{r^3}\right)\left(\dfrac{\mathrm{L}}{r'^3} - \dfrac{\mathrm{S}}{r^3}\cos^2\varepsilon\right)}.$$

On voit ainsi que les marées des quadratures des solstices l'emportent sur les marées des quadratures des équinoxes.

XX.

Pour comparer sur ce point la théorie aux observations, j'ai considéré les observations des marées dans les quadratures de la même manière que les observations des marées des syzygies de la Table I, c'est-à-dire que, dans chaque équinoxe et dans chaque solstice, j'ai considéré les deux quadratures consécutives entre lesquelles il est compris. Dans chaque quadrature, j'ai pris la somme des hau-

teurs moyennes absolues de la mer et celle des marées totales du jour
même de la quadrature et des trois premiers jours qui la suivent. La
Table suivante offre les résultats que j'ai obtenus; chacune des hauteurs absolues et des marées totales de cette Table est le résultat des
huit hauteurs absolues et des huit marées totales des huit jours d'observation, considérés dans chaque équinoxe et dans chaque solstice.

TABLE IV.

MARÉES DES QUADRATURES DES ÉQUINOXES.

		Hauteurs absolues.	Marées totales.
		pi	pi
1711.	Septembre.....	99,993	66,611
1712.	Mars.........	103,444	67,007
	Septembre.....	103,632	67,618
	Septembre.....	102,472	65,431
1714.	Septembre.....	106,764	72,514
	Septembre.....	101,354	71,042
1715.	Mars.........	103,785	71,493
1716.	Mars.........	98,764	72,715
	Mars.........	96,444	71,945
	Septembre.....	103,944	72,653
	Total.......	1020,596	699,029

MARÉES DES QUADRATURES DES SOLSTICES.

		Hauteurs absolues.	Marées totales.
		pi	pi
1711.	Juin..........	106,361	78,347
1712.	Juin..........	111,319	84,111
	Juin..........	106,819	80,611
1714.	Juin..........	106,722	80,035
	Juin..........	107,896	82,604
	Décembre......	103,181	81,535
1715.	Juin..........	106,792	84,146
	Décembre......	106,660	83,160
1716.	Juin..........	108,458	86,028
	Juin..........	103,403	78,160
	Total........	1067,611	818,737

J'observerai sur ces résultats que le défaut des observations des
basses marées m'a forcé, dans les quadratures du solstice d'hiver de

1714, de considérer les quadratures du 31 décembre de cette année et du 15 janvier 1715. Pour multiplier les observations, j'ai considéré, en 1712 et 1714, les deux quadratures consécutives qui ont précédé et celles qui ont suivi l'équinoxe d'automne; en sorte que les premiers nombres de ces équinoxes, dans la Table précédente, sont relatifs aux deux quadratures, dont l'une précède et l'autre suit médiatement cet équinoxe, et les seconds nombres sont relatifs aux deux quadratures, dont l'une précède et l'autre suit immédiatement l'équinoxe. On doit faire une remarque semblable sur les nombres relatifs aux équinoxes de mars 1716 et aux solstices de juin 1712, 1714 et 1716. J'aurais bien désiré de pouvoir considérer autant de solstices d'hiver que de solstices d'été; mais le défaut d'observations ne me l'a pas permis.

On voit par la Table IV que, conformément à la théorie, les marées totales des quadratures des solstices l'emportent sur les marées totales des quadratures des équinoxes. Ce phénomène est si sensible, que le plus petit des nombres relatifs aux quadratures des solstices surpasse le plus grand des nombres relatifs aux quadratures des équinoxes.

Nous retrouvons ici l'influence de la position des nœuds de l'orbite lunaire en 1711 et 1712, influence que nous avons observée dans l'article XI. Les marées totales des quadratures des équinoxes de ces deux années sont plus faibles que celles des années suivantes.

Les déclinaisons du Soleil et de la Lune influent pareillement sur les hauteurs absolues des marées, mais d'une manière moins sensible que sur les marées totales; car la différence du total des hauteurs absolues des marées dans les solstices précédents au total de ces mêmes hauteurs dans les équinoxes n'est que de $47^{\text{pi}},015$, tandis que cette même différence pour les marées totales est de $119^{\text{pi}},708$, et par conséquent plus que double de la première, comme cela doit être par l'article XIX.

XXI.

Comparons maintenant la théorie aux observations; pour cela, nous allons reprendre l'expression de $(L') - (L)$ de l'article XIX et évaluer ses différents termes. Considérons d'abord le terme

$$3\,2\,i\mathrm{B}\left(\frac{\mathrm{L}}{r'^3} + \frac{\mathrm{S}}{r^3}\right)\sin^2\varepsilon.$$

Nous verrons dans la suite que l'on a, dans les moyennes distances,

$$\frac{\mathrm{L}}{r'^3} = \frac{3\,\mathrm{S}}{r^3};$$

mais, à raison de l'argument de la variation, la valeur de r' est plus grande de $\frac{1}{120}$ dans les quadratures que dans les moyennes distances, ce qui diminue la valeur de $\frac{\mathrm{L}}{r'^3}$ et la réduit à $\frac{39}{40}$ de sa valeur moyenne; nous ferons donc, dans les quadratures,

$$\frac{\mathrm{L}}{r'^3} = \frac{117}{40}\frac{\mathrm{S}}{r^3}.$$

Quant à la valeur de $\mathrm{B}\frac{\mathrm{S}}{r^3}$, nous observerons que l'on a, par l'article XIV,

$$2\,\mathrm{B}\left(\frac{\mathrm{S}}{r^3} + \frac{\mathrm{L}}{r'^3}\right) = 19^{\mathrm{pi}},249;$$

mais, dans cette équation, r' est la moyenne distance de la Lune dans les syzygies, et cette distance est, à raison de l'argument de la variation, plus petite de $\frac{1}{120}$ que la moyenne distance de la Lune, ce qui rend $\frac{\mathrm{L}}{r'^3}$ égal à $\frac{41}{40}$ de sa valeur moyenne, et par conséquent égal à $\frac{123}{40}\frac{\mathrm{S}}{r^3}$. L'équation précédente donne ainsi

$$\mathrm{B}\frac{\mathrm{S}}{r^3} = 2^{\mathrm{pi}},3618;$$

on aura, par conséquent, en observant que $i = 5$,

$$3\,2\,i\mathrm{B}\left(\frac{\mathrm{L}}{r'^3} + \frac{\mathrm{S}}{r^3}\right)\sin^2\varepsilon = 1483^{\mathrm{pi}},21\sin^2\varepsilon.$$

Le terme

$$-64\,i\mathrm{B}\left(\frac{\mathrm{L}}{r'^3} - \frac{\mathrm{S}}{r^3}\right)q^2\sin^2\varepsilon$$

de l'expression de $(L') - (L)$ devient

$$-92^{pi},984 \sin^2 \varepsilon,$$

en y supposant, conformément à l'article XII,

$$q^2 = \tfrac{1}{4} \sin^2 14°30'.$$

Le terme

$$-\frac{16 i \alpha' B \left(\frac{L}{r'^3}\right)^2 \left(\frac{L}{r'^3} + \frac{S}{r^3}\right) \upsilon^2 \sin^2 \varepsilon \cos^2 \varepsilon}{\left(\frac{L}{r'^3} \cos^2 \varepsilon - \frac{S}{r^3}\right) \left(\frac{L}{r'^3} - \frac{S}{r^3} \cos^2 \varepsilon\right)}$$

de la même expression ne peut être évalué, à moins que l'on ne connaisse la valeur de l'angle ε. Nous allons voir bientôt que cet angle doit être supposé, à fort peu près, de $19°\tfrac{1}{2}$. Nous observerons ensuite que l'on a, par l'article suivant,

$$\alpha' = 5,0403.$$

D'ailleurs υ est le moyen mouvement synodique de la Lune dans les quadratures, dans l'intervalle de deux marées consécutives du matin ou du soir vers le minimum des marées, intervalle que nous verrons ci-après être égal à $25^h 14^m 10^s$. On aura ainsi, en ayant égard à l'argument de la variation,

$$\upsilon = 12°34'35'';$$

cela posé, le terme précédent devient

$$- 423^{pi},65 \sin^2 \varepsilon.$$

L'expression de $(L') - (L)$ donne par conséquent, lorsque $i = 5$.

$$(L') - (L) = 966^{pi},60 \sin^2 \varepsilon.$$

La Table IV donne

$$(L') - (L) = 119^{pi},708;$$

mais, dans cette Table, il y a huit solstices d'été et deux solstices d'hiver. Dans les solstices d'été, le Soleil, plus éloigné de la Terre, a moins d'action pour diminuer les marées des quadratures; ces marées en sont donc augmentées de la différence de $2B\frac{S}{r^3}$ à sa valeur moyenne. Dans les solstices d'été, la valeur de r est augmentée d'environ $\frac{1}{30}$, ce qui diminue $2B\frac{S}{r^3}$ d'environ $\frac{1}{10}B\frac{S}{r^3}$. Il faut donc multiplier cette dernière quantité par 48, qui est l'excès du nombre des jours considérés dans les solstices d'été sur celui des jours considérés dans les solstices d'hiver, ce qui donne $11^{pi},366$, qu'il faut retrancher de la somme $818^{pi},737$ des marées solsticiales de la Table IV, pour avoir la somme que l'on aurait eue si l'on avait considéré autant de solstices d'hiver que de solstices d'été. On aura ainsi $807^{pi},371$ pour cette somme, ce qui donne, pour le résultat de l'observation,

$$(L') - (L) = 108^{pi},342.$$

Maintenant si, dans le résultat $966^{pi},60\sin\varepsilon^2$ de la théorie, on suppose $\varepsilon = 19°\frac{1}{2}$, il deviendra $107^{pi},70$, ce qui ne diffère que d'environ un demi-pied du résultat de l'observation, et ce qui prouve la justesse de la valeur supposée pour ε.

XXII.

Le minimum des marées totales n'a point lieu le jour même de la quadrature ; il suit cette phase du même intervalle dont le maximum de la marée totale suit la syzygie. Nous avons déterminé, dans l'article XIII, cet intervalle par la loi des marées totales vers les syzygies ; voyons si la loi de ces marées vers les quadratures conduit au même résultat.

Pour cela, j'ai ajouté séparément, dans les quadratures de la Table IV, les marées totales relatives à chacun des quatre jours que j'ai considérés dans chaque quadrature, et j'ai obtenu les nombres suivants :

$$(a') \qquad 397^{pi},55, \quad 349^{pi},53, \quad 357^{pi},46, \quad 413^{pi},23.$$

Le premier de ces nombres est la somme des marées totales relatives au jour même de la quadrature ; le second est la somme des marées totales relatives au premier jour qui la suit ; le troisième est la somme relative au second jour, et le quatrième est la somme relative au troisième jour. Chacune de ces sommes est le résultat de quarante jours d'observation, dans lesquels, la quadrature étant arrivée alternativement le matin et le soir, on peut supposer, par un milieu, que, dans toutes ces observations, la quadrature est arrivée à midi.

Prenons pour unité l'intervalle de deux marées consécutives du matin ou du soir, vers les quadratures, et nommons ζ la distance de la basse marée intermédiaire entre deux marées d'un jour quelconque, fort voisin de la quadrature, à la quadrature supposée arriver à midi. On s'assurera, comme dans l'article XIII, que les sommes (a') peuvent être représentées par la formule $m' - n'\zeta + p'\zeta^2$.

On verra, ci-après, que la quadrature étant supposée arriver à midi, la marée du matin du jour même de la quadrature précède le midi de $3^h 33^m 36^s$. On verra d'ailleurs que l'intervalle de deux marées consécutives du matin ou du soir vers les quadratures est de $25^h 14^m 10^s$; on aura donc, relativement au jour de la quadrature,

$$\zeta = \frac{1}{4} - \frac{3^h 33^m 36^s}{25^h 14^m 10^s} = 0,10893.$$

En augmentant ζ successivement d'une, deux et trois unités, on aura les valeurs de ζ relatives au premier, au second et au troisième jour qui suivent la quadrature.

Maintenant, si l'on suit exactement le procédé de l'article XIII, on trouvera que la formule $m' - n'\zeta + p'\zeta^2$ devient

$$405^{pi},77 - 78^{pi},2667\,\zeta + 25^{pi},9475\,\zeta^2,$$

expression que l'on peut mettre sous cette forme

$$(e') \qquad 346^{pi},75 + 25^{pi},9475\,(\zeta - 1,50817)^2.$$

En donnant successivement à ζ les quatre valeurs précédentes, on aura quatre nombres qui doivent représenter les nombres (a'), et qui, comparés à ces nombres, donnent, pour les erreurs de la formule,

$$0^{pi},00, \quad -1^{pi},35, \quad +1^{pi},35, \quad 0^{pi},00.$$

Ces erreurs étant fort petites, on voit que la formule (e') a toute
l'exactitude qu'on peut désirer.

Cette formule est à son minimum lorsque $\zeta = 1,50817$; en multipliant cette valeur de ζ par l'intervalle de $25^h14^m10^s$, que nous avons
pris pour unité, on aura 38^h4^m pour l'intervalle dont le minimum de
la marée totale suit la quadrature. Par l'article XIII, le maximum de la
marée totale suit de 35^h30^m la syzygie, d'où il résulte que le minimum
doit suivre du même intervalle la quadrature. La différence entre les
résultats donnés par les observations des syzygies et par celles des
quadratures est 2^h34^m; cette différence est dans les limites des erreurs des observations.

Pour comparer la théorie à la formule (e'), nous observerons que la
somme des valeurs de (L) et de (L′) de l'article XIX est égale à

$$4k\left\{1+\frac{\dfrac{2S}{r^3}\dfrac{L}{r'^3}\left[\dfrac{L}{r'^3}(1-\cos^2\varepsilon+\cos^4\varepsilon)-\dfrac{S}{r^3}\cos^4\varepsilon\right]\dfrac{1}{4}\alpha'\upsilon^2}{\left(\dfrac{L}{r'^3}\cos^2\varepsilon-\dfrac{L}{r^3}\right)\left(\dfrac{L}{r'^3}-\dfrac{S}{r^3}\cos^2\varepsilon\right)\left(\dfrac{L}{r'^3}-\dfrac{S}{r^3}\right)}\right\},$$

k étant égal à

$$8i\mathrm{B}\left(\frac{L}{r'^3}-\frac{S}{r^3}\right)(1+\cos^2\varepsilon).$$

Si l'on suppose $i=5$ dans cette formule, elle sera la somme des
quatre nombres (a'); il est facile d'en conclure que ces nombres
seront représentés par la formule

$$k\left\{1+\frac{2\upsilon^2\dfrac{S}{r^3}\dfrac{L}{r'^3}\left[\dfrac{L}{r'^3}(1-\cos^2\varepsilon+\cos^4\varepsilon)-\dfrac{S}{r^3}\cos^4\varepsilon\right](\zeta-1,50817)^2}{\left(\dfrac{L}{r'^3}\cos^2\varepsilon-\dfrac{S}{r^3}\right)\left(\dfrac{L}{r'^3}-\dfrac{S}{r^3}\cos^2\varepsilon\right)\left(\dfrac{L}{r'^3}-\dfrac{S}{r^3}\right)}\right\}.$$

En comparant cette formule à la formule (e'), on aura

$$k=346^{pi},75,$$

d'où l'on tire

$$2\mathrm{B}\left(\frac{L}{r'^3}-\frac{S}{r^3}\right)=\frac{346^{pi},75}{20(1+\cos^2\varepsilon)}.$$

On aura ensuite

$$\frac{2k\,\dfrac{S}{r^3}\,\dfrac{L}{r'^3}\left[\dfrac{L}{r'^3}(1-\cos^2\varepsilon+\cos^4\varepsilon)-\dfrac{S}{r^3}\cos^2\varepsilon\right]v^2}{\left(\dfrac{L}{r'^3}\cos^2\varepsilon-\dfrac{S}{r^3}\right)\left(\dfrac{L}{r'^3}-\dfrac{S}{r^3}\cos^2\varepsilon\right)\left(\dfrac{L}{r'^3}-\dfrac{S}{r^3}\right)}=25^{\mathrm{pi}},9475.$$

Si l'on suppose dans le premier membre de cette équation, conformément à ce que nous avons trouvé dans l'article XXI,

$$\frac{L}{r'^3}=\frac{117}{40}\frac{S}{r^3},\qquad \varepsilon=19^\circ30',\qquad v=12^\circ34'35'',$$

il devient $27^{\mathrm{pi}},459$, ce qui ne diffère que de $1^{\mathrm{pi}},5$ du résultat
$25^{\mathrm{pi}},9475$ donné par l'observation.

Reprenons l'équation

$$2B\left(\frac{L}{r'^3}-\frac{S}{r^3}\right)=\frac{346^{\mathrm{pi}},75}{20(1+\cos^2\varepsilon)}.$$

Dans cette équation, la valeur de $\dfrac{S}{r^3}$ est une moyenne entre toutes les
valeurs de cette quantité correspondantes aux observations de la
Table IV; or, dans cette Table, il y a dix équinoxes dans lesquels $\dfrac{S}{r^3}$
est égal à sa valeur moyenne; il y a huit solstices d'été dans chacun
desquels cette quantité est $\frac{12}{20}$ de sa valeur moyenne; enfin, il y a deux
solstices d'hiver dans lesquels $\dfrac{S}{r^3}$ est $\frac{21}{20}$ de sa valeur moyenne. On doit
donc supposer dans l'équation précédente cette quantité égale à $0,985$
de sa valeur moyenne. De plus, la valeur de $\dfrac{L}{r'^3}$ dans cette même équation n'est que $\frac{39}{40}$ de sa valeur moyenne; en faisant donc, dans les
moyennes distances,

$$\frac{L}{r'^3}=\mu\frac{S}{r^3},$$

l'équation précédente donnera

$$2B\frac{S}{r^3}\left(\frac{39}{40}\mu-0,985\right)=9^{\mathrm{pi}},18023.$$

Reprenons maintenant l'équation

$$2 \mathrm{B} \left(\frac{\mathrm{L}}{r'^3} + \frac{\mathrm{S}}{r^3} \right) = 19^{\mathrm{pi}},249,$$

trouvée dans l'article XIV. Dans cette équation, $\frac{\mathrm{L}}{r'^3}$ est $\frac{11}{10}$ de sa valeur moyenne ; elle devient ainsi

$$2 \mathrm{B} \frac{\mathrm{S}}{r^3} \left(\frac{41}{40} \mu + 1 \right) = 19^{\mathrm{pi}},249 ;$$

on aura donc

$$\frac{\frac{11}{10}\mu - 0,985}{\frac{11}{10}\mu + 1} = \frac{9^{\mathrm{pi}},18023}{19^{\mathrm{pi}},249}$$

et, par conséquent,

$$\mu = 3,0071.$$

Cette valeur de μ diffère très peu de 3 ; ainsi l'on peut supposer, à fort peu près, $\frac{\mathrm{L}}{r'^3}$ triple de $\frac{\mathrm{S}}{r^3}$.

Nous avons trouvé, dans l'article XVII, une seconde valeur de $2 \mathrm{B} \left(\frac{\mathrm{L}}{r'^3} + \frac{\mathrm{S}}{r^3} \right)$; cette valeur est $19^{\mathrm{pi}},381$: elle a, sur celle de l'article XIII, l'avantage d'être indépendante de l'évaluation de l'angle ε ; en en faisant usage, on trouve

$$\mu = 2,9944,$$

valeur encore très approchante de 3. La moyenne entre ces deux valeurs de μ est

$$\mu = 3,0007,$$

ce qui diffère si peu de 3 que l'on peut négliger la différence.

XXIII.

Les observations m'ont fait connaitre que la loi de la variation des marées totales, près de leur minimum, n'est pas la même dans les équinoxes que dans les solstices. Pour cela, j'ai ajouté séparément dans les observations de la Table IV les marées totales correspondantes au jour même de la quadrature, que je désigne par zéro, et aux trois jours suivants, que je désigne par 1, 2 et 3. La Table suivante offre les résultats que j'ai obtenus :

TABLE V.

Jours.	Marées totales des équinoxes.	Marées totales des solstices.
	^{pi}	^{pi}
0	183,51	214,24
1	154,12	195,41
2	161,69	195,77
3	199,91	213,32

Si, de la somme des marées totales des équinoxes correspondantes aux jours o et 3, on retranche la somme des marées totales des équinoxes correspondantes aux jours 1 et 2, on aura $67^{pi},41$ pour la différence. Cette même différence, relativement aux marées totales des solstices, n'est que de $36^{pi},38$.

Maintenant, si l'on représente par $a + l\zeta^2$ la loi de la variation des marées totales vers les quadratures des équinoxes, et par $a' + l'\zeta^2$ cette même loi vers les quadratures des solstices, ζ étant l'intervalle d'une marée quelconque au minimum des marées, on aura, par les observations précédentes,

$$l : l' :: 67^{pi},41 : 36^{pi},38.$$

Voyons quel doit être le rapport de l à l' suivant la théorie. Il est facile de conclure de l'article XIX que ce rapport est celui de

$$\sin^2\varepsilon + \cfrac{2\frac{S}{r^3}}{\frac{L}{r'^3}\cos^2\varepsilon - \frac{S}{r^3}} \quad \text{à} \quad \cfrac{2\frac{S}{r^3}\cos^4\varepsilon}{\frac{L}{r'^3} - \frac{S}{r^3}\cos^2\varepsilon} - \sin^2\varepsilon.$$

En substituant pour ε sa valeur $19°30'$, on trouvera, par l'article XXI,

$$l : l' :: 1,3721 : 0,6640,$$

en sorte que, l étant supposé égal à $67^{pi},41$, l' est égal à $32^{pi},62$, ce qui diffère peu du résultat $36^{pi},38$, donné par l'observation. On voit ainsi que la théorie s'accorde aussi bien avec les observations, relativement à la variation des marées vers les quadratures, que relativement à leur variation vers les syzygies. J'ai reconnu encore que les observations s'accordaient avec la théorie d'une manière très précise, relativement aux variations de la grandeur des marées vers les quadratures, dues aux variations de la parallaxe lunaire.

XXIV.

On a vu, dans l'article XIX, que dans les quadratures de l'équinoxe du printemps les marées du soir doivent l'emporter à Brest sur celles du matin, et que, au contraire, les marées du matin doivent l'emporter sur celles du soir dans les quadratures de l'équinoxe d'automne. Pour vérifier ce phénomène, j'ai ajouté, dans onze quadratures vers l'équinoxe du printemps, l'excès des marées du soir sur celles du matin, le premier et le second jour après la quadrature. La somme de ces excès a été de $9^{pi},681$. J'ai ajouté pareillement, dans treize quadratures vers l'équinoxe d'automne, l'excès des marées du matin sur celles du soir; la somme de ces excès a été de $10^{pi},424$. Par un milieu entre ces observations, on a $0^{pi},419$ pour l'excès d'une marée du soir sur celle du matin dans les quadratures de l'équinoxe du printemps, ou d'une marée du matin sur celle du soir dans les quadratures de l'équinoxe d'automne.

Nous avons trouvé, dans l'article XV, $0^{pi},563$ pour l'excès des marées du soir sur celles du matin dans les syzygies des solstices d'été. Cet excès doit être au précédent, par les articles IX et XIX, dans le rapport de $\frac{L}{r'^3} + \frac{S}{r^3}$ à $\frac{L}{r'^3}$, ou dans le rapport de 4 à 3, ce qui est, à fort peu près, le rapport des nombres $0^{pi},563$ et $0^{pi},419$.

XXV.

On peut déterminer le niveau d'équilibre de la mer par les marées des quadratures comme nous l'avons déterminé dans l'article XVIII,

par les marées des syzygies. Pour cela, on retranchera de la somme
des vingt hauteurs absolues de la Table IV la demi-somme des vingt
marées totales de la même Table, et l'on aura, par l'article XIX, en
conservant les dénominations de l'article XVIII,

$$160c - 80f(2 - 3\sin^2\varepsilon) = 1329^{\text{pi}},324.$$

On a, par l'article XVIII,

$$160c - 80f(2 - 3\sin^2\varepsilon) = 1355^{\text{pi}},850;$$

le terme $-80f(2 - 3\sin\varepsilon^2)$ est à fort peu près le même dans ces
deux équations; ainsi la valeur de c, conclue de la première, est
moindre que sa valeur conclue de la seconde de la quantité

$$\frac{1355^{\text{pi}},850 - 1329^{\text{pi}},324}{160}.$$

Mais cette seconde valeur est égale à $8^{\text{pi}},7554$, par l'article XVIII; la
première est par conséquent égale à $8^{\text{pi}},5896$.

La différence $0^{\text{pi}},1658$ des deux valeurs de c, déterminées, l'une par
les marées des syzygies, et l'autre par les marées des quadratures, doit-
elle être attribuée aux erreurs des observations ou aux circonstances
locales, qui, dans nos ports, altèrent les résultats de la théorie?
C'est ce que des observations plus nombreuses pourront apprendre
un jour. Je suis cependant très porté à croire que cette différence
tient, au moins en partie, aux circonstances locales : 1° la différence
$26^{\text{pi}},526$ des deux seconds membres des équations précédentes me
parait trop considérable pour dépendre uniquement des erreurs des
observations; 2° nous avons observé, dans l'article I, que, dans nos
ports, la mer, en descendant, n'atteint jamais exactement sa plus
petite hauteur donnée par la théorie; mais, dans les quadratures, où
elle s'élève moins que dans les syzygies, la mer doit en approcher
davantage. Ainsi le niveau de la mer doit paraître plus bas dans les
marées des quadratures que dans celles des syzygies; ce qui vient
encore à l'appui de ce résultat, c'est que nous avons trouvé, dans l'article XVIII, la valeur de c plus petite dans les syzygies des solstices

que dans celles des équinoxes. Cette considération doit influer sur le rapport des forces lunaires et solaires conclu par les hauteurs des marées, puisque ces hauteurs ne sont point exactement celles qui résultent de la théorie; la différence des diverses valeurs de e étant peu sensible à Brest, le rapport de ces forces est bien déterminé par les hauteurs des marées que l'on y observe; mais, dans d'autres ports, les diverses valeurs de e peuvent très sensiblement différer par les circonstances locales; et, dans ce cas, le rapport des forces lunaires et solaires ne sera plus exactement donné par les hauteurs des marées.

XXVI.

Des heures et des intervalles des marées vers les syzygies.

Reprenons l'équation

$$\tang 2(nt + \varpi - \varphi' - \lambda) = \frac{\frac{S}{r^3}\cos^2 v \sin 2(\varphi - \varphi')}{\frac{L}{r'^3}\cos^2 v' + \frac{S}{r^3}\cos^2 v \cos 2(\varphi - \varphi')},$$

trouvée dans l'article IX, et mettons-la sous cette forme

$$\tang 2(nt + \varpi - \varphi - \lambda) = \frac{\frac{L}{r'^3}\cos^2 v' \sin 2(\varphi' - \varphi)}{\frac{S}{r^3}\cos^2 v + \frac{L}{r'^3}\cos^2 v' \cos 2(\varphi' - \varphi)}.$$

L'angle $\varphi' - \varphi$ étant peu considérable vers les syzygies, nous pourrons négliger sa troisième puissance, et nous aurons

$$nt + \varpi - \varphi - \lambda = \frac{\frac{L}{r'^3}(\varphi' - \varphi)\cos^2 v'}{\frac{S}{r^3}\cos^2 v + \frac{L}{r'^3}\cos^2 v'};$$

$nt + \varpi - \varphi$ est l'angle horaire du Soleil. Pour le réduire en temps, il faut le multiplier par $\frac{1^h}{15°}$; cet angle est, par l'article VIII, relatif à un instant qui précède de trente-six heures et demie celui que l'on considère; mais on peut, sans erreur sensible, le rapporter à ce dernier instant, en diminuant convenablement l'angle λ. Soit alors T l'angle λ réduit en temps ; l'heure de la marée sera donc

$$T + \frac{\frac{L}{r'^3}(\varphi' - \varphi)\cos^2 v'}{15\left(\frac{S}{r^3}\cos^2 v + \frac{L}{r'^3}\cos^2 v'\right)}.$$

Considérons l'heure de la pleine mer du jour même de la syzygie. L'angle $\varphi' - \varphi$ est nul à l'instant du maximum des marées, et cet instant suit toujours la syzygie d'un intervalle constant qui est d'environ $36^h 30^m$; $\varphi' - \varphi$ est donc négatif relativement aux marées du jour même de la syzygie. Lorsque cette phase de la Lune arrive le matin, cet angle est plus petit que lorsque la syzygie arrive à midi. La marée syzygie doit donc alors retarder sur l'*heure moyenne* de la marée syzygie, en prenant pour cette heure celle qui a lieu lorsque la syzygie arrive à midi. L'heure de la marée syzygie doit, au contraire, avancer sur l'heure moyenne lorsque la syzygie arrive le soir. On ramènera donc à cette heure moyenne la pleine mer d'une syzygie quelconque en ajoutant à l'heure observée la quantité

$$\frac{iv \cdot 1^h}{20°},$$

v étant le moyen mouvement synodique de la Lune dans l'intervalle d'une heure, et i étant le nombre d'heures dont la syzygie suit le midi. v est, à fort peu près, d'un demi-degré, ce qui réduit la quantité pré-cédente à $i\frac{3^m}{2}$. Il suit de là que l'on doit ajouter ou retrancher de l'heure observée de la marée $1^m 30^s$ environ pour chaque heure dont la syzygie suit ou précède le midi.

Le phénomène du retard ou de l'avancement des marées, suivant que la syzygie arrive plus tôt ou plus tard, est un des premiers que M. de Cassini ait tiré des observations. Il avait fixé à 2^m par heure la correction que nous venons de trouver de $1^m 30^s$: les observations considérées en grand nombre m'ont fait voir que cette correction est, à peu près, telle que la théorie la donne.

Soit U le mouvement synodique de la Lune depuis l'instant de la marée, lorsque la syzygie arrive à midi, jusqu'à l'instant du maximum de la marée ; l'heure de la pleine mer du jour même de la syzygie vers les équinoxes sera, à très peu près,

$$T - \dfrac{\dfrac{L}{r'^3}\, U \cos\varepsilon}{15\left(\dfrac{S}{r^3} + \dfrac{L}{r'^3}\right)},$$

et, le jour d'une syzygie vers les solstices, l'heure de la pleine mer sera

$$T - \dfrac{\dfrac{L}{r'^3}\, U}{15\left(\dfrac{S}{r^3} + \dfrac{L}{r'^3}\right)\cos\varepsilon};$$

ainsi, l'heure moyenne de la pleine mer des syzygies des équinoxes doit retarder sur celle des syzygies des solstices d'une quantité, à fort peu près, égale à

$$\frac{U \sin\varepsilon \tan g\varepsilon}{20}.$$

La fonction

$$\frac{\dfrac{L}{r'^3}\, U}{\dfrac{S}{r^3} + \dfrac{L}{r'^3}}$$

augmente dans le périgée de la Lune et diminue dans son apogée ; les marées du jour de la syzygie doivent donc, tout étant égal d'ailleurs, avancer dans le périgée de la Lune et retarder dans son apogée.

Ces divers résultats ont lieu pour les marées du soir comme pour celles du matin ; la seule différence entre elles est que la valeur de U n'est pas la même pour ces deux marées : elle est moindre d'environ 6° dans la marée du soir ; l'heure de cette marée retarde par consé-quent sur l'heure de la marée du matin de la quantité

$$\frac{\dfrac{L}{r'^3}\, 6^\circ}{15\left(\dfrac{S}{r^3} + \dfrac{L}{r'^3}\right)}$$

ou d'environ 18^m, en sorte que si l'heure de la marée du matin est a, celle de la marée du soir sera, à peu près, $a + 18^m$.

XXVII.

Pour vérifier ces résultats par les observations, j'ai ajouté les heures des marées du matin à Brest, dans trente-six syzygies que j'ai prises le plus près que je l'ai pu des équinoxes, en ramenant, par la règle précédente, les heures des marées à ce qu'elles auraient été si la syzygie fût arrivée à midi, et en considérant à la fois deux syzygies consécutives pour faire disparaître l'effet des variations des distances de la Lune. J'ai trouvé $121^h 50^m 0^s$ pour la somme de ces heures, ce qui donne $3^h 23^m 3^s$ pour l'heure moyenne de la marée du matin à Brest, dans les syzygies vers les équinoxes. J'observerai ici que, dans ces résultats et dans tous ceux qui suivent, les heures sont comptées en temps vrai.

J'ai ajouté de la même manière les heures des marées du matin, dans trente-six syzygies que j'ai choisies le plus près que je l'ai pu des solstices, en considérant de plus autant de solstices d'été que de solstices d'hiver pour faire disparaître l'effet de la variation des distances du Soleil. J'ai trouvé $118^h 46^m 30^s$ pour leur somme, ce qui donne $3^h 17^m 58^s$ pour l'heure moyenne de la marée du matin à Brest, dans les syzygies vers les solstices. Cette heure avance donc, par les observations précédentes, de $5^m 5^s$ sur l'heure moyenne des syzygies des équinoxes.

En considérant de la même manière les marées du soir à Brest, j'ai trouvé, par quarante-six observations, $3^h 40^m 56^s$ pour l'heure moyenne de la marée du soir vers les syzygies des équinoxes; et j'ai trouvé, par quarante observations, $3^h 36^m 0^s$ pour l'heure moyenne de la marée du soir vers les solstices. Cette heure avance donc sur la précédente de $4^m 56^s$: ainsi l'avance des marées syzygies, par l'effet des déclinaisons, est à la fois confirmée par les observations des marées du matin et par celles des marées du soir.

Le milieu entre les avances des marées du matin et du soir dans les observations précédentes est $5^m 1^s$; mais, dans ces observations, les syzygies considérées vers les équinoxes et vers les solstices étaient sensiblement éloignées de ces points, en sorte que, pour comparer au résultat précédent son expression analytique

$$\frac{U \sin \varepsilon \tang \varepsilon}{20},$$

il faut supposer ε moindre que l'obliquité de l'écliptique et ne le porter qu'à 16° ou 17°, et alors la formule précédente est d'accord avec l'observation.

Si l'on prend un milieu entre les soixante-douze observations précédentes des marées du matin, on trouve que, à Brest, l'heure moyenne de la marée du matin dans les syzygies est de $3^h 20^m 30^s$. En prenant semblablement un milieu entre les quatre-vingt-six observations précédentes des marées du soir, l'heure moyenne de cette marée dans les syzygies est de $3^h 38^m 38^s$; elle est par conséquent plus avancée que la première de $18^m 8^s$, ce qui est conforme à la théorie.

XXVIII.

Pour déterminer, par les observations, l'effet de la variation de la distance lunaire, j'ai ajouté les heures des marées du matin dans dix-huit syzygies dans lesquelles le demi-diamètre de la Lune surpassait 16′, en ramenant ces heures à celles qui auraient eu lieu si la syzygie fût arrivée à midi; j'ai trouvé $57^h 40^m$ pour leur somme.

J'ai pareillement ajouté les heures des dix-huit marées syzygies correspondantes dans lesquelles le demi-diamètre de la Lune était au-dessous de 15′, et j'ai trouvé $63^h 52^m$ pour leur somme, ce qui donne $20^m 40^s$ pour la différence moyenne entre les heures des marées apogées et les heures des marées périgées dans ces observations.

J'ai ajouté encore les heures des marées du soir dans les dix-huit syzygies périgées précédentes, et j'ai trouvé $64^h 12^m$ pour leur somme.

Les heures des marées du soir dans les dix-huit syzygies apogées précédentes m'ont donné pour leur somme $68^h 14^m 30^s$, ce qui donne à peu près 13^m pour la différence moyenne entre les heures des marées syzygies apogées et celles des marées syzygies périgées, dans ces observations : ainsi le retard des marées syzygies apogées sur les marées syzygies périgées est à la fois indiqué par les observations des marées du matin et par celles des marées du soir. Ce retard dans les marées du soir n'est qu'environ deux tiers de ce même retard dans les marées du matin, et cela doit être suivant l'analyse de l'article XXVI, parce que la distance des marées du soir du jour même de la syzygie, au maximum des marées, n'est qu'environ les deux tiers de cette même distance relative aux marées du matin.

La somme des dix-huit demi-diamètres de la Lune périgée dans ces observations a été de $299'45''$; la somme des dix-huit demi-diamètres apogées correspondants a été de $267'14''$. Si l'on prend un résultat moyen entre les observations des marées du matin et celles des marées du soir, on trouve qu'à une variation de $1'$ dans le demi-diamètre de la Lune répond une variation de $9'27''$ dans l'heure de la marée du jour même de la syzygie ou, plus exactement, dans la demi-somme des heures des marées du matin et du soir.

Comparons sur ce point la théorie aux observations. On a vu dans l'article XXVI que le retard des marées apogées dépend de la diminution de la fonction

$$\frac{\dfrac{L}{r'^3}\,U}{15\left(\dfrac{S}{r^3} + \dfrac{L}{r'^3}\right)}.$$

Soit $\delta r'$ la variation de r'; la variation correspondante de U sera, comme l'on sait, à peu près $-2U\dfrac{\delta r'}{r'}$. La variation de la fonction précédente sera donc, en observant que $\dfrac{L}{r'^3} = \dfrac{3S}{r^3}$,

$$\frac{-\dfrac{33}{16}\dfrac{\delta r'}{r'}\,U}{15}.$$

Le demi-diamètre moyen de la Lune étant supposé 15′45″,1 dans les syzygies, on a

$$\frac{\partial r'}{r'} = \frac{60'}{945'',1};$$

U est ici le moyen mouvement synodique de la Lune depuis l'instant moyen entre les deux marées du jour de la syzygie supposée arriver à midi jusqu'à l'instant du maximum de la marée. En supposant que ce maximum suit de $36^{h}30^{m}$ la syzygie, U sera le moyen mouvement synodique de la Lune vers les syzygies, dans l'intervalle de 39^{h}, et par conséquent il sera à fort peu près égal à 20°7′, ce qui donne — 10′33″ pour la fonction précédente. Sa valeur donnée par les observations précédentes est — 9′27″. La différence 1′6″ est dans les limites des erreurs des observations, vu surtout l'incertitude qui existe sur le moment de la pleine mer. Nous verrons d'ailleurs, dans la suite, la raison par laquelle la théorie surpasse un peu sur ce point le résultat des observations.

XXIX.

Il est facile, par l'article XXVI, de déterminer le retard journalier des marées vers les syzygies. Si U exprime le mouvement synodique de la Lune dans l'intervalle d'une des deux marées du jour même de la syzygie à la marée correspondante du troisième jour qui la suit, le retard de la marée de ce troisième jour sur la marée du jour même de la syzygie sera, dans les équinoxes,

$$\frac{\frac{L}{r'^{3}} U \cos\varepsilon}{15\left(\frac{S}{r^{3}} + \frac{L}{r'^{3}}\right)},$$

et, dans les solstices, il sera

$$\frac{\frac{L}{r'^{3}} U}{\left(\frac{S}{r^{3}} + \frac{L}{r'^{3}}\right) 15 \cos\varepsilon}.$$

Ces formules sont d'autant plus exactes, que l'instant du maximum de la marée tombe à peu près au milieu de l'intervalle que nous considérons. On voit ainsi que le retard des marées est plus grand dans les syzygies des solstices que dans celles des équinoxes; on voit encore que ce retard est plus grand dans les syzygies où la Lune est périgée que dans celles où elle est apogée.

Pour vérifier ces résultats par les observations, j'ai ajouté les retards des marées du matin du jour même de la syzygie au troisième jour qui la suit, dans vingt-quatre observations les plus voisines que j'ai pu choisir des équinoxes, en ayant toujours soin de considérer à la fois deux syzygies consécutives. La somme de ces retards a été de $43^h 52^m 30^s$, ce qui donne $1^h 49^m 41^s$ pour le retard moyen.

J'ai ajouté pareillement les retards des marées du soir, du jour même de la syzygie au troisième jour qui la suit, dans trente observations les plus voisines que j'ai pu choisir des équinoxes, en ayant toujours soin de considérer à la fois deux syzygies consécutives. La somme de ces retards a été de $55^h 17^m 30^s$, ce qui donne $1^h 50^m 35^s$ pour le retard moyen.

En prenant un milieu entre ces retards des marées du matin et du soir, on a $1^h 50^m 8^s, 12$ pour le retard moyen des marées du jour même de la syzygie au troisième jour qui la suit, ce qui donne $36^m 43^s$ pour le retard journalier des marées syzygies vers les équinoxes.

En considérant de la même manière les retards des marées du matin dans vingt-deux observations les plus voisines que j'ai pu choisir des solstices, j'ai trouvé leur somme égale à $45^h 37^m$, ce qui donne $2^h 3^m 49^s$ pour le retard moyen.

La somme des retards des marées du soir dans trente-deux observations semblables a été de $65^h 49^m 30^s$, d'où résulte $2^h 2^m 48^s$ pour le retard moyen.

Le milieu entre ces retards des marées du matin et du soir est $2^h 3^m 49^s$, ce qui donne $41^m 16^s$ pour le retard journalier des marées syzygies vers les solstices, retard qui est de $4^m 33^s$ plus grand que vers les équinoxes. On voit ainsi que les observations des marées du matin et du soir vers les syzygies concourent à établir l'influence des déclinaisons des astres sur le retard journalier de ces marées.

Si l'on prend un milieu entre les retards des marées du matin et du soir, tant vers les équinoxes que vers les solstices, dans les observations précédentes, on trouve $1^h56^m58^s,5$ pour le retard moyen des marées du jour même de la syzygie au troisième jour qui le suit.

Suivant les formules précédentes, ce retard doit être plus grand vers les solstices que vers les équinoxes de la quantité

$$\frac{U \sin \varepsilon \, \text{tang} \, \varepsilon}{20}.$$

U est le moyen mouvement synodique de la Lune dans l'intervalle des marées que l'on considère, c'est-à-dire dans l'intervalle de $3^j 1^h 57^m$: sa valeur est d'environ $38°20'$. En égalant donc la formule précédente à la différence observée des retards, différence qui, par ce qui précède, est égale à 13^m41^s, on aura, à fort peu près,

$$\varepsilon = 19°\tfrac{1}{4},$$

ce qui peut être admis; en sorte qu'à cet égard la théorie est d'accord avec les observations.

XXX.

L'accroissement du retard journalier des marées périgées vers les syzygies et la diminution du retard journalier des marées apogées vers les syzygies sont indiqués, d'une manière très sensible, par les observations. Dans neuf marées syzygies du matin, dans lesquelles le demi-diamètre de la Lune surpassait $16'$, j'ai trouvé 19^h53^m pour la somme des retards des marées du jour même de la syzygie au troisième jour qui la suit, tandis que la somme de ces retards dans les marées syzygies voisines ou correspondantes, dans lesquelles le demi-diamètre de la Lune était au-dessous de $15'$, n'a été que de 14^h7^m.

La somme des retards des marées du soir dans les mêmes syzygies périgées a été de 19^h55^m; dans les mêmes syzygies apogées, cette somme n'a été que de 14^h27^m.

Le phénomène que nous considérons ici est si sensible, que, dans chacune des observations précédentes, le plus petit retard observé des marées périgées a surpassé le plus grand retard observé des marées apogées, ce qui prouve la nécessité de considérer à la fois, dans la détermination des retards des marées syzygies, les deux syzygies consécutives, lorsque l'on veut faire disparaître l'effet de la variation des distances de la Lune à la Terre.

Si l'on prend un milieu entre les retards des marées du matin et du soir dans les observations précédentes, on trouve que le retard journalier des marées périgées a été plus grand que le retard journalier des marées apogées, de $12^m 29^s$.

La somme des demi-diamètres de la Lune périgée dans ces observations a été de $149' 50''$, et la somme des demi-diamètres de la Lune apogée a été de $133' 29''$; ainsi la différence $12^m 29^s$ des retards journaliers répond à $1' 49''$ de variation dans le demi-diamètre de la Lune, ce qui donne $6^m 50^s$ de retard pour $1'$ d'accroissement dans ce demi-diamètre.

Pour comparer, sur ce point, la théorie aux observations, nous remarquerons que, par ce qui précède, la variation du retard des marées périgées et apogées dépend de la variation de la fonction

$$\frac{\frac{L}{r'^3} U}{15 \left(\frac{S}{r^3} + \frac{L}{r'^3} \right)}.$$

Supposons que r' varie de $\delta r'$, la variation de U sera, à fort peu près, $-2U \frac{\delta r'}{r'}$; en nommant donc q la valeur moyenne de la fonction précédente, et en observant que $\frac{L}{r'^3} = \frac{3S}{r^3}$ à fort peu près, on aura

$$-\frac{11}{4} q \frac{\delta r'}{r'}$$

pour la variation de cette fonction.

Par un milieu entre les retards journaliers des marées syzygies vers les équinoxes et vers les solstices, la valeur de q relative à un jour est de 39^m; en supposant ensuite que la variation $\delta r'$ réponde à $1'$ de variation dans le demi-diamètre de la Lune, et que le demi-diamètre moyen de cet astre soit de $15'45'',1$, on aura

$$-\frac{11}{4}\,q\,\frac{\partial r'}{r'}=-6^{m}49^{s}.$$

Les observations nous ont donné $-6^{m}50^{s}$; elles sont donc, à cet égard, parfaitement conformes à la théorie.

XXXI.

Le retard des marées vers les syzygies offre un moyen de déterminer le rapport des forces lunaires et solaires. Pour cela, reprenons l'équation trouvée dans l'article XXVI,

$$\operatorname{tang}2(nt+\varpi-\varphi-\lambda)=\frac{\dfrac{L}{r'^{3}}\cos^{2}v'\sin 2(\varphi'-\varphi)}{\dfrac{S}{r^{3}}\cos^{2}v+\dfrac{L}{r'^{3}}\cos^{2}v'\cos 2(\varphi'-\varphi)}\ldots$$

Si l'on nomme μ le retard de la marée du jour même de la syzygie au troisième jour qui la suit, ce retard étant moyen entre le retard des syzygies des équinoxes et celui des syzygies des solstices, cette équation donnera, en observant que l'instant du maximum des marées est à peu près au milieu de l'intervalle que nous considérons,

$$\operatorname{tang}\mu=\frac{\dfrac{L}{r'^{3}}\sin U}{\dfrac{S}{r^{3}}+\dfrac{L}{r'^{3}}\cos U},$$

μ étant évalué en arc de cercle à raison de $15°$ par heure, et U étant le moyen mouvement synodique de la Lune dans l'intervalle de la marée du jour de la syzygie à la marée du troisième jour qui la suit. On aura donc

$$\frac{\dfrac{L}{r'^{3}}}{\dfrac{S}{r^{3}}}=\frac{\operatorname{tang}\mu}{\sin U-\operatorname{tang}\mu\cos U}.$$

Le retard μ est, par l'article XXIX, de $7018^{s},5$ en temps; en le convertissant en degrés, on a

$$\mu=29°14'38''.$$

Le moyen mouvement synodique de la Lune dans les syzygies, pendant l'intervalle de trois jours plus $7018^s,5$ est de $38°16'25''$: c'est la valeur de U; on trouvera ainsi, dans les syzygies,

$$\frac{\frac{L}{r'^3}}{\frac{S}{r^3}} = 3,11271.$$

Pour réduire ce rapport des forces lunaire et solaire à la distance moyenne de la Lune à la Terre, il faut le diminuer d'environ $\frac{1}{40}$, à raison de l'argument de la variation; mais il faut l'augmenter ensuite à peu près de $\frac{1}{30}$, par la considération suivante.

Dans l'équation $\frac{dy}{dt} = 0$, qui, par l'article IX, détermine l'instant de la pleine mer, $\frac{S}{r^3}$ est multiplié par $n - m$, mt étant le moyen mouvement du Soleil et $\frac{L}{r'^3}$ est multiplié par $n - m'$, m' étant le moyen mouvement de la Lune. Ainsi le rapport des forces lunaire et solaire, donné par les retards des marées, est celui de $(n-m')\frac{L}{r'^3}$ à $(n-m)\frac{S}{r^3}$; il doit donc être augmenté de sa $\left(\frac{m'-m}{n-m}\right)^{\text{ième}}$ partie, ou d'environ $\frac{1}{30}$, pour donner le rapport véritable de $\frac{L}{r'^3}$ à $\frac{S}{r^3}$. On aura ainsi, par les retards observés des marées syzygies,

$$\frac{\frac{L}{r'^3}}{\frac{S}{r^3}} = 3,13605,$$

ce qui diffère peu du rapport trouvé par les hauteurs des marées dans l'article XXII.

XXXII.

Des heures et des intervalles des marées vers les quadratures.

Reprenons l'équation

$$(A) \qquad \tan 2(nt + \varpi - \varphi - \lambda) = \frac{\frac{L}{r'^3}\cos^2 v'\sin 2(\varphi'-\varphi)}{\frac{S}{r^3}\cos^2 v + \frac{L}{r'^3}\cos^2 v'\cos 2(\varphi'-\varphi)},$$

trouvée dans l'article XXVI. Si l'on y change φ' dans $90° + \varphi'$ ou dans $270° + \varphi'$, elle deviendra

$$\tan 2(nt + \varpi - \varphi - \lambda) = \frac{\dfrac{L}{r'^3}\cos^2 v' \sin 2(\varphi' - \varphi)}{\dfrac{L}{r'^3}\cos^2 v' \cos 2(\varphi' - \varphi) - \dfrac{S}{r^3}\cos^2 v};$$

l'angle $\varphi' - \varphi$ étant peu considérable vers les quadratures, nous pouvons négliger son cube, ce qui donne

$$nt + \varpi - \varphi + 90° - \lambda = \frac{\dfrac{L}{r'^3}(\varphi' - \varphi)\cos^2 v'}{\dfrac{L}{r'^3}\cos^2 v' - \dfrac{S}{r^3}\cos^2 v}.$$

$nt + \varpi - \varphi$ est l'angle horaire du Soleil; en le réduisant en temps, on aura, pour l'heure de la pleine mer,

$$6^h + T + \frac{\dfrac{L}{r'^3}(\varphi' - \varphi)\cos^2 v'}{\dfrac{L}{r'^3}\cos^2 v' - \dfrac{S}{r^3}\cos^2 v}.$$

Dans les quadratures des équinoxes, cette fonction devient, à fort peu près,

$$6^h + T - \frac{\dfrac{L}{r'^3}U'\cos\varepsilon\left(1 + \dfrac{1}{13}\sin^2\varepsilon\right)}{15\left(\dfrac{L}{r'^3}\cos^2\varepsilon - \dfrac{S}{r^3}\right)},$$

et, dans les quadratures des solstices, elle devient à peu près

$$6^h + T - \frac{\dfrac{L}{r'^3}U'\cos\varepsilon\left(1 - \dfrac{1}{13}\tan^2\varepsilon\right)}{15\left(\dfrac{L}{r'^3} - \dfrac{S}{r^3}\cos^2\varepsilon\right)},$$

U' étant le mouvement synodique de la Lune, depuis l'instant de la pleine mer que l'on considère jusqu'à l'instant du minimum de la marée, où U' est nul. Ce second instant suit la quadrature d'un intervalle constant; ainsi le jour même de la quadrature, l'angle U' est plus petit lorsque la quadrature arrive le matin, que lorsqu'elle arrive à

midi; il est plus grand lorsque cette phase arrive le soir. En prenant
donc, pour l'heure moyenne de la marée du jour de la quadrature,
celle qui a lieu lorsque la quadrature arrive à midi, l'heure de la
marée quadrature doit retarder sur l'heure moyenne lorsque la quadrature arrive le matin; elle doit au contraire avancer lorsque la quadrature arrive le soir. On ramènera donc, à fort peu près, à cette
heure moyenne l'instant de la pleine mer d'une quadrature quelconque, en ajoutant à l'heure observée la quantité $\frac{i\upsilon}{15}$, υ étant le
moyen mouvement synodique de la Lune dans l'intervalle d'une
heure, et i étant le nombre d'heures dont la quadrature suit l'instant du midi. L'angle υ est à peu près de $\frac{1}{2}$ degré, ce qui réduit la
quantité précédente à $i.3^{m}$ [1], en sorte que l'on doit ajouter ou retrancher de l'heure observée de la marée environ 3 minutes pour chaque
heure dont la quadrature suit ou précède l'instant du midi; mais les
termes de l'ordre U'^2 que nous avons négligés, et qui sont fort sensibles vers les quadratures, diminuent un peu cette correction et la
réduisent à $2^{m}30^{s}$, comme nous le verrons bientôt.

Il est clair, par les formules précédentes, que l'heure de la marée
des quadratures des solstices doit retarder sur celle des quadratures
des équinoxes. En retranchant les expressions analytiques de ces
heures et en observant que, $\sin^2\varepsilon$ étant une petite fraction, on peut
négliger les quantités multipliées par $\frac{S}{r^3}\sin^4\varepsilon$; on trouve que le retard
des marées quadratures solsticiales sur les marées quadratures équinoxiales est, à fort peu près, égal à

$$\frac{\frac{11}{9}U'\sin\varepsilon\,\tan g\,\varepsilon}{20}.$$

Suivant l'article XXVI, le retard des marées syzygies équinoxiales sur
les marées syzygies solsticiales est

$$\frac{U\sin\varepsilon\,\tan g\,\varepsilon}{20};$$

<hr>

[1] En partant de l'expression $\frac{3i\upsilon}{15}$, on trouverait $i\frac{3''}{2}$.   (Note de l'Éditeur.)

U est un peu plus grand que U', parce que les marées quadratures arrivent plus tard que les marées syzygies; ainsi le retard des marées quadratures solsticiales sur les marées quadratures équinoxiales est environ quadruple du retard des marées syzygies équinoxiales sur les marées syzygies solsticiales, du moins lorsque l'on n'a point égard aux termes de l'ordre U'^3.

XXXIII.

Comparons ces résultats aux observations; pour cela, j'ai ajouté les heures des marées du matin du jour même de la quadrature, dans trente quadratures le plus voisines que j'ai pu choisir des solstices, en considérant à la fois deux quadratures consécutives, et en ramenant, par la règle précédente, ces heures à celles qui auraient eu lieu si la quadrature fût arrivée à midi. J'ai trouvé, pour la somme de ces heures, $258^h 38^m$, ce qui donne $8^h 37^m 16^s$ pour l'heure moyenne de la marée du matin du jour des quadratures vers les solstices.

En ajoutant, de la même manière, les heures de trente marées du matin, le plus voisines que j'ai pu choisir des équinoxes, j'ai trouvé pour leur somme $247^h 46^m 30^s$, ce qui donne $8^h 15^m 33^s$ pour l'heure moyenne de la marée du matin, le jour des quadratures vers les équinoxes; cette heure est plus petite que la précédente de $21^m 43^s$.

Pour confirmer le même résultat par les marées du soir, j'ai ajouté, par le même procédé que ci-dessus, les heures des marées du soir du jour même de la quadrature, dans trente quadratures le plus voisines que j'ai pu choisir des solstices, et j'ai trouvé pour leur somme $273^h 46^m 30^s$, ce qui donne $9^h 7^m 33^s$ pour l'heure moyenne de la marée du soir, dans les quadratures vers les solstices.

En ajoutant, de la même manière, les heures des marées du soir dans trente quadratures le plus voisines que j'ai pu choisir des équinoxes, j'ai trouvé pour leur somme $263^h 27^m 30^s$, ce qui donne l'heure moyenne de la marée du soir, dans les quadratures vers les équinoxes, égale à $8^h 46^m 55^s$, plus petite que la précédente de $20^m 38^s$. Ainsi, le retard de la marée quadrature des solstices sur la marée quadrature des équi-

noxes est confirmé à la fois par les observations des marées du matin
et celles des marées du soir.

La moyenne entre les deux retards donnés par ces observations est
$21^m 20^s$. Par l'article XXVII, le retard des marées du jour de la syzygie
vers les équinoxes sur cette même marée vers les solstices, est $5^m 1^s$.
Le retard des marées produit par les déclinaisons des astres est donc,
suivant les observations comme par la théorie, environ quatre fois
plus grand dans les quadratures que dans les syzygies.

Si l'on prend un milieu entre les heures des marées du matin du
jour des quadratures, vers les équinoxes et vers les solstices, on aura
pour l'heure moyenne de cette marée $8^h 26^m 24^s$. Pareillement, l'heure
moyenne de la marée du soir dans les quadratures est $8^h 57^m 14^s$.

On peut remarquer ici que le retard observé des marées du jour de
la quadrature vers les solstices sur les marées du jour de la quadrature
vers les équinoxes est à peu près le même par les marées du matin que
par celles du soir. Il semble cependant que, suivant la théorie, il doit
être d'environ un tiers plus petit dans le second cas que dans le premier, la valeur de U' étant à peu près d'un tiers plus petite. Quoique
les causes irrégulières aient une influence très sensible sur les heures
des marées quadratures, la différence entre la théorie précédente et
les observations me paraît trop considérable pour pouvoir être attribuée uniquement aux erreurs des observations. J'ai soupçonné, en
conséquence, que les termes dépendants de U'^3 que j'ai négligés pouvaient diminuer la différence entre les retards donnés par les marées
du matin et par celles du soir et les rapprocher de l'égalité et, par
conséquent, des observations.

Pour vérifier cette conjecture, j'ai calculé, au moyen de l'équation (A) de l'article précédent, les heures des marées du matin, tant
dans les équinoxes que dans les solstices : 1° en supposant le Soleil et
la Lune mus dans un plan incliné de 19° à l'équateur; 2° en faisant
dans les moyennes distances

$$\frac{L}{r'^3} = \frac{3S}{r^3},$$

et en observant que, à raison de l'argument de la variation, $\frac{1}{r^3}$ doit être diminué de $\frac{1}{19}$ dans l'équation (A), et qu'il doit être encore diminué de $\frac{1}{30}$ par l'article XXXI; 3° que les heures moyennes des marées du matin et du soir dans les quadratures sont telles que nous venons de les déterminer par les observations; 4° enfin, que la quadrature arrive à midi et qu'elle précède de $36^h 30^m$ le minimum des marées. J'ai obtenu ainsi les résultats suivants :

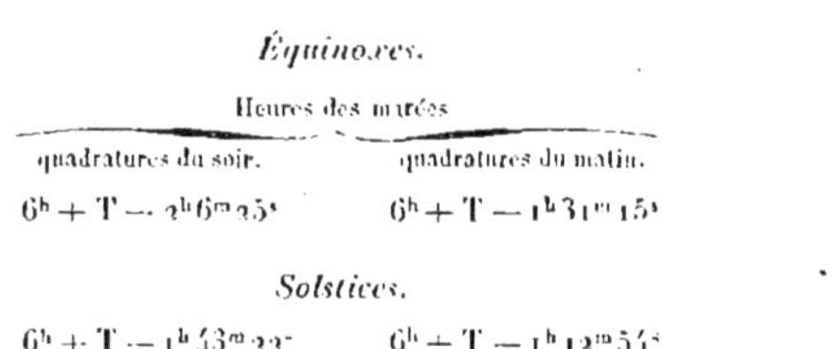

Équinoxes.

Heures des marées

quadratures du soir.	quadratures du matin.
$6^h + T - 2^h 6^m 25^s$	$6^h + T - 1^h 31^m 15^s$

Solstices.

$6^h + T - 1^h 43^m 22^s$	$6^h + T - 1^h 12^m 54^s$

Le retard des marées quadratures des solstices sur les marées quadratures des équinoxes est donc de $23^m 3^s$ pour les marées du matin et $18^m 21^s$ pour les marées du soir. Suivant les observations précédentes, les retards sont de $21^m 43^s$ et de $20^m 38^s$. La différence est dans les limites des erreurs des observations et de la supposition que nous avons faite sur l'angle ε. On voit par les résultats précédents que les retards des marées ne diffèrent que d'environ $4^m 42^s$ pour le matin et pour le soir, tandis que cette différence, en n'ayant égard qu'aux termes dépendants de la première puissance de U', serait d'environ 7^m, d'où il suit que les termes dépendants de U'^2 rapprochent ces deux retards de l'égalité.

Suivant les résultats précédents, l'heure moyenne de la marée quadrature du matin est $6^h + T - 1^h 54^m 54^s$, et l'heure moyenne de la marée du soir est $6^h + T - 1^h 22^m 4^s$; elle surpasse ainsi la première de $32^m 50^s$. Suivant les observations précédentes, cet excès est de $30^m 50^s$, ce qui diffère peu du résultat du calcul. On voit en même temps que, pour l'intervalle de douze heures et demie qui sépare les marées quadratures du matin de celles du soir, le retard des marées est de $32^m 5o^s$, ce qui fait à peu près $2^m 3o^s$ par heure, comme nous l'avons annoncé ci-dessus.

XXXIV.

Si l'on suppose le Soleil et la Lune dans le plan de l'équateur, l'heure de la marée du jour de la quadrature sera

$$6^h + \mathrm{T} - \frac{\frac{\mathrm{L}}{r'^3}\mathrm{U}'}{15\left(\frac{\mathrm{L}}{r'^3} - \frac{\mathrm{S}}{r^3}\right)}.$$

Cette heure varie avec la parallaxe de la Lune ; elle retarde dans son apogée, et elle avance dans son périgée. $\delta r'$ étant l'accroissement de r', le retard de la marée sera

$$\frac{3}{4}\frac{\delta r'}{r'}\frac{\mathrm{U}'}{15}.$$

Par l'article XXVIII, le retard de la marée dans les syzygies, dû à la variation de la distance de la Lune, est

$$\frac{33}{16}\frac{\delta r'}{r'}\frac{\mathrm{U}}{15}.$$

Ainsi U étant un peu plus grand que U', ce retard est environ trois fois plus grand dans les syzygies que dans les quadratures. Ce qui augmente encore cet effet de la parallaxe dans les syzygies, c'est que, à raison de l'évection, la variation des distances de la Lune est plus grande dans ces points que dans les quadratures. Il y a même une cause, savoir le retard des marées sur l'heure de la théorie, à mesure qu'elles sont plus grandes, qui rend cet effet de la parallaxe lunaire presque nul dans les quadratures. Ces résultats sont entièrement conformes aux observations des marées.

XXXV.

Il est facile, par l'article XXXII, de déterminer le retard journalier des marées vers la quadrature. Si U' exprime le mouvement synodique

de la Lune dans l'intervalle de l'une des deux marées du jour même
de la quadrature à la marée correspondante du troisième jour qui la
suit, on trouvera que le retard de la marée de ce troisième jour sur
la marée du jour même de la quadrature est plus grand dans les quadratures des équinoxes que dans celles des solstices, et que la différence est à fort peu près égale à

$$\frac{\frac{13}{3} U' \sin\varepsilon \tan g\varepsilon}{20}.$$

Par l'article XXIX, la différence de ces retards dans les syzygies est

$$\frac{U \sin\varepsilon \tan g\varepsilon}{20};$$

elle est donc environ quatre fois moindre dans les syzygies que dans
les quadratures. Voyons ce que les observations donnent à ce sujet.

J'ai ajouté la somme des retards des marées, depuis la marée du
matin du jour même de la quadrature jusqu'à la troisième marée correspondante qui la suit, dans trente quadratures le plus voisines que
j'ai pu choisir des solstices, en ayant toujours soin de considérer deux
quadratures consécutives; j'ai trouvé $98^h 26^m 0^s$ pour la somme de ces
retards, ce qui donne $3^h 16^m 52^s$ pour le retard moyen.

J'ai ajouté pareillement les retards des marées, depuis la marée du
matin du jour même de la quadrature jusqu'à la troisième marée correspondante qui la suit, dans trente-deux quadratures le plus voisines
que j'ai pu choisir des équinoxes, et j'ai trouvé $131^h 19^m 30^s$ pour la
somme de ces retards, ce qui donne $4^h 6^m 14^s$ de retard moyen, plus
grand que le précédent de $49^m 22^s$.

La somme des retards des marées du soir, considérées de la même
manière dans vingt-six observations des quadratures le plus voisines
que j'ai pu choisir des solstices, a été de $86^h 47^m 30^s$, ce qui donne
$3^h 20^m 17^s$ de retard moyen.

La somme de ces retards dans vingt-huit observations des quadratures le plus voisines que j'ai pu choisir des équinoxes a été de

$115^h 16^m 30^s$, ce qui donne $4^h 7^m 10^s$ de retard moyen, plus grand que le précédent de $46^m 53^s$; ainsi l'accroissement du retard des marées des quadratures par les déclinaisons de la Lune est à la fois prouvé par les observations des marées du matin et par celles des marées du soir.

En prenant un milieu entre les cinquante-six observations précédentes du matin et du soir vers les solstices, on a $3^h 18^m 27^s, 32$ pour le retard moyen de la marée du jour de la quadrature vers les solstices à la troisième marée correspondante qui la suit.

En prenant un milieu entre les soixante observations précédentes du matin et du soir vers les équinoxes, on a $4^h 6^m 36^s, 00$ pour le retard moyen, qui surpasse le précédent de $48^m 8^s, 68$.

Nous venons de voir que l'excès du retard des marées syzygies vers les solstices sur le retard des mêmes marées vers les équinoxes, en considérant l'intervalle de la marée du jour même de la syzygie à la marée correspondante du troisième jour qui la suit, doit être à peu près le quart de $48^m 8^s, 68$, et par conséquent d'environ 12^m. Par l'article XXIX, cet excès est de $13^m 41^s$; la différence est dans les limites des erreurs des observations.

Le milieu entre les retards précédents des marées quadratures, tant vers les équinoxes que vers les solstices, est $3^h 42^m 31^s, 66$, ce qui donne $1^h 14^m 10^s$ pour le retard journalier des marées, près de leur minimum.

Les marées périgées avancent et les marées apogées retardent dans les quadratures comme dans les syzygies; mais, par les observations, ce phénomène est beaucoup moins sensible dans les quadratures que dans les solstices, ce qui est conforme à la théorie, comme l'on peut facilement s'en convaincre par l'analyse de l'article précédent. Pour m'assurer de cette conformité, j'ai ajouté dans onze quadratures, dans lesquelles le demi-diamètre de la Lune était au-dessous de $15'$, les retards des marées, depuis les marées tant du matin que du soir, du jour même de la quadrature, jusqu'aux troisièmes marées correspondantes qui les suivent, et j'ai trouvé $78^h 24^m$ pour la somme de ces retards. J'ai ajouté pareillement dans les onze quadratures correspondantes dans lesquelles le demi-diamètre de la Lune était au-dessus de 16', les retards des marées, tant du matin que du soir, depuis le jour même de la quadrature jusqu'aux troisièmes marées correspondantes qui les suivent, et j'ai trouvé $81^h 26^m$ pour la somme de ces retards. La somme des demi-diamètres lunaires dans les onze premières quadratures était de 163' 12", et dans les onze dernières quadratures cette somme était de 176' 44"; ainsi 13' 32" d'accroissement dans la somme de ces demi-diamètres ont produit $3^h 2^m$ d'accroissement dans la somme de ces retards, d'où il est aisé de conclure qu'une minute d'accroissement dans le demi-diamètre lunaire augmente de 134^s le retard de la marée, depuis la marée du jour de la quadrature jusqu'à la troisième marée correspondante qui la suit. Par l'analyse de l'article précédent, cet accroissement ne doit être que le tiers du même accroissement dans les marées syzygies, accroissement que nous avons trouvé dans l'article XXX de 410^s, dont le tiers, 137^s, diffère très peu de 134^s : ainsi la théorie est parfaitement d'accord avec les observations sur cet objet.

XXXVI.

Le retard des marées vers les quadratures offre un nouveau moyen de déterminer le rapport des forces lunaire et solaire. Pour cela, reprenons l'équation trouvée dans l'article XXXII

$$\tang 2(nt + \varpi - \varphi - \lambda) = \frac{\dfrac{L}{r'^3}\cos^2 v' \sin 2(\varphi' - \varphi)}{\dfrac{L}{r'^3}\cos^2 v' \cos 2(\varphi' - \varphi) - \dfrac{S}{r^3}\cos^2 v}.$$

Si l'on nomme μ le retard de la marée du jour de la quadrature à la troisième marée correspondante qui la suit, ce retard étant moyen entre les retards vers les quadratures des équinoxes et vers les quadratures des solstices, l'équation précédente donnera

$$\tang \mu = \frac{\dfrac{L}{r'^3}\sin U'}{\dfrac{L}{r'^3}\cos U' - \dfrac{S}{r^3}},$$

μ étant évalué en arc de cercle, à raison de $15°$ par heure, et U' étant le moyen mouvement synodique de la Lune, dans l'intervalle de la marée du jour de la quadrature à la troisième marée correspondante qui la suit. L'équation précédente est d'autant plus exacte que le minimum de la marée tombe à peu près au milieu de cet intervalle. On aura donc

$$\frac{\dfrac{L}{r'^3}}{\dfrac{S}{r^3}} = \frac{\tang\mu}{\tang\mu\cos U' - \sin U'}.$$

Le retard μ est, par l'article précédent, de $3^h 42^m 31^s,66$; en le convertissant en degrés, à raison de $15°$ par heure, on aura

$$\mu = 55°37'55''.$$

U' est le moyen mouvement synodique de la Lune vers les quadratures, dans l'intervalle de $3^j 3^h 42^m 32^s$; d'où l'on conclut, en ayant égard à l'argument de la variation,

$$U' = 37°43'45'',$$

ce qui donne

$$\frac{\dfrac{L}{r'^3}}{\dfrac{S}{r^3}} = 2,6852.$$

Pour réduire ce rapport à la distance moyenne de la Lune à la Terre, il faut l'augmenter d'environ $\frac{1}{10}$, à cause de l'argument de la variation qui, dans les quadratures, augmente la distance lunaire. Il faut ensuite augmenter le nouveau rapport que l'on trouvera d'environ $\frac{1}{10}$, par la considération que nous avons faite à la fin de l'article XXXI; on aura ainsi, par les retards des marées quadratures,

$$\frac{\dfrac{L}{r'^3}}{\dfrac{S}{r^3}} = 2,8440.$$

Les retards des marées syzygies nous ont donné, dans l'article XXXI,

3,1360 pour ce même rapport. En prenant un milieu entre ces deux
rapports, on aura, par les retards des marées, tant vers les syzygies
que vers les quadratures,

$$\frac{\dfrac{L}{r'^3}}{\dfrac{S}{r^3}} = 2,99000,$$

ce qui diffère très peu du rapport 3,0007 trouvé dans l'article XXII
par les hauteurs des marées. Le milieu entre ces deux derniers rapports est 2,9954; ainsi toutes les observations des hauteurs et des
intervalles des marées nous conduisent à regarder la force lunaire
comme étant triple à très peu près de la force solaire.

XXXVII.

Le rapport des forces du Soleil et de la Lune est important, non
seulement dans la théorie des marées, mais encore dans l'Astronomie, en ce qu'il influe sur les phénomènes de la précession, de
la nutation et sur l'équation lunaire des Tables du Soleil. Newton
l'a fait égal à 4,4815, d'après les observations des hauteurs des
marées; M. Daniel Bernoulli, dans sa pièce sur le flux et le reflux
de la mer, l'a réduit à $\frac{5}{2}$, d'après les retards observés des marées vers
les syzygies. Si l'on fait, avec Bradley, la nutation de l'axe terrestre
de 9″, ce rapport doit être supposé égal à 2. En discutant avec un
soin particulier la collection nombreuse des observations des marées
faites à Brest au commencement de ce siècle, nous avons été conduits,
par les deux moyens que Newton et M. Daniel Bernoulli ont employés
séparément, au rapport de 3 à 1, pour celui des forces de la Lune et
du Soleil. Ce rapport peut donc être regardé comme fort approché.
Pour que l'on puisse juger de son degré d'approximation, nous allons
déterminer, suivant les quatre rapports 2, $\frac{5}{2}$, 3, 4, les retards μ des
marées dans les syzygies et dans les quadratures, du jour même de la
phase au troisième jour qui la suit, et le minimum de leur hauteur,

en supposant leur maximum de 19^{pi},249, comme nous l'avons trouvé
dans l'article XIII.

TABLE VI.

Rapport de la force de la Lune à celle du Soleil.	Valeur de μ		Minimum de la marée totale.
	dans les syzygies.	dans les quadratures.	
	h m	h m	pi
2	1.42 ½	4.28	5,996
$\frac{5}{2}$	1.50	3.56 ½	7,767
3	1.55 ½	3.38	9,093
4	2. 3 ½	3.17 ½	10,946
Par les observations	1.57	3.42 ½	9,108

On voit par cette Table que les rapports 2, $\frac{5}{2}$ et 4 donnent des résultats si éloignés des observations, qu'il est impossible de les admettre,
tandis que le rapport de 3 à 1 s'en approche beaucoup. La valeur
observée de μ dans les syzygies semble l'indiquer un peu plus grand;
mais cette valeur observée dans les quadratures l'indique plus petit, en
sorte qu'il parait n'avoir besoin d'aucune correction sensible. Voyons
maintenant ce qui résulte de ce rapport pour les phénomènes de la précession et de la nutation.

Si l'on suppose la nutation totale de l'axe terrestre égale à $9''(1+\gamma)$,
on aura

$$\frac{\dfrac{L}{r'^3}}{\dfrac{S}{r^3}+\dfrac{L}{r'^3}} = \frac{103189(1+\gamma)}{154143}.$$

[*Voir* les *Mémoires de l'Académie* pour l'année 1783, p. 24 (¹).]

En supposant donc $\dfrac{L}{r'^3} = \dfrac{3S}{r^3}$, on trouvera $10'',083$ pour la nutation
de l'axe terrestre, en sorte qu'il faut porter à une seconde entière
l'augmentation de $\dfrac{1''}{3}$ que plusieurs astronomes ont déjà faite au
résultat de Bradley.

L'équation totale de la précession se détermine en divisant le double
de la nutation totale par la tangente du double de l'obliquité de l'éclip-

______
(¹) *OEuvres de Laplace,* T. XI, p. 27.

tique, ce qui donne $18'',8/_4$ pour l'équation de la précession. Si l'on nomme i le rapport du moyen mouvement sidéral de la Lune à celui du Soleil, et T la masse de la Terre, on a

$$\frac{L}{T} = \frac{3}{i^2 - 3},$$

d'où l'on tire

$$\frac{L}{T} = \frac{1}{58,57},$$

c'est-à-dire que la masse de la Lune est environ $\frac{1}{59}$ de celle de la Terre.

Le coefficient de l'équation lunaire des Tables du Soleil est

$$\frac{L}{L + T}\frac{r'}{r}.$$

Si l'on suppose la parallaxe de la Lune de $57'$ dans les moyennes distances, et celle du Soleil de $8'',8$, on a

$$\frac{r'}{r} = \frac{8'',8}{57'};$$

on aura ainsi $8'',9$ pour l'équation lunaire des Tables du Soleil.

Nous devons cependant observer ici que le rapport de $\frac{L}{r'^3}$ à $\frac{S}{r'^3}$ donné par les phénomènes des marées peut n'être pas exactement le même que celui qui doit être employé dans le calcul de la précession et de la nutation, car on a vu dans l'article VI que la masse L de la Lune doit être augmentée dans le rapport de B′ à B dans le calcul des phénomènes des marées. Ce dernier rapport étant inconnu, la masse L ne peut être encore exactement déterminée par ces phénomènes; mais il est aisé de voir que ce rapport doit être fort peu différent de l'unité, en sorte que la masse L de la Lune conclue des phénomènes des marées peut être regardée comme étant fort approchée.

XXXVIII.

La différence des heures des marées des quadratures et des syzygies offre un nouveau moyen pour déterminer le temps dont la syzygie et la quadrature précèdent le maximum et le minimum des marées. Pour cela, nommons a et a' les heures des marées du matin et du soir dans les syzygies; nommons pareillement b et b' les heures des marées du matin et du soir dans les quadratures; l'heure de la marée du matin dans les syzygies sera, par l'article XXVI, exprimée par la formule

$$T - K(\zeta + 12^h - a),$$

K étant égal à $\dfrac{h}{3i + h}$, et h étant le retard des marées du jour même de la syzygie au troisième jour qui la suit.

On aura donc

$$T - K(\zeta + 12^h - a) = a.$$

L'heure de la marée du matin dans les quadratures sera, par l'article XXXII, exprimée par la formule

$$6^h + T - K'(\zeta + 12^h - b),$$

K' étant égal à $\dfrac{h'}{3i + h'}$, et h' étant le retard des marées du jour même de la quadrature au troisième jour qui la suit; on aura donc

$$6^h + T - K'(\zeta + 12^h - b) = b.$$

En retranchant de cette équation la précédente, on aura

$$6^h = b - a - K(\zeta + 12^h - a) + K'(\zeta + 12^h - b).$$

La comparaison des deux marées du soir dans les syzygies et dans les quadratures donne pareillement

$$6^h = b' - a' - K(\zeta - a') + K'(\zeta - b').$$

Pour conclure avec précision, de ces deux équations, la valeur de ζ, on les ajoutera l'une à l'autre, et l'on tirera de leur somme

$$(o) \qquad \zeta = \frac{12^h + a + a' - b - b' + K(12^h - a - a') - K'(12^h - b - b')}{2(K' - K)}.$$

On a, par les articles XXVII et XXXIII,

$$a = 3^h 20^m 30^s,$$
$$a' = 3^h 38^m 38^s,$$
$$b = 8^h 26^m 24^s,$$
$$b' = 8^h 57^m 14^s.$$

On a de plus, par les articles XXIX et XXXV,

$$h = 1^h 56^m 58^s,5,$$
$$h' = 3^h 42^m 31^s,7.$$

On trouvera, cela posé,

$$\zeta = 43^h 56^m 18^s.$$

Si l'on prend un milieu entre les valeurs de ζ données par les hauteurs des marées dans les articles XIII et XXII, on a

$$\zeta = 36^h 47^m.$$

La différence de cette valeur de ζ à la précédente est trop considérable pour pouvoir être attribuée aux erreurs des observations, surtout si l'on considère le peu de différence des valeurs de ζ données par les hauteurs des marées syzygies et par celles des marées quadratures.

En considérant l'équation (o), on voit que, pour diminuer la valeur de ζ, il suffit de supposer que l'heure des marées syzygies, à Brest, retarde de quelques minutes sur l'heure déterminée par la théorie, en partant de l'heure observée des marées quadratures. Or il est fort probable que plus les marées sont grandes à Brest, plus elles retardent sur l'heure donnée par la théorie. On conçoit, en effet, que l'entrée de la rade étant fort étroite relativement à son étendue, les grandes marées doivent employer plus de temps que les petites marées à se former dans le port. Peut-être encore les fortes marées emploient plus de temps que les faibles à parvenir dans nos ports. Si l'on nomme x ce retard des marées syzygies sur les marées quadratures, il faudra diminuer chacune des valeurs de a et de a', données par l'observation, de la quantité x, ce qui diminue de $\frac{(1-K).r}{K'-K}$ la valeur $43^h 56^m 18^s$ de ζ donnée par les intervalles des marées. Pour réduire cette valeur à $36^h 47^m$, il faut supposer $x = 9^m,9754$, et alors les valeurs de ζ, données par les hautéurs et par les intervalles des marées, s'accordent entre elles.

Ce retard d'environ 10^m des marées syzygies sur les marées quadratures est confirmé par les observations des marées périgées et apogées, et il m'a donné l'explication d'un phénomène que m'ont présenté les marées de la Table III, article XVII. J'ai pris dans cette Table la somme des heures des marées syzygies, dans lesquelles le demi-diamètre lunaire surpasse 16′, le matin et le soir du jour même de la syzygie et du troisième jour qui la suit, en réduisant ces heures à ce qu'elles auraient été si la syzygie fût arrivée à midi. Je n'ai point considéré la première syzygie de cette Table, parce que les marées du troisième jour n'ont point été observées dans la syzygie correspondante. J'ai trouvé pour la somme de ces heures :

Jour de la syzygie.		Troisième jour après la syzygie.	
Matin.	Soir.	Matin.	Soir.
$35^h 48^s$	$39^h 29^m$	$60^h 13^s$	$64^h 2^m$

J'ai pris les sommes des heures des marées correspondantes dans lesquelles le demi-diamètre lunaire est au-dessous de 15′, en ne considérant point la seconde syzygie de la Table, et j'ai trouvé pour la somme de ces heures :

Jour de la syzygie.		Troisième jour de la syzygie.	
Matin.	Soir.	Matin.	Soir.
$38^h 53^m$	$41^h 36^m$	$56^h 10^m$	$59^h 13^m 30^s$

En retranchant les sommes relatives aux marées périgées des sommes correspondantes relatives aux marées apogées, on a les quatre différences

$$205^m, \quad 127^m, \quad -243^m, \quad -288^m,5.$$

Ces différences doivent être, par l'article XXVIII, proportionnelles aux intervalles du maximum des marées aux heures des marées qui leur correspondent. Soit donc ζ l'intervalle du maximum de la marée à l'heure de la syzygie supposée arriver à midi. L'heure de la marée du matin à Brest étant $3^h20^m30^s$ le jour de la syzygie, la distance du maximum à cette marée du matin est

$$\zeta + 12^h - 3^h 20^m 30^s.$$

L'heure de la marée du soir du même jour étant $3^h38^m38^s$, la distance du maximum à cette heure sera

$$\zeta - 3^h 38^m 38^s.$$

On a vu, dans l'article XXIX, qu'il faut ajouter $1^h56^m58^s$ aux heures des marées du jour de la syzygie pour avoir les heures correspondantes des marées du troisième jour qui la suit. On aura ainsi

$$65^h 17^m 28^s - \zeta \quad \text{et} \quad 77^h 35^m 36^s - \zeta$$

pour les distances du maximum, aux heures des marées du matin et du soir du troisième jour après la syzygie.

Les quatre nombres 205^m, 127^m, 243^m, $288^m,5$ doivent donc être proportionnels aux quatre suivants :

$$\zeta + 8^h 29^m 30^s, \quad \zeta - 3^h 38^m 38^s, \quad 65^h 17^m 28^s - \zeta, \quad 77^h 35^m 36^s - \zeta;$$

mais, comme les erreurs des observations empêchent que ces proportions n'aient lieu exactement, nous en composerons une proportion moyenne, en faisant la somme des quatre premiers de ces huit nombres, qui est à la somme du troisième et du quatrième, moins la somme du premier et du second, comme la somme des quatre derniers est à la somme du septième et du huitième, moins la somme du cinquième et du sixième, ce qui donne

$$(p) \qquad 863^m,5 : 199^m,5 :: 8873^m,9 : 8272^m,2 - 4\zeta,$$

d'où l'on tire

$$\zeta = 25^h 55^m,5.$$

Cette valeur de ζ s'éloigne trop du résultat 36^h47^m donné par les hauteurs des marées, pour que la différence puisse être attribuée aux erreurs des observations; il est assez remarquable qu'elle soit au-dessous de ce résultat, tandis que la valeur de ζ donnée par les intervalles des marées syzygies est au-dessus. Voyons si la même cause, au moyen de laquelle nous avons rapproché la valeur de ζ donnée par les intervalles des marées syzygies et quadratures du résultat $36^h 47^m$, rapproche de ce même résultat la valeur de ζ donnée par les intervalles des marées périgées et apogées.

Les marées périgées doivent, en vertu de cette cause, retarder sur les marées apogées; il est très naturel de supposer que ce retard est à celui des marées syzygies sur les marées quadratures comme l'excès des marées périgées sur les marées apogées est à l'excès des marées syzygies sur les marées quadratures. Nous venons de trouver le retard des marées syzygies sur les marées quadratures égal à $9^m,9754$. L'excès moyen des marées périgées sur les marées apogées de la Table III est $5^{pi},094$. L'excès des marées syzygies sur les marées quadratures est, par les Tables II et V, égal à $7^{pi},384$; en nommant donc x^m le retard des marées périgées de la Table III sur les marées apogées correspondantes, dépendant de cette cause, on aura

$$x^m : 9^m,9754 :: 5^{pi},094 : 7^{pi},384,$$

d'où l'on tire

$$x^m = 6^m,882.$$

Il faut ainsi retrancher $11 x^m$ ou $75^m,7$ des quatre nombres

$$35^h 28^m, \quad 39^h 29^m, \quad 60^h 13^m, \quad 64^h 2^m,$$

et alors la proportion (p) se change dans celle-ci

$$863^m,5 : -103^m,29 :: 8873^m,9 : 8272^m,2 - 4\zeta,$$

ce qui donne

$$\zeta = 38^h 53^m.$$

Ce résultat se rapproche assez du résultat $36^h 47^m$ donné par les hauteurs des marées, pour que la différence soit dans les limites des erreurs des observations. Il confirme en même temps ce que nous avons dit : savoir, que les hautes marées, à Brest, retardent sur l'heure déterminée par la théorie.

Le retard des marées périgées sur les marées apogées, dû aux circonstances locales, est le même pour les marées qui précèdent et pour celles qui suivent le maximum; il ne doit donc point influer sur le retard des marées du jour de la syzygie au troisième jour qui la suit, et nous devons, à cet égard, retrouver, par les observations, les résultats de la théorie.

Dans les marées périgées précédentes, la somme des marées du matin et du soir du troisième jour après la syzygie sur les marées du matin et du soir du jour de la syzygie est 49^h18^m.

Dans les marées apogées précédentes, la somme des retards des marées du matin et du soir du troisième jour après la syzygie sur les marées du matin et du soir du jour de la syzygie n'est que de $34^h54^m,5$, plus petite que la précédente de $14^h23^m,5$; nous nommerons (A) cette différence.

Suivant la théorie donnée dans l'article XXX, si l'on nomme q la demi-somme des retards, tant dans les marées périgées que dans les marées apogées, et z l'excès des demi-diamètres lunaires périgées sur les demi-diamètres lunaires apogées, divisé par la demi-somme des demi-diamètres, tant périgées qu'apogées, on aura $\frac{4}{4}zq$ pour la différence (A). La Table III donne $21'9''$ pour l'excès des onze demi-diamètres périgées sur les onze demi-diamètres apogées, et $173'22''$ pour la demi-somme de vingt-deux demi-diamètres lunaires, ce qui donne

$$z = \frac{21'9''}{173'22''};$$

on a, de plus, $q = 42^h6^m,2$, d'où l'on tire

$$\tfrac{4}{4}zq = 14^h7^m,5 = (A).$$

La différence de cette valeur (A) à la valeur observée, $14^h23^m,5$, est très petite et dans les limites des erreurs des observations; nous retrouvons donc ici le même accord que nous avons déjà trouvé, dans l'article XXX, sur le même objet.

Il suit, de ce que nous venons de voir, que l'on peut fixer, à très peu près, à $36^h 30^m$ le temps dont le maximum de la marée suit la syzygie à Brest. Ce temps détermine celui dont la marée solaire suit, dans ce port, le passage du Soleil au méridien ; il détermine encore le temps dont la marée lunaire suit le passage de la Lune au méridien. En effet, T étant l'heure du maximum de la marée à Brest, on a, par ce qui précède, les quatre équations suivantes :

$$T - K(\zeta + 12^h - a) = a,$$
$$T - K(\zeta \qquad - a') = a',$$
$$6^h + T - K'(\zeta + 12^h - b) = b,$$
$$6^h + T - K'(\zeta \qquad - b') = b'.$$

En réunissant ces quatre équations, on aura

$$T = \frac{a + a' + b + b'}{4} + (K + K')\left(\frac{1}{2}\zeta + 3^h\right) - \frac{K}{4}(a + a') - \frac{K'}{4}(b + b') - 3^h;$$

en supposant ensuite $\zeta = 36^h 30^m$, on aura

$$T = 4^h 26^m 13^s.$$

Aux instants du maximum et du minimum de la marée, les marées lunaires et solaires coïncident ; ainsi la marée solaire, à Brest, suit le passage du Soleil au méridien de $4^h 26^m 13^s$; et, si le Soleil agissait seul sur la mer, l'heure moyenne des marées, dans ce port, serait la même le matin et le soir, et de $4^h 26^m 13^s$.

Pour avoir le temps dont la marée lunaire suit le passage de la Lune au méridien, nous observerons que le maximum de la marée ayant lieu $36^h 30^m$ après la syzygie, la Lune est alors éloignée du Soleil dans l'écliptique de $18°32'25''$. Le Soleil est, au même instant, éloigné du méridien de $66°33'15''$; ainsi la Lune n'est éloignée du méridien que de $48°0'50''$. L'instant moyen de la marée lunaire, à Brest, a donc lieu à $3^h 12^m 3^s$ lunaires, c'est-à-dire que, si la Lune agissait seule sur la mer, les marées arriveraient à $3^h 12^m 3^s$ lunaires ou à $3^h 18^m 48^s$ solaires après le passage de cet astre au méridien.

XXXIX.

Expression générale des hauteurs des marées à Brest.

Nous pouvons maintenant, au moyen des recherches précédentes, déterminer, relativement au port de Brest, toutes les arbitraires que renferme l'expression de la hauteur y de la mer, trouvée dans l'article VIII, et nous aurons la formule suivante :

$$
\begin{aligned}
y = {}&- 0^{\text{pi}},0860\,[\,p^3(1 - 3\sin^2 v) + 3p'^3(1 - 3\sin^2 v')\,] \\
&+ 0^{\text{pi}},2211\,[\,p^3 \sin v \cos v \cos(v - 53^\circ 33') \\
&\qquad\qquad + 3p'^3 \sin v' \cos v' \cos(v + \varphi - \varphi' - 53^\circ 33')\,] \\
&+ 2^{\text{pi}},4061\,[\,p^3 \cos^2 v \cos 2(v - 66^\circ 33') \\
&\qquad\qquad + 3p^3 \cos^2 v' \cos 2(v + \varphi - \varphi' - 66^\circ 33')\,].
\end{aligned}
$$

Dans cette formule : 1° v est l'angle horaire du Soleil, c'est-à-dire l'angle que cet astre a décrit par son mouvement diurne, depuis son passage par le méridien supérieur jusqu'à l'instant pour lequel on calcule. 2° Les angles v, v' et $\varphi' - \varphi$ sont relatifs à l'instant qui précède de $36^h 30^m$ celui que l'on considère ; les déclinaisons boréales sont supposées positives, et les déclinaisons australes, négatives. 3° p est le rapport du demi-diamètre du Soleil, relatif à l'instant qui précède de $36^h 30^m$ celui que l'on considère, à son demi-diamètre moyen ; p' est le même rapport pour la Lune.

Les causes diverses qui modifient les oscillations de la mer sur les côtes empêchent la formule précédente de représenter exactement les observations. Ainsi l'instant de la basse mer déterminé par cette formule diffère d'environ 7^m à 8^m de l'instant observé, parce que la mer emploie 15^m de plus à descendre qu'à monter. On corrige cette différence, en augmentant d'environ $7^m,5$ l'instant calculé de la basse mer.

Les causes dont nous venons de parler élèvent, à Brest, le niveau de la mer un peu plus dans les syzygies que dans les quadratures ; elles retardent encore les marées à raison de leur grandeur ; mais on corrigera à très peu près ce retard, en ajoutant ou en retranchant de l'heure de la marée, déterminée par la formule précédente, $1^m 20^s$ pour chaque pied dont la marée totale calculée par la même formule sera plus grande ou plus petite que 14 pieds.

XL.

Pour compléter la théorie des marées, il nous reste à donner des Tables, au moyen desquelles on puisse facilement déterminer l'heure des marées.

Dans nos ports de France, et généralement dans tous ceux dans lesquels la différence des deux marées d'un même jour dans les solstices est peu considérable relativement à la hauteur entière des marées, on peut concevoir que les phénomènes sont les mêmes qu'à l'extrémité d'un canal, à l'embouchure duquel les marées lunaires et solaires auraient lieu au moment du passage des astres au méridien, et emploieraient un intervalle de temps ζ à parvenir à son extrémité supposée plus orientale d'un nombre c d'heures que son embouchure. Nous venons de voir que, à Brest, ζ est de $36^h 30^m$, et il paraît que cette valeur est à peu près la même dans nos ports. Quant à la valeur de c qui, pour Brest, est de $3^h 56^m 13^s$, elle est fort variable dans les différents ports. Lorsque ζ est connu, les observations des heures des marées, dans les syzygies et dans les quadratures, donneront, par l'article XXXVIII, la valeur de T ou le temps dont la marée solaire suit le passage du Soleil au méridien; en nommant ensuite q le reste de la division de ζ par 12, on aura

$$\dot{c} = \mathrm{T} - q.$$

Maintenant, si l'on connaît l'heure des marées à l'embouchure du canal, en l'augmentant de $\zeta + c$, on aura ces phénomènes dans le port; il ne s'agit donc que de former une Table qui donne l'heure des marées dans un lieu où les marées partielles arrivent au moment du passage des astres au méridien. Si l'on nomme h le demi-diamètre du Soleil, H son demi-diamètre moyen, h' et H' les mêmes quantités pour la Lune, on aura, par ce qui précède, au moment de la pleine mer,

$$\tan g \, 2(nt + \varpi - \varphi') = \dfrac{\left(\dfrac{h}{\Pi}\right)^{3} \cos^{2} v \, \sin 2(\varphi - \varphi')}{2,89841 \left(\dfrac{h'}{\Pi'}\right)^{3} \cos^{2} v' + \left(\dfrac{h}{\Pi}\right)^{3} \cos^{2} v \, \cos 2(\varphi - \varphi')}.$$

Pour réduire en Table la valeur de $nt + \varpi - \varphi'$, relativement aux diverses valeurs de $\varphi - \varphi'$, h, v, h', v', nous observerons que l'on peut simplifier l'expression de $\tan g \, 2(nt + \varpi - \varphi')$, en corrigeant les demi-diamètres h et h' de cette manière. On formera une Table des valeurs de la quantité

$$(\chi) \qquad \frac{2,89841 \, \Pi' + \Pi}{3,89841}\left(1 - \sqrt[3]{\cos^{2} v}\right),$$

de degré en degré, depuis $v = 0$ jusqu'à $v = 30°$. Voici cette Table, dans laquelle le demi-diamètre moyen Π' de la Lune est de $15'43'',5$, et le demi-diamètre moyen Π du Soleil est de $16'1'',5$.

TABLE VII.

v.	χ.	v.	χ.	v.	χ.
°	'	°	'	°	'
1	0,10	11	11,65	21	42,46
2	0,38	12	13,86	22	46,60
3	0,87	13	16,27	23	50,94
4	1,54	14	18,97	24	55,46
5	2,41	15	21,66	25	60,19
6	3,47	16	24,65	26	65,10
7	4,72	17	27,82	27	70,21
8	6,16	18	31,19	28	75,51
9	7,80	19	34,76	29	81,01
10	9,63	20	38,51	30	86,70

On corrigera, au moyen de cette Table, le demi-diamètre h du Soleil, en en retranchant la quantité qui, dans la Table, répond à la déclinaison v du Soleil. On corrigera pareillement le demi-diamètre h' de la Lune, en retranchant la quantité qui, dans la Table, répond à la déclinaison de la Lune; on aura ainsi, à fort peu près,

$$\tan g \, 2(nt + \varpi - \varphi') = \dfrac{\left(\dfrac{h}{\Pi}\right)^{3} \sin 2(\varphi - \varphi')}{2,89841 \left(\dfrac{h'}{\Pi'}\right)^{3} + \left(\dfrac{h}{\Pi}\right)^{3} \cos 2(\varphi - \varphi')},$$

h et h' étant ici les demi-diamètres du Soleil et de la Lune, corrigés par ce qui précède. Les déclinaisons du Soleil et de la Lune disparaissent ainsi de l'expression de $\tang 2(nt + \varpi - \varphi')$. A la rigueur, il faudrait retrancher du demi-diamètre du Soleil la quantité $h\left(1 - \sqrt[3]{\cos^2 v}\right)$; mais, cette quantité étant fort petite et la valeur de h différant très peu de $\dfrac{2,89841\,H' + H}{3,89841}$, on peut, sans erreur sensible, substituer pour h cette valeur dans la quantité précédente. On doit appliquer la même réflexion à la correction du demi-diamètre de la Lune; et, comme l'influence de cet astre sur l'heure des marées est à celle du Soleil dans le rapport de $2,89841$ à l'unité, j'ai employé les demi-diamètres H et H', suivant ce rapport, dans le coefficient

$$\frac{2,89841\,H' + H}{3,89841}.$$

Si l'on divise le numérateur et le dénominateur de l'expression de $\tang 2(nt + \varpi - \varphi')$ par $\left(\dfrac{h}{H}\right)^2$, et si l'on considère que la différence des $\dfrac{h'H}{hH'}$ à $\dfrac{H + h' - h}{H'}$ est $\dfrac{(H - h)(h' - h)}{hH'}$ et qu'elle peut être négligée, vu la petitesse des deux facteurs $H - h$ et $h' - h$, on aura

$$\tang 2(nt + \varpi - \varphi') = \frac{\sin 2(\varphi - \varphi')}{2,89841\left(\dfrac{H + h' - h}{H'}\right)^2 + \cos 2(\varphi - \varphi')},$$

expression dans laquelle, au lieu des cinq variables h, v, h', v' et $\varphi - \varphi'$, il n'y a plus que deux variables $\varphi - \varphi'$ et $h' - h$.

On réduira en Table l'arc $nt + \varpi - \varphi'$, en déterminant, au moyen de l'équation précédente, cet arc depuis $\varphi - \varphi' = 0$ jusqu'à $\varphi - \varphi' = 90^\circ$. Pour cela, on fera, depuis $\varphi - \varphi' = 0$ jusqu'à $\varphi - \varphi' = 45^\circ$,

$$\cos 2 A = \frac{\cos 2(\varphi - \varphi')}{2,89841\left(\dfrac{H + h' - h}{H'}\right)^2},$$

et l'on aura

$$\tang 2(nt + \varpi - \varphi') = \frac{\sin 2(\varphi - \varphi')}{5,79682\left(\dfrac{H + h' - h}{H'}\right)^2 \cos^2 A}.$$

En changeant dans cette valeur $\cos^2 A$ en $\sin^2 A$, on aura la valeur de $\tan 2(nt + \varpi - \varphi')$, correspondante à $90° - (\varphi - \varphi')$.

Voici présentement la Table dont nous venons de parler, calculée de 5° en 5° dans les sept suppositions de $h' - h = -120''$, $= -80''$, $= -40''$, $= 0$, $= 40''$, $= 80''$, $= 120''$.

TABLE VIII.

ARGUMENT. — Ascension droite du Soleil, moins celle de la Lune.		Angle horaire de la Lune à l'instant de la pleine mer, lorsque	Ce qu'il faut ajouter à cet angle, lorsque			Ce qu'il faut retrancher de cet angle, lorsque		
		$h' - h = 0.$	$h' - h = -40''.$	$h' - h = -80''.$	$h' - h = -120''.$	$h' - h = 40''.$	$h' - h = 80''.$	$h' - h = 120''.$
°	°	° ′	° ′	° ′	° ′	° ′	° ′	° ′
0	180	0. 0	0. 0	0. 0	0. 0	0. 0	0. 0	0. 0
5	175	1.14	0. 7	0.15	0.24	0. 7	0.13	0.18
10	170	2.26	0.15	0.31	0.49	0.13	0.25	0.36
15	165	3.37	0.22	0.47	1.14	0.20	0.38	0.53
20	160	4.46	0.29	1. 2	1.39	0.27	0.51	1.11
25	155	5.50	0.37	1.19	2. 5	0.33	1. 3	1.29
30	150	6.49	0.45	1.36	2.32	0.39	1.15	1.47
35	145	7.42	0.53	1.53	3. 0	0.46	1.27	2. 3
40	140	8.27	1. 0	2. 9	3.27	0.53	1.39	2.19
45	135	9. 2	1. 8	2.26	3.55	0.59	1.50	2.36
50	130	9.24	1.15	2.42	4.24	1. 6	2. 0	2.48
55	125	9.31	1.21	2.56	4.51	1. 9	2. 7	2.57
60	120	9.19	1.25	3. 9	5.14	1.11	2.10	3. 0
65	115	8.46	1.27	3.14	5.28	1.11	2. 9	2.56
70	110	7.48	1.23	3. 9	5.27	1. 6	2. 0	2.44
75	105	6.24	1.13	2.50	4.59	0.57	1.43	2.21
80	100	4.34	0.56	2.11	3.56	0.43	1.16	1.43
85	95	2.23	0.30	1.12	2.13	0.23	0.41	0.54
90	90	0. 0	0. 0	0. 0	0. 0	0. 0	0. 0	0. 0

L'angle horaire devient négatif lorsque l'argument est compris depuis 90° jusqu'à 180°; lorsque cet argument surpasse 180°, l'angle horaire est celui qui répond, dans la Table, à l'excès de l'argument sur 180°.

Pour calculer, au moyen de cette Table, l'heure de la marée à Brest, on déterminera à peu près l'instant du passage de la Lune au méridien supérieur ou inférieur pour un lieu plus occidental que ce port de $3^h 56^m 13^s$, et pour un temps antérieur d'environ $1\frac{1}{2}$. On déterminera pour cet instant, au moyen des éphémérides, les valeurs de ϱ, v, h, ϱ', v', h'. On corrigera, au moyen de la Table VIII, les valeurs de h et de h', et l'on formera la quantité $h' - h$. Si les demi-diamètres moyens employés dans le calcul de ces éphémérides diffèrent de ceux dont a fait usage dans la Table VII, on retranchera ces différences des valeurs de h et de h' données par ces éphémérides. La Table VIII donnera ensuite l'angle horaire de la Lune à l'instant de la pleine mer; il faudra augmenter cet angle de 180°, si l'on a considéré un passage de la Lune par le méridien inférieur. En retranchant l'argument $\varrho - \varrho'$ de cet angle horaire, on aura l'angle horaire du Soleil, que l'on convertira en temps, à raison de 15° par heure, ce qui donnera l'heure approchée de la pleine mer.

Pour corriger cette heure, on observera que l'argument $\varrho - \varrho'$ dans la Table VIII se rapporte à l'instant de la pleine mer, qui diffère un peu de l'heure supposée du passage de la Lune au méridien. On prendra la différence de l'heure trouvée pour la marée à l'heure supposée du passage, et l'on calculera la variation de l'argument $\varrho - \varrho'$ durant cet intervalle. On déterminera la variation de l'angle horaire de la Lune, correspondante à la variation de l'argument, et l'on retranchera la première variation de la seconde; cette différence, réduite en temps, sera la correction de l'heure de la marée.

Appliquons cette méthode à un exemple. Pour cela, déterminons l'heure de la marée du soir, à Brest, le 15 avril 1790. Ce port est plus occidental que Paris de $27^{m}17^{s}$; ainsi le lieu plus occidental que Brest de $3^{h}56^{m}13^{s}$ est, à l'occident de Paris, de $4^{h}23^{m}30^{s}$. Je trouve par la *Connaissance des Temps* de 1790 que la Lune, dans ce lieu, a passé au méridien inférieur, le 13, à peu près à $11^{h}44^{m}$, et l'on comptait alors, à Paris, $16^{h}7^{m}$. Une erreur de quelques minutes sur le moment de ce passage a très peu d'influence sur le résultat du calcul; ainsi nous déterminerons les valeurs de ϱ, v, h, ϱ', v' et h' pour le 13, à Paris, à 16^{h}. La *Connaissance des Temps* donne, pour ce moment,

$$\varrho = 22°34', \qquad v = 9°29', \qquad h = 15'58'',5,$$
$$\varrho' = 18°14', \qquad v' = 9°12', \qquad h' = 14'45'.$$

Mais, comme le demi-diamètre moyen du Soleil de cette éphéméride est de $1''$,5 environ plus grand que celui de la Table VII, il faut retrancher cette quantité de h, ce qui le réduit à $15'57''$. On aura, cela posé, au moyen de la Table VII,

$$h' - h = -72''.$$

On a ensuite

$$\varphi - \varphi' = 4°30'.$$

Au moyen de ces données, on trouve, par la Table VIII, l'angle horaire de la Lune égal à $1°16'$. Il faut lui ajouter $180°$, parce que l'on a considéré un passage inférieur de la Lune; ainsi le véritable angle horaire de la Lune est $181°16'$. En en retranchant l'argument $\varphi - \varphi'$, on aura l'angle horaire du Soleil égal à $176°56'$, ce qui, réduit en temps, donne $11^h47^m44^s$, pour l'heure de la marée, dans le lieu plus à l'ouest que Paris de $4^h23^m30^s$; ainsi cette heure à Paris est $16^h11^m14^s$.

Pour la corriger, nous observerons qu'elle surpasse de 11^m14^s l'heure pour laquelle nous avons déterminé les quantités φ et φ' : or, dans cet intervalle, la variation de l'argument $\varphi - \varphi'$ est $-5'$, et la variation correspondante de l'angle horaire de la Lune, donnée par la Table VIII, est $-1'$. Si, de cette dernière variation, on retranche la première, la différence $+4'$, réduite en temps, donnera 16^s pour la correction de l'heure de la marée. Cette heure, dans le lieu plus à l'ouest que Paris de $4^h23^m30^s$, sera donc $11^h48^m0^s$; en y ajoutant $40^h26^m13^s$, on aura l'heure de la marée, à Brest, à $52^h14^m13^s$, c'est-à-dire le 15 avril à $4^h14^m13^s$ du soir. Il y a une correction due à ce que la hauteur de la marée totale a surpassé 14^{pi}. Elle a été trouvée de 16^{pi}, et par conséquent de 2^{pi} en excès; ce qui, à raison de $1^m\frac{1}{3}$ de retard par pied d'excédent de la marée sur 14^{pi}, donne 2^m40^s qui, ajoutées à l'heure précédente, la portent à $4^h16^m53^s$. La mer, ce jour-là, fut observée pleine, de 4^h15^m à 4^h22^m, ce qui s'accorde avec le résultat précédent, et ce qui prouve que, depuis près d'un siècle, les données dépendantes des circonstances locales n'ont pas sensiblement varié dans le port de Brest.

XLI.

De la loi suivant laquelle la marée monte et descend à Brest.

J'ai déjà remarqué, dans l'article I, que la mer, dans nos ports, emploie moins de temps à monter qu'à descendre. J'ai trouvé, par un grand nombre d'observations vers les syzygies, que la différence de ces temps est d'environ un quart d'heure à Brest. La comparaison d'un grand nombre d'observations des quadratures m'a conduit au même résultat, en sorte que les marées des syzygies et des quadratures ne m'ont présenté, à cet égard, aucune différence sensible.

Dans le recueil des observations des marées faites à Brest au commencement de ce siècle et dont j'ai tiré les résultats précédents, je n'ai point trouvé d'observations relatives à la loi suivant laquelle la mer s'élève et s'abaisse. On a bien voulu, à ma prière, en faire durant six jours vers les syzygies de l'équinoxe du printemps de cette année 1790. Ces observations se rapportent aux 29, 30 et 31 mars, et aux 13, 14, 15 avril suivants, la Lune ayant été pleine le 30 mars et nouvelle le 14. Dans ces observations, on a suivi chaque jour la hauteur de la mer, de quart d'heure en quart d'heure. Pour en tirer un résultat moyen, j'ai pris d'abord une hauteur moyenne entre les douze hauteurs correspondantes aux basses mers du matin et du soir dans les six jours d'observations; c'est à cette hauteur que j'ai fixé le zéro de l'échelle. J'ai pris ensuite un intervalle moyen entre les intervalles des basses mers du matin, aux secondes observations de chaque jour. J'ai pris semblablement, entre les six hauteurs correspondantes à ces observations, une hauteur moyenne dont j'ai retranché la hauteur moyenne de la basse mer.

J'ai pris encore un intervalle moyen entre les intervalles des basses mers du matin, aux troisièmes observations de chaque jour. J'ai pris semblablement, entre les six hauteurs correspondantes à ces observations, une hauteur moyenne dont j'ai retranché la hauteur moyenne de la basse mer.

En continuant ainsi, j'ai formé la Table suivante, dans laquelle j'ai
fixé l'origine du temps au maximum de la marée, en sorte que les
temps antérieurs à ce maximum sont négatifs. Pour avoir l'intervalle
de ce maximum à l'instant moyen de la basse mer du matin, j'ai pris
un milieu entre les intervalles de la basse mer du matin à la pleine
mer de chaque jour. La première colonne de la Table marque le
temps, la seconde colonne marque les hauteurs observées correspondantes aux temps. Pour abréger, je n'ai marqué ces hauteurs
que de demi-heure en demi-heure. La troisième colonne renferme
les hauteurs calculées, en supposant la loi de décroissement des hauteurs de la marée, depuis le maximum, proportionnelle au cosinus du
produit de 360° par la distance de l'instant pour lequel on calcule la
hauteur à l'instant du maximum et divisé pour l'intervalle compris
entre les deux basses mers. C'est, à très peu près, la loi de décroissement qui, suivant la théorie, doit avoir lieu vers les syzygies. Enfin,
la quatrième colonne renferme l'excès des hauteurs calculées sur les
hauteurs observées.

TABLE IX.

Temps des hauteurs observées.	Hauteurs		Différence.
	observées.	calculées.	
min	lig	lig	lig
— 358,08	11,0	5,5	— 5,5
— 330,91 barre du matin...	67,5	68,8	1,3
— 300,91	216,0	216,6	0,6
— 270,91	449,8	436,8	-- 13,0
— 240,91	726,5	715,2	-- 11,3
— 210,91	1041,5	1033,6	— 7,9
-- 180,91	1372,5	1371,4	— 1,1
— 150,91	1696,2	1706,8	10,6
-- 120,91	2007,0	2017,5	10,5
— 90,91	2269,7	2284,0	14,3
-- 60,91	2472,2	2488,4	16,2
-- 30,91	2605,8	2617,9	12,1
— 0,91	2661,2	2663,7	2,5
0,00 maximum........	2663,8	2663,8	0,0
29,09	2609,2	2623,1	13,9
59,09	2468,7	2498,6	29,9
89,09	2262,5	2296,3	33,8
119,09	2002,3	2035,2	32,9
149,09	1720,7	1726,5	5,8
179,09	1423,5	1392,1	-- 31,4
209,09	1114,5	1053,8	— 60,7
239,09	832,8	733,6	— 99,2
269,09	570,8	452,1	—118,7
299,09	336,8	227,9	— 108,9
329,09	148,0	75,4	— 72,6
359,09	24,5	4,5	— 20,0
379,50 barre du soir.....	—11,0		

Dans cette Table : 1° l'intervalle entre les basses mers est de $12^h 17^m 58^s$, et, par l'article XXIX, il doit être de $12^h 18^m 20^s$, ce qui s'accorde aussi bien qu'on puisse le désirer. L'instant de la pleine mer est de 21^m environ plus près de la basse mer du matin que de la basse mer du soir, ce qui diffère peu d'un quart d'heure, que j'ai trouvé par la comparaison d'un grand nombre d'observations, pour l'excès du temps que la mer met à monter sur celui qu'elle met à descendre. 2° Le niveau de la basse mer du soir est un peu au-dessous de celui de la basse mer du matin, comme cela doit être, parce que les niveaux de la basse mer vont en baissant, à mesure que l'on approche du maximum de la marée, qui n'a eu lieu qu'après les observations de la Table précédente. 3° Il y a peu de différence, en général, entre les hauteurs calculées et les hauteurs observées, excepté vers la fin de la marée descendante, ce qui confirme ce que nous avons dit ci-dessus, savoir, que la marée sur les côtes ne s'abaissant que par sa pesanteur, cet abaissement doit être un peu plus lent que suivant la théorie.

Ayant reçu les observations précédentes, faites environ quatre-vingts ans après celles dont j'ai fait usage pour obtenir la formule de l'article XXXIX, j'ai été curieux d'y comparer cette formule, car il est possible que, par la suite des temps, les phénomènes des marées changent dans un port en vertu des changements que la nature et l'art peuvent opérer dans ce port. Mais je n'ai point remarqué, entre l'observation et le calcul, de différences qui ne puissent être attribuées aux erreurs des observations.

MÉMOIRE

SUR LES

MOUVEMENTS DES CORPS CÉLESTES

AUTOUR

DE LEURS CENTRES DE GRAVITÉ.

MÉMOIRE

SUR LES

MOUVEMENTS DES CORPS CÉLESTES

AUTOUR

DE LEURS CENTRES DE GRAVITÉ (¹).

Mémoires de l'Institut national des Sciences et Arts, pour l'an IV de la République,
Tome Ier; thermidor an VI.

Je me propose de donner, dans ce Mémoire, une théorie complète
des mouvements des corps célestes autour de leurs centres de gravité.
Le plus remarquable de tous ces mouvements est celui de la Terre,
d'où résulte la précession des équinoxes. C'est par la durée de la rotation de cette planète que les astronomes mesurent le temps; c'est à ses
pôles et à son équateur qu'ils rapportent la position des astres; il importe donc de connaître exactement leurs variations périodiques et
séculaires. J'ai pensé que, malgré les profondes recherches des géomètres sur cet objet, il pouvait être utile encore de le considérer de
nouveau, en discutant avec un soin particulier toutes ces variations.
Je ne m'occupe ici des mouvements des centres de gravité que pour
donner une équation de condition assez remarquable, qui a lieu dans
ces mouvements, et qui est un développement de l'équation aux différences partielles, sur laquelle j'ai fondé ailleurs la théorie de la figure
des planètes. Je passe ensuite à la considération des mouvements d'un
corps autour de son centre de gravité, et, pour cela, je fais usage des
équations différentielles données par Euler dans le troisième Volume
de sa *Mécanique;* elles me paraissent être les plus commodes et les
plus simples que l'on puisse employer dans cette recherche. Pour les

(¹) Lu le 1er pluviôse an IV, et déposé au Secrétariat de l'Institut le 16 nivôse an V.

intégrer, il faut en développer les différents termes, en distinguant ceux qui peuvent devenir sensibles par les intégrations. Cette discussion est la partie la plus délicate de cette théorie. Il en résulte que, parmi les changements périodiques de l'axe de la Terre, le seul sensible est celui qui dépend de la longitude des nœuds de l'orbe lunaire, et que l'on nomme *nutation*. Il existe encore, dans l'expression de l'inclinaison de cet axe à l'écliptique, une petite inégalité d'une seconde à peu près dans son maximum, et dont l'argument est le double de la longitude du Soleil. Quelques astronomes ont introduit une nouvelle équation d'environ deux secondes, et qui dépend de la longitude de l'apogée de l'orbe lunaire; mais on verra, par l'analyse suivante, que cette équation doit être rejetée. Les variations séculaires de l'orbe terrestre en produisent de correspondantes dans la position de l'axe de la Terre, rapportée à un plan fixe; elles sont analogues à la nutation produite par le mouvement de l'orbe lunaire, avec cette différence que, la période des mouvements de l'orbe terrestre étant incomparablement plus grande que celle du mouvement des nœuds de la Lune, la nutation qui en résulte est beaucoup plus étendue. Le principal effet de cette nutation est de resserrer les limites des variations séculaires qui auraient lieu dans l'obliquité de l'écliptique sur l'équateur et dans la durée de l'année tropique, si la Terre était exactement sphérique. Il en résulte encore une petite altération dans la longueur du jour moyen; mais elle sera toujours insensible aux observateurs, en sorte que l'on peut, sans craindre aucune erreur sensible, regarder la durée du jour comme étant toujours la même, et s'en servir pour la mesure du temps, résultat que je développe avec le détail qu'exige son importance dans l'Astronomie.

Les phénomènes du mouvement de l'axe de la Terre doivent répandre quelques lumières sur la figure de cette planète, puisqu'ils en dépendent; mais, pour cela, il est nécessaire de considérer cette figure de la manière la plus générale, et c'est ce que j'ai fait dans les *Mémoires de l'Académie des Sciences* pour l'année 1782 (¹). En combinant la théorie

(¹) *OEuvres de Laplace*, T. X.

que j'ai présentée dans ces *Mémoires* avec les formules du mouvement de l'axe terrestre, je trouve que l'on ne peut pas supposer la Terre homogène, ni son aplatissement au-dessus de $\frac{1}{304}$, et que l'aplatissement $\frac{1}{320}$, qui résulte des mesures du pendule, satisfait aux phénomènes de la précession et de la nutation : d'où il suit que les termes de l'expression du rayon du sphéroïde terrestre, qui paraissent écarter sensiblement les degrés mesurés du méridien de la figure elliptique, ont une influence beaucoup moindre sur la grandeur de ce rayon et sur la variation de la pesanteur; en sorte que, dans le calcul des parallaxes, de la longueur du pendule et des mouvements de l'axe de la Terre, on peut supposer à cette planète une figure elliptique aplatie de $\frac{1}{320}$. Ces recherches supposent la Terre entièrement solide, et l'on peut croire que la fluidité de l'océan doit en changer les résultats. En soumettant à l'analyse les effets de sa pression et de son attraction sur le sphéroïde qu'il recouvre, la considération des équations de ses mouvements me conduit directement à ce théorème auquel je suis déjà parvenu d'une manière indirecte dans les *Mémoires de l'Académie des Sciences* pour l'année 1777 (¹); savoir, que *la précession et la nutation sont exactement les mêmes que si la mer formait une masse solide avec la Terre.* J'ose me flatter que cette analyse pourra mériter l'attention des géomètres.

La théorie précédente des mouvements de l'axe de la Terre s'étend, au moyen de légères modifications, aux mouvements de l'axe de la Lune. Les belles recherches de Lagrange sur la libration de ce satellite ne laissent à désirer, sur cet objet, que ce qui concerne les variations séculaires de ce phénomène. Je présente ici la théorie de ces variations ainsi que quelques remarques sur la figure de la Lune. Enfin, en étendant la même analyse aux anneaux de Saturne, je fais voir que, malgré la différence des attractions qu'ils éprouvent de la part du Soleil et du dernier satellite de cette planète, l'action de Saturne les retient toujours, à très peu près, dans le plan de son équateur, s'il est doué d'un mouvement rapide de rotation; résultat

(¹) *OEuvres de Laplace*, T. IX.

d'où j'avais conclu l'existence de ce mouvement, ainsi que la rotation des anneaux, avant que les observations eussent fait connaître ces mouvements divers.

I.

Le mouvement d'un corps libre consiste dans le mouvement de translation de son centre de gravité et dans le changement de sa position autour de ce point. La recherche du mouvement du centre de gravité se réduit à déterminer le mouvement d'un point sollicité par des forces données; et, relativement aux corps célestes, ces forces sont le résultat des attractions de sphéroïdes dont la figure est supposée connue. Soient dm une molécule d'un sphéroïde; x', y', z' les trois coordonnées orthogonales de cette molécule; dm sera de la forme $\mathfrak{C}'\,dx'\,dy'\,dz'$, $\mathfrak{C}'$ étant fonction de x', y', z'. Soient encore x, y, z les coordonnées d'un point attiré par le sphéroïde; si l'on nomme V la somme de toutes les molécules du sphéroïde, divisées respectivement par leurs distances au point attiré, on aura

$$V = \int \frac{\mathfrak{C}'\,dx'\,dy'\,dz'}{\sqrt{(x'-x)^2 + (y'-y)^2 + (z'-z)^2}},$$

cette intégrale étant prise relativement à toute l'étendue du sphéroïde. Ses limites étant indépendantes de x, y, z, ainsi que les variables x', y', z', il est clair qu'en différentiant l'expression de V par rapport à x, y, z, il suffira, dans cette différentiation, d'avoir égard au radical que renferme cette expression, et alors il est facile de voir que l'on a

$$(1) \qquad 0 = \frac{\partial^2 V}{\partial x^2} + \frac{\partial^2 V}{\partial y^2} + \frac{\partial^2 V}{\partial z^2};$$

la fonction V a l'avantage de donner, par sa différentiation, l'attraction du sphéroïde parallèlement aux axes des x, des y et des z. Ces attractions, dirigées vers l'origine des coordonnées, sont

$$-\frac{\partial V}{\partial x}, \quad -\frac{\partial V}{\partial y}, \quad -\frac{\partial V}{\partial z};$$

en nommant donc dt l'élément du temps, supposé constant, le mouvement du point attiré par le sphéroïde sera déterminé par les trois équations différentielles

$$(a) \quad \begin{cases} 0 = \dfrac{d^2 x}{dt^2} - \dfrac{\partial V}{\partial x}, \\[2mm] 0 = \dfrac{d^2 y}{dt^2} - \dfrac{\partial V}{\partial y}, \\[2mm] 0 = \dfrac{d^2 z}{dt^2} - \dfrac{\partial V}{\partial z}. \end{cases}$$

Considérons présentement une molécule dm' d'un corps attiré par le sphéroïde, et représentons par x, y, z les coordonnées de cette molécule. Si l'on nomme X, Y, Z les coordonnées du centre de gravité du corps, et si l'on fait

$$x = X + x',$$
$$y = Y + y',$$
$$z = Z + z',$$

en sorte que x'', y'', z'' soient les coordonnées de la molécule dm' rapportées à son centre de gravité; en les considérant comme indépendantes de X, Y et Z, on aura

$$\frac{\partial V}{\partial x} = \frac{\partial V}{\partial X}, \qquad \frac{\partial^2 V}{\partial x^2} = \frac{\partial^2 V}{\partial X^2}, \qquad \cdots;$$

ainsi les forces dont la molécule dm' sera animée parallèlement aux axes des X, des Y et des Z seront

$$-\frac{\partial V}{\partial X}, \quad -\frac{\partial V}{\partial Y}, \quad -\frac{\partial V}{\partial Z}.$$

Si l'on fait

$$dm' = \delta' \, dx' dy' dz'$$

et

$$V' = \int \delta' V \, dx' dy' dz',$$

l'équation (1) donnera

$$(2) \quad 0 = \frac{\partial^2 V'}{\partial X^2} + \frac{\partial^2 V'}{\partial Y^2} + \frac{\partial^2 V'}{\partial Z^2};$$

les sommes des forces relatives à toutes les molécules du corps et parallèles aux axes des X, des Y et des Z seront

$$-\frac{\partial V}{\partial X}, \quad -\frac{\partial V}{\partial Y} \quad \text{et} \quad -\frac{\partial V}{\partial Z};$$

or, par les propriétés connues du centre de gravité, ce point est mû comme si, la masse du corps y étant réunie, toutes les forces dont chaque molécule est animée lui étaient immédiatement appliquées. En nommant donc E la masse du corps, on aura

$$(b) \qquad \begin{cases} o = E\dfrac{d^2X}{dt^2} - \dfrac{\partial V'}{\partial X}, \\[2mm] o = E\dfrac{d^2Y}{dt^2} - \dfrac{\partial V'}{\partial Y}, \\[2mm] o = E\dfrac{d^2Z}{dt^2} - \dfrac{\partial V'}{\partial Z}. \end{cases}$$

Changeons les coordonnées X, Y, Z en d'autres plus commodes pour les astronomes. Nommons r le rayon mené du point attiré à l'origine des coordonnées; soient v l'angle que la projection de ce rayon sur le plan des X et des Y fait avec l'axe des X, et ϖ l'inclinaison de r sur le même plan, on aura

$$X = r\cos\varpi\cos v,$$
$$Y = r\cos\varpi\sin v,$$
$$Z = r\sin\varpi.$$

L'équation (2), rapportée à ces nouvelles coordonnées, devient

$$(3) \qquad o = r^2\frac{\partial^2 V'}{\partial r^2} + 2r\frac{\partial V'}{\partial r} + \frac{\dfrac{\partial^2 V'}{\partial v^2}}{\cos^2\varpi} + \frac{\partial^2 V'}{\partial\varpi^2} - \frac{\sin\varpi}{\cos\varpi}\frac{\partial V}{\partial\varpi}.$$

En faisant ensuite

$$M = \frac{d^2r}{dt^2} - r\frac{dv^2}{dt^2}\cos^2\varpi - r\frac{d\varpi^2}{dt^2},$$

$$N = \frac{d.\,r^2\dfrac{dv}{dt}\cos^2\varpi}{dt},$$

$$P = r\frac{d^2\varpi}{dt^2} + r^2\frac{dv^2}{dt^2}\sin\varpi\cos\varpi + \frac{2r\,dr\,d\varpi}{dt^2},$$

les équations différentielles (b) donneront les suivantes

$$(c) \qquad \frac{\partial V'}{\partial r} = \mathrm{E}\mathrm{M}, \qquad \frac{\partial V}{\partial v} = \mathrm{E}\mathrm{N}, \qquad \frac{\partial V}{\partial \varpi} = \mathrm{E}\mathrm{P}.$$

Les valeurs de r, v et ϖ renferment six arbitraires introduites par les intégrations. Considérons trois quelconques de ces arbitraires a, b et c; on aura les trois équations suivantes :

$$\frac{\partial^2 V'}{\partial r^2}\frac{\partial r}{\partial a} + \frac{\partial^2 V'}{\partial r\,\partial v}\frac{\partial v}{\partial a} + \frac{\partial^2 V'}{\partial r\,\partial \varpi}\frac{\partial \varpi}{\partial a} = \mathrm{E}\frac{\partial \mathrm{M}}{\partial a},$$

$$\frac{\partial^2 V'}{\partial r^2}\frac{\partial r}{\partial b} + \frac{\partial^2 V'}{\partial r\,\partial v}\frac{\partial v}{\partial b} + \frac{\partial^2 V'}{\partial r\,\partial \varpi}\frac{\partial \varpi}{\partial b} = \mathrm{E}\frac{\partial \mathrm{M}}{\partial b},$$

$$\frac{\partial^2 V'}{\partial r^2}\frac{\partial r}{\partial c} + \frac{\partial^2 V'}{\partial r\,\partial v}\frac{\partial v}{\partial c} + \frac{\partial^2 V'}{\partial r\,\partial \varpi}\frac{\partial \varpi}{\partial c} = \mathrm{E}\frac{\partial \mathrm{M}}{\partial c}.$$

On tirera de ces équations la valeur de $\dfrac{\partial^2 V'}{\partial r^2}$, et, si l'on fait

$$m = \frac{\partial v}{\partial b}\frac{\partial \varpi}{\partial c} - \frac{\partial v}{\partial c}\frac{\partial \varpi}{\partial b},$$

$$n = \frac{\partial v}{\partial c}\frac{\partial \varpi}{\partial a} - \frac{\partial v}{\partial a}\frac{\partial \varpi}{\partial c},$$

$$p = \frac{\partial v}{\partial a}\frac{\partial \varpi}{\partial b} - \frac{\partial v}{\partial b}\frac{\partial \varpi}{\partial a},$$

$$\delta = \frac{\partial r}{\partial a}\frac{\partial v}{\partial b}\frac{\partial \varpi}{\partial c} - \frac{\partial r}{\partial a}\frac{\partial v}{\partial c}\frac{\partial \varpi}{\partial b} + \frac{\partial r}{\partial b}\frac{\partial v}{\partial c}\frac{\partial \varpi}{\partial a} - \frac{\partial r}{\partial b}\frac{\partial v}{\partial a}\frac{\partial \varpi}{\partial c} + \frac{\partial r}{\partial c}\frac{\partial v}{\partial a}\frac{\partial \varpi}{\partial b} - \frac{\partial r}{\partial c}\frac{\partial v}{\partial b}\frac{\partial \varpi}{\partial a},$$

on aura

$$\frac{1}{\mathrm{E}}\frac{\partial^2 V'}{\partial r^2} = \frac{m\dfrac{\partial \mathrm{M}}{\partial a} + n\dfrac{\partial \mathrm{M}}{\partial b} + p\dfrac{\partial \mathrm{M}}{\partial c}}{\delta}.$$

Si l'on fait pareillement

$$m' = \frac{\partial r}{\partial c}\frac{\partial \varpi}{\partial b} - \frac{\partial r}{\partial b}\frac{\partial \varpi}{\partial c},$$

$$n' = \frac{\partial r}{\partial a}\frac{\partial \varpi}{\partial c} - \frac{\partial r}{\partial c}\frac{\partial \varpi}{\partial a},$$

$$p' = \frac{\partial r}{\partial b}\frac{\partial \varpi}{\partial a} - \frac{\partial r}{\partial a}\frac{\partial \varpi}{\partial b},$$

on aura

$$\frac{1}{E}\frac{\partial^2 V'}{\partial v^2} = \frac{m'\frac{\partial N}{\partial a} + n'\frac{\partial N}{\partial b} + p'\frac{\partial N}{\partial c}}{6}.$$

Enfin, si l'on fait

$$m'' = \frac{\partial r}{\partial b}\frac{\partial v}{\partial c} - \frac{\partial r}{\partial c}\frac{\partial v}{\partial b},$$

$$n'' = \frac{\partial r}{\partial c}\frac{\partial v}{\partial a} - \frac{\partial r}{\partial a}\frac{\partial v}{\partial c},$$

$$p'' = \frac{\partial r}{\partial a}\frac{\partial v}{\partial b} - \frac{\partial r}{\partial b}\frac{\partial v}{\partial a},$$

on aura

$$\frac{1}{E}\frac{\partial^2 V'}{\partial \varpi^2} = m''\frac{\partial P}{\partial a} + n''\frac{\partial P}{\partial b} + p''\frac{\partial P}{\partial c}.$$

L'équation (3), combinée avec les équations (c), donnera ainsi

$$(4)\quad\left\{\begin{aligned}
0 =\ & mr^2\cos^2\varpi\,\frac{\partial M}{\partial a} + nr^2\cos^2\varpi\,\frac{\partial M}{\partial b} + pr^2\cos^2\varpi\,\frac{\partial M}{\partial c}\\
& + m'\frac{\partial N}{\partial a} + n'\frac{\partial N}{\partial b} + p'\frac{\partial N}{\partial c}\\
& + m''\cos^2\varpi\,\frac{\partial P}{\partial a} + n''\cos^2\varpi\,\frac{\partial P}{\partial b} + p''\cos^2\varpi\,\frac{\partial P}{\partial c}\\
& + 6(2\,r\,M\cos^2\varpi - P\sin\varpi\cos\varpi).
\end{aligned}\right.$$

Si l'origine des coordonnées X, Y, Z, au lieu d'être supposée fixe,
est rapportée à un centre variable, dont X', Y', Z' soient les coordonnées, celles-ci étant indépendantes de X, Y, Z, les équations (b)
auront encore lieu, pourvu que l'on y change V' dans

$$V' - EX\frac{d^2 X'}{dt^2} - EY\frac{d^2 Y'}{dt^2} - EZ\frac{d^2 Z'}{dt^2}.$$

Les équations (2) et (3) subsisteront toujours après ce changement;
l'équation (4) aura donc toujours lieu. Ce cas est celui du mouvement
de la Lune autour de la Terre; l'origine des coordonnées X, Y, Z est
alors au centre de gravité de la Terre; le point attiré est le centre de
gravité de la Lune, et le sphéroïde attirant est l'ensemble des sphéroïdes du Soleil et de la Terre. En effet, la théorie de ce mouvement
revient à supposer une masse infiniment petite à la Lune, en donnant

à la Terre une masse égale à la somme des masses de la Terre et de la
Lune. Dans ce cas, les valeurs de X', Y', Z' sont indépendantes de
X, Y, Z, comme on l'a supposé. L'équation (4) fournit, entre les inégalités de la parallaxe de la Lune et celles de son mouvement, tant en
longitude qu'en latitude, une relation très propre à vérifier ces inégalités, et même la loi de la pesanteur universelle. Dans ce cas, on peut
prendre, pour les trois constantes a, b, c, les longitudes moyennes de
la Lune, de son périgée et de ses nœuds, à une époque donnée.

L'équation (4) peut servir encore à vérifier le calcul des perturbations d'une planète par l'action d'une autre planète dont on néglige
les perturbations, ce qui est le cas ordinaire; mais je me propose de
développer, dans une autre occasion, ces diverses applications de
l'équation (4). Je reviens à l'objet principal de ce Mémoire, au mouvement des corps célestes autour de leurs centres de gravité.

II.

Supposons, pour fixer les idées, que le corps soit la Terre; nommons $90° - \theta$ l'inclinaison de l'axe de l'équateur sur un plan fixe, par
exemple sur celui de l'écliptique à une époque donnée. Soit ψ la longitude de l'extrémité d'une droite invariable prise sur ce plan, et passant par le centre de gravité de la Terre, cette longitude étant comptée
de l'équinoxe mobile du printemps; soit encore φ la distance angulaire à cet équinoxe d'un axe principal pris dans le plan de l'équateur;
il est clair que $d\psi$ sera la différentielle du mouvement rétrograde de
l'équinoxe, et que $d\varphi$ sera la différentielle du mouvement de rotation
de la Terre par rapport au même équinoxe. Des trois variations différentielles $d\psi$, $d\varphi$ et $d\theta$, il se compose un mouvement de rotation du
corps autour d'un axe fixe pendant un instant; et, si l'on suppose

$$(\mathrm{C}) \quad \begin{cases} d\varphi - d\psi \cos\theta = p\,dt, \\ d\psi \sin\theta \sin\varphi - d\theta \cos\varphi = q\,dt, \\ d\psi \sin\theta \cos\varphi + d\theta \sin\varphi = r\,dt, \end{cases}$$

dt étant l'élément du temps, $\sqrt{p^2 + q^2 + r^2}$ sera la vitesse angulaire de rotation du corps autour de son axe instantané de rotation, et les quantités

$$\frac{p}{\sqrt{p^2 + q^2 + r^2}}, \quad \frac{q}{\sqrt{p^2 + q^2 + r^2}}, \quad \frac{r}{\sqrt{p^2 + q^2 + r^2}}$$

seront les cosinus des angles que l'axe instantané de rotation forme : 1° avec l'axe de l'équateur, que nous nommerons *premier axe principal*; 2° avec le second axe principal perpendiculaire aux deux premiers et formant, avec l'équinoxe de printemps, un angle égal à $90° + \varphi$. Ces résultats sont démontrés dans plusieurs Ouvrages, et spécialement dans la *Mécanique analytique* de Lagrange.

Supposons que les trois axes principaux dont nous venons de parler soient les trois axes principaux de rotation du corps; soient A, B, C les moments d'inertie du corps relativement à ces axes. Nommons x', y', z' les trois coordonnées d'une molécule dm du corps, rapportées à ces axes, et P, Q, R les forces dont elle est animée parallèlement aux mêmes axes; si l'on fait

$$S\,dm\,dt\,(R\,y' - Q\,z') = dN,$$
$$S\,dm\,dt\,(P\,z' - R\,x') = dN',$$
$$S\,dm\,dt\,(Q\,x' - P\,y') = dN'',$$

le signe intégral S se rapportant à la molécule dm et devant s'étendre à la Terre entière, on aura

$$(\text{D}) \quad \begin{cases} dp + \dfrac{C - B}{A}\,rq\,dt = \dfrac{dN}{A}, \\[2mm] dq + \dfrac{A - C}{B}\,rp\,dt = \dfrac{dN'}{B}, \\[2mm] dr + \dfrac{B - A}{C}\,pq\,dt = \dfrac{dN''}{C}. \end{cases}$$

Ces trois équations, remarquables par leur simplicité, ont été données par Euler dans le troisième Volume de sa *Mécanique*; combinées avec les équations (c), elles me paraissent offrir la détermination la plus générale et la plus simple que l'on puisse donner des mouvements des corps célestes autour de leurs centres de gravité.

III.

Considérons d'abord les moments d'inertie A, B, C; soit R le rayon mené du centre de gravité de la Terre à la molécule dm; soit μ le cosinus de l'angle que R forme avec le premier axe principal; soit encore ϖ l'angle que forme le plan qui passe par le rayon R et par le premier axe principal avec le plan qui passe par le premier et par le second axe principal. $R\sqrt{1-\mu^2}$ sera la distance de la molécule au premier axe principal; $R\sqrt{1-(1-\mu^2)\cos^2\varpi}$ sera sa distance au second axe principal, et $R\sqrt{1-(1-\mu^2)\sin^2\varpi}$ sera sa distance au troisième axe principal. Ainsi le moment d'inertie d'un corps, relativement à un de ses axes, étant la somme des produits de chaque molécule du corps par le carré de sa distance à cet axe, et A, B, C étant les moments d'inertie de la Terre par rapport au premier, au second et au troisième axe principal, on aura

$$A = S R^2\, dm\, (1 - \mu^2),$$
$$B = S R^2\, dm\, [1 - (1 - \mu^2)\cos^2\varpi],$$
$$C = S R^2\, dm\, [1 - (1 - \mu^2)\sin^2\varpi],$$

les intégrales devant s'étendre à la masse entière de la Terre. Maintenant on a

$$dm = R^2\, dR\, d\mu\, d\varpi;$$

si l'on observe ensuite que les intégrales doivent être prises depuis $R = 0$ jusqu'à la valeur de R à la surface de la Terre, valeur que nous désignerons par R', depuis $\mu = -1$ jusqu'à $\mu = 1$, et depuis $\varpi = 0$ jusqu'à $\varpi = 2\pi$, π étant le rapport de la demi-circonférence au rayon, on aura

$$A = \tfrac{1}{3} S R'^3\, d\mu\, d\varpi\, (1 - \mu^2),$$
$$B = \tfrac{1}{3} S R'^3\, d\mu\, d\varpi\, [1 - (1 - \mu^2)\cos^2\varpi],$$
$$C = \tfrac{1}{3} S R'^3\, d\mu\, d\varpi\, [1 - (1 - \mu^2)\sin^2\varpi].$$

Rappelons présentement un théorème remarquable sur les fonctions rationnelles et entières de μ, $\sqrt{1-\mu^2}\sin\varpi$ et $\sqrt{1-\mu^2}\cos\varpi$. $Y^{(i)}$ étant une pareille fonction de l'ordre i, assujettie à l'équation aux différences partielles

$$o = \frac{\partial\left[(1-\mu^2)\dfrac{\partial Y^{(i)}}{\partial\mu}\right]}{\partial\mu} + \frac{\dfrac{\partial^2 Y^{(i)}}{\partial\varpi^2}}{1-\mu^2} + i(i+1)Y^{(i)},$$

et $U^{(i')}$ étant une pareille fonction de l'ordre i', assujettie à l'équation aux différences partielles

$$o = \frac{\partial\left[(1-\mu^2)\dfrac{\partial U^{(i')}}{\partial\mu}\right]}{\partial\mu} + \frac{\dfrac{\partial^2 U^{(i')}}{\partial\varpi^2}}{1-\mu^2} + i'(i'+1)U^{(i')},$$

on a généralement, lorsque les deux nombres i et i' sont différents,

$$\text{(E)} \qquad \mathrm{S}\,Y^{(i)}U^{(i')}\,d\mu\,d\varpi = o,$$

les intégrales étant prises dans les limites précédentes.

Cela posé, concevons R'^3 développé dans une série de fonctions semblables, en sorte que l'on ait

$$R'^3 = U^{(0)} + U^{(1)} + U^{(2)} + U^{(3)} + U^{(4)} + \ldots,$$

la fonction $1-\mu^2$ est égale à $\frac{2}{3} + \frac{1}{3} - \mu^2$; la partie $\frac{2}{3}$ de cette fonction, et généralement toutes les quantités indépendantes de μ et de ϖ, sont de la forme $Y^{(0)}$; la partie $\frac{1}{3} - \mu^2$ est de la forme $Y^{(2)}$, puisqu'elle satisfait à l'équation aux différences partielles

$$o = \frac{\partial\left[(1-\mu^2)\dfrac{\partial Y^{(2)}}{\partial\mu}\right]}{\partial\mu} + \frac{\dfrac{\partial^2 Y^{(2)}}{\partial\varpi^2}}{1-\mu^2} + 6Y^{(2)};$$

on aura donc, en vertu de l'équation (E),

$$A = \tfrac{1}{5}\mathrm{S}\,d\mu\,d\varpi\left[\tfrac{2}{3}U^{(0)} + \left(\tfrac{1}{3}-\mu^2\right)U^{(2)}\right].$$

On a pareillement

$$1 - (1 - \mu^2)\cos^2\varpi = \tfrac{2}{3} + [\tfrac{1}{3} - (1 - \mu^2)\cos^2\varpi]:$$

la fonction $\tfrac{2}{3}$ est de la forme $Y^{(0)}$; et la fonction $\tfrac{1}{3} - (1 - \mu^2)\cos^2\varpi$ est de la forme $Y^{(2)}$; on aura donc

$$B = \tfrac{1}{2}S\,d\mu\,d\varpi\{\tfrac{2}{3}U^{(0)} + [\tfrac{1}{3} - (1 - \mu^2)\cos^2\varpi]U^{(2)}\}.$$

On trouvera de la même manière

$$C = \tfrac{1}{2}S\,d\mu\,d\varpi\{\tfrac{2}{3}U^{(0)} + [\tfrac{1}{3} - (1 - \mu^2)\sin^2\varpi]U^{(2)}\};$$

partant

$$A = \tfrac{4}{3}\pi\,U^{(0)} + \tfrac{1}{2}S\,U^{(2)}\,d\mu\,d\varpi\,(\tfrac{1}{3} - \mu^2).$$

$$B = \tfrac{4}{3}\pi\,U^{(0)} + \tfrac{1}{2}S\,U^{(2)}\,d\mu\,d\varpi\,[\tfrac{1}{3} - (1 - \mu^2)\cos^2\varpi],$$

$$C = \tfrac{4}{3}\pi\,U^{(0)} + \tfrac{1}{2}S\,U^{(2)}\,d\mu\,d\varpi\,[\tfrac{1}{3} - (1 - \mu^2)\sin^2\varpi].$$

Si la fonction $U^{(2)}$ disparait de l'expression de R^3, on a

$$A = B = C;$$

or on sait que les trois moments d'inertie A, B, C étant égaux par rapport aux trois axes principaux, ils le sont relativement à tous les axes du corps, qui deviennent alors des axes principaux : la sphère n'est donc pas le seul corps qui jouisse de cette propriété. L'analyse précédente donne l'équation générale de tous les corps auxquels elle appartient.

La Terre étant supposée formée d'une infinité de couches variables du centre à la surface, le rayon R d'une quelconque de ces couches peut toujours être exprimé ainsi

$$R = a + \alpha\,a[Y^{(1)} + Y^{(2)} + Y^{(3)} + Y^{(4)} + \ldots].$$

α étant un très petit coefficient constant et $Y^{(1)}$, $Y^{(2)}$, $Y^{(3)}$, … étant des fonctions de la nature de celles dont nous venons de parler et qui peuvent de plus renfermer a d'une manière quelconque. En négligeant les quantités de l'ordre α^2, on aura

$$R^3 = a^3 + 3\alpha\,a^3[Y^{(1)} + Y^{(2)} + Y^{(3)} + \ldots];$$

partant, si l'on conçoit un solide homogène, d'une densité représentée par l'unité, et dont le rayon de la surface soit celui de la couche dont il s'agit, on aura, relativement à ce solide,

$$A = \frac{8\pi a^5}{15} + \alpha S a^5 Y^{(2)} d\mu\, d\varpi (\tfrac{1}{3} - \mu^2),$$

$$B = \frac{8\pi a^5}{15} + \alpha S a^5 Y^{(2)} d\mu\, d\varpi [\tfrac{1}{3} - (1 - \mu^2) \cos^2\varpi],$$

$$C = \frac{8\pi a^5}{15} + \alpha S a^5 Y^{(2)} d\mu\, d\varpi [\tfrac{1}{3} - (1 - \mu^2) \sin^2\varpi].$$

En différentiant ces valeurs par rapport à a et en les multipliant ensuite par la densité de la couche dont le rayon est R, densité que nous désignerons par ρ, ρ étant une fonction quelconque de a, on aura les moments d'inertie de cette couche; et, pour avoir ceux de la Terre entière, il suffira d'intégrer les moments de la couche, par rapport à a, depuis $a = 0$ jusqu'à la valeur de a relative à la surface de la Terre, valeur que nous désignerons par l'unité. On aura ainsi

$$A = \frac{8\pi}{15} S\rho\, da^5 + \alpha S\rho\, d(a^5 Y^{(2)}) d\mu\, d\varpi (\tfrac{1}{3} - \mu^2),$$

$$B = \frac{8\pi}{15} S\rho\, da^5 + \alpha S\rho\, d(a^5 Y^{(2)}) d\mu\, d\varpi [\tfrac{1}{3} - (1 - \mu^2) \cos^2\varpi],$$

$$C = \frac{8\pi}{15} S\rho\, da^5 + \alpha S\rho\, d(a^5 Y^{(2)}) d\mu\, d\varpi [\tfrac{1}{3} - (1 - \mu^2) \sin^2\varpi],$$

la différence $d(a^5 Y^{(2)})$ étant uniquement relative à la variable a.

Il résulte de ce que j'ai démontré dans les *Mémoires cités de l'Académie des Sciences* pour l'année 1782 ([1]), que, si l'on nomme $\alpha\varphi$ le rapport de la force centrifuge à la pesanteur à l'équateur, on a, pour la condition de l'équilibre des fluides répandus sur la surface de la Terre,

$$S\rho\, d(a^5 Y^{(2)}) = \tfrac{3}{5}[Y^{(2)} + \tfrac{1}{2}\varphi(\mu^2 - \tfrac{1}{3})]S\rho\, da^5,$$

la valeur de $Y^{(2)}$, dans le second membre de cette équation, étant relative à la surface de la Terre, et les intégrales étant prises depuis $a = 0$

<hr>

([1]) *Œuvres de Laplace*, T. X.

jusqu'à $a = 1$; on aura par conséquent

$$A = \frac{8\pi}{15} S\rho\, da^i - \frac{8\alpha\pi}{27} \varphi S\rho\, da^3 + \frac{5\alpha}{3} SY^{(1)} d\mu\, d\varpi (\tfrac{1}{3} - \mu^2) S\rho\, da^3,$$

$$B = \frac{8\pi}{15} S\rho\, da^3 + \frac{4\alpha\pi}{27} \varphi S\rho\, da^3 + \frac{5\alpha}{3} SY^{(1)} d\mu\, d\varpi [\tfrac{1}{3} - (1 - \mu^2) \cos^2\varpi] S\rho\, da^3,$$

$$C = \frac{8\pi}{15} S\rho\, da^3 + \frac{4\alpha\pi}{27} \varphi S\rho\, da^3 + \frac{5\alpha}{3} SY^{(1)} d\mu\, d\varpi [\tfrac{1}{3} - (1 - \mu^2) \sin^2\varpi] S\rho\, da^3.$$

La fonction $Y^{(2)}$ est de cette forme

$$H(\tfrac{1}{3} - \mu^2) + H'\mu\sqrt{1 - \mu^2}\sin\varpi$$
$$+ H'\mu\sqrt{1 - \mu^2}\cos\omega$$
$$+ H''(1 - \mu^2)\sin 2\varpi$$
$$+ H^{IV}(1 - \mu^2)\cos 2\varpi,$$

et j'ai fait voir, dans les *Mémoires de l'Académie des Sciences* pour l'année 1783 [1], que la considération des axes principaux de rotation rend nulles les constantes H', H'', H''', en sorte que la fonction $Y^{(2)}$ se réduit à

$$H(\tfrac{1}{3} - \mu^2) + H^{IV}(1 - \mu^2)\cos 2\varpi.$$

Les variations de la pesanteur étant à très peu près proportionnelles au carré du sinus de la latitude, la valeur de H^{IV} doit être très petite; elle serait nulle, en effet, si la Terre était un solide de révolution. Mais, pour plus de généralité, nous la conserverons dans ces recherches : nous aurons ainsi

$$A = \frac{8\pi}{15} S\rho\, da^3 + \frac{16}{27} \alpha\pi (H - \tfrac{1}{4}\varphi) S\rho\, da^3,$$

$$B = \frac{8\pi}{15} S\rho\, da^3 - \frac{8}{27} \alpha\pi (H - \tfrac{1}{4}\varphi) S\rho\, da^3 - \frac{8\alpha\pi}{9} H^{IV} S\rho\, da^3,$$

$$C = \frac{8\pi}{15} S\rho\, da^3 - \frac{8}{27} \alpha\pi (H - \tfrac{1}{4}\varphi) S\rho\, da^3 + \frac{8\alpha\pi}{9} H^{IV} S\rho\, da^3.$$

IV.

Considérons présentement les valeurs de $\dfrac{dN}{dt}$, $\dfrac{dN'}{dt}$ et $\dfrac{dN'}{dt}$ qui entrent dans les équations différentielles (D) de l'article II. Soient L la masse

[1] *Œuvres de Laplace*, T. XI.

d'un astre qui agit sur la Terre; x, y, z les coordonnées de son centre, rapportées au centre de gravité de la Terre et à ses trois axes principaux. Soit $r' = \sqrt{x'^2 + y'^2 + z'^2}$, et nommons x', y', z' les coordonnées d'une molécule dm du sphéroïde terrestre; supposons enfin

$$V = \frac{-L(xx' + yy' + zz')}{r'^3} + \frac{L}{\sqrt{(x'-x)^2 + (y'-y)^2 + (z'-z)^2}}.$$

Les forces attractives de L sur la molécule dm, décomposées parallèlement aux axes des x, des y et des z, en sens opposé à leur origine, et diminuées des mêmes forces attractives sur le centre de gravité de la Terre, que nous considérons ici comme immobile, seront

$$\frac{\partial V}{\partial x'}, \quad \frac{\partial V}{\partial y'}, \quad \frac{\partial V}{\partial z'}.$$

Ces trois forces sont celles que nous avons désignées par P, Q, R dans l'article II. On aura donc

$$\frac{dN}{dt} = S\,dm\left(y'\frac{\partial V}{\partial z'} - z'\frac{\partial V}{\partial y'}\right),$$

$$\frac{dN'}{dt} = S\,dm\left(z'\frac{\partial V}{\partial x'} - x'\frac{\partial V}{\partial z'}\right),$$

$$\frac{dN''}{dt} = S\,dm\left(x'\frac{\partial V}{\partial y'} - y'\frac{\partial V}{\partial x'}\right).$$

Si l'on observe ensuite que l'on a

$$x'\frac{\partial V}{\partial y'} - y'\frac{\partial V}{\partial x'} = y\frac{\partial V}{\partial x} - x\frac{\partial V}{\partial y},$$

on aura

$$\frac{dN}{dt} = S\,dm\left(z\frac{\partial V}{\partial y} - y\frac{\partial V}{\partial z}\right),$$

$$\frac{dN'}{dt} = S\,dm\left(x\frac{\partial V}{\partial z} - z\frac{\partial V}{\partial x}\right),$$

$$\frac{dN''}{dt} = S\,dm\left(y\frac{\partial V}{\partial x} - x\frac{\partial V}{\partial y}\right).$$

Les coordonnées x', y', z' étant très petites relativement à la distance r' de l'astre L au centre de gravité de la Terre, on peut développer V dans une suite fort convergente ordonnée par rapport aux puissances réciproques de r'; on aura ainsi, à fort peu près,

$$\frac{dN}{dt} = \frac{3L}{r'^5} S\, dm(xx' + yy' + zz')(zy' - yz'),$$

$$\frac{dN'}{dt} = \frac{3L}{r'^5} S\, dm(xx' + yy' + zz')(xz' - zx'),$$

$$\frac{dN''}{dt} = \frac{3L}{r'^5} S\, dm(xx' + yy' + zz')(yx' - xy').$$

Or on a, par la nature des axes principaux de rotation,

$$S\, dm(x'^2 + y'^2) = C,$$
$$S\, dm(x'^2 + z'^2) = B,$$
$$S\, dm(y'^2 + z'^2) = A;$$
$$S\, x'y'\, dm = 0, \qquad S\, x'z'\, dm = 0, \qquad S\, y'z'\, dm = 0.$$

On aura ainsi

$$\frac{dN}{dt} = \frac{3L}{r'^5}(C - B)yz,$$

$$\frac{dN'}{dt} = \frac{3L}{r'^5}(A - C)xz,$$

$$\frac{dN''}{dt} = \frac{3L}{r'^5}(B - A)xy;$$

les équations (D) deviendront conséquemment

$$(F) \quad \begin{cases} dp + \dfrac{C - B}{A}\, rq = \dfrac{3L\, dt}{r'^5}\, \dfrac{C - B}{A}\, yz, \\[2mm] dq + \dfrac{A - C}{B}\, rp = \dfrac{3L\, dt}{r'^5}\, \dfrac{A - C}{B}\, xz, \\[2mm] dr + \dfrac{B - A}{C}\, pq = \dfrac{3L\, dt}{r'^5}\, \dfrac{B - A}{C}\, xy. \end{cases}$$

Les équations (F) supposent que r' est fort grand par rapport au rayon du sphéroïde terrestre, ce qui est vrai relativement au Soleil et à la Lune; mais il est remarquable qu'elles seraient encore fort approchées dans le cas où, l'astre attirant étant fort près de la Terre, la figure de cette planète serait elliptique. Pour le démontrer, nous observerons que l'on a, par l'article II,

$$x' = R\mu, \qquad y' = R\sqrt{1-\mu^2}\cos\varpi, \qquad z' = R\sqrt{1-\mu^2}\sin\varpi.$$

Si l'on nomme ν et λ ce que deviennent, par rapport à l'astre L, les quantités μ et ϖ relatives à la molécule dm du sphéroïde terrestre, on aura

$$x = r'\nu, \qquad y = r'\sqrt{1-\nu^2}\cos\lambda, \qquad z = r'\sqrt{1-\nu^2}\sin\lambda.$$

Si l'on substitue ces valeurs dans la fonction V, et qu'ensuite on la développe par rapport aux puissances de $\frac{R}{r'}$, on aura une série de cette forme

$$\frac{L}{r'} + \frac{LR^2}{r'^3}U^{(2)} + \frac{LR^3}{r'^4}U^{(3)} + \dots,$$

et il est facile de s'assurer que $U^{(2)}$, $U^{(3)}$, … sont des fonctions telles, que l'on a généralement

$$o = -\frac{\partial\left[(1-\mu^2)\dfrac{\partial U^{(i)}}{\partial\mu}\right]}{\partial\mu} + \frac{\dfrac{\partial^2 U^{(i)}}{\partial\varpi^2}}{1-\mu^2} + i(i+1)U^{(i)}.$$

Reprenons maintenant l'équation

$$\frac{dN}{dt} = S\,dm\left(z\frac{\partial V}{\partial y} - y\frac{\partial V}{\partial z}\right);$$

on aura

$$z\frac{\partial V}{\partial y} - y\frac{\partial V}{\partial z} = \frac{LR^2}{r'^3}\left(z\frac{\partial U^{(2)}}{\partial y} - y\frac{\partial U^{(2)}}{\partial z}\right)$$
$$+ \frac{LR^3}{r'^4}\left(z\frac{\partial U^{(3)}}{\partial y} - y\frac{\partial U^{(3)}}{\partial z}\right)$$
$$+ \dots\dots\dots\dots\dots\dots$$

Les différences partielles du second membre de cette équation étant prises par rapport à des variables indépendantes de μ et de ϖ, si l'on désigne généralement par $U^{(i)}$ la fonction

$$z\frac{\partial U^{(i)}}{\partial y} - y\frac{\partial U^{(i)}}{\partial z},$$

on aura

$$0 = - \frac{\partial \left[(1 - \mu^2) \frac{\partial U^{(i)}}{\partial \mu} \right]}{\partial \mu} + \frac{\partial^2 U^{(i)}}{\partial \varpi^2} + i(i+1) U^{(i)},$$

en sorte que la fonction $U^{(i)}$ est de la même nature que les fonctions $Y^{(i)}$ et $U^{(i)}$; l'expression précédente de $\frac{dN}{dt}$ deviendra ainsi, en vertu de l'équation (E) de l'article précédent, en substituant pour dm sa valeur $R^2\, dR\, d\mu\, d\varpi$, et pour R sa valeur $a + \alpha a (Y^{(1)} + Y^{(2)} + \ldots)$.

$$\frac{dN}{dt} = \frac{\alpha L}{r'^3} S \rho\, d(a^5 Y^{(2)})\, d\mu\, d\varpi \left(z \frac{\partial U^{(2)}}{\partial y} - y \frac{\partial U^{(2)}}{\partial z} \right)$$
$$+ \frac{\alpha L}{r'^5} S \rho\, d(a^6 Y^{(3)})\, d\mu\, d\varpi \left(z \frac{\partial U^{(3)}}{\partial y} - y \frac{\partial U^{(3)}}{\partial z} \right)$$
$$+ \ldots\ldots\ldots\ldots\ldots\ldots\ldots\ldots\ldots\ldots\ldots\ldots,$$

les différentielles $d(a^5 Y^{(2)})$, $d(a^6 Y^{(3)})$, ... étant relatives à la variable a. Or j'ai démontré, dans les *Mémoires de l'Académie des Sciences* pour l'année 1782 (¹), que l'on a généralement, par la condition de l'équilibre des fluides qui recouvrent la Terre, et lorsque i surpasse 2,

$$S \rho\, d(a^{i+3} Y^{(i)}) = \frac{2i+1}{3} Y^{(i)} S \rho\, da^3,$$

les intégrales étant prises depuis $a = 0$ jusqu'à $a = 1$, et $Y^{(i)}$ étant relatif à la surface de la Terre ; on aura donc

$$\frac{\alpha L}{r'^5} S \rho\, d(a^6 Y^{(3)})\, d\mu\, d\varpi \left(z \frac{\partial U^{(3)}}{\partial y} - y \frac{\partial U^{(3)}}{\partial z} \right)$$
$$= \frac{7 \alpha L}{3 r'^5} S Y^{(3)}\, d\mu\, d\varpi \left(z \frac{\partial U^{(3)}}{\partial y} - y \frac{\partial U^{(3)}}{\partial z} \right) S \rho\, da^3.$$

Si la figure de la surface de la Terre est celle d'un ellipsoïde, $Y^{(3)}$ est nul, et alors l'expression de $\frac{dN}{dt}$ se réduit à son premier terme, non seulement à cause de la grandeur de r', mais parce que les valeurs de $Y^{(3)}$, $Y^{(3)}$, ... sont nulles. Or, quoique la figure elliptique ne satisfasse pas exactement aux degrés mesurés des méridiens, cependant l'ac-

(¹) *OEuvres de Laplace*, T. X.

cord des variations de la pesanteur avec cette figure indique que $Y^{(3)}$, $Y^{(4)}$, ... sont très peu considérables par rapport à $Y^{(2)}$. On peut donc calculer les mouvements de l'axe de la Terre, en lui supposant une figure elliptique, sans craindre aucune erreur.

V.

Rapportons maintenant les coordonnées de l'astre L à un plan fixe, que nous supposons être celui de l'écliptique à une époque donnée. Soient X, Y, Z ces nouvelles coordonnées, l'axe des X étant la ligne menée du centre de la Terre à l'équinoxe du printemps, l'axe des Y étant la ligne menée du même centre au premier point du Cancer, et la ligne des Z étant la ligne menée de ce même centre au pôle boréal de l'écliptique ; on aura

$$x = Y \sin\theta + Z \cos\theta,$$
$$y = X \cos\varphi + Y \cos\theta \sin\varphi - Z \sin\theta \sin\varphi,$$
$$z = Y \cos\theta \cos\varphi - Z \sin\theta \cos\varphi - X \sin\varphi.$$

Les équations différentielles (F) de l'article précédent deviendront ainsi

$$(G) \begin{cases}
dp + \dfrac{C - B}{A} rq\, dt \\[2mm]
\quad = \dfrac{3\,L\, dt\,(C - B)}{2\,A\,r'^3}\, [\sin 2\varphi(Y^2\cos^2\theta + Z^2\sin^2\theta - X^2 - 2YZ\sin\theta\cos\theta) \\[1mm]
\qquad\qquad\qquad + 2\cos 2\varphi(XY\cos\theta - XZ\sin\theta)], \\[3mm]
dq + \dfrac{A - C}{B} rp\, dt \\[2mm]
\quad = \dfrac{3\,L\, dt\,(A - C)}{B\,r'^3}\, \{\cos\varphi\,[(Y^2 - Z^2)\sin\theta\cos\theta + YZ(\cos^2\theta - \sin^2\theta)] \\[1mm]
\qquad\qquad\qquad - \sin\varphi(XY\sin\theta + XZ\cos\theta)\}, \\[3mm]
dr + \dfrac{B - A}{C} pq\, dt \\[2mm]
\quad = \dfrac{3\,L\, dt\,(B - A)}{C\,r'^3}\, \{\cos\varphi(XY\sin\theta + XZ\cos\theta) \\[1mm]
\qquad\qquad\qquad + \sin\varphi\,[(Y^2 - Z^2)\sin\theta\cos\theta + YZ(\cos^2\theta - \sin^2\theta)]\}.
\end{cases}$$

VI.

Intégrons présentement ces équations; si les deux moments d'inertie B et C étaient égaux, ce qui aurait lieu dans le cas où la Terre serait un sphéroïde de révolution, la première des équations (G) donnerait $dp = 0$, et, par conséquent, $p = n$, n étant une constante. Lorsqu'il y a une petite différence entre ces moments d'inertie, la valeur de p renferme des inégalités périodiques; mais elles sont insensibles. En effet, l'axe instantané de rotation s'éloignant toujours très peu du premier axe principal, q et r sont de très petites quantités, et l'on peut sans erreur sensible négliger le terme $\dfrac{C - B}{A} rq\, dt$ de la première des équations (G). Le second membre de la même équation se développe en sinus et cosinus d'angles croissant avec rapidité, puisque ses termes sont multipliés par le sinus et le cosinus de 2φ; ces termes doivent donc être encore insensibles après les intégrations. On peut ainsi supposer, dans les deux dernières des équations (G), $p = n$, n étant la vitesse moyenne angulaire de la rotation de la Terre autour de son premier axe principal. Mais, comme la discussion de la valeur de p est très importante, à cause de son influence sur la durée du jour, nous reviendrons sur cet objet, après avoir déterminé les valeurs de q et de r.

Faisons, pour abréger,

$$\frac{3L}{r'^3}\left[(Y^2 - Z^2)\sin\theta\cos\theta + YZ(\cos^2\theta - \sin^2\theta)\right] = P,$$

$$\frac{3L}{r'^3}(XY\sin\theta + XZ\cos\theta) = P';$$

les deux dernières des équations (G) deviendront

$$dq + \frac{A - C}{B}\,nr\,dt = \frac{A - C}{B}\,dt\,(P\cos\varphi - P'\sin\varphi).$$

$$dr + \frac{B - A}{C}\,nq\,dt = \frac{B - A}{C}\,dt\,(P'\cos\varphi + P\sin\varphi).$$

P et P′ peuvent être développés en sinus et cosinus d'angles croissant proportionnellement au temps; soient $k\cos(it+\varepsilon)$ un terme quelconque de P, et $k'\sin(it+\varepsilon)$ le terme correspondant de P′; on aura, en n'ayant égard qu'à ces termes,

$$dq + \frac{A-C}{B}\,nr\,dt = \frac{A-C}{2B}\,dt\,[\quad (k+k')\cos(\varphi+it+\varepsilon)$$
$$+ (k-k')\cos(\varphi-it-\varepsilon)],$$

$$dr + \frac{B-A}{C}\,rq\,dt = \frac{B-A}{2C}\,dt\,[\quad (k+k')\sin(\varphi+it+\varepsilon)$$
$$+ (k-k')\sin(\varphi-it-\varepsilon)].$$

Pour intégrer ces équations, supposons

$$q = M\sin(\varphi+it+\varepsilon) + N\sin(\varphi-it-\varepsilon),$$
$$r = M'\cos(\varphi+it+\varepsilon) + N'\cos(\varphi-it-\varepsilon);$$

nous aurons, en observant que $d\varphi$ est à très peu près égal à $n\,dt$,

$$M = \frac{\frac{k+k'}{2}(A-C)\,[\,n(B+C-A)+iC\,]}{(n+i)^2 CB - n^2(B-A)(C-A)},$$

$$M' = \frac{\frac{k+k'}{2}(A-B)\,[\,n(B+C-A)+iB\,]}{(n+i)^2 CB - n^2(B-A)(C-A)},$$

$$N = \frac{\frac{k-k'}{2}(A-C)\,[\,n(B+C-A)-iC\,]}{(n-i)^2 CB - n^2(B-A)(C-A)},$$

$$N' = \frac{\frac{k-k'}{2}(A-B)\,[\,n(B+C-A)-iB\,]}{(n-i)^2 CB - n^2(B-A)(C-A)}.$$

On a, par l'article II,

$$d\vartheta = r\,dt\sin\varphi - q\,dt\cos\varphi;$$

on aura donc

$$\frac{d\vartheta}{dt} = \frac{M'-M}{2}\sin(2\varphi+it+\varepsilon) + \frac{N'-N}{2}\sin(2\varphi-it-\varepsilon)$$
$$+ \frac{N+N'-M-M'}{2}\sin(it+\varepsilon).$$

Nous pouvons négliger les deux premiers termes de cette expression de $\frac{d\theta}{dt}$, parce qu'ils sont insensibles en eux-mêmes, à cause du facteur $\frac{L(C-B)}{r'^3}$ qui les multiplie, et que d'ailleurs ils n'augmentent point par l'intégration. Il n'en est pas ainsi du troisième terme, que l'intégration peut rendre sensible, si i est fort petit; dans ce cas, on peut négliger i relativement à n, et l'on a, à fort peu près,

$$\frac{d\theta}{dt} = \frac{B + C - 2A}{2nA}\,k'\sin(it + \varepsilon).$$

On a encore, par l'article II,

$$d\psi \sin\theta = r\,dt\cos\varphi + q\,dt\sin\varphi,$$

ce qui donne

$$\frac{d\psi}{dt}\sin\theta = \frac{M'-M}{2}\cos(2\varphi + it + \varepsilon) + \frac{N'-N}{2}\cos(2\varphi - it - \varepsilon)$$
$$+ \frac{M + M' + N + N'}{2}\cos(it + \varepsilon);$$

et, en supposant i très petit, on aura, à très peu près,

$$\frac{d\psi}{dt}\sin\theta = \frac{2A - B - C}{2nA}\,k\cos(it + \varepsilon).$$

Si l'on désigne par $\Sigma k\cos(it + \varepsilon)$ la somme des termes dans lesquels P peut se développer, et par $\Sigma k'\sin(it + \varepsilon)$ la somme des termes dans lesquels P' peut se développer, Σ étant la caractéristique des intégrales finies, on aura

$$(\text{II}) \quad \begin{cases} \dfrac{d\theta}{dt} = \dfrac{B + C - 2A}{2nA}\,\Sigma k'\sin(it + \varepsilon), \\[2ex] \dfrac{d\psi}{dt}\sin\theta = \dfrac{2A - B - C}{2nA}\,\Sigma k\cos(it + \varepsilon). \end{cases}$$

En intégrant ces équations sans égard aux constantes arbitraires, on aura les parties de θ et de ψ qui dépendent de l'action de l'astre L. Pour avoir les valeurs complètes de ces variables, il faut leur ajouter les quantités qui dépendent de l'état initial du mouvement. En n'ayant égard qu'à cet état, les équations (F) de l'article IV deviennent

$$dq + \frac{A - C}{B} nr\, dt = 0, \qquad dr + \frac{B - A}{C} nq\, dt = 0;$$

d'où l'on tire, en intégrant,

$$q = G \sin(\lambda t + \delta),$$

$$r = \frac{\lambda B}{n(C - A)} G \cos(\lambda t + \epsilon),$$

G et ϵ étant deux constantes arbitraires, et λ étant égal à

$$n \sqrt{\frac{(B - A)(C - A)}{BC}}.$$

Si l'on substitue pour q et r ces valeurs dans l'équation

$$\frac{d\theta}{dt} = r \sin\varphi - q \cos\varphi,$$

on aura, après avoir intégré,

$$\theta = h + \frac{n(C - A) - \lambda B}{2n(n + \lambda)(C - A)} G \cos(\varphi + \lambda t + \delta)$$

$$- \frac{\lambda B + n(C - A)}{2n(n - \lambda)(C - A)} G \cos(\varphi - \lambda t - \epsilon).$$

h étant une nouvelle arbitraire. Si la valeur de G était sensible, on le reconnaîtrait par les variations journalières de la hauteur du pôle ; et, puisque les observations les plus précises n'y font remarquer aucune variation de ce genre, il résulte que G est insensible, et qu'ainsi l'on peut négliger les parties de θ et de ψ qui dépendent de l'état initial du mouvement de la Terre.

VII.

Reprenons maintenant les équations (II) de l'article précédent. La première donne, en l'intégrant et en observant que $\Sigma k' \sin(it + \varepsilon)$ est le développement de la fonction P',

$$g = h + \frac{B + C - 2A}{2nA} \int P' dt.$$

Les seuls astres qui influent d'une manière sensible sur les mouvements de l'axe de la Terre sont le Soleil et la Lune. Considérons d'abord l'action du Soleil.

Soient

v la longitude de cet astre, comptée sur son orbite, de l'équinoxe mobile du printemps;

γ l'inclinaison de l'orbite sur le plan fixe;

Λ la longitude de son nœud ascendant.

On aura

$$X = r' \cos^2 \frac{\gamma}{2} \cos v + r' \sin^2 \frac{\gamma}{2} \cos(v - 2\Lambda),$$

$$Y = r' \cos^2 \frac{\gamma}{2} \sin v - r' \sin^2 \frac{\gamma}{2} \sin(v - 2\Lambda),$$

$$Z = r' \sin\gamma \sin(v - \Lambda),$$

d'où l'on tire

$$XY = \frac{r'^2}{2} \cos^2 \frac{\gamma}{2} \sin 2v + \frac{r'^2 \sin^2 \gamma}{4} \sin 2\Lambda - \frac{r'^2}{2} \sin^4 \frac{\gamma}{2} \sin(2v - 4\Lambda),$$

$$XZ = \frac{r'^2}{2} \sin\gamma \cos^2 \frac{\gamma}{2} \sin(2v - \Lambda) - \frac{r'^2}{4} \sin 2\gamma \sin\Lambda$$
$$+ \frac{r'^2}{2} \sin\gamma \sin^2 \frac{\gamma}{2} \sin(2v - 3\Lambda);$$

on a, par la théorie du mouvement elliptique,

$$r'^2 dv = 2a^2 m \, dt \sqrt{1 - e^2},$$

mt étant le moyen mouvement du Soleil, a étant sa moyenne distance à la Terre, et e étant l'excentricité de son orbite; on a, de plus,

$$\frac{\mathrm{L}}{a^3} = m^2,$$

$$\frac{a}{r'} = \frac{1 + e\cos(v - \mathrm{I'})}{1 - e^2},$$

I' étant la longitude de l'apogée solaire; on aura donc, relativement au Soleil,

$$\mathrm{P}'\,dt = \frac{3\mathrm{L}\,dt}{r'^3}\,(\mathrm{XY}\sin\theta + \mathrm{XZ}\cos\theta)$$

$$= \frac{3m\,dv[1 + e\cos(v - \mathrm{I'})]}{(1 - e^2)^{\frac{3}{2}}}\left(\frac{\mathrm{XY}}{r'^2}\sin\theta + \frac{\mathrm{XZ}}{r'^2}\cos\theta\right).$$

Si l'on substitue pour $\frac{\mathrm{XY}}{r'^2}$ et $\frac{\mathrm{XZ}}{r'^2}$ leurs valeurs précédentes en v, on verra d'abord, après avoir développé $\mathrm{P}'\,dt$ en sinus de l'angle v et de ses multiples, que les termes dépendants de la longitude I' de l'apogée solaire renferment l'angle v et qu'ainsi ils ne peuvent devenir sensibles par l'intégration. Il n'en est pas ainsi des termes dépendants de la longitude du nœud; la fonction $\frac{\mathrm{XZ}}{r'^2}$ introduit dans $\mathrm{P}'\,dt$ le terme

$$-\frac{3m\,dv}{8}\sin 2\gamma \sin \mathrm{A};$$

et, vu la lenteur des variations de γ et de A, ce terme peut devenir, par l'intégration, très sensible dans la valeur de θ; on aura ainsi, à très peu près, en observant que γ et e sont fort petits et en ne conservant parmi les termes multipliés par ces quantités que ceux qui peuvent croître considérablement par les intégrations,

$$\int \mathrm{P}'\,dt = -\frac{3m}{4}\sin\theta\cos 2v - \frac{3m^2}{2}\cos\theta\int \gamma\,dt\sin\mathrm{A}.$$

La quantité $\gamma\sin\mathrm{A}$ est le produit de l'inclinaison de l'orbe solaire par le sinus de la longitude de son nœud; or on sait, par la théorie des inégalités séculaires du mouvement des planètes, que ce produit est égal à un nombre fini de termes de la forme $c\sin(ft + \zeta)$, c étant un petit coefficient et f étant pareillement très petit, en sorte que l'angle ft croît avec une extrême lenteur. Nous désignerons par

$\Sigma c \sin(ft + \xi)$ la somme de tous ces termes; nous aurons ainsi pour la partie de $\int P' dt$ dépendante de l'action du Soleil

$$\int P' dt = -\frac{3m}{4} \sin\vartheta \cos 2v + \frac{3m^2}{2} \cos\vartheta \sum \frac{c}{f} \cos(ft + \xi).$$

Considérons présentement l'action de la Lune. En désignant par L' sa masse et par a' sa moyenne distance à la Terre, en nommant de plus, relativement à cet astre, v', m', Γ', e', Λ' et γ' ce que nous avons nommé v, m, Γ, e, Λ et γ, relativement au Soleil, et faisant

$$\frac{L}{a'^3} = \lambda . m^2,$$

on trouvera, par l'analyse précédente,

$$\int P' dt = -\frac{3\lambda . m^2}{4 m'} \sin\vartheta \cos 2v' - \frac{3\lambda . m^2}{2} \cos\vartheta \int \gamma' dt \sin\Lambda'.$$

La fonction $\frac{XY}{r'^2}$ introduit encore dans l'intégrale $\int P' dt$ le terme

$$-\frac{3 m^2 \lambda}{4} \sin\vartheta \int \gamma'^2 dt \sin 2\Lambda'.$$

Ce terme croît considérablement par l'intégration; mais il est aisé de voir que, malgré cet accroissement, il reste encore insensible. En effet, son maximum est à celui du terme

$$-\frac{3\lambda . m^2 \cos\vartheta}{2} \int \gamma' dt \sin\Lambda'$$

comme $\frac{1}{4} \gamma' \tan\vartheta$ est à l'unité; or on verra bientôt que le second de ces maxima est d'environ 10″ relativement à l'orbe lunaire rapporté à l'écliptique; de plus, γ' est au-dessous de $\frac{1}{10}$: le premier maximum est donc insensible. Les seuls termes sensibles que l'action de la Lune produit dans l'intégrale $\int P' dt$, et par conséquent dans la valeur de ϑ, sont donc ceux auxquels nous avons eu égard. Quelques astronomes ont introduit dans cette valeur une petite inégalité dépendante de la longitude de l'apogée de l'orbe lunaire; mais on voit, par l'analyse précédente, que cette inégalité n'existe point. Le moyen mouvement de l'apogée lunaire étant à peu près double du mouvement des nœuds de la Lune, un terme dépendant de l'angle $2\Lambda' - \Gamma'$ pourrait devenir sensible par l'intégration, quoique multiplié par $e'\gamma'^2$; mais l'analyse précédente nous montre encore qu'il n'existe point de terme semblable dans l'intégrale $\int P' dt$.

Pour évaluer la fonction $\int \gamma' dt \sin\Lambda'$, nous observerons que, dans tous les changements qu'éprouve la position de l'orbe solaire, on a

$$\gamma' = \gamma \quad \text{et} \quad \Lambda' = \Lambda;$$

on a donc, eu égard aux variations de l'orbe solaire,

$$\int \gamma' dt \sin\Lambda' = - \sum \frac{c}{f} \cos(ft + \delta).$$

Soient de plus c' l'inclinaison moyenne de l'orbe de la Lune sur celui du Soleil et $-f't - \delta'$ la longitude de son nœud ascendant sur cet orbe, comptée de l'équinoxe mobile du printemps; on aura, en vertu de cette inclinaison,

$$\int \gamma' dt \sin\Lambda' = \frac{c'}{f'} \cos(f't + \delta');$$

en réunissant donc ces deux termes, on aura, relativement à la Lune,

$$\int \gamma dt \sin\Lambda' = \frac{c'}{f'} \cos(f't + \delta') - \sum \frac{c}{f} \cos(ft + \delta),$$

et l'on aura pour les actions réunies du Soleil et de la Lune

$$\theta = h + \frac{3m}{8n} \sin\theta \frac{2\Lambda - B - C}{\Lambda} \left(\cos 2v + \frac{\lambda m}{m'} \cos 2v' \right)$$

$$- \frac{3m^2}{4n} \cos\theta \frac{2\Lambda - B - C}{\Lambda} (1 + \lambda) \sum \frac{c}{f} \cos(ft + \delta)$$

$$+ \frac{3\lambda c' m^2}{4nf'} \cos\theta \frac{2\Lambda - B - C}{\Lambda} \cos(f't + \delta').$$

VIII.

Déterminons présentement la valeur de ψ et, pour cela, reprenons la seconde des équations (II) de l'article VI. En lui donnant cette forme

$$d\psi \sin\theta = \frac{2\Lambda - B - C}{2n\Lambda} P dt,$$

on a (^{1}), par l'article précédent, relativement au Soleil,

$$Y^2 - Z^2 = \frac{r'^2}{2} \cos^4 \frac{\gamma}{2} (1 - \cos 2v) - \frac{r'^2}{2} \sin^2 \frac{\gamma}{2} [\cos 2\Lambda - \cos(2v - 2\Lambda)]$$
$$- \frac{r'^2}{2} \sin^2 \gamma [1 - \cos(2v - 2\Lambda)],$$

$$YZ = \frac{r'^2 \sin 2\gamma}{4} \cos \Lambda - \frac{r'^2}{2} \sin \gamma \cos^2 \frac{\gamma}{2} \cos(2v - \Lambda)$$
$$+ \frac{r'^2}{2} \sin \gamma \sin^2 \frac{\gamma}{2} \cos(2v - 3\Lambda).$$

On aura donc, par l'analyse du même article, en négligeant les carrés de e et de γ et les quantités qui ne deviennent point sensibles par l'intégration,

$$P\,dt = \frac{3m^2}{2} dt \sin\theta \cos\theta - \frac{3m}{4} \sin\theta \cos\theta\, d\sin 2v$$
$$+ \frac{3m^2}{2} \gamma\, dt \cos\Lambda (\cos^2\theta - \sin^2\theta).$$

$\gamma \cos\Lambda$ est le produit de l'inclinaison de l'orbe solaire par le cosinus de la longitude de son nœud, et l'on sait, par la théorie des inégalités séculaires du mouvement des planètes, que $\gamma \sin\Lambda$ étant représenté par $\Sigma c \sin(ft + \varsigma)$, la fonction $\gamma \cos\Lambda$ sera exprimée par $\Sigma c \cos(ft + \varsigma)$. Il faudra donc substituer cette valeur, au lieu de $\gamma \cos\Lambda$, dans l'expression de P.

On trouvera par la même analyse et par celle de l'article précédent que, relativement à la Lune, on a

$$P\,dt = \frac{3\lambda.m^2\,dt}{2} \sin\theta \cos\theta - \frac{3\lambda.m^2}{4m'} \sin\theta \cos\theta\, d\sin 2v'$$
$$+ \frac{3}{2}\lambda.m^2\,dt\,(\cos^2\theta - \sin^2\theta)\,\Sigma c \cos(ft + \varsigma)$$
$$+ \frac{3}{2}\lambda.m^2\,dt\,(\cos^2\theta - \sin^2\theta)\,c'\cos(f't + \varsigma');$$

(^{1}) Au lieu du terme $-\dfrac{r'^2}{2}\sin^2\dfrac{\gamma}{2}[\cos 2\Lambda - \cos(2v - 2\Lambda)]$, on trouve les deux termes

$$-\frac{1}{4} r'^2 \sin^2\gamma[\cos 2\Lambda - \cos(2v - 2\Lambda)] + \frac{1}{2} r'^2 \sin^4\frac{\gamma}{2}[1 - \cos(2v - 4\Lambda)].$$

La correction a été faite dans la *Mécanique céleste.*   (*Note de l'Éditeur.*)

on aura par conséquent

$$
\begin{aligned}
\frac{d\psi}{dt} =\ & \frac{3m^2}{4n}\,\frac{2A - B - C}{A}\,(1 + \lambda)\cos\theta \\[2mm]
& - \frac{3m}{8n}\,\frac{2A - B - C}{A}\cos\theta\,\frac{1}{dt}\left(d\sin 2v + \frac{\lambda m}{m'}\,d\sin 2v'\right) \\[2mm]
& + \frac{3m^2}{4n}\,\frac{2A - B - C}{A}\,(1 + \lambda)\,\frac{\cos^2\theta - \sin^2\theta}{\sin\theta}\,\Sigma c\cos(ft + \epsilon) \\[2mm]
& + \frac{3\lambda m^2}{4n}\,\frac{2A - \dot{B} - C}{A}\,\frac{\cos^2\theta - \sin^2\theta}{\sin\theta}\,c'\cos(f't + \epsilon').
\end{aligned}
$$

Pour intégrer cette équation, nous observerons que la valeur de θ n'est pas constante et que ses variations séculaires deviennent, par l'intégration, sensibles dans le premier terme de cette expression $\frac{d\psi}{dt}$; or la seule partie de la valeur de θ, trouvée dans l'article précédent, qui puisse acquérir une valeur un peu grande par la suite des siècles est celle-ci

$$
- \frac{3m^2}{4n}\cos\theta\,\frac{2A - B - C}{A}\,(1 + \lambda)\sum\frac{c}{f}\cos(ft + \epsilon);
$$

c'est donc la seule à laquelle il soit nécessaire d'avoir égard : ainsi, en faisant, pour abréger,

$$
\frac{3m^2}{4n}\cos h\,\frac{2A - B - C}{A}\,(1 + \lambda) = l,
$$

le premier terme de l'expression de $\frac{d\psi}{dt}$ deviendra, en négligeant les quantités de l'ordre c^2,

$$
l + l'\tan g\,h\sum\frac{c}{f}\cos(ft + \epsilon).
$$

Il est inutile d'avoir égard à la variabilité de θ dans les autres termes de cette expression, qui donne, après l'avoir intégrée,

$$\psi = lt + \zeta + \sum \left[\left(\frac{l}{f} - 1 \right) \tang h + \cot h \right] \frac{lc}{f} \sin(ft + \delta)$$
$$- \frac{l}{2m(1+\lambda)} \sin 2v - \frac{l\lambda}{2m'(1+\lambda)} \sin 2v'$$
$$+ \frac{l\lambda}{(1+\lambda)f'} \frac{\cos^2 h - \sin^2 h}{\sin h \cos h} c' \sin(f't + \delta'),$$

ζ étant une constante arbitraire.

L'expression de θ de l'article précédent peut être mise sous cette forme

$$\theta = h - \sum \frac{lc}{f} \cos(ft + \delta) + \frac{l\lambda}{(1+\lambda)f'} c' \cos(f't + \delta')$$
$$+ \frac{l \tang h}{2m(1+\lambda)} \left(\cos 2u + \frac{m}{m'} \lambda \cos 2u' \right).$$

En réunissant ces valeurs de ψ et de θ avec celle-ci $p = n$, on aura tout ce qui est nécessaire pour déterminer, à chaque instant, les mouvements de la Terre autour de son centre de gravité.

IX.

Les valeurs de ψ et de θ sont relatives à un plan fixe; pour avoir ces valeurs par rapport à l'écliptique vraie, considérons le triangle sphérique formé par l'écliptique fixe, par l'écliptique vraie et par l'équateur. Il est aisé de voir que la différence des deux arcs interceptés entre l'équateur et le nœud ascendant de l'orbe solaire, dans ce triangle, est à très peu près égale au produit de $\cot\theta$ par l'inclinaison de l'orbe solaire à l'écliptique fixe et par le sinus de la longitude de son nœud; cette différence est donc égale à

$$\cot\theta \, \Sigma c \sin(ft + \delta);$$

or, si l'on nomme ψ' la distance de l'intersection de l'écliptique vraie et de l'équateur à la droite invariable prise sur le plan fixe, et d'où l'on compte l'angle ψ, on aura à très peu près $\psi - \psi'$ pour cette même différence; on aura donc

$$\psi - \psi' = \cot\theta\, \Sigma c \sin(ft + \epsilon),$$

d'où l'on tire

$$\psi' = lt + \zeta + \sum \left(1 + \frac{l}{f}\tan^2 h\right)\left(\frac{l}{f} - 1\right)\cot h\, c \sin(ft + \epsilon)$$
$$+ \frac{l\lambda}{(1 + \lambda)f'}\,\frac{\cos^2 h - \sin^2 h}{\sin h \cos h}\,c'\sin(f't + \epsilon')$$
$$- \frac{l}{2m(1 + \lambda)}\sin 2v - \frac{l\lambda}{2m'(1 + \lambda)}\sin 2v'.$$

Si l'on nomme ensuite θ' l'inclinaison de l'écliptique vraie sur l'équateur, on trouvera facilement, en considérant le triangle sphérique précédent et en observant que $\theta' - \theta$ est fort petit,

$$\theta' - \theta = \Sigma c \cos(ft + \epsilon);$$

on aura par conséquent

$$\theta' = h + \sum \left(1 - \frac{l}{f}\right)c\cos(ft + \epsilon)$$
$$+ \frac{l\lambda}{(1 + \lambda)f'}\,c'\cos(f't + \epsilon')$$
$$+ \frac{l\tan h}{2m(1 + \lambda)}\left(\cos 2v + \frac{m}{m'}\lambda\cos 2v'\right).$$

La partie $\sum \dfrac{f - l}{f}c\cos(ft + \epsilon)$ de cette expression exprime la variation séculaire de l'obliquité de l'écliptique vraie sur l'équateur. Si la Terre était sphérique, il n'y aurait point de précession en vertu de l'action du Soleil et de la Lune; on aurait ainsi $l = 0$, et la variation séculaire de l'obliquité de l'écliptique vraie serait $\Sigma c\cos(ft + \epsilon)$. On voit donc que l'action du Soleil et de la Lune sur le sphéroïde terrestre change considérablement les lois de cette variation, qui deviendrait même presque nulle, si le mouvement de précession dû à cette action était très rapide relativement au mouvement de l'orbe solaire; car ce dernier mouvement dépend des angles $(f - l)t$, dont les coefficients $f - l$ seraient très petits par rapport à l et à f; en sorte que la fonction $\sum \frac{f-l}{f} c \cos(ft+\mathcal{E})$ deviendrait presque insensible. Dans les suppositions les plus vraisemblables sur les masses des planètes, l'étendue entière de la variation de l'obliquité de l'écliptique est réduite, par l'action du Soleil et de la Lune sur le sphéroïde terrestre, à peu près au quart de la valeur qu'elle aurait sans cette action; mais cette différence ne se manifeste qu'après deux ou trois siècles. Pour le faire voir, développons la fonction $\sum \frac{f-l}{f} c \cos(ft+\mathcal{E})$ par rapport aux puissances du temps; on aura, en ne considérant que sa première puissance,

$$\sum \frac{f-l}{f} c \cos\mathcal{E} - t \sum (f-l) c \sin\mathcal{E}.$$

Si la Terre était exactement sphérique, les coefficients $f-l$ resteraient les mêmes; la variation séculaire de l'obliquité de l'écliptique serait donc encore la même dans les temps voisins de l'instant pris pour époque.

La fonction

$$\sum \left(1 + \frac{l}{f} \tan^2 h \right)(l-f) \cot h \, c \cos(ft+\mathcal{E})$$

de l'expression de $\frac{d\psi'}{dt}$ donne la diminution séculaire de l'année moyenne, en réduisant cette fonction en temps, à raison de $360°$ pour une année. La diminution qui aurait lieu par le seul mouvement de l'écliptique, ou sans l'action du Soleil et de la Lune sur le sphéroïde terrestre, serait $\Sigma(l-f) \cot h \, c \cos(ft+\mathcal{E})$. Cette action change donc encore l'étendue de cette variation dans la longueur de l'année, et elle la réduit à peu près au quart de la valeur qu'elle aurait sans cette action.

C'est ici le lieu de discuter les variations du jour, que les astronomes nomment *jour moyen*. Le moyen mouvement de la Terre dans son orbite est uniforme; si l'on conçoit sur cette orbite un second Soleil dont le mouvement et l'époque soient les mêmes que le moyen mouvement et l'époque du moyen mouvement du vrai Soleil; si l'on

conçoit, de plus, dans le plan de l'équateur, un troisième Soleil mû
de manière qu'il coïncide avec le second Soleil toutes les fois que
celui-ci passe par l'équinoxe moyen du printemps, et que sa distance
à cet équinoxe soit toujours égale à la longitude moyenne du Soleil:
l'intervalle de deux retours consécutifs de ce troisième Soleil au méridien sera ce que l'on appelle *jour moyen*. Si le mouvement de l'équinoxe sur l'écliptique vraie était uniforme, et si l'inclinaison de cette
écliptique sur l'équateur était constante, le troisième Soleil se mou-
vrait toujours uniformément sur l'équateur; mais les variations séculaires du mouvement des équinoxes et de l'obliquité de l'écliptique
introduisent, dans le mouvement de ce troisième Soleil, de petites
inégalités séculaires que nous allons déterminer.

La vitesse de rotation de la Terre peut être supposée constante et
égale à n; de plus, son axe instantané de rotation ne s'écarte jamais
du premier axe principal que d'une quantité insensible. Soient donc
k la vitesse du troisième Soleil que nous imaginons mû dans le plan
de l'équateur, et v sa distance à l'équinoxe du printemps rapporté à
l'écliptique fixe; $n - k$ sera la vitesse du second axe principal relativement à ce Soleil, et l'on aura

$$d\varphi - dv = (n - k)\,dt.$$

Mais on a, par l'article II,

$$d\varphi = n\,dt + d\psi\cos\vartheta;$$

on aura donc

$$dv = k\,dt + d\psi\cos\vartheta.$$

Soit v' la distance du troisième Soleil à l'équinoxe réel, c'est-à-dire
à l'intersection de l'équateur avec l'écliptique vraie; il est aisé de
voir, par ce qui précède, que $v - v'$ est égal à $\dfrac{\Sigma c\sin(ft + \delta)}{\sin\vartheta}$, ce qui
donne

$$dv' = dv - dt\,\frac{\Sigma cf\cos(ft + \delta)}{\sin\vartheta},$$

partant

$$dv' = k\,dt + d\psi\cos\vartheta - dt\,\frac{\Sigma cf\cos(ft + \delta)}{\sin\vartheta}.$$

Soient gt le mouvement sidéral du second Soleil sur l'écliptique vraie; $g + \dfrac{d\psi'}{dt}$ sera sa vitesse angulaire relativement à l'équinoxe réel; mais on a

$$\frac{d\psi'}{dt} = \frac{d\psi}{dt} - \cot\vartheta \, \Sigma \, cf \cos(ft + \delta);$$

cette vitesse est donc égale à

$$g + \frac{d\psi}{dt} - \cot\vartheta \, \Sigma \, cf \cos(ft + \delta).$$

Elle doit être égale à $\dfrac{dv'}{dt}$; on pourra donc, au moyen de cette égalité, déterminer k, et l'on aura

$$k = g + (1 - \cos\vartheta)\frac{d\psi}{dt} + \frac{1 - \cos\vartheta}{\sin\vartheta} \, \Sigma \, cf \cos(ft + \delta).$$

En substituant pour $d\psi$ et ϑ leurs valeurs précédentes, on aura

$$k = g + l(1 - \cos h) - \sin h \sum \frac{l'c}{f} \cos(ft + \delta)$$

$$+ (1 - \cos h) \sum \left\{ \left[\left(\frac{l'}{f} - l\right) \tang h + l \cot h \right] c \cos(ft + \delta) \right\}$$

$$+ \frac{1 - \cos h}{\sin h} \sum cf \cos(ft + \delta).$$

La partie constante de k est $g + l(1 - \cos h)$; ainsi, dans la rigueur, le jour moyen est formé par un quatrième Soleil mû constamment dans l'équateur avec la vitesse $g + l(1 - \cos h)$; mais ce Soleil ne passerait pas par l'équinoxe réel en même temps que le second Soleil. En intégrant les termes variables de l'expression de k, on aura, pour l'équation des jours moyens,

$$- \sin h \sum \frac{l'c}{f^2} \sin(ft + \delta)$$

$$+ (1 - \cos h) \sum \left[\left(\frac{l'}{f^2} - \frac{l}{f}\right) \tang h + \frac{l}{f} \cot h \right] c \sin(ft + \delta)$$

$$- \frac{1 - \cos h}{\sin h} \sum c \cos(ft + \delta).$$

Cette équation, réduite en temps à raison de 360° pour un jour, ne s'élevant qu'à un petit nombre de minutes dans une période de plusieurs milliers de siècles, sa considération est entièrement inutile aux astronomes.

X.

La constance dans la durée des jours moyens dépend de l'uniformité du mouvement de rotation de la Terre autour de son premier axe principal, et de ce que l'axe instantané de rotation ne s'écarte jamais de ce premier axe que d'une quantité insensible. Le sinus de l'angle formé par ces deux axes est égal à $\dfrac{\sqrt{q^2 + r^2}}{\sqrt{p^2 + q^2 + r^2}}$; or il est visible, par ce qui précède, que q et r sont insensibles, et qu'ils n'ont d'influence sensible sur les valeurs de θ et de ψ que par les intégrations; on peut donc toujours confondre l'axe instantané de rotation avec le premier axe principal, et les pôles de rotation de la Terre répondent toujours, à très peu près, aux mêmes points de sa surface.

Il est aisé de voir que, p étant égal à $\dfrac{d\varphi}{dt} - \dfrac{d\psi}{dt}\cos\theta$, il exprime le mouvement de rotation de la Terre autour de son premier axe principal; il importe donc de s'assurer que les variations de la valeur de p sont insensibles. Pour cela, nous observerons que, si $B = C$, ce qui a lieu lorsque la Terre est un sphéroïde de révolution, la première des équations (F) de l'article IV donne $dp = 0$, et par conséquent p égal à une constante n; mais ces équations n'étant qu'approchées, relativement à l'action de l'astre L, nous allons faire voir que l'équation $p = n$ a encore lieu en ayant égard à tous les termes dus à cette action. La première des équations (D) de l'article II donne

$$dp = \frac{dN}{A};$$

on a, de plus, par l'article IV,

$$\frac{dN}{dt} = S\,dm\left(z\frac{\partial V}{\partial y} - y\frac{\partial V}{\partial z}\right).$$

Supposons

$$V' = \int \frac{L\, dm}{\sqrt{(x'-x)^2 + (y'-y)^2 + (z'-z)^2}};$$

nous aurons

$$\frac{dN}{dt} = z\frac{\partial V'}{\partial y} - y\frac{\partial V'}{\partial z}.$$

Si la Terre est un solide de révolution, V' est le même lorsque x et $\sqrt{y^2 + z^2}$ sont les mêmes; il est donc fonction de ces deux quantités, d'où il suit que $\frac{dN}{dt} = 0$, et par conséquent $p = n$. Voilà donc un cas fort étendu, dans lequel le mouvement de rotation de la Terre autour de son premier axe principal est rigoureusement uniforme.

Considérons maintenant le cas général dans lequel les trois moments d'inertie A, B, C sont inégaux entre eux. La force vive de la Terre est égale à $Ap^2 + Bq^2 + Cr^2$; on a donc, par le principe de conservation des forces vives,

$$Ap^2 + Bq^2 + Cr^2 = \text{const.} + 2S\int\left(\frac{\partial V}{\partial x'}dx' + \frac{\partial V}{\partial y'}dy' + \frac{dz'}{\partial V}dz'\right)dm,$$

la caractéristique intégrale S étant relative à toutes les molécules de la Terre, et la caractéristique intégrale $\int$ se rapportant au temps t. Soit δV la variation de V, en ne faisant varier que les quantités relatives au mouvement de la Terre autour de son centre de gravité; on aura

$$Ap^2 + Bq^2 + Cr^2 = \text{const.} + 2S\int \delta V\, dm;$$

on a, à très peu près,

$$\begin{aligned}
\delta V\, dm &= \frac{L}{r'} + \frac{Lx^2}{2r'^5}S(2x'^2 - y'^2 - z'^2)\,dm\\
&\quad + \frac{Ly^2}{2r'^5}S(2y'^2 - x'^2 - z'^2)\,dm\\
&\quad + \frac{Lz^2}{2r'^5}S(2z'^2 - x'^2 - y'^2)\,dm\\
&= \frac{L}{r'} + (B + C - 2A)\frac{Lx^2}{2r'^5}\\
&\quad + (C + A - 2B)\frac{Ly^2}{2r'^5}\\
&\quad + (B + A - 2C)\frac{Lz^2}{2r'^5}.
\end{aligned}$$

Si l'on substitue pour x, y, z leurs valeurs données dans l'article V, on aura l'expression de $S\,\delta V\,dm$, en ne faisant varier par rapport à δ que les quantités φ, ψ et θ. On peut ici négliger dans $SV\,dm$ les termes dépendants de l'angle φ, parce qu'ils sont encore insensibles après les intégrations; on peut négliger pareillement les termes dépendants du moyen mouvement de l'astre L, car, soit $k\sin(ml + \varepsilon + \psi)$ un de ces termes, il produira dans $S\,\delta V\,dm$ le terme $k\,\delta\psi\cos(ml + \varepsilon + \psi)$, et $\frac{\delta\psi}{\delta t}$ étant beaucoup moindre que m, ce terme sera insensible dans les intégrations. Il suffit donc de conserver dans $SV\,dm$ les termes qui ne sont assujettis qu'à des variations séculaires; on aura ainsi

$$SV\,dm = \frac{L}{8r'^3}(2A - B - C)[2 - 3\sin^2\theta - 6\sin\theta\cos\theta\,\Sigma c\cos(ft + \varepsilon)].$$

Pour avoir $S\,\delta V\,dm$, il faut différentier cette expression par rapport à θ et à ψ; or on a, par l'article VIII, en ne considérant que les variations séculaires de θ,

$$\delta\theta = \Sigma lc\,\delta t\sin(ft + \varepsilon).$$

On a, de plus,

$$\Sigma c\cos(ft + \varepsilon) = \Sigma c\cos[(f - l)t + lt + \varepsilon].$$

En différentiant cette fonction par rapport à ψ ou lt, on aura

$$- l\,\delta t\,\Sigma c\sin(ft + \varepsilon)$$

pour sa différence. Ces valeurs étant substituées dans $S\,\delta V$, on aura, en négligeant le carré de c,

$$S\,\delta V\,dm = 0,$$

et, par conséquent,

$$Ap^2 + Bq^2 + Cr^2 = \text{const.}$$

Ainsi, $Bq^2 + Cr^2$ étant toujours insensible, p est toujours, à très peu près, constant. On parviendrait au même résultat en considérant les équations (G) de l'article V : il suffirait de multiplier la première par $A\,dp$, la seconde par $B\,dq$ et la troisième par $C\,dr$. En les ajoutant ensuite, et substituant dans le second membre de leur somme, au

lieu de p, q, r, leurs valeurs données dans l'article II, on arriverait
à l'équation

$$A\,p\,dp + B\,q\,dq + C\,r\,dr = 0,$$

et l'on verrait, de plus, que l'on a séparément

$$B\,q\,dq + C\,r\,dr = 0,$$

en ne considérant que les inégalités séculaires.

Le mouvement de rotation de la Terre autour de son axe instantané
de rotation étant égal à

$$\sqrt{p^2 + q^2 + r^2}$$

ou à

$$\frac{\sqrt{A\,p^2 + B\,q^2 + C\,r^2 + (A - B)\,q^2 + (A - C)\,r^2}}{\sqrt{A}},$$

on voit que ce mouvement est uniforme et que les variations séculaires de θ et de ψ n'y produisent aucun changement sensible.

La rotation de la Terre peut donc être supposée uniforme, soit
autour de son premier axe principal, soit autour de son axe instantané de rotation; et, de plus, ces deux axes ne font jamais entre eux
qu'un angle insensible.

XI.

L'analyse précédente suppose la Terre entièrement solide; mais
elle est recouverte en grande partie d'un fluide dont les oscillations
peuvent influer sur les mouvements de l'axe terrestre; il importe
donc d'examiner cette influence et de voir si les résultats que nous
venons de trouver n'en sont point altérés. Pour cela, il faut déterminer ce que l'action de l'océan sur le sphéroïde qu'il recouvre
ajoute aux valeurs de N, N', N″ de l'article II.

On a, par cet article,

$$\frac{dN}{dt} = S(R\,y' - Q\,z')\,dm,$$

$$\frac{dN'}{dt} = S(P\,z' - R\,x')\,dm,$$

$$\frac{dN''}{dt} = S(Q\,x' - P\,y')\,dm.$$

Voyons quelles sont les quantités que l'action de l'océan produit dans ces expressions. Ce fluide agit sur le sphéroïde terrestre par sa pression et par son attraction : considérons séparément ces deux effets.

Dans l'état d'équilibre, la pression et l'attraction de l'océan ne produisent aucun mouvement dans l'axe de rotation de la Terre; il ne faut donc avoir égard qu'à l'action de la couche d'eau qui, par les attractions du Soleil et de la Lune, se dispose sur la surface d'équilibre qui terminerait l'océan sans ces attractions. Représentons par αy l'épaisseur de cette couche, et prenons pour unité de densité celle de la mer et pour unité de distance le rayon moyen du sphéroïde terrestre. Nous aurons ainsi à considérer l'action d'une couche aqueuse dont le rayon intérieur est 1 et dont le rayon extérieur est $1 + \alpha y$. Si l'on nomme g la pesanteur, la pression d'une colonne de cette couche sur le sphéroïde qu'elle recouvre sera le produit de $\alpha g y$ par la base de cette colonne.

Soit r le rayon mené du centre de gravité de la Terre au point de la surface du sphéroïde que cette colonne presse; soient μ le cosinus de l'angle que le rayon r forme avec l'axe de rotation, et ϖ l'angle que le plan mené par cet axe et par r forme avec l'axe des y'; soit enfin $\lambda' = 0$ l'équation de la surface du sphéroïde que recouvre la mer, λ' étant une fonction des coordonnées x', y', z' qui déterminent la position d'un point de cette surface, on a

$$x' = r\mu,$$
$$y' = r\sqrt{1 - \mu^2}\cos\varpi,$$
$$z' = r\sqrt{1 - \mu^2}\sin\varpi.$$

La base de la petite colonne que nous venons de considérer peut être supposée égale à $r^2\,d\mu\,d\varpi$. Cette pression est perpendiculaire à la surface du sphéroïde; en la décomposant en trois forces parallèles aux axes des x', des y' et des z', et supposées tendre à augmenter ces coordonnées, on aura pour ces forces

$$-\frac{\alpha g y\, r^2\,d\mu\,d\varpi}{f}\frac{\partial\lambda'}{\partial x'},\quad -\frac{\alpha g y\, r^2\,d\mu\,d\varpi}{f}\frac{\partial\lambda'}{\partial y'},\quad -\frac{\alpha g y\, r^2\,d\mu\,d\varpi}{f}\frac{\partial\lambda'}{\partial z'},$$

f étant égal à $\sqrt{\left(\frac{\partial \lambda'}{\partial x'}\right)^2 + \left(\frac{\partial \lambda'}{\partial y'}\right)^2 + \left(\frac{\partial \lambda'}{\partial z'}\right)^2}$. L'équation à la surface du sphéroïde est de cette forme

$$x'^2 + y'^2 + z'^2 = 1 + 2q,$$

q étant une fonction très petite de x', y', z', dont nous négligeons le carré; on a donc

$$\lambda' = x'^2 + y'^2 + z'^2 - 1 - 2q,$$

ce qui change les expressions des trois forces précédentes dans celles-ci :

$$-\frac{2\alpha g\, y\, r^2\, d\mu\, d\varpi}{f}\left(x' - \frac{\partial q}{\partial x'}\right),$$

$$-\frac{2\alpha g\, y\, r^2\, d\mu\, d\varpi}{f}\left(y' - \frac{\partial q}{\partial y'}\right),$$

$$-\frac{2\alpha g\, y\, r^2\, d\mu\, d\varpi}{f}\left(z' - \frac{\partial q}{\partial z'}\right).$$

On aura ainsi, en n'ayant égard qu'à ces forces,

$$\frac{dN}{dt} = S\frac{2\alpha g\, y\, r^2\, d\mu\, d\varpi}{f}\left(y'\frac{\partial q}{\partial z'} - z'\frac{\partial q}{\partial y'}\right),$$

$$\frac{dN'}{dt} = S\frac{2\alpha g\, y\, r^2\, d\mu\, d\varpi}{f}\left(z'\frac{\partial q}{\partial x'} - x'\frac{\partial q}{\partial z'}\right),$$

$$\frac{dN''}{dt} = S\frac{2\alpha g\, y\, r^2\, d\mu\, d\varpi}{f}\left(x'\frac{\partial q}{\partial y'} - y'\frac{\partial q}{\partial x'}\right).$$

Rapportons les différences partielles $\frac{\partial q}{\partial x'}$, $\frac{\partial q}{\partial y'}$, $\frac{\partial q}{\partial z'}$ aux variables r, μ et ϖ. Pour cela, nous observerons que l'on a

$$\frac{\partial q}{\partial x'}dx' + \frac{\partial q}{\partial y'}dy' + \frac{\partial q}{\partial z'}dz' = \frac{\partial q}{\partial r}dr + \frac{\partial q}{\partial \mu}d\mu + \frac{\partial q}{\partial \varpi}d\varpi.$$

Or on a

$$r = \sqrt{x'^2 + y'^2 + z'^2}, \qquad \mu = \frac{x'}{r}, \qquad \tang\varpi = \frac{z'}{y'},$$

d'où l'on tire

$$dr = \frac{x'\,dx' + y'\,dy' + z'\,dz'}{r},$$

$$d\mu = \frac{(y'^2 + z'^2)\,dx' - x'y'\,dy' - x'z'\,dz'}{r'^3},$$

$$d\varpi = \frac{y'\,dz' - z'\,dy'}{y'^2 + z'^2}.$$

En substituant ces valeurs dans l'équation différentielle précédente en q et comparant séparément les coefficients de dx', dy' et dz', on aura

$$\frac{\partial q}{\partial x'} = \mu\frac{\partial q}{\partial r} + \frac{1 - \mu^2}{r}\frac{\partial q}{\partial \mu},$$

$$\frac{\partial q}{\partial y'} = \sqrt{1 - \mu^2}\cos\varpi\,\frac{\partial q}{\partial r} - \frac{\sin\varpi}{r\sqrt{1 - \mu^2}}\frac{\partial q}{\partial \varpi} - \frac{\mu\sqrt{1 - \mu^2}\cos\varpi}{r}\frac{\partial q}{\partial \mu},$$

$$\frac{\partial q}{\partial z'} = \sqrt{1 - \mu^2}\sin\varpi\,\frac{\partial q}{\partial r} + \frac{\cos\varpi}{r\sqrt{1 - \mu^2}}\frac{\partial q}{\partial \varpi} - \frac{\mu\sqrt{1 - \mu^2}\sin\varpi}{r}\frac{\partial q}{\partial \mu}.$$

On aura ainsi, en observant que, dans les valeurs précédentes de dN, dN', dN'', on peut supposer $r = 1$ et $f = 2$, en négligeant le carré de q,

$$\frac{dN}{dt} = S\,x\,g\,y\,d\mu\,d\varpi\,\frac{\partial q}{\partial \varpi},$$

$$\frac{dN'}{dt} = S\,x\,g\,y\,d\mu\,d\varpi\left(\sqrt{1 - \mu^2}\sin\varpi\,\frac{\partial q}{\partial \mu} - \frac{\mu\cos\varpi}{\sqrt{1 - \mu^2}}\frac{\partial q}{\partial \varpi}\right),$$

$$\frac{dN''}{dt} = S\,x\,g\,y\,d\mu\,d\varpi\left(-\frac{\mu\sin\varpi}{\sqrt{1 - \mu^2}}\frac{\partial q}{\partial \varpi} - \sqrt{1 - \mu^2}\cos\varpi\,\frac{\partial q}{\partial \mu}\right).$$

Déterminons présentement les valeurs de $\frac{dN}{dt}$, $\frac{dN'}{dt}$, $\frac{dN''}{dt}$ relatives à l'attraction de la couche aqueuse sur le sphéroïde terrestre. Il est clair que, si ce sphéroïde et l'océan qui le recouvre formaient une masse solide, il n'y aurait aucun mouvement dans cette masse, en vertu de l'attraction de toutes ses parties. L'effet de l'attraction de la couche aqueuse sur la mer est donc balancé par celui de l'attraction du sphéroïde terrestre et de la mer sur cette couche; d'où il suit que l'effet de l'attraction de la couche aqueuse est égal à la somme des effets de l'attraction de la Terre entière sur la couche et de l'attraction de la couche sur l'océan, et que cet effet peut être exprimé par cette somme prise avec un signe contraire.

La résultante de l'action de la Terre entière sur la petite colonne $x\,y\,d\mu\,d\varpi$ de la couche aqueuse et de la force centrifuge est perpendiculaire à la surface d'équilibre de la mer. On aura donc l'action de la Terre entière sur cette colonne en la concevant animée de cette résultante et de la force centrifuge prise avec un signe contraire. La première de ces deux forces est la pesanteur g qui doit être multipliée par la masse $x\,y\,d\mu\,d\varpi$ de la molécule. En supposant donc que l'équation de la surface de l'équilibre de la mer soit

$$x'^2 + y'^2 + z'^2 = 1 + 2q',$$

on aura, par ce qui précède, pour les parties de $\dfrac{dN}{dt}$, $\dfrac{dN'}{dt}$ et $\dfrac{dN''}{dt}$ relatives à cette force,

$$S\,\alpha\,g\,y\,d\mu\,d\varpi\,\frac{\partial q'}{\partial \varpi},$$

$$S\,\alpha\,g\,y\,d\mu\,d\varpi\left(\sqrt{1-\mu^2}\,\sin\varpi\,\frac{\partial q'}{\partial \mu} - \frac{\mu\cos\varpi}{\sqrt{1-\mu^2}}\,\frac{\partial q'}{\partial \varpi}\right),$$

$$S\,\alpha\,g\,y\,d\mu\,d\varpi\left(- \frac{\mu\sin\varpi}{\sqrt{1-\mu^2}}\,\frac{\partial q'}{\partial \varpi} - \sqrt{1-\mu^2}\,\cos\varpi\,\frac{\partial q'}{\partial \mu}\right).$$

Il faut, comme on vient de le dire, prendre ces quantités avec un signe contraire; en les réunissant ainsi aux valeurs précédentes de $\dfrac{dN}{dt}$, $\dfrac{dN'}{dt}$ et $\dfrac{dN''}{dt}$, et observant que $q' - q$ exprime la profondeur de la mer, profondeur que nous supposons très petite et que nous représenterons par γ, on aura

$$\frac{dN}{dt} = -\,S\,\alpha\,g\,y\,d\mu\,d\varpi\,\frac{\partial \gamma}{\partial \varpi},$$

$$\frac{dN'}{dt} = -\,S\,\alpha\,g\,y\,d\mu\,d\varpi\left(\sqrt{1-\mu^2}\,\sin\varpi\,\frac{\partial \gamma}{\partial \mu} - \frac{\mu\cos\varpi}{\sqrt{1-\mu^2}}\,\frac{\partial \gamma}{\partial \varpi}\right),$$

$$\frac{dN''}{dt} = \quad S\,\alpha\,g\,y\,d\mu\,d\varpi\left(\sqrt{1-\mu^2}\,\cos\varpi\,\frac{\partial \gamma}{\partial \mu} + \frac{\mu\sin\varpi}{\sqrt{1-\mu^2}}\,\frac{\partial \gamma}{\partial \varpi}\right).$$

Il faut maintenant considérer l'effet de la force centrifuge prise avec un signe contraire et le retrancher de ces valeurs de $\dfrac{dN}{dt}$, $\dfrac{dN'}{dt}$, $\dfrac{dN''}{dt}$, ce qui revient à ajouter à ces valeurs l'effet de la force centrifuge. Si l'on désigne par n la vitesse de rotation de la Terre, la force centrifuge de la petite colonne $\alpha y \, d\mu \, d\varpi$ sera $n^2 \sqrt{1 - \mu^2}$; en la multipliant par la masse de la colonne, on aura

$$\alpha n^2 y \, d\mu \, d\varpi \sqrt{1 - \mu^2}$$

pour la force entière. Cette force est dirigée suivant le rayon du parallèle : en la décomposant en deux, l'une parallèle aux y' et l'autre parallèle aux z', on aura

$$\alpha n^2 y \, d\mu \, d\varpi \sqrt{1 - \mu^2} \cos\varpi$$

pour la première, et

$$\alpha n^2 y \, d\mu \, d\varpi \sqrt{1 - \mu^2} \sin\varpi$$

pour la seconde. On aura donc, pour les parties de $\dfrac{dN}{dt}$, $\dfrac{dN'}{dt}$ et $\dfrac{dN''}{dt}$ relatives à la force centrifuge,

$$\frac{dN}{dt} = 0,$$

$$\frac{dN'}{dt} = - \mathrm{S}\, \alpha n^2 y \, d\mu \, d\varpi \, \mu \sqrt{1 - \mu^2} \sin\varpi,$$

$$\frac{dN''}{dt} = \mathrm{S}\, \alpha n^2 y \, d\mu \, d\varpi \, \mu \sqrt{1 - \mu^2} \cos\varpi.$$

Il nous reste à déterminer l'effet de l'action de la couche aqueuse sur l'océan. Pour cela, représentons par $\alpha\mathrm{U}$ la somme des molécules de cette couche, divisées par leurs distances respectives à une molécule de l'océan, déterminée, soit par les quantités r, μ et ϖ, soit par les coordonnées x', y', z'; $\alpha \dfrac{\partial\mathrm{U}}{\partial x'}$, $\alpha \dfrac{\partial\mathrm{U}}{\partial y'}$ et $\alpha \dfrac{\partial\mathrm{U}}{\partial z'}$ seront les actions de la couche sur cette molécule, ces actions tendant à augmenter les coordonnées x', y', z'. La masse de la molécule est $r^2 \, dr \, d\mu \, d\varpi$. Les parties de $\dfrac{dN}{dt}$, $\dfrac{dN'}{dt}$, $\dfrac{dN''}{dt}$, relatives à l'action de la couche aqueuse, seront donc

$$S \alpha r^2\, dr\, d\mu\, d\varpi \left(y' \frac{\partial U}{\partial z'} - z' \frac{\partial U}{\partial y'} \right),$$

$$S \alpha r^2\, dr\, d\mu\, d\varpi \left(z' \frac{\partial U}{\partial x'} - x' \frac{\partial U}{\partial z'} \right),$$

$$S \alpha r^2\, dr\, d\mu\, d\varpi \left(x' \frac{\partial U}{\partial y'} - y' \frac{\partial U}{\partial x'} \right).$$

Pour intégrer ces fonctions relativement à r, nous observerons que, la profondeur de la mer étant supposée très petite, on peut supposer ici

$$S r^2\, dr = \gamma.$$

Si, de plus, on change les différences partielles $\frac{\partial U}{\partial x'}$, $\frac{\partial U}{\partial y'}$ et $\frac{\partial U}{\partial z'}$ en d'autres, relatives aux variables r, ϖ et μ, les fonctions précédentes deviendront, en les prenant avec un signe contraire,

$$- S \alpha \gamma\, d\mu\, d\varpi\, \frac{\partial U}{\partial \varpi},$$

$$- S \alpha \gamma\, d\mu\, d\varpi \left(\sqrt{1 - \mu^2} \sin\varpi\, \frac{\partial U}{\partial \mu} - \frac{\mu \cos\varpi}{\sqrt{1 - \mu^2}} \frac{\partial U}{\partial \varpi} \right)$$

$$S \alpha \gamma\, d\mu\, d\varpi \left(\sqrt{1 - \mu^2} \cos\varpi\, \frac{\partial U}{\partial \mu} + \frac{\mu \sin\varpi}{\sqrt{1 - \mu^2}} \frac{\partial U}{\partial \varpi} \right).$$

Si l'on réunit ces valeurs aux expressions partielles de $\frac{dN}{dt}$, $\frac{dN'}{dt}$, $\frac{dN''}{dt}$, trouvées ci-dessus, on aura, pour les expressions entières de ces quantités relatives à l'attraction et à la pression de l'océan,

$$\frac{dN}{dt} = - S \alpha g y\, d\mu\, d\varpi\, \frac{\partial \gamma}{\partial \varpi} - S \alpha \gamma\, d\mu\, d\varpi\, \frac{\partial U}{\partial \varpi},$$

$$\frac{dN'}{dt} = - S \alpha g y\, d\mu\, d\varpi \left(\sqrt{1 - \mu^2} \sin\varpi\, \frac{\partial \gamma}{\partial \mu} - \frac{\mu \cos\varpi}{\sqrt{1 - \mu^2}} \frac{\partial \gamma}{\partial \varpi} \right)$$

$$- S \alpha \gamma\, d\mu\, d\varpi \left(\sqrt{1 - \mu^2} \sin\varpi\, \frac{\partial U}{\partial \mu} - \frac{\mu \cos\varpi}{\sqrt{1 - \mu^2}} \frac{\partial U}{\partial \varpi} \right)$$

$$- S \alpha n^2 y\, d\mu\, d\varpi\, \mu \sqrt{1 - \mu^2} \sin\varpi,$$

$$\frac{dN''}{dt} = S \alpha g y\, d\mu\, d\varpi \left(\sqrt{1 - \mu^2} \cos\varpi\, \frac{\partial \gamma}{\partial \mu} + \frac{\mu \sin\varpi}{\sqrt{1 - \mu^2}} \frac{\partial \gamma}{\partial \varpi} \right)$$

$$+ S \alpha \gamma\, d\mu\, d\varpi \left(\sqrt{1 - \mu^2} \cos\varpi\, \frac{\partial U}{\partial \mu} + \frac{\mu \sin\varpi}{\sqrt{1 - \mu^2}} \frac{\partial U}{\partial \varpi} \right)$$

$$+ S \alpha n^2 y\, d\mu\, d\varpi\, \mu \sqrt{1 - \mu^2} \cos\varpi.$$

Les intégrales précédentes doivent être prises depuis $\mu = -1$ jusqu'à $\mu = 1$, et depuis $\varpi = 0$ jusqu'à $\varpi = 2\pi$. En intégrant par rapport à ϖ, on a

$$S \alpha g y \, d\varpi \frac{\partial \gamma}{\partial \varpi} = \alpha g y \gamma - S \alpha g \gamma \, d\varpi \frac{\partial y}{\partial \varpi} + \text{const.}$$

Il est clair que, aux deux limites de l'intégrale $\varpi = 0$ et $\varpi = 2\pi$, la fonction $\alpha g y \gamma$ est la même, puisque ces limites sont au même point de la surface du sphéroïde ; on a donc

$$\alpha g y \gamma + \text{const.} = 0$$

et, par conséquent,

$$S \alpha g y \, d\mu \, d\varpi \frac{\partial \gamma}{\partial \varpi} = - S \alpha g \gamma \, d\mu \, d\varpi \frac{\partial y}{\partial \varpi}.$$

En intégrant par rapport à μ, on a

$$S \alpha g y \, d\mu \frac{\partial \gamma}{\partial \mu} \sqrt{1 - \mu^2} \sin\varpi = \alpha g y \gamma \sqrt{1 - \mu^2} \sin\varpi + S \alpha g y \gamma \frac{\mu \, d\mu \sin\varpi}{\sqrt{1 - \mu^2}}$$
$$- S \alpha g \gamma \, d\mu \frac{\partial y}{\partial \mu} \sqrt{1 - \mu^2} \sin\varpi + \text{const.}$$

L'intégrale doit être prise depuis $\mu = -1$ jusqu'à $\mu = 1$; or y et γ ne sont jamais infinis : ainsi, le radical $\sqrt{1 - \mu^2}$ étant nul à ces limites, on a, à ces mêmes limites,

$$\alpha g y \gamma \sqrt{1 - \mu^2} \sin\varpi + \text{const.} = 0$$

et, par conséquent,

$$S \alpha g y \, d\mu \, d\varpi \sqrt{1 - \mu^2} \sin\varpi \frac{\partial \gamma}{\partial \mu}$$
$$= S \alpha g y \gamma \frac{\mu \, d\mu \, d\varpi \sin\varpi}{\sqrt{1 - \mu^2}} - S \alpha g \gamma \, d\mu \, d\varpi \frac{\partial y}{\partial \mu} \sqrt{1 - \mu^2} \sin\varpi.$$

On trouve encore, en intégrant par rapport à ϖ,

$$S \alpha g y \, d\mu \, d\varpi \frac{\mu \cos\varpi}{\sqrt{1 - \mu^2}} \frac{\partial \gamma}{\partial \varpi}$$
$$= - S \alpha g \gamma \frac{d\mu \, d\varpi \, \mu \cos\varpi}{\sqrt{1 - \mu^2}} \frac{\partial y}{\partial \varpi} + S \alpha g y \gamma \, d\mu \, d\varpi \frac{\mu \sin\varpi}{\sqrt{1 - \mu^2}};$$

on aura donc

$$S \alpha g y \, d\mu \, d\varpi \left(\sqrt{1 - \mu^2} \sin \varpi \frac{\partial \gamma}{\partial \mu} - \frac{\mu \cos \varpi}{\sqrt{1 - \mu^2}} \frac{\partial \gamma}{\partial \varpi} \right)$$

$$= - S \alpha g \gamma \, d\mu \, d\varpi \left(\sqrt{1 - \mu^2} \sin \varpi \frac{\partial y}{\partial \mu} - \frac{\mu \cos \varpi}{\sqrt{1 - \mu^2}} \frac{\partial y}{\partial \varpi} \right).$$

On trouvera pareillement

$$S \alpha g y \, d\mu \, d\varpi \left(\sqrt{1 - \mu^2} \cos \varpi \frac{\partial \gamma}{\partial \mu} + \frac{\mu \sin \varpi}{\sqrt{1 - \mu^2}} \frac{\partial \gamma}{\partial \varpi} \right)$$

$$= - S \alpha g \gamma \, d\mu \, d\varpi \left(\sqrt{1 - \mu^2} \cos \varpi \frac{\partial y}{\partial \mu} + \frac{\mu \sin \varpi}{\sqrt{1 - \mu^2}} \frac{\partial y}{\partial \varpi} \right).$$

Les expressions précédentes de $\frac{dN}{dt}$, $\frac{dN'}{dt}$ et $\frac{dN''}{dt}$ deviendront ainsi

$$(0) \begin{cases} \dfrac{dN}{dt} = S \alpha \gamma \, d\mu \, d\varpi \left(g \dfrac{\partial y}{\partial \varpi} - \dfrac{\partial U}{\partial \varpi} \right), \\[2ex] \dfrac{dN'}{dt} = S \alpha \gamma \, d\mu \, d\varpi \left[\sqrt{1 - \mu^2} \sin \varpi \left(g \dfrac{\partial y}{\partial \mu} - \dfrac{\partial U}{\partial \mu} \right) - \dfrac{\mu \cos \varpi}{\sqrt{1 - \mu^2}} \left(g \dfrac{\partial y}{\partial \varpi} - \dfrac{\partial U}{\partial \varpi} \right) \right] \\[2ex] \qquad - S \alpha n^2 y \, d\mu \, d\varpi \, \mu \sqrt{1 - \mu^2} \sin \varpi, \\[2ex] \dfrac{dN''}{dt} = - S \alpha \gamma \, d\mu \, d\varpi \left[\sqrt{1 - \mu^2} \cos \varpi \left(g \dfrac{\partial y}{\partial \mu} - \dfrac{dU}{d\mu} \right) + \dfrac{\mu \sin \varpi}{\sqrt{1 - \mu^2}} \left(g \dfrac{\partial y}{\partial \varpi} - \dfrac{\partial U}{\partial \varpi} \right) \right] \\[2ex] \qquad + S \alpha n^2 y \, d\mu \, d\varpi \, \mu \sqrt{1 - \mu^2} \cos \varpi. \end{cases}$$

XII.

Déterminons maintenant l'influence de ces quantités sur les mouvements du sphéroïde terrestre autour de son centre de gravité. Pour cela, reprenons les équations (D) de l'article II; si l'on néglige, dans la première, la très petite quantité $\frac{C - B}{A} rp$, on aura

$$dp = \frac{dN}{A}.$$

On voit ainsi que les termes dépendants de très petits angles, que contient dN, peuvent, par l'intégration, en produire de très grands dans la valeur de p; il est donc nécessaire d'avoir égard à ces termes.

Les deux dernières des équations (D) donnent, en négligeant les quantités fort petites $\frac{A-C}{B}rp$ et $\frac{A-B}{C}pq$,

$$dq = \frac{dN'}{B}, \qquad dr = \frac{dN''}{C}.$$

Les équations (c) du même article donnent

$$\frac{d\theta}{dt} = r\sin\varphi - q\cos\varphi,$$

$$\frac{d\psi\sin\theta}{dt} = r\cos\varphi + q\sin\varphi;$$

en faisant donc

$$\frac{d\theta}{dt} = x'', \qquad \frac{d\psi\sin\theta}{dt} = y'',$$

et, observant que $d\varphi$ est à très peu près égal à $n\,dt$, on aura

$$dx'' = dr\sin\varphi - dq\cos\varphi + n\,y''dt,$$
$$dy'' = dr\cos\varphi + dq\sin\varphi - n\,x''dt.$$

Si l'on substitue pour dq et dr leurs valeurs précédentes, dans lesquelles on peut changer B et C en A, on aura

$$dx'' = \frac{dN''}{A}\sin\varphi - \frac{dN'}{A}\cos\varphi + n\,y''dt,$$

$$dy'' = \frac{dN''}{A}\cos\varphi + \frac{dN'}{A}\sin\varphi - n\,x''dt.$$

Soient $H\,dt\cos(it+\varepsilon)$ un terme quelconque de $\frac{dN''}{A}\sin\varphi - \frac{dN'}{A}\cos\varphi$, et $H'dt\sin(it+\varepsilon)$ le terme correspondant de $\frac{dN''}{A}\cos\varphi + \frac{dN'}{A}\sin\varphi$; les termes correspondants de x'' et de y'' seront

$$y'' = \frac{iH' - nH}{n^2 - i^2}\cos(it+\varepsilon),$$

$$x'' = \frac{nH' - iH}{n^2 - i^2}\sin(it+\varepsilon);$$

les termes dépendants de très petits angles, ou, ce qui revient au même, ceux dans lesquels i est fort petit, sont encore peu sensibles dans les valeurs de x'' et de y''; mais l'intégration les rend très sensibles dans les valeurs de θ et de ψ et l'on a vu que la précession et la nutation dépendent de termes semblables; il est donc essentiel d'y avoir égard. Ces termes sont produits par ceux de dN' et de dN'' qui dépendent d'angles très peu différents de nt, car, en les multipliant par $\sin\varphi$ et par $\cos\varphi$, il en résulte des termes dépendants d'angles très petits. Ainsi, dans le développement de dN' et de dN'', on doit faire beaucoup d'attention à ces termes.

Les termes dans lesquels i est très peu différent de n deviennent fort grands dans les valeurs de x'' et de y'', parce que le diviseur $i^2 - n^2$ est alors très petit. Ces termes résultent de ceux de dN' et de dN'', qui renferment de très petits angles; il est donc essentiel d'y avoir égard. Les termes de dN' et de dN'', qui dépendent d'angles très peu différents de $2nt$, en produisent dans x'' et y'', qui dépendent d'angles très peu différents de nt. Soit $L\,dt\sin(2nt + vt + \varepsilon)$ un terme de dN'' dans lequel v est très petit; il en résultera dans $dN''\sin\varphi - dN'\cos\varphi$ le terme $\frac{L}{2}dt\cos(nt + vt - \varepsilon)$, et, dans $dN''\cos\varphi + dN'\sin\varphi$, il en résultera le terme $\frac{L}{2}dt\cos(nt + vt + \varepsilon')$, ce qui ne donne, dans x'' et y'', que des quantités qui, n'ayant point v pour diviseur, sont encore insensibles. On verrait de même qu'un terme de dN' de la forme

$$L\,dt\cos(2nt + vt + \varepsilon)$$

ne produirait, dans x'' et y'', que des quantités insensibles. Il ne faut donc avoir égard, dans les valeurs de dN' et dN'', qu'aux termes dépendants de très petits angles ou d'angles très peu différents de nt.

Pour analyser ces différents termes, il est nécessaire de rappeler les équations différentielles du mouvement de l'océan. Considérons une molécule de sa surface, déterminée dans l'état d'équilibre par les coordonnées μ et ϖ; concevons que, dans l'état de mouvement, elle soit élevée de la quantité αy au-dessus de la surface d'équilibre; que sa latitude soit diminuée de la quantité αu, et que l'angle ϖ soit augmenté de αv. Nommons encore v le complément de la déclinaison de l'astre L; H son ascension droite, et r' sa distance au centre de gravité de la Terre. Soit

$$f = \frac{3\mathrm{L}}{2 r'^3} \left[\cos\theta \cos\nu + \sin\theta \sin\nu \cos(\mathrm{H} - \varphi - \varpi) \right]^2 ;$$

on aura les trois équations suivantes (*Mémoires de l'Académie des Sciences*, année 1776, p. 178) (¹) :

$$(1) \quad \begin{cases} y = \dfrac{\partial\left(\gamma u \sqrt{1 - \mu^2}\right)}{\partial\mu} - \dfrac{\partial(\gamma v)}{\partial\varpi}, \\[2ex] \dfrac{\partial^2 u}{\partial t^2} - 2n \dfrac{\partial v}{\partial t} \mu \sqrt{1 - \mu^2} = \left(g \dfrac{\partial y}{\partial\mu} - \dfrac{\partial \mathrm{U}}{\partial\mu} - \dfrac{\partial f}{\partial\mu} \right) \sqrt{1 - \mu^2}, \\[2ex] \dfrac{\partial^2 v}{\partial t^2} + 2n \dfrac{\partial u}{\partial t} \dfrac{\mu}{\sqrt{1 - \mu^2}} = - \dfrac{\left(g \dfrac{\partial y}{\partial\varpi} - \dfrac{\partial \mathrm{U}}{\partial\varpi} \right)}{1 - \mu^2} + \dfrac{\dfrac{\partial f}{\partial\varpi}}{1 - \mu^2}. \end{cases}$$

Si l'on ne considère que les termes dépendants d'angles croissants avec une extrême lenteur ou indépendants de φ, il est visible que la partie de f relative à ces angles est indépendante de ϖ; les parties de y et de U relatives aux mêmes angles sont donc elles-mêmes indépendantes de ϖ; en sorte que, en ne considérant que ces termes, on aura

$$\frac{\partial f}{\partial\varpi} = 0, \qquad \frac{\partial y}{\partial\varpi} = 0, \qquad \frac{\partial \mathrm{U}}{\partial\varpi} = 0$$

et, par conséquent,

$$\frac{d\mathrm{N}}{dt} = 0,$$

$$\frac{d\mathrm{N}'}{dt} \sin\varphi - \frac{d\mathrm{N}'}{dt} \cos\varphi = - \mathrm{S}\, \alpha\gamma\, d\mu\, d\varpi \sqrt{1 - \mu^2} \sin(\varphi + \varpi) \left(g \frac{\partial y}{\partial\mu} - \frac{\partial \mathrm{U}}{\partial\mu} \right),$$

$$\frac{d\mathrm{N}'}{dt} \cos\varphi + \frac{d\mathrm{N}'}{dt} \sin\varphi = - \mathrm{S}\, \alpha\gamma\, d\mu\, d\varpi \sqrt{1 - \mu^2} \cos(\varphi + \varpi) \left(g \frac{\partial y}{\partial\mu} - \frac{\partial \mathrm{U}}{\partial\mu} \right).$$

[*Voir* sur cela les *Mémoires de l'Académie des Sciences*, année 1775 (²).]

(¹) *OEuvres de Laplace*, T. IX, p. 188.
(²) *OEuvres de Laplace*, T. IX.

Il résulte de ce que j'ai fait voir dans les *Mémoires* cités que, relativement aux termes croissant avec une extrême lenteur, on peut supposer, à très peu près,

$$0 = g\frac{\partial y}{\partial \mu} - \frac{\partial U}{\partial \mu} - \frac{\partial f}{\partial \mu}.$$

Cette équation est d'autant plus exacte que ces termes varient avec plus de lenteur et qu'ils ont, par conséquent, plus d'influence sur les mouvements de l'axe de la Terre. On a donc, relativement à ces termes,

$$\frac{dN''}{dt}\sin\varphi - \frac{dN'}{dt}\cos\varphi = -S\,\alpha\gamma\,d\mu\,d\varpi\sqrt{1-\mu^2}\sin(\varphi+\varpi)\frac{\partial f}{\partial \mu},$$

$$\frac{dN''}{dt}\cos\varphi + \frac{dN'}{dt}\sin\varphi = -S\,\alpha\gamma\,d\mu\,d\varpi\sqrt{1-\mu^2}\cos(\varphi+\varpi)\frac{\partial f}{\partial \mu}.$$

Si nous concevons que la mer forme une masse solide avec la Terre, il est visible, par ce qui précède, que les deux dernières équations subsisteront encore; ainsi, relativement aux termes de l'expression de y, qui croissent avec beaucoup de lenteur, les mouvements de l'axe de la Terre produits par l'action de l'océan sur le sphéroïde qu'il recouvre sont les mêmes que si ce fluide formait une masse solide avec la Terre.

Il nous reste à considérer les parties de $\frac{dN'}{dt}$ et de $\frac{dN''}{dt}$ qui dépendent d'angles très peu différents de nt; on a

$$\frac{dN''}{dt}\sin\varphi - \frac{dN'}{dt}\cos\varphi = \quad S\,\alpha n^2 y\,d\mu\,d\varpi\,\mu\sqrt{1-\mu^2}\sin(\varphi+\varpi)$$

$$- S\,\alpha\gamma\,d\mu\,d\varpi\sqrt{1-\mu^2}\sin(\varphi+\varpi)\left(g\frac{dy}{d\mu} - \frac{dU}{d\mu}\right)$$

$$+ S\,\alpha\gamma\,d\mu\,d\varpi\,\frac{\mu}{\sqrt{1-\mu^2}}\cos(\varphi+\varpi)\left(g\frac{dy}{d\varpi} - \frac{dU}{d\varpi}\right).$$

La première des équations (I) donne

$$S\,\alpha n^2 y\,d\mu\,d\varpi\,\mu\sqrt{1-\mu^2}\sin(\varphi+\varpi)$$

$$= S\,\alpha n^2\,d\mu\,d\varpi\,\mu\sqrt{1-\mu^2}\sin(\varphi+\varpi)\left[\frac{\partial(\gamma u\sqrt{1-\mu^2})}{\partial \mu} - \frac{\partial \gamma v}{\partial \varpi}\right];$$

en intégrant depuis $\mu = -1$ jusqu'à $\mu = 1$, on a

$$S\,\mu\,d\mu\sqrt{1-\mu^2}\,\frac{\partial\left(\gamma u\sqrt{1-\mu^2}\right)}{\partial\mu} = -S\,\gamma u\,d\mu\,(1-2\mu^2);$$

on a pareillement, en intégrant depuis $\varpi = 0$ jusqu'à $\varpi = 2\pi$,

$$S\,d\varpi\sin(\varphi+\varpi)\frac{\partial\gamma v}{\partial\varpi} = -S\,\gamma v\,d\varpi\cos(\varphi+\varpi),$$

partant

$$S\,\alpha n^2 y\,d\mu\,d\varpi\,\mu\sqrt{1-\mu^2}\sin(\varphi+\varpi)$$
$$= -S\,\alpha n^2\gamma u\,d\mu\,d\varpi\,(1-2\mu^2)\sin(\varphi+\varpi)$$
$$+S\,\alpha n^2\gamma v\,d\mu\,d\varpi\,\mu\sqrt{1-\mu^2}\cos(\varphi+\varpi).$$

On peut supposer γu développé dans une suite de termes de la forme

$$M\sin(it+s\varpi+\varepsilon),$$

M étant fonction de μ seul et s étant un nombre entier positif ou négatif, les nombres fractionnaires étant exclus, parce que γu est le même lorsque $\varpi = 0$ et lorsque $\varpi = 2\pi$. Pareillement, γv peut être supposé développé dans une suite correspondante de termes de la forme

$$O\cos(it+s\varpi+\varepsilon),$$

O étant fonction de μ seul. Soient M' et O' les valeurs de M et de O relatives au même arc it et qui correspondent à $s = 1$; on aura, en considérant l'ensemble des termes dépendants de it,

$$S\,\alpha n^2 y\,d\mu\,d\varpi\,\mu\sqrt{1-\mu^2}\sin(\varphi+\varpi)$$
$$= -\alpha n^2\pi S\,d\mu\cos(it+\varepsilon-\varphi)\left[(1-2\mu^2)M'-\mu\sqrt{1-\mu^2}O'\right].$$

Si l'on multiplie la seconde des équations (1) par

$$\alpha\gamma\,d\mu\,d\varpi\sin(\varphi+\varpi),$$

et qu'on l'ajoute à la troisième, multipliée par

$$\alpha\gamma\,d\mu\,d\varpi\,\mu\sqrt{1-\mu^2}\cos(\varphi+\varpi),$$

on aura

$$S\,xy\,d\mu\,d\varpi\left[\frac{\partial^2 u}{\partial t^2}\sin(\varphi+\varpi)+2n\mu^2\frac{\partial u}{\partial t}\cos(\varphi+\varpi)\right.$$
$$\left.+\frac{\partial^2 v}{\partial t^2}\mu\sqrt{1-\mu^2}\cos(\varphi+\varpi)-2n\frac{\partial v}{\partial t}\mu\sqrt{1-\mu^2}\sin(\varphi-\varpi)\right]$$
$$=\quad S\,xy\,d\mu\,d\varpi\sqrt{1-\mu^2}\sin(\varphi+\varpi)\left(g\frac{\partial y}{\partial\mu}-\frac{\partial U}{\partial\mu}-\frac{\partial f}{\partial\mu}\right)$$
$$-\,S\,xy\,d\mu\,d\varpi\frac{\mu}{\sqrt{1-\mu^2}}\cos(\varphi+\varpi)\left(g\frac{\partial y}{\partial\varpi}-\frac{\partial U}{\partial\varpi}-\frac{\partial f}{\partial\varpi}\right).$$

Si l'on substitue pour γu l'ensemble des termes relatifs à l'angle it, et si l'on observe qu'ici nous ne considérons que le cas dans lequel i diffère très peu de n, le premier membre de cette équation deviendra

$$-\,2n^2\pi\,S\,d\mu\cos(it+\varepsilon-\varphi)\left[(1-2\mu^2)M'-\mu\sqrt{1-\mu^2}O'\right];$$

on aura donc, en n'ayant égard qu'aux termes dans lesquels i est à très peu près égal à n,

$$S\,2n^2y\,d\mu\,d\varpi\,\mu\sqrt{1-\mu^2}\sin(\varphi+\varpi)$$
$$=\quad S\,xy\,d\mu\,d\varpi\sqrt{1-\mu^2}\sin(\varphi+\varpi)\left(g\frac{\partial y}{\partial\mu}-\frac{\partial U}{\partial\mu}-\frac{\partial f}{\partial\mu}\right)$$
$$-\,S\,xy\,d\mu\,d\varpi\frac{\mu}{\sqrt{1-\mu^2}}\cos(\varphi+\varpi)\left(g\frac{\partial y}{\partial\varpi}-\frac{\partial U}{\partial\varpi}-\frac{\partial f}{\partial\varpi}\right),$$

d'où l'on tire

$$\frac{dN''}{dt}\sin\varphi-\frac{dN'}{dt}\cos\varphi=\quad S\,xy\,d\mu\,d\varpi\frac{\mu}{\sqrt{1-\mu^2}}\frac{\partial f}{\partial\varpi}\cos(\varphi+\varpi)$$
$$-\,S\,xy\,d\mu\,d\varpi\sqrt{1-\mu^2}\frac{\partial f}{\partial\mu}\sin(\varphi+\varpi).$$

On trouvera de la même manière

$$\frac{dN''}{dt}\cos\varphi+\frac{dN'}{dt}\sin\varphi=-\,S\,xy\,d\mu\,d\varpi\frac{\mu}{\sqrt{1-\mu^2}}\frac{\partial f}{\partial\varpi}\sin(\varphi+\varpi)$$
$$-\,S\,xy\,d\mu\,d\varpi\sqrt{1-\mu^2}\frac{\partial f}{\partial\mu}\cos(\varphi+\varpi).$$

Il est facile de s'assurer, par ce qui précède, que ces valeurs de

$$\frac{dN'}{dt}\sin\varphi - \frac{dN'}{dt}\cos\varphi \quad \text{et de} \quad \frac{dN'}{dt}\cos\varphi + \frac{dN'}{dt}\sin\varphi$$

sont les mêmes que si la mer formait une masse solide avec la Terre, d'où résulte ce théorème remarquable, savoir, que *les phénomènes de la précession des équinoxes et de la nutation de l'axe de la Terre sont exactement les mêmes que si la mer formait une masse solide avec le sphéroïde qu'elle recouvre.*

XIII.

Comparons maintenant la théorie aux observations, et voyons les conséquences qui en résultent sur la constitution du globe terrestre. Si, dans l'expression de θ de l'article VIII, on réduit

$$\sum \frac{cl}{f}\cos(ft + \varepsilon)$$

dans une série ordonnée par rapport aux puissances de t, on aura, en ne conservant que la première puissance,

$$\sum \frac{cl}{f}\cos(ft + \varepsilon) = \sum \frac{cl}{f}\cos\varepsilon - lt\,\Sigma c\sin\varepsilon.$$

Prenons pour plan fixe celui de l'écliptique au commencement de 1750, où nous fixerons l'origine du temps t. Le carré de l'inclinaison de l'écliptique vraie sur ce plan étant

$$[\Sigma c\sin(ft + \varepsilon)]^2 + [\Sigma c\cos(ft + \varepsilon)]^2,$$

on a

$$\Sigma c\sin\varepsilon = 0, \qquad \Sigma c\cos\varepsilon = 0,$$

ce qui donne

$$\sum \frac{lc}{f}\cos(ft + \varepsilon) = \sum \frac{lc}{f}\cos\varepsilon.$$

En retranchant ce terme de la valeur de h, on aura l'inclinaison moyenne de l'équateur à l'écliptique au commencement de 1750;

mais, si l'on veut que h représente cette inclinaison moyenne, il faudra supposer

$$\sum \frac{lc}{f}\cos \delta = 0,$$

et c'est ce que l'on peut toujours faire, car le terme

$$\sum \frac{lc}{f}\cos(ft + \delta)$$

résultant de l'intégrale

$$\int dt\, \Sigma lc \sin(ft + \delta),$$

on peut, en ajoutant à cette intégrale la constante

$$-\sum \frac{lc}{f}\cos \delta,$$

la rendre nulle lorsque $t = 0$, ce qui revient à supposer

$$\sum \frac{lc}{f}\cos \delta = 0.$$

On aura donc ainsi

$$\theta = h + \frac{l\lambda c'}{(1+\lambda)f'}\cos(f't + \delta') + \frac{l\tan g\,h}{2m(1+\lambda)}\left(\cos 2v + \frac{m}{m'}\lambda\cos 2v'\right);$$

la valeur de θ' de l'article IX deviendra

$$\theta' = h - t\,\Sigma cf\sin \delta + \frac{l\lambda c'}{(1+\lambda)f'}\cos(f't + \delta')$$
$$+ \frac{l\tan g\,h}{2m(1+\lambda)}\left(\cos 2v + \frac{m}{m'}\lambda\cos 2v'\right);$$

enfin, les valeurs de ψ et de ψ' des articles VIII et IX deviennent

$$\psi = lt - \frac{l}{2m(1+\lambda)}\left(\sin 2v + \frac{m}{m'}\lambda\sin 2v'\right)$$
$$+ \frac{l\lambda c'}{(1+\lambda)f'}\frac{\cos^2 h - \sin^2 h}{\sin h\cos h}\sin(f't + \delta'),$$

$$\psi' = lt - t\coth h\,\Sigma cf\cos \delta - \frac{l}{2m(1+\lambda)}\left(\sin 2v + \frac{m}{m'}\lambda\sin 2v'\right)$$
$$+ \frac{l\lambda c'}{(1+\lambda)f'}\frac{\cos^2 h - \sin^2 h}{\sin h\cos h}\sin(f't + \delta').$$

Le terme $-t\,\Sigma cf\sin\epsilon$ de l'expression de θ' exprime la diminution séculaire actuelle de l'obliquité de l'écliptique. Les observations laissent encore de l'incertitude sur cet objet; en prenant un milieu entre leurs résultats, on peut fixer cette diminution à $50''$ dans ce siècle : ainsi T représentant une année julienne, nous supposerons

$$T\,\Sigma cf\sin\epsilon = 0'',5.$$

Cette équation donne, par la théorie des planètes,

$$T\,\Sigma cf\cos\epsilon = 0'',080333;$$

on aura donc la précession annuelle des équinoxes égale à

$$lT - 0''.080333\cot h.$$

Delambre a trouvé, par une nouvelle discussion des observations, cette précession égale à $50'',1$; partant

$$lT - 0,080333\cot h = 50'',1.$$

Substituons pour l sa valeur; mais, pour plus d'exactitude, conservons les carrés de l'excentricité et de l'inclinaison des orbes lunaire et solaire; on aura, par l'article VIII,

$$lT = \frac{3m^2}{4n}\,T\cos h\,\frac{2A - B - C}{A}\left[\frac{1}{(1-e^2)^{\frac{3}{2}}} + \frac{\lambda\left(\cos^2\frac{\zeta}{2} - \sin^2\gamma\right)}{(1-e'^2)^{\frac{4}{2}}}\right],$$

e étant l'excentricité de l'orbe solaire, et e' étant l'excentricité de l'orbe lunaire.

Pour réduire en nombres cette valeur de lT, nous observerons que l'on a, par observations,

$$c = 0,016814, \qquad c' = 0,0550368,$$
$$\gamma = 5°8'49'', \qquad h = 23°28'30'';$$

la longueur de l'année sidérale est de $365^j,256384$, et celle du jour sidéral est de $0^j,9972697 22$, ce qui donne

$$\frac{m}{n} = \frac{0,99726972 2}{365,256384}.$$

Enfin on a

$$mT = \frac{360°.365,25}{365,256384},$$

et les observations des marées donnent

$$\lambda = 3;$$

on aura ainsi, en supposant $\lambda = 3(1 + i)$,

$$lT = \frac{2A - B - C}{A}\, 9682',69\,(1 + i.0,74849),$$

ce qui donne

$$\frac{2A - B - C}{A} = \frac{0,00519329}{1 + i.0,74849};$$

on a, à fort peu près, par l'article III,

$$\frac{2A - B - C}{A} = \frac{2\alpha(H - \tfrac{1}{2}?)\,S\rho a^4 da}{S\rho a^4 da}.$$

Il est fort remarquable que la valeur de H^{iv} du même article n'entre
point dans cette équation; d'où il suit que les mouvements de la Terre
autour de son centre de gravité sont les mêmes que si elle était un
ellipsoïde de révolution, dont αH est l'ellipticité; on a $\tfrac{1}{2}\alpha\zeta = \tfrac{1}{314}$; on
aura donc

$$\alpha H = 0,0017301 + \frac{0,0025966 4}{1 + i.0,74849}\,\frac{S\rho a^4 da}{S\rho a^4 da}.$$

Il est très vraisemblable que la densité des couches du sphéroïde
terrestre augmente de la surface au centre, et, dans ce cas, $\dfrac{S\rho a^4 da}{S\rho a^4 da}$ est
plus petit que $\tfrac{3}{5}$; en faisant donc $i = 0$, conformément aux observations des marées, la valeur de αH sera moindre que $0,0032881$, ou
que $\tfrac{1}{304}$. Si la Terre est elliptique, αH exprime son ellipticité; on ne
peut donc pas supposer cette ellipticité plus grande que $\tfrac{1}{304}$.

Dans l'hypothèse de l'homogénéité de la Terre, $\alpha H = \frac{1}{4}\alpha\varphi$, et l'équation précédente donne à peu près $\lambda = \frac{1}{3}$; cette valeur est trop éloignée de satisfaire aux phénomènes des marées pour pouvoir être admise; ainsi l'on doit rejeter l'hypothèse de la Terre homogène.

Les observations du pendule donnent $\alpha H = \frac{1}{320}$ à peu près; elles s'accordent donc, aussi bien qu'on peut le désirer, avec le phénomène de la précession des équinoxes et avec ceux des marées. Les variations observées dans les degrés des méridiens ne semblent pas pouvoir se concilier avec cette valeur de αH, ni même avec l'hypothèse de l'ellipticité de la Terre; mais j'ai remarqué ailleurs que cela dépend de termes peu sensibles dans les expressions de la pesanteur et de la parallaxe, et qui sont entièrement insensibles dans les phénomènes de la précession et de la nutation de l'axe terrestre.

Le terme $\dfrac{l\lambda c'}{(1+\lambda)f'}\cos(f't + \mathcal{C}')$ des expressions de θ et de θ', en y faisant $\lambda = 3$, devient $10'',036\cos(f't + \mathcal{C}')$, $f'\mathrm{T}$ étant égal à $69\,631''$, et $l\mathrm{T}$ étant, par ce qui précède, égal à $50'',285$. Ce terme représente la nutation observée par Bradley, et que ce grand astronome a fixée par ses observations à $9''$. Maskelyne, par une discussion nouvelle de ces mêmes observations, l'a portée à $9''\frac{1}{2}$; et il me paraît nécessaire, d'après les phénomènes des marées, de l'augmenter encore d'une demi-seconde. L'étendue observée de la nutation peut servir à déterminer la valeur de λ : ainsi, dans les deux suppositions de $\lambda = \frac{1}{3}$ et de $\lambda = 3$, dont la différence est très sensible sur les phénomènes des marées, comme je l'ai fait voir dans les *Mémoires de l'Académie des Sciences* pour l'année 1790 (¹), les coefficients de la nutation ne diffèrent pas entre eux d'une demi-seconde, d'où il suit que la valeur de λ est beaucoup mieux déterminée par les phénomènes des marées que par celui de la nutation.

Si la Terre est homogène, on a, par ce qui précède, $\lambda = \frac{1}{3}$, et le coefficient de la nutation se réduit à $8''$ à peu près; il est incontestablement plus grand par les observations : ainsi le phénomène de la

____

(¹) *Voir* plus haut.

nutation concourt avec ceux des marées pour faire rejeter cette hypo-thèse.

Le terme correspondant des valeurs de ψ et de ψ' est

$$\frac{2\,l\lambda.c'}{(1+\lambda)\,f'}\cot 2\,h\sin(f'l+\delta')=18^{s},754\sin(f'l+\delta');$$

c'est l'équation de la précession.

Les expressions de θ et de θ' renferment encore le terme

$$\frac{l\tang h}{2\,m(1+\lambda)}\cos 2\,v,$$

qui est égal à $0'',87\cos 2v$. Le terme correspondant des expressions de ψ et de ψ' est $-2'',00\sin 2v$; vu la précision des observations mo-dernes, il serait utile d'avoir égard à ces termes. On voit, par l'analyse précédente, que ces termes et ceux dus à la nutation et à l'équation de la précession sont les seuls dont on doive tenir compte, tous les autres étant insensibles.

La longueur de ce Mémoire m'oblige d'en renvoyer la suite au Volume suivant ([1]).

[1] La continuation de ce Mémoire ne se trouve dans aucun des Volumes suivants.

MÉMOIRE

SUR LES

ÉQUATIONS SÉCULAIRES DES MOUVEMENTS DE LA LUNE,

DE SON APOGÉE ET DE SES NŒUDS.

MÉMOIRE

SUR LES

ÉQUATIONS SÉCULAIRES DES MOUVEMENTS DE LA LUNE,
DE SON APOGÉE ET DE SES NŒUDS (¹).

Mémoires de l'Académie des Sciences, Ire Série, T. II; fructidor an VII (²).

J'ai annoncé à la première classe de l'Institut national, et j'ai publié depuis dans la *Connaissance des Temps* pour l'an VIII de l'ère française les résultats auxquels je suis parvenu sur les équations séculaires des mouvements de la Lune, par rapport aux étoiles, à ses nœuds et à son apogée, réservant pour nos Mémoires l'analyse qui m'a conduit à ces résultats. Je présente ici cette analyse; mais je vais la faire précéder de quelques réflexions sur la théorie lunaire.

Les géomètres ont imaginé diverses méthodes pour déterminer le mouvement de la Lune par la loi de la pesanteur universelle, et l'on sait que leurs calculs, combinés avec les observations, ont produit des Tables qui laissent très peu de chose à désirer du côté de la précision. Celles de Mayer, corrigées depuis par Mason, et comparées à 1137 observations de Bradley, s'en écartent rarement d'une demi-minute; ce qui prouve que les inégalités périodiques de ces Tables sont bien déterminées, et qu'il n'en est aucune un peu sensible que l'on ait omise. Mais on voit avec peine que, si la théorie de la pesanteur a fait connaître la loi de ces inégalités, elle n'a pas suffi seule à

(¹) Lu le 21 nivôse an VI.
(²) *Mémoires de l'Institut national des Sciences et Arts*, T. II.

fixer leur valeur. A la vérité, cette détermination dépend d'approximations extrêmement compliquées, dans lesquelles on n'est jamais sûr que les quantités négligées sont très petites; et c'est là, sans doute, ce qui a porté Mayer à recourir, pour cet objet, aux observations. Mais il me semble que les géomètres pourraient obvier à cet inconvénient en discutant avec une attention scrupuleuse l'influence des intégrations successives sur les quantités que l'on néglige et en s'attachant à suivre la même méthode dans leurs recherches, ce qui rendrait les calculs déjà faits utiles à ceux qui, cherchant à perfectionner la théorie de la Lune, ajouteraient ainsi leurs travaux aux travaux de leurs prédécesseurs.

De toutes les méthodes proposées jusqu'à ce jour, celle de d'Alembert me paraît être la plus simple, et je suis persuadé que, en la présentant avec la clarté dont elle est susceptible, elle doit conduire aux résultats les plus exacts. Les approximations sont d'autant plus commodes et précises, que l'on développe moins de fonctions en séries, et que les séries sont ordonnées par rapport aux puissances de quantités très petites.

D'après ce principe, il est avantageux d'exprimer, comme dans la méthode dont je viens de parler, les coordonnées du mouvement lunaire en séries de sinus et de cosinus d'angles dépendants du mouvement vrai de la Lune. Si l'on veut avoir ensuite le mouvement vrai en temps moyen, on pourra y parvenir par une approximation très rapide, dans laquelle il sera facile de s'assurer de la petitesse des quantités négligées. Mais on trouverait peut-être quelque avantage à former des Tables de l'expression du temps en mouvement vrai de la Lune, puisque c'est le temps que l'on conclut de sa longitude vraie, dans l'usage des observations lunaires, pour déterminer les longitudes terrestres. J'envisagerai donc sous ce point de vue la théorie de la Lune dans les recherches suivantes, dont voici le résultat.

Les variations séculaires de l'excentricité de l'orbe terrestre en produisent de correspondantes dans le moyen mouvement de la Lune, qui s'accélère quand cette excentricité diminue, et qui se ralentit quand

elle augmente. J'ai déjà donné dans les *Mémoires de l'Académie des
Sciences* de l'année 1786 (¹) la formule de ces variations, à laquelle
j'ai été conduit en appliquant aux satellites de Jupiter ma théorie de
Jupiter et de Saturne. Plusieurs géomètres l'ont ensuite tirée de leurs
méthodes; ce qui est aisé, lorsque les vérités sont une fois connues,
et ce qui, dans le cas présent, était d'autant plus facile, que l'on peut
y parvenir sans le secours de l'Analyse, ainsi que je l'ai fait voir dans
mon *Exposition du système du monde :* en sorte que l'on aurait lieu
d'être étonné que la cause de l'équation séculaire de la Lune ait
échappé si longtemps aux efforts des géomètres, si l'on ne savait
pas que les idées les plus simples sont presque toujours celles qui
s'offrent les dernières à l'esprit humain.

J'ai observé dans les Mémoires cités que les mouvements des nœuds
et de l'apogée de l'orbite lunaire sont pareillement assujettis à des
inégalités séculaires. Dans la détermination de leur valeur, je n'ai eu
égard qu'à la première puissance de la force perturbatrice, ce qui est
d'une grande précision relativement à l'équation séculaire de ce mouvement; mais on sait que cette puissance ne donne que la moitié du
mouvement de l'apogée de la Lune : l'autre moitié est principalement
due aux termes dépendants de la seconde puissance de la force perturbatrice, et résulte de la combinaison des deux grandes inégalités,
la *variation* et l'*évection*. Cette remarque, l'une des plus importantes
que l'on ait faites sur le système du monde, et dont on est redevable
à Clairaut, nous prouve la nécessité d'avoir égard au carré de la force
perturbatrice dans le calcul de l'équation séculaire du mouvement de
l'apogée.

Pour cela, il est nécessaire d'analyser avec soin tous les termes
dépendants des variations séculaires de l'excentricité de l'orbe terrestre qui entrent dans l'expression du mouvement de l'apogée
lunaire, et dont les intégrations augmentent considérablement la
valeur. Cette épineuse analyse conduit à une équation séculaire
soustractive de la longitude moyenne de l'apogée, et qui est à l'équa-

(¹) *OEuvres de Laplace,* T. XI.

tion séculaire moyenne du mouvement de la Lune, à fort peu près,
dans le rapport de 33 à 10; en sorte que le mouvement de l'apogée se
ralentit lorsque celui de la Lune s'accélère. Dans les Mémoires cités
de l'Académie, les termes dépendants de la première puissance de la
force perturbatrice m'ont donné l'équation séculaire du mouvement
de l'apogée égale aux trois quarts de celle du moyen mouvement; les
termes dépendants du carré de la force perturbatrice, qui doublent
le mouvement de l'apogée dû à la première puissance de cette force,
augmentent donc dans une raison plus grande encore l'équation séculaire de ce mouvement.

L'équation séculaire de l'anomalie étant la somme de l'équation
séculaire du moyen mouvement et de celle du mouvement de l'apogée,
elle est égale à $\frac{43}{10}$ de l'équation séculaire du moyen mouvement, et,
par sa grandeur, elle doit influer très sensiblement sur les observations anciennes.

J'ai considéré de la même manière l'équation séculaire du mouvement des nœuds de la Lune sur l'écliptique vraie. J'ai fait voir dans
les Mémoires cités que, en n'ayant égard qu'à la première puissance
de la force perturbatrice, le mouvement des nœuds de la Lune est
assujettie à une équation séculaire additive à leur longitude moyenne
et égale aux trois quarts de l'équation séculaire du moyen mouvement
lunaire. Le mouvement des nœuds est dû principalement aux termes
dépendants de la première puissance de la force perturbatrice; ces
termes donnent un mouvement qui surpasse un peu le mouvement
observé; mais l'inégalité principale de la latitude, en se combinant
avec celle de la variation, produit dans l'expression du mouvement
des nœuds un terme dépendant du carré de la force perturbatrice, et
qui, en le diminuant, le fait coïncider, à fort peu près, avec l'observation. En ayant égard au carré de cette force, je trouve que l'équation séculaire des nœuds est $\frac{7}{10}$ de celle du moyen mouvement et additive à leur longitude moyenne; en sorte que le mouvement des nœuds
se ralentit, comme celui de l'apogée, lorsque le moyen mouvement de
la Lune s'accélère, et les équations séculaires de ces trois mouvements
sont dans le rapport constant des trois nombres 7, 33 et 10.

Les variations séculaires de l'excentricité de l'orbe lunaire, de son inclinaison à l'écliptique vraie et de sa parallaxe sont insensibles.

Les siècles à venir développeront les grandes inégalités dont je viens de parler, et qui produiront, un jour, des variations au moins égales au quarantième de la circonférence, dans le mouvement séculaire de la Lune, et au douzième de la circonférence, dans le mouvement séculaire de son apogée. Ces inégalités ne vont pas toujours croissant; elles sont périodiques, comme celles de l'excentricité de l'orbe terrestre dont elles dépendent; mais elles ne se rétablissent qu'après des millions d'années : elles doivent, à la longue, altérer les périodes imaginées pour embrasser à la fois des nombres entiers de révolutions de la Lune, par rapport à ses nœuds, à son apogée et au Soleil; périodes qui diffèrent sensiblement dans les diverses parties de l'immense période de l'équation séculaire. La période luni-solaire de 600 ans, dont l'origine est inconnue, a été rigoureuse à une époque à laquelle on peut remonter par l'analyse, et qui serait celle de sa formation, si l'on était certain qu'elle fût exactement déterminée.

Déjà les observations ont fait reconnaître l'équation séculaire du moyen mouvement de la Lune telle, à fort peu près, que je l'ai conclue de la loi de la pesanteur universelle, et qu'elle a été employée dans les nouvelles Tables de la Lune, insérées dans la troisième édition de l'*Astronomie* de Lalande; mais on n'a point encore eu égard à l'équation séculaire de son anomalie. Pour constater son influence sur les observations anciennes, j'ai prié le citoyen Bouvard de comparer à ces Tables toutes les éclipses que Ptolémée nous a transmises et celles que les Arabes ont observées, dont un grand nombre vient d'être connu par les soins du citoyen Caussin, qui les a extraites, avec beaucoup d'autres observations, d'un manuscrit arabe très intéressant d'Ibjunis. Ce travail du citoyen Bouvard, important pour la théorie de la Lune, ne laisse aucun doute sur l'existence de l'équation séculaire de l'anomalie. Son introduction nécessite un changement dans le mouvement de l'anomalie de la Lune : car il est visible que les astronomes n'ayant point eu égard au ralentissement de l'apogée, ils ont dû trouver, par la comparaison des observations modernes aux anciennes, son mouvement séculaire trop grand de quelques minutes, de même qu'ils trouvaient le moyen mouvement de la Lune trop petit, lorsqu'ils ne tenaient point compte de son équation séculaire. En déterminant ces mouvements par l'ensemble des vingt-sept anciennes éclipses connues depuis longtemps, on trouve qu'il faut augmenter de 4″,7 par siècle le moyen mouvement synodique actuel de la Lune et de 8′49″ le moyen mouvement séculaire de son anomalie. On peut voir dans la *Connaissance des Temps* citée que, avec ces changements et l'équation séculaire de l'anomalie, les Tables satisfont à ces éclipses aussi bien qu'on peut l'attendre de l'imperfection de ces observations.

Les mouvements séculaires de la Lune par rapport au Soleil, à ses nœuds et à son apogée devenant de jour en jour plus rapides, leur accélération doit se manifester dans les Tables astronomiques à mesure qu'elles sont moins anciennes, et elle peut ainsi répandre des lumières sur le temps de la formation des Tables dont l'origine est inconnue. Considérons sous ce point de vue les Tables de la Lune insérées dans l'*Almageste* de Ptolémée. Les époques et les moyens mouvements de ces Tables sont le résultat d'immenses calculs faits par cet astronome et par Hipparque sur les éclipses de Lune. Malheureusement, le travail d'Hipparque ne nous est point parvenu; nous savons seulement, par le témoignage de Ptolémée, qu'Hipparque avait mis le plus grand soin à choisir les éclipses les plus propres à déterminer les éléments qu'il cherchait à connaître. Ptolémée, deux siècles et demi après, ne trouva rien à changer, par de nouvelles observations, au moyen mouvement de la Lune établi par Hipparque; il ne corrigea que très peu les mouvements des nœuds et de l'apogée : il y a donc tout lieu de croire que les éléments des mouvements lunaires des Tables de Ptolémée ont été déterminés par un très grand nombre d'éclipses, dont cet astronome n'a rapporté que celles qui lui paraissaient les plus conformes aux résultats moyens qu'Hipparque et lui avaient obtenus.

Les éclipses ne font bien connaître que le moyen mouvement syno-

dique de la Lune et ses distances à ses nœuds et à son apogée : on ne
peut donc compter que sur ces éléments dans les résultats de Ptolémée : or cet astronome fixe à 70°37′ l'élongation moyenne de la
Lune au Soleil, au commencement de l'ère de Nabonassar, à midi,
temps moyen à Alexandrie; cette époque répond au 25 février de
l'année 746 avant l'ère chrétienne, à 22ʰ8ᵐ39ˢ, temps moyen à Paris,
supposé plus occidental qu'Alexandrie de 1ʰ51ᵐ21ˢ. Les Tables du
Soleil et de la Lune, insérées dans la troisième édition de l'*Astronomie*
de Lalande, donnent 68°59′27″ pour l'élongation moyenne de la Lune
au Soleil à cette époque, sans avoir égard à l'équation séculaire de la
Lune, et en partant du moyen mouvement lunaire actuel que Delambre
a déterminé par un grand nombre d'observations de Dagelet, comparées à celle de Lahire. La différence 1°37′33″ entre ce résultat et
celui de Ptolémée indique évidemment l'équation séculaire de la
Lune. Celle que j'ai tirée de la loi de la pesanteur universelle devient
1°40′20″ à la première époque des Tables de Ptolémée, ce qui donne
70°39′47″ pour l'élongation correspondante de la Lune, suivant les
Tables actuelles, en ayant égard à son équation séculaire, résultat qui
ne surpasse que de 2′47″ celui de Ptolémée. Si l'on augmente de 4″,7
par siècle le mouvement synodique actuel, cette élongation devient
70°37′54″, plus grande seulement de 54″ que celle de Ptolémée. On
ne devait pas espérer un si parfait accord, vu l'incertitude qui reste
sur les masses de Vénus et de Mars, dont l'influence sur la grandeur
de l'équation séculaire de la Lune est sensible : le développement de
cette équation est une des données les plus avantageuses que l'on
puisse employer à la détermination de ces masses, et l'accord que
je viens de trouver confirme les valeurs que je leur ai assignées.

L'accélération du mouvement de la Lune se manifeste encore dans
les moyens mouvements des Tables de Ptolémée; elles donnent
234°19′55″ pour l'excès du moyen mouvement synodique de la
Lune sur un nombre entier de circonférences, dans l'intervalle de
810 années égyptiennes. Le moyen mouvement synodique de nos
Tables actuelles, augmenté par ce qui précède de 4″,7 par siècle,

donne 235°3′15″ pour cet excès, plus grand que le précédent de
43′20″. Ainsi l'équation séculaire de la Lune est prouvée à la fois
par son élongation au Soleil à la première époque des Tables de
Ptolémée et par le moyen mouvement synodique de ces Tables.

Considérons présentement le mouvement de l'apogée. Ptolémée fixe
l'anomalie moyenne de la Lune à 268°49′ pour la même époque. Cette
anomalie, suivant les Tables actuelles, était de 265°15′1″, plus petite
que la précédente de 3°33′59″; cette différence augmente encore et
devient 7°9′59″, en vertu de la correction que nous faisons au mouvement séculaire de l'anomalie; l'équation séculaire de ce mouvement est donc indiquée par cette différence. On a vu que cette
équation est $\frac{12}{10}$ de celle du moyen mouvement et, par conséquent,
de 7°11′26″ à la première époque des Tables de Ptolémée, ce qui
ne diffère que de 1′27 du résultat donné par l'anomalie moyenne de
ces Tables à la même époque.

L'accélération du mouvement de l'anomalie se manifeste encore
dans le mouvement de l'anomalie moyenne des Tables de Ptolémée;
elles donnent 222°10′57″ pour l'excès de ce mouvement, sur un
nombre entier de circonférences, dans l'intervalle de 810 années
égyptiennes. Les Tables actuelles donnent, en ayant égard aux corrections proposées ci-dessus, 224°59′33″ pour cet excès, plus grand
que le précédent de 2°48′36″. Ainsi l'équation séculaire de l'anomalie est prouvée à la fois par l'anomalie moyenne des Tables de
Ptolémée à leur première époque et par le mouvement qu'elles supposent à cette anomalie. Je remarquerai ici que ce mouvement,
quoique plus faible d'environ 20′ par siècle que celui qui résulte
de la comparaison des observations modernes, est cependant plus
considérable qu'au temps de Ptolémée. C'est la raison pour laquelle,
malgré son accélération, les Arabes, et Tycho lui-même, ont, à très
peu près, adopté dans leurs Tables ce mouvement de l'anomalie, que
les observations modernes ont forcé d'abandonner.

Albatenius, l'un des plus célèbres astronomes arabes, et très exact
observateur, corrigea les éléments des Tables lunaires de Ptolémée; il

trouva que le moyen mouvement synodique de ces Tables satisfaisait aux éclipses observées de son temps, c'est-à-dire environ 1620 années égyptiennes après leur première époque, ou vers l'an 873 de l'ère chrétienne; ces Tables donnent 323°2′12″ pour l'élongation moyenne de la Lune au Soleil après cet intervalle. Les Tables actuelles donnent 322°50′14″ pour cette même élongation, en augmentant de 4″,7 leur mouvement séculaire synodique : l'équation séculaire de la Lune est de 12′1″ pour l'année 873; en l'ajoutant à l'élongation précédente, on a 323°2′15″ pour cette élongation corrigée par ce qui précède et par l'équation séculaire, ce qui ne diffère que de 3″ du résultat des Tables de Ptolémée, et, par conséquent, des éclipses observées du temps d'Albatenius. Cet accord remarquable est une nouvelle confirmation de la valeur que j'ai assignée à l'équation séculaire de la Lune; ainsi cette équation est confirmée par les Tables de Ptolémée et par les observations d'Albatenius.

Les résultats de ces deux astronomes étant fondés sur la comparaison d'un très grand nombre d'éclipses dont ils n'ont rapporté qu'une très petite partie, on doit y avoir au moins autant de confiance qu'aux éclipses mêmes qu'ils nous ont conservées, et avec lesquelles ces résultats sont parfaitement d'accord : on peut donc en faire usage pour déterminer la correction séculaire du mouvement du nœud donné par nos Tables; car il est clair que les astronomes, n'ayant point eu égard à son équation séculaire ou à son ralentissement, ils ont dû trouver, par la comparaison des observations anciennes aux modernes, un mouvement séculaire trop rapide.

Ptolémée ne considère point séparément le mouvement des nœuds; il réduit directement en Tables la distance de la Lune au terme de sa plus grande latitude boréale, c'est-à-dire à la position de son nœud ascendant, augmenté de 90°, suivant l'ordre des signes : il fixe cette distance à 354°15′ au commencement de l'ère de Nabonassar. Suivant nos Tables, cette distance devait être de 352°45′19″, sans avoir égard aux équations séculaires; mais l'équation séculaire du nœud étant $\frac{1}{10}$ de celle du moyen mouvement, l'équation séculaire de la distance de la Lune au terme de sa plus grande latitude est $\frac{2}{10}$ de celle du moyen mouvement, et par conséquent elle était de 30′6″ à la première époque des Tables de Ptolémée. En l'ajoutant à 352°45′19″, on a 353°15′25″ pour la distance de la Lune au terme de sa plus grande latitude boréale suivant nos Tables, et en ayant égard aux équations séculaires, cette distance est plus petite de 59′35″, que suivant Ptolémée, ce qui indique que le mouvement séculaire du nœud de nos Tables est trop grand d'environ 2′20″.

Albatenius trouva, par les éclipses observées de son temps, qu'il fallait diminuer de 27′ la distance de la Lune au terme de sa plus grande latitude boréale conclue par les Tables de Ptolémée. 1620 années égyptiennes après l'époque de ces Tables, elles donnent 116°40′47″ pour cette distance, qui, par les observations d'Albatenius, n'était que de 116°13′47″. A cette dernière époque, cette distance était de 115°43′14″ suivant nos Tables, et en ayant égard aux équations séculaires de la Lune et de ses nœuds. La différence 30′33″ divisée par 8,67, nombre des siècles écoulés entre cette époque et 1750, donne 3′30″ pour la correction du mouvement séculaire du nœud de nos Tables, correction plus grande de 1′10″ que celle qui vient d'être déterminée par les Tables de Ptolémée. La moyenne entre ces deux corrections est 2′55″ : c'est la quantité dont il me parait qu'il faut diminuer le mouvement séculaire du nœud de nos Tables lunaires.

Un siècle après Albatenius, Ibjunis, non moins exact observateur, a rapporté dans le manuscrit dont j'ai déjà parlé un grand nombre d'éclipses observées par les Arabes et par lui-même, et que le citoyen Bouvard a comparées à nos Tables. En les réunissant aux vingt-sept éclipses anciennes qu'il avait précédemment calculées, il en a conclu que la correction du mouvement de l'élongation de la Lune au Soleil, donné par nos Tables, est insensible, et que la correction du mouvement séculaire de l'anomalie est de 8′5″.

Les Tables d'Ibjunis, qui sont à la Bibliothèque nationale, donnent pour l'an 390 de l'hégire, ou, ce qui revient au même, pour le 30 novembre de l'an 1000, que l'on peut considérer comme l'époque de leur formation, l'élongation moyenne de la Lune au Soleil, à midi, temps moyen au Caire, égale à 15°55′16″, et l'anomalie moyenne de la Lune égale à 339°51′21″. Les mêmes quantités, suivant nos Tables, et en ayant égard aux équations séculaires du moyen mouvement et de l'anomalie, sont 15°56′28″ et 340°40′,25″. La différence entre nos Tables et celles d'Ibjunis est donc 1′12″ à l'égard de l'élongation moyenne, ce qui est très peu considérable; elle est de 49′4″ à l'égard de l'anomalie moyenne. En la divisant par 7, nombre des siècles écoulés entre 1000 et 1700, on a 7′ pour la correction du mouvement séculaire de l'anomalie de nos Tables. Enfin les éclipses observées par Tycho et ses Tables donnent une plus forte correction.

Pour assurer encore plus l'existence des équations séculaires de la Lune, j'ai prié le citoyen Bouvard de comparer à nos Tables un grand nombre d'observations de la Lune de la fin du dernier siècle et de celui-ci : je ne rapporterai ici que ce qui concerne l'équation séculaire de l'anomalie, la plus considérable des trois, et à laquelle on n'avait point encore eu égard. La méthode la plus exacte et la plus simple de corriger l'anomalie consiste à comparer aux Tables un grand nombre de lieux de la Lune, observés avec soin dans l'intervalle d'un petit nombre d'années, et dans lesquels la Lune n'était qu'à 30° ou 40° de distance de son apogée ou de son périgée; on détermine l'erreur moyenne des Tables, soit dans les observations apogées, soit dans les observations périgées, et l'on retranche la seconde de la première de ces erreurs. On fait varier l'anomalie des Tables d'un même nombre de minutes dans chaque observation, et l'on détermine, dans cette supposition, la différence des erreurs des Tables dans les observations apogées et périgées; une simple proportion fait connaître ensuite la vraie correction de l'anomalie des Tables, correction qui se rapporte à l'époque moyenne entre celles de toutes les observations; il est facile d'en conclure la correction de la longitude moyenne de la Lune, correspondante à la même époque. La différence des corrections de l'anomalie des Tables, à deux époques éloignées, donne la correction du mouvement de l'anomalie dans cet intervalle, en ayant égard à la dif-

férence correspondante des équations séculaires; on a, par conséquent, la correction du mouvement séculaire de cette anomalie. C'est
ainsi que le citoyen Bouvard a comparé aux Tables un grand nombre
d'observations du dernier siècle et de celui-ci, en ayant soin de considérer à la fois autant d'observations apogées que d'observations périgées. Voici les résultats qu'il a trouvés.

Cent soixante-huit observations de Bradley, faites en 1750, 1751,
1752, 1753, 1754, 1755, 1756, et dont l'époque moyenne répond au
17 décembre 1752, ont donné — 4″,6 pour la correction de la longitude moyenne, et — 17″,9 pour la correction de l'anomalie moyenne
des Tables.

Quarante-huit observations de Maskelyne, faites en 1784 et 1785, et
dont l'époque moyenne répond au 6 mai 1784, ont donné — 18″,3
pour la correction de la longitude, et + 2′19″,6 pour la correction de
l'anomalie moyenne.

Soixante observations de Maskelyne, faites pendant les années II et
III de l'ère française, et dont l'époque moyenne répond au 28 vendé-
miaire de l'an III, ont donné — 18″,8 pour la correction de la longitude et + 3′20″,9 pour la correction de l'anomalie.

On voit évidemment par ces résultats que le moyen mouvement de
l'anomalie doit être augmenté. Les observations de Bradley, comparées à celles de Maskelyne, des années II et III de l'ère française, donnent environ 7′ pour cette correction. Mais, comme l'influence des
équations, ou négligées dans les Tables, ou susceptibles encore de
corrections, est d'autant plus grande que les époques des observations
que l'on compare sont plus rapprochées, le citoyen Bouvard a bien
voulu, à ma prière, discuter un grand nombre d'observations de Flamsteed. Il en a choisi soixante-quatre faites au quart de cercle mural,
dont il a déterminé la déviation à toutes les hauteurs. Dans chaque
observation, la Lune a été comparée, soit en ascension droite, soit en
déclinaison, à plusieurs étoiles dont la position a été bien déterminée
pour 1750 par Bradley, Mayer et Lacaille. Pour avoir la position de
ces étoiles à l'époque des observations de Flamsteed, le citoyen Bou-

vard a pris un milieu entre les déterminations de Bradley, Mayer et Lacaille, pour 1750, et entre celles de Maskelyne, Delambre et Zach, pour 1790; ensuite, au moyen du mouvement de ces étoiles dans l'intervalle de ces quarante ans, il les a rapportées, par une formule exacte et fort simple, à l'époque des observations de Flamsteed. Vu la précision des observations modernes et l'accord des divers astronomes que je viens de citer, entre eux, ce moyen paraît préférable à celui d'employer le Catalogue de Flamsteed. L'époque moyenne des soixante-quatre observations de cet astronome, discutées par le citoyen Bouvard, répond au 18 avril 1691; elles donnent — 14″,3 pour la correction de la longitude de la Lune, et — 3′21″,7 pour la correction de l'anomalie moyenne. En les comparant aux observations précédentes de Bradley, on trouve 8′0″ pour la correction du mouvement séculaire de l'anomalie des Tables; en les comparant aux dernières observations citées de Maskelyne, on a 7′45″ pour cette correction.

Enfin, parmi les quarante-deux observations de Lahire, que Bailly a rapportées dans les *Mémoires de l'Académie des Sciences* pour 1763, il s'en trouve vingt-deux qui peuvent servir à notre objet, et dont l'époque moyenne répond au 1ᵉʳ octobre 1784. Le citoyen Bouvard les ayant comparées aux Tables, elles lui ont donné — 6′1″,5 pour la correction de l'anomalie moyenne. En les comparant aux observations de Maskelyne des années II et III de l'ère française, on trouve 7′53″ pour la correction du mouvement séculaire de l'anomalie des Tables. Je dois remarquer ici que Bailly avait déjà reconnu, par ces observations, qu'il fallait avancer d'environ 5′ le lieu de l'apogée des Tables lunaires à leur époque.

Si l'on prend un milieu entre les résultats donnés par les observations anciennes et modernes, on voit qu'il faut augmenter d'environ 8′½ le mouvement séculaire de l'anomalie de nos Tables, dont on peut fixer à 3′20″ la correction pour le commencement de l'an III de l'ère française. En augmentant ensuite cette correction d'une demi-seconde par mois pendant les dix années suivantes, on aura les corrections correspondantes dans lesquelles l'équation séculaire de l'anomalie se trouvera comprise, et l'on sera ainsi dispensé d'y avoir égard dans cet intervalle. On voit encore qu'il faut diminuer de 19″ l'époque de la longitude moyenne pour l'an III. Quant au moyen mouvement des Tables, les observations de Bradley, comparées à celles de Maskelyne, semblent y indiquer une diminution; mais les observations de Flamsteed, comparées à celles de Maskelyne, ne portent cette diminution qu'à 4″,5 pour un intervalle de cent trois ans, ce qui est insensible; ainsi, en attendant qu'une plus ample discussion des observations ait éclairci ce point de la théorie lunaire, on peut conserver le mouvement séculaire des Tables. C'est en partant de ces corrections et en supprimant des Tables lunaires, ainsi que l'a fait dans les calculs cités le citoyen Bouvard, l'équation (XVIII) dépendante de la longitude du nœud de la Lune, équation qui n'est point donnée par la théorie, que l'on calcule présentement les lieux de la Lune pour la *Connaissance des Temps* de l'an XII; et je dois observer que les Tables ainsi corrigées représentent toutes les observations modernes avec un accord très remarquable, et qu'elles reprennent ainsi toute l'exactitude qu'elles avaient relativement aux observations du milieu de ce siècle, et qu'elles commençaient à perdre; en sorte que la précision de ces Tables, jointe à celle des instruments avec lesquels on observe à la mer les distances de la Lune au Soleil et aux étoiles, laisse maintenant très peu de chose à désirer pour la perfection de la théorie des longitudes.

L'incertitude que les observations laissent sur le mouvement séculaire de la Lune, et qui me paraît tenir, en partie, à celle qui reste encore sur le mouvement des équinoxes et sur le mouvement propre des étoiles, fait désirer que les astronomes comparent, le plus souvent qu'il sera possible, les différents corps du système solaire les uns aux autres et au Soleil. On sait que les moyens mouvements du Soleil et des planètes sont invariables; les observations de leurs conjonctions ou de leurs oppositions mutuelles et celles de leurs élongations respectives feront connaître les rapports de ces mouvements, directement et indépendamment des mouvements des équinoxes et des

étoiles. C'est ainsi que les mouvements de la Lune, par rapport au Soleil, à son apogée et à ses nœuds, sont donnés directement par les
éclipses. On ne peut donc trop recommander ce genre d'observations
aux astronomes.

Lorsque la cause de l'équation séculaire de la Lune était inconnue,
on avait imaginé diverses hypothèses pour l'expliquer. Le plus grand
nombre l'attribuait à la résistance de l'éther; la transmission successive de la gravité me paraissait offrir une explication plus naturelle
de ce phénomène; mais alors on n'avait reconnu par les observations
que l'accélération du moyen mouvement de la Lune. Maintenant que
le ralentissement des mouvements de son apogée et de ses nœuds est
bien constaté par les observations anciennes et modernes, il faut que
la même cause explique à la fois et ce ralentissement et l'accélération
du mouvement lunaire; or on verra ci-après que la résistance de
l'éther accélère le moyen mouvement de la Lune, sans altérer ceux de
son nœud et de son apogée; la même analyse conduit au même résultat, relativement à la transmission successive de la gravité. L'équation
séculaire de la Lune n'est donc point l'effet de ces deux causes; et,
quand même sa cause serait encore inconnue, cela seul suffirait pour
les exclure. C'est ainsi que les phénomènes, en se développant, nous
éclairent sur leurs véritables causes. Les trois équations séculaires
des moyens mouvements de la Lune, de son apogée et de ses nœuds,
satisfaisant exactement aux observations, il en résulte que la résistance
de l'éther et la transmission successive de la gravité n'ont produit
jusqu'ici aucune altération sensible dans les mouvements des corps
célestes, car si elles avaient quelque influence sur l'équation séculaire
du moyen mouvement de la Lune, elles la rapprocheraient de l'équation séculaire du mouvement de son apogée, et l'éloigneraient de celle
du mouvement des nœuds; en sorte que ces trois équations ne seraient point dans le rapport constant des nombres 10, 33 et 7, rapport
que donne la loi de la pesanteur, et que les observations confirment.

I.

Soient x, y, z les coordonnées du centre de gravité de la Lune, rapportées au centre de la Terre; soient x', y', z' celles du Soleil, rapportées à la même origine; soit S la masse de cet astre, la somme de celles de la Terre et de la Lune étant prise pour unité de masse; enfin désignons par R la fonction

$$\frac{S}{\sqrt{(x'-x)^2+(y'-y)^2+(z'-z)^2}} - \frac{S(xx'+yy'+zz')}{(x'^2+y'^2+z'^2)^{\frac{3}{2}}}.$$

La différentielle de R, prise par rapport à x et divisée par dx, exprimera la force perturbatrice du mouvement lunaire, parallèlement à l'axe des x; on aura donc, par les principes connus de Dynamique, en regardant l'élément dt du temps comme constant,

$$\frac{d^2x}{dt^2} + \frac{x}{(x^2+y^2+z^2)^{\frac{3}{2}}} = \frac{\partial R}{\partial x};$$

on aura pareillement

$$\frac{d^2y}{dt^2} + \frac{y}{(x^2+y^2+z^2)^{\frac{3}{2}}} = \frac{\partial R}{\partial y},$$

$$\frac{d^2z}{dt^2} + \frac{z}{(x^2+y^2+z^2)^{\frac{3}{2}}} = \frac{\partial R}{\partial z}.$$

C'est à l'intégration de ces trois équations différentielles que se réduit la détermination du mouvement lunaire. Ces équations donnent les suivantes, dans lesquelles aucune différence n'est supposée constante :

$$(a) \qquad d\frac{x\,dy - y\,dx}{dt} = \left(x\frac{\partial R}{\partial y} - y\frac{\partial R}{\partial x}\right)dt,$$

$$(b) \qquad d\frac{x\,dx + y\,dy}{dt} - \frac{dx^2 + dy^2}{dt} + \frac{(x^2+y^2)\,dt}{(x^2+y^2+z^2)^{\frac{3}{2}}} = \left(x\frac{\partial R}{\partial x} + y\frac{\partial R}{\partial y}\right)dt,$$

$$(c) \quad \left\{ \begin{aligned} & x\,d\frac{x\,dz - z\,dx}{dt} + y\,d\frac{y\,dz - z\,dy}{dt} \\ & = x\,dt\left(x\frac{\partial R}{\partial z} - z\frac{\partial R}{\partial x}\right) + y\,dt\left(y\frac{\partial R}{\partial z} - z\frac{\partial R}{\partial y}\right). \end{aligned} \right.$$

Transformons les coordonnées en d'autres plus commodes pour les usages astronomiques, et, pour cela, nommons v l'angle que fait avec l'axe des x la projection du rayon vecteur de la Lune sur le plan fixe des x et des y. Soient $\frac{1}{u}$ cette projection, et s la tangente de la latitude de la Lune au-dessus de ce plan ; on aura

$$x = \frac{\cos v}{u}, \qquad y = \frac{\sin v}{u}, \qquad z = \frac{s}{u}.$$

En marquant d'un accent, pour le Soleil, les lettres v, u et s, on aura

$$x' = \frac{\cos v'}{u'}, \qquad y' = \frac{\sin v'}{u'}, \qquad z' = \frac{s'}{u'}.$$

On aura ensuite
$$x\,dy - y\,dx = \frac{dv}{u^2};$$

d'ailleurs, on a

$$\frac{\partial R}{\partial x}\,dx + \frac{\partial R}{\partial y}\,dy + \frac{\partial R}{\partial z}\,dz = \frac{\partial R}{\partial u}\,du + \frac{\partial R}{\partial v}\,dv + \frac{\partial R}{\partial s}\,ds.$$

L'équation $x^2 + y^2 = \frac{1}{u^2}$ donne

$$du = -u^3(x\,dx + y\,dy);$$

celle-ci, $\text{tang}\,v = \frac{y}{x}$, donne

$$dv = u^2(x\,dy - y\,dx);$$

enfin, l'équation $s = uz$ donne

$$ds = u\,dz - zu^3(x\,dx + y\,dy);$$

on a donc

$$\frac{\partial R}{\partial x}\,dx + \frac{\partial R}{\partial y}\,dy + \frac{\partial R}{\partial z}\,dz = -u^3\frac{\partial R}{\partial u}(x\,dx + y\,dy) + u^2\frac{\partial R}{\partial v}(x\,dy - y\,dx)$$
$$+ \frac{\partial R}{\partial s}[u\,dz - u^3 z(x\,dx + y\,dy)];$$

d'où l'on tire, en comparant les coefficients de dx, dy, dz,

$$\frac{\partial R}{\partial x} = -\, x u^3 \frac{\partial R}{\partial u} - y u^3 \frac{\partial R}{\partial v} - x z u^3 \frac{\partial R}{\partial s},$$

$$\frac{\partial R}{\partial y} = -\, y u^3 \frac{\partial R}{\partial u} + x u^3 \frac{\partial R}{\partial v} - y z u^3 \frac{\partial R}{\partial s},$$

$$\frac{\partial R}{\partial z} = u \frac{\partial R}{\partial s};$$

on a donc

$$x \frac{\partial R}{\partial y} - y \frac{\partial R}{\partial x} = \frac{\partial R}{\partial v};$$

l'équation (a) devient ainsi

$$d \frac{dv}{u^3 dt} = \frac{\partial R}{\partial v} dt.$$

Cette nouvelle équation, multipliée par $\dfrac{2\,dv}{u^2 dt}$ et ensuite intégrée, donne

$$(d) \qquad dt = -\;\frac{dv}{u^3 \sqrt{h^2 + 2 \displaystyle\int \frac{\partial R}{\partial v} \frac{dv}{u^2}}},$$

h étant une constante arbitraire. On en tirera le temps t en fonction de v; mais il sera plus simple de faire usage de l'équation

$$(e) \qquad 0 = \frac{d^2 t}{dv^2} + \frac{2\,du\,dt}{u\,dv^2} + u^2 \frac{\partial R}{\partial v} \frac{dt^2}{dv^2},$$

que l'on conclut de la précédente, en supposant dv constant.

Si l'on substitue la valeur de dt dans les équations (b) et (c), et, au lieu de x, y, z, $\dfrac{\partial R}{\partial x}$, $\dfrac{\partial R}{\partial y}$, $\dfrac{\partial R}{\partial z}$, leurs valeurs; elles donneront, en faisant dv constant,

$$(f) \quad 0 = \left(\frac{d^2 u}{dv^2} + u\right)\left(h^2 + 2 \int \frac{\partial R}{\partial v} \frac{dv}{u^2}\right) - (1 + s^2)^{\frac{3}{2}} - \frac{\partial R}{\partial u} - \frac{s}{u} \frac{\partial R}{\partial s} + \frac{\partial R}{\partial v} \frac{du}{u^2 dv},$$

$$(g) \quad 0 = \left(\frac{d^2 s}{dv^2} + s\right)\left(h^2 + 2 \int \frac{\partial R}{\partial v} \frac{dv}{u^2}\right) - \frac{s}{u} \frac{\partial R}{\partial u} - \frac{1 + s^2}{u^2} \frac{\partial R}{\partial s} + \frac{\partial R}{\partial v} \frac{ds}{u^2 dv}.$$

II.

Développons la valeur de R. Elle devient

$$R = \frac{S u'}{\sqrt{1 + s'^2}} \left\{ 1 + \frac{3}{2} \frac{[uu' \cos(v - v') + uu'ss' - \frac{1}{2} u'^2(1 + s^2)]^2}{(1 + s'^2)^2 u^4} \right.$$

$$\left. + \frac{5}{2} \frac{[uu' \cos(v - v') + uu'ss' - \frac{1}{2} u'^2(1 + s^2)]^3}{(1 + s'^2)^3 u^6} - \frac{(1 + s^2) u'^2}{2(1 + s'^2) u^2} \right\} + \ldots$$

On peut, dans la théorie lunaire, s'en tenir à ces termes; on peut même, dans les termes multipliés par u'^2, négliger les carrés et les produits de s et de s': on aura ainsi, en ordonnant l'expression de R par rapport aux puissances de u',

$$R = \frac{S u'}{\sqrt{1 + s'^2}} + \frac{S u'^3}{4 u^2 (1 + s'^2)^{\frac{3}{2}}} [1 + 3 \cos(2v - 2v') + 12 ss' \cos(v - v') - 2s^2 - 2s'^2 - 3 s^2 s'^2]$$

$$+ \frac{S u'^4}{8 u^3 (1 + s'^2)^{\frac{5}{2}}} [3 \cos(v - v') + 5 \cos(3v - 3v')].$$

Il suffit, dans la recherche qui nous occupe, de considérer les termes multipliés par u'^3, ce qui donne

$$\frac{\partial R}{\partial u} + \frac{s}{u} \frac{\partial R}{\partial s} = - \frac{S u'^3}{2 u^3 (1 + s'^2)^{\frac{3}{2}}} [1 + 3 \cos(2v - 2v') + 6 ss' \cos(v - v') - 2s'^2].$$

$$\frac{\partial R}{\partial v} = - \frac{3 S u'^3}{2 u^2 (1 + s'^2)^{\frac{3}{2}}} [\sin(2v - 2v') + 2 ss' \sin(v - v')],$$

$$\frac{\partial R}{\partial s} = - \frac{S u'^3}{u^2 (1 + s'^2)^{\frac{3}{2}}} [s - 3s' \cos(v - v') + s'^2 s].$$

Pour développer ces valeurs en sinus et cosinus d'angles proportionnels à v, il faut déterminer u, u', v', s et s' en fonctions semblables. Pour cela, nous observerons que, si l'on suppose R nul dans les équations différentielles de l'article précédent, elles deviennent

$$0 = \frac{d^2 u}{dv^2} + u - \frac{1}{h^2(1+s^2)^{\frac{3}{2}}}, \qquad 0 = \frac{d^2 s}{dv^2} + s, \qquad dt = \frac{dv}{hu^2};$$

d'où l'on tire, en intégrant,

$$u = \frac{1}{h^2(1+\lambda^2)}\left[\sqrt{1+s^2} - c\cos(v-\varpi)\right],$$
$$s = \lambda\sin(v-\theta),$$

c, ϖ, λ et θ étant quatre constantes arbitraires, dont la première exprime, à très peu près, l'excentricité de l'orbite; la seconde exprime la longitude de l'apogée; la troisième exprime la tangente de l'inclinaison de l'orbite au plan fixe, et la quatrième exprime la longitude du nœud ascendant. Le demi grand axe de l'orbite, que nous désignerons par a, sera, en négligeant les quantités de l'ordre λ^4,

$$\frac{h^2(1+\lambda^2)}{1-c^2}.$$

L'équation $dt = \frac{dv}{hu^2}$ donnera, en l'intégrant et en supposant, pour plus de simplicité, $\frac{1}{a^{\frac{3}{2}}} = n$,

$$nt + \varepsilon = v + 2e\sin(v-\varpi) + \tfrac{3}{4}e^2\sin(2v-2\varpi) + \tfrac{1}{4}\lambda^2\sin(2v-2\theta) + \dots$$

Cette valeur de $nt+\varepsilon$ suppose l'ellipse lunaire immobile; mais on sait qu'en vertu de la force perturbatrice ses nœuds et son apogée sont en mouvement : alors, en désignant par $(1-c)v$ le mouvement de l'apogée, et par $(g-1)v$ le mouvement rétrograde de ses nœuds, on aura, pour premières valeurs approchées de $nt+\varepsilon$ et de u,

$$nt + \varepsilon = v + 2e\sin(cv-\varpi) + \tfrac{3}{4}e^2\sin(2cv-2\varpi) + \tfrac{1}{4}\lambda^2\sin(2gv-2\theta),$$
$$u = \frac{1}{a(1-c^2)}\left[1 + \tfrac{1}{2}\lambda^2 - c\cos(cv-\varpi) - \tfrac{1}{4}\lambda^2\cos(2gv-2\theta)\right].$$

Si l'on marque d'un accent, relativement au Soleil, les quantités relatives à la Lune, et si, pour plus de simplicité, on prend d'abord pour plan fixe celui de l'orbite solaire, ce que l'on peut faire, vu la lenteur des variations de ce dernier plan, on aura

$$n't + \varepsilon' = v' + 2e'\sin(c'v' - \varpi') + \tfrac{3}{4}e'^2\sin(2c'v' - 2\varpi'),$$

$$u' = \frac{1}{a'(1 - e'^2)}[1 - e'\cos(c'v' - \varpi')].$$

L'origine du temps et celle de l'angle v étant arbitraires, nous pouvons supposer ε et ε' nuls, et alors, en faisant $\dfrac{n'}{n} = m$, la comparaison des valeurs de nt et $n't$ donnera

$$v' + 2e'\sin(c'v' - \varpi') + \tfrac{3}{4}e'^2\sin(2c'v' - 2\varpi')$$
$$= mv + 2me\sin(cv - \varpi) + \tfrac{3}{4}me^2\sin(2cv - 2\varpi) + \tfrac{1}{4}m\lambda^2\sin(2gv - 2\theta);$$

d'où l'on tire, en observant que c' est très peu différent de l'unité,

$$v' = mv + 2me\sin(cv - \varpi) + \tfrac{3}{4}me^2\sin(2cv - 2\varpi) + \tfrac{1}{4}m\lambda^2\sin(2gv - 2\theta)$$
$$- 2e'\sin(c'mv - \varpi') - 2mee'\sin(cv + c'mv - \varpi - \varpi')$$
$$- 2mee'\sin(cv - c'mv - \varpi + \varpi')$$
$$+ \tfrac{5}{4}e'^2\sin(2c'mv - 2\varpi').$$

On pourra, au moyen de ces valeurs de u' et de v', développer les différents termes de l'expression de R en séries qui seront très convergentes, à cause de la petitesse de m et du peu d'excentricité de l'orbe terrestre; c'est en cela que consiste le principal avantage de la méthode qui coordonne les séries de la théorie lunaire par rapport aux sinus et aux cosinus d'angles proportionnels à v.

III.

Considérons le terme $\dfrac{S u'^2(1 - 2s'^2)}{2u^2(1 + s'^2)^{\frac{3}{2}}}$ de l'expression de $-\dfrac{\partial R}{\partial u} - \dfrac{s}{u}\dfrac{\partial R}{\partial s}$. Nous ne conserverons dans le développement de ce terme, parmi les quantités de l'ordre des carrés et des produits des excentricités et des inclinaisons des orbites, que celles qui sont constantes et celles qui sont multipliées par les sinus ou cosinus d'angles dans lesquels le coefficient de v diffère peu de l'unité. Ces dernières quantités croissant beaucoup par l'intégration de l'équation différentielle (g) de l'article I, les termes du même ordre dans lesquels le coefficient de v est très petit croissent beaucoup par l'intégration de l'expression différentielle du temps t; mais ils n'entrent dans le développement de R qu'autant qu'ils affectent l'angle v', et alors ils sont multipliés par m, ce qui les rend fort petits; en sorte que l'on peut les négliger sans erreur sensible. Enfin nous conserverons les termes multipliés par $e'^2 e \cos(cv - \varpi)$, parce que de ces termes dépend l'équation séculaire du mouvement de l'apogée. Nous aurons ainsi, en supposant, comme ci-dessus, s' nul,

$$\frac{S u'^3 (1 - 2 s'^2)}{2 a^3 (1 + s'^2)^{\frac{5}{2}}} = \frac{S a^3}{2 a'^3}\left(1 + \tfrac{3}{2} e'^2 - \tfrac{3}{2} \lambda^2\right) + \frac{3 S a^3}{2 a'^3}\left(1 + \tfrac{1}{2} e'^2\right) e \cos(cv - \varpi)$$
$$- \frac{3 S a^3}{2 a'^3}\left[e' \cos(c'mv - \varpi') + \frac{3 - 2m}{2} ee' \cos(cv - c'mv - \varpi + \varpi')\right.$$
$$\left. + \frac{3 + 2m}{2} ee' \cos(cv + c'mv - \varpi - \varpi')\right].$$

Nous avons observé qu'il est indispensable de porter, dans ces recherches, l'approximation jusqu'au carré de la force perturbatrice; or la valeur de u acquiert dans une première approximation, et en n'ayant égard qu'à la première puissance de cette force, une suite de termes que nous désignerons par δu, et qui est de la forme suivante :

$$\delta u = \frac{Q^{(0)}}{a} + \frac{Q^{(1)}}{a}\,\cos(2v - 2mv)$$
$$+ \frac{Q^{(2)}}{a} e \cos(2v - cv - 2mv + \varpi)$$
$$+ \frac{Q^{(3)}}{a} e' \cos(c'mv - \varpi')$$
$$+ \frac{Q^{(4)}}{a} ee' \cos(cv - c'mv - \varpi + \varpi')$$
$$+ \frac{Q^{(5)}}{a} ee' \cos(cv + c'mv - \varpi - \varpi')$$
$$+ \frac{Q^{(6)}}{a} ee' \cos(2v - cv - 2mv + c'mv + \varpi - \varpi')$$
$$+ \frac{Q^{(7)}}{a} ee' \cos(2v - cv - 2mv - c'mv + \varpi + \varpi')$$
$$+ \dots\dots\dots\dots\dots\dots\dots\dots\dots\dots\dots\dots\dots\dots$$

Il nous suffit de considérer les termes précédents, parmi lesquels ceux qui sont multipliés par e acquièrent de grands diviseurs, en vertu de l'intégration de l'équation différentielle en u. Cela posé, si l'on augmente u de δu, le terme $\frac{S u'^3}{2 u^3}$ prendra l'accroissement $- \frac{3 S u'^3 \delta u}{2 u^4}$. Nous ne conserverons dans le développement de ce terme que les quantités multipliées par $e \cos(cv - \varpi)$, et, parmi celles-ci, il suffira de considérer celles qui sont multipliées par $Q^{(1)}$, $Q^{(2)}$, $Q^{(3)}$, ..., le terme $Q^{(0)}$ n'acquérant point de grands diviseurs par les intégrations. Nous aurons ainsi, pour le terme dû à la variation de $\frac{S u'^3}{2 u^3}$,

$$\frac{9 S a^3}{4 a'^3} (Q^{(1)} + Q^{(3)}) e'^2 e \cos(cv - \varpi).$$

v' subit encore une variation dans ce terme, à raison de l'expression du temps en fonction de l'angle v; mais, cette dernière variation étant multipliée par m dans l'expression de v', nous pouvons la négliger ici. On verra ci-après que $Q^{(1)}$ et $Q^{(3)}$ sont à fort peu près égaux et de signe contraire, ce qui rend à peu près nul le terme précédent; d'où il suit que la variation de $\frac{S u'^3}{2 u^3}$ ne produit aucun terme sensible, multiplié par $e'^2 e \cos(cv - \varpi)$.

IV.

Développons maintenant le terme $\frac{3 S u'^3}{2 u^3} \cos(2v - 2v')$ de l'expression de $- \frac{\partial R}{\partial u} - \frac{s}{u} \frac{\partial R}{\partial s}$. En substituant pour u, u' et v' leurs valeurs trouvées dans l'article II, on trouvera, après toutes les réductions, le terme $\frac{3 S u'^3}{2 u^3} \cos(2v - 2v')$ égal au produit de $\frac{3 S a^3}{2 a'^3}$ par la quantité

$$(1 - \tfrac{5}{2} e'^2) \cos(2v - 2mv) - \tfrac{7}{2} e' \cos(2v - 2mv - c'mv + \varpi')$$
$$+ \tfrac{1}{2} e' \; \cos(2v - 2mv + c'mv - \varpi')$$
$$+ \frac{3 + 4 m}{2} (1 - \tfrac{5}{4} e'^2) e \cos(2v - 2mv - cv + \varpi)$$
$$+ \frac{3 - 4 m}{2} (1 - \tfrac{5}{4} e'^2) e \cos(2v - 2mv + cv - \varpi)$$
$$- \frac{21(1 + 2m)}{4} ee' \cos(2v - 2mv - cv - c'mv + \varpi + \varpi')$$
$$+ \frac{3 + 2m}{4} ee' \cos(2v - 2mv - cv + c'mv + \varpi - \varpi')$$
$$+ \dots\dots\dots\dots\dots\dots\dots\dots\dots\dots\dots\dots$$

En nommant δu, $\delta u'$ et $\delta v'$ les variations de u, u' et v', dues à la force perturbatrice, nous aurons, pour l'accroissement du terme précédent,

$$- \frac{9\,S\,u'^2\,\delta u}{2\,u^4} \cos(2v - 2v') + \frac{9\,S\,u'^2\,\delta u'}{2\,u^4} \cos(2v - 2v')$$
$$+ \frac{3\,S\,u'^2\,\delta v'}{u^3} \sin(2v - 2v').$$

Les deux derniers termes de cette fonction peuvent être négligés; car, quoique dans les expressions de $\delta u'$ et de $\delta v'$, les inégalités du mouvement lunaire soient comprises, cependant, comme elles y sont multipliées par m, elles perdent les grands diviseurs qu'elles avaient acquis par les intégrations. Quant au premier terme, en n'y conservant que ce qui est multiplié par $e\cos(cv - \varpi)$, on trouve qu'il se réduit à

$$- \frac{9\,S\,a^3}{4\,a'^3}\left[(1 - \tfrac{3}{2}e'^2)(Q^{(3)} + 4\,Q^{(1)}) + \tfrac{1}{2}e'^2 Q^{(6)} - \tfrac{7}{2}e'^2 Q^{(7)}\right]e\cos(cv - \varpi).$$

V.

Développons semblablement le terme

$$\frac{\partial R}{\partial v} \cdot \frac{du}{u^2\,dv} \quad \text{ou} \quad - \frac{3\,S\,u'^2\,\dfrac{du}{dv}}{2\,u^4} \sin(2v - 2v').$$

Ce terme est égal, à très peu près, à la différentielle de

$$\frac{S\,u'^2}{2\,u^3} \sin(2v - 2v'),$$

prise par rapport à ϖ et divisée par $d\varpi$, en supposant u' et v' constants; or on a le développement de $\frac{S\,u'^2}{2\,u^3} \sin(2v - 2v')$ en changeant les cosinus en sinus dans le développement précédent de

$$\frac{S\,u'^2}{2\,u^3} \cos(2v - 2v'),$$

et la condition de u' et de v' constants sera satisfaite, en ne différentiant point les termes de ce développement, multipliés par me. On aura ainsi le terme $-\dfrac{3S u'^3 \frac{du}{dv}}{2 u'}\sin(2v-2v')$ égal au produit de $-\dfrac{3S a^3}{4 a'^3}$ par la quantité

$$(1-\tfrac{5}{4}c'^2)c\cos(2v-2mv-cv+\varpi)$$
$$-\tfrac{1}{4}ee'\cos(2v-2mv-cv-c'mv+\varpi+\varpi')$$
$$+\tfrac{1}{2}ee'\cos(2v-2mv-cv+c'mv+\varpi-\varpi')$$
$$+\cdots\cdots\cdots\cdots\cdots\cdots\cdots\cdots\cdots\cdots\cdots$$

La variation de ce terme, due aux forces perturbatrices, est, à très peu près,

$$-\dfrac{3S u'^3 \frac{d\delta u}{dv}}{2 u'}\sin(2v-2v')+\dfrac{6S u'^3 \delta u \frac{du}{dv}}{u^3}\sin(2v-2v');$$

elle produit le terme

$$+\dfrac{3S a^3}{4 a'^3}\Big\{(1-\tfrac{5}{4}c'^2)\big[(2-2m-c)Q^{(3)}+S(1-m)Q^{(1)}\big]$$
$$+\tfrac{1}{2}(3-m-c)c'^2 Q^{(6)}-\tfrac{7}{2}(2-3m-c)c'^2 Q^{(7)}\Big\}\,c\cos(cv-\varpi).$$

VI.

Considérons enfin le terme $2\displaystyle\int\frac{\partial R}{\partial v}\frac{dv}{u^3}$ ou $-3S\displaystyle\int\frac{u'^3\,dv}{u'}\sin(2v-2v')$. Ce terme développé devient

$$\dfrac{3S a^3}{a'^3}\Bigg[\dfrac{1-\frac{5}{4}c'^2}{2-2m}\cos(2v-2mv)$$
$$+\dfrac{2(1+m)(1-\frac{5}{4}c'^2)}{2-2m-c}c\cos(2v-2mv-cv+\varpi)$$
$$+\dfrac{(2+m)ee'}{2(2-m-c)}\cos(2v-2mv-cv+c'mv+\varpi-\varpi')$$
$$-\dfrac{(2+3m)7ee'}{2(2-3m-c)}\cos(2v-2mv-cv-c'mv+\varpi+\varpi')$$
$$+\cdots\cdots\cdots\cdots\cdots\cdots\cdots\cdots\cdots\cdots\cdots\cdots\Bigg].$$

La variation de ce terme, que l'on obtient, à fort peu près, en y substituant $u+\delta u$ au lieu de u, produit le terme

$$-\dfrac{6S a^3}{a'^3}\big[(1-\tfrac{1}{2}c'^2)Q^{(1)}+\tfrac{1}{2}c'^2 Q^{(6)}-\tfrac{7}{2}c'^2 Q^{(7)}\big]c\cos(cv-\varpi).$$

VII.

Reprenons, cela posé, l'équation différentielle (f) de l'article I. Si
l'on néglige la force perturbatrice, on a

$$\frac{d^2 u}{dv^2} + u = \frac{(1 + s^2)^{-\frac{3}{2}}}{h^2};$$

et si, dans l'expression de δu, on ne considère que les termes dans
lesquels le coefficient de v est peu différent de l'unité, on a, à fort peu
près,

$$\frac{d^2 \delta u}{dv^2} + \delta u = 0.$$

Le terme $\left(\dfrac{d^2 u}{dv^2} + u\right) 2 \displaystyle\int \frac{\partial R}{\partial v} \frac{dv}{u^2}$ se réduit ainsi à $\dfrac{2(1 + s^2)^{-\frac{3}{2}}}{h^2} \displaystyle\int \frac{\partial R}{\partial v} \frac{dv}{u^2}$;
l'équation différentielle (f) devient ainsi

$$0 = \frac{d^2 u}{dv^2} + u - \frac{(1 + s^2)^{-\frac{3}{2}}}{h^2} + \frac{S a^2}{2 a'^3}\left(1 + c^2 + \tfrac{1}{2}\lambda^2 + \tfrac{3}{2}c'^2\right)$$

$$+ \frac{3 S a^2}{2 a'^3}\left[1 + \tfrac{3}{2}c'^2 - 2(1 + 2m)(1 - \tfrac{1}{2}c'^2)Q^{(1)} - \frac{9 + 2m + c}{2}(1 - \tfrac{1}{2}c'^2)Q^{(1)}\right.$$
$$\left. - \frac{9 + m + c}{4}c'^2 Q^{(6)} + \frac{7(9 + 3m + c)}{4}c'^2 Q^{(7)}\right] e \cos(cv - \varpi)$$

$$- \frac{3 S a^2}{2 a'^3}\left[c' \cos(c'mv - \varpi') + \frac{3 - 2m}{2} cc' \cos(cv - c'mv - \varpi + \varpi')\right.$$
$$\left. + \frac{3 + 2m}{2} cc' \cos(cv + c'mv - \varpi - \varpi')\right]$$

$$+ \frac{3 S a^2}{2 a'^3} \frac{2 - m}{1 - m}(1 - \tfrac{3}{2}c'^2)\cos(2v - 2mv)$$

$$+ \frac{3 S a^2}{2 a'^3}\left[1 + 2m + \frac{4(1 + m)}{3 - c - 2m}\right](1 - \tfrac{3}{2}c'^2)c \cos(2v - 2mv - cv + \varpi)$$

$$+ \frac{3 S a^2}{2 a'^3}\left[\frac{1 + m}{2} + \frac{2 + m}{2 - c - m}\right] cc' \cos(2v - 2mv - cv + c'mv + \varpi - \varpi')$$

$$- \frac{21 S a^2}{2 a'^3}\left[\frac{1 + 3m}{2} + \frac{2 + 3m}{2 - c - 3m}\right] cc' \cos(3v - 2mv - cv - c'mv + \varpi + \varpi')$$

$$+ \dots \dots \dots \dots \dots \dots \dots \dots \dots \dots \dots \dots \dots$$

Nous avons négligé, dans cette équation, les termes multipliés par $e^3\cos(cv - \varpi)$ ou par $\lambda^2 e\cos(cv - \varpi)$, quoique nous ayons conservé ceux qui sont multipliés par $e'^2 e\cos(cv - \varpi)$, et dont dépend l'équation séculaire de l'apogée; mais on verra ci-après que e et λ peuvent être supposés constants, au lieu que l'excentricité e' de l'orbe terrestre est variable. Nous ne conserverons, dans le développement de $(1 + s^2)^{-\frac{3}{2}}$, que la partie constante, qui est à très peu près égale à $1 - \frac{3}{4}\lambda^2$, la considération des autres termes de ce développement étant inutile ici. La valeur que nous avons supposée à $u + \delta u$ devient ainsi

$$\frac{1}{h^2}(1 - \tfrac{3}{4}\lambda^2) - \frac{e}{a}\cos(cv - \varpi)$$
$$+ \frac{Q^{(0)}}{a} + \frac{Q^{(1)}}{a}\quad \cos(2v - 2mv)$$
$$+ \frac{Q^{(2)}}{a}e\quad \cos(2v - 2mv - cv + \varpi)$$
$$+ \frac{Q^{(3)}}{a}e'\quad \cos(c'mv - \varpi')$$
$$+ \frac{Q^{(4)}}{a}ee'\cos(cv - c'mv - \varpi + \varpi')$$
$$+ \frac{Q^{(5)}}{a}ee'\cos(cv + c'mv - \varpi - \varpi')$$
$$+ \frac{Q^{(6)}}{a}ee'\cos(2v - 2mv - cv + \varpi - \varpi')$$
$$+ \frac{Q^{(7)}}{a}ee'\cos(2v - 2mv - cv - c'mv + \varpi + \varpi')$$
$$+ \dots\dots\dots\dots\dots\dots\dots\dots\dots\dots\dots\dots\dots\dots$$

En la substituant pour u dans l'équation différentielle précédente, on aura d'abord

$$c^2 = 1 - \alpha,$$

α étant le coefficient de $\dfrac{e}{a}\cos(cv - \varpi)$ dans cette équation différentielle. On aura ensuite

$$Q^{(0)} = -\frac{Sa^3}{2a'^3}(1 + e^2 + \tfrac{1}{4}\lambda^2 + \tfrac{3}{2}e'^2),$$

$$Q^{(1)} = \frac{3Sa^2}{2a'^3}\frac{(2 - m)(1 - \tfrac{5}{2}e'^2)}{(1 - 2m)(3 - 3m)(1 - m)}.$$

Pour déterminer avec précision les valeurs de $Q^{(2)}$, $Q^{(3)}$, ..., nous observerons que les coefficients de v, dans les angles dont elles multiplient les cosinus, sont peu différents de l'unité. Soit donc, en général,

$$\frac{Q}{a} \cos pv$$

un terme de δu, dans lequel p diffère peu de l'unité. Puisque la substitution de

$$\frac{1}{a}[1 - c \cos(cv - \varpi)]$$

pour u, dans les différents termes de l'équation différentielle (f) de l'article premier, a produit le terme

$$\frac{\alpha v}{a} \cos(cv - \varpi)$$

dans l'équation différentielle précédente; la substitution de

$$\frac{1}{a}[1 - c \cos(cv - \varpi) + Q \cos pv]$$

ajoutera, à très peu près, à la même équation, le terme

$$- \frac{\alpha Q}{a} \cos pv,$$

du moins en n'ayant égard qu'à la première puissance de la force perturbatrice, et cela sera d'autant plus exact que p différera moins de c. Nous devons donc ajouter ce terme au second membre de cette équation; d'où il suit que si $\gamma \cos pv$ est le terme dépendant de pv, dans son second membre, on aura

$$\frac{Q}{a} = \frac{\gamma}{p^2 - c^2}.$$

La théorie de la Lune nous offre, parmi les quantités de l'ordre $\frac{1}{a''}$, un terme dépendant de la distance de la Lune à l'apogée du Soleil, et, vu la lenteur du mouvement de cet apogée, la valeur de p relative à ce terme diffère extrêmement peu de l'unité. Sans la considération précédente, on trouverait

$$\frac{Q}{a} = \frac{\gamma}{p^2 - 1},$$

et alors la valeur de Q serait très considérable; mais la rapidité du mouvement de l'apogée de la Lune, relativement à celui de l'apogée du Soleil, rend $\frac{1}{p^2 - c^2}$ considérablement plus petit que $\frac{1}{p^2 - 1}$, et réduit le terme dont il s'agit à quelques secondes. On trouvera ainsi

$$Q^{(2)} = -\frac{\dfrac{3S a^3}{2 a'^3}\left[1 + 2m + \dfrac{4(1 + m)}{2 - c\quad m}\right]}{(2c + 2m - 2)(2 - 2m)} \cdot (1 - \tfrac{5}{2}e'^2).$$

$$Q^{(1)} = \frac{3S a^3(3 - 2m)}{4 a'^3 m(2c - m)},$$

$$Q^{(3)} = -\frac{3S a^3(3 + 2m)}{4 a'^3 m(2c + m)},$$

$$Q^{(0)} = -\frac{3S a^3\left(\dfrac{1 + m}{2} + \dfrac{2 + m}{2 - c - m}\right)}{2 a'^3(2c + m - 2)(2 - m)},$$

$$Q^{(2)} = \frac{21 S a^3\left(\dfrac{1 + 3m}{2} + \dfrac{2 + 3m}{2 - c - 3m}\right)}{2 a'^3(2c + 3m - 2)(2 - 3m)},$$

$$\cdots\cdots\cdots\cdots\cdots\cdots\cdots\cdots\cdots\cdots\cdots\cdots$$

VIII.

Substituons maintenant, au lieu de u, sa valeur dans l'équation

$$dv = u^2 dt \sqrt{h^2 + 2\int \frac{\partial R}{\partial v}\frac{dv}{u^2}}.$$

Si l'on n'a égard qu'aux termes constants, on aura

$$dv = \left[1 - \frac{S a^3}{a'^3}(1 + \tfrac{3}{2}e'^2)\right]\frac{dt}{a^{\frac{3}{2}}}.$$

La quantité a étant égale à $\dfrac{h^2(1 + \lambda^2)}{1 - e^2}$, elle est constante, puisque λ et e sont à très peu près constants, comme on le verra bientôt. Par la théorie des planètes, le demi grand axe a' de l'orbite de la Terre est constant, mais son excentricité e' est variable. En désignant donc, pour plus de simplicité, par t le moyen mouvement de la Lune, et observant que $\dfrac{Sa^3}{a'^3} = m^2$, on aura

$$v = t - \frac{3m^2}{2} \int e'^2 \, dt;$$

en sorte que l'équation séculaire du moyen mouvement de la Lune est égale à

$$- \frac{3m^2}{2} \int e'^2 \, dt.$$

Je nommerai E cette équation.

Pour avoir l'équation séculaire de l'apogée, reprenons l'équation différentielle en u de l'article précédent, et supposons-y, comme ci-dessus,

$$u = \frac{1}{h^2}\left(1 - \tfrac{3}{2}\lambda^2\right) - \frac{e}{a} \cos(cv - \varpi) + \ldots,$$

mais regardons e et ϖ comme variables, nous aurons

$$0 = \left[c\left(c - \frac{d\varpi}{dv}\right)^2 - \frac{d^2 e}{dv^2} - e(1 - \varkappa)\right] \cos(cv - \varpi)$$
$$+ \left[2\frac{de}{dv}\left(c - \frac{d\varpi}{dv}\right) - e\frac{d^2\varpi}{dv^2}\right] \sin(cv - \varpi) + \ldots,$$

d'où l'on tire, en égalant séparément à zéro le coefficient de $\sin(cv - \varpi)$,

$$\frac{2\,de}{e} = \frac{d^2\varpi}{c\,dv - d\varpi}$$

et, en intégrant,

$$e^2 = \frac{A}{c - \dfrac{d\varpi}{dv}},$$

A étant une constante arbitraire. L'excentricité e de l'orbe lunaire n'est donc pas rigoureusement constante; mais sa variation est insensible et n'influe point sensiblement sur les équations séculaires de la Lune, parce que e^2 s'y trouvant multiplié par $\dfrac{Sa^3}{a'^3}$ ou par m^2, qui est une très petite fraction égale à $\dfrac{1}{179}$, on peut négliger le produit de $\dfrac{d\varpi}{dv}$ par cette fraction.

En égalant ensuite à zéro le coefficient de $\cos(cv - \varpi)$, on aura, à fort peu près,

$$c - \frac{d\varpi}{dv} = 1 - \tfrac{1}{2}x + \frac{d^2 c}{2 c\, dv^2};$$

on peut négliger le terme $\dfrac{d^2 c}{2 c\, dv^2}$, comme étant insensible par rapport à $\dfrac{d\varpi}{dv}$. Si l'on représente par c la partie constante de $1 - \tfrac{1}{2}x$, et si l'on désigne par $\tfrac{3}{2}\mathcal{E}m^2$ le coefficient de e'^2 dans la fraction $\tfrac{1}{2}x$, on aura

$$\frac{d\varpi}{dv} = \tfrac{3}{2}\mathcal{E}m^2 e'^2,$$

d'où l'on tire, à fort peu près,

$$\varpi = \text{const.} + \tfrac{3}{2}\mathcal{E}m^2 \int e'^2\, dt;$$

en sorte que le mouvement de l'apogée est assujetti à une équation séculaire égale à $-\mathcal{E}E$, et, comme v est assujetti lui-même à l'équation séculaire E, l'équation séculaire de l'anomalie sera

$$(1 + \mathcal{E})E,$$

$\mathcal{E}$ étant égal à

$$\tfrac{5}{2} + \frac{15\,m^2(2 - m)(1 + 2m)}{2(1 - 2m)(3 - 2m)(1 - m)}$$

$$- \frac{15\,m^2\left[1 + 2m + \dfrac{4(1 + m)}{2 - c - 2m}\right](9 + 2m + c)}{8(2c + 2m - 1)(2 - 2m)}$$

$$+ \frac{147\,m^2\left(\dfrac{1 + 3m}{2} + \dfrac{2 + 3m}{2 - c - 3m}\right)(9 + 3m + c)}{16(2c + 3m - 1)(2 - 3m)}$$

$$+ \frac{3\,m^2\left(\dfrac{1 + m}{2} + \dfrac{2 + m}{2 - c - m}\right)(9 + m + c)}{16(2c + m - 1)(2 - m)}.$$

Pour avoir les valeurs numériques de $\mathcal{E}$, nous observerons que l'on a

$$m = 0,0748013, \qquad c = 0,9915477,$$

ce qui donne

$$\mathcal{E} = 3,3024.$$

La détermination de $\mathcal{E}$ dépend, comme on voit, d'une analyse très délicate, et l'on peut craindre que les quantités négligées n'aient une influence sensible sur cette valeur. Ce qui doit nous rassurer à cet égard, c'est que la même analyse conduit à une valeur fort approchée du mouvement de l'apogée. En prenant pour unité le moyen mouvement de la Lune, celui de son apogée est, à très peu près, $\frac{1}{2}\alpha$, et l'on a $\frac{1}{2}\alpha = 0{,}0086113$. Les observations donnent $0{,}0084522\mathrm{b}$ pour le mouvement de l'apogée, ce qui ne diffère pas de $\frac{1}{50}$ du résultat précédent; on peut donc croire que la valeur trouvée pour $\mathcal{E}$ a ce même degré de précision.

IX.

Considérons présentement le mouvement des nœuds. Pour cela, reprenons l'équation différentielle (g) de l'article I. Le mouvement de la Lune étant rapporté à un plan fixe peu incliné à l'écliptique vraie, si l'on néglige les carrés et les produits de s et de s', cette équation devient

$$0 = \left(\frac{d^2 s}{dv^2} + s\right)\left(h^2 + 2\int \frac{\partial R}{\partial v}\frac{dv}{u^2}\right) + \frac{3 S u'^3}{2 u^4}\left[s + s\cos(2v - 2v') - \frac{ds}{dv}\sin(2v - 2v') - 2s'\cos 2(v - v')\right].$$

La valeur de s' est, par la théorie des planètes, de la forme

$$\lambda'\sin(v' - \theta'),$$

λ' et θ' variant avec une extrême lenteur. Soit donc

$$s = \lambda'\sin(v - \theta') + s_1;$$

on aura, en négligeant les quantités multipliées par $\frac{d\lambda'}{dv}$ et $\frac{d\theta'}{dv}$,

$$\frac{d^2 s}{dv^2} + s = \frac{d^2 s_1}{dv^2} + s_1,$$

$$s + s\cos(2v - 2v') - \frac{ds}{dv}\sin(2v - 2v') - 2s'\cos(2v - 2v')$$

$$= s_1 + s_1\cos(2v - 2v') - \frac{ds_1}{dv}\sin(2v - 2v').$$

L'équation différentielle en s deviendra ainsi

$$o = \left(\frac{d^2 s}{dv^2} + s_1\right)\left(1 + \frac{2}{h^2}\int \frac{\partial R}{\partial v}\frac{dv}{u^2}\right)$$
$$+ \frac{3 S u'^3}{2 h^2 u^4}\left[s_1 + s_1 \cos(2v - 2v') - \frac{ds_1}{dv}\sin(2v - 2v')\right].$$

$\lambda' \sin(v - \theta')$ serait la latitude de la Lune au-dessus du plan fixe, en la supposant mue sur le plan de l'écliptique vraie, et

$$s \quad \text{ou} \quad \lambda' \sin(v - \theta') + s_1$$

est sa latitude au-dessus du plan fixe; s_1 est donc, à très peu près, sa latitude au-dessus du plan de l'écliptique vraie. Supposons, comme précédemment,

$$s_1 = \lambda \sin(gv - \theta),$$

le terme

$$\frac{3 S u'^3}{2 h^2 u^4}\left[s_1 + s_1 \cos(2v - 2v') - \frac{ds_1}{dv}\sin(2v - 2v')\right]$$

devient

$$3 m^2 \lambda \big[(1 + \tfrac{3}{2}e'^2)\sin(gv - \theta)$$
$$- (1 - \tfrac{5}{4}e'^2)\sin(2v - 2mv - gv + \theta)$$
$$- \tfrac{1}{2}e'\sin(gv + c'mv - \theta - \varpi')$$
$$- \tfrac{3}{2}e'\sin(gv - c'mv - \theta + \varpi')$$
$$- \tfrac{1}{2}e'\sin(2v - 2mv - gv + c'mv + \theta - \varpi')$$
$$+ \tfrac{7}{4}e'\sin(2v - 2mv - gv - c'mv + \theta + \varpi')$$
$$+ \ldots\ldots\ldots\ldots\ldots\ldots\ldots\ldots\ldots\ldots\ldots\ldots\big].$$

Pour avoir la variation de ce terme, due à la force perturbatrice, nous supposerons s_1 égal à $\lambda \sin(gv - \theta) + \partial s_1$; ∂s_1 sera de la forme

$$A^{(0)}\lambda \quad \sin(2v - 2mv - gv + \theta)$$
$$+ A^{(1)}\lambda c'\sin(gv + c'mv - \theta - \varpi')$$
$$+ A^{(2)}\lambda e'\sin(gv - c'mv - \theta + \varpi')$$
$$+ A^{(3)}\lambda c'\sin(2v - 2mv - gv + c'mv + \theta - \varpi')$$
$$+ A^{(4)}\lambda c'\sin(2v - 2mv - gv - c'mv + \theta + \varpi')$$
$$+ \ldots\ldots\ldots\ldots\ldots\ldots\ldots\ldots\ldots\ldots\ldots\ldots\ldots$$

Cela posé, la variation du terme précédent produira le terme

$$- \tfrac{3}{4} m^2 \big[(3 - 2m - g)(1 - \tfrac{3}{2}e'^2) A^{(0)} + 3 A^{(1)} e'^2 + 3 A^{(2)} e'^2$$
$$+ \tfrac{1}{2}(3 - m - g) A^{(3)} e'^2 - \tfrac{3}{2}(3 - 3m - g) A^{(4)} e'^2 \big] \lambda . \sin(gv - \vartheta).$$

On verra ci-après que $A^{(1)}$ est à fort peu près égal à $-A^{(2)}$, ce qui réduit à zéro la quantité $3 A^{(1)} e'^2 + 3 A^{(2)} e'^2$. De plus, si l'on néglige la force perturbatrice, on a

$$0 = \frac{d^2 s_1}{dv^2} + s_1;$$

et si, parmi les termes de δs_1, on ne conserve que ceux dans lesquels le coefficient de v diffère peu de l'unité, on a, à fort peu près,

$$0 = \frac{d^2 \delta s_1}{dv^2} + \delta s_1.$$

On peut donc négliger ici le terme $\left(\dfrac{d^2 s_1}{dv^2} + s_1 \right) 2 \displaystyle\int \dfrac{\partial R}{\partial v} \dfrac{dv}{u^2}$; l'équation différentielle en s_1 deviendra ainsi

$$
\begin{aligned}
0 = \frac{d^2 s_1}{dv^2} + s_1 + {} & \tfrac{3}{2} m^2 \big[1 + \tfrac{3}{2} c'^2 - \tfrac{1}{2}(3 - 2m - g)(1 - \tfrac{3}{2}e'^2) A^{(0)} \\
& + \tfrac{1}{2}(3 - m - g) A^{(3)} c'^2 \\
& + \tfrac{7}{4}(3 - 3m - g) A^{(4)} c'^2 \big] \lambda \sin(gv - \vartheta) \\
- \frac{3 m^2 \lambda}{2} \big[& (1 - \tfrac{3}{4}c'^2) \sin(2v - 2mv - gv + \vartheta) \\
& + \tfrac{1}{4} c' \sin(gv + c'mv - \vartheta - \varpi') \\
& + \tfrac{1}{4} c' \sin(gv - c'mv - \vartheta + \varpi') \\
& + \tfrac{1}{4} e' \sin(2v - 2mv - gv + c'mv + \vartheta - \varpi') \\
& - \tfrac{7}{4} e' \sin(2v - 2mv - gv - c'mv + \vartheta + \varpi') \\
& + \dots \dots \dots \dots \dots \dots \dots \big].
\end{aligned}
$$

En intégrant cette équation différentielle, on trouvera

$$A^{(0)} = \frac{3 m^2 (1 - \tfrac{5}{2} c'^2)}{2(2g + 2m - 2)(2 - 3m)}, \qquad A^{(1)} = \frac{-g m^2}{4 m (2g + m)},$$

$$A^{(2)} = \frac{g m^2}{4 m (2g - m)}, \qquad A^{(3)} = \frac{3 m^2}{4(2g + m - 2)(2 - m)},$$

$$A^{(4)} = \frac{-21 m^2}{4(2g + 3m - 2)(2 - 3m)}.$$

Si l'on y suppose ensuite $s_1 = \lambda \sin(gv - \theta)$, en regardant λ et θ comme variables, et que l'on désigne par α' le coefficient de

$$\lambda \sin(gv - \theta)$$

dans cette même équation, la comparaison des coefficients de

$$\lambda \sin(gv - \theta) \quad \text{et de} \quad \lambda \cos(gv - \theta)$$

donnera les deux équations suivantes :

$$0 = \frac{d^2\lambda}{dv^2} - \lambda\left(g - \frac{d\theta}{dv}\right)^2 + \lambda(1 + \alpha'),$$

$$0 = \frac{2\,d\lambda}{dv}\left(g - \frac{d\theta}{dv}\right) - \lambda\frac{d^2\theta}{dv^2}.$$

En intégrant cette dernière équation, on a

$$\lambda^2 = \frac{B}{g - \frac{d\theta}{dv}},$$

B étant une constante arbitraire. L'inclinaison de l'orbe lunaire à l'écliptique vraie n'est donc pas rigoureusement constante ; mais sa variation est insensible, et n'influe point sensiblement sur les équations séculaires de la Lune. On a ensuite, à fort peu près,

$$g - \frac{d\theta}{dv} = 1 + \tfrac{1}{2}\alpha' + \frac{d^2\lambda}{2\lambda\,dv^2}.$$

On peut négliger $\dfrac{d^2\lambda}{2\lambda\,dv^2}$ par rapport à $\dfrac{d\theta}{dv}$. Si l'on suppose ensuite que g exprime la partie constante de $1 + \tfrac{1}{2}\alpha'$, et que $\tfrac{1}{2}\theta'm^2$ soit le coefficient de e'^2 dans α', on aura

$$\theta = \text{const.} - \tfrac{1}{2}\theta'm^2 \int e'^2\,dt;$$

en sorte que le mouvement du nœud est assujetti à une équation séculaire additive à sa longitude moyenne, et égale à θ'E, θ' étant égal à

$$\frac{3}{4} + \frac{15\,m^2(3 - 2m - g)}{8(2g + 2m - 2)(2 - 2m)}$$
$$- \frac{3\,m^2(3 - m - g)}{32(2g + m - 2)(2 - m)} - \frac{17\,m^2(3 - 3m - g)}{32(2g + 3m - 2)(2 - 3m)}.$$

Nous devons ici faire une remarque importante. On a négligé précédemment les termes multipliés par

$$\frac{d\lambda'}{dv}\cos(v - \theta') \quad \text{et par} \quad \lambda'\frac{d\theta'}{dv}\sin(v - \theta');$$

il faut prouver que l'on peut négliger ces termes, sans crainte d'erreur sensible. Soit $\varepsilon\lambda'\dfrac{d\theta'}{dv}\sin(v - \theta)$ un de ces termes, et conservons-le dans l'équation différentielle en s_1; elle devient, en n'ayant égard qu'à ce terme,

$$0 = \frac{d^2 s_1}{dv^2} + s_1 + \alpha'\lambda\sin(gv - \theta) + \varepsilon\lambda'\frac{d\theta'}{dv}\sin(v - \theta').$$

En supposant dans cette équation $g = 1$, $\theta = \theta'$ et $s_1 = \lambda\sin(v - \theta')$. on aura

$$0 = \left[(1 + \alpha')\lambda - \left(1 - \frac{d\theta}{dv}\right)^2\lambda + \frac{d^2\lambda}{dv^2} + \varepsilon\frac{d\theta'}{dv}\lambda'\right]\sin(v - \theta')$$
$$+ \left[2\frac{d\lambda}{dv}\left(1 - \frac{d\theta'}{dv}\right) - \lambda\frac{d^2\theta'}{dv^2}\right]\cos(v - \theta').$$

Si l'on égale à zéro le coefficient de $\sin(v - \theta')$, on aura, à fort peu près,

$$\lambda = - \frac{\varepsilon\dfrac{d\theta'}{dv}\lambda'}{\alpha' + \dfrac{2d\theta'}{dv}};$$

or α' est incomparablement plus grand que $\dfrac{d\theta'}{dv}$, parce que la période du mouvement des nœuds de la Lune est incomparablement plus courte que celle des nœuds de l'orbite terrestre sur le plan fixe; λ est donc beaucoup moindre que λ', et le terme $\varepsilon\dfrac{d\theta'}{dv}\lambda\sin(v - \theta')$ n'ajoute qu'un terme insensible à la valeur de s_1. Il en est de même du terme

$\varepsilon \dfrac{d\theta'}{dv} \cos(v - \theta')$ et des autres termes semblables. La rapidité du mouvement des nœuds de l'orbe lunaire les fait tous disparaître, à fort peu près, de la valeur de s_1, et maintient l'inclinaison moyenne de cet orbe à l'écliptique vraie, toujours la même. La petitesse de cette valeur de λ rend insensible et permet de négliger, dans l'équation différentielle précédente, le terme multiplié par $\cos(v - \theta')$.

Déterminons présentement la valeur numérique de $6'$. Les observations donnent

$$g = 1,00402185353,$$

d'où l'on tire

$$6' = 0,6997598.$$

L'équation séculaire du mouvement des nœuds est donc, à fort peu près, $\frac{1}{10}$ de celle du moyen mouvement de la Lune.

X.

Il résulte de l'analyse précédente :

1° Que le moyen mouvement de la Lune est assujetti à une équation séculaire E, additive à sa longitude moyenne;

2° Que le mouvement de son apogée est assujetti à une équation séculaire soustractive de sa longitude moyenne, et égale à 3,3E, et qu'ainsi l'équation séculaire de l'anomalie de la Lune est égale à 4,3E, et additive;

3° Que le mouvement des nœuds de l'orbite lunaire est assujetti à une équation séculaire additive à leur longitude moyenne, et égale à 0,7E, et qu'ainsi la distance moyenne de la Lune à son nœud ascendant est assujettie à une équation séculaire additive, et égale à 0,3E;

4° Que la parallaxe moyenne de la Lune est soumise à une variation séculaire qui, par l'article VI, est égale à la variation séculaire du produit de $-\frac{1}{2}m^2 e'^2$ par $57'$, valeur moyenne de cette parallaxe. Dans les cas extrêmes, la variation de ce produit ne surpasse pas une demi-seconde : elle est donc insensible, et l'on peut regarder la parallaxe moyenne de la Lune et sa moyenne distance à la Terre comme des quantités constantes;

5° Que l'excentricité de l'orbe lunaire et son inclinaison à l'écliptique vraie sont assujetties à des variations séculaires proportionnelles à celle de la parallaxe, et qui, par conséquent, seront toujours insensibles, ce qui est conforme aux observations.

Il nous reste à déterminer la valeur numérique de E. Je l'ai calculée dans les *Mémoires de l'Académie des Sciences* pour l'année 1786 ([1]), en partant des hypothèses les plus vraisemblables sur les masses de Vénus et de Mars, et l'on a vu précédemment avec quelle précision cette valeur satisfait aux observations anciennes. Si l'on nomme i le nombre des siècles écoulés depuis le commencement de 1700, j'ai trouvé

$$E = 11'',135\,i' + 0'',04398\,i^2 + \ldots;$$

la valeur de i devant être supposée négative pour les siècles antérieurs à 1700. Les deux premiers termes de cette série suffisent relativement aux plus anciennes observations, et je ne vois jusqu'à présent aucun changement à faire à cette expression de E.

XI.

Déterminons présentement les altérations produites par la résistance de l'éther. x', y', z' étant les coordonnées de la Terre rapportées au centre du Soleil, et x, y, z étant celles de la Lune rapportées au centre de la Terre, la vitesse absolue de la Lune autour du Soleil sera

$$\frac{\sqrt{(dx' + dx)^2 + (dy' + dy^2) + (dz' + dz)^2}}{dt}.$$

Supposons que la résistance qu'elle éprouve soit proportionnelle au carré de cette vitesse, et qu'ainsi elle soit exprimée par

$$K\,\frac{(dx' + dx)^2 + (dy' + dy)^2 + (dz' + dz)^2}{dt^2}.$$

([1]) *OEuvres de Laplace*, T. XI.

En la décomposant parallèlement aux axes des x, des y et des z, elle produira les trois forces suivantes :

$$- \mathrm{K}\,\frac{dx' + dx}{dt^2}\,\sqrt{(dx' + dx)^2 + (dy' + dy)^2 + (dz' + dz)^2},$$

$$- \mathrm{K}\,\frac{dy' + dy}{dt^2}\,\sqrt{(dx' + dx)^2 + (dy' + dy)^2 + (dz' + dz)^2},$$

$$- \mathrm{K}\,\frac{dz' + dz}{dt^2}\,\sqrt{(dx' + dx)^2 + (dy' + dy)^2 + (dz' + dz)^2}.$$

Mais, comme la Terre est supposée immobile dans la théorie lunaire, il faut transporter en sens contraire à la Lune la résistance que la Terre éprouve, et qui, décomposée parallèlement aux mêmes axes, donne les trois forces

$$- \mathrm{K}'\,\frac{dx'}{dt^2}\,\sqrt{dx'^2 + dy'^2 + dz'^2},$$

$$- \mathrm{K}'\,\frac{dy'}{dt^2}\,\sqrt{dx'^2 + dy'^2 + dz'^2},$$

$$- \mathrm{K}'\,\frac{dz'}{dt^2}\,\sqrt{dx'^2 + dy'^2 + dz'^2},$$

K' étant un coefficient différent de K, et qui dépend de la résistance éprouvée par la Terre; les quantités $\dfrac{\partial R}{\partial x}$, $\dfrac{\partial R}{\partial y}$ et $\dfrac{\partial R}{\partial z}$ de l'article I seront donc, en n'ayant égard qu'à ces résistances,

$$\frac{\partial R}{\partial x} = \frac{\mathrm{K}'\,dx'}{dt^2}\,\sqrt{dx'^2 + dy'^2 + dz'^2}$$
$$- \frac{\mathrm{K}\,(dx' + dx)}{dt^2}\,\sqrt{(dx' + dx)^2 + (dy' + dy)^2 + (dz' + dx)^2},$$

$$\frac{\partial R}{\partial y} = \frac{\mathrm{K}'\,dy'}{dt^2}\,\sqrt{dx'^2 + dy'^2 + dz'^2}$$
$$- \frac{\mathrm{K}\,(dy' + dy)}{dt^2}\,\sqrt{(dx' + dx)^2 + (dy' + dy)^2 + (dz' + dz)^2},$$

$$\frac{\partial R}{\partial z} = \frac{\mathrm{K}'\,dz'}{dt^2}\,\sqrt{dx'^2 + dy'^2 + dz'^2}$$
$$- \frac{\mathrm{K}\,(dz' + dz)}{dt^2}\,\sqrt{(dx' + dx)^2 + (dy' + dy)^2 + (dz' + dz)^2}.$$

Pour simplifier ces valeurs, nous observerons que dx, dy, dz sont très petites relativement à dx', dy' et dz'. En faisant donc

$$ds' = \sqrt{dx'^2 + dy'^2 + dz'^2},$$

et prenant pour le plan des x et des y celui de l'écliptique vraie, ce qui rend dz' nul, on aura

$$\frac{\partial R}{\partial x} = \frac{(K'-K)\,ds'\,dx'}{dt^2} - \frac{K\,ds'\,dx}{dt^2} - \frac{K(dx'\,dx + dy'\,dy)}{dt^2}\frac{dx'}{ds'},$$

$$\frac{\partial R}{\partial y} = \frac{(K'-K)\,ds'\,dy'}{dt^2} - \frac{K\,ds'\,dy}{dt^2} - \frac{K(dx'\,dx + dy'\,dy)}{dt^2}\frac{dy'}{ds'},$$

$$\frac{\partial R}{\partial z} = - \frac{K\,ds'\,dz}{dt^2};$$

or on a par l'article I

$$- \frac{\partial R}{\partial u} - \frac{s}{u}\frac{\partial R}{\partial s} = \frac{1}{u}\left(x\frac{\partial R}{\partial x} + y\frac{\partial R}{\partial y}\right),$$

$$\frac{\partial R}{\partial v} = x\frac{\partial R}{\partial y} - y\frac{\partial R}{\partial x},$$

$$\frac{\partial R}{\partial s} = \frac{1}{u}\frac{\partial R}{\partial z},$$

d'où l'on tire, en négligeant l'excentricité de l'orbe terrestre,

$$- \frac{\partial R}{\partial u} - \frac{s}{u}\frac{\partial R}{\partial s} = \frac{(K'-K)\,dv'^2}{u^2 u'^2 dt^2}\sin(v-v') + \frac{K\,dv'\,du}{u^3 u'\,dt^2}$$
$$- \frac{K\,dv'\,dv}{2 v^3 u'\,dt^2}\sin(2v - 2v') + \frac{K\,dv'\,du}{u^3 u'\,dt^2}\sin^2(v - v'),$$

$$\frac{\partial R}{\partial v} = \frac{(K'-K)\,dv'^2}{u u'^2 dt^2}\cos(v-v') - \frac{K\,dv\,dv'}{u^3 u'\,dt^2}$$
$$- \frac{K\,dv'\,dv}{u^2 u'\,dt^2}\cos^2(v-v') + \frac{K\,dv'\,dv}{2 u^3 u'\,dt^2}\sin(2v - 2v'),$$

$$\frac{\partial R}{\partial s} = \frac{K\,s\,dv'\,du}{u^3 u'\,dt^2} - \frac{K\,dv'\,ds}{u^2 u'\,dt^2}.$$

L'équation (f) de l'article I donnera donc, en négligeant les carrés de l'inclinaison et de l'excentricité de l'orbe lunaire, et en substituant pour dt sa valeur trouvée dans le même article,

$$o = \frac{d^2 u}{dv^2} + u - \frac{1}{h^2 + 2 \int \frac{\partial R}{\partial v} \frac{dv}{u^2}}$$

$$+ (K' - K) \frac{u^2 \, dv'^2}{u'^2 \, dv^2} \sin(v - v') + (K' - K) \frac{u \, dv \, dv'^2}{u'^2 \, dv^2} \cos(v - v')$$

$$- \frac{K u \, dv'}{2 v' \, dv} \sin(2v - 2v') - \frac{K \, du \, dv'}{u' \, dv^2} \cos(2v - 2v').$$

On a ensuite, en observant que l'on peut substituer $\frac{dv}{hu^2}$ au lieu de dt, et $m\,dv + 2me\,dv\cos(v - \varpi)$ au lieu de dv',

$$\int \frac{\partial R}{\partial v} \frac{dv}{u^2} = \int (K' - K) \frac{m^2 h^2 u \, dv}{u'^2} [1 + 4e \cos(v - \varpi)] \cos(v - v')$$

$$- \int \frac{3}{2} K \, mh^2 \frac{dv}{u'} [1 + 2e \cos(v - \varpi')] + \ldots .$$

La valeur de K n'est pas constante : si l'on suppose la densité de l'éther proportionnelle à une fonction de la distance au Soleil, en nommant $\varphi(r)$ cette fonction pour une distance r, elle sera, relativement à la Lune,

$$\varphi\left(\frac{1}{u'}\right) + \frac{1}{u} \varphi'\left(\frac{1}{u'}\right) \cos(v - v'),$$

$\varphi'(r)$ étant la différentielle de $\varphi(r)$ divisée par dr : c'est la valeur qu'il faut substituer pour K, et alors on a, en ne conservant parmi les quantités périodiques que celles qui dépendent de l'angle $v - \varpi$,

$$\int \frac{\partial R}{\partial v} \frac{dv}{u^2} = - \frac{h^2 m v}{2} \left[\frac{3}{u'} \varphi\left(\frac{1}{u'}\right) + \frac{m}{u'^2} \varphi'\left(\frac{1}{u'}\right) \right]$$

$$- \left[\frac{3}{u'} \varphi\left(\frac{1}{u'}\right) + \frac{3m}{u'^2} \varphi'\left(\frac{1}{u'}\right) \right] mh^2 e \sin(v - \varpi).$$

En supposant donc

$$\alpha = \frac{3m}{2u'} \varphi\left(\frac{1}{u'}\right) + \frac{m^2}{2u'^2} \varphi'\left(\frac{1}{u'}\right),$$

$$\delta = \frac{6m}{u'} \varphi\left(\frac{1}{u'}\right) + \frac{9m^2}{2u'^2} \varphi'\left(\frac{1}{u'}\right),$$

l'équation différentielle en u donnera

$$0 = \frac{d^2 u}{dv^2} + u - \frac{1}{h^2}(1 + 2\alpha v) - \frac{e\,\theta}{h^2}\sin(v - \varpi),$$

d'où l'on tire, en intégrant,

$$u = \frac{1}{h^2}(1 + 2\alpha v) - \frac{e}{h^2}(1 + \tfrac{1}{2}\theta v)\cos(v - \varpi).$$

On voit ainsi que la résistance de l'éther ne produit point d'équation sensible dans le mouvement de l'apogée; elle ne produit qu'une très petite altération dans l'excentricité de l'orbite.

Pour déterminer la variation qui en résulte dans le moyen mouvement de la Lune, reprenons l'expression de dt dans l'article I; expression qui devient, à fort peu près,

$$dt = \frac{dv}{hu^2}\left(1 - \frac{1}{h^2}\int \frac{\partial \mathrm{R}}{\partial v}\,\frac{dv}{u^2}\right).$$

En y substituant, pour u et pour $\int \frac{\partial \mathrm{R}}{\partial v}\,\frac{dv}{u^2}$, leurs valeurs précédentes, on aura, à très peu près,

$$dt = h^3\,dv(1 - 3\alpha v + \ldots)$$

et, par conséquent,

$$t = h^3(v - \tfrac{3}{2}\alpha v^2 + \ldots),$$

d'où l'on tire

$$v = \frac{t}{h^3} + \frac{3\alpha t^2}{2 h^6}.$$

Le mouvement de la Lune est donc assujetti, par la résistance de l'éther, à une équation séculaire proportionnelle au carré du temps.

L'équation (g) de l'article I donne

$$0 = \frac{d^2 s}{dv^2} + s - \theta'\frac{ds}{dv} + \ldots,$$

$6'$ étant égal à

$$\frac{m}{2u'}\,\varphi\!\left(\frac{1}{u'}\right) + \frac{m^2}{2u''^2}\,\varphi'\!\left(\frac{1}{u'}\right);$$

en intégrant, on aura

$$s = \lambda\left(1 + \frac{6'}{2}\,v\right)\sin(v - \vartheta),$$

λ et ϑ étant deux arbitraires. Le mouvement des nœuds de la Lune n'est donc assujetti, par la résistance de l'éther, à aucune équation séculaire; mais l'inclinaison de l'orbite éprouve une légère altération par cette résistance.

Si l'on soumet à la même analyse les variations séculaires produites par la transmission successive de la gravité, on trouvera que ces variations ne peuvent être sensibles que dans le moyen mouvement de la Lune, et qu'elles n'altèrent ni le mouvement de l'apogée ni celui des nœuds. Ces deux mouvements offrent donc un moyen simple de reconnaître la véritable cause à laquelle on doit attribuer l'équation séculaire de la Lune; car s'ils varient sensiblement de siècle en siècle, il en résulte que cette équation n'est due ni à la résistance de l'éther, ni à la transmission successive de la gravité, et, si les altérations des trois mouvements de la Lune, par rapport au Soleil, à son apogée et à ses nœuds, sont telles que l'exige la loi de la pesanteur, elles n'ont point évidemment d'autre cause. Or, en comparant à nos Tables cinquante-deux éclipses observées par les Chaldéens, les Grecs et les Arabes, et dont vingt-cinq viennent d'être connues par les soins du citoyen Caussin, le citoyen Bouvard a trouvé $8'$ pour la correction du mouvement séculaire de l'anomalie de la Lune. Cette correction, confirmée par les époques et les moyens mouvements des Tables de Ptolémée et des Arabes, dépend, à la vérité, de l'équation séculaire de l'anomalie, dont il a fait usage d'après la théorie précédente; mais on a vu que la comparaison d'un très grand nombre d'observations de Lahire, Flamsteed, Bradley et Maskelyne donne, à très peu près, la même

correction. Un accord aussi remarquable établit incontestablement :
1° l'existence de l'équation séculaire de l'anomalie de la Lune ; 2° l'approximation de la valeur que je lui ai assignée, et de l'analyse qui m'y
a conduit ; 3° enfin, que les équations séculaires de la Lune ont uniquement pour cause la variation de l'excentricité de l'orbe terrestre.

MÉMOIRE

SUR LE

MOUVEMENT DES ORBITES

DES SATELLITES DE SATURNE ET D'URANUS.

MÉMOIRE

SUR LE

MOUVEMENT DES ORBITES

DES SATELLITES DE SATURNE ET D'URANUS [1].

Mémoires de l'Académie des Sciences, 1ʳᵉ Série, T. III; prairial an IX [2].

I.

Les anneaux de Saturne et ses six premiers satellites se meuvent, à
très peu près, dans un même plan. Dominique Cassini pensait que
l'orbite du dernier satellite est dans le plan des anneaux; mais Jacques
Cassini, son fils, reconnut, en 1714, qu'elle s'en écarte sensiblement.
Il résulte des observations qu'il fit alors qu'en rapportant cette orbite
et les anneaux à l'orbite de la planète, le nœud de l'orbite du dernier
satellite était de $15°\frac{2}{3}$ moins avancé que le nœud des anneaux, et que son
inclinaison n'était que de $22°\frac{2}{3}$, tandis que l'inclinaison des anneaux
était de $30°$. Le citoyen Bernard ayant fait, en 1787, de nouvelles
observations sur cet objet, Lalande a conclu de leur discussion qu'à
cette époque le nœud de l'orbite était de $22°\frac{1}{2}$ moins avancé que celui
des anneaux; d'où il suit qu'en soixante-treize ans le nœud de l'orbite a rétrogradé de $6°50'$, ou de $5'37''$ par année. Mais l'incertitude
de ce genre d'observations ne permet pas de compter sur ce résultat,

[1] Lu le 11 ventôse an VIII.

[2] *Mémoires de l'Institut national des Sciences et Arts*, t. III.

et la rétrogradation du nœud est la seule chose que l'on puisse en conclure. Il m'a paru intéressant de connaître ce que la théorie de la pesanteur universelle donne à cet égard : c'est l'objet de ce Mémoire.

On sait, par la théorie des satellites de Jupiter, que chacun de leurs orbes se meut sur un plan fixe, passant par la ligne des nœuds de l'équateur et de l'orbite de la planète, entre ces deux derniers plans. L'inclinaison de ce plan fixe à l'équateur est d'autant plus grande que les satellites sont plus éloignés : elle est insensible pour le premier satellite, et s'élève à 25′ pour le quatrième. Un effet semblable a lieu relativement aux satellites et aux anneaux de Saturne. J'ai prouvé, dans le Livre V de mon *Traité de Mécanique céleste*, que les anneaux sont maintenus par l'attraction de Saturne dans le plan de son équateur. La même attraction maintient dans ce plan les orbes des six premiers satellites; mais il n'en est pas ainsi du septième. Sa distance au centre de Saturne rend l'action du Soleil, pour changer le plan de son orbite, comparable à celle de Saturne, des anneaux et des satellites intérieurs. La recherche du mouvement que ces attractions diverses produisent dans son orbite est un problème dont la solution dépend d'une analyse délicate. Elle se simplifie en rapportant l'orbite à un plan déterminé, passant par la ligne des nœuds de l'équateur et de l'orbite de la planète entre ces deux derniers plans. Alors, elle se ramène à la rectification des sections coniques, et l'on en conclut facilement, par des suites très convergentes, l'inclinaison de l'orbite et le mouvement des nœuds sur ce plan. Ce mouvement est presque uniforme, et l'inclinaison est à peu près constante; mais l'inclinaison du plan déterminé à l'équateur et le mouvement annuel des nœuds dépendent de l'aplatissement de Saturne et des masses des anneaux et des satellites intérieurs. Des observations précises du dernier satellite, faites à de grands intervalles, doivent donc répandre beaucoup de lumière sur ces objets, et, par cette raison, elles méritent l'attention des astronomes. J'observerai ici que le mouvement annuel et rétrograde du nœud de l'orbite de ce satellite sur l'orbite de Saturne n'excède pas maintenant 3′21″.

Si l'on n'a égard qu'à l'action de Saturne et du Soleil, le plan fixe sur lequel se meut l'orbite du sixième satellite n'est pas incliné de $17'$ à l'équateur de Saturne ; mais, si la masse du septième satellite surpassait de $\frac{1}{200}$ celle de Saturne, son action écarterait sensiblement l'orbite du sixième satellite du plan des anneaux. Puisque cela n'est pas, on doit en conclure que la masse du dernier satellite est au-dessous de cette fraction, ce qui paraîtra fort vraisemblable si l'on considère que la masse du plus gros satellite de Jupiter n'est pas de $\frac{1}{10000}$ de celle de la planète.

La même analyse appliquée aux satellites d'Uranus fait voir que son action seule peut maintenir les cinq premiers dans le plan de son équation. Elle est probablement insuffisante pour cet objet, relativement au sixième satellite ; mais, si la masse du cinquième surpasse la vingt-millième partie de celle de la planète, alors son action réunie à celle d'Uranus suffit pour maintenir l'orbite du sixième dans le plan des autres orbites, conformément aux observations d'Herschel.

Lorsque l'on est parvenu à la véritable cause des phénomènes, on la compare avec intérêt aux tentatives plus ou moins heureuses faites auparavant pour l'expliquer. Jacques Cassini a donné, dans les *Mémoires de l'Académie des Sciences* pour l'année 1714, l'explication suivante de celui qui nous occupe.

« La situation des nœuds du cinquième satellite et l'inclinaison de son orbe, qui sont si différentes de celles des autres, semblent, dit-il, déranger l'économie du système des satellites qu'on avait cru jusqu'à présent avoir tous les mêmes nœuds et être dans un même plan. Cependant il paraît que l'on peut en rendre aisément la raison physique, si l'on fait attention à la grande distance de ce satellite au centre de Saturne, car l'effort qui entraîne les satellites suivant la direction du plan de l'anneau s'affaiblit en s'éloignant de Saturne, et est obligé de céder à un autre effort qui emporte Saturne et toutes les planètes suivant l'écliptique. Ces deux efforts agissent sur le cinquième satellite suivant des directions inclinées l'une à l'autre de 31°. Il résulte qu'il doit suivre son cours suivant une direction moyenne, entre le plan de l'anneau et celui de l'écliptique. »

L'effort qui entraîne les satellites dans la direction du plan de l'anneau, et dont Cassini ignorait la cause, est l'attraction de Saturne, due à son renflement vers l'équateur, et l'attraction des anneaux. Quant à l'effort qui emporte Saturne et les planètes suivant l'écliptique, on sait maintenant qu'il n'existe point, et que le mouvement de ces corps, à peu près dans le plan de l'écliptique, est dû aux circonstances primitives de ce mouvement; mais, si l'on substitue à cet effort l'action du Soleil, alors l'explication de Cassini coïncide avec la véritable.

II.

Prenons pour plan fixe celui de l'orbite du septième satellite à une époque donnée; nommons s la tangente de la latitude du satellite au-dessus de ce plan; r le rayon projeté de l'orbite supposée circulaire, et v l'angle décrit par la projection de ce rayon sur ce plan. On aura, par le n° 15 du Livre II de la *Mécanique céleste*, en observant que s est ici de l'ordre des forces perturbatrices, en négligeant les quantités de l'ordre du carré de ces forces et en prenant pour unité la masse de Saturne, ou, plus exactement, la somme des masses de cette planète, de son anneau et de ses six premiers satellites,

$$0 = \frac{d^2 s}{dv^2} + s - r \frac{\partial Q}{\partial s} + r^2 s \frac{\partial Q}{\partial r},$$

Q étant une fonction que nous allons déterminer.

Pour cela, considérons d'abord l'action du Soleil. Si l'on nomme x, y, z les coordonnées du satellite rapportées au centre de Saturne et au plan de l'orbite primitive du satellite ; x', y', z' celles du Soleil, et r' sa distance au centre de Saturne, on aura, par le n° 14 du Livre II de la *Mécanique céleste*,

$$Q = - m' \frac{xx' + yy' + zz'}{r'^3} + \frac{m'}{\sqrt{(x' - x)^2 + (y' - y)^2 + (z' - z)^2}},$$

quantité qui, à raison de la petitesse de r, relativement à r', se réduit à

$$Q = \frac{m'}{r'} - \frac{1}{2}\,\frac{m'r'^2(1+s^2)}{r'^3} + \frac{3}{2}\,m'\frac{(xx'+yy'+zz')^2}{r'^5};$$

on aura donc, en observant que z est à très peu près égal à rs, et en négligeant les termes de l'ordre de $\dfrac{m'r^2 s}{r'^3}$,

$$-r\frac{\partial Q}{\partial s} + r^2 s\frac{\partial Q}{\partial r} = -\frac{3m'r^2 z'}{r'^5}(xx'+yy'+zz').$$

Si l'on conçoit que l'axe des x soit la ligne menée du centre de Saturne au nœud de l'anneau sur l'orbite, et que l'on nomme λ l'inclinaison du plan fixe à l'orbite de Saturne, on aura, en désignant par x'' et y'' les coordonnées du Soleil rapportées au plan de l'orbite de Saturne,

$$x' = x'', \qquad y' = y''\cos\lambda, \qquad z' = -y''\sin\lambda.$$

Si l'on nomme v' le mouvement du Soleil vu de Saturne, et rapporté à l'orbite de cette planète, on aura

$$x'' = r'\cos v', \qquad y'' = r'\sin v';$$

on a, de plus,

$$x = r\cos v, \qquad y = r\sin v, \qquad z = rs.$$

En ne conservant donc dans le développement de la fonction

$$-r\frac{\partial Q}{\partial s} + r^2 s\frac{\partial Q}{\partial r}$$

que les termes dépendants du sinus ou du cosinus de l'angle v, et qui peuvent seuls produire, par l'intégration, des arcs de cercle dans l'expression de s, on aura, par l'action de m',

$$-r\frac{\partial Q}{\partial s} + r^2 s\frac{\partial Q}{\partial r} = \frac{3m'r^2}{2r'^3}\sin\lambda\cos\lambda\sin v.$$

Déterminons présentement la valeur de $-r\dfrac{\partial Q}{\partial s} + r^2 s\dfrac{\partial Q}{\partial r}$, relative à l'action de Saturne.

Soit V la somme des molécules de Saturne divisées par leurs distances respectives au dernier satellite. V sera, par le n° 15 cité, la partie de Q relative à l'attraction de Saturne. En considérant cette planète comme un solide de révolution, ce que l'on peut supposer ici sans erreur sensible, et prenant pour unité son demi-axe, on aura, par le n° 35 du Livre III de la *Mécanique céleste*,

$$V = -\frac{1}{r\sqrt{1+s^2}} + \frac{\frac{1}{2}\alpha\varphi - \alpha h}{r^3(1+s^2)^{\frac{3}{2}}}(\mu^2 - \tfrac{1}{3}),$$

$\alpha\varphi$ étant le rapport de la force centrifuge à la pesanteur à l'équateur de Saturne, αh étant son ellipticité, et μ étant le sinus de la déclinaison du satellite relativement à cet équateur. Si l'on nomme γ l'inclinaison de l'équateur au plan fixe ou à l'orbite primitive du satellite ; si l'on nomme, de plus, ψ l'arc de cette orbite compris entre l'équateur et l'orbite de Saturne, $v - \psi$ sera le mouvement du satellite, rapporté à son orbite primitive et compté de l'intersection de cette orbite avec l'équateur de la planète. On trouve, par les formules de la Trigonométrie sphérique, que, si l'on néglige le carré de s, on a

$$\mu^2 = \sin^2\gamma \sin^2(v - \psi) - 2s\sin\gamma\cos\gamma\sin(v - \psi).$$

En substituant donc cette valeur de μ^2 dans V et négligeant les termes des ordres $2s$ et s^2, en ne conservant ensuite que les termes multipliés par le sinus ou le cosinus de $v - \psi$, on aura

$$-r\frac{\partial Q}{\partial s} + r^2 s\frac{\partial Q}{\partial r} = \frac{\alpha\varphi - 2\alpha h}{r^3}\sin\gamma\cos\gamma\sin(v - \psi).$$

Il nous reste à considérer l'action des anneaux de Saturne et de ses six premiers satellites ; or, si l'on considère un satellite intérieur dont la masse soit m'', et dont le rayon de l'orbite soit r'', cette orbite étant située dans le plan de l'équateur de Saturne, on trouvera, par ce qui précède, en supposant r'' très petit par rapport à r,

$$-r\frac{\partial Q}{\partial s} + r^2 s\frac{\partial Q}{\partial r} = -\frac{3m''r''^2}{2r^3}\sin\gamma\cos\gamma\sin(v - \psi).$$

En considérant donc les anneaux comme la réunion d'une infinité de

satellites, on aura, en vertu de leurs attractions et de celle des satellites intérieurs,

$$-r\frac{\partial Q}{\partial s} + r^2 s \frac{\partial Q}{\partial r} = -\frac{B}{r^2}\sin\gamma\cos\gamma\sin(v-\psi);$$

B étant un coefficient constant dépendant des masses et de la constitution des anneaux et des satellites intérieurs. Soient, pour abréger,

$$K = \frac{3\,m'r^3}{4\,r'^3}, \qquad K' = \frac{\alpha h - \frac{1}{2}\alpha^2 + \frac{1}{2}B}{r^2},$$

on aura

$$0 = \frac{d^2 s}{dt^2} + 3K\sin\lambda\cos\lambda\sin v - 2K'\sin\gamma\cos\gamma\sin(v-\psi);$$

d'où l'on tire, en intégrant et négligeant, comme on le peut ici, les
constantes arbitraires,

$$s = K v \sin\lambda\cos\lambda\cos v - K'v\sin\gamma\cos\gamma\cos(v-\psi).$$

Concevons maintenant, par le centre de Saturne, un plan passant
par les nœuds de l'équateur avec l'orbite de la planète, et formant
l'angle θ avec le plan de l'équateur. Soient σ l'inclinaison de l'orbite
du satellite sur ce nouveau plan, et $v + \Gamma$ la distance du satellite au
nœud de son orbite avec ce plan ; enfin soit Π la distance de ce
nœud au nœud de l'équateur avec l'orbite, que nous supposerons plus
avancé en longitude. Si l'on fait varier σ de $\delta\sigma$, Π étant supposé constant, il en résultera pour s une valeur égale à $\delta\sigma\sin(v+\Gamma)$. Si, σ
étant supposé constant, on fait varier Π de $\delta\Pi$, la valeur résultante
pour s sera $\delta\Pi\sin\sigma\cos(v+\Gamma)$. On aura donc, en faisant tout varier à
la fois,

$$\delta\sigma\sin(v+\Gamma) + \delta\Pi\sin\sigma\cos(v+\Gamma) = s.$$

En égalant cette valeur de s à la précédente, on aura

$$(1)\quad \begin{cases} \delta\sigma\sin(v+\Gamma) + \delta\Pi\sin\sigma\cos(v+\Gamma) \\ \quad = K v \sin\lambda\cos\lambda\cos v - K'v\sin\gamma\cos\gamma\cos(v-\psi). \end{cases}$$

On a, en ne portant l'approximation que jusqu'à la première puissance de v,

$$\partial\varpi = v\frac{\partial\varpi}{\partial v}, \qquad \partial\Pi = v\frac{\partial\Pi}{\partial v}.$$

Si l'on substitue, dans le second membre de l'équation (1),

$$\cos(v + \Gamma - \Gamma') \qquad \text{au lieu de} \quad \cos v$$

et

$$\cos(v + \Gamma - \psi - \Gamma') \qquad \text{au lieu de} \quad \cos(v - \psi):$$

si on les développe ensuite en sinus et cosinus de $v + \Gamma$, la comparaison de leurs coefficients à ceux du premier membre donnera

$$(A) \quad \begin{cases} \dfrac{\partial\varpi}{\partial v} = K\sin\lambda\cos\lambda\sin\Gamma - K'\sin\gamma\cos\gamma\sin(\psi + \Gamma), \\[2ex] \dfrac{\partial\Pi}{\partial v}\sin\varpi = K\sin\lambda\cos\gamma\cos\Gamma - K'\sin\gamma\cos\gamma\cos(\psi + \Gamma). \end{cases}$$

Les formules de la Trigonométrie sphérique donnent, en nommant Λ l'inclinaison de l'équateur de Saturne à son orbite,

$$\sin\lambda\sin\Gamma = \sin(\Lambda - \theta)\sin\Pi,$$
$$\sin\lambda\cos\Gamma = \sin\varpi\cos(\Lambda - \theta) + \sin(\Lambda - \theta)\cos\varpi\cos\Pi,$$
$$\cos\lambda = \cos\varpi\cos(\Lambda - \theta) - \sin\varpi\sin(\Lambda - \theta)\cos\Pi,$$
$$\sin\gamma\sin(\psi + \Gamma) = \sin\theta\sin\Pi,$$
$$\sin\gamma\cos(\psi + \Gamma) = \sin\theta\cos\varpi\cos\Pi - \sin\varpi\cos\theta,$$
$$\cos\gamma = \cos\theta\cos\varpi + \sin\theta\sin\varpi\cos\Pi.$$

En faisant donc

$$K\sin(\Lambda - \theta)\cos(\Lambda - \theta) = K'\sin\theta\cos\theta,$$

ce qui donne, pour déterminer θ, l'équation

$$\operatorname{tang}2\theta = \frac{K\sin 2\Lambda}{K' + K\cos 2\Lambda},$$

on aura

$$\frac{\partial\varpi}{\partial v} = -\tfrac{1}{2}\left[K\sin^2(\Lambda - \theta) + K'\sin^2\theta\right]\sin\varpi\sin 2\Pi,$$

$$\frac{\partial\Pi}{\partial v} = \quad \left[K\cos^2(\Lambda - \theta) + K'\cos^2\theta\right]\cos\varpi$$
$$\qquad - \left[K\sin^2(\Lambda - \theta) + K'\sin^2\theta\right]\cos\varpi\cos^2\Pi.$$

Soit, pour abréger,

$$K \cos^2(A - \theta) + K' \cos^2 \theta - \tfrac{1}{2} K \sin^2(A - \theta) - \tfrac{1}{2} K' \sin^2 \theta = p,$$
$$\tfrac{1}{2} K \sin^2(A - \theta) + \tfrac{1}{2} K' \sin^2 \theta = q;$$

on aura

$$\frac{\partial \varpi}{\partial v} = - q \sin \varpi \sin 2 \Pi,$$

$$\frac{\partial \Pi}{\partial v} = p \cos \varpi - q \cos \varpi \cos 2 \Pi,$$

d'où l'on tire

$$\frac{d\varpi \cos \varpi}{\sin \varpi} = \frac{- q \, d\Pi \sin 2 \Pi}{p - q \cos 2 \Pi}$$

et, en intégrant,

$$\sin \varpi = \frac{a}{\sqrt{p - q \cos 2 \Pi}},$$

a étant une constante arbitraire. L'expression précédente de $\dfrac{\partial \Pi}{\partial v}$ donnera donc

$$dv = \frac{d\Pi}{\sqrt{(p - q \cos 2 \Pi)(p - a^2 - q \cos 2 \Pi)}},$$

équation différentielle dont l'intégration dépend de la rectification des sections coniques. On peut mettre cette équation sous une forme plus simple en faisant

$$\tan \Pi = \sqrt{\frac{p - q}{p + q}} \tan \Pi';$$

elle devient alors

$$dv = \frac{d\Pi'}{\sqrt{p^2 - q^2} \sqrt{1 - \dfrac{a^2 p}{p^2 - q^2} - \dfrac{a^2 q}{p^2 - q^2} \cos 2 \Pi'}}.$$

Cette équation donnera, en l'intégrant par les méthodes connues, l'expression de v en Π', et, par le retour des suites, on aura celle de Π' en v. On aura ensuite, en faisant $\dfrac{q}{p + \sqrt{p^2 - q^2}} = b$,

$$\Pi = \Pi' - b \sin 2 \Pi' + \frac{b^2}{2} \sin 4 \Pi' - \frac{b^3}{3} \sin 6 \Pi' + \ldots$$

III.

Pour appliquer des nombres à ces formules, il faut connaître les valeurs de K et de K′. Celle de K est facile à déterminer, car $\frac{m'}{r'^2}$ est l'attraction du Soleil sur Saturne, et cette attraction est égale à la force centrifuge due au mouvement de Saturne dans son orbite : or cette force est égale au carré de la vitesse de Saturne, divisé par le rayon de l'orbite. En nommant donc T′ la durée de la révolution de Saturne, et π la demi-circonférence dont le rayon est l'unité, la force centrifuge sera $\frac{4\pi^2 r'}{T'^2}$; en l'égalant à $\frac{m'}{r'^2}$, on aura

$$\frac{m'}{r'^3} = \frac{4\pi^2}{T'^2}.$$

Si l'on nomme T la durée de la révolution du dernier satellite, on aura pareillement

$$\frac{1}{r^3} = \frac{4\pi^2}{T^2};$$

on aura donc

$$K = \frac{3}{4}\,\frac{m'r^3}{r'^3} = \frac{3}{4}\,\frac{T^2}{T'^2}.$$

Les observations donnent

$$T = \quad 79^j,3296,$$
$$T' = 10759^j,08,$$

d'où l'on tire

$$K = 0,000040774.$$

La valeur de K′ est égale à $\dfrac{\alpha h - \frac{1}{2}\alpha\rho + \frac{1}{2}B}{r^3}$. Dans cette expression, le demi-axe de Saturne est pris pour unité, mais son aplatissement αh est inconnu, ainsi que la quantité $\frac{1}{2}B$, qui dépend de la masse des anneaux et des six premiers satellites. Il est donc impossible de déterminer exactement sa valeur, mais on peut connaître d'une manière approchée la partie de K′ qui dépend de l'action de Saturne.

Pour cela, nous observons que, si l'on nomme t la durée de la rotation de Saturne, on aura

$$\alpha\varphi = \frac{T^2}{t^2 r^3}.$$

Les observations donnent

$$t = 0^j,428, \qquad r = 59,154,$$

d'où l'on tire

$$\alpha\varphi = 0,16597.$$

Supposons que l'aplatissement de la Terre soit à la valeur de $\alpha\varphi$ qui lui correspond comme l'aplatissement de Saturne est à la valeur correspondante de $\alpha\varphi$. On a vu, dans le Livre III de la *Mécanique céleste*, que cette proportion a lieu, à fort peu près, pour Jupiter comparé à la Terre : $\alpha\varphi$ est égal à $\frac{1}{289}$ pour la Terre; en supposant donc que l'aplatissement de cette planète est $\frac{1}{335}$, conformément aux expériences du pendule, on aura

$$\alpha h - \tfrac{1}{2}\alpha\varphi = \frac{243}{670}\,\frac{T^2}{t^2 r^3}.$$

Ainsi, en n'ayant égard qu'à la partie de K' dépendante de l'action de Saturne, on aura

$$K' = K\,\frac{162}{335}\,\frac{T'^2}{t^2 r^3} = 0,4219 K;$$

on ne peut donc pas supposer à K' une plus petite valeur.

A étant, par les observations, égal à $30°$, cette valeur de K' donne

$$\theta = 21°36'20''.$$

On aurait la vraie valeur de K' si l'on connaissait le mouvement annuel du nœud de l'orbite du satellite sur l'orbite de Saturne. Les équations (A) de l'article I donnent, en prenant pour plan fixe celui de l'orbite de Saturne, ce qui change ϖ en λ et rend Γ nul :

$$\frac{\partial \lambda}{\partial v} = -\,K'\sin\gamma\cos\gamma\sin\psi,$$

$$\frac{\partial \pi}{\partial v} = \quad K\cos\lambda - \frac{K'\sin\gamma\cos\gamma\cos\psi}{\sin\lambda}.$$

Suivant le citoyen Lalande, on avait, en 1787,

$$\lambda = 23°42', \qquad \gamma = 13°14', \qquad \psi = 64°13'.$$

En employant la valeur précédente de K', on aura

$$3'44'',5 - 24'',0$$

pour le mouvement annuel et rétrograde du nœud par rapport à l'équinoxe fixe, le premier de ces deux termes étant relatif à l'attraction solaire.

La diminution annuelle de l'inclinaison de l'orbite du satellite à l'orbite de Saturne, supposée fixe, est de 19'',1. Les observations donnent 5'37'' pour le mouvement annuel du nœud. Mais il suffit de considérer l'incertitude de ce genre d'observations, et particulièrement de celles de Cassini en 1714, pour reconnaitre que leur différence d'avec la théorie tient aux erreurs dont elles sont susceptibles.

Le rapport de K' à K diminue comme la cinquième puissance de la distance du satellite au centre de Saturne. Ainsi, pour le sixième satellite, le rayon r étant 20,295, il faut multiplier la valeur précédente de K' par $\left(\dfrac{59,154}{20,295}\right)^{5}$ pour avoir la valeur de K' relative au sixième satellite. On aura ainsi

$$K' = 88,753 K,$$

ce qui donne 16'41'' pour l'inclinaison θ du plan fixe que nous avons considéré à l'équateur de Saturne, inclinaison insensible pour nous. Et comme le satellite se meut à très peu près sur ce plan fixe, si l'arbitraire α est nulle ou très petite, on voit que l'action de Saturne peut maintenir à très peu près dans un même plan l'orbite du sixième satellite, et à plus forte raison celles des satellites plus intérieurs et ses anneaux, ce qui est conforme à ce que j'ai démontré dans le dernier Chapitre du Livre V de la *Mécanique céleste*.

Cependant, si la masse du dernier satellite surpassait $\frac{1}{200}$ de celle de Saturne, l'orbite du sixième pourrait, en vertu de son action, s'écarter sensiblement du plan de l'équateur. En effet, il est facile

de voir, par l'analyse de l'article I, que l'action du septième satellite
introduit dans l'expression de s relative au sixième satellite un terme
de la forme

$$K'' v \sin \lambda' \cos \lambda' \cos(v - \psi),$$

K'' étant à peu près égal à $\dfrac{3}{4}\dfrac{mr_1^3}{r^3}$, m étant la masse du dernier satellite,
r étant le rayon de son orbite et r_1 étant le rayon de l'orbite du sixième
satellite. λ' est l'inclinaison de l'orbite du sixième à celle du septième,
et ψ' est l'arc de l'orbite du sixième satellite compris entre l'orbite
du septième et celle de Saturne. Il est visible que ce terme produirait
un déplacement sensible à l'équateur de Saturne, si le rapport de K''
à K' n'était pas une fraction peu considérable; or, en n'ayant égard
qu'à l'action de Saturne, on a

$$K' = \tfrac{3}{4}\, 88,753 \left(\frac{15,9453}{10759,08}\right)^3, \qquad K'' = \frac{3m}{4}\left(\frac{20,295}{59,134}\right)^3.$$

En supposant $K'' = K'$, on aura

$$m = 0,004828.$$

La masse du dernier satellite est donc au-dessous de cette valeur, et
il y a lieu de penser qu'elle n'excède pas $\frac{1}{1000}$ de celle de Saturne; ce
qui paraîtra vraisemblable, si l'on considère que la masse du plus
gros satellite de Jupiter n'est pas $\frac{1}{10000}$ de celle de la planète.

IV.

Si l'on applique l'analyse précédente aux satellites d'Uranus, on
trouve que l'action seule de cette planète ne suffit pas pour maintenir
l'orbite de son dernier satellite dans le plan de son équateur. Quoique
nous ignorions la durée de sa rotation, il n'est pas cependant vraisemblable qu'elle soit beaucoup moindre que celle de Jupiter et de
Saturne.

Supposons qu'elle soit la même que celle de Saturne : l'équation

$$K' = K \frac{162}{335} \frac{T'^2}{t'^2 r^3},$$

trouvée dans l'article précédent, donnera, en observant qu'ici

$$T' = 30689 \text{ jours,}$$

et que, suivant Herschel, $r = 91,008$,

$$K' = 0,39815 K.$$

Le plan de l'équateur d'Uranus étant supposé perpendiculaire à très peu près à son orbite, si l'on fait

$$\frac{\pi}{2} - A' = A,$$

π étant le rapport de la demi-circonférence au rayon, A' sera un très petit angle. Soit

$$\theta = \frac{\pi}{2} - \theta',$$

θ' sera l'inclinaison du plan fixe à l'orbite, et l'on aura

$$\theta' = \frac{A'}{0,60185}.$$

Le plan fixe sur lequel se meut l'orbite du dernier satellite coïnciderait donc, à très peu près, avec celui de l'orbite de la planète, et ce satellite cesserait à la longue de se mouvoir dans le plan de l'équateur et des orbes des autres satellites; mais il peut être retenu dans ce dernier plan par l'action des satellites intérieurs. Pour le faire voir, nous observerons que, par l'article I, l'action du satellite intérieur m'' ajoute à la valeur de K' la quantité $\frac{3}{4} m'' \frac{r''^2}{r^3}$, en supposant $\frac{r'}{r}$ une très petite fraction. A la vérité, cette fraction est, à très peu près, $\frac{1}{2}$ par rapport au cinquième satellite; et alors ce que l'action de m'' ajoute à la valeur

de K' diffère sensiblement de $\frac{3}{4}m''\frac{r''^2}{r'^2}$; mais cette approximation est
suffisante pour notre objet. Cela posé, reprenons l'équation

$$\operatorname{tang} 2\theta = \frac{K \sin 2A}{K' + K \cos 2A}.$$

A étant égal à $\frac{\pi}{2} - A'$, A' étant fort petit, on a

$$\operatorname{tang} 2\theta = \frac{K \sin 2A}{K' - K}.$$

Si K' surpasse sensiblement K, alors on a

$$\theta = \frac{A'}{K' - K}.$$

Nous venons de voir que, si l'on n'aégard qu'à l'action d'Uranus et
du Soleil, K surpasse probablement K'; mais, si l'on suppose

$$\tfrac{3}{4} m'' \frac{r''^2}{r'^2} = K,$$

on aura
$$K' = 1,39815\,K$$

et, par conséquent,
$$\theta = \frac{A'}{0,39815}.$$

K, relativement à Uranus, est égal à $0,0000050115$; de plus $\frac{r''}{r} = \frac{1}{2}$.
On aura donc
$$m'' = 0,000026728,$$

la masse d'Uranus étant prise pour unité. Or cette masse du cinquième satellite et même une masse supérieure sont très admis-
sibles. L'orbe du sixième satellite peut donc être retenu dans le
plan de l'équateur de la planète par l'action des satellites intérieurs.
Quant aux orbes de ces satellites, l'action seule d'Uranus suffit pour
les maintenir dans le plan de son équateur; car le rapport de K' à K
augmentant réciproquement comme la cinquième puissance du rayon

de l'orbite, on a, relativement au cinquième satellite,

$$K' = 12,7408 \, K,$$

ce qui donne

$$q = \frac{K'}{11,7408}.$$

V.

J'ai supposé, dans l'analyse précédente, l'équateur de Saturne et son orbite immobiles; or l'action du Soleil et du dernier satellite de cette planète fait rétrograder les nœuds de son équateur, et son orbite est en mouvement par l'action de Jupiter et d'Uranus; mais la lenteur de ces divers mouvements rend cette supposition admissible. En effet, le mouvement annuel et rétrograde de l'équateur de Saturne et celui de son orbite sur l'équateur s'élèvent à peine à deux ou trois secondes, et les limites de la variation de l'inclinaison de l'orbite à l'équateur sont toujours très petites. Reprenons, cela posé, l'équation trouvée dans l'article II,

$$\frac{d\varpi \cos \varpi}{\sin \varpi} = \frac{- q \, d\Pi \sin 2\Pi}{p - q \cos 2\Pi}.$$

En l'intégrant, on aura

$$\log \sin \varpi = \log a - \tfrac{1}{2} \log(p - q \cos 2\Pi) + \frac{1}{2} \int \frac{dp - dq \cos 2\Pi}{p - q \cos 2\Pi}.$$

Soient

$$dp = \alpha \, d\Pi \qquad \text{et} \qquad dq = \alpha' \, d\Pi,$$

α et α' étant de très petits coefficients, à raison de la lenteur des variations de la position de l'orbite sur l'équateur de Saturne; on aura

$$\sin \varpi = \frac{a}{\sqrt{p - q \cos 2\Pi}} \, e^{\frac{1}{2} \int \frac{(\alpha - \alpha' \cos 2\Pi) \, d\Pi}{p - q \cos 2\Pi}},$$

e étant le nombre dont le logarithme hyperbolique est l'unité; d'où l'on voit que l'inclinaison ϖ est à très peu près la même que si p et q étaient constants. Un raisonnement semblable s'applique à l'expres-

sion de II et nous montre que les variations très lentes des nœuds et
de l'inclinaison de l'équateur de Saturne à son orbite n'altèrent point
sensiblement les résultats précédents. L'équateur de Saturne entraine
dans son mouvement les orbites des six premiers satellites et des
anneaux, de manière qu'ils coïncident toujours avec le plan de
l'équateur.

MÉMOIRE

SUR LA

THÉORIE DE LA LUNE.

MÉMOIRE

SUR LA

THÉORIE DE LA LUNE [1].

Mémoires de l'Académie des Sciences, Ire Série, T. III; prairial an IX [2].

Il existe dans l'orbe lunaire un mouvement de nutation analogue à celui de l'équateur terrestre, et dont la période est celle du mouvement des nœuds de la Lune. Le sphéroïde terrestre, par son attraction sur ce satellite, fait osciller l'orbite lunaire comme l'attraction de la Lune sur le sphéroïde terrestre fait osciller notre équateur. L'étendue de cette nutation dépend de l'aplatissement de la Terre et peut ainsi répandre un grand jour sur cet élément important. Il en résulte, dans la latitude de la Lune, une inégalité proportionnelle à sa longitude moyenne, et dont le coefficient est $- 6'',5$, si l'aplatissement de la Terre est $\frac{1}{334}$. Ce coefficient augmente et s'élève à $- 13'',5$, si cet aplatissement est $\frac{1}{230}$. Cette inégalité revient à supposer que l'orbite lunaire, au lieu de se mouvoir sur l'écliptique en conservant sur elle une inclinaison constante, se meut avec la même condition sur un plan passant par les équinoxes, entre l'équateur et l'écliptique, et incliné à ce dernier plan de $6'',5$ dans l'hypothèse de $\frac{1}{334}$ d'aplatissement, phénomène analogue à celui que j'ai remarqué dans les orbes des satellites de Jupiter. (*Voir* l'*Exposition du système du monde*, Livre IV, Chapitre VI.)

Déjà la comparaison d'un grand nombre d'observations avait indiqué à M. Burg, astronome allemand très distingué, une inégalité périodique

---

[1] Lu le 26 prairial an VIII.

[2] *Mémoires de l'Institut national des Sciences et Arts*, t. III.

dans le mouvement des nœuds de la Lune, dont le maximum positif
lui paraissait répondre à peu près aux années 1778 et 1795, et dont
le maximum négatif répondait aux années 1768 et 1787, ce qui est
conforme à la marche de l'inégalité que j'ai trouvée. Mais M. Burg n'a
pas déterminé la loi de cette inégalité qui influe à la fois sur la position des nœuds de la Lune et sur l'inclinaison de son orbite. La découverte de cette loi est donc un nouveau bienfait de la théorie de la
pesanteur universelle, qui, sur ce point comme sur beaucoup d'autres,
a devancé les observations. M. Burg, dans sa pièce qui vient d'être
couronnée par l'Institut national, m'avait engagé à rechercher la cause
des anomalies qu'il avait remarquées, par les observations, dans les
nœuds de la Lune : l'analyse m'a conduit à celle que je viens d'an-
noncer. Le citoyen Bouvard vient d'en comparer le résultat aux observations : 220 observations de Maskeline, dans lesquelles l'inégalité
précédente était à son maximum positif, combinées avec 220 observations dans lesquelles elle était à son maximum négatif, lui ont donné
$- 7''$, 5 à très peu près pour son coefficient, ce qui répond à $\frac{1}{314}$ d'aplatissement pour la Terre. Ce coefficient s'élèverait à $- 13''$, 5 si la Terre
était homogène. Son homogénéité est donc exclue par les observations
mêmes du mouvement de la Lune.

La considération de l'inégalité précédente m'a fourni une nouvelle
détermination de l'inégalité de la Lune, dépendante de la longitude
du nœud. Les observations avaient porté Mayer à admettre cette dernière inégalité, quoiqu'elle ne fût indiquée par aucune des théories
de la Lune : il l'avait fixée à $4''$ dans son maximum. Mason, par la comparaison d'un grand nombre d'observations de Bradley, l'a trouvée
de $7''$. Enfin M. Burg, par un très grand nombre d'observations de
Maskeline, vient de la fixer à $6'',8$. L'existence de cette inégalité paraît
donc incontestable. Je ne l'avais trouvée d'abord, par la théorie de la
pesanteur, que de $2''$ au plus; mais, ayant reconnu, depuis, la nutation
de l'orbite lunaire, j'ai vu qu'elle influe très sensiblement sur cette
inégalité, et j'ai trouvé que son coefficient est à celui de l'inégalité
précédente du mouvement en latitude, comme neuf fois et demie la

tangente de l'inclinaison moyenne de l'orbite lunaire est à l'unité. Cela donne $5'',6$ pour ce coefficient dans l'hypothèse de $\frac{1}{311}$ d'aplatissement pour la Terre. Il s'élèverait à $11'',5$, si cet aplatissement était $\frac{1}{230}$; et, comme toutes les observations donnent un coefficient plus petit, elles concourent, avec celles du mouvement de la Lune en latitude, pour exclure l'homogénéité de la Terre. Le coefficient $6'',8$, trouvé par M. Burg, répond à $\frac{1}{305}$ d'aplatissement, ce qui diffère peu de l'aplatissement $\frac{1}{311}$ donné par l'inégalité du mouvement en latitude. On voit donc que la comparaison d'un très grand nombre d'observations de la Lune, tant en longitude qu'en latitude, peut déterminer cet aplatissement avec autant de précision que les mesures directes; et il est remarquable que cet astre, par l'observation suivie de ses mouvements, nous découvre la figure de la Terre dont il fit connaître la rondeur aux premiers astronomes par ses éclipses. Il résulte encore de ses recherches que la pesanteur de la Lune vers la Terre n'est point exactement dirigée vers le centre de cette planète, et se compose des attractions de toutes ses parties, ce qui fournit une confirmation nouvelle de l'attraction réciproque des molécules de la matière.

Voici présentement l'analyse qui m'a conduit à ces résultats et qui est entièrement fondée sur les formules que j'ai données dans mon *Traité de Mécanique céleste*, auquel je renvoie pour les démonstrations de ces formules. Je conserverai toutes les dénominations de cet Ouvrage : je supposerai, ainsi que dans le n° 15 du Livre II, que les lettres m, r, u, s, v, … se rapportent à la Lune; que les lettres m', r', u', s', v', … se rapportent au Soleil; que le plan fixe auquel on rapporte leurs mouvements est celui de l'écliptique, et que M est la Terre. Je prendrai de plus, pour unité de masse, la somme $M + m$ des masses de la Terre et de la Lune. Cela posé, on aura, par le n° 14 du Livre II et par le n° 35 du Livre III,

$$Q = \frac{u}{\sqrt{1+s^2}} + m'u' + \frac{m'u'^2}{4u^3}[1 - 2s^2 + 3\cos(2v - 2v')]$$
$$+ \frac{u^3}{(1+s^2)^{\frac{3}{2}}}\left(\tfrac{1}{2}\alpha\varphi - \varkappa p\right)D^2\left(\mu^2 - \tfrac{1}{3}\right),$$

αp exprimant ici l'aplatissement de la Terre, dont D exprime le rayon moyen, et $\alpha\varphi$ exprimant le rapport de la force centrifuge à la pesanteur à l'équateur; μ est le sinus de la déclinaison de la Lune. En nommant λ l'obliquité de l'écliptique, on aura, à très peu près,

$$\mu = \sin\lambda . \sin v + s \cos\lambda.$$

La valeur de Q contient donc le terme

$$2 D^2 u^3 s(\tfrac{1}{2}\alpha\varphi - \alpha p) \sin\lambda . \cos\lambda \sin v,$$

et par conséquent l'expression de $\dfrac{\partial Q}{\partial s}$ contient le terme

$$2 D^2 u^3(\tfrac{1}{2}\alpha\varphi - \alpha p) \sin\lambda . \cos\lambda . \sin v.$$

La troisième des équations (K) du n° 15 du Livre II donnera ainsi, par son développement, une équation de cette forme

$$0 = \frac{d^2 s}{dv^2} + (1 + 2i)s - \frac{2 D^2 u}{h^2} (\tfrac{1}{2}\alpha\varphi - \alpha p) \sin\lambda \cos\lambda . \sin v + \ldots,$$

— iv étant le mouvement rétrograde du nœud de la Lune. En l'intégrant, on voit que s contient le terme

$$\frac{D^2}{a^2 i} (\tfrac{1}{2}\alpha\varphi - \alpha p) \sin\lambda . \cos\lambda \sin v,$$

$\dfrac{1}{u}$ et h^2 étant à fort peu près égaux à la moyenne distance a de la Lune à la Terre.

$\dfrac{D}{a}$ est la parallaxe horizontale de la Lune, que nous supposerons de $57'$; on a

$$\alpha\varphi = \tfrac{1}{119}, \qquad \lambda = 23°28' \qquad \text{et} \qquad i = 0{,}004022,$$

ce qui donne $- 6'',5 \sin v$ pour l'inégalité précédente, en supposant $\alpha p = \tfrac{1}{334}$; elle serait $- 13'',5 \sin v$, si l'on supposait $\alpha p = \tfrac{1}{230}$.

Considérons présentement l'inégalité du mouvement de la Lune en longitude. Pour cela, reprenons la formule (T) du n° 46 du Livre II.

Nous observerons que, dans cette formule,

$$R = \frac{1}{r} - Q,$$

ce qui donne, en considérant que $u = \frac{\sqrt{1 + s^2}}{r}$,

$$R = - m'u' - \frac{m'u'^3 r^2}{4}\left[1 - 3s^2 + 3\cos(2v - 2v')\right]$$

$$- (\tfrac{1}{2}\alpha\varphi - \alpha p)\frac{D^2}{r^3}\, 2s \sin\lambda.\cos\lambda.\sin v - \ldots$$

Or on a, par ce qui précède,

$$s = \gamma \sin[(1 + i)v - \theta] + \frac{D^2}{a^2 i}(\tfrac{1}{2}\alpha\varphi - \alpha p)\sin\lambda.\cos\lambda.\sin v.$$

Il contient donc la fonction

$$\tfrac{3}{2} m'u'^3 r^2 \frac{D^2\gamma}{a^2 i}(\tfrac{1}{2}\alpha\varphi - \alpha p)\sin\lambda.\cos\lambda.\cos(iv - \theta)$$

$$- (\tfrac{1}{2}\alpha\varphi - \alpha p)\frac{D^2\gamma}{r^3}\sin\lambda.\cos\lambda.\cos(iv - \theta).$$

Si l'on désigne par nt et $n't$ les moyens mouvements de la Lune et du Soleil, t exprimant le temps, on a, en regardant l'orbite du Soleil comme circulaire,

$$m'u'^3 a^2 = \left(\frac{n'}{n}\right)^2.$$

On sait, de plus, par la théorie de la Lune, que i est à fort peu près égal à $\frac{3}{4}\left(\frac{n'}{n}\right)^2$; les termes précédents de R deviennent ainsi

$$\frac{D^2\gamma}{a^3}(\tfrac{1}{2}\alpha\varphi - \alpha p)\left(\frac{r^3}{a^3} - \frac{a^2}{r^3}\right)\sin\lambda.\cos\lambda.\cos(int - \theta).$$

Maintenant on peut supposer que, dans la formule (T), la caractéristique δ se rapporte à la quantité $\frac{1}{2}\alpha\varphi - \alpha p$; nous ferons donc cette supposition; mais alors, pour avoir la valeur complète de δR, il faut avoir celle de δr, car le terme $- \dfrac{m'u'^3 r^2}{4}$ de l'expression de R donne dans δR celui-ci $-\dfrac{m'u''r\,\delta r}{2}$, auquel il serait nécessaire d'avoir égard si δr contenait un terme de la forme $\dfrac{K}{i}\cos(int-\theta)$; car, $m'u'^3a^2$ étant égal à $\frac{1}{3}i$, il en résulterait dans δR un terme dépendant de $\cos(int-\theta)$, qui serait du même ordre que ceux auxquels nous venons d'avoir égard dans l'expression de R. Il importe donc de déterminer la valeur de δR.

Pour cela, reprenons l'équation (S) du n° 46 du Livre II. La caractéristique différentielle d se rapportant aux seules coordonnées de la Lune, elle se rapporte à l'angle $int-\theta$; en ne considérant donc que les termes dépendants de cet angle, on aura

$$\int \delta\,dR = \delta R,$$

et alors l'équation (S) prendra cette forme

$$o = \frac{d^2r\,\delta r}{dt^2} + \frac{r\,\delta r}{r^3} + H\cos(int-\theta).$$

En l'intégrant, on voit que l'expression de δr ne contient point de termes dépendants de $\cos(int-\theta)$ qui aient i pour diviseur; il est donc inutile d'avoir égard au terme $-\dfrac{m'u''r\,\delta r}{2}$ de l'expression de δR. Cela posé, si l'on substitue dans la formule (T), au lieu de δR,

$$\frac{D^2\gamma}{a^3}(\tfrac{1}{2}\alpha\rho - \alpha p)\left(\frac{r^2}{a^4} - \frac{a^3}{r^3}\right)\sin\lambda\cos\lambda\cos(int-\theta);$$

et, si après les différentiations relatives à δ on suppose $r=a$, on aura

$$d\,\delta v = \frac{10\,D^2\gamma\,n\,dt}{a^3}(\tfrac{1}{2}\alpha\rho - \alpha p)\sin\lambda\cos\lambda\cos(int-\theta);$$

δv est ici l'angle compris entre les rayons vecteurs consécutifs r et $r+dr$; or, v exprimant la longitude de la Lune sur l'écliptique, on a, par le n° 46 du Livre II,

$$dv_1 = dv\left(1 + \frac{1}{2}s^2 - \frac{1}{2}\frac{ds^2}{dv^2}\right).$$

En substituant donc pour s sa valeur

$$\gamma \sin[(1+i)v - \vartheta] + \frac{D^2}{a^2 i}(\tfrac{1}{2}\alpha\varphi - \alpha p)\sin\lambda\cos\lambda\sin v,$$

on aura, à très peu près,

$$d\,\delta v_1 = d\,\delta v - \frac{D^2\gamma\,n\,dt}{2\,a^2}(\tfrac{1}{2}\alpha\varphi - \alpha p)\sin\lambda\cos\lambda\cos(int - \vartheta).$$

Substituant pour $d\,\delta v$ sa valeur et intégrant, on aura dans v, le terme

$$\frac{19}{3}\frac{D^2}{a^2 i}(\alpha p - \tfrac{1}{2}\alpha\varphi)\sin\lambda\cos\lambda\sin(\vartheta - int),$$

où l'on doit observer que l'angle $\vartheta - int$ exprime la longitude du nœud.

Soit donc L cette longitude; cette inégalité est $5'',6\sin$L si $\alpha p = \frac{1}{311}$; elle s'élève à $11'',5\sin$L si $\alpha p = \frac{1}{240}$.

MÉMOIRE

SUR LES

MOUVEMENTS DE LA LUMIÈRE

DANS

LES MILIEUX DIAPHANES.

MÉMOIRE

SUR LES

MOUVEMENTS DE LA LUMIÈRE

DANS

LES MILIEUX DIAPHANES (¹).

Mémoires de l'Académie des Sciences, Ire Série, Tome X; 1810.

La lumière, en passant de l'air dans un milieu transparent non cristallisé, se réfracte de manière que les sinus de réfraction et d'incidence sont constamment dans le même rapport; mais, lorsqu'elle traverse la plupart des cristaux diaphanes, elle présente un singulier phénomène qui fut d'abord observé dans le cristal d'Islande, où il est très sensible.

Un rayon qui tombe perpendiculairement sur une face d'un rhomboïde naturel de ce cristal se divise en deux faisceaux : l'un traverse le cristal sans changer de direction; l'autre s'en écarte dans un plan parallèle au plan mené perpendiculairement à la face, par l'axe du cristal, c'est-à-dire par la ligne qui joint les deux angles solides obtus de ce rhomboïde, et qui, par conséquent, est également inclinée aux côtés de ces angles : le faisceau réfracté s'éloigne de l'axe, en formant avec lui un plus grand angle que le rayon incident. Nous nommerons *section principale* d'une face naturelle ou artificielle un plan mené par cet axe, perpendiculairement à la face, et tout autre plan qui lui est

(¹) Lu le 30 janvier 1808.

parallèle. La division du rayon lumineux a généralement lieu relativement à une face quelconque, quel que soit l'angle d'incidence : une partie suit la loi de la réfraction ordinaire; l'autre partie suit une loi extraordinaire, reconnue par Huygens, et qui, considérée comme un résultat de l'expérience, peut être mise au rang des plus belles découvertes de ce rare génie. Il y fut conduit par l'ingénieuse manière dont il envisageait la propagation de la lumière qu'il concevait formée des ondulations d'un fluide éthéré. Il supposait dans les milieux diaphanes ordinaires la vitesse de ces ondulations plus petite que dans le vide et la même dans tous les sens; mais, dans le cristal d'Islande, il imaginait deux espèces d'ondulations : dans l'une, la vitesse était représentée, comme dans les milieux ordinaires, par les rayons d'une sphère dont le centre serait au point d'incidence du rayon lumineux sur la face du cristal; dans l'autre, la vitesse était variable et représentée par les rayons d'un ellipsoïde de révolution, aplati à ses pôles, ayant le même centre que la sphère précédente, et dont l'axe de révolution serait parallèle à l'axe du cristal. Huygens n'assignait point la cause de cette variété d'ondulations, et les phénomènes singuliers qu'offre la lumière, en passant d'un cristal dans un autre, et dont nous parlerons ci-après, sont inexplicables dans son hypothèse. Cela joint aux grandes difficultés que présente la théorie des ondes de lumière est la cause pour laquelle Newton et la plupart des géomètres qui l'ont suivi n'ont pas justement apprécié la loi qu'Huygens y avait attachée. Ainsi cette loi a éprouvé le même sort que les belles lois de Képler, qui furent longtemps méconnues, pour avoir été associées à des idées systématiques dont malheureusement ce grand homme a rempli tous ses Ouvrages. Cependant Huygens avait vérifié sa loi par un grand nombre d'expériences. L'excellent physicien M. Wollaston ayant fait, par un moyen fort ingénieux, diverses expériences sur la double réfraction du cristal d'Islande, il les a trouvées conformes à cette loi remarquable. Enfin M. Malus vient de faire, à cet égard, une suite nombreuse d'expériences très précises sur les faces naturelles et artificielles de ce cristal, et il a constamment observé entre elles et la

loi d'Huygens le plus parfait accord : on ne doit donc pas balancer à
la mettre au nombre des plus certains comme des plus beaux résultats
de la Physique. L'analogie et des expériences directes ont fait voir à
M. Malus qu'elle s'étend encore au cristal de roche, et il est extrêmement vraisemblable qu'elle a lieu pour tous les cristaux qui réfractent
doublement la lumière. L'ellipsoïde qui leur est relatif doit être déterminé par l'expérience, et sa position par rapport aux faces naturelles
du cristal peut répandre un grand jour sur la nature des molécules
intégrantes des substances cristallisées, car ces molécules doivent,
chacune, avoir les mêmes propriétés que le cristal entier.

Voici maintenant un phénomène que la lumière présente après
avoir subi une double réfraction. Si l'on place à une distance quelconque au-dessous d'un cristal un second cristal de la même matière
ou d'une matière différente et disposé de manière que les sections
principales des faces opposées des deux cristaux soient parallèles, le
rayon réfracté, soit ordinairement, soit extraordinairement, par le
premier, le sera de la même manière par le second; mais, si l'on fait
tourner l'un des cristaux en sorte que les sections principales soient
perpendiculaires entre elles, alors le rayon réfracté ordinairement par
le premier cristal le sera extraordinairement par le second, et récipro
quement. Dans les positions intermédiaires, chaque rayon émergeant
du premier cristal se divisera à son entrée dans le second cristal en
deux faisceaux dont l'intensité respective, dépendante de l'angle que
les sections principales font entre elles, varie suivant une loi qui n'est
pas moins intéressante à connaître que celle de la double réfraction.
Lorsqu'on eut fait remarquer à Huygens ce phénomène dans le cristal
d'Islande, il convint, avec la candeur qui caractérise un ami sincère de
la vérité, qu'il était inexplicable dans ses hypothèses, ce qui montre
combien il est essentiel de les séparer de la loi de réfraction qu'il en
avait déduite. Ce phénomène indique avec évidence que la lumière,
en traversant les cristaux à double réfraction, reçoit deux modifications diverses en vertu desquelles une partie est rompue *ordinairement* et l'autre partie est rompue *extraordinairement*; mais ces modi-

lications ne sont point absolues; elles sont relatives à la position du rayon par rapport à l'axe du cristal, puisqu'un rayon rompu *ordinairement* par un cristal est rompu *extraordinairement* par un autre si les sections principales de leurs faces opposées sont perpendiculaires entre elles.

Il serait bien intéressant de rapporter la loi d'Huygens à des forces attractives et répulsives, ainsi que Newton l'a fait à l'égard de la loi de réfraction ordinaire : il est, en effet, très vraisemblable qu'elle dépend de semblables forces, et je m'en suis assuré par les considérations suivantes qui conduisent à une théorie nouvelle de ce genre de phénomènes.

On sait que le principe de la moindre action a généralement lieu dans le mouvement d'un point qui leur est soumis. En appliquant ce principe à la lumière, on peut faire abstraction de la courbe insensible qu'elle décrit dans son passage du vide dans un milieu diaphane et supposer son mouvement uniforme, lorsqu'elle y a pénétré d'une quantité sensible. Le principe de la moindre action se réduit donc alors à ce que la lumière parvient d'un point pris au dehors à un point pris dans l'intérieur du cristal, de manière que, si l'on ajoute le produit de la droite qu'elle décrit au dehors, par sa vitesse primitive, au produit de la droite qu'elle décrit au dedans, par la vitesse correspondante, la somme soit un minimum. Ce principe donne toujours la vitesse de la lumière dans un milieu diaphane, lorsque la loi de la réfraction est connue, et réciproquement il donne cette loi quand on connaît la vitesse. Mais une condition à remplir dans le cas de la réfraction extraordinaire est que la vitesse du rayon lumineux dans le cristal soit indépendante de la manière dont il y est entré et ne dépende que de sa position par rapport à l'axe du cristal, c'est-à-dire de l'angle que ce rayon forme avec une ligne parallèle à l'axe. En effet, si l'on imagine une face artificielle perpendiculaire à l'axe, tous les rayons intérieurs également inclinés à cet axe le seront également à la face et seront évidemment soumis aux mêmes forces au sortir du cristal : tous reprendront leur vitesse primitive dans le vide; la vitesse dans l'intérieur est donc pour tous la même. (*Voir* la Note de la fin de ce Mémoire.)

En partant de ces données, je parviens aux deux équations différentielles que donne le principe de la moindre action, et dans lesquelles la vitesse intérieure est une fonction indéterminée de l'angle que le rayon réfracté forme avec l'axe du cristal. J'examine ensuite les deux cas les plus simples, auxquels je me borne, parce qu'ils renferment les lois de réfraction jusqu'à présent observées. Dans le premier cas, le carré de la vitesse de la lumière est augmenté dans l'intérieur du milieu d'une quantité constante. On sait que ce cas est celui des milieux diaphanes ordinaires et que cette constante exprime l'action du milieu sur la lumière. Les deux équations précédentes montrent qu'alors les rayons incident et réfracté sont dans un même plan perpendiculaire à la surface du milieu, et que les sinus des angles qu'ils forment avec la verticale sont constamment dans le même rapport.

Après ce premier cas, le plus simple est celui dans lequel l'action du milieu sur la lumière est égale à une constante, plus un terme proportionnel au carré du cosinus de l'angle que le rayon réfracté forme avec l'axe; car cette action devant être la même de tous les côtés de l'axe, elle ne peut dépendre que des puissances paires du sinus et du cosinus de cet angle. L'expression du carré de la vitesse intérieure est alors de la même forme que celle de l'action du milieu. En la substituant dans les équations différentielles du principe de la moindre action, je détermine les formules de réfraction relatives à ce cas, et je trouve qu'elles sont identiquement celles que donne la loi d'Huygens; d'où il suit que cette loi satisfait à la fois au principe de la moindre action et à la condition que la vitesse intérieure ne dépende que de l'angle formé par l'axe et par le rayon réfracté, ce qui ne laisse aucun lieu de douter qu'elle est due à des forces attractives et répulsives dont l'action n'est sensible qu'à des distances insensibles. Jusqu'ici cette loi n'était qu'un résultat de l'observation, approchant de la vérité, dans les limites des erreurs dont les expériences les plus précises sont encore susceptibles; maintenant on peut la considérer comme une loi rigoureuse, puisqu'elle en remplit toutes les conditions.

Une donnée précieuse pour déterminer la nature des forces dont elle dépend est l'expression de la vitesse, qui est égale à une fraction dont le numérateur est l'unité et dont le dénominateur est le rayon de l'ellipsoïde d'Huygens, suivant lequel la lumière se dirige, la vitesse dans le vide étant prise pour unité. La vitesse du rayon *ordinaire* dans le cristal est, comme l'on sait, constante et égale à l'unité divisée par le rapport du sinus de réfraction au sinus d'incidence. Huygens a reconnu par l'expérience que ce rapport est à fort peu près représenté par le demi-axe de révolution de l'ellipsoïde, ce qui lie entre elles les deux réfractions ordinaire et extraordinaire. Mais on peut démontrer de la manière suivante que cette liaison remarquable est un résultat nécessaire de l'action du cristal sur la lumière, et qu'il ne dépend que de la considération qu'un rayon ordinaire se change en rayon extraordinaire lorsque l'on change convenablement sa position par rapport à l'axe d'un nouveau cristal. Si ce rayon est perpendiculaire à la face artificielle du cristal coupé perpendiculairement à son axe, il est clair qu'une inclinaison infiniment petite de l'axe sur la face, produite par une section infiniment voisine de la première, suffit pour en faire un rayon extraordinaire. Cette inclinaison ne peut qu'altérer infiniment peu l'action du cristal et la vitesse du rayon dans son intérieur; cette vitesse est donc alors celle du rayon extraordinaire, et par conséquent elle est égale à l'unité divisée par le demi-axe de révolution de l'ellipsoïde. Elle surpasse ainsi généralement celle du rayon extraordinaire, la différence des carrés de ces deux vitesses étant proportionnelle au carré du sinus de l'angle que l'axe forme avec ce dernier rayon : cette différence représente celle de l'action du cristal sur ces deux espèces de rayons. Elle est la plus grande lorsque le rayon incident sur une surface artificielle menée par l'axe du cristal est dans un plan perpendiculaire à cet axe : alors la réfraction extraordinaire suit la même loi que la réfraction ordinaire; seulement, le

rapport des sinus de réfraction et d'incidence qui, dans le cas de la
réfraction ordinaire, est le demi petit axe de l'ellipsoïde, est égal au
demi grand axe dans la réfraction extraordinaire.

Suivant Huygens, la vitesse du rayon extraordinaire dans le cristal
est exprimée par le rayon même de l'ellipsoïde; son hypothèse ne
satisfait donc point au principe de la moindre action, mais il est
remarquable qu'elle satisfasse au principe de Fermat, qui consiste
en ce que la lumière parvient d'un point pris au dehors du cristal
à un point pris dans son intérieur, dans le moins de temps possible;
car il est visible que ce principe revient à celui de la moindre action,
en y renversant l'expression de la vitesse. Ainsi l'un et l'autre de ces
principes conduisent à la loi de la réfraction, découverte par Huygens,
pourvu que, dans le principe de Fermat, on prenne, avec Huygens, le
rayon de l'ellipsoïde pour représenter la vitesse et que, dans le principe de la moindre action, ce rayon représente le temps employé par
la lumière à parcourir un espace déterminé pris pour unité. Si les
axes de l'ellipsoïde sont égaux entre eux, il devient une sphère, et la
réfraction se change en réfraction ordinaire. Ainsi, dans ces phénomènes, la nature en allant du simple au composé fait succéder les
formes elliptiques à la forme circulaire comme dans les mouvements
et la figure des corps célestes.

L'identité de la loi d'Huygens avec le principe de Fermat a lieu
généralement, quel que soit le sphéroïde qui, dans son hypothèse,
représente la vitesse intérieure. Je fais voir très simplement que
cette identité résulte de la manière ingénieuse dont Huygens envisage la propagation des ondes de lumière; en sorte que cette manière, quoique très hypothétique, représente encore toutes les lois
de réfraction, qui peuvent être dues à des forces attractives et répulsives, puisque le principe de Fermat donne les mêmes lois que celui
de la moindre action, en y renversant l'expression de la vitesse.

Pour compléter la théorie précédente, je déduis des formules de
réfraction, données par le principe de la moindre action, la réfraction de la lumière par les surfaces intérieures des cristaux diaphanes.

A leurs surfaces extérieures, elle se réfléchit en faisant l'angle de réflexion égal à l'angle d'incidence; mais aux surfaces intérieures un rayon, soit ordinaire, soit extraordinaire, se réfléchit en partie et se divise par cette réflexion en deux faisceaux dont je détermine les directions respectives. M. Malus a, le premier, rattaché ces réflexions à la loi de réfraction d'Huygens, et il a fait à cet égard un grand nombre d'expériences. Leur accord remarquable avec les résultats du principe de la moindre action achève de démontrer que tous les phénomènes de la réfraction et de la réflexion de la lumière dans les cristaux sont le résultat de forces attractives et répulsives.

Descartes est le premier qui ait publié la vraie loi de la réfraction ordinaire que Képler et d'autres physiciens avaient inutilement cherchée. Huygens affirme, dans sa *Dioptrique*, qu'il l'a vue présentée sous une autre forme dans un manuscrit de Snellius, qu'on lui a dit avoir été communiqué à Descartes et d'où peut-être, ajoute-t-il, ce dernier a tiré le rapport constant des sinus de réfraction et d'incidence. Mais cette réclamation tardive d'Huygens en faveur de son compatriote ne me paraît pas suffisante pour enlever à Descartes le mérite d'une découverte que personne ne lui a contestée de son vivant. Ce grand géomètre l'a déduite des deux propositions suivantes : l'une, que la vitesse de la lumière parallèle à la surface d'incidence n'est altérée ni par la réflexion ni par la réfraction; l'autre, que la vitesse est différente dans les milieux divers et plus grande dans ceux qui réfractent plus la lumière. Descartes en a conclu que, si, dans le passage d'un milieu dans un autre moins réfringent, l'inclinaison du rayon lumineux est telle que l'expression du sinus de réfraction soit égale ou plus grande que l'unité, alors la réfraction se change en réflexion, les deux angles de réflexion et d'incidence étant égaux. Tous ces résultats sont conformes à la nature, comme Newton l'a fait voir par la théorie des forces attractives; mais les preuves que Descartes en a données sont inexactes, et il est assez remarquable qu'Huygens et lui soient parvenus, au moyen de théories incertaines ou fausses, aux véritables lois de la réfraction de la lumière. Descartes eut à ce sujet, avec Fermat, une longue querelle que les cartésiens prolongèrent après sa mort, et qui fournit à Fermat l'occasion heureuse d'appliquer sa belle méthode *De maximis et minimis* aux expressions radicales. En considérant cette matière sous un point de vue métaphysique, il chercha la loi de la réfraction par le principe que nous avons exposé précédemment, et il fut très surpris d'arriver à celle de Descartes. Mais, ayant trouvé que, pour satisfaire à son principe, la vitesse de la lumière devait être plus petite dans les milieux diaphanes que dans le vide, tandis que Descartes la supposait plus grande, il se confirma dans la pensée que les démonstrations de ce grand géomètre étaient fautives. Maupertuis, convaincu par les raisonnements de Newton de la vérité des suppositions de Descartes, reconnut que la fonction qui, dans le mouvement de la lumière, est un minimum n'est pas, comme Fermat le suppose, la somme des quotients, mais celle des produits des espaces décrits par les vitesses correspondantes. Ce résultat étendu à l'intégrale du produit de l'élément de l'espace par la vitesse dans les mouvements variables a conduit Euler au principe de la moindre action, que M. de Lagrange ensuite a dérivé des lois primordiales du mouvement. L'usage que je fais de ce principe, soit pour reconnaître si la loi de réfraction extraordinaire donnée par Huygens dépend de forces attractives ou répulsives, et pour l'élever ainsi au rang des lois rigoureuses, soit pour déduire réciproquement l'une de l'autre les lois de la réfraction et de la vitesse de la lumière dans les milieux diaphanes, m'a paru mériter l'attention des physiciens et des géomètres.

Voici présentement mon analyse. Abaissons d'un point quelconque de la direction du rayon lumineux dans le vide une perpendiculaire sur la face du cristal; nommons p cette perpendiculaire, θ l'angle d'incidence du rayon et ϖ l'angle que sa projection forme avec une droite invariable située dans le plan de la face et passant par le point d'incidence du rayon; nommons pareillement p', θ' et ϖ' les mêmes quantités relatives au rayon réfracté; $p + p'$ sera la distance des deux plans parallèles à la face et passant respectivement par les deux points pris sur les directions des deux rayons incident et réfracté. La distance des deux plans passant respectivement par les mêmes points, perpendiculairement à la face et parallèlement à la droite invariable, sera

$$p \tang \theta \sin \varpi + p' \tang \theta' \sin \varpi'.$$

Enfin la distance des deux plans passant respectivement par les mêmes points, perpendiculairement à la face et à la droite invariable, sera

$$p \tang \theta \cos \varpi + p' \tang \theta' \cos \varpi'.$$

Si l'on fait varier les angles θ, ϖ, θ' et ϖ' de manière que les deux points pris sur les directions des rayons soient fixes, ces trois distances resteront les mêmes, et l'on aura les deux équations différentielles

$$0 = \frac{p \, d\theta \sin \varpi}{\cos^2 \theta} + p \, d\varpi \tang \theta \cos \varpi + \frac{p' \, d\theta' \sin \varpi'}{\cos^2 \theta'} + p' \, d\varpi' \tang \theta' \cos \varpi',$$

$$0 = \frac{p \, d\theta \cos \varpi}{\cos^2 \theta} - p \, d\varpi \tang \theta \sin \varpi + \frac{p' \, d\theta' \cos \varpi'}{\cos^2 \theta'} - p' \, d\varpi' \tang \theta' \sin \varpi'.$$

Suivant le principe de la moindre action, la fonction $\dfrac{p}{\cos \theta} + \dfrac{p' c}{\cos \theta'}$ doit être un minimum, c étant la vitesse du rayon dans l'intérieur du cristal lorsqu'il y a pénétré d'une quantité sensible, sa vitesse dans le vide étant prise pour unité; car on peut négliger la partie de l'intégrale $\int c \, ds$ relative à la courbe imperceptible que décrit le rayon à son passage dans le cristal, et dont nous exprimons l'élément par ds. On a donc

$$0 = \frac{p \, d\theta \sin \theta}{\cos^2 \theta} + \frac{p' c \, d\theta' \sin \theta'}{\cos^2 \theta'} + \frac{p'}{\cos \theta'} \left(\frac{\partial c}{\partial \theta'} \, d\theta' + \frac{\partial c}{\partial \varpi'} \, d\varpi' \right).$$

La première des trois équations différentielles précédentes, multipliée par $\sin \varpi$ et ajoutée à la seconde multipliée par $\cos \varpi$, donne

$$\frac{p \, d\theta}{\cos^2 \theta} = - \frac{p' \, d\theta'}{\cos^2 \theta'} \cos(\varpi' - \varpi) + p' \, d\varpi' \tang \theta' \sin(\varpi' - \varpi).$$

Cette valeur de $\dfrac{p \, d\theta}{\cos^2 \theta}$, substituée dans la troisième équation différentielle, donne

$$v = -\frac{d\theta' \sin\theta}{\cos^2\theta'} \cos(\varpi' - \varpi) + d\varpi' \sin\theta \tang\theta' \sin(\varpi' - \varpi)$$
$$+ \frac{v\, d\theta' \sin\theta'}{\cos^2\theta'} + \frac{d\theta'}{\cos\theta'} \frac{\partial v}{\partial\theta'} + \frac{d\varpi'}{\cos\theta'} \frac{\partial v}{\partial\varpi'}.$$

En comparant séparément les coefficients de $d\theta'$ et $d\varpi'$, on aura les deux équations suivantes, données par le principe de la moindre action :

$$(1) \qquad \sin\theta \cos(\varpi' - \varpi) = v \sin\theta' + \frac{\partial v}{\partial\theta'} \cos\theta',$$

$$(2) \qquad \sin\theta \sin\theta' \sin(\varpi' - \varpi) = -\frac{\partial v}{\partial\varpi'}.$$

Quand la loi de réfraction est connue, on a les valeurs de θ et ϖ en fonctions de θ' et de ϖ'. Ces valeurs, substituées dans les deux équations précédentes, donneront la vitesse v du rayon lumineux correspondante à cette loi, du moins si la loi de réfraction est un résultat de forces attractives et répulsives. Réciproquement, si la vitesse v est donnée, on aura, au moyen de ces équations, la loi correspondante de la réfraction.

Dans l'intérieur du cristal, la vitesse ne dépend que des angles formés par la direction du rayon et par des axes fixes dans l'intérieur du corps. Supposons qu'il n'y ait qu'un axe et que V soit l'angle formé par cet axe et par la direction du rayon réfracté, v sera fonction de V. Si par l'axe on mène un plan perpendiculaire à la face du cristal et que l'on prenne pour la ligne invariable d'où l'on compte les angles ϖ et ϖ' l'intersection de ce plan avec la face ; si, de plus, on nomme λ l'angle que fait avec la face un plan perpendiculaire à l'axe, on aura

$$\cos V = \cos\lambda \cos\theta' - \sin\lambda \sin\theta' \cos\varpi'.$$

On aura donc, en regardant v comme fonction de $\cos V$,

$$\frac{\partial v}{\partial\theta'} = -\frac{\partial v}{\partial\cos V} (\cos\lambda \sin\theta' + \sin\lambda \cos\theta' \cos\varpi'),$$

$$\frac{\partial v}{\partial\varpi'} = \frac{\partial v}{\partial\cos V} \sin\lambda \sin\theta' \sin\varpi'.$$

En multipliant l'équation (1) par $\sin\theta'\sin\varpi'$ et en en retranchant l'équation (2) multipliée par $\cos\varpi'$, on aura

$$(3)\qquad \sin\theta\sin\varpi = \sin\theta'\sin\varpi'\left(v - \cos V\,\frac{\partial v}{\partial\cos V}\right).$$

Si l'on multiplie ensuite l'équation (1) par $\sin\theta'\cos\varpi'$ et qu'on l'ajoute à l'équation (2) multipliée par $\sin\varpi'$, on aura

$$(4)\qquad \sin\theta\cos\varpi = \sin\theta'\cos\varpi'\left(v - \cos V\,\frac{\partial v}{\partial\cos V}\right) - \sin\lambda\,\frac{\partial v}{\partial\cos V}.$$

Ces deux équations donneront la loi de la réfraction extraordinaire, lorsque v sera donné en fonction de $\cos V$, et réciproquement. De plus, elles satisferont à la condition que la vitesse du rayon lumineux, dans l'intérieur du cristal, ne dépende que de sa position par rapport à l'axe du cristal.

Nous observerons ici que non seulement v doit être fonction de $\cos V$, mais qu'il ne doit dépendre que des puissances paires de $\cos V$; car nous avons observé ci-dessus que la vitesse v est la même pour tous les rayons qui forment avec l'axe le même angle. Examinons présentement les lois de la réfraction relatives aux deux expressions les plus simples de la vitesse.

Premier cas.

Le cas le plus simple de tous est celui dans lequel la vitesse v est constante. Les équations (3) et (4) deviennent alors

$$\sin\theta\sin\varpi = v\sin\theta'\sin\varpi',$$
$$\sin\theta\cos\varpi = v\sin\theta'\cos\varpi'.$$

En divisant la première par la seconde, on a

$$\tang\varpi = \tang\varpi',$$

ce qui montre que les deux rayons incident et réfracté sont dans un même plan perpendiculaire à la face d'incidence. En ajoutant ensemble les carrés des mêmes équations, on a

$$\sin \theta' = \frac{\sin \theta}{c},$$

ce qui donne le rapport constant des sinus de réfraction et d'incidence.

Le cas que nous examinons est celui des milieux diaphanes ordinaires. On sait qu'alors le carré de la vitesse de la lumière est augmenté par l'action du milieu d'une quantité constante qui mesure la force réfractive de ce milieu, et qui est égale à la différence des carrés des sinus d'incidence et de réfraction, divisée par le carré du sinus de réfraction. [*Voir* le Chapitre I du Livre X de la *Mécanique céleste* (¹).]

Second cas.

Le cas le plus simple après le précédent est celui dans lequel l'action du milieu est variable et égale à une constante, plus un terme proportionnel au carré du cosinus de l'angle V. Dans ce cas, l'expression du carré de la vitesse c est de la forme $\beta^2 + \alpha^2 \cos^2 V$, ce qui donne

$$\frac{\partial c}{\partial \cos V} = \frac{\alpha^2 \cos V}{c}.$$

Les équations (3) et (4) deviennent ainsi

$$\sin \theta \sin \varpi = \frac{c' \sin \theta' \sin \varpi'}{c},$$

$$\sin \theta \cos \varpi = \frac{c' \sin \theta' \cos \varpi'}{c} - \frac{\alpha^2 \sin \lambda \cos V}{c}.$$

Ces deux équations donnent

$$\left(\sin \theta \cos \varpi + \frac{\alpha^2 \sin \lambda \cos V}{c}\right)^2 + \sin^2 \theta \sin^2 \varpi = \frac{c'^2 \sin^2 \theta'}{c^2}.$$

En multipliant ensuite la dernière des mêmes équations par $\sin^2 \lambda$, et

(¹) *OEuvres de Laplace*, t. IV.

substituant pour $\sin\lambda\,\sin\theta'\cos\varpi'$ sa valeur $\cos\lambda\cos\theta' - \cos V$, on a

$$\left[\sin\lambda\,\sin\theta\cos\varpi + \frac{(\delta^2 + \alpha^2\sin^2\lambda)\cos V}{c}\right]^2 = \frac{\delta^4\cos^2\lambda\,\cos^2\theta'}{c^2}.$$

Enfin, en multipliant cette équation par α^2 et en la retranchant de la précédente multipliée par $\beta^2 + \alpha^2\sin^2\lambda$; en substituant ensuite au lieu de $\alpha^2\cos^2 V$ sa valeur $c^2 - \beta^2$ et supposant

$$p = \delta^2 + \alpha^2\sin^2\lambda,$$

on trouve, après toutes les réductions,

$$c = \frac{\delta^2\sqrt{\delta^2 + \alpha^2}\cos\theta'}{\sqrt{\delta^2 p - \sin^2\theta(\delta^2\cos^2\varpi + p\sin^2\varpi)}}.$$

L'expression précédente de $\sin\theta\sin\varpi$ donne ainsi

$$(5)\qquad \tan\theta'\sin\varpi' = \frac{\sqrt{\delta^2 + \alpha^2}\sin\theta\sin\varpi}{\sqrt{\delta^2 p - \sin^2\theta(\delta^2\cos^2\varpi + p\sin^2\varpi)}};$$

l'expression de $\sin\theta\cos\varpi$ donne, en y substituant au lieu de $\cos V$ sa valeur $\cos\lambda\cos\theta' - \sin\lambda\sin\theta'\cos\varpi'$,

$$(6)\qquad \tan\theta'\cos\varpi' = \frac{\delta^2\sqrt{\delta^2 + \alpha^2}\sin\theta\cos\varpi}{p\sqrt{\delta^2 p - \sin^2\theta(\delta^2\cos^2\varpi + p\sin^2\varpi)}} + \frac{\alpha^2\sin\lambda\cos\lambda}{p}.$$

Comparons maintenant ces résultats à ceux que donne la loi d'Huygens.

Imaginons une face naturelle ou artificielle du cristal sur laquelle soit tracée l'ellipse AFE, dont le centre C soit celui d'un ellipsoïde de révolution AFED, CD étant le demi-axe de révolution, parallèle à l'axe du cristal. Menons par CD un plan perpendiculaire à la face et la coupant suivant la droite ACE. Soit RC un rayon incident, et menons par RC un plan perpendiculaire à la face et la coupant suivant la droite BCK. Menons encore, dans le plan RCK, OC perpendiculaire à CR, et plaçons dans l'angle OCK la droite OK perpendiculaire à OC, et qui représente la vitesse de la lumière dans le vide, vitesse que nous prendrons pour unité. Dans le plan de l'ellipse AFE, menons par le point K, KT perpendiculaire à CK. Si maintenant on conçoit un plan mené par KT et tangent au sphéroïde AFED, en I; la droite CI sera la direction du rayon réfracté.

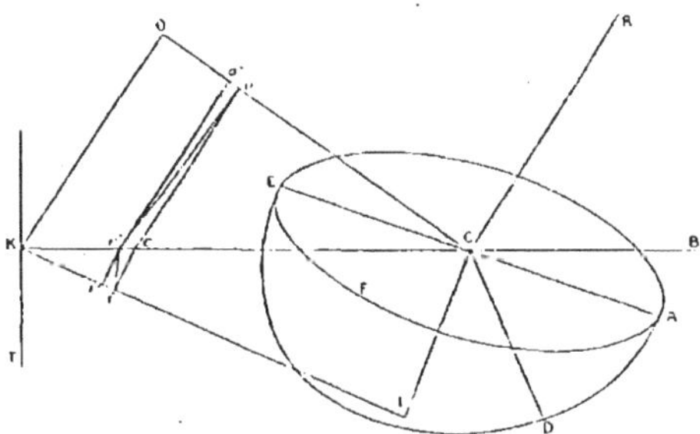

Pour réduire cette construction en analyse, nommons, comme précédemment, θ l'angle d'incidence du rayon CR; nommons encore ϖ l'angle que la projection CB de ce rayon sur la face du cristal forme avec AC; nommons pareillement θ' l'angle de réfraction du rayon CI, et ϖ' l'angle que la projection de ce rayon sur la face forme avec CE. Soient a le demi grand axe de l'ellipsoïde, b son demi-axe de révolution, et λ l'angle formé par la face du cristal et par un plan perpendiculaire à l'axe de révolution; cela posé, on trouve les deux équations suivantes

$$\tan\theta' \sin\varpi' = \frac{a^2 \sin\theta \sin\varpi}{\sqrt{A - a^2 \sin^2\theta(b^2 \cos^2\varpi + A \sin^2\varpi)}},$$

$$\tan\theta' \cos\varpi' = \frac{a^2 b^2 \sin\theta \cos\varpi}{A\sqrt{A - a^2 \sin^2\theta(b^2 \cos^2\varpi + A \sin^2\varpi)}} + \frac{B}{A},$$

A et B étant donnés par les équations

$$A = b^2 + (a^2 - b^2)\sin^2\lambda,$$
$$B = (a^2 - b^2)\sin\lambda\cos\lambda.$$

Je ne donne point ici les démonstrations de ces formules auxquelles M. Malus est parvenu d'une manière élégante, et que les géomètres

tireront facilement de la construction d'Huygens : elles ont, comme
on le voit par l'inspection seule, une grande analogie avec les équations (5) et (6); mais il est facile de voir qu'elles coïncident entièrement avec elles, en faisant, dans les équations (5) et (6),

$$\xi^2 = -\frac{1}{a^2}, \qquad x^2 = \frac{1}{b^2} - \frac{1}{a^2},$$

ce qui donne

$$c = \frac{\sqrt{b^2 + (a^2 - b^2)\cos^2 V}}{ab}.$$

Le rayon de l'ellipsoïde est

$$\frac{ab}{\sqrt{b^2 + (a^2 - b^2)\cos^2 V}}.$$

La vitesse de la lumière rompue extraordinairement dans l'intérieur
du cristal est donc égale à l'unité divisée par ce rayon.

Suivant Huygens, cette vitesse est représentée par le rayon même:
ses hypothèses ne satisfont donc point au principe de la moindre action, mais elles satisfont à celui de Fermat, car ce dernier principe
revient à celui de la moindre action, en y renversant l'expression de
la vitesse.

On peut démontrer très simplement l'identité de ce principe, et de
la manière dont Huygens envisage la réfraction de la lumière. Il établit
que toutes les parties d'une onde lumineuse qui sont dans un plan CO
perpendiculaire au rayon incident CR parviennent dans le même
temps, et suivant des directions parallèles, au plan KI mené par KT
tangentiellement au sphéroïde dont C est le centre, et dont les rayons
représentent les vitesses de la lumière dans le cristal. En effet, si l'on
prend KO pour unité de temps, d'espace et de vitesse, le temps employé à parcourir oc parallèle à OK sera représenté par co, et, par con
séquent, il sera égal à $\frac{cC}{KC}$. Le temps employé à parcourir ci parallèle
à CI sera au temps employé à parcourir CI, et qu'il suppose être égal
au temps employé à parcourir KO, c'est-à-dire à l'unité, comme ci est
à CI ; ce temps est donc égal à $\frac{kc}{KC}$. En l'ajoutant à $\frac{Cc}{KC}$, la somme sera

l'unité. Ainsi le point o de l'onde parvient en i dans le même temps que le point O parvient en K. Menons $o'c'$ infiniment près de oc et parallèlement à cette ligne : le point o' de l'onde parviendra en i' suivant la ligne brisée $o'c'i'$, dans une unité de temps. Menons présentement les droites $c'o$ et $c'i$, et supposons que le point o parvienne en i suivant la ligne brisée $oc'i$; $c'o'$ étant perpendiculaire à CO, la droite $c'o$ peut être supposée égale à $c'o'$, et les temps employés à les parcourir peuvent être supposés égaux. De plus, le temps employé à parcourir $c'i'$ peut être supposé égal au temps employé à parcourir $c'i$, parce que le plan Ki' touchant en i' le sphéroïde semblable au sphéroïde AFED, dont le centre est en c', et dont les dimensions sont diminuées dans la raison de Kc' à KC, les deux points i et i' peuvent être supposés à la surface de ce sphéroïde. Selon Huygens, les vitesses suivant $c'i$ et $c'i'$ sont proportionnelles à ces lignes; les temps employés à les parcourir sont donc égaux. Ainsi le temps de la transmission de la lumière suivant la ligne $oc'i$ est égal à l'unité, comme suivant la ligne brisée oci. La différentielle de ces deux temps est donc nulle, ce qui est le principe de Fermat.

Il est clair que ce raisonnement a généralement lieu quelle que soit la position du point c', et quand il ne serait pas sur la droite CK, pourvu qu'il soit près de cette droite sur la face du cristal; ce raisonnement est d'ailleurs indépendant de la nature du sphéroïde dont les rayons représentent les vitesses de sa lumière.

En renversant l'expression de la vitesse, le principe de Fermat donne celui de la moindre action; les lois de réfraction qui résultent des hypothèses d'Huygens sont donc généralement conformes à ce dernier principe et c'est la raison pour laquelle ces hypothèses représentent la nature.

Le principe de la moindre action peut servir encore à déterminer les lois de la réflexion de la lumière; car, quoique la nature de la force qui fait rejaillir la lumière à la surface des corps soit inconnue, cependant on peut la considérer comme une force répulsive qui rend en sens contraire à la lumière la vitesse qu'elle lui fait perdre, de même que l'élasticité restitue aux corps en sens contraire la vitesse qu'elle détruit ; or on sait que, dans ce cas, le principe de la moindre action subsiste toujours. A l'égard d'un rayon lumineux, soit ordinaire, soit extraordinaire, réfléchi par la surface extérieure d'un corps, ce principe se réduit à ce que la lumière parvient d'un point à un autre par le chemin le plus court de tous ceux qui rencontrent la surface. En effet, la vitesse de la lumière réfléchie est la même que celle de la lumière directe ; et l'on peut établir, en principe général, que lorsqu'un rayon lumineux, après avoir éprouvé l'action de tant de forces que l'on voudra, revient dans le vide, il y reprend sa vitesse primitive. La condition du chemin le plus court donne l'égalité des angles de réflexion et d'incidence dans un plan perpendiculaire à la surface, ainsi que Ptolémée l'avait déjà remarqué. C'est la loi générale de la réflexion à la surface extérieure des corps.

Mais, lorsque la lumière, en entrant dans un cristal, s'est divisée en rayon ordinaire et rayon extraordinaire, une partie de ces rayons est réfléchie par la surface intérieure à leur sortie du cristal. En se réfléchissant, chaque rayon, soit ordinaire, soit extraordinaire, se divise en deux autres ; en sorte qu'un rayon solaire, en pénétrant dans le cristal, forme, par sa réflexion partielle à la surface de sortie, quatre faisceaux distincts, dont nous allons déterminer les directions.

Supposons d'abord les faces d'entrée et de sortie, que nous nommerons *première* et *seconde* face, parallèles. Donnons au cristal une épaisseur insensible et cependant plus grande que la somme des rayons des sphères d'activité des deux faces. Dans ce cas, on prouvera, par le raisonnement qui précède, que les quatre faisceaux réfléchis n'en formeront sensiblement qu'un seul, situé dans le plan d'incidence du rayon générateur, et formant avec la première face l'angle de réflexion égal à l'angle d'incidence. Restituons maintenant au cristal son épaisseur : il est clair que, dans ce cas, les faisceaux réfléchis après leur sortie par la première face prendront des directions parallèles à celles qu'ils avaient prises dans le premier cas. Ces faisceaux seront donc parallèles entre eux et au plan d'incidence du rayon générateur ; seulement, au lieu d'être sensiblement confondus, comme dans le premier cas, ils seront séparés par des distances d'autant plus grandes que le cristal aura plus d'épaisseur.

Maintenant, si l'on considère un rayon quelconque intérieur, sortant en partie par la seconde face et en partie réfléchi par elle en deux faisceaux, le rayon sorti sera parallèle au rayon générateur; car la lumière, en sortant du cristal, doit prendre une direction parallèle à celle qu'elle avait en y entrant, puisque les deux faces d'entrée et de sortie étant supposées parallèles, elle éprouve en sortant l'action des mêmes forces qu'elle avait éprouvées en entrant, mais en sens contraire. Concevons par la direction du rayon sorti un plan perpendiculaire à la seconde face, et, dans ce plan, imaginons au dehors du cristal une droite passant par le point de sortie, et formant, avec la perpendiculaire à la face, mais du côté opposé à la direction du rayon sorti, le même angle que cette direction; enfin concevons un rayon solaire entrant suivant cette droite dans le cristal. Ce rayon se partagera à son entrée en deux autres, qui, au sortir du cristal par la première face, prendront des directions parallèles au rayon solaire avant son entrée par la seconde face; elles seront visiblement parallèles aux directions des deux faisceaux réfléchis, ce qui ne peut avoir lieu qu'autant que les deux rayons dans lesquels se divise le rayon solaire en entrant par la seconde face se confondent respectivement dans l'intérieur du cristal avec les directions des deux faisceaux réfléchis. Or les formules précédentes donnent les directions des rayons dans lesquels le rayon solaire se divise; elles donneront donc aussi celle des deux faisceaux réfléchis dans l'intérieur du cristal.

Si les deux faces du cristal ne sont pas parallèles, on aura, par les mêmes formules, les directions des deux rayons dans lesquels le rayon générateur se divise en pénétrant par la première face. On aura ensuite par ces formules les directions de chacun de ces rayons à leur sortie par la seconde face; ensuite la construction précédente donnera les directions dans l'intérieur des quatre faisceaux réfléchis par cette face; enfin, par nos formules, on conclura leurs directions au sortir du cristal par la première face. On aura donc ainsi tous les phénomènes de la réflexion de la lumière par les surfaces des cristaux diaphanes. On pourrait les déduire directement de l'analyse qui nous a conduits aux formules de la réfraction; mais la méthode qui précède est beaucoup plus simple.

NOTE.

Je vais présentement démontrer cette proposition générale, savoir que, de quelque manière qu'une molécule de lumière parvienne du vide dans un milieu d'une densité quelconque, soit qu'elle y parvienne directement, soit qu'elle n'y parvienne qu'après avoir traversé plusieurs autres milieux, dans tous ces cas, sa vitesse dans ce milieu sera toujours la même. En effet, si l'on nomme c cette vitesse; dm une molécule qui agit sur la lumière, soit par attraction, soit par répulsion; f sa distance à la molécule de lumière; $\varphi(f)$ la loi de la force relative à la distance, on aura, par le principe de la conservation des forces vives,

$$c^2 = a^2 + 2 \int \int dm \, df \, \varphi(f),$$

a étant la vitesse de la lumière dans le vide, et l'intégrale devant s'étendre à toutes les molécules qui agissent sur le rayon lumineux. On peut envisager cette intégrale de deux manières : dans la première, on ne la considère que très près de la surface d'entrée dans le milieu, et l'on conçoit que, lorsque le rayon y a pénétré d'une quantité sensible, alors il est également attiré de toutes parts, et sa vitesse ne reçoit plus d'accroissement. C'est ainsi que Newton a démontré le rapport constant des sinus de réfraction et d'incidence. Dans la seconde manière, on ne considère que l'action éprouvée par le rayon lumineux de la part des molécules qui en sont éloignées d'une quantité

moindre que le rayon de la sphère d'activité sensible de ces molécules; la valeur de $\int\int dm\,df\,\varphi(f)$ étant insensible relativement aux
autres molécules, parce que l'accélération qu'elles ont produite dans
le mouvement du rayon lorsqu'il s'en est approché a été détruite par
le retardement que ce mouvement a éprouvé lorsque le rayon s'en est
éloigné. Cette seconde manière montre avec évidence que la vitesse
est la même, de quelque manière que le rayon ait pénétré dans le milieu, et quelles que soient les actions des molécules qu'il a rencon-
trées, puisque l'intégrale $\int\int dm\,df\,\varphi(f)$ est nulle relativement à
celles qui sont à une distance perceptible de la molécule lumineuse.

Il suit de là que la lumière en rentrant dans le vide, après avoir
éprouvé l'action d'un nombre quelconque de forces attractives et répulsives, y reprend sa vitesse primitive.

Les mêmes résultats ont lieu relativement aux rayons extraordi-
naires; car, sans connaitre la cause de la réfraction extraordinaire, on
peut cependant assurer qu'elle est due à des forces attractives et
répulsives qui agissent de molécule à molécule, suivant des fonctions
quelconques de la distance, et qui, dans les cristaux, sont modifiées
par la figure de leurs molécules intégrantes, par celle des molécules
de la lumière et par la manière dont ces molécules se présentent les
unes aux autres. En nommant donc R la résultante de toutes ces forces,
et dr l'élément de sa direction, on aura

$$v^2 = a^2 + 2\int\int dm\,R\,dr.$$

Maintenant il est visible que, relativement à une molécule dm du
cristal, l'intégrale $\int R\,dr$ est nulle lorsque le rayon lumineux est à
une distance sensible de cette molécule; car, dans le passage de ce
rayon à travers la sphère d'activité sensible de la molécule, les éléments $R\,dr$ sont d'abord positifs, ensuite négatifs, et la somme des
premiers est égale à celle des seconds et la détruit. En cela ces forces
diffèrent de celles qui naissent du frottement et de la résistance des
milieux, et qui, dans toutes les directions, retardent constamment la

vitesse. L'intégrale $\int\int dm\,\mathrm{R}\,dr$ ne dépend donc que de l'action que le rayon a éprouvée de la part des molécules dont il n'est éloigné que d'une quantité plus petite que le rayon de la sphère d'activité sensible. Ainsi, lorsqu'un rayon extraordinaire est à une distance sensible de la surface d'un cristal, et dans son intérieur, sa vitesse est toujours la même, quelles que soient la nature de cette surface et la manière dont le rayon a pénétré dans le cristal, pourvu que sa direction soit la même. Donc, si les forces qui produisent la réfraction extraordinaire sont les mêmes de tous les côtés de l'axe du cristal, la vitesse du rayon dans l'intérieur ne dépendra que de l'angle formé par sa direction avec l'axe. On voit encore que le rayon rentrant dans le vide y prendra sa vitesse primitive.

En général, toutes les forces attractives et répulsives de la nature se réduisent, en dernière analyse, à des forces semblables agissant de molécule à molécule. C'est ainsi que j'ai fait voir, dans ma *Théorie de l'action capillaire*, que les attractions et répulsions des petits corps qui nagent sur un liquide, et généralement tous les phénomènes capillaires, dépendent d'attractions de molécule à molécule qui ne sont sensibles qu'à des distances imperceptibles. On a essayé pareillement de ramener à des actions de molécule à molécule les phénomènes électriques et magnétiques; on peut y ramener encore ceux que présentent les corps élastiques. Pour déterminer l'équilibre et le mouvement d'une lame élastique naturellement rectiligne et pliée suivant une courbe quelconque, on a supposé que, dans chaque point, son ressort est en raison inverse du rayon de courbure. Mais cette loi n'est que secondaire et dérive de l'action attractive et répulsive des molécules, suivant une fonction de la distance. Pour mettre cette dérivation en évidence, il faut concevoir chaque molécule d'un corps élastique dans son état naturel en équilibre au milieu des forces attractives et répulsives qu'elle éprouve de la part des autres molécules, les forces répulsives étant dues, soit à la chaleur, soit à d'autres causes. Il faut supposer ensuite que les molécules tendent à reprendre leur position respective naturelle lorsqu'on les en écarte infiniment peu. Ainsi deux molécules en équilibre entre leurs forces attractives et répulsives, et séparées l'une de l'autre par un intervalle quelconque, reviendront à cette distance mutuelle, soit qu'on l'augmente, soit qu'on la diminue, si l'une de ces deux conditions est remplie, et alors leur équilibre sera stable. Imaginons présentement une lame très mince, élastique, rectiligne et fixée par une de ses extrémités à un plan qui lui soit perpendiculaire. En pliant la lame, son élément contigu au plan s'écartera de sa position naturelle d'un angle infiniment petit que nous désignerons par α. En désignant par f la distance d'une molécule de l'élément à une autre de ses molécules, cette distance variera d'une quantité proportionnelle à α, et il en résultera une action mutuelle de ces molécules proportionnelle à cette variation, et que nous pouvons exprimer par $h\alpha$. La résultante de toutes ces forces tend à faire reprendre à l'élément son état naturel; mais, de quelque manière qu'elles se combinent, leur résultante ou le ressort de l'élément est nécessairement proportionnel à α ou à l'angle de contingence, et par conséquent ce ressort est réciproque au rayon de courbure. Ce que nous venons de dire du premier élément de la lame s'applique à un élément quelconque, en concevant cet élément fixé par une de ses extrémités à un plan perpendiculaire à l'élément contigu.

Maintenant, si l'on fait varier infiniment peu la position de la courbe, l'angle de contingence α deviendra $\alpha + \delta\alpha$, $\delta\alpha$ étant la variation de cet angle, que nous supposerons infiniment petite par rapport à lui. La distance f de deux molécules de l'élément de la lame, correspondante à cet angle, variera d'une quantité proportionnelle à $\delta\alpha$, et que nous désignerons par $q\,\delta\alpha$. L'action mutuelle des deux molécules ayant été exprimée par $h\alpha$, le produit de cette action par l'élément de sa direction sera donc $hq\alpha\,\delta\alpha$. Cette somme, étendue à toutes les molécules de l'élément entier, sera de la forme $M\alpha\,\delta\alpha$, M étant un coefficient indépendant de α et de $\delta\alpha$, et qui sera le même pour tous les éléments de la lame, si elle est partout également épaisse et large, et si la longueur de ses éléments est supposée constante; nous représenterons cette longueur par *ds*, que nous supposerons constant et invariable. La somme de toutes les forces, multipliées respectivement par les variations des éléments de leurs directions, sera donc proportionnelle à $\int \alpha \, \delta\alpha$; et, s'il n'y a point de forces étrangères, la lame étant supposée fixe par ses deux extrémités, on aura, par le principe des vitesses virtuelles, dans le cas de l'équilibre, $\int \alpha \, \delta\alpha = 0$; d'où il suit que $\int \alpha^2$ est un minimum dans la courbe d'équilibre. α est égal à $\frac{ds}{r}$, r étant le rayon de courbure; $\int \frac{ds^2}{r^2}$ est donc un minimum dans cette courbe. *ds* étant supposé constant, on peut diviser l'intégrale précédente par *ds* et la réduire ainsi à une intégrale finie; $\int \frac{ds}{r^2}$ est par conséquent un minimum dans la courbe d'équilibre de la lame élastique, ce qui est le principe de Daniel Bernoulli, qui a donné à cette intégrale le nom de *force potentielle*. (*Voir* l'Ouvrage d'Euler qui a pour titre : *Methodus inveniendi lineas curvas maximi minimive proprietate gaudentes.*)

Enfin la considération des actions *ad distans* de molécule à molécule, étendue à la chaleur, conduit d'une manière claire et précise aux véritables équations différentielles du mouvement de la chaleur dans les corps solides et de ses variations à leur surface, et par là cette branche très importante de la Physique rentre dans le domaine de l'Analyse.

On est parti, dans la théorie de l'équilibre et du mouvement de la chaleur, de ce principe, donné par Newton, savoir que la chaleur communiquée par un corps à un autre qui lui est contigu est proportionnelle à la différence de leurs températures. Ainsi une lame infiniment mince d'un corps communique, dans un temps donné très court, à celle qui la suit, une quantité de chaleur proportionnelle à la conductibilité du corps pour la chaleur et à l'excès de sa température sur celle de la lame suivante; mais elle reçoit en même temps de la lame qui la précède une quantité de chaleur proportionnelle à l'excès de la température de cette lame sur la sienne, et c'est la différence de ces chaleurs reçues et communiquées dans un instant infiniment

petit qui forme la différentielle de sa chaleur. Mais il se présente ici
une difficulté que l'on n'a point encore résolue. Les quantités de chaleur reçues et communiquées dans un instant ne peuvent être que des
infiniment petits du même ordre que l'excès de température d'une
lame sur celle de la lame qui la suit. La différence des chaleurs reçues
et communiquées est donc un infiniment petit du second ordre, dont
l'accumulation dans un temps fini ne pourrait élever d'une quantité
finie la température de la lame. Cette difficulté est analogue à celle
que présentaient les théories des réfractions astronomiques. On y
supposait l'atmosphère divisée en couches d'une épaisseur infiniment
petite, dans lesquelles la lumière se réfracte en passant d'une couche
dans la suivante, comme si ces couches avaient une épaisseur finie,
ce qui donne à leur action une valeur infiniment grande. Cette difficulté n'a point lieu dans la théorie des réfractions, que j'ai donnée
dans le Livre X de la *Mécanique céleste*, où j'ai déduit cette théorie de
l'action *ad distans* des molécules des milieux diaphanes sur la lumière.
On fera pareillement disparaitre la difficulté précédente relative à la
chaleur, en étendant son action au delà du contact. L'expérience a
fait connaitre que cela a lieu dans l'air et dans les milieux rares, et
que les corps chauds placés dans ces milieux transmettent leur chaleur aux corps éloignés par un rayonnement analogue à celui de la
lumière par les corps lumineux. Il parait naturel d'admettre ce rayonnement de la chaleur dans l'intérieur des corps denses; seulement la
chaleur rayonnante intérieure est totalement interceptée par les molécules très voisines de celle qui les échauffe, et dont l'action échauffante ne s'étend alors qu'à une très petite distance. C'est à l'expérience à nous apprendre si cette distance est perceptible; nous la
supposerons imperceptible, comme la sphère d'activité sensible de
l'attraction moléculaire.

Imaginons présentement une barre cylindrique très mince et recouverte d'un vernis, qui ne permette point à sa chaleur de se répandre
latéralement au dehors. Une lame infiniment mince A de la barre, et
perpendiculaire à sa longueur, sera échauffée par celles qui la pré-

cèdent, et échauffera celles qui la suivent. En nommant donc x la coordonnée de la lame ou sa distance à la première extrémité de la barre, et u sa température; en nommant pareillement $x - s$ la coordonnée d'une lame qui la précède, et dont nous désignerons par u' la température, l'action réciproque des deux lames tendra à échauffer la lame A proportionnellement à la différence $u' - u$ de leurs températures, car cette différence, multipliée par une constante K, peut représenter la différence de leurs rayonnements caloriques l'une sur l'autre. Si l'on nomme ensuite $u_{,}$ la température d'une lame dont la coordonnée est $x + s$, la différence $u - u_{,}$ multipliée par la constante K exprimera la chaleur qu'elle reçoit de la lame A; $K(u' - u) - K(u - u_{,})$ ou $K(u' - 2u + u_{,})$ exprimera donc la chaleur qui accroît la température de la lame A. Il faut multiplier cette quantité par ds et par la fonction qui exprime la loi de l'action échauffante relative à la distance, loi que nous désignerons par $\varphi(s)$. La différence des chaleurs reçues et communiquées par la lame A sera donc

$$K \int ds (u' - 2u + u_{,}) \varphi(s),$$

l'intégrale étant prise depuis s nul jusqu'au delà de la sphère d'action sensible de la chaleur; et, comme à cette limite la chaleur décroît avec une extrême rapidité à mesure que s augmente, cette intégrale peut être prise depuis s nul jusqu'à s infini. Maintenant on a, en réduisant en série u' et $u_{,}$ par rapport aux puissances de s,

$$u' - 2u + u_{,} = s^2 \frac{\partial^2 u}{\partial x^2} + \ldots$$

On peut ne considérer que le premier terme de la série, et alors on a

$$K \int ds (u' - 2u + u_{,}) \varphi(s) = K \frac{\partial^2 u}{\partial x^2} \int s^2 \, ds \, \varphi(s).$$

Maintenant l'accroissement de température de la lame A, dans l'instant dt, est proportionnelle à cette quantité multipliée par l'élément dt du temps. En supposant donc que la caractéristique différentielle d ne se rapporte qu'au temps t, on aura

$$du = a\,dt\,\frac{\partial^2 u}{\partial x^2},$$

a étant une constante dépendante de la nature du corps. Si l'on fait, dans cette équation aux différences partielles, $at = t'$, elle deviendra

$$du = dt'\,\frac{\partial^2 u}{\partial x^2},$$

et u sera fonction de x et t'. Ainsi, en supposant deux barres de diverses matières, mais de dimensions égales, échauffées l'une et l'autre à l'origine et de la même manière à leur première extrémité toujours entretenue à ce même degré de température, u sera, relativement aux deux barres, la même fonction de x et de t' ou at; les temps nécessaires pour que deux lames correspondantes dans chaque barre parviennent à la même température seront donc réciproques aux constantes at relatives à ces barres. Si donc on nomme plus *conductible* la barre qui arrive en moins de temps à une température donnée, on pourra représenter par a la conductibilité de la matière. Mais la barre qui arrive le plus promptement à la même température peut n'être pas celle qui, dans le même temps, conduit à une distance donnée le plus de chaleur; car la chaleur conduite dans un temps donné dépend à la fois de la conductibilité de la matière et de sa chaleur spécifique, c'est-à-dire de la chaleur nécessaire pour élever d'un même degré sa température.

Dans le cas général où l'on considère les trois dimensions d'un corps solide, la même analyse fait voir que $\frac{\partial u}{\partial t}$ est égal à une constante multipliée par la somme des trois différences partielles secondes $\frac{\partial^2 u}{\partial x^2}$, $\frac{\partial^2 u}{\partial y^2}$, $\frac{\partial^2 u}{\partial z^2}$, x, y, z étant les trois coordonnées de la molécule.

Cette équation n'est relative qu'au mouvement de la chaleur dans l'intérieur du corps; pour avoir celle de son mouvement à la surface, nous observerons que la perte de chaleur du corps est due à la chaleur qu'il rayonne au dehors. Ce rayonnement est produit, non seulement par la surface, mais encore par les couches qui en sont extrêmement voisines et qui sont comprises dans la sphère d'action sensible de la chaleur. En vertu de ce rayonnement, la surface parvient en très peu d'instants à la température du vide ou du milieu qui l'environne, et il s'établit très promptement une loi régulière d'accroissement de la chaleur, depuis cette surface jusqu'à une très petite profondeur égale au rayon de la sphère d'action de la chaleur. En nommant u la température de la couche à cette profondeur, les variations de la chaleur des couches supérieures jusqu'à la surface seront proportionnelles à celles de u, la chaleur du milieu environnant étant prise pour le terme zéro. Ainsi les quantités de chaleur émises au dehors, dans l'instant dt, par chacune de ces couches, étant proportionnelles à sa température, elles seront proportionnelles à u, et par conséquent la perte de chaleur du corps lui sera aussi proportionnelle. C'est ce qui a été supposé jusqu'ici par les physiciens; mais ils imaginaient que la surface elle-même avait une température plus élevée que celle du milieu qui l'environne, ce qui est contraire à la loi de continuité. La considération d'une action de la chaleur *ad distans* a donc encore l'avantage de faire disparaître cette difficulté et de donner des idées justes et précises du mouvement de la chaleur à la surface comme à l'intérieur des corps.

La théorie de l'écoulement des liquides par une très petite ouverture faite à la base du vase qui les contient nous fournit un exemple de ces lois régulières de mouvement qui s'établissent dans un temps très court. On sait que la vitesse du liquide qui s'écoule devient très promptement proportionnelle à la racine carrée de sa hauteur au-dessus de l'ouverture, et que l'on peut, sans erreur sensible, calculer par cette loi la quantité de fluide écoulé, en négligeant celle qui s'écoule avant que la loi soit établie; la même chose a lieu par rapport à l'écoulement de la chaleur, et l'équation de cet écoulement, fondée sur la proportionnalité de la chaleur écoulée dans l'instant dt à la température u, peut être employée sans crainte d'erreur sensible. En réunissant cette équation à celle du mouvement de la chaleur à l'intérieur, on pourra déterminer, pour un instant quelconque, la température de tous les points du corps. Le reste est une affaire d'analyse et devient étranger à l'objet de cette Note, dans laquelle j'ai cherché à établir que les phénomènes de la nature se réduisent en dernière analyse à des actions *ad distans* de molécule à molécule, et que la considération de ces actions doit servir de base à la théorie mathématique de ces phénomènes. Mais, de même que les géomètres avaient été conduits aux équations du mouvement de la lumière dans l'atmosphère, en partant d'une supposition inexacte, de même l'hypothèse de l'action de la chaleur limitée au contact peut conduire aux équations du mouvement de la chaleur dans l'intérieur et à la surface des corps. Je dois observer que M. Fourier est déjà parvenu à ces équations, dont les véritables fondements me paraissent être ceux que je viens de présenter.

La considération de l'action mutuelle de molécules de la matière fournit encore une démonstration directe du principe des vitesses virtuelles; car, en décomposant les actions réciproques des corps en actions de molécule à molécule, on peut facilement s'assurer que ce principe n'est que l'expression analytique et générale des conditions auxquelles ces actions doivent être assujetties dans l'état d'équilibre. Lorsqu'un point est en équilibre entre des forces quelconques, il est aisé de voir que, si l'on fait varier infiniment peu la position du point, en sorte qu'il soit assujetti aux conditions de son mouvement, et qu'il reste toujours sur la surface ou sur la courbe qu'il doit suivre quand il n'est pas libre, la somme des forces qui le sollicitent, multipliées chacune par l'espace qu'il parcourt suivant sa direction, est égale à zéro [(*Mécanique céleste*, Livre I, n° 3) (¹)].

Considérons maintenant un système de points, que nous nommerons *a*, liés entre eux d'une manière quelconque et assujettis à se mouvoir sur des courbes ou sur des surfaces données. On peut concevoir ces courbes, ces surfaces, et généralement les liens inflexibles qui unissent ces points, comme étant formés eux-mêmes d'une infinité de

______

(¹) *OEuvres de Laplace*, T. I, p. 11.

points b liés fixement entre eux par des droites immatérielles et invariables; mais les lignes flexibles et inextensibles qui unissent les points a peuvent être conçues comme formées de points b, unis par des droites immatérielles qui peuvent tourner librement autour de ces points. Cela posé, l'action des points a les uns sur les autres, quand elle n'est pas immédiate, se transmet au moyen des points b. Un point a agit sur le point b qui lui est contigu; celui-ci agit sur le point b le plus voisin, et ainsi de suite jusqu'à un second point a qui agit de la même manière sur un troisième. Dans ces actions réciproques, la distance mutuelle de deux points b voisins reste constante; en sorte que, en nommant f la distance infiniment petite qui les sépare, et p leur action mutuelle, qui, par l'égalité de l'action à la réaction, est la même pour les deux points, le produit $p\,\delta f$ est nul, δf étant une variation de f compatible avec les conditions de la liaison des parties du système; car, f étant constant suivant ces conditions, δf est nul. Dans la nature, δf n'est pas rigoureusement nul, et, quelle que soit la force qui unit les points b consécutifs, une force quelconque peut toujours faire varier la distance qui les sépare; mais cette variation est d'autant moindre que la force de cohésion est plus grande; en sorte que la rigidité et l'inextensibilité sont des abstractions qui servent de limites à ces qualités des corps. Pour concevoir l'action immédiate d'un point a sur un autre point, on peut imaginer chacun de ces points au centre d'une sphère immatérielle et impénétrable qui ne permette pas à ces points de s'approcher au delà d'une limite égale à la somme des rayons des deux sphères. Dans le choc, les deux sphères se touchent, et la distance f qui sépare les points est à son minimum. La variation δf est donc nulle, et en nommant p leur action mutuelle, le produit $p\,\delta f$ sera nul. Ainsi la pression d'un point a sur une surface peut être considérée comme le choc de ce point contre un point b de la surface. En concevant ces points au centre des deux sphères que nous venons d'imaginer, la distance f de ces points au moment du choc sera la somme des rayons des sphères, et elle sera perpendiculaire à la surface. Le choc ayant lieu dans la direction de cette distance, il se fera suivant la direction de la normale. En nommant donc p l'action mutuelle des deux points ou la pression du point a sur la surface, le produit $p\,\delta f$ sera nul, parce qu'alors δf est la variation de la normale, variation qui est nulle lorsque le point a est assujetti à se mouvoir sur la surface.

Cela posé, considérons un des points quelconques a ou b du système. On peut toujours le concevoir comme un point isolé; mais alors il faut le supposer sollicité, non seulement par des forces extérieures, mais encore par l'action des points du système dont il est infiniment voisin. Soient donc S la force extérieure qui le sollicite, et s la direction de cette force; soient encore f la distance de ce point à un autre infiniment voisin, et p l'action mutuelle de ces deux points. On a, par le principe des vitesses virtuelles, qui, comme on l'a vu, a lieu pour un point isolé,

$$o = S\,\delta s + \Sigma p\,\delta' f,$$

le signe caractéristique intégral Σ comprenant tous les termes du même genre que celui devant lequel il est placé, et $\delta' f$ étant la variation de f due à la variation de la première extrémité de cette distance ou du point que l'on considère. On formera des équations semblables pour chaque point du système. En les réunissant, l'action p dans leur somme sera multipliée par $\delta' f + \delta'' f$, $\delta'' f$ étant la variation de f relative à sa seconde extrémité; en sorte que $\delta' f + \delta'' f = \delta f$. On a donc

$$(1) \qquad\qquad o = \Sigma S\,\delta s + \Sigma p\,\delta f.$$

Mais on a, par ce qui précède, $o = p\,\delta f$; par conséquent on a

$$o = \Sigma S\,\delta s,$$

ce qui est le principe connu des vitesses virtuelles.

J'ai donné, dans le Livre I de la *Mécanique céleste*, n° 14 (¹), l'équation (1), et j'ai cherché, dans le même numéro, à établir que $\Sigma p\,\delta f$ est nul. Cela est évident lorsque les points du système sont liés par des

____

(¹) *OEuvres de Laplace*, T. I, p. 41.

droites inflexibles ou des fils inextensibles dont f est la longueur, car alors δf est nul. Cela est encore visible lorsqu'il y a des corps qui peuvent glisser le long de ces fils; dans tous ces cas, p représente la tension du fil, qui est la même dans toute sa longueur; cette longueur restant toujours la même, $p\,\delta f$ est nul. Mais la manière dont nous venons d'envisager l'action mutuelle des corps, en la décomposant en actions de molécule à molécule, rend généralement évidente l'égalité de $p\,\delta f$ à zéro, et par conséquent aussi celle de $\Sigma S\,\delta s$ à zéro.

Il est visible que la démonstration précédente a également lieu pour un système de corps formé, en tout ou en partie, de liquides. Elle suppose seulement que les liens immatériels que l'on imagine entre les divers points du système ne sont ni élastiques ni extensibles avec résistance; autrement le principe des vitesses virtuelles, tel que nous venons de l'énoncer, cesserait d'être exact, et il faudrait y faire entrer la considération de ces forces d'élasticité et de résistance.

MÉMOIRE

SUR LES

APPROXIMATIONS DES FORMULES

QUI SONT FONCTIONS DE TRÈS GRANDS NOMBRES

ET SUR

LEUR APPLICATION AUX PROBABILITÉS.

MÉMOIRE

SUR LES

APPROXIMATIONS DES FORMULES

QUI SONT FONCTIONS DE TRÈS GRANDS NOMBRES

ET SUR

LEUR APPLICATION AUX PROBABILITÉS (¹).

Mémoires de l'Académie des Sciences, Ire Série, T. X, année 1809; 1810.

L'analyse conduit souvent à des formules dont le calcul numérique, lorsqu'on y substitue de très grands nombres, devient impraticable, à cause de la multiplicité des termes et des facteurs dont elles sont composées. Cet inconvénient a lieu principalement dans la théorie des probabilités, où l'on considère les événements répétés un grand nombre de fois. Il est donc utile alors de pouvoir transformer ces formules en séries d'autant plus convergentes que les nombres substitués sont plus considérables. La première transformation de ce genre est due à Stirling, qui réduisit de la manière la plus heureuse, dans une série semblable, le terme moyen du binôme élevé à une haute puissance; et le théorème auquel il parvint peut être mis au rang des plus belles choses que l'on ait trouvées dans l'analyse. Ce qui frappa surtout les géomètres, et spécialement Moivre, qui s'était occupé long-temps de cet objet, fut l'introduction de la racine carrée de la circonférence dont le rayon est l'unité, dans une recherche qui semblait étrangère à cette transcendante. Stirling y était arrivé au moyen de

<hr>

(¹) Lu le 9 avril 1810.

l'expression de la circonférence par une fraction dont le numérateur
et le dénominateur sont des produits en nombre infini, expression que
Wallis avait donnée. Ce moyen indirect laissait à désirer une méthode
directe et générale pour obtenir, non seulement l'approximation du
terme moyen du binôme, mais encore celle de beaucoup d'autres formules plus compliquées et qui s'offrent à chaque pas dans l'analyse
des hasards. C'est ce que je me suis proposé dans divers Mémoires
publiés dans les Volumes de l'Académie des Sciences pour les années 1778 et 1782 (¹). La méthode que j'ai présentée dans ces Mémoires transforme généralement en séries convergentes les intégrales
des équations linéaires aux différences ordinaires ou partielles, finies
et infiniment petites, lorsqu'on substitue de grands nombres dans ces
intégrales. Elle s'étend encore à beaucoup d'autres formules semblables, telles que les différences très élevées des fonctions. Ces
séries ont le plus souvent pour facteur la racine carrée de la circonférence, et c'est la raison pour laquelle cette transcendante s'est
offerte à Stirling; mais, quelquefois, elles renferment des transcendantes supérieures dont le nombre est infini.

Parmi les formules que j'ai transformées de cette manière, l'une
des plus remarquables est celle de la différence finie de la puissance
d'une variable. Mais on a fréquemment besoin, dans les questions de
probabilités, de ne considérer qu'une partie de ses termes et de l'arrêter quand la variable, par ses diminutions successives, devient négative. Ce cas a lieu, par exemple, dans le problème où l'on cherche la
probabilité que l'inclinaison moyenne des orbes d'un nombre quelconque de comètes est comprise dans des limites données, toutes les
inclinaisons étant également possibles, problème dont la solution sert
à reconnaître si ces orbes participent à la tendance primitive des orbes
des planètes et des satellites pour se rapprocher du plan de l'équateur
solaire. En résolvant ce problème, par la méthode que j'ai donnée pour
ce genre de questions dans le Volume de l'Académie des Sciences de

____

(¹) *OEuvres de Laplace*, T. IX et X.

l'année 1778 (¹), la probabilité dont il s'agit est exprimée par la différence finie de la puissance d'une variable qui décroît uniformément,
les degrés de la puissance et de la différence étant le nombre même
des orbes que l'on considère, et la formule devant être arrêtée quand
la variable devient négative. Le calcul numérique de cette formule est
impraticable pour les comètes déjà observées; car il faut considérer
près de cinquante termes très composés et qui, étant alternativement
positifs et négatifs, se détruisent presque entièrement; de sorte que,
pour avoir le résultat final de leur ensemble, il faudrait les calculer
séparément avec une précision supérieure à celle que l'on peut obtenir
au moyen des Tables les plus étendues de logarithmes. Cette difficulté
m'a longtemps arrêté : je suis enfin parvenu à la vaincre en considérant le problème sous un point de vue nouveau, qui m'a conduit à
exprimer la probabilité cherchée, par une série convergente, dans
le cas général où les facilités des inclinaisons suivent une loi quelconque. Ce problème est identique avec celui dans lequel on cherche
la probabilité que la moyenne des erreurs d'un grand nombre d'observations sera comprise dans des limites données, et il résulte de
ma solution que, en multipliant indéfiniment les observations, leur
résultat moyen converge vers un terme fixe, de manière que, en prenant de part et d'autre de ce terme un intervalle quelconque aussi
petit que l'on voudra, la probabilité que le résultat tombera dans cet
intervalle finira par ne différer de la certitude que d'une quantité
moindre que toute grandeur assignable. Ce terme moyen se confond
avec la vérité si les erreurs positives et négatives sont également possibles, et généralement ce terme est l'abscisse de la courbe de facilité
des erreurs correspondante à l'ordonnée du centre de gravité de l'aire
de cette courbe, l'origine des abscisses étant celle des erreurs.

En comparant les deux solutions du problème obtenues par les
méthodes dont je viens de parler, on a, par des séries convergentes,
la valeur de la différence finie des puissances élevées d'une variable

_____

(¹) *Œuvres de Laplace*, T. IX.

et celles de beaucoup d'autres fonctions pareilles, en les arrêtant au point où la variable devient négative; mais, ce moyen étant indirect, j'ai cherché une méthode directe pour obtenir ces approximations, et j'y suis parvenu à l'aide d'équations aux différences partielles finies et infiniment petites dont ces fonctions dépendent, ce qui conduit à divers théorèmes curieux. Ces approximations se déduisent encore très simplement du passage réciproque des résultats imaginaires aux résultats réels, dont j'ai donné divers exemples dans les Mémoires cités de l'Académie des Sciences et tout récemment dans le Tome VIII du *Journal de l'École Polytechnique*. Il est analogue à celui des nombres entiers positifs, aux nombres négatifs et aux nombres fractionnaires, passage dont les géomètres ont su tirer, par induction, beaucoup d'importants théorèmes; employé comme lui avec réserve, il devient un moyen fécond de découvertes, et il montre de plus en plus la généralité de l'analyse. J'ose espérer que ces recherches, qui servent de supplément à celles que j'ai données autrefois sur le même objet, pourront intéresser les géomètres.

Pour appliquer ces recherches aux orbes des comètes, j'ai considéré toutes celles que l'on a observées jusqu'en 1807 inclusivement. Leur nombre s'élève à quatre-vingt-dix-sept et, parmi elles, cinquante-deux ont un mouvement direct et quarante-cinq un mouvement rétrograde; l'inclinaison moyenne de leurs orbes à l'écliptique diffère très peu de la moyenne de toutes les inclinaisons possibles ou d'un demi-angle droit. On trouve par les formules de ce Mémoire que, en supposant les inclinaisons, ainsi que les mouvements directs et rétrogrades, également faciles, la probabilité que les résultats observés devraient se rapprocher davantage de leur état moyen est beaucoup trop faible pour indiquer dans ces astres une tendance primitive à se mouvoir tous sur un même plan et dans le même sens. Mais, si l'on applique les mêmes formules aux mouvements de rotation et de révolution des planètes et des satellites, on voit que cette double tendance est indiquée avec une probabilité bien supérieure à celle du plus grand nombre des faits historiques sur lesquels on ne se permet aucun doute,

I.

On suppose toutes les inclinaisons à l'écliptique également possibles depuis zéro jusqu'à l'angle droit, et l'on demande la probabilité que l'inclinaison moyenne de n orbites sera comprise dans des limites données.

Désignons l'angle droit par h, et représentons par k la loi de facilité des inclinaisons d'une orbite. Ici k sera constant depuis l'inclinaison nulle jusqu'à l'inclinaison h. Au delà de cette limite, la facilité est nulle; on pourra donc généralement représenter la facilité par $k(1 - l^h)$, pourvu qu'on ne fasse commencer son second terme qu'à l'inclinaison h et que l'on suppose l égal à l'unité dans le résultat du calcul.

Cela posé, nommons t, t_1, t_2, ... les inclinaisons des n orbites, et supposons leur somme égale à s, nous aurons

$$t + t_1 + t_2 + \ldots + t_{n-1} = s.$$

La probabilité de cette combinaison est évidemment le produit des probabilités des inclinaisons t, t_1, t_2, ..., et par conséquent elle est égale à $k^n(1 - l^h)^n$. En prenant la somme de toutes les probabilités relatives à chacune des combinaisons dans lesquelles l'équation précédente a lieu, on aura la probabilité que la somme des inclinaisons des orbites sera égale à s. Pour avoir cette somme de probabilités, on observera que l'équation précédente donne

$$t = s - t_1 - t_2 - \ldots - t_{n-1}.$$

Si l'on suppose d'abord t_2, t_3, ..., t_{n-1} constants, les variations de t ne dépendront que de celles de t_1 et pourront s'étendre depuis t nul, auquel cas t_1 est égal à $s - t_2 - \ldots - t_{n-1}$, jusqu'à

$$t = s - t_1 - \ldots - t_{n-1},$$

ce qui rend t_1 nul. La somme de toutes les probabilités relatives à ces variations est évidemment

$$k^n(1 - l^h)^n\,(s - t_1 - t_3 - \ldots - t_{n-1}).$$

Il faut ensuite multiplier cette fonction par dt_2 et l'intégrer depuis t_2 nul jusqu'à $t_2 = s - t_3 - \ldots - t_{n-1}$, ce qui donne

$$\frac{k^n(1 - l^h)^n}{1 \cdot 2}(s - t_3 - \ldots - t_{n-1})^2.$$

En continuant ainsi jusqu'à la dernière variable, on aura la fonction

$$\frac{k^n(1 - l^h)^n s^{n-1}}{1 \cdot 2 \cdot 3 \ldots (n-1)}.$$

Il faut enfin multiplier cette fonction par ds et l'intégrer dans les limites données, que nous représenterons par $s - e$ et $s + e'$, et l'on aura

$$\frac{k^n(1 - l^h)^n}{1 \cdot 2 \cdot 3 \ldots n}\left[(s + e')^n - (s - e)^n\right]$$

pour la probabilité que la somme des erreurs sera comprise dans ces limites. Mais on doit faire ici une observation importante. Un terme quelconque, tel que $Q l^{rh}(s - e)^n$, ne peut avoir lieu qu'autant qu'un nombre r des variables t, t_1, …, t_{n-1} commence à surpasser h; car ce n'est qu'ainsi que le facteur l^{rh} peut être introduit. Il faut alors augmenter chacune d'elles de la quantité h dans l'équation

$$t + t_1 + t_2 + \ldots + t_{n-1} = s,$$

ce qui revient à faire partir ces variables de zéro, en diminuant s de rh. Le terme $Q l^{rh}(s - e)^n$ devient ainsi $Q l^{rh}(s - rh - e)^n$. De plus, comme les variables t, t_1, … sont nécessairement positives, ce terme doit être rejeté lorsque $s - rh - e$ commence à devenir négatif. Par ce moyen, la fonction précédente devient, en y faisant $l = 1$,

$$\begin{aligned}
\frac{k^n}{1 \cdot 2 \cdot 3 \ldots n}\Big[&(s + e')^n - n(s + e' - h)^n \\
&+ \frac{n(n-1)}{1 \cdot 2}(s + e' - 2h)^n \\
&- \ldots\ldots\ldots\ldots\ldots\ldots\ldots \\
&- (s - e)^n + n(s - e - h)^n \\
&- \frac{n(n-1)}{1 \cdot 2}(s - e - 2h)^n \\
&+ \ldots\ldots\ldots\ldots\ldots\ldots\ldots \Big].
\end{aligned}$$

en rejetant les termes dans lesquels la quantité sous le signe de la puissance est négative. Cet artifice, étendu à des lois quelconques de facilités, donne une méthode générale pour déterminer la probabilité que l'erreur d'un nombre quelconque d'observations sera comprise dans des limites données. [*Voir* les *Mémoires de l'Académie des Sciences*, année 1778, page 240 et suivantes (¹).]

Pour déterminer k, nous ferons $n = 1$, $s + c' = h$ et $s - c$ nul. La formule précédente devient alors kh; mais cette quantité doit être égale à l'unité, puisqu'il est certain que l'inclinaison doit tomber entre zéro et h. On a donc

$$k = \frac{1}{h},$$

ce qui change la formule précédente dans celle-ci

$$(a) \quad \left\{ \frac{1}{1.2.3\ldots n \cdot h^n} \left[(s + c')^n - n(s + c' - h)^n \right. \right.$$
$$+ \frac{n(n-1)}{1.2} (s + c' - 2h)^n$$
$$- \ldots \ldots \ldots \ldots \ldots \ldots \ldots$$
$$- (s - c)^n + n(s - c - h)^n$$
$$- \frac{n(n-1)}{1.2} (s - c - 2h)^n$$
$$\left. \left. + \ldots \ldots \ldots \ldots \ldots \ldots \right]. \right.$$

Si l'on fait $s + c' = nh$ et $s - c = 0$, la probabilité que la somme des inclinaisons sera comprise entre zéro et nh, étant la certitude ou l'unité, la formule précédente donne

$$n^n - n(n-1)^n + \frac{n(n-1)}{1.2} (n-2)^n - \ldots = 1.2.3\ldots n,$$

ce que l'on sait d'ailleurs.

II.

Appliquons cette formule aux inclinaisons des orbites des planètes. La somme des inclinaisons des autres orbites à celle de la Terre était,

(¹) *OEuvres de Laplace*, T. IX, p. 396 et suivantes.

en degrés décimaux, de $91^c,4187$ au commencement de 1801. Si l'on fait varier les inclinaisons depuis zéro jusqu'à la demi-circonférence, on fait disparaître la considération des mouvements rétrogrades; car le mouvement direct se change en rétrograde quand l'inclinaison surpasse un angle droit. Ainsi la formule précédente donnera la probabilité que la somme des inclinaisons des orbites des dix autres planètes à l'écliptique ne surpassera pas $91^c,4187$, en y faisant $n = 10^c$, $h = 200^c$, $s + c' = 91^c,4187$, $s - c = 0$. On trouve alors cette probabilité égale à $\frac{1,0073}{(10)^{10}}$; par conséquent, la probabilité que la somme des inclinaisons doit surpasser celle qui a été observée est égale à $1 - \frac{1,0073}{(10)^{10}}$. Cette probabilité approche tellement de la certitude que le résultat observé devient invraisemblable dans la supposition où toutes les inclinaisons sont également possibles. Ce résultat indique donc avec une très grande probabilité l'existence d'une cause primitive qui a déterminé les orbites des planètes à se rapprocher du plan de l'écliptique ou, plus naturellement, du plan de l'équateur solaire. Il en est de même du sens du mouvement des onze planètes, qui est celui de la rotation du Soleil. La probabilité que cela n'a pas dû avoir lieu est $1 - \frac{1}{2^{10}}$. Mais, si l'on considère que les dix-huit satellites observés jusqu'ici font leurs révolutions dans le même sens que leurs planètes respectives, et que les rotations observées, au nombre de treize dans les planètes, les satellites et l'anneau de Saturne, sont encore dirigées dans le même sens, on aura $1 - \frac{1}{2^{11}}$ pour la probabilité que cela n'a pas dû avoir lieu dans l'hypothèse d'une égale possibilité des mouvements directs et rétrogrades. Ainsi l'existence d'une cause commune qui a dirigé ces mouvements dans le sens de la rotation du Soleil est indiquée par les observations avec une probabilité extrême.

Voyons maintenant si cette cause a influé sur les mouvements des comètes. Le nombre de celles qu'on a observées jusqu'en 1807 inclusivement, en comptant pour la même les diverses apparitions de celle de 1759, est de quatre-vingt-dix-sept, dont cinquante-deux ont un mouvement direct et quarante-cinq un mouvement rétrograde. La somme des inclinaisons des orbites des premières est de $2622^g,944$ et celle des inclinaisons des orbites des autres est de $2490^g,089$. L'inclinaison moyenne de toutes ces orbites est de $51^g,87663$. Si dans la formule (a) de l'article précédent on suppose $c' = c$ et $s = \frac{1}{2}nh$, elle devient

$$\frac{1}{1\cdot2\cdot3\ldots n\cdot2^n}\left[\left(n + \frac{2c}{h}\right)^n - n\left(n + \frac{2c}{h} - 2\right)^n\right.$$
$$+ \frac{n(n-1)}{1\cdot2}\left(n + \frac{2c}{h} - 4\right)^n$$
$$- \ldots\ldots\ldots\ldots\ldots\ldots\ldots\ldots\ldots$$
$$\left. - \left(n - \frac{2c}{h}\right)^n + n\left(n - \frac{2c}{h} - 2\right)^n - \ldots\right].$$

Dans le cas présent, $n = 97$, $h = 100^g$, $c = 182^g,033$, et alors elle donne la probabilité que la somme des inclinaisons doit être comprise dans les limites $50^g \pm 1^g,87664$; mais le nombre considérable des termes de cette formule et la précision avec laquelle il faut avoir chacun d'eux en rend le calcul impraticable. Il est donc indispensable de chercher une méthode d'approximation pour ce genre d'expressions analytiques ou de résoudre le problème d'une autre manière. C'est ce que j'ai fait par la méthode suivante.

III.

Je conçois l'intervalle h divisé dans un nombre infini $2i$ de parties que je prends pour l'unité, et je considère la fonction

$$e^{-i\varpi\sqrt{-1}} + e^{-(i-1)\varpi\sqrt{-1}} + \ldots + e^{-\varpi\sqrt{-1}} + 1 + e^{\varpi\sqrt{-1}} + \ldots + e^{(i-1)\varpi\sqrt{-1}} + e^{i\varpi\sqrt{-1}},$$

en désignant maintenant par e le nombre dont le logarithme hyperbolique est l'unité.

En l'élevant à la puissance n, le coefficient de $e^{l\varpi\sqrt{-1}}$ du développement de cette puissance exprimera le nombre des combinaisons dans lesquelles la somme des inclinaisons des orbites est égale à l. Cette puissance peut être mise sous la forme

$$(1 + 2\cos\varpi + 2\cos 2\varpi + \ldots + 2\cos i\varpi)^n.$$

En la multipliant par $d\varpi\, e^{-l\varpi\sqrt{-1}}$, le terme multiplié par $e^{l\varpi\sqrt{-1}}$ dans le développement de la puissance deviendra indépendant de ϖ dans le produit; d'où il est facile de conclure que l'on aura le coefficient de ce terme en prenant l'intégrale

$$(a') \qquad \frac{1}{\pi}\int d\varpi\cos l\varpi\,(1 + 2\cos\varpi + \ldots + 2\cos i\varpi)^n.$$

depuis ϖ nul jusqu'à $\varpi = \pi$, π étant la demi-circonférence ou $200°$, car les termes de l'intégrale dépendants de ϖ ne redeviennent tous nuls à la fois, et, pour la première fois, que dans ces limites.

Maintenant on a

$$1 + 2\cos\varpi + \ldots + 2\cos i\varpi = \frac{\cos i\varpi - \cos(i+1)\varpi}{1 - \cos\varpi} = \cos i\varpi + \frac{\cos\frac{1}{2}\varpi\sin i\varpi}{\sin\frac{1}{2}\varpi}.$$

Soit $i\varpi = t$, on aura

$$\cos i\varpi + \frac{\cos\frac{1}{2}\varpi\sin i\varpi}{\sin\frac{1}{2}\varpi} = \cos t + \frac{\cos\frac{t}{2i}\sin t}{\sin\frac{t}{2i}}.$$

Le second membre de cette équation devient, à cause de i infini,

$$2i\,\frac{\sin t}{t}.$$

De plus, si l'on fait

$$t = ir\sqrt{n},$$

on aura

$$\cos l\varpi = \cos rt\sqrt{n}.$$

La fonction (a') devient donc

$$(a'') \qquad \frac{(2i)^n}{i\pi}\int dt\cos rt\sqrt{n}\left(\frac{\sin t}{t}\right)^n.$$

On a, en réduisant $\sin t$ en série,

$$\log\left(\frac{\sin t}{t}\right)^n = n\log\left(1 - \frac{1}{1.2.3}t^2 + \frac{1}{1.2.3.4.5}t^4 - \ldots\right)$$
$$= -\frac{nt^2}{6} - \frac{n}{180}t^4 - \ldots,$$

ce qui donne

$$\left(\frac{\sin t}{t}\right)^n = e^{-\frac{nt^2}{6} - \frac{n}{180}t^4 - \dots} = e^{-\frac{nt^2}{6}}\left(1 - \frac{n}{180}t^4 - \dots\right),$$

e étant le nombre dont le logarithme hyperbolique est l'unité. La fonction (a') prend alors cette forme

$$(a'') \qquad \frac{(2i)^n}{i\pi}\int dt \cos rt\sqrt{n}\, e^{-\frac{nt^2}{6}}\left(1 - \frac{n}{180}t^4 - \dots\right).$$

Considérons les différents termes de cette fonction. On a d'abord, en réduisant en série $\cos rt\sqrt{n}$ et faisant $t' = t\sqrt{\frac{n}{6}}$,

$$\int dt \cos rt\sqrt{n}\, e^{-\frac{nt^2}{6}} = \sqrt{\frac{6}{n}}\int dt'\, e^{-t'^2}\left(1 - \frac{r^2}{1.2}6t'^2 + \frac{r^4}{1.2.3.4}6^2 t'^4 - \dots\right).$$

L'intégrale doit être prise depuis t nul jusqu'à t infini, parce que t étant infini, t ou $i\varpi$ devient infini à la limite $\varpi = \pi$; l'intégrale relative à t' doit donc être prise depuis t' nul jusqu'à t' infini. Dans ce cas, on a, comme je l'ai fait voir dans les *Mémoires cités de l'Académie des Sciences* pour l'année 1778 (¹),

$$\int dt'\, e^{-t'^2} = \tfrac{1}{2}\sqrt{\pi}.$$

On a ensuite, en intégrant par parties,

$$\int t'^2 dt'\, e^{-t'^2} = -\tfrac{1}{2}t'\, e^{-t'^2} + \tfrac{1}{2}\int dt'\, e^{-t'^2}.$$

En prenant l'intégrale depuis t' nul jusqu'à t' infini, ce second membre se réduit à $\frac{1}{2}.\frac{1}{2}\sqrt{\pi}$. Généralement on a, dans les mêmes limites,

$$\int t'^{2m} dt'\, e^{-t'^2} = \frac{1.3.5.(2m-1)}{2^m}\tfrac{1}{2}\sqrt{\pi}.$$

On aura donc

$$\int dt \cos rt\sqrt{n}\, e^{-\frac{nt^2}{6}} = \sqrt{\frac{6}{n}}\tfrac{1}{2}\sqrt{\pi}\left(1 - \tfrac{3}{2}r^2 + \frac{(\frac{3}{2})^2 r^4}{1.2} - \dots\right) = \sqrt{\frac{6}{n}}\tfrac{1}{2}\sqrt{\pi}\, e^{-\frac{3}{2}r^2}.$$

(¹) *Œuvres de Laplace*, T. IX, p. 447.

Le premier terme de la fonction (a'') devient ainsi

$$\frac{(2i)^n}{2\,i\sqrt{\pi}}\sqrt{\frac{6}{n}}\,e^{-\frac{3}{2}r^2}.$$

Considérons présentement le terme

$$\int nt^3\,dt\,e^{-\frac{t^2n}{6}}\cos rt\sqrt{n}.$$

En intégrant par parties, ce terme devient

$$-3\,t^3\,e^{-\frac{t^2n}{6}}\cos rt\sqrt{n}+3\int e^{-\frac{t^2n}{6}}\,d(t^3\cos rt\sqrt{n}).$$

Mais on a

$$3\int e^{-\frac{t^2n}{6}}\,d(t^3\cos rt\sqrt{n})=9\int t^2\,dt\,e^{-\frac{t^2n}{6}}\cos rt\sqrt{n}+3r\frac{d}{dr}\cdot\int t^3\,dt\,e^{-\frac{t^2n}{6}}\cos rt\sqrt{n};$$

on a ensuite

$$\int t^2\,dt\,e^{-\frac{t^2n}{6}}\cos rt\sqrt{n}=-\frac{3t}{n}\,e^{-\frac{t^2n}{6}}\cos rt\sqrt{n}+\frac{3}{n}\int e^{-\frac{t^2n}{6}}\,d(t\cos rt\sqrt{n})$$

et

$$\int e^{-\frac{t^2n}{6}}\,d(t\cos rt\sqrt{n})=\int dt\cos rt\sqrt{n}\,e^{-\frac{t^2n}{6}}+r\frac{d}{dr}\cdot\int dt\,e^{-\frac{t^2n}{6}}\cos rt\sqrt{n}$$

$$=\sqrt{\frac{6}{n}}\,\frac{1}{2}\sqrt{\pi}\left(e^{-\frac{3}{2}r^2}+r\frac{d}{dr}e^{-\frac{3}{2}r^2}\right).$$

En réunissant ces valeurs et prenant l'intégrale depuis t nul jusqu'à t infini, on aura

$$\int nt^3\,dt\,e^{-\frac{t^2n}{6}}\cos rt\sqrt{n}=\frac{3^3}{n}\sqrt{\frac{3\pi}{2n}}\,e^{-\frac{3}{2}r^2}(1-6r^2+3r^4).$$

On peut obtenir facilement de cette autre manière l'intégrale

$$\int dt\cos rt\sqrt{n}\,t^3\,e^{-\frac{t^2n}{6}}.$$

Pour cela, on substituera, au lieu de $\cos rt\sqrt{n}$, sa valeur $\dfrac{e^{rt\sqrt{-n}}+e^{-rt\sqrt{-n}}}{2}$

Considérons d'abord l'intégrale

$$\tfrac{1}{2}\int dt\, c^{rt\sqrt{-n}}\, t^{2f}\, c^{-\frac{nt^2}{6}};$$

nous la mettrons sous cette forme

$$\tfrac{1}{2}c^{-\frac{3}{2}r^2}\int dt\, c^{-\frac{1}{6}(t\sqrt{n}-3r\sqrt{-1})^2}\, t^{2f}.$$

Faisons

$$\frac{t\sqrt{n}-3r\sqrt{-1}}{\sqrt{6}}=t',$$

cette intégrale deviendra

$$\tfrac{1}{2}c^{-\frac{3}{2}r^2}\sqrt{\frac{6}{n}}\int dt'\, c^{-t'^2}\,\frac{(t'\sqrt{6}+3r\sqrt{-1})^{2f}}{n^f}.$$

Mais elle doit être prise depuis $t'=-\frac{3r\sqrt{-1}}{\sqrt{6}}$ jusqu'à l'infini. La partie $\frac{1}{2}c^{-rt\sqrt{-n}}$ de $\cos rt\sqrt{n}$ donnera pareillement l'intégrale

$$\tfrac{1}{2}c^{-\frac{3}{2}r^2}\sqrt{\frac{6}{n}}\int dt'\, c^{-t'^2}\,\frac{(t'\sqrt{6}-3r\sqrt{-1})^{2f}}{n^f},$$

l'intégrale étant prise depuis $t'=\frac{3r\sqrt{-1}}{\sqrt{6}}$ jusqu'à l'infini. De là il est aisé de conclure que l'intégrale $\int dt\, t^{2f}\cos rt\sqrt{n}\, c^{-\frac{nt^2}{6}}$ est égale à

$$\tfrac{1}{2}c^{-\frac{3}{2}r^2}\sqrt{\frac{6}{n}}\int dt'\, c^{-t'^2}\,\frac{(t'\sqrt{6}-3r\sqrt{-1})^{2f}}{n^f},$$

l'intégrale étant prise depuis $t'=-\infty$ jusqu'à $t'=+\infty$, ou, ce qui revient au même, à la partie réelle de l'intégrale

$$c^{-\frac{3}{2}r^2}\sqrt{\frac{6}{n}}\int dt'\, c^{-t'^2}\,\frac{(t'\sqrt{6}+3r\sqrt{-1})^{2f}}{n^f},$$

l'intégrale étant prise depuis t' nul jusqu'à t' infini. En faisant $2f=4$, on a

$$\int dt\, t^4\cos rt\sqrt{n}\, c^{-\frac{nt^2}{6}}=\frac{c^{-\frac{3}{2}r^2}}{n^2\sqrt{n}}\,3^3(1-6r^2+3r^4)\sqrt{\tfrac{3}{2}\pi},$$

ce qui coïncide avec le résultat précédent.

La fonction (a''') sera ainsi réduite dans la série descendante suivant les puissances de n,

$$\frac{(2i)^n}{2i\sqrt{\pi}}\sqrt{\frac{6}{n}}\,e^{-\frac{3}{2}r^2}\left[1-\frac{3}{20n}(1-6r^2+r^4)-\dots\right].$$

On aura la somme de toutes les fonctions comprises entre $-l$ et $+l$, en observant que 1 est la différentielle de l; or cette différentielle est $i\,dr\sqrt{n}$; on peut donc substituer $dr\sqrt{n}$ au lieu de $\frac{1}{i}$. La somme de toutes les fonctions dont il s'agit est ainsi, en doublant l'intégrale,

$$(2i)^n\sqrt{\frac{6}{\pi}}\int dr\,e^{-\frac{3}{2}r^2}\left[1-\frac{3}{20n}(1-6r^2+3r^4)+\dots\right].$$

Pour avoir la probabilité que la somme des inclinaisons sera comprise entre $-l$ et $+l$, il faut diviser la fonction précédente par le nombre de toutes les combinaisons possibles, et ce nombre est $(2i)^n$. On a donc, pour cette probabilité,

$$\sqrt{\frac{6}{\pi}}\int dr\,e^{-\frac{3}{2}r^2}\left[1-\frac{3}{20n}(1-6r^2+3r^4)+\dots\right]$$
$$=\sqrt{\frac{6}{\pi}}\left[\int dr\,e^{-\frac{3}{2}r^2}-\frac{3r}{20n}(1-r^2)e^{-\frac{3}{2}r^2}\right].$$

Mais on a

$$2i=h,\qquad \frac{l}{i}=r\sqrt{n};$$

les limites de l'intégrale sont donc $-\frac{h}{3}r\sqrt{n}$ et $+\frac{h}{3}r\sqrt{n}$; par conséquent la probabilité que l'inclinaison moyenne des orbites sera comprise dans les limites $\frac{1}{2}h-\frac{rh}{3\sqrt{n}}$ et $\frac{1}{2}h+\frac{rh}{3\sqrt{n}}$, sera exprimée par l'intégrale précédente.

Si l'on fait $\frac{3}{2}r^2=s^2$, cette intégrale devient

$$\frac{2}{\sqrt{\pi}}\int ds\,e^{-s^2}\left[1-\frac{3}{20n}(1-\tfrac{4}{3}s^2+\tfrac{4}{9}s^4)+\dots\right]$$

ou

$$(a^{IV})\qquad\qquad \frac{2}{\sqrt{\pi}}\left[\int ds\,e^{-s^2}-\frac{1}{20n}e^{-s^2}(3s-2s^3)+\dots\right].$$

Lorsque la valeur de s à sa limite est fort grande, alors $\int ds\,e^{-s^2}$ approche de $\frac{1}{2}\sqrt{\pi}$, de manière à en différer moins que d'une grandeur quelconque donnée, si l'on augmente indéfiniment le nombre n; de plus, les termes suivants $-\frac{1}{20n}e^{-s^2}(3s-2s^3)$ deviennent alors entièrement insensibles. On peut donc, par l'accroissement de n, resserrer à la fois les limites $\pm\frac{h}{2\sqrt{n}}$ et augmenter en même temps la probabilité que l'inclinaison moyenne des orbites tombera entre les limites $\frac{1}{2}h\pm\frac{rh}{2\sqrt{n}}$, de manière que la différence de la certitude à cette probabilité et l'intervalle compris entre ces limites soient moindres que toute grandeur assignable.

Lorsque s est fort petit, on a, par une série convergente,

$$\int ds\,e^{-s^2} = s - \frac{1}{1.2}\frac{s^3}{3} + \frac{1}{1.2.3}\frac{s^5}{5} - \dots$$

Cette série peut être employée lorsque s ne surpasse pas $\frac{1}{2}$; mais lorsqu'il le surpasse, on peut faire usage de la fraction continue que j'ai donnée dans le Livre X de la *Mécanique céleste*.

$$\int ds\,e^{-s^2} = \frac{1}{2}\sqrt{\pi} - \frac{e^{-s^2}}{2s}\left\{\cfrac{1}{1+\cfrac{q}{1+\cfrac{2q}{1+\cfrac{3q}{1+\cfrac{4q}{1+\dots}}}}}\right\},$$

q étant égal à $\frac{1}{2s^2}$. La fraction continue $\cfrac{1}{1+\cfrac{q}{1+\dots}}$ se réduit, suivant que l'on s'arrête au premier, au second, … termes dans les fractions suivantes, alternativement plus grandes et plus petites que la fraction continue :

$$\frac{1}{1},\quad \frac{1}{1+q},\quad \frac{1+3q}{1+3q},\quad \frac{1+5q}{1+6q+3q^2},\quad \frac{1+9q+8q^2}{1+10q+15q^2},\quad \dots$$

Les numérateurs de ces fractions se déduisent les uns des autres, en observant que le numérateur de la fraction $i^{\text{ième}}$ est égal au numérateur de la fraction $(i-1)^{\text{ième}}$, plus au numérateur de la fraction $(i-2)^{\text{ième}}$ multiplié par $(i-1)q$. Les dénominateurs se déduisent les uns des autres de la même manière.

IV.

Nous pouvons maintenant appliquer nos formules aux comètes observées, en faisant usage des données de l'article II. On a, d'après ces données,

$$n = 97, \qquad h = 100^6,$$

$$\frac{rh}{2\sqrt{n}} = 1^6,87763,$$

ce qui donne

$$s = \frac{1^6,87763}{100^6}\, 2\sqrt{97}\,\sqrt{\tfrac{2}{1}} = 0,152731.$$

On peut ici faire usage de l'expression de l'intégrale $\int ds\, e^{-s^2}$ en série, et alors on a

$$\frac{2}{\sqrt{\pi}} \int ds\, e^{-s^2} = 0,4941.$$

La probabilité que l'inclinaison moyenne doit être comprise dans les limites $50^6 \pm 1^6,87763$ est, par la formule (a^{IV}), égale à $0,4933$, ou $\frac{1}{2}$ à fort peu près; la probabilité que cette inclinaison doit être au-dessous est donc $\frac{1}{4}$, et la probabilité qu'elle doit être au-dessus est $\frac{1}{4}$. Toutes ces probabilités sont trop peu différentes de $\frac{1}{2}$ pour que le résultat observé fasse rejeter l'hypothèse d'une égale facilité des inclinaisons des orbites, et pour indiquer l'existence d'une cause primitive qui a influé sur ces inclinaisons, cause que l'on ne peut s'empêcher d'admettre dans les inclinaisons des orbes planétaires.

La même chose a lieu par rapport au sens du mouvement. La probabilité que, sur quatre-vingt-dix-sept comètes, quarante-cinq au plus seront rétrogrades, est la somme des quarante-six premiers termes du binôme $(p+q)^{97}$, en faisant $p = q = \frac{1}{2}$; mais la somme des quarante-huit premiers est la moitié du binôme ou $\frac{1}{2}$; d'où il est facile de conclure que la probabilité cherchée est

$$\frac{1}{2} - \frac{97 \cdot 96 \ldots 50}{1 \cdot 2 \cdot 3 \ldots 48 \cdot 2^{97}} \left(1 + \frac{48}{50} + \frac{48 \cdot 47}{50 \cdot 51} \right).$$

Or on a

$$\frac{97 \cdot 96 \ldots 50}{1 \cdot 2 \cdot 3 \ldots 48 \cdot 2^{97}} = \frac{1 \cdot 2 \cdot 3 \ldots 97}{(1 \cdot 2 \cdot 3 \ldots 49)^2} \frac{49}{2^{97}};$$

de plus, on a généralement, lorsque s est un grand nombre,

$$1 \cdot 2 \cdot 3 \ldots s = s^{s+\frac{1}{2}} e^{-s} \sqrt{2\pi} \left(1 + \frac{1}{12 s} + \ldots \right),$$

ce qui donne

$$\frac{1 \cdot 2 \cdot 3 \ldots 97}{(1 \cdot 2 \cdot 3 \ldots 49)^2} \frac{49}{2^{97}} = \frac{\left(\frac{48,5}{49}\right)^{24} \frac{1165}{1164} e}{\sqrt{\pi \cdot 48,5} \left(\frac{589}{588}\right)^2}.$$

On trouve ainsi la probabilité cherchée égale à $0,2713$, fraction beaucoup trop grande pour qu'elle puisse indiquer une cause qui ait favorisé, dans l'origine, les mouvements directs. Ainsi la cause qui a déterminé le sens des mouvements de rotation et de révolution des planètes et des satellites ne paraît pas avoir influé sur le mouvement des comètes.

V.

Si l'on néglige les termes de l'ordre $\frac{1}{n}$, l'intégrale $\frac{2}{\sqrt{\pi}} \int ds\, e^{-s^2}$ ou $\frac{2}{\sqrt{\pi}} \sqrt{\frac{3}{2}} \int dr\, e^{-\frac{3}{2} r^2}$ exprime la probabilité que la somme des inclinaisons des orbites sera comprise dans les limites $\frac{h}{2} - \frac{rh}{2\sqrt{n}}$ et $\frac{h}{2} + \frac{rh}{2\sqrt{n}}$; mais cette même probabilité est, par l'article II, égale à

$$\frac{1}{1 \cdot 2 \cdot 3 \ldots n \cdot 2^n} \left[(n + r\sqrt{n})^n - n(n + r\sqrt{n} - 2)^n \right.$$
$$+ \frac{n(n-1)}{1 \cdot 2} (n + r\sqrt{n} - 4)^n - \ldots$$
$$- (n - r\sqrt{n})^n + n(n - r\sqrt{n} - 2)^n$$
$$\left. - \ldots \ldots \ldots \ldots \ldots \ldots \ldots \ldots \ldots \right];$$

cette fonction est donc égale à l'intégrale précédente. Or on a, sans l'exclusion des quantités négatives élevées à la puissance n dans le premier membre, l'équation suivante :

$$(n + r\sqrt{n})^n - n(n + r\sqrt{n} - 2)^n + \frac{n(n-1)}{1.2}(n + r\sqrt{n} - 4)^n \ldots$$
$$= (n + r\sqrt{n})^n - n(n + r\sqrt{n} - 2)^n + \ldots$$
$$+ (n - r\sqrt{n})^n - n(n - r\sqrt{n} - 2)^n + \ldots.$$

Le premier membre est, comme l'on sait, égal à $1.2.3\ldots n.2^n$; la seconde expression de la probabilité devient ainsi, en éliminant $(n - r\sqrt{n})^n - n(n - r\sqrt{n} - 2)^n + \ldots$ au moyen de sa valeur donnée par l'équation précédente,

$$\frac{1}{1.2.3\ldots n.2^{n-1}}\left[(n + r\sqrt{n})^n - n(n + r\sqrt{n} - 2)^n + \ldots - 1.2.3\ldots n.2^{n-1}\right];$$

en l'égalant à l'intégrale qui exprime la même probabilité, on aura cette équation remarquable

$$(b) \begin{cases} \dfrac{1}{1.2.3\ldots n.2^n}\left[(n + r\sqrt{n})^n - n(n + r\sqrt{n} - 2)^n \right. \\ \qquad \left. + \dfrac{n(n-1)}{1.2}(n + r\sqrt{n} - 4)^n - \ldots - 1.2.3\ldots n.2^{n-1}\right] \\ \qquad = \sqrt{\dfrac{3}{2\pi}}\int dr\, e^{-\frac{3}{2}r^2}. \end{cases}$$

Si, au lieu d'éliminer $(n - r\sqrt{n})^n - n(n - r\sqrt{n} - 2)^n + \ldots$, on éliminait $(n + r\sqrt{n})^n - n(n + r\sqrt{n} - 2)^n + \ldots$, on aurait une équation qui coïnciderait avec la précédente, en y faisant r négatif; ainsi cette équation a lieu, r étant positif ou négatif, l'intégrale devant commencer avec r, et la série des différences devant s'arrêter lorsque la quantité élevée à la puissance n devient négative.

L'équation (b) différentiée par rapport à r donne

$$\frac{\sqrt{n}}{1.2.3\ldots(n-1)2^n}\left[(n + r\sqrt{n})^{n-1} - n(n + r\sqrt{n} - 2)^{n-1} + \ldots\right] = \sqrt{\frac{3}{2\pi}}e^{-\frac{3}{2}r^2};$$

en différentiant encore, on aura

$$\frac{n}{1.2.3\ldots(n-2)2^n}\left[(n+r\sqrt{n})^{n-2} - n(n+r\sqrt{n}-2)^{n-2} + \ldots\right] = -3r\sqrt{\frac{3}{2\pi}}\,e^{-\frac{3}{2}r^2}.$$

En continuant de différentier ainsi, on aura d'une manière très approchée les valeurs des différentielles successives du premier membre de l'équation (b), pourvu que le nombre de ces différentiations soit très petit relativement au nombre n. Toutes ces équations ont lieu, r étant positif ou négatif; et lorsque r est nul, elles deviennent

$$\frac{\sqrt{n}}{1.2.3\ldots(n-1)2^n}\left[n^{n-1} - n(n-2)^{n-1} + \frac{n(n-1)}{1.2}(n-4)^{n-1} - \ldots\right] = \sqrt{\frac{3}{2\pi}},$$

$$\frac{n}{1.2.3\ldots(n-2)2^n}\left[n^{n-2} - n(n-2)^{n-2} + \ldots\ldots\ldots\ldots\ldots\ldots\right] = 0.$$

$$\frac{n\sqrt{n}}{1.2.3\ldots(n-3)2^n}\left[n^{n-3} - n(n-2)^{n-3} + \ldots\ldots\ldots\ldots\ldots\ldots\ldots\ldots\right] = -3\sqrt{\frac{3}{2\pi}},$$

$$\frac{n^2}{1.2.3\ldots(n-4)2^n}\left[n^{n-4} - n(n-2)^{n-4} + \ldots\ldots\ldots\ldots\ldots\ldots\ldots\right] = 0,$$

$$\ldots\ldots\ldots\ldots\ldots\ldots\ldots\ldots\ldots\ldots\ldots\ldots\ldots\ldots\ldots\ldots\ldots$$

Les seconds membres de ces équations sont zéro, lorsque l'exposant de la puissance est de la forme $n - 2s$, ce qu'il est facile de voir d'ailleurs, en observant que

$$n^{n-2s} - n(n-2)^{n-2s} + \ldots$$

est la moitié de la série $n^{n-2s} - n(n-2)^{n-2s} + \ldots$, sans l'exclusion des quantités négatives élevées à la puissance $n - 2s$, série qui, étant la différence finie $n^{\text{ième}}$ d'une puissance moindre que n, est nulle.

On peut, en intégrant successivement l'équation (b), obtenir des théorèmes analogues sur les différences des puissances supérieures à n; ainsi l'on a par une première intégration

$$(b')\quad \begin{cases}\dfrac{1}{1.2.3\ldots(n+1)\sqrt{n}.2^n}\left[(n+r\sqrt{n})^{n+1} - n(n+r\sqrt{n}-2)^{n+1} + \ldots - N_n\right]\\[2mm] \qquad\qquad = \tfrac{1}{2}r + \sqrt{\dfrac{3}{3\pi}}\int\!\int dr^2 e^{-\frac{3}{2}r^2},\end{cases}$$

les intégrales commençant avec r, et N_n étant égal à

$$n^{n+1} - n(n-2)^{n+1} + \ldots.$$

Pour déterminer cette fonction, nous observerons que l'on a

$$
\begin{aligned}
n^{n+1} - n(n-2)^{n+1} + \ldots \\
= n\left[n^2 - n(n-2)^n + \frac{n(n-1)}{1.2}(n-4)^n - \ldots \right] \\
+ 2n\left[(n-1+r'\sqrt{n-1})^n - (n-1)(n-1+r'\sqrt{n-1}-2)^n + \ldots \right]
\end{aligned}
$$

en faisant $r'\sqrt{n-1} = -1$. On a ensuite

$$n^n - n(n-2)^n + \ldots = 1.2.3.\ldots n.2^{n-1},$$

car le premier membre de cette équation est la moitié de la série des différences, sans l'exclusion des quantités négatives élevées à la puissance n. De plus, si l'on change, dans l'équation (b'), n dans $n-1$, r en r', et si l'on y suppose ensuite $r' = -\dfrac{1}{\sqrt{n-1}}$, on aura à très peu près

$$
\begin{aligned}
(n-1+r'\sqrt{n-1})^n - (n-1)(n-1+r'\sqrt{n-1}-2)^n + \ldots \\
= N_{n-1} + 1.2.3\ldots n\sqrt{n-1}.2^{n-1}\left[-\frac{1}{2\sqrt{n-1}} + \frac{1}{3(n-1)}\sqrt{\frac{3}{2\pi}} \right].
\end{aligned}
$$

On aura donc

$$N_1 = 2nN_{n-1} + 1.2.3.\ldots n.3^{n-1}\sqrt{\frac{3}{2\pi}}\,\frac{n}{\sqrt{n-1}};$$

si l'on fait

$$N_n = 1.2.3\ldots n.2^n \delta_n,$$

on aura

$$\delta_n - \delta_{n-1} = \frac{1}{2}\sqrt{\frac{3}{2\pi}}\,\frac{n}{\sqrt{n-1}},$$

ce qui donne à très peu près, en intégrant,

$$\delta_n = \sqrt{\frac{3}{2\pi}}\,\frac{1}{3}(n+1)\sqrt{n};$$

il est facile de voir que l'on peut négliger ici la constante arbitraire.

Donc

$$N_n = 1.2.3 \ldots (n+1) 2^n \sqrt{n} \, \frac{1}{3} \sqrt{\frac{3}{2\pi}},$$

partant

$$\frac{1}{1.2.3 \ldots (n+1) 2^n \sqrt{n}} \left[(n + r\sqrt{n})^{n+1} - n(n + r\sqrt{n} - 2)^{n+1} + \ldots \right]$$

$$= \frac{1}{3} \sqrt{\frac{3}{2\pi}} + \tfrac{1}{2} r + \sqrt{\frac{3}{2\pi}} \iint dr^2 \, e^{-\frac{1}{2} r^2}.$$

En intégrant de nouveau, on a

$$\frac{1}{1.2.3 \ldots (n+2) 2^n n} \left[(n + r\sqrt{n})^{n+2} - n(n + r\sqrt{n} - 2)^{n+2} + \ldots \right.$$
$$\left. - n^{n+2} + n(n-2)^{n+2} - \ldots \right]$$

$$= \sqrt{\frac{3}{2\pi}} \, \frac{r}{3} + \tfrac{1}{4} r^2 + \sqrt{\frac{3}{2\pi}} \iiint dr^3 \, e^{-\frac{1}{2} r^2},$$

toutes les intégrales devant commencer avec r. Mais on a

$$n^{n+1} - n(n-2)^{n+1} + \ldots = 1.2.3 \ldots (n+2) 2^{n-1} \frac{n}{6}.$$

En effet, on a, comme on sait,

$$\Delta^n u = \left(e^{\alpha \frac{du}{dx}} - 1 \right)^n$$

en appliquant à la caractéristique d les exposants des puissances de $\frac{du}{dx}$, dans le développement du second membre de cette équation, et α étant la variation de x. Si l'on fait $u = x^{n+2}$, on aura, sans exclusion des puissances des quantités négatives,

$$(x + 2n)^{n+1} - n(x + 2n - \alpha)^{n+2} + \ldots$$
$$= 1.2.3 \ldots (n+2) \, \alpha^n \left(\frac{x^2}{2} + \frac{\alpha n x}{2} + \frac{\alpha^2 n^2}{8} + \frac{\alpha^2 n}{3.8} \right),$$

ce qui donne sans cette exclusion, et faisant $x = -n$ et $\alpha = 2$,

$$n^{n+1} - n(n-2)^{n+2} + \ldots = 1.2.3 \ldots (n+2) 2^n \frac{n}{6},$$

et, avec l'exclusion des puissances des quantités négatives,

$$n^{n+2} - n(n-2)^{n+2} + \ldots = 1 . 2 . 3 \ldots (n+2) 2^{n-1} \frac{n}{6} ;$$

on a donc

$$\frac{1}{1 . 2 . 3 \ldots (n+2) 2^n n} \left[(n + r\sqrt{n})^{n+2} - n(n + r\sqrt{n} - 2)^{n+2} + \ldots \right]$$

$$= \tfrac{1}{12} + \sqrt{\frac{3}{2\pi}} \frac{r}{3} + \tfrac{1}{4} r^2 + \sqrt{\frac{3}{2\pi}} \iiint dr^3 e^{-\frac{3}{2} r^2},$$

et ainsi de suite.

VI.

Le problème que nous avons résolu dans l'article I, relativement aux inclinaisons, est le même que celui dans lequel on se propose de déterminer la probabilité que l'erreur moyenne d'un nombre n d'observations sera comprise dans des limites données, en supposant que les erreurs de chaque observation puissent également s'étendre dans l'intervalle h. Nous allons maintenant considérer le cas général dans lequel les facilités des erreurs suivent une loi quelconque.

Divisons l'intervalle h, dans un nombre infini de parties $i + i'$, les erreurs négatives pouvant s'étendre depuis zéro jusqu'à $- i$, et les erreurs positives depuis zéro jusqu'à i'. Pour chaque point de l'intervalle h, élevons des ordonnées qui expriment les facilités des erreurs correspondantes; nommons q le nombre des parties comprises depuis l'ordonnée relative à l'erreur zéro jusqu'à l'ordonnée du centre de gravité de l'aire de la courbe formée par ces ordonnées. Cela posé, représentons par $\varphi\left(\frac{s}{i + i'}\right)$ la probabilité de l'erreur s pour chaque observation, et considérons la fonction

$$\varphi\left(\frac{-i}{i + i'}\right) e^{-i\sigma\sqrt{-1}} + \varphi\left[\frac{-(i-1)}{i + i'}\right] e^{-(i-1)\sigma\sqrt{-1}} + \ldots$$

$$+ \varphi\left(\frac{0}{i + i'}\right) + \ldots + \varphi\left(\frac{i'-1}{i + i'}\right) e^{(i'-1)\sigma\sqrt{-1}} + \varphi\left(\frac{i'}{i + i'}\right) e^{i'\sigma\sqrt{-1}}.$$

En élevant cette fonction à la puissance n, le coefficient de $e^{q\sigma\sqrt{-1}}$

dans le développement de cette puissance sera la probabilité que la somme des erreurs de n observations sera r, d'où il suit que, en multipliant la fonction précédente par $e^{-q\varpi\sqrt{-1}}$ et élevant le produit à la puissance n, le coefficient de $e^{r\varpi\sqrt{-1}}$ dans le développement de ce produit sera la probabilité que la somme des erreurs sera $r+nq$. Ce produit est

$$(\mathrm{o}) \qquad \left[\sum \varphi\left(\frac{r}{i+i'}\right) e^{(r-q)\varpi\sqrt{-1}}\right]^n,$$

le signe $\sum$ devant s'étendre depuis $r=-i$ jusqu'à $r=i'$. Si l'on fait

$$\frac{r}{i+i'}=\frac{x}{h}, \qquad \frac{q}{i+i'}=\frac{q'}{h}, \qquad \frac{1}{i+i'}=\frac{dx}{h},$$

la fonction (o) devient, en réduisant les exponentielles en séries,

$$\frac{(i+i')^n}{h^n}\left[\int\varphi\left(\frac{x}{h}\right)dx + (i+i')\varpi\sqrt{-1}\int\frac{x-q'}{h}\varphi\left(\frac{x}{h}\right)dx\right.$$
$$\left. - \frac{(i+i')^2}{1.2}\varpi^2\int\frac{(x-q')^2}{h^2}\varphi\left(\frac{x}{h}\right)dx+\dots\right]^n;$$

x est l'abscisse dont l'ordonnée est $\varphi\left(\frac{x}{h}\right)$, l'origine des abscisses correspondant à l'ordonnée relative à l'erreur zéro; q' est l'abscisse correspondante à l'ordonnée du centre de gravité de l'aire de la courbe; les intégrales doivent être prises depuis $x=\frac{-ih}{i+i'}$ jusqu'à $x=\frac{i'h}{i+i'}$. On a, par la nature du centre de gravité de la courbe,

$$\int\frac{x-q'}{h}\varphi\left(\frac{x}{h}\right)dx=0;$$

en faisant

$$k=\int\varphi\left(\frac{x}{h}\right)dx, \qquad k'=\int\frac{(x-q')^2}{h^2}\varphi\left(\frac{x}{h}\right)dx, \qquad \dots,$$

la fonction précédente devient ainsi

$$\frac{(i+i')^n}{h^n}k^n\left[1-\frac{k'}{2k}(i+i')^2\varpi^2+\dots\right]^n.$$

Si, conformément à l'analyse de l'article IV, on multiplie la fonction (o) par $2\cos l\varpi$, le terme indépendant de ϖ dans le produit exprimera la probabilité que la somme des erreurs sera ou $nq - l$ ou $nq + l$; en multipliant ce produit par $d\varpi$, et intégrant depuis ϖ nul jusqu'à $\varpi = \pi$, l'intégrale divisée par π exprimera cette probabilité qui sera ainsi, en rejetant les puissances impaires de ϖ, qui sont multipliées par $\sqrt{-1}$ et qui résultent du développement des sinus de ϖ et de ses multiples dans la fonction (o),

$$(o') \qquad \frac{(i+i')^n k^n}{h^n} \cdot \frac{2}{\pi} \int \cos l\varpi \left[1 - \frac{k'}{2k}(i+i')^2\varpi^2 + \ldots\right]^n d\varpi.$$

Soit présentement
$$(i+i')\varpi = t;$$
on aura
$$\log\left[1 - \frac{k'}{2k}(i+i')^2\varpi^2 + \ldots\right]^n = n\log\left(1 - \frac{k'}{2k}t^2 + \ldots\right) = n\left(- \frac{k'}{2k}t^2 + \ldots\right).$$

ce qui donne pour $\left[1 - \frac{k'}{2k}(i+i')^2\varpi^2 + \ldots\right]^n$ une expression de cette forme
$$e^{-\frac{k'}{2k}nt^2}(1 + Ant^4 + \ldots).$$

La fonction (o') deviendra donc

$$(o'') \qquad \frac{(i+i')^n k^n}{h^n} \cdot \frac{2}{\pi} \cdot \frac{1}{i+i'} \int \cos\frac{lt}{i+i'} \, dt \, e^{-\frac{k'}{2k}nt^2}(1 + Ant^4 + \ldots).$$

L'erreur de chaque observation devant nécessairement tomber dans l'intervalle h, on a
$$\frac{(i+i')k}{h} = 1.$$

Soit $\dfrac{l}{i+i'} = r\sqrt{n}$; l'expression précédente deviendra, en n'ayant égard qu'à son premier terme,

$$\frac{2}{\pi(i+i')} \int \cos rt\sqrt{n}\, e^{-\frac{k'}{2k}nt^2} dt,$$

ce qui, en intégrant depuis l nul jusqu'à l infini, devient, par l'analyse de l'article III,

$$\frac{2}{(i+i')\sqrt{\pi}}\sqrt{\frac{k}{2k'n}}\,e^{-\frac{k}{2k'}r^2}.$$

Si l'on multiplie cette fonction par dl, en l'intégrant on aura la probabilité que la somme des erreurs sera comprise dans les limites $nq \pm l$ ou $nq \pm (i+i')r\sqrt{n}$; or on a

$$dl = (i+i')\,dr\sqrt{n};$$

cette probabilité sera donc

$$\frac{2}{\sqrt{\pi}}\sqrt{\frac{k}{2k'}}\int e^{-\frac{k}{2k'}r^2}\,dr.$$

$i+i'$ étant égal à h, et q' pouvant être substitué pour q, les limites précédentes deviendront

$$nq' \pm hr\sqrt{n},$$

et celles de la moyenne des erreurs seront

$$q' \pm \frac{rh}{\sqrt{n}}.$$

Dans le cas que nous avons considéré dans l'article III, q' est nul; $k=h$, $k'=\frac{1}{12}h$; l'expression précédente devient, en y faisant $r=\frac{1}{2}r'$,

$$\frac{2}{\sqrt{\pi}}\sqrt{\tfrac{3}{2}}\int e^{-\frac{3}{2}r'^2}\,dr',$$

et les limites de la moyenne des erreurs sont $\pm\dfrac{\frac{1}{2}r'h}{\sqrt{n}}$: ce qui est conforme à l'article cité.

En général, q' est nul lorsque la courbe des facilités des erreurs est symétrique de chaque côté de l'ordonnée correspondante à l'erreur zéro. Si la loi des facilités est représentée par $A(\frac{1}{4}h^2 - x^2)$, on aura

$$k=\frac{A}{6}h^3, \qquad 2k'=\frac{A}{60}h^5$$

et, par conséquent,

$$\frac{k}{2k'} = 10;$$

ainsi la probabilité que l'erreur moyenne des observations sera comprise dans les limites $\pm \dfrac{rh}{\sqrt{n}}$ sera

$$\frac{2}{\sqrt{\pi}} \sqrt{10} \int e^{-10 r^2}\, dr.$$

En appliquant à ce cas la méthode de l'article 1, on aura l'expression de la même probabilité par une suite d'un très grand nombre de termes, analogue à celle des différences finies, par laquelle nous avons déterminé la probabilité dans le cas d'une égale facilité des erreurs. Mais cette nouvelle suite, que nous avons donnée dans les *Mémoires cités de l'Académie des Sciences* pour l'année 1778, page 249 (¹), est trop compliquée pour offrir par sa comparaison avec l'expression précédente de la probabilité des résultats qui puissent intéresser les géomètres.

Dans le cas où les erreurs peuvent s'étendre à l'infini, l'analyse précédente donne encore la probabilité que l'erreur moyenne d'un très grand nombre d'observations sera resserrée dans les limites données. Pour voir comment on peut alors appliquer cette analyse, supposons que $e^{-\frac{x}{p}}$ soit l'expression de la facilité des erreurs, l'exposant de e devant toujours être négatif et le même pour des erreurs égales positives et négatives. En supposant les erreurs positives, on aura

$$\int e^{-\frac{x}{p}}\, dx = p\left(1 - e^{-\frac{h}{2p}}\right),$$

en prenant l'intégrale depuis x nul jusqu'à $x = \frac{1}{2}h$. Pour avoir la valeur entière de k, il faut doubler cette quantité, parce que les erreurs négatives donnent une quantité égale à la précédente; en supposant donc h assez grand pour que $e^{-\frac{h}{2p}}$ disparaisse devant l'unité, ce qui a lieu exactement dans le cas de h infini, on aura à très peu près

$$k = 2p.$$

(¹) *OEuvres de Laplace*, T. IX, p. 404.

On trouvera de la même manière, en prenant l'intégrale $\int \frac{x^2\,dx}{h^2}\,e^{-\frac{x}{r}}$,

$$k' = \frac{4p^3}{h^2};$$

ainsi

$$\frac{k}{2k'} = \frac{h^2}{4p^2}.$$

La probabilité que l'erreur moyenne sera comprise dans les limites $\pm\frac{rh}{\sqrt{n}}$ sera donc

$$\frac{2}{\sqrt{\pi}}\,\frac{h}{2p}\int e^{-\frac{h^2}{4p^2}r^2}\,dr.$$

Soit $rh = r'p$, les limites deviennent $\pm\frac{r'p}{\sqrt{n}}$, et la probabilité que l'erreur moyenne sera comprise dans ces limites devient

$$\frac{1}{\sqrt{\pi}}\int e^{-\frac{1}{4}r'^2}\,dr';$$

alors la considération de h supposé infini disparait.

<h2 style="text-align:center">VII.</h2>

Le moyen qui nous a conduit à l'équation (b) de l'article V laissait à désirer une méthode directe pour y arriver; sa recherche est l'objet de l'analyse suivante.

Désignons par $\varphi(r,n)$ le second membre de cette équation qu'il s'agit de déterminer; en la différentiant par rapport à r, elle donnera

$$\frac{1}{1.2.3\ldots(n-1)2^n}\left[(n+r\sqrt{n})^{n-1}-n(n+r\sqrt{n}-2)^{n-1}+\ldots\right]=\frac{1}{\sqrt{n}}\varphi'(r,n),$$

$\varphi'(r,n)$, $\varphi''(r,n)$, ... désignant les différences successives de $\varphi(r,n)$, divisées par les puissances correspondantes de dr; mais on a

$$(n+r\sqrt{n})^{n-1}-n(n+r\sqrt{n}-2)^{n-1}+\frac{n(n-1)}{1.2}(n+r\sqrt{n}-4)^{n-1}-\ldots$$
$$=(n-1+r'\sqrt{n-1})^{n-1}-(n-1)(n-1+r'\sqrt{n-1}-2)^{n-1}+\ldots$$
$$-(n-1+r''\sqrt{n-1})^{n-1}+(n-1)(n-1+r''\sqrt{n-1}-2)^{n-1}-\ldots,$$

en faisant

$$r'\sqrt{n-1} = r\sqrt{n}+1, \qquad r''\sqrt{n-1} = r\sqrt{n}-1.$$

L'équation (b) donne, en y changeant n dans $n-1$,

$$\frac{1}{1.2.3\ldots(n-1).2^{n-1}}\left[\ (n-1+r'\sqrt{n-1})^{n-1} - (n-1)(n-1+r'\sqrt{n-1}-2)^{n-1}+\ldots\right.$$
$$\left. - (n-1+r''\sqrt{n-1})^{n-1} + (n-1)(n-1+r''\sqrt{n-1}-2)^{n-1}-\ldots\right]$$
$$= \varphi(r',n-1) - \varphi(r'',n-1);$$

on a donc cette équation aux différences partielles finies et infiniment petites

$$(p) \qquad\qquad \varphi(r',n-1) - \varphi(r'',n-1) = \frac{2}{\sqrt{n}}\,\varphi'(r,n).$$

On peut obtenir une seconde équation de cette manière; on a

$$(n+r\sqrt{n})^n - n(n+r\sqrt{n}-2)^n + \frac{n(n-1)}{1.2}(n+r\sqrt{n}-4)^n - \ldots$$
$$= (n+r\sqrt{n})\left[(n+r\sqrt{n})^{n-1} - n(n+r\sqrt{n}-2)^{n-1}+\ldots\right]$$
$$+ 2n\left[(n+r\sqrt{n}-2)^{n-1} - (n-1)(n+r\sqrt{n}-4)^{n-1}+\ldots\right].$$

L'équation (b) donne, en la différentiant par rapport à r,

$$\frac{n+r\sqrt{n}}{1.2.3\ldots n.2^n}\left[(n+r\sqrt{n})^{n-1} - n(n+r\sqrt{n}-2)^{n-1}+\ldots\right]$$
$$= \left(\frac{1}{\sqrt{n}} + \frac{r}{n}\right)\varphi'(r,n),$$

et la même équation donne, en y changeant comme ci-dessus n dans $n-1$ et r en r'',

$$\frac{2n}{1.2.3\ldots n.2^n}\left[(n-1+r''\sqrt{n-1})^{n-1} - (n-1)(n-1+r''\sqrt{n-1}-2)^{n-1}+\ldots\right]$$
$$= \varphi(r'',n-1) + \tfrac{1}{2};$$

donc

$$\frac{1}{1.2.3\ldots n.2^n}\left[(n+r\sqrt{n})^n - n(n+r\sqrt{n}-2)^n+\ldots\right]$$
$$= \left(\frac{1}{\sqrt{n}} + \frac{r}{n}\right)\varphi'(r,n) + \varphi(r'',n-1) + \tfrac{1}{2};$$

substituant cette valeur dans l'équation (b), on aura

$$(q) \qquad \left(\frac{1}{\sqrt{n}} + \frac{r}{n}\right) \varphi'(r, n) + \varphi(r', n-1) = \varphi(r, n).$$

Cette équation, combinée avec l'équation (p), donne

$$(q') \qquad \left(-\frac{1}{\sqrt{n}} + \frac{r}{n}\right) \varphi'(r, n) + \varphi(r', n-1) = \varphi(r, n).$$

On a

$$r' = r\left(1 + \frac{1}{2n} + \frac{3}{8n^2} + \dots\right) + \frac{1}{\sqrt{n}}\left(1 + \frac{1}{2n} + \frac{3}{8n^2} + \dots\right),$$

$$r'' = r\left(1 + \frac{1}{2n} + \frac{3}{8n^2} + \dots\right) - \frac{1}{\sqrt{n}}\left(1 + \frac{1}{2n} + \frac{3}{8n^2} + \dots\right).$$

En substituant ces valeurs dans les équations (q) et (q') et en développant en série les fonctions $\varphi(r', n-1)$ et $\varphi(r'', n-1)$, on voit que ces deux équations ne diffèrent qu'en ce que les termes affectés de $\frac{1}{\sqrt{n}}$ ont des signes contraires; on peut donc égaler séparément à zéro les termes du développement de l'équation (q) qui n'ont point $\sqrt{n}$ pour diviseur, et alors on a une équation de cette forme

$$(r) \quad \left\{ \begin{aligned} &\frac{1}{2n}[3r\,\varphi'(r, n-1) + \varphi'(r, n-1)] \\[4pt] &= \varphi(r, n) - \varphi(r, n-1) - \frac{r}{n}[\varphi'(r, n) - \varphi'(r, n-1)] \\[4pt] &\quad + \frac{M}{n^2} + \frac{M'}{n^3} + \dots, \end{aligned} \right.$$

M, M', … étant des fonctions rationnelles et entières de r, multipliées par les différentielles de $\varphi(r, n-1)$, et qu'il est facile de former. On trouve ainsi

$$M = -\frac{3r}{8}\,\varphi'(r, n-1) - \frac{4+r^2}{8}\,\varphi''(r, n-1)$$

$$\qquad - \frac{r}{4}\,\varphi'''(r, n-1) - \frac{1}{24}\,\varphi^{\mathrm{IV}}(r, n-1).$$

L'équation (p) donne, en l'intégrant et désignant par $\varphi_1(r, n)$

l'intégrale $\int dr\, \varphi(r, n)$, commençant avec r, et observant que $dr' = dr'' = \dfrac{dr\sqrt{n}}{\sqrt{n-1}}$,

$$\varphi_,(r', n-1) - \varphi_,(r'', n-1) = \frac{2}{\sqrt{n-1}}\varphi(r, n).$$

En substituant pour r' et r'' leurs valeurs précédentes et développant en série les fonctions $\varphi_,(r', n-1)$ et $\varphi_,(r'', n-1)$, on a une équation de cette forme

$$(r') \quad \left\{ \begin{aligned} &\frac{1}{\sqrt{n-1}}\left[\varphi(r, n) - \varphi(r, n-1)\right] \\ &= \frac{1}{6n\sqrt{n-1}}\left[3r\,\varphi'(r, n-1) + \varphi''(r, n-1)\right] \\ &\quad + \frac{N}{n^2\sqrt{n-1}} + \frac{N'}{n^3\sqrt{n-1}} + \cdots, \end{aligned} \right.$$

N, N', ... étant des fonctions de la même nature que M, M', ... et qu'il est facile de former de la même manière; on trouve ainsi

$$N = \frac{3r}{8}\varphi'(r, n-1) + \frac{4+3r^2}{24}\varphi''(r, n-1)$$
$$+ \frac{r}{12}\varphi'''(r, n-1) + \frac{1}{120}\varphi^{IV}(r, n-1).$$

Si l'on substitue dans l'équation (r), au lieu de $\varphi(r, n) - \varphi(r, n-1)$, sa valeur donnée par l'équation (r'), on aura

$$(s) \quad \left\{ \begin{aligned} &\frac{1}{3n}\left[3r\,\varphi'(r, n-1) + \varphi''(r, n-1)\right] \\ &= -\frac{r}{6n^2}\frac{d}{dr}\left[3r\,\varphi(r, n-1) + \varphi''(r, n-1)\right] \\ &\quad + \frac{M+N}{n^2} + \frac{M'+N'}{n^3} + \cdots - \frac{r}{n^4}\frac{dN}{dr} - \frac{r}{n^5}\frac{dN'}{dr'} - \cdots. \end{aligned} \right.$$

Pour intégrer cette équation, supposons

$$\varphi(r, n-1) = \Psi(r) + \frac{H(r)}{n} + \frac{\Gamma(r)}{n^2} + \cdots;$$

en substituant cette expression dans l'équation précédente, et comparant les coefficients des puissances descendantes de n, on aura les équations suivantes

$$o = 3r\,\Psi''(r) + \Psi'''(r),$$

$$3r\,\Pi''(r) + \Pi'''(r) = -\tfrac{1}{2}r\frac{d}{dr}[3r\,\Psi''(r) + \Psi'''(r)] + 3(\overline{M} + \overline{N}),$$

$\overline{M}$ et $\overline{N}$ étant ce que deviennent M et N lorsqu'on y change $\varphi(r, n-1)$ dans $\Psi(r)$. En continuant ainsi on aura les équations nécessaires pour déterminer $\Gamma(r)$ et les fonctions suivantes.

La première équation donne, en l'intégrant,

$$\Psi''(r) = A\,e^{-\frac{3}{2}r^2},$$

A étant une constante arbitraire. Pour intégrer la seconde, on doit observer que les expressions précédentes de M et de N donnent

$$\overline{M} = \frac{3Ar}{4}(1 - r^2)\,e^{-\frac{3}{2}r^2}, \qquad \overline{N} = -\frac{3Ar}{20}(1 - r^2)\,e^{-\frac{3}{2}r^2}.$$

L'équation en $\Pi'(r)$ devient ainsi

$$3r\,\Pi''(r) + \Pi'''(r) = \frac{36A}{20}(r - r^2)\,e^{-\frac{3}{2}r^2};$$

en la multipliant par $e^{\frac{3}{2}r^2}$ et intégrant, on aura

$$\Pi'(r) = B\,e^{-\frac{3}{2}r^2} + \frac{3A}{20}(6r^2 - 3r^4)\,e^{-\frac{3}{2}r^2},$$

B étant une seconde arbitraire. On aura de la même manière $\Gamma(r), \ldots,$ et l'on obtiendra ainsi $\varphi(r, n-1)$.

Pour déterminer les arbitraires A, B, ..., nous observerons que, si l'on intègre $\int dr\,\varphi'(r, n-1)$ depuis r nul jusqu'à $r = \sqrt{n}$, ce qui revient à le prendre jusqu'à r infini, parce que l'on peut négliger les termes multipliés par l'exponentielle $e^{-\frac{3}{2}n}$, à cause de la grandeur supposée à n, on aura pour cette intégrale une quantité que nous désignerons par $L\sqrt{\dfrac{3}{2n}}$, L étant une fonction linéaire de A, $\dfrac{B}{n}$, ...; mais, lorsque $r = \sqrt{n}$, le premier membre de l'équation (b) devient, quel que soit n, égal à $\frac{1}{2}$; on a donc

$$L\sqrt{\frac{3}{2n}} = \frac{1}{2}.$$

En égalant à zéro dans cette équation les coefficients des puissances successives de $\frac{1}{n}$, on aura autant d'équations qui détermineront les arbitraires A, B, ...; ainsi $\varphi'(r, n-1)$ étant, par ce qui précède, égal à

$$\left(A + \frac{B}{n} + \dots\right) e^{-\frac{3}{2}r^2} + \frac{3A}{20n}(6r^2 - 3r^4) e^{-\frac{3}{2}r^2} + \dots,$$

on a, en intégrant depuis r nul jusqu'à r infini,

$$\int dr\, \varphi'(r, n-1) = \sqrt{\frac{\pi}{6}}\left(A + \frac{B}{n} + \frac{3A}{20n} + \dots\right);$$

égalant cette quantité à $\frac{1}{2}$ et comparant les puissances de $\frac{1}{n}$, on a

$$A = \sqrt{\frac{3}{2\pi}}, \qquad B = -\frac{3A}{20}, \qquad \dots,$$

ce qui donne

$$\varphi'(r, n-1) = \sqrt{\frac{3}{2\pi}}\, e^{-\frac{3}{2}r^2} \cdot \left[1 - \frac{3}{20n}(1 - 6r^2 + 3r^4) + \dots\right].$$

En changeant n dans $n+1$ et négligeant les quantités de l'ordre $\frac{1}{n^2}$, on aura l'expression de $\varphi'(r, n)$ qui résulte des articles III et V; car on voit, par l'article V, que $\varphi(r, n)$ doit être un demi de la probabilité que nous avons déterminée dans l'article IV, et dont la moitié est égale à l'intégrale de dr multipliée par cette expression de $\varphi'(r, n)$.

VIII.

On peut réduire les équations (q) et (q') à une seule équation aux différences infiniment petites et finies. En effet, si dans l'équation (q)

on augmente r de $\dfrac{2}{\sqrt{n}}$; alors r'' se change dans r', et l'on a

$$\left(\frac{1}{\sqrt{n}} + \frac{r + \dfrac{2}{\sqrt{n}}}{n}\right) \varphi'\left(r + \frac{2}{\sqrt{n}}, n\right) + \varphi(r', n-1) = \varphi\left(r + \frac{2}{\sqrt{n}}, n\right).$$

En retranchant de cette équation l'équation (q'), membre à membre, on a

$$\frac{1}{\sqrt{n}}\left[\varphi'\left(r + \frac{2}{\sqrt{n}}, n\right) + \varphi'(r, n)\right] + \frac{r + \dfrac{2}{\sqrt{n}}}{n}\,\varphi'\left(r + \frac{2}{\sqrt{n}}, n\right) - \frac{r}{n}\varphi'(r, n)$$

$$= \varphi\left(r + \frac{2}{\sqrt{n}}, n\right) - \varphi(r, n).$$

Soit $s = r\sqrt{n}$, et désignons $\varphi(r, n)$ par $\Psi(s)$, ce qui donne

$$dr\,\varphi'(r, n) = ds\,\Psi'(s)$$

et, par conséquent,

$$\varphi'(r, n) = \sqrt{n}\,\Psi'(s);$$

l'équation précédente deviendra

$$\Psi'(s + 2) + \Psi'(s) = \Psi(s + 2) - \Psi(s) - \frac{s+2}{n}\Psi'(s+2) + \frac{s}{n}\Psi'(s).$$

En différentiant, on aura

$$(x) \quad \left\{ \begin{aligned} \Psi'(s + 2) + \Psi'(s) &= [\Psi'(s + 2) - \Psi'(s)]\frac{n-1}{n} \\ &\quad - \frac{s+2}{n}\Psi''(s+2) + \frac{s}{n}\Psi''(s). \end{aligned} \right.$$

Cette équation est susceptible de la méthode générale que j'ai présentée dans les *Mémoires de l'Académie des Sciences* pour l'année 1782, page 44 ([1]). Je fais donc, conformément à cette méthode, et en employant les cosinus au lieu d'exponentielles,

$$\Psi''(s) = \int \cos st\,\Pi(t)\,dt.$$

____

([1]) *Œuvres de Laplace*, T. X, p. 219.

Il s'agit de déterminer la fonction $\Pi(t)$ et les limites de l'intégrale. Pour cela, on substituera cette intégrale, au lieu de $\Psi''(s)$, dans l'équation (x), et l'on fera disparaître les coefficients $s+2$ et s de cette équation au moyen d'intégrations par parties; on aura ainsi

$$(y) \quad \begin{cases} o = \dfrac{t}{n} \sin(s+1)t \sin t\, \Pi(t) \\[2mm] \qquad + \displaystyle\int \sin(s+1)t \left[(t\cos t - \sin t)\Pi(t) - \dfrac{t\sin t}{n}\, \Pi'(t) \right] dt. \end{cases}$$

Suivant la méthode citée, on détermine $\Pi(t)$ en égalant à zéro la fonction sous le signe intégral, ce qui donne

$$o = (t\cos t - \sin t)\Pi(t) - \frac{t\sin t}{n}\, \Pi'(t),$$

d'où l'on tire, en intégrant,

$$\Pi(t) = A\left(\frac{\sin t}{t}\right)^n$$

et, par conséquent,

$$\Psi''(s) = A\int \cos st\left(\frac{\sin t}{t}\right)^n dt = A\int \cos rt\sqrt{n}\left(\frac{\sin t}{t}\right)^n dt,$$

A étant une constante arbitraire. On aura ensuite, par la même méthode, les limites de cette dernière intégrale en égalant à zéro la partie hors du signe $\int$ dans l'équation (y); or, cette partie est nulle lorsque t est nul et lorsque t est infini, parce que $\Pi(t)$ devient nul alors. On peut donc prendre $t=o$ et $t=\infty$ pour ces limites. Cette expression de $\Psi''(s)$ est de la même forme que celle que nous avons trouvée dans l'article IV, pour la probabilité que la somme des inclinaisons des orbites de n comètes sera $\frac{nh}{2} \pm \frac{rh\sqrt{n}}{2}$; et, en la traitant par la méthode de l'article cité, on arrivera, pour déterminer $\varphi(r,n)$, aux mêmes formules que nous venons de donner.

IX.

On peut étendre les recherches précédentes aux différences des puissances fractionnaires. Pour cela, considérons la fonction

$$(n-i)(n-i-1)(n-i-2)\ldots(f-i)2^{n-i}\left[(n+r\sqrt{n})^{n-i}-n(n+r\sqrt{n}-1)^{n-i}\right.$$
$$\left.+\frac{n \cdot n-1}{1 \cdot 2}(n+r\sqrt{n}-4)^{n-i}+\ldots\right],$$

i étant un nombre quelconque entier ou fractionnaire très petit relativement à n, et f étant le nombre immédiatement supérieur à i. En désignant cette fonction par $\varphi(r,n)$, on aura d'abord, en suivant l'analyse précédente, l'équation (p). On aura ensuite, au lieu de l'équation (q), celle-ci

$$\frac{n}{n-i}\left(\frac{1}{\sqrt{n}}+\frac{r}{n}\right)\varphi'(r,n)+\frac{n}{n-i}\varphi(r',n-1)=\varphi(r,n).$$

En combinant ces deux équations et réduisant en série, comme ci-dessus, on aura, en négligeant les puissances supérieures de $\frac{1}{n}$,

$$0 = 3r\,\varphi'(r,n-1)+\varphi''(r,n-1)+3i\,\varphi(r,n-1),$$

et, en changeant $n-1$ en n,

$$(u) \qquad 0 = 3r\,\varphi'(r,n)+\varphi''(r,n)+3i\,\varphi(r,n).$$

On satisfait à cette équation lorsque i est un nombre entier en faisant

$$\varphi(r,n) = A\,\frac{d^{i-1}e^{-\frac{3}{2}r^2}}{dr^{i-1}},$$

A étant une constante arbitraire et la caractéristique différentielle d devant être changée dans le signe intégral $\int$, si $i-1$ est négatif, et alors on obtient les résultats précédents; mais, si i est fractionnaire, l'intégration de l'équation (u) présente plus de difficultés. On peut l'obtenir alors par des intégrales définies.

Considérons le cas de $i = \frac{1}{2}$; on aura pour l'intégrale de l'équation (u)

$$\varphi(r, n) = \int \frac{1}{\sqrt{x}} e^{-\frac{x^3}{6}} (a \cos r x + b \sin r x)\, dx,$$

a et b étant deux constantes arbitraires, et l'intégrale étant prise depuis x nul jusqu'à x infini. En effet, si, conformément à la méthode exposée aux pages 49 et suivantes des *Mémoires de l'Académie des Sciences* pour l'année 1782 (¹), on fait

$$\varphi(r, n) = \int \cos r x\, \Psi(x)\, dx;$$

en substituant cette valeur dans l'équation différentielle (u), et faisant disparaitre le coefficient r de cette équation au moyen des intégrations par parties, on aura

$$0 = 3 x \cos r x\, \Psi(x) + \int \cos r x \left[\left(\tfrac{1}{3} - x^2 \right) dx\, \Psi(x) - 3\, d.x\, \Psi(x) \right].$$

Suivant la méthode citée, on détermine $\Psi(x)$ en égalant à zéro la partie sous le signe $\int$, et l'on a

$$0 = \left(\tfrac{1}{3} - x^2 \right) dx\, \Psi(x) - 3\, d.x\, \Psi(x),$$

équation qui, intégrée, donne

$$\Psi(x) = \frac{a}{\sqrt{x}} e^{-\frac{1}{6} x^2}.$$

On détermine ensuite les limites de l'intégrale en égalant à zéro la partie $3 x \cos r x\, \Psi(x)$ hors du signe intégral. Cette partie devient

$$3 a \sqrt{x} \cos r x\, e^{-\frac{1}{6} x^2},$$

et elle est nulle avec x et lorsque x est infini. Ainsi l'intégrale

$$\int \frac{dx}{\sqrt{x}} \cos r x\, e^{-\frac{1}{6} x^2}$$

doit être prise dans ces limites. Si, au lieu de l'intégrale

$$\int \cos r x\, \Psi(x)\, dx,$$

___

(¹) *OEuvres de Laplace*, t. X, p. 254 et suiv.

nous eussions considéré celle-ci,

$$\int \sin r x\, \Psi'(x)\, dx,$$

nous aurions trouvé pour $\Psi'(x)$

$$\frac{b}{\sqrt{x}}\, e^{-\frac{1}{4}x^2},$$

La réunion de ces deux intégrales est donc l'intégrale complète de l'équation (u).

Pour déterminer les constantes a et b, nous observerons que, si l'on fait $r = \sqrt{n}$ et $x = \dfrac{x'}{\sqrt{n}}$, l'intégrale $\displaystyle\int \frac{1}{\sqrt{x}}\, e^{-\frac{x^2}{4}} (a \cos r x + b \sin r x)\, dx$ devient

$$\frac{1}{n^{\frac{1}{4}}} \int \frac{dx'}{\sqrt{x'}} (a \cos x' + b \sin x') e^{-\frac{x'^2}{4n}}.$$

Lorsque n est un très grand nombre, on peut supposer le facteur $e^{-\frac{x'^2}{4n}}$ égal à l'unité, dans toute l'étendue de l'intégrale prise depuis x' nul jusqu'à x' infini, car alors ce facteur ne commence à s'écarter sensiblement de l'unité que lorsque x' est de l'ordre $\sqrt{n}$, et l'intégrale, prise depuis une valeur de cet ordre pour x' jusqu'à x' infini, peut être négligée relativement à l'intégrale entière. Maintenant on a, comme je l'ai fait voir dans le Tome VIII du *Journal de l'École Polytechnique*, page 248,

$$\int \frac{dx' \cos x'}{\sqrt{x'}} = \int \frac{dx' \sin x'}{\sqrt{x'}} = \sqrt{\tfrac{1}{2}\pi}.$$

L'intégrale précédente se réduit donc à

$$\frac{1}{n^{\frac{1}{4}}} \sqrt{2\pi}\, \frac{a + b}{2};$$

c'est l'expression de $\varphi(r, n)$ lorsqu'on y fait $r = \sqrt{n}$. Alors on a

$$\varphi(r, n) = \frac{2^n}{1.3.5\ldots(2n-1)} \left[n^{n-\frac{1}{2}} - n(n-1)^{n-\frac{1}{2}} + \frac{n(n-1)}{1.2}(n-2)^{n-\frac{1}{2}} - \ldots \right].$$

La formule (μ'') de la page 82 des *Mémoires de l'Académie des Sciences* ([1])
pour l'année 1782 donne, en n'ayant égard qu'à son premier terme,

$$n^{n-\frac{1}{2}} - n(n-1)^{n-\frac{1}{2}} + \ldots = \frac{1}{2^n} \, 1.3.5 \ldots (2n-1) \sqrt{\frac{2}{n}};$$

on a donc

$$\frac{a+b}{2} = \frac{1}{n^{\frac{1}{4}} \sqrt{\pi}}.$$

Si l'on fait ensuite dans $\varphi(r, n)$, $r = -\sqrt{n}$, cette fonction devient
nulle; on a par conséquent

$$0 = \int \frac{dx}{\sqrt{x}} e^{-\frac{x^2}{6}} (a \cos x \sqrt{n} - b \sin x \sqrt{n})$$

ou

$$0 = \int \frac{dx'}{\sqrt{x'}} (a \cos x' - b \sin x'),$$

ce qui donne

$$a = b.$$

Donc

$$a = b = \frac{1}{n^{\frac{1}{4}} \sqrt{\pi}}$$

et, par conséquent,

$$\varphi(r, n) = \frac{1}{n^{\frac{1}{4}} \sqrt{\pi}} \int \frac{dx}{\sqrt{x}} e^{-\frac{x^2}{6}} (\cos r x + \sin r x)$$

ou

$$\varphi(r, n) = \frac{1}{6 n^{\frac{1}{4}} \sqrt{\pi}} \int \frac{dx(9 + 2x^2)}{x^{\frac{3}{2}}} \sin r x . e^{-\frac{x^2}{6}} \quad ([2]),$$

les intégrales étant prises depuis x nul jusqu'à x infini.

La même analyse nous conduit à déterminer généralement $\varphi(r, n)$,
quel que soit le nombre i. En le supposant moindre que l'unité, on

----

[1] *OEuvres de Laplace*, T. X, p. 285.

[2] Cette formule est fausse, puisque, pour $r = 0$, le second membre s'annule sans
qu'il en soit de même du premier. La formule exacte est

$$\varphi(r, n) = \frac{1}{6 n^{\frac{1}{4}} \sqrt{\pi}} \int \sin r x . e^{-\frac{x^2}{6}} \left(\frac{2x^2 + 3}{r} + 6x \right) \frac{dx}{x^{\frac{3}{2}}}.$$

(*Note de l'Éditeur.*)

satisfera à l'équation différentielle (u) en $\varphi(r, n)$ par la supposition de

$$\varphi(r, n) = \int \frac{e^{-\frac{x^2}{6}}}{x^{1-i}} (a \cos r.x + b \sin r.x)\, dx,$$

a et b étant des constantes que l'on déterminera ainsi.

En supposant $r = \sqrt{n}$, on aura

$$\varphi(r, n) = \frac{\Delta^n s^{n-i}}{(1-i)(2-i)\ldots(n-i)},$$

s croissant de l'unité et étant nul à l'origine. La formule (μ') de la page 82 des *Mémoires de l'Académie des Sciences* pour l'année 1782 [1] donne, en ne considérant que son premier terme,

$$\Delta^n s^{n-i} = (1-i)(2-i)\ldots(n-i)\frac{2^i}{n^i};$$

on a donc, dans le cas de $r = \sqrt{n}$,

$$\varphi(r, n) = \frac{2^i}{n^i}.$$

Si l'on fait ensuite, dans l'expression précédente de $\varphi(r, n)$, $r = \sqrt{n}$ et $x = \frac{x'}{\sqrt{n}}$, elle devient

$$\frac{1}{n^{\frac{i}{2}}} \int \frac{1}{x'^{(1-i)}} e^{-\frac{x'^2}{6n}} (a \cos x' + b \sin x')\, dx';$$

or on a, par les formules du Tome cité du *Journal de l'École Polytechnique*, page 250,

$$\int \frac{1}{x'^{(1-i)}} \cos x'\, dx' = \frac{k}{i} \cos \frac{i\pi}{2},$$

$$\int \frac{1}{x'^{(1-i)}} \sin x'\, dx' = \frac{k}{i} \sin \frac{i\pi}{2},$$

k étant l'intégrale $\int dt\, e^{-t^{\frac{1}{i}}}$ prise depuis t nul jusqu'à t infini; en prenant donc pour l'unité le facteur $e^{-\frac{x'^2}{6n}}$, comme on le peut lorsque n est

_____
[1] *OEuvres de Laplace*, T. X, p. 285.

un très grand nombre, l'expression de $\varphi(r, n)$ devient

$$\frac{k}{in^{\frac{1}{2}}}\left(a\cos\frac{i\pi}{2} + b\sin\frac{i\pi}{2}\right).$$

En l'égalant à $\frac{2^i}{n^i}$, on aura

$$a\cos\frac{i\pi}{2} + b\sin\frac{i\pi}{2} = \frac{i \cdot 2^i}{kn^{\frac{i}{2}}}.$$

En faisant ensuite $r = -\sqrt{n}$ dans $\varphi(r, n)$, il se réduit à zéro; mais alors, dans son expression en intégrale définie, $\sin rx$ se change dans $-\sin x\sqrt{n}$. De là il est facile de conclure que l'on a

$$o = a\cos\frac{i\pi}{2} - b\sin\frac{i\pi}{2},$$

par conséquent

$$a = \frac{i \cdot 2^i}{2kn^{\frac{i}{2}}\cos\frac{i\pi}{2}}, \qquad b = \frac{i \cdot 2^i}{2kn^{\frac{i}{2}}\sin\frac{i\pi}{2}}.$$

On a donc

$$\varphi(r, n) = \frac{i \cdot 2^i}{kn^{\frac{i}{2}}\sin i\pi}\int\left(\sin\frac{i\pi}{2}\cos rx + \cos\frac{i\pi}{2}\sin rx\right)\frac{e^{-\frac{x^2}{6}}dx}{x^{i-i}}$$

ou

$$\varphi(r, n) = \frac{i \cdot 2^i}{kn^{\frac{i}{2}}\sin i\pi}\int\frac{e^{-\frac{x^2}{6}}\sin\left(rx + \frac{i\pi}{2}\right)dx}{x^{i-i}}.$$

X.

On peut obtenir fort simplement tous les résultats qui précèdent par l'analyse suivante.

Considérons généralement l'intégrale $\int\frac{e^{-ix}dx}{x^{n-i+1}}$ prise depuis x nul jusqu'à x infini, $n - i$ étant égal à $i' + \frac{1}{2f}$, i' exprimant un nombre entier positif ou zéro. En intégrant par parties, depuis $x = z$ jusqu'à

x infini, on a

$$\frac{(-1)^{i}e^{-sx}}{\frac{1}{2f}\left(\frac{1}{2f}+1\right)\left(\frac{1}{2f}+2\right)\ldots(n-i)x^{\frac{1}{2f}}}\left[s^{i}-\frac{1}{2f}\frac{s^{i-1}}{\alpha}+\frac{1}{2f}\left(\frac{1}{2f}+1\right)\frac{s^{i-2}}{x^{2}}+\ldots\right.$$
$$\left.+(-1)^{i}\frac{1}{2f}\left(\frac{1}{2f}+1\right)\ldots(n-i)\frac{1}{x^{i}}\right]$$
$$+\frac{(-1)^{i+1}s^{i+1}\displaystyle\int\frac{dx\,e^{-sx}}{x^{\frac{1}{2f}}}}{\frac{1}{2f}\left(\frac{1}{2f}+1\right)\ldots(n-i)}.$$

On a généralement

$$\Delta^{n}\frac{e^{-sx}}{\alpha^{n-c}}=0,$$

lorsqu'on suppose α infiniment petit; car, si l'on développe e^{-sx} dans une série ordonnée par rapport aux puissances de sx, toutes les puissances de s inférieures à n deviennent nulles dans la fonction $\Delta^{n}\frac{e^{-sx}}{\alpha^{n-c}}$, et toutes les puissances égales à n ou supérieures sont nulles par la supposition de α infiniment petit. Il suit de là que $\Delta^{n}\int\frac{e^{-sx}\,dx}{x^{n-i+1}}$ est égal à

$$\frac{(-1)^{i+1}\Delta^{n}\left(s^{i+1}\displaystyle\int\frac{e^{-sx}\,dx}{x^{\frac{1}{2f}}}\right)}{\frac{1}{2f}\left(\frac{1}{2f}+1\right)\ldots(n-i)},$$

l'intégrale étant prise depuis x nul jusqu'à x infini; or on a

$$\Delta^{n}\int\frac{e^{-sx}\,dx}{x^{n-i+1}}=\int\frac{e^{-sx}(e^{-x}-1)^{n}\,dx}{x^{n-i+1}};$$

en faisant ensuite $x=\frac{x'}{s}$, on a

$$\int\frac{e^{-sx}\,dx}{x^{\frac{1}{2f}}}=s^{\frac{1}{2f}-1}\int\frac{e^{-x'}\,dx'}{x'^{\frac{1}{2f}}},$$

les deux intégrales étant prises depuis x et x' nuls jusqu'à leurs valeurs infinies; on a donc

$$\int \frac{e^{-sx}(e^{-x}-1)^n \, dx}{x^{n-i+1}} = \frac{(-1)^{i+1}\Delta^n s^{n-i} \displaystyle\int \frac{e^{-x'} \, dx'}{x'^{\frac{1}{2f}}}}{\frac{1}{2f}\left(\frac{1}{2f}+1\right)\dots(n-i)},$$

ce qui donne

$$\Delta^n s^{n-i} = \frac{1}{2f}\left(\frac{1}{2f}+1\right)\dots(n-i)(-1)^{i+1} \frac{\displaystyle\int \frac{e^{-sx}(e^{-x}-1)^n \, dx}{x^{n-i+1}}}{\displaystyle\int \frac{e^{-x'} \, dx'}{x'^{\frac{1}{2f}}}},$$

équation qui est la même que la formule (μ''') des *Mémoires de l'Académie des Sciences*, pour l'année 1782 [1], comme il est facile de s'en convaincre.

Supposons $i = n-1$ et f un nombre entier positif. Si l'on fait $s = -\frac{n}{3} - \frac{r\sqrt{n}}{2}$, l'intégrale $\displaystyle\int \frac{e^{-sx}(e^{-x}-1)^n \, dx}{x^{n-i+1}}$ deviendra

$$\int \frac{e^{\frac{1}{2}r x\sqrt{n}} \, dx}{x^{\frac{1}{2f}}} \left(\frac{e^{-\frac{x}{2}} - e^{\frac{x}{2}}}{x}\right)^n.$$

Faisons $x = 2x'\sqrt{-1}$, et alors cette dernière intégrale se transforme dans la suivante

$$\frac{(-1)^n 2\sqrt{-1}}{\left(2\sqrt{-1}\right)^{\frac{1}{2f}}} \int \frac{1}{x'^{\frac{1}{2f}}} \left(\cos r x'\sqrt{n} + \sqrt{-1}\, \sin r x'\sqrt{n}\right)\left(\frac{\sin x'}{x'}\right)^n dx';$$

on a donc

$$(A) \quad \left\{ \begin{aligned} \Delta^n s^{n-i} &= \frac{1}{2f}\left(\frac{1}{2f}+1\right)\dots(n-i)\frac{2\sqrt{-1}}{\left(2\sqrt{-1}\right)^{\frac{1}{2f}}} \\[2mm] &\times \frac{\displaystyle\int \frac{1}{x'^{\frac{1}{2f}}}\left(\cos r x'\sqrt{n} + \sqrt{-1}\,\sin r x'\sqrt{n}\right)\left(\frac{\sin x'}{x'}\right)^n dx'}{\displaystyle\int \frac{e^{-x'}}{x'^{\frac{1}{2f}}} \, dx'}, \end{aligned} \right.$$

les intégrales étant prises depuis x' nul jusqu'à $x' = \pm\infty$.

[1] *OEuvres de Laplace*, T. X, p. 287.

Supposons d'abord f infini; on a généralement $k^{\frac{1}{2f}} = 1$ en négligeant les termes de l'ordre $\frac{1}{2f}$; car si l'on fait $k^{\frac{1}{2f}} = 1 + q$, en prenant les logarithmes, on aura

$$\frac{1}{2f} \log k = \log(1 + q),$$

ce qui donne

$$q = \frac{1}{2f} \log k.$$

Cela posé, l'équation précédente devient

$$(z) \quad \begin{cases} 2^{n-1+\frac{1}{2f}} \Delta^n s^{n-1+\frac{1}{2f}} \\ = \frac{1.2.3\ldots(n-1)}{2f} 2^n \int \left(\sqrt{-1}\cos r.x'\sqrt{n} - \sin r.x'\sqrt{n}\right)\left(\frac{\sin x'}{x'}\right)^n dx'; \end{cases}$$

or on a, avec l'exclusion des puissances des quantités négatives,

$$2^{n-1+\frac{1}{2f}} \Delta^n s^{n-1+\frac{1}{2f}} = 1^{\frac{1}{2f}}\left[\left(n + r\sqrt{n}\right)^{n-1+\frac{1}{2f}} - n\left(n + r\sqrt{n} - 2\right)^{n-1+\frac{1}{2f}} + \ldots\right]$$
$$- (-1)^{\frac{1}{2f}}\left[\left(n + r\sqrt{n}\right)^{n-1+\frac{1}{2f}} - n\left(n + r\sqrt{n} - 2\right)^{n-1+\frac{1}{2f}} - \ldots\right].$$

$1^{\frac{1}{2f}}$ est susceptible de $2f$ valeurs dont une seule est réelle et égale à l'unité. On obtient ces valeurs en observant que

$$1 = \cos 2l\pi + \sqrt{-1}\sin 2l\pi,$$

et qu'ainsi

$$1^{\frac{1}{2f}} = \left(\cos 2l\pi + \sqrt{-1}\sin 2l\pi\right)^{\frac{1}{2f}} = \cos\frac{2l\pi}{2f} + \sqrt{-1}\sin\frac{2l\pi}{2f},$$

l étant un nombre entier positif qui peut s'étendre depuis $l = 1$ jusqu'à $l = 2f$. Pour avoir la valeur réelle de $1^{\frac{1}{2f}}$, il faut donner à l sa plus grande valeur $2f$. Alors la partie imaginaire de l'expression précédente de $\Delta^n s^{n-1+\frac{1}{2f}}$ est produite par la partie affectée de $(-1)^{\frac{1}{2f}}$. Cette dernière quantité a pareillement $2f$ valeurs représentées par

$\cos \dfrac{(2l-1)\pi}{2f} + \sqrt{-1}\,\sin \dfrac{(2l-1)\pi}{2f}$, l pouvant encore s'étendre depuis $l = 1$ jusqu'à $l = 2f$. Mais, ayant choisi $l = 2f$ pour avoir $1^{\frac{1}{2f}}$, nous devons pareillement choisir cette valeur de l pour déterminer $(-1)^{\frac{1}{2f}}$, et alors la partie imaginaire de $(-1)^{\frac{1}{2f}}$ devient $\sqrt{-1}\,\sin \dfrac{(4f-1)\pi}{2f}$; et, dans le cas de f infini, elle devient $-\sqrt{-1}\,\dfrac{\pi}{2f}$; ce qui donne, en négligeant les termes de l'ordre $\dfrac{1}{f^2}$,

$$\frac{\pi\sqrt{-1}}{2f}\left[(n + r\sqrt{n})^{n-1} - n(n + r\sqrt{n} - 2)^{n-1} + \ldots\right],$$

pour la partie imaginaire de l'expression précédente de

$$2^{n-1+\frac{1}{2f}}\,\Delta^n s^{n-1+\frac{1}{2f}}.$$

En l'égalant à la partie imaginaire de l'expression donnée par l'équation (z), on aura

$$\frac{(n + r\sqrt{n})^{n-1} - n(n + r\sqrt{n} - 2)^{n-1} + \ldots}{1 . 2 . 3 \ldots (n - 1)\, 2^n} = \frac{1}{\pi}\int \cos r.x'\sqrt{n}\left(\frac{\sin x'}{x'}\right)^n dx'.$$

Le second membre de cette équation étant intégré par la méthode de l'article III, on aura les mêmes résultats que ci-dessus.

Supposons maintenant, dans l'équation (x), $f = 1$, on aura, en y changeant x' en $-x''$ dans le numérateur du second membre, et observant que l'intégrale $\int \dfrac{1}{\sqrt{x'}}\,e^{-x'}dx'$ du dénominateur est égale à $\sqrt{\pi}$,

$$\Delta^n s^{n-\frac{1}{2}} = -\frac{1 . 3 . 5 \ldots (2n - 1)}{2^{n-1}\sqrt{2\pi}}(-1)^{\frac{3}{4}}\int \frac{1}{\sqrt{x''}}\left(\cos r.x''\sqrt{n} - \sqrt{-1}\,\sin r.x''\sqrt{n}\right)\left(\frac{\sin x'}{x'}\right)^n dx''.$$

Ici les intégrales doivent être prises depuis x'' nul jusqu'à x'' infini. On a, en excluant les puissances des quantités négatives,

$$2^{n-\frac{1}{2}}\,\Delta^n s^{n-\frac{1}{2}} = (n - r\sqrt{n})^{n-\frac{1}{2}} - n(n - r\sqrt{n} - 2)^{n-\frac{1}{2}} + \ldots$$
$$- \sqrt{-1}\left[(n + r\sqrt{n})^{n-\frac{1}{2}} - n(n + r\sqrt{n} - 2)^{n-\frac{1}{2}} + \ldots\right].$$

En substituant cette valeur dans l'équation précédente et prenant $\dfrac{1-\sqrt{-1}}{\sqrt{2}}$ au lieu de $(-1)^{\frac{1}{2}}$, on aura, en comparant les quantités réelles aux réelles et les imaginaires aux imaginaires, la double équation

$$\frac{\left(n \pm r\sqrt{n}\right)^{n-\frac{1}{2}} - n\left(n \pm r - 2\right)^{n-\frac{1}{2}} + \dots}{1.3.5\dots(2n-1)}$$

$$= \frac{1}{\sqrt{2\pi}} \int \frac{1}{\sqrt{x''}} \left(\cos r.x''\sqrt{n} \pm \sin r.x''\sqrt{n}\right) \left(\frac{\sin.x''}{x''}\right)^{n} dx''.$$

Si l'on réduit en série $\dfrac{\sin.r'}{x'}$, et si l'on fait $x'' = \dfrac{t}{\sqrt{n}}$, on aura

$$1 - \frac{t^{2}}{6n} + \dots;$$

on pourra donc substituer $e^{\frac{-t^{2}}{6}}$ au lieu de $\left(\dfrac{\sin n''}{x''}\right)^{n}$, et alors le second membre de l'équation précédente devient

$$\frac{1}{n^{\frac{1}{2}}\sqrt{2\pi}} \int \frac{1}{\sqrt{t}} \left(\cos rt \pm \sin rt\right) e^{\frac{-t^{2}}{6}} dt,$$

ce qui coïncide avec les résultats de l'article précédent.

En généralisant cette analyse, on parviendra facilement à cette expression rigoureuse, i étant moindre que l'unité et les puissances des quantités négatives étant exclues,

$$\frac{1}{(1-i)(2-i)\dots(n-i)\,2^{n-i}} \left[\left(n + r\sqrt{n}\right)^{n-i} - n\left(n + r\sqrt{n} - 2\right)^{n-i}\right.$$

$$\left. + \frac{n(n-1)(n-2)}{1.2}\left(n + r\sqrt{n} - 4\right)^{n-i} - \dots \right]$$

$$= \frac{i.2^{i}}{k\sin i\pi} \int \frac{1}{x^{1-i}} \sin\left(r x\sqrt{n} + \frac{i\pi}{2}\right)\left(\frac{\sin.x}{x}\right)^{n} dx,$$

l'intégrale étant prise depuis x nul jusqu'à x infini, et k étant l'intégrale $\int e^{-x^{\frac{1}{i}}} dx$ prise dans les mêmes limites. On aura, par des différentiations successives, les valeurs relatives à i plus grand que l'unité.

⸺⟡⸺

SUPPLÉMENT AU MÉMOIRE

SUR LES

APPROXIMATIONS DES FORMULES

QUI SONT FONCTIONS DE TRÈS GRANDS NOMBRES

SUPPLÉMENT AU MÉMOIRE

SUR LES

APPROXIMATIONS DES FORMULES

QUI SONT FONCTIONS DE TRÈS GRANDS NOMBRES.

Mémoires de l'Académie des Sciences, Ire Série, Tome X, année 1809; 1810.

J'ai fait voir, dans l'article VI de ce Mémoire, que, si l'on suppose dans chaque observation les erreurs positives et négatives également faciles, la probabilité que l'erreur moyenne d'un nombre n d'observations sera comprise dans les limites $\pm \dfrac{rh}{n}$ est égale à

$$\frac{2}{\sqrt{\pi}} \sqrt{\frac{k}{2k'}} \int dr\, c^{-\frac{k}{2k'}r'};$$

h est l'intervalle dans lequel les erreurs de chaque observation peuvent s'étendre. Si l'on désigne ensuite par $\varphi\left(\dfrac{x}{h}\right)$ la probabilité de l'erreur $\pm x$, k est l'intégrale $\int dx\,\varphi\left(\dfrac{x}{h}\right)$ étendue depuis $x = -\frac{1}{2}h$ jusqu'à $x = \frac{1}{2}h$; k' est l'intégrale $\int \dfrac{x^2}{h^2} dx\,\varphi\left(\dfrac{x}{h}\right)$ prise dans le même intervalle; π est la demi-circonférence dont le rayon est l'unité, et c est le nombre dont le logarithme hyperbolique est l'unité.

Supposons maintenant qu'un même élément soit donné par n observations d'une première espèce, dans laquelle la loi de facilité des erreurs soit la même pour chaque observation, et qu'il soit trouvé égal à A par un milieu entre toutes ces observations. Supposons ensuite qu'il soit trouvé égal à A $+ q$ par n' observations d'une seconde espèce, dans laquelle la loi de facilité des erreurs ne soit pas la même que dans la première espèce; qu'il soit trouvé égal à A $+ q'$ par n'' observations d'une troisième espèce, et ainsi de suite. On demande le milieu qu'il faut choisir entre ces divers résultats.

Si l'on suppose que A $+ x$ soit le résultat vrai, l'erreur du résultat moyen des observations n sera $- x$, et la probabilité de cette erreur sera, par ce qui précède,

$$\frac{1}{\sqrt{\pi}} \sqrt{\frac{k}{2 k'}} \frac{dr}{d.c} e^{-\frac{k}{2k'} r^2};$$

on a ici

$$x = \frac{rh}{\sqrt{n}},$$

ce qui transforme la fonction précédente dans celle-ci

$$\frac{1}{\sqrt{\pi}} a \sqrt{n} e^{-n a^2 x^2},$$

a étant égal à $\frac{1}{h} \sqrt{\frac{k}{2 k'}}$.

L'erreur du résultat moyen des observations n' est $\pm (q - x)$, le signe $+$ ayant lieu, si q surpasse x, et le signe $-$ s'il en est surpassé. La probabilité de cette erreur est

$$\frac{1}{\sqrt{\pi}} a' \sqrt{n'} e^{-n' a'^2 (q-x)^2},$$

a' exprimant par rapport à ces observations ce que a exprime relativement aux observations n.

Pareillement l'erreur du résultat moyen des observations n'' est $\pm (q' - x)$, et la probabilité de cette erreur est

$$\frac{1}{\sqrt{\pi}} a'' \sqrt{n''} e^{-n'' a''^2 (q'-x)^2},$$

a'' étant ce que devient a relativement à ces observations, et ainsi du reste.

Maintenant, si l'on désigne généralement par $\Psi(-x)$, $\Psi'(q-x)$, $\Psi''(q'-x)$, ... ces diverses probabilités, la probabilité que l'erreur du premier résultat sera $- x$, et que les autres résultats s'écarteront du premier, respectivement de q, q', …, sera, par la théorie des probabilités, égale au produit $\Psi(- x)\,\Psi'(q - x)\,\Psi''(q' - x)\ldots$; donc, si l'on construit une courbe dont l'ordonnée y soit égale à ce produit, les ordonnées de cette courbe seront proportionnelles aux probabilités des abscisses, et, par cette raison, nous la nommerons *courbe des probabilités*.

Pour déterminer le point de l'axe des abscisses où l'on doit fixer le milieu entre les résultats des observations n, n', n'', …, nous observerons que ce point est celui où l'écart de la vérité, que l'on peut craindre, est un minimum; or, de même que, dans la théorie des probabilités, on évalue la perte à craindre en multipliant chaque perte que l'on peut éprouver par sa probabilité, et en faisant une somme de tous ces produits, de même on aura la valeur de l'écart à craindre en multipliant chaque écart de la vérité, ou chaque erreur, abstraction faite du signe, par sa probabilité, et en faisant une somme de tous ces produits. Soient donc l la distance du point qu'il faut choisir à l'origine de la courbe des probabilités, et z l'abscisse correspondante à y et comptée de la même origine; le produit de chaque erreur par sa probabilité, abstraction faite du signe, sera $(l - z)y$, depuis $z = 0$ jusqu'à $z = l$, et ce produit sera $(z - l)y$ depuis $z = l$ jusqu'à l'extrémité de la courbe. On aura donc

$$\int (l - z)\,y\,dz + \int (z - l)\,y\,dz$$

pour la somme de tous ces produits, la première intégrale étant prise depuis z nul jusqu'à $z = l$, et la seconde étant prise depuis $z = l$ jusqu'à la dernière valeur de z. En différentiant la somme précédente par rapport à l, il est facile de s'assurer que l'on aura

$$dl \int y\,dz - dl \int y\,dz$$

pour cette différentielle, qui doit être nulle dans le cas du minimum; on a donc alors

$$\int y\,dz = \int y\,dz,$$

c'est-à-dire que l'aire de la courbe, comprise depuis z nul jusqu'à l'abscisse qu'il faut choisir, est égale à l'aire comprise depuis z égal à cette abscisse jusqu'à la dernière valeur de z; l'ordonnée correspondante à l'abscisse qu'il faut choisir divise donc l'aire de la courbe des probabilités en deux parties égales. [*Voir* les *Mémoires de l'Académie des Sciences*, année 1778, page 324 (¹).]

Daniel Bernoulli, ensuite Euler et M. Gauss ont pris pour cette ordonnée la plus grande de toutes. Leur résultat coïncide avec le précédent lorsque cette plus grande ordonnée divise l'aire de la courbe en deux parties égales, ce qui, comme on va le voir, a lieu dans la question présente; mais, dans le cas général, il me paraît que la manière dont je viens d'envisager la chose résulte de la théorie même des probabilités.

Dans le cas présent, on a, en faisant $x = X + z$,

$$y = p\,p'\,p'' \ldots e^{-p^2\pi(X+z)^2 - p'^2\pi(q-X-z)^2 - p''^2\pi(q'-X-z)^2 - \ldots},$$

p étant égal à $\frac{a\sqrt{n}}{\sqrt{\pi}}$, et par conséquent exprimant la plus grande probabilité du résultat donné par les observations n; p' exprime pareillement la plus grande ordonnée relative aux observations n', et ainsi du reste; r pouvant, sans erreur sensible, s'étendre depuis $-\infty$ jusqu'à $+\infty$, comme on l'a vu dans l'article VII du Mémoire cité, on peut prendre z dans les mêmes limites, et alors si l'on choisit X de manière que la première puissance de z disparaisse de l'exposant de e, l'ordonnée y correspondante à z nul divisera l'aire de la courbe en deux parties égales, et sera en même temps la plus grande ordonnée. En effet, on a, dans ce cas,

$$X = \frac{p'^2 q + p''^2 q' + \ldots}{p^2 + p'^2 + p''^2 + \ldots},$$

et alors y prend cette forme

$$y = p\,p'\,p'' \ldots e^{-M-Nz^2};$$

(¹) *OEuvres de Laplace*, T. IX, p. 478.

d'où il suit que l'ordonnée qui répond à z nul est la plus grande, et divise l'aire entière de la courbe en parties égales. Ainsi $A + X$ est le résultat moyen qu'il faut prendre entre les résultats A, $A+q$, $A+q'$, ... La valeur précédente de X est celle qui rend un minimum la fonction

$$(pX)^2 + [p'(q - X)]^2 + [p''(q' - X)]^2 + \ldots,$$

c'est-à-dire la somme des carrés des erreurs de chaque résultat, multipliées respectivement par la plus grande ordonnée de la courbe de facilité de ses erreurs. Ainsi cette propriété, qui n'est qu'hypothétique lorsqu'on ne considère que des résultats donnés par une seule observation ou par un petit nombre d'observations, devient nécessaire lorsque les résultats entre lesquels on doit prendre un milieu sont donnés chacun par un très grand nombre d'observations, quelles que soient d'ailleurs les lois de facilité des erreurs de ces observations. C'est une raison pour l'employer dans tous les cas.

On aura la probabilité que l'erreur du résultat $A + X$ sera comprise dans les limites $\pm Z$, en prenant dans ces limites l'intégrale $\int dz\, e^{-Nz^2}$ et en la divisant par la même intégrale, prise depuis $z = -\infty$ jusqu'à $z = \infty$. Cette dernière intégrale est $\dfrac{\sqrt{\pi}}{\sqrt{N}}$; en faisant donc $z\sqrt{N} = t$ et $Z\sqrt{N} = T$, la probabilité que l'erreur du résultat choisi $A + X$ sera comprise dans les limites $\pm \dfrac{T}{\sqrt{N}}$ sera

$$\frac{2 \int dt\, e^{-t^2}}{\sqrt{\pi}},$$

l'intégrale étant prise depuis t nul jusqu'à $t = T$. La valeur de N est, par ce qui précède,
$$\pi(p^2 + p'^2 + p''^2 + \ldots).$$

MÉMOIRE

SUR

LES INTÉGRALES DÉFINIES

ET

LEUR APPLICATION AUX PROBABILITÉS,

ET SPÉCIALEMENT A LA RECHERCHE DU MILIEU
QU'IL FAUT CHOISIR ENTRE LES RÉSULTATS DES OBSERVATIONS.

MÉMOIRE

SUR

LES INTÉGRALES DÉFINIES

ET

LEUR APPLICATION AUX PROBABILITÉS,

ET SPÉCIALEMENT A LA RECHERCHE DU MILIEU
QU'IL FAUT CHOISIR ENTRE LES RÉSULTATS DES OBSERVATIONS.

Mémoires de l'Académie des Sciences, Ire Série, T. XI (Ire Partie); année 1810; 1811.

J'ai donné, il y a environ trente ans, dans les *Mémoires de l'Académie des Sciences* (¹), la théorie des fonctions génératrices et celle de l'approximation des formules qui sont fonctions de grands nombres. La première a pour objet les rapports des coefficients des puissances d'une variable indéterminée dans le développement d'une fonction de cette variable à la fonction elle-même. De la simple considération de ces rapports découlent, avec une extrême facilité, l'interpolation des suites, leur transformation, l'intégration des équations aux différences ordinaires ou partielles, l'analogie des puissances et des différences, et généralement le transport des exposants des puissances aux caractéristiques qui expriment la manière d'être des variables. La théorie des approximations des formules fonctions de très grands nombres est fondée sur l'expression des variables données par des équations aux différences, au moyen d'intégrales définies que l'on intègre par des approximations très convergentes; et il y a cela de très remarquable, savoir que la quantité sous le signe intégral est la fonction génératrice de la variable exprimée par l'intégrale définie, en sorte que les

(¹) *OEuvres de Laplace*, T. X.

théories des fonctions génératrices et des approximations des formules fonctions de très grands nombres peuvent être considérées comme les deux branches d'un même calcul, que je désigne par le nom de *calcul des fonctions génératrices*. Ce qu'Arbogast a nommé *Méthode de séparation des échelles d'opérations* est renfermé dans la première partie du calcul des fonctions génératrices, qui donne à la fois la démonstration et la vraie métaphysique de cette méthode. Ce que Kramp et d'autres ont nommé *facultés numériques*, et ce qu'Euler a nommé *fonctions inexplicables*, se rattachent à la seconde partie, avec cet avantage, que ces facultés et ces fonctions inexplicables, mises sous la forme d'intégrales définies, présentent alors des idées claires, et sont susceptibles de toutes les opérations de l'Analyse.

Le calcul des fonctions génératrices s'étend aux différences infiniment petites; car, si l'on développe tous les termes d'une équation aux différences par rapport aux puissances de la différence supposée indéterminée, mais infiniment petite, et que l'on néglige les infiniment petits d'un ordre supérieur relativement à ceux d'un ordre inférieur, on aura une équation aux différences infiniment petites, dont l'intégrale est celle de l'équation aux différences finies, dans laquelle on néglige pareillement les infiniment petits par rapport aux quantités finies.

Les quantités qu'on néglige dans ces passages du fini à l'infiniment petit semblent ôter au Calcul infinitésimal la rigueur des résultats géométriques; mais, pour la lui rendre, il suffit d'envisager les quantités que l'on conserve dans le développement d'une équation aux différences finies et de son intégrale, par rapport aux puissances de la différence indéterminée, comme ayant toutes pour facteur la plus petite puissance dont on compare entre eux les coefficients. Cette comparaison étant rigoureuse, le Calcul différentiel, qui n'est évidemment que cette comparaison même, a toute la rigueur des autres opérations algébriques. Mais la considération des infiniment petits de différents ordres, la facilité de les reconnaître, *a priori*, par l'inspection seule des grandeurs, et l'omission des infiniment petits d'un ordre supérieur à celui que l'on conserve, à mesure qu'ils se présentent, simplifient extrêmement les calculs, et sont l'un des principaux avantages de l'Analyse infinitésimale, qui d'ailleurs, en réalisant les infiniment petits et leur attribuant de très petites valeurs, donne, par une première approximation, les différences et les sommes des quantités.

Le passage du fini à l'infiniment petit a l'avantage d'éclairer plusieurs points de l'Analyse infinitésimale, qui ont été l'objet de grandes contestations parmi les géomètres. C'est ainsi que, dans les *Mémoires de l'Académie des Sciences* pour l'année 1779 (¹), j'ai fait voir que les fonctions arbitraires qu'introduit l'intégration des équations différentielles partielles pouvaient être discontinues, et j'ai déterminé les conditions auxquelles cette discontinuité doit être assujettie. Les résultats transcendants de l'Analyse sont, comme toutes les abstractions de l'entendement, des signes généraux dont on ne peut déterminer la véritable étendue qu'en remontant par l'Analyse métaphysique aux idées élémentaires qui y ont conduit, ce qui présente souvent de grandes difficultés; car l'esprit humain en éprouve moins encore à se porter en avant qu'à se replier sur lui-même.

Il paraît que Fermat, le véritable inventeur du Calcul différentiel, a considéré ce calcul comme une dérivation de celui des différences finies, en négligeant les infiniment petits d'un ordre supérieur par rapport à ceux d'un ordre inférieur : c'est du moins ce qu'il a fait dans sa méthode *De maximis* et dans celle des tangentes, qu'il a étendue aux courbes transcendantes. On voit encore par sa belle solution du problème de la réfraction de la lumière, en supposant qu'elle parvient d'un point à un autre dans le temps le plus court, et en concevant qu'elle se meut dans divers milieux diaphanes avec différentes vitesses, on voit, dis-je, qu'il savait étendre son calcul aux fonctions irrationnelles, en se débarrassant des irrationnalités par l'élévation des radicaux aux puissances. Newton a, depuis, rendu ce calcul plus analytique dans sa *Méthode des Fluxions*, et il en a simplifié et géné-

---

(¹) *OEuvres de Laplace*, T. X.

ralisé les procédés par l'invention de son théorème du binôme; enfin, presqu'en même temps, Leibnitz a enrichi le Calcul différentiel d'une notation très heureuse, et qui s'est adaptée d'elle-même à l'extension que le Calcul différentiel a reçue par la considération des différentielles partielles. La langue de l'Analyse, la plus parfaite de toutes, étant par elle-même un puissant instrument de découvertes, ses notations, lorsqu'elles sont nécessaires et heureusement imaginées, sont les germes de nouveaux calculs. Ainsi la simple idée qu'eut Descartes d'indiquer les puissances des quantités, représentées par des lettres, en écrivant vers le haut de ces lettres les nombres qui expriment le degré de ces puissances, a donné naissance au Calcul exponentiel; et Leibnitz a été conduit, par sa notation, à l'analogie singulière des puissances et des différences. Le calcul des fonctions génératrices, qui donne la véritable origine de cette analogie, offre tant d'exemples de ce transport des exposants des puissances aux caractéristiques, qu'il peut encore être considéré comme le calcul exponentiel des caractéristiques.

Le calcul des fonctions génératrices est le fondement d'une théorie que je me propose de publier bientôt sur les probabilités. Les questions relatives aux événements dus au hasard se ramènent le plus souvent avec facilité à des équations aux différences : la première branche de ce calcul en fournit les solutions les plus générales et les plus simples. Mais, lorsque les événements que l'on considère sont en très grand nombre, les formules auxquelles on est conduit se composent d'une si grande multitude de termes et de facteurs, que leur calcul numérique devient impraticable. Il est alors indispensable d'avoir une méthode qui transforme ces formules en séries convergentes. C'est ce que la seconde branche du calcul des fonctions génératrices fait avec d'autant plus d'avantage que la méthode devient plus nécessaire. Par ce moyen, on peut déterminer avec facilité les limites de la probabilité des résultats et des causes, indiqués par les événements considérés en grand nombre, et les lois suivant lesquelles cette probabilité approche de ses limites, à mesure que les événements se multiplient. Cette recherche, la plus délicate de la théorie des hasards, mérite l'attention des géomètres par l'analyse qu'elle exige, et celle des philosophes, en faisant voir comment la régularité finit par s'établir dans les choses même qui nous paraissent entièrement livrées au hasard, et en nous dévoilant les causes cachées, mais constantes, dont cette régularité dépend.

La considération des intégrales définies par lesquelles les quantités sont représentées dans la théorie de l'approximation des formules fonctions de très grands nombres m'a conduit aux valeurs de plusieurs intégrales définies que j'ai données dans les *Mémoires de l'Académie des Sciences* pour l'année 1782 (¹). et qui offrent cela de remarquable, savoir qu'elles dépendent à la fois de ces deux transcendantes : le rapport de la circonférence au diamètre et le nombre dont le logarithme hyperbolique est l'unité. J'ai obtenu ces valeurs par une analogie singulière, fondée sur les passages du réel à l'imaginaire, passages qui peuvent être considérés comme moyens de découvertes, dont les premières applications ont paru, si je ne me trompe, dans les *Mémoires* cités et qui ont conduit aux valeurs de diverses intégrales définies dépendantes des sinus et cosinus. Mais ces moyens, comme celui de l'induction, quoique employés avec beaucoup de précaution et de réserve, laissent toujours à désirer des démonstrations directes de leurs résultats. M. Poisson vient d'en donner plusieurs dans le *Bulletin de la Société philomathique* du mois de mars de cette année 1811. Je me propose ici de trouver directement toutes ces valeurs, et celles d'intégrales définies, plus générales encore, et qui me semblent pouvoir intéresser les géomètres.

La recherche de ces valeurs n'est point un simple jeu de l'Analyse : elle est d'une grande utilité dans la théorie des probabilités. J'en fais ici l'application à trois problèmes de ce genre, qu'il serait très difficile de résoudre par d'autres méthodes. Le second de ces problèmes est remarquable en ce que sa solution offre le premier exemple de l'emploi du calcul aux différences infiniment petites partielles, dans les

______

(¹) *OEuvres de Laplace*, t. X.

questions de probabilités. Le troisième problème est relatif au milieu qu'il faut choisir entre les résultats donnés par diverses observations : c'est l'un des plus utiles de toute l'analyse des hasards, et, par cette raison, je le traite avec étendue; j'ose croire que mon analyse intéressera les géomètres.

Lorsque l'on veut corriger par l'ensemble d'un grand nombre d'observations plusieurs éléments déjà connus à peu près, on s'y prend de la manière suivante. Chaque observation étant une fonction des éléments, on substitue dans cette fonction leurs valeurs approchées, augmentées respectivement de petites corrections qu'il s'agit de connaître. En développant ensuite la fonction en série, par rapport à ces corrections, et négligeant leurs carrés et leurs produits, on égale la série à l'observation, ce qui donne une première équation de condition entre les corrections des éléments. Une seconde observation fournit une équation de condition semblable, et ainsi du reste. Si les observations étaient rigoureuses, il suffirait d'en employer autant qu'il y a d'éléments; mais, vu les erreurs dont elles sont susceptibles, on en considère un grand nombre, afin de compenser les unes par les autres ces erreurs, dans les valeurs des corrections que l'on déduit de leur ensemble. Mais de quelle manière faut-il combiner entre elles les équations de condition pour avoir les corrections les plus précises? C'est ici que l'analyse des probabilités peut être d'un grand secours. Toutes les manières de combiner ces équations se réduisent à les multiplier chacune par un facteur particulier et à faire une somme de tous ces produits : on forme ainsi une première équation finale entre les corrections des éléments. Un second système de facteurs donne une seconde équation finale, et ainsi de suite jusqu'à ce que l'on ait autant d'équations finales que d'éléments dont on déterminera les corrections en résolvant ces équations. Maintenant il est visible qu'il faut choisir les systèmes de facteurs, de sorte que l'erreur moyenne à craindre en *plus* ou en *moins* sur chaque élément soit un minimum. J'entends par *erreur moyenne* la somme des produits de chaque erreur par sa probabilité. En déterminant les facteurs par cette condition, l'analyse conduit à ce résultat remarquable, savoir que, si l'on prépare chaque équation de condition de manière que son second membre soit zéro, la somme des carrés des premiers membres est un minimum, en y faisant varier successivement chaque correction. Ainsi cette méthode, que MM. Legendre et Gauss ont proposée, et qui, jusqu'à présent, ne présentait que l'avantage de fournir, sans aucun tâtonnement, les équations finales nécessaires pour corriger les éléments, donne en même temps les corrections les plus précises.

I.

Sur les intégrales définies.

Considérons l'intégrale définie

$$\int_0^x \frac{dx\, e^{-ax}}{x^\omega} \left(\cos rx - \sqrt{-1}\, \sin rx \right) \quad \text{ou} \quad \int_0^x \frac{dx\, e^{-ax-rx\sqrt{-1}}}{x^\omega},$$

e étant le nombre dont le logarithme hyperbolique est l'unité. En réduisant $e^{-rx\sqrt{-1}}$ en série, elle devient

$$\int_0^x \frac{dx\, e^{-ax}}{x^\omega} \left[1 - \frac{r^2 x^2}{1.2} + \frac{r^4 x^4}{1.2.3.4} - \frac{r^6 x^6}{1.2.3.4.5.6} + \cdots \right.$$
$$\left. - r x \sqrt{-1} \left(1 - \frac{r^2 x^2}{1.2.3} + \frac{r^4 x^4}{1.2.3.4.5} + \cdots \right) \right].$$

Or on a généralement

$$\int_0^x x^{i-\omega} dx\, e^{-ax} = \frac{(1-\omega)(2-\omega)\ldots(i-\omega)}{a^i} \int_0^x \frac{dx\, e^{-ax}}{x^\omega};$$

en faisant ensuite $ax = s$, on a

$$\int_0^x \frac{dx}{x^\omega} e^{-ax} = \frac{1}{a^{1-\omega}} \int_0^x \frac{ds}{s^\omega} e^{-s}.$$

En nommant donc k cette dernière intégrale, on aura

$$\int_0^x x^{i-\omega} dx\, e^{-ax} = \frac{(1-\omega)(2-\omega)\ldots(i-\omega)}{a^{i+1-\omega}} k,$$

d'où l'on tire

$$\int \frac{d.x\,e^{-ax}}{x^\omega}\left(\cos r.x - \sqrt{-1}\,\sin r.x\right)$$
$$= \frac{k}{a^{1-\omega}}\left\{1 - \frac{(1-\omega)(2-\omega)}{1.2}\frac{r^2}{a^2} + \frac{(1-\omega)(2-\omega)(3-\omega)(4-\omega)}{1.2.3.4}\frac{r^4}{a^4} - \cdots\right.$$
$$\left. - \sqrt{-1}\left[\frac{1-\omega}{1}\frac{r}{a} - \frac{(1-\omega)(2-\omega)(3-\omega)}{1.2.3}\frac{r^3}{a^3} + \cdots\right]\right\}.$$

Si l'on fait $\dfrac{r}{a} = t$, le second membre de cette équation devient

$$\frac{k}{a^{1-\omega}\left(1 + t\sqrt{-1}\right)^{1-\omega}}.$$

Soit A un angle dont t est la tangente, on aura

$$\sin A = \frac{t}{\sqrt{1+t^2}}, \qquad \cos A = \frac{1}{\sqrt{1+t^2}},$$

par conséquent

$$\cos A - \sqrt{-1}\,\sin A = \frac{1 - t\sqrt{-1}}{\sqrt{1+t^2}} = \frac{\sqrt{1+t^2}}{1 + t\sqrt{-1}},$$

ce qui donne, par le théorème connu,

$$\cos(1-\omega)A - \sqrt{-1}\,\sin(1-\omega)A = \frac{\left(1+t^2\right)^{\frac{1-\omega}{2}}}{\left(1 + t\sqrt{-1}\right)^{1-\omega}};$$

la tangente t est non seulement la tangente de l'angle A, mais encore celle du même angle augmenté d'un multiple quelconque de la demi-circonférence; mais, le premier membre de cette équation devant se réduire à l'unité lorsque t est nul, il est clair que l'on doit prendre pour A le plus petit des angles positifs dont t est la tangente.

Maintenant cette équation donne, en y restituant $\dfrac{r}{a}$ au lieu de t,

$$\frac{k}{a^{1-\omega}\left(1 + t\sqrt{-1}\right)^{1-\omega}} = \frac{k}{\left(a^2 + r^2\right)^{\frac{1-\omega}{2}}}\left[\cos(1-\omega)A - \sqrt{-1}\,\sin(1-\omega)A\right];$$

on a donc

$$\int_0^\infty \frac{dx\, c^{-ax}}{x^\omega}(\cos rx - \sqrt{-1}\sin rx)$$
$$= \frac{k}{(a^2+r^2)^{\frac{1-\omega}{2}}}[\cos(1-\omega)\text{A} - \sqrt{-1}\sin(1-\omega)\text{A}].$$

En comparant séparément les quantités réelles et les imaginaires, on a ces deux équations

$$\int_0^\infty \frac{dx \cos rx\, c^{-ax}}{x^\omega} = \frac{k}{(a^2+r^2)^{\frac{1-\omega}{2}}}\cos(1-\omega)\text{A},$$
$$\int_0^\infty \frac{dx \sin rx\, c^{-ax}}{x^\omega} = \frac{k}{(a^2+r^2)^{\frac{1-\omega}{2}}}\sin(1-\omega)\text{A}.$$

Si a est nul, $\frac{r}{a}$ sera infini, et le plus petit angle dont il est la tangente sera $\frac{\pi}{2}$, π étant la demi-circonférence dont le rayon est l'unité; on a donc

$$\int_0^\infty \frac{dx \cos rx}{x^\omega} = \frac{k}{r^{1-\omega}}\cos\frac{(1-\omega)\pi}{2},$$
$$\int_0^\infty \frac{dx \sin rx}{x^\omega} = \frac{k}{r^{1-\omega}}\sin\frac{(1-\omega)\pi}{2}.$$

Dans le cas de $\omega = \frac{1}{2}$, on a, en faisant $s^{\frac{1}{2}} = t$,

$$k = \int_0^\infty \frac{ds}{s^{\frac{1}{2}}}c^{-s} = 2\int_0^\infty dt\, c^{-t^2}.$$

Ce dernier membre est $\sqrt{\pi}$; on a donc $k = \sqrt{\pi}$; si l'on suppose ensuite $r = 1$, on aura

$$\int_0^\infty \frac{dx \cos x}{\sqrt{x}} = \sqrt{\frac{\pi}{2}} = \int_0^\infty \frac{dx \sin x}{\sqrt{x}}.$$

Euler est parvenu à toutes ces équations dans le Tome IV de son *Calcul intégral*, publié en 1794, par la considération du passage du réel à l'imaginaire.

II.

Considérons présentement l'intégrale $\int_0^\infty dx\,\cos r x\, e^{-a^2 x^2}$. Si l'on nomme y cette intégrale, on aura

$$\frac{dy}{dr} = -\int_0^\infty x\,dx\,\sin r x\, e^{-a^2 x^2}$$

$$= \left(\frac{1}{2 a^2}\sin r x\, e^{-a^2 x^2}\right)_0^\infty - \frac{r}{2 a^2}\int_0^\infty dx\,\cos r x\, e^{-a^2 x^2};$$

on aura donc

$$\frac{dy}{dr} + \frac{r}{2 a^2}\, y = 0.$$

L'intégrale de cette équation est

$$y = B\, e^{\frac{-r^2}{4 a^2}},$$

B étant une constante arbitraire; pour la déterminer, on observera que, si l'on fait r nul, $\cos r x$ devient l'unité, et l'on a

$$y = \int_0^\infty dx\, e^{-a^2 x^2};$$

cette dernière intégrale est, comme on sait, égale à $\frac{\sqrt{\pi}}{2 a}$; donc

$$B = \frac{\sqrt{\pi}}{2 a};$$

on a donc

$$\int_0^\infty dx\,\cos r x\, e^{-a^2 x^2} = \frac{\sqrt{\pi}}{2 a}\, e^{\frac{-r^2}{4 a^2}}.$$

De là on tire

$$\int_0^\infty x^{2n}\,dx\,\cos r x\, e^{-a^2 x^2} = \pm\, \frac{\sqrt{\pi}}{2 a}\, \frac{d^{2n}}{dr^{2n}}\, e^{\frac{-r^2}{4 a^2}},$$

le signe $+$ ayant lieu si n est pair, et le signe $-$ si n est impair; on aura pareillement, en différentiant par rapport à r,

$$\int_0^\infty x^{2n+1}\,dx\,\sin r x\, e^{-a^2 x^2} = \mp\, \frac{\sqrt{\pi}}{2 a}\, \frac{d^{2n+1}}{dr^{2n+1}}\, e^{\frac{-r^2}{4 a^2}}.$$

En intégrant une fois par rapport à r l'expression de

$$\int_0^\infty dx \cos rx\, e^{-a^2x^2},$$

on aura

$$\int_0^\infty \frac{dx \sin rx}{x}\, e^{-a^2x^2} = \frac{\sqrt{\pi}}{2a}\int_0^r dr\, e^{\frac{-r^2}{4a^2}}.$$

III.

Considérons encore la double intégrale

$$\int_0^\infty \int_0^\infty 2\, dx\, y\, dy\, e^{-y^2(1+x^2)}\cos rx.$$

En l'intégrant d'abord par rapport à y, elle devient

$$\int_0^\infty \frac{dx \cos rx}{1+x^2}.$$

Intégrons-la maintenant par rapport à x; on a, par l'article précédent,

$$\int_0^\infty dx \cos rx\, e^{-y^2x^2} = \frac{\sqrt{\pi}}{2y}\, e^{\frac{-r^2}{4y^2}},$$

ce qui donne

$$\int_0^\infty \int_0^\infty 2y\, dy\, dx \cos rx\, e^{-y^2(1+x^2)} = \sqrt{\pi}\int_0^\infty dy\, e^{-y^2-\frac{r^2}{4y^2}} = \sqrt{\pi}\, e^r \int_0^\infty dy\, e^{-\left(\frac{2y^2+r}{2y}\right)^2}.$$

r étant supposé positif, la quantité $\left(\dfrac{2y^2+r}{2y}\right)^2$ a un minimum qui répond à $y = \sqrt{\frac{r}{2}}$, ce qui donne $2r$ pour ce minimum. Soit donc

$$y = \tfrac{1}{2}z + \tfrac{1}{2}\sqrt{z^2+2r};$$

y devant s'étendre depuis $y=0$ jusqu'à $y=\infty$, z doit s'étendre depuis $z=-\infty$ jusqu'à $z=\infty$. Cette valeur de y donne

$$dy = \frac{1}{2}dz + \frac{1}{2}\frac{z\,dz}{\sqrt{z^2+2r}}.$$

En prenant les intégrales depuis $z = -\infty$ jusqu'à $z = \infty$, on a

$$\int_{-\infty}^{\infty} dz\, e^{-z^2} = \sqrt{\pi}, \qquad \int_{-\infty}^{\infty} \frac{z\, dz\, e^{-z^2}}{\sqrt{z^2 + 2r}} = 0;$$

on a donc

$$\sqrt{\pi}\, e^r \int_0^\infty dy\, e^{-\left(\frac{y^2+r}{2y}\right)^2} = \sqrt{\pi}\, e^r \int_{-\infty}^{\infty} dz\, e^{-z^2-2r} = \frac{\pi e^{-r}}{2},$$

partant

$$\int_0^\infty \frac{dx\,\cos r x}{1 + x^2} = \frac{\pi}{2 e^r}.$$

En différentiant par rapport à r, on a

$$\int_0^\infty \frac{x\, dx\,\sin r x}{1 + x^2} = \frac{\pi}{2 e^r},$$

ce qui donne

$$\int_0^\infty \frac{dx(\cos r x + x \sin r x)}{1 + x^2} = \frac{\pi}{e^r};$$

en faisant $r = 1$, on aura le théorème que j'ai donné dans les *Mémoires de l'Académie des Sciences*, année 1782, page 59 (¹).

Si l'on fait $rx = t$, on aura

$$\int_0^\infty \frac{dx\,\cos r x}{1 + x^2} = \int_0^\infty \frac{r\, dt\,\cos t}{r^2 + t^2},$$

partant

$$\int_0^\infty \frac{dt\,\cos t}{r^2 + t^2} = \frac{\pi e^{-r}}{2 r}.$$

Soit $r^2 = q$, on aura en différentiant $i - 1$ fois par rapport à q l'équation précédente, et restituant pour t sa valeur rx,

$$\int_0^\infty \frac{dx\,\cos r x}{(1 + x^2)^i} = \frac{(-1)^{i-1} q^{i-\frac{1}{2}}}{1.2.3\ldots(i-1)} \frac{\pi}{2} \frac{d^{i-1}}{dq^{i-1}} \frac{e^{-\sqrt{q}}}{\sqrt{q}};$$

on pourra donc intégrer généralement, depuis x nul jusqu'à x infini, la différentielle

$$\frac{(A + B x^2 + C x^4 + \ldots + H x^{2i-2})\, dx\,\cos r x}{(1 + x^2)^i},$$

(¹) *OEuvres de Laplace*, T. X, p. 264.

car, en mettant un terme quelconque, tel que Fx^{2n}, sous la forme
$F(1 + x^2 - 1)^n$, et en le développant suivant les puissances de $1 + x^2$,
on réduira la différentielle précédente dans une suite de différen-
tielles de la forme $\dfrac{k\,dx\cos r.x}{(1 + x^2)^n}$, qui seront intégrables par ce qui précède; on aura donc ainsi en fonction de r l'intégrale de la différen-
tielle précédente. On pourra même, au lieu de $\cos rx$, y substituer
une puissance entière et positive de ce cosinus, parce que cette puissance se décompose en cosinus de l'angle et de ses multiples. Nommons R la fonction de r dont il s'agit, on aura, en différentiant par
rapport à r cette intégrale,

$$\int_0^\infty x\,dx\sin r.x\,\frac{A + B.x^2 + C.x^4 + \ldots + H.x^{2i-2}}{(1 + x^2)^i} = -\frac{dR}{dr}.$$

En l'intégrant par rapport à r, après l'avoir multipliée par dr, on aura

$$\int_0^\infty dx\sin r.x\,\frac{A + B.x^2 + C.x^4 + \ldots + H.x^{2i-2}}{x(1 + x^2)^i} = \int_0^r R\,dr.$$

On peut, au moyen des passages du réel à l'imaginaire, facilement
conclure de la valeur de l'intégrale $\displaystyle\int_0^\infty \frac{dx\cos r.x}{1 + x^2}$ la valeur de l'intégrale $\displaystyle\int_0^\infty \frac{M}{N}\,dx\cos rx$, M et N étant des fonctions rationnelles et entières
de x^2, telles que le dénominateur N soit d'un plus haut degré que M,
et n'ait aucun facteur réel en x du premier degré. Dans ce cas, la
fraction $\dfrac{M}{N}$ est décomposable en fractions de la forme $\dfrac{A}{1 + \beta^2.x^2}$, A et β
étant réels ou imaginaires. Or on a, en faisant $\beta x = x'$ et $\dfrac{r}{\beta} = r'$,

$$A\int_0^\infty \frac{dx\cos r.x}{1 + \beta^2.x^2} = \frac{A}{\beta}\int_0^\infty \frac{dx'\cos r'.x'}{1 + x'^2};$$

en donnant donc généralement à cette dernière intégrale la valeur
qu'elle a dans le cas de x' réel et qui, par ce qui précède, est égale
à $\dfrac{\pi}{2}e^{-r'}$, on aura

$$A\int_0^\infty \frac{dx\cos r.x}{1 + \beta^2.x^2} = \frac{A\pi}{2\beta}e^{-\frac{r}{\beta}}.$$

$\frac{1}{6}$ est la racine carrée de $\frac{1}{36}$, et cette racine est également $-\frac{1}{6}$; mais l'intégrale $\int_0^\infty \frac{M}{N}\, dx \cos rx$ ne devenant jamais infinie dans le cas même de r infini, et de plus $\cos rx$ ne changeant point, en y changeant le signe de r, il est clair que l'on doit choisir celle des deux racines $\frac{1}{6}$ et $-\frac{1}{6}$, dont la partie réelle est positive. On trouve ainsi, par exemple,

$$\int_0^\infty \frac{dx \cos rx}{1 + x^4} = \frac{\pi}{2\sqrt{2}} e^{\frac{-r}{\sqrt{2}}} \left(\cos \frac{r}{\sqrt{2}} + \sin \frac{r}{\sqrt{2}} \right).$$

IV.

Application de l'analyse précédente aux probabilités.

Appliquons l'analyse précédente à la théorie des probabilités. Pour cela, considérons deux joueurs A et B, dont les adresses soient égales, et jouant ensemble de manière que B ait primitivement r jetons; que, à chaque coup qu'il perd, il donne un de ses jetons au joueur A, et que, à chaque coup qu'il gagne, il en reçoive un du joueur A, qui est supposé en avoir un nombre infini. Le jeu continue jusqu'à ce que le joueur A ait gagné tous les jetons de B. Cela posé, r étant un grand nombre, on demande en combien de coups on peut parier un contre un, ou deux contre un, ou trois contre deux, etc., que le joueur A aura gagné la partie.

Nous allons d'abord établir que la partie doit finir. Pour cela, soit y_r la probabilité qu'elle finira. Après le premier coup, cette probabilité est ou y_{r-1}, ou y_{r+1}, suivant que le joueur A gagne ou perd ce coup; on a donc

$$y_r = \tfrac{1}{2} y_{r+1} + \tfrac{1}{2} y_{r-1}.$$

L'intégrale de cette équation aux différences est

$$y_r = a + br,$$

a et b étant des constantes arbitraires. J'observe d'abord que la constante b doit être nulle, autrement y_r croîtrait indéfiniment, ce qui ne peut être, puisqu'il ne peut jamais dépasser l'unité. De plus y_r est 1 lorsque $r = 0$, car alors, B n'ayant plus de jetons, la partie est finie ; donc

$$y_r = 1.$$

Cherchons maintenant la probabilité que la partie sera finie avant ou au coup x. En nommant $y_{r,x}$ cette probabilité, on aura

$$y_{r,x} = \tfrac{1}{2} y_{r+1, x-1} + \tfrac{1}{2} y_{r-1, x-1}.$$

Il faut intégrer cette équation aux différences finies partielles en remplissant les conditions suivantes : 1° que $y_{r,x}$ soit nul lorsque x est moindre que r; 2° qu'il soit égal à l'unité lorsque r est nul. Ces deux conditions étant remplies, l'équation précédente aux différences donne toutes les valeurs de $y_{r,x}$, quels que soient r et x. Présentement, l'expression suivante de $y_{r,x}$ satisfait à ces conditions et à l'équation aux différences partielles, d'où il suit qu'elle exprime la vraie valeur de $y_{r,x}$.

$$y_{r,x} = 1 - \frac{2}{\pi} \int_0^{\frac{\pi}{2}} \frac{d\varphi \sin r\varphi \, (\cos\varphi)^{r+2i+1}}{\sin\varphi}.$$

x est égal à $r + 2i$; en effet, il ne peut être que r ou ce même nombre augmenté d'un nombre pair, car le nombre de parties jouées doit être égal à r ou le surpasser d'un nombre pair, puisque A ne peut gagner la partie, qu'il ne gagne le nombre r des jetons de B, plus ceux qu'il a perdus, et il faut pour cela deux parties pour chaque jeton, l'une pour le perdre et l'autre pour le gagner. Je ne donnerai point l'analyse qui m'a conduit à l'expression précédente : je me contenterai de faire voir qu'elle satisfait à l'équation aux différences partielles et aux conditions prescrites ci-dessus. D'abord, en la substituant dans l'équation aux différences partielles, on a

$$\int_0^{\frac{\pi}{2}} \frac{d\varphi \sin r\varphi \, (\cos\varphi)^{x+1}}{\sin\varphi} = \int_0^{\frac{\pi}{2}} \frac{d\varphi (\cos\varphi)^x}{\sin\varphi} [\tfrac{1}{2}\sin(r+1)\varphi + \tfrac{1}{2}\sin(r-1)\varphi].$$

équation évidente. De plus, si l'on fait r nul, l'expression précédente de $y_{r,x}$ devient l'unité. Enfin, si l'on fait i négatif, elle se réduit à zéro. En effet, on a

$$\frac{\sin r\varphi}{\sin \varphi} = \frac{e^{r\varphi\sqrt{-1}} - e^{-r\varphi\sqrt{-1}}}{e^{\varphi\sqrt{-1}} - e^{-\varphi\sqrt{-1}}}$$

$$= e^{(r-1)\varphi\sqrt{-1}} + e^{(r-3)\varphi\sqrt{-1}} + \ldots + e^{-(r-1)\varphi\sqrt{-1}}.$$

De plus, $(\cos\varphi)^{r-2i+1}$ est égal à

$$\frac{\left(e^{\varphi\sqrt{-1}} + e^{-\varphi\sqrt{-1}}\right)^{r-2i+1}}{2^{r-2i+1}}.$$

En développant cette fonction et multipliant ce développement par celui de $\dfrac{\sin r\varphi}{\sin \varphi}$, chaque terme du premier développement donnera, dans le produit, un terme indépendant de φ; la somme de tous ces termes sera donc $\dfrac{(1+1)^{r-2i+1}}{2^{r-2i+1}}$ ou l'unité, et en multipliant cette somme par $\dfrac{2}{\pi}\displaystyle\int_0^{\frac{\pi}{2}} d\varphi$, le produit sera l'unité. Les autres termes du produit des deux développements précédents seront des cosinus de 2φ, 4φ, ..., et l'intégrale de leurs produits par $d\varphi$ sera nulle. On a donc

$$y_{r,x} = 0,$$

lorsque i est négatif.

Supposons maintenant que r et i soient de grands nombres. Le maximum de la fonction

$$\frac{\varphi(\cos\varphi)^{r+2i+1}}{\sin \varphi}$$

répond à $\varphi = 0$, ce qui donne 1 pour ce maximum. La fonction décroît ensuite avec une très grande rapidité, et dans l'intervalle où elle a une valeur sensible, on peut supposer

$$\log\sin\varphi = \log\varphi + \log(1 - \tfrac{1}{6}\varphi^2) = \log\varphi - \tfrac{1}{6}\varphi^2,$$

$$\log(\cos\varphi)^{r+2i+1} = (r + 2i + 1)\log(1 - \tfrac{1}{2}\varphi^2 + \tfrac{1}{24}\varphi^4)$$

$$= -\frac{r + 2i + 1}{2}\varphi^2 - \frac{r + 2i + 1}{12}\varphi^4,$$

ce qui donne, en négligeant les sixièmes puissances de φ et ses quatrièmes puissances qui ne sont pas multipliées par $r + 2i + 1$,

$$\log \frac{(\cos\varphi)^{r+2i+1}}{\sin\varphi} = -\log\varphi - \frac{r + 2i + \frac{1}{3}}{2}\varphi^2 - \frac{r + 2i + \frac{1}{4}}{13}\varphi^4.$$

En faisant donc

$$a^2 = \frac{r + 2i + \frac{1}{3}}{2},$$

on aura

$$\frac{(\cos\varphi)^{r+2i+1}}{\sin\varphi} = \frac{1 - \frac{a^2}{6}\varphi^4}{\varphi} e^{-a^2\varphi^2},$$

par conséquent,

$$\int_0^{\frac{\pi}{2}} \frac{d\varphi \sin r\varphi (\cos\varphi)^{r+2i+1}}{\sin\varphi} = \int_0^{\frac{\pi}{2}} \frac{d\varphi\left(1 - \frac{a^2}{6}\varphi^4\right)}{\varphi} \sin r\varphi\, e^{-a^2\varphi^2}.$$

Cette dernière intégrale peut être prise depuis $\varphi = 0$ jusqu'à φ infini, car elle doit être prise depuis $\varphi = 0$ jusqu'à $\varphi = \frac{1}{2}\pi$; or, a^2 étant un nombre considérable, $e^{-a^2\varphi^2}$ devient excessivement petit lorsqu'on y fait $\varphi = \frac{1}{2}\pi$, en sorte qu'on peut le supposer nul, vu l'extrême rapidité avec laquelle cette exponentielle diminue lorsque φ augmente. Maintenant on a

$$\frac{d}{dr} \int_0^\infty \frac{d\varphi\left(1 - \frac{a^2}{6}\varphi^4\right)}{\varphi} \sin r\varphi\, e^{-a^2\varphi^2} = \int_0^\infty d\varphi\left(1 - \frac{a^2}{6}\varphi^4\right) e^{-a^2\varphi^2} \cos r\varphi;$$

on a d'ailleurs, par l'article II,

$$\int_0^\infty d\varphi \cos r\varphi\, e^{-a^2\varphi^2} = \frac{\sqrt{\pi}}{2a} e^{-\frac{r^2}{4a^2}},$$

$$\int_0^\infty \varphi^4 d\varphi \cos r\varphi\, e^{-a^2\varphi^2} = \frac{\sqrt{\pi}}{2a} \frac{d^4}{dr^4} e^{-\frac{r^2}{4a^2}} = \frac{3\sqrt{\pi}}{8a^5} e^{-\frac{r^2}{4a^2}}\left(1 - \frac{r^2}{a^2} + \frac{r^4}{12a^4}\right);$$

d'où l'on tire, en supposant $\frac{r^2}{4a^2} = t^2$,

$$\int_0^\infty \frac{d\varphi \sin r\varphi (\cos\varphi)^{r+2i+1}}{\sin\varphi} = \sqrt{\pi}\left[\int_0^T dt\, e^{-t^2} - \frac{t\, e^{-t^2}}{8a^2}\left(1 - \frac{1}{3}t^2\right)\right];$$

ainsi la probabilité que A gagnera la partie dans un nombre $r+2i$ de coups est

$$1-\frac{2}{\sqrt{\pi}}\left[\int_0^{\mathrm{T}} dt\, e^{-t^2}-\frac{\mathrm{T}e^{-\mathrm{T}^2}}{8a^2}(1-\tfrac{2}{3}\mathrm{T}^2)\right],$$

T^2 étant égal à $\frac{r^2}{4a^2}$.

Si l'on cherche le nombre de coups dans lesquels on peut parier un contre un que cela aura lieu, on fera cette probabilité égale à $\frac{1}{2}$, ce qui donne

$$\int_0^{\mathrm{T}} dt\, e^{-t^2}=\frac{\sqrt{\pi}}{4}+\frac{\mathrm{T}e^{-\mathrm{T}^2}}{8a^2}(1-\tfrac{2}{3}\mathrm{T}^2).$$

Nommons T' la valeur de t qui correspond à l'équation

$$\int_0^t dt\, e^{-t^2}=\frac{\sqrt{\pi}}{4},$$

et supposons $\mathrm{T}=\mathrm{T}'+q$, q étant de l'ordre $\frac{1}{a^2}$. L'intégrale $\int_0^t dt\, e^{-t^2}$ sera augmentée à très peu près de $qe^{-\mathrm{T}'^2}$, ce qui donne

$$qe^{-\mathrm{T}'^2}=\frac{\mathrm{T}'e^{-\mathrm{T}'^2}}{8a^2}(1-\tfrac{2}{3}\mathrm{T}'^2);$$

on aura donc

$$\mathrm{T}^2=\mathrm{T}'^2+\frac{\mathrm{T}'^2}{4a^2}(1-\tfrac{2}{3}\mathrm{T}'^2).$$

Ayant ainsi T^2 aux quantités près de l'ordre $\frac{1}{a^4}$, on aura, aux quantités près de l'ordre $\frac{1}{a^2}$, en vertu de l'équation

$$2a^2=r+2i+\tfrac{2}{3}=\frac{r^2}{2\mathrm{T}^2},$$

la suivante

$$r+2i=\frac{r^2}{2\mathrm{T}'^2}-\tfrac{7}{6}+\tfrac{2}{3}\mathrm{T}'^2.$$

Pour déterminer la valeur de T'^2, nous observerons qu'ici T' est plus petit que $\frac{1}{2}$; ainsi l'équation transcendante et intégrale

$$\int dt\, e^{-t^2}=\frac{\sqrt{\pi}}{4}$$

peut être transformée dans la suivante :

$$T' - \frac{1}{3} T'^3 + \frac{1}{1.2} \frac{1}{5} T'^5 - \frac{1}{1.2.3} \frac{1}{7} T'^7 + \ldots = \frac{\sqrt{\pi}}{4}.$$

En résolvant cette équation, on trouve

$$T'^2 = 0,2102497.$$

Ainsi, en supposant $r = 100$, on aura

$$r + 2i = 23780,14;$$

il y a donc alors du désavantage à parier un contre un que A gagnera la partie dans 23 780 coups; mais il y a de l'avantage à parier qu'il la gagnera dans 23 781 coups.

V.

Considérons deux urnes A et B, renfermant chacune le même nombre n de boules; et supposons que, dans le nombre total $2n$ de boules, il y en ait autant de blanches que de noires. Concevons que l'on tire en même temps une boule de chaque urne, et qu'ensuite on mette dans une urne la boule extraite de l'autre. Supposons que l'on répète cette opération un nombre quelconque r de fois, en agitant à chaque fois les urnes pour en bien mêler les boules; et cherchons la probabilité qu'après ce nombre r d'opérations il y aura x boules blanches dans l'urne A.

Soit $z_{x,r}$ cette probabilité; n^{2r} est le nombre des combinaisons possibles dans r opérations, car, à chaque opération, les boules de l'urne A peuvent se combiner avec chacune des n boules de l'urne B, ce qui produit n^2 combinaisons; $n^{2r} z_{x,r}$ est donc le nombre des combinaisons dans lesquelles il peut y avoir x boules blanches dans l'urne A après ces opérations. Maintenant il peut arriver que l'opération $(r+1)^{\text{ième}}$ fasse sortir une boule blanche de l'urne A, et y fasse rentrer une boule blanche : le nombre des cas dans lesquels cela peut arriver est le produit de $n^{2r} z_{x,r}$ par le nombre x des boules blanches de l'urne A, et par le nombre $n - x$ des boules blanches qui doivent être alors dans l'urne B, puisque le nombre total des boules blanches des deux urnes est n; dans tous ces cas, il reste x boules blanches dans l'urne A; le produit $x(n-x)n^{2r}z_{x,r}$ est donc une des parties de $n^{2r+2}z_{x,r+1}$.

Il peut arriver encore que l'opération $(r+1)^{\text{ième}}$ fasse sortir et entrer dans l'urne A une boule noire, ce qui conserve dans cette urne x boules blanches; ainsi $n-x$ étant après l'opération $r^{\text{ième}}$ le nombre des boules noires de l'urne A, et x étant celui des mêmes boules dans l'urne B, on voit, par le raisonnement précédent, que $(n-x)x n^{2r}z_{x,r}$ est encore une partie de $n^{2r+2}z_{x,r+1}$.

S'il y a $x-1$ boules blanches dans l'urne A après l'opération $r^{\text{ième}}$, et que l'opération suivante en fasse sortir une boule noire et y fasse rentrer une boule blanche, il y aura x boules blanches dans l'urne A à l'opération $(r+1)^{\text{ième}}$. Le nombre des cas dans lesquels cela peut avoir lieu est le produit de $n^{2r}z_{x-1,r}$ par le nombre $n-x+1$ des boules noires de l'urne A, après l'opération $r^{\text{ième}}$, et le nombre $n-x+1$ des boules blanches de l'urne B après la même opération; $(n-x+1)^2 n^{2r}z_{x-1,r}$ est donc encore une partie de $n^{2r+2}z_{x,r+1}$.

Enfin, s'il y a $x+1$ boules blanches dans l'urne A après l'opération $r^{\text{ième}}$, et que l'opération suivante en fasse sortir une boule blanche et y fasse rentrer une boule noire, il y aura encore, après cette dernière opération, x boules blanches dans l'urne. Le nombre des cas dans lesquels cela peut arriver est le produit de $n^{2r}z_{x+1,r}$ par le nombre $x+1$ des boules blanches de l'urne A, et par le nombre $x+1$ des boules noires de l'urne B; $(x+1)^2 n^{2r}z_{x+1,r}$ est donc encore une partie de $n^{2r+2}z_{x,r+1}$.

En réunissant toutes ces parties et en égalant leur somme à $n^{2r+2}z_{x,r+1}$, on aura l'équation aux différences finies partielles

$$z_{x,r+1} = \left(\frac{x+1}{n}\right)^2 z_{x+1,r} + \frac{2x}{n}\left(1-\frac{x}{n}\right)z_{x,r} + \left(1-\frac{x-1}{n}\right)^2 z_{x-1,r}.$$

Quoique cette équation soit différentielle du second ordre par rapport à la variable x, son intégrale ne renferme qu'une fonction arbitraire qui dépend de la probabilité des diverses valeurs de x dans l'état initial des urnes. En effet, il est visible que si l'on connaît les valeurs de $z_{x,0}$ correspondantes à toutes les valeurs de x, depuis $x = 0$ jusqu'à $x = n$, l'équation précédente donne toutes les valeurs de $z_{x,1}$, $z_{x,2}$, ..., en observant que, les valeurs négatives de x étant impossibles, $z_{x,r}$ est nul lorsque x est négatif.

Lorsque x est un très grand nombre, cette équation se transforme dans une équation aux différences infiniment petites partielles que l'on obtient ainsi; on a alors, à très peu près,

$$z_{x+1,r} = z_{x,r} + \frac{\partial z_{x,r}}{\partial x} + \frac{1}{2} \frac{\partial^2 z_{x,r}}{\partial x^2},$$

$$z_{x-1,r} = z_{x,r} - \frac{\partial z_{x,r}}{\partial x} + \frac{1}{2} \frac{\partial^2 z_{x,r}}{\partial x^2},$$

$$z_{x,r+1} = z_{x,r} + \frac{\partial z_{x,r}}{\partial r}.$$

Soit

$$x = \frac{n + \mu \sqrt{n}}{2}, \qquad r = nr', \qquad z_{x,r} = U;$$

l'équation précédente aux différences partielles deviendra, en négligeant les termes de l'ordre $\frac{1}{n^{\frac{1}{2}}}$,

$$\frac{\partial U}{\partial r'} = 2U + 2\mu \frac{\partial U}{\partial \mu} + \frac{\partial^2 U}{\partial \mu^2}.$$

Pour intégrer cette équation, qui, comme on peut s'en assurer par la méthode que j'ai donnée pour cet objet, dans les *Mémoires de l'Académie des Sciences* de l'année 1773 ([1]), n'est intégrable, en termes finis, qu'au moyen d'intégrales définies, faisons

$$U = \int \varphi \, dt \, e^{-\mu t};$$

φ étant une fonction de t et de r', on aura

$$2\mu \frac{\partial U}{\partial \mu} = 2 e^{-\mu t} t \varphi - 2 \int e^{-\mu t} (\varphi \, dt + t \, d\varphi), \qquad \frac{\partial^2 U}{\partial \mu^2} = \int e^{-\mu t} t^2 \varphi \, dt;$$

([1]) *OEuvres de Laplace*, T. VIII.

l'équation aux différences partielles en U devient ainsi

$$\int e^{-\mu t}\frac{\partial\varphi}{\partial r}\,dt = 2e^{-\mu t}t\varphi + \int e^{-\mu t}\,dt\left(t^2\varphi - 2t\frac{\partial\varphi}{\partial t}\right).$$

En égalant entre eux les termes affectés du signe $\int$, conformément à la méthode que j'ai donnée dans les *Mémoires de l'Académie des Sciences* de 1782 (¹), on aura l'équation aux différences partielles

$$\frac{\partial\varphi}{\partial r} = t^2\varphi - 2t\frac{\partial\varphi}{\partial t},$$

et le terme hors du signe $\int$, égalé à zéro, donnera, pour l'équation aux limites de l'intégrale,

$$0 = t\varphi\, e^{-\mu t}.$$

L'intégrale de l'équation précédente aux différences partielles est

$$\varphi = e^{\frac{1}{4}t^2}\,\psi\!\left(\frac{t}{e^{2r}}\right),$$

$\psi\!\left(\frac{t}{e^{2r}}\right)$ étant une fonction arbitraire de $\frac{t}{e^{2r}}$; on a donc

$$U = \int dt\, e^{-\mu t+\frac{1}{4}t^2}\,\psi\!\left(\frac{t}{e^{2r}}\right).$$

Soit

$$t = 2\mu + 2s\sqrt{-1};$$

l'équation précédente prendra cette forme

$$\text{(A)} \qquad U = e^{-\mu^2}\int ds\, e^{-s^2}\,\Gamma\!\left(\frac{s-\mu\sqrt{-1}}{e^{2r}}\right).$$

Il est aisé de voir que l'équation aux limites de l'intégrale, donnée ci-dessus, exige que les limites de l'intégrale relative à s soient prises depuis $s = -\infty$ jusqu'à $s = \infty$. En prenant le radical $\sqrt{-1}$ avec le signe $-$, on aurait pour U une expression de cette forme

$$U = e^{-\mu^2}\int ds\, e^{-s^2}\,\Pi\!\left(\frac{s+\mu\sqrt{-1}}{e^{2r}}\right),$$

(¹) *Œuvres de Laplace*, T. X.

la fonction arbitraire $\Pi(s)$ pouvant être autre que la fonction $\Gamma(s)$. La somme de ces deux expressions de U sera la valeur entière de U; mais il est facile de s'assurer que les intégrales, étant prises depuis $s = -\infty$ jusqu'à $s = \infty$, l'addition de cette nouvelle expression de U n'ajoute rien à la généralité de la première dans laquelle elle est comprise.

Développons maintenant le second membre de l'équation (A), suivant les puissances de $\frac{1}{e^{2r}}$, et considérons un des termes de ce développement, tel que

$$\frac{\Pi^{(i)} e^{-\mu^2}}{e^{2ir}} \int ds\, e^{-s^2} (s - \mu\sqrt{-1})^{2i};$$

ce terme devient, après les intégrations,

$$\frac{1.3.5\ldots(2i-1)}{2^i} \sqrt{\pi}\, \frac{\Pi^{(i)} e^{-\mu^2}}{e^{2ir}} \left[1 - \frac{i}{1.2}(2\mu)^2 + \frac{i(i-1)}{1.2.3.4}(2\mu)^4 - \frac{i(i-1)(i-2)}{1.2.3.4.5.6}(2\mu)^6 + \ldots \right].$$

Considérons encore un terme du développement de l'expression de U, tel que

$$\frac{L^{(i)}\sqrt{-1}\, e^{-\mu^2}}{e^{(2i-1)r}} \int ds\, e^{-s^2} (s - \mu\sqrt{-1})^{2i+1};$$

ce terme devient, après les intégrations,

$$\frac{1.3.5\ldots(2i+1)L^{(i)}\mu e^{-\mu^2}\sqrt{\pi}}{2^i e^{(2i+1)r}} \left[1 - \frac{i}{1.2.3}(2\mu)^2 + \frac{i(i-1)}{1.2.3.4.5}(2\mu)^4 - \frac{i(i-1)(i-2)}{1.2.3.4.5.6.7}(2\mu)^6 + \ldots \right].$$

On aura donc ainsi l'expression générale de la probabilité U, développée dans une série ordonnée suivant les puissances de $\frac{1}{e^{2r}}$, série qui devient très convergente, lorsque r' est un peu considérable. Cette expression doit être telle que $\int \mathrm{U}\,dx$ ou $\frac{1}{2}\int \mathrm{U}\,d\mu.\sqrt{n}$ soit égal à l'unité, les intégrales étant étendues à toutes les valeurs dont x et μ sont susceptibles, c'est-à-dire depuis x nul jusqu'à $x = n$ et depuis $\mu = -\sqrt{n}$ jusqu'à $\mu = \sqrt{n}$; car il est certain que l'urne doit ou non contenir des boules blanches. En prenant l'intégrale $\int e^{-\mu^2}d\mu$ dans ces limites, et généralement dans les limites $\pm n^{\frac{1}{2}}$, on a le même résultat à très peu près qu'en la prenant depuis $\mu = -\infty$ jusqu'à $\mu = \infty$; la différence n'est ici que de l'ordre $\dfrac{e^{-n}}{\sqrt{n}}$, et, vu l'extrême rapidité avec laquelle e^{-n} diminue à mesure que n augmente, on voit que cette différence est entièrement insensible lorsque n est un grand nombre. Cela posé, considérons dans l'intégrale $\frac{1}{2}\int U\,d\mu\,\sqrt{n}$ le terme

$$\frac{1.3.5\ldots(2i-1)\frac{1}{2}\Pi^{(i)}\sqrt{n\pi}}{2^i e^{i i r}}\int e^{-\mu^2}d\mu\left[1-\frac{i}{1.2}(2\mu)^2+\frac{i(i-1)}{1.2.3.4}(2\mu)^4-\ldots\right].$$

En étendant l'intégrale depuis $\mu = -\infty$ jusqu'à $\mu = \infty$, ce terme devient

$$\frac{1.3.5\ldots(2i-1)\frac{1}{2}\Pi^{(i)}\pi\sqrt{n}}{2^i e^{i i r}}\left[1-i+\frac{i(i-1)}{1.2}-\frac{i(i-1)(i-2)}{1.2.3}+\ldots\right];$$

le dernier facteur $1-i+\dfrac{i(i-1)}{1.2}-\ldots$ est égal à $(i-1)^i$; il est donc nul, excepté dans le cas de $i=0$, où il se réduit à l'unité. Il est visible que les termes de l'expression de U qui renferment des puissances impaires de μ donnent un résultat nul dans l'intégrale $\frac{1}{2}\int U\,d\mu\,\sqrt{n}$, étendue depuis $\mu = -\infty$ jusqu'à $\mu = \infty$; car ces termes ont pour facteur $e^{-\mu^2}$, et l'on a généralement dans ces limites

$$\int_{-\infty}^{\infty} d\mu\,\mu^{2i+1}e^{-\mu^2}=0;$$

il n'y a donc que le premier terme de l'expression de U, terme que nous représentons par $\Pi e^{-\mu^2}$, qui puisse donner un résultat dans l'intégrale $\frac{1}{2}\int_{-\infty}^{\infty} U\,d\mu\,\sqrt{n}$, et ce résultat est $\frac{1}{2}\Pi n\sqrt{\pi}$; on a donc

$$\tfrac{1}{2}\Pi n\sqrt{\pi}=1,$$

par conséquent

$$\Pi = \frac{2}{n\sqrt{\pi}}.$$

L'expression générale de U a ainsi la forme suivante

$$U = \frac{2e^{-\mu^2}}{\sqrt{n\pi}}\left[1 + \frac{Q^{(1)}(1 - 2\mu^2)}{e^{4r'}} + \frac{Q^{(2)}(1 - 4\mu^2 + \frac{4}{3}\mu^4)}{e^{8r'}} + \dots \right.$$
$$\left. + \frac{L^{(0)}\mu}{e^{2r'}} + \frac{L^{(1)}\mu(1 - \frac{2}{3}\mu^2)}{e^{6r'}} + \frac{L^{(2)}\mu(1 - \frac{4}{3}\mu^2 + \frac{4}{15}\mu^4)}{e^{10r'}} + \dots \right],$$

$Q^{(1)}$, $Q^{(2)}$, ..., $L^{(0)}$, $L^{(1)}$, ... étant des constantes indéterminées qui dépendent de la valeur initiale de U.

Supposons que U devienne X lorsque r' est nul, X étant une fonction donnée de μ. On a généralement ces deux théorèmes

$$o = Q^{(i)}\int \mu^{2q}\, d\mu\, U_i\, e^{-\mu^2},$$
$$o = L^{(i)}\int \mu^{2q+1} d\mu\, U_i'\, e^{-\mu^2},$$

lorsque q est moindre que i, U_i et U_i' étant les fonctions de μ par lesquelles $\dfrac{2Q^{(i)}e^{-\mu^2}}{\sqrt{n\pi}\, e^{4ir'}}$ et $\dfrac{2L^{(i)}e^{-\mu^2}}{\sqrt{n\pi}\, e^{(4i+2)r'}}$ sont multipliés dans l'expression de U.

Par ce qui précède, le terme $\dfrac{2Q^{(i)}U\, e^{-\mu^2}}{e^{4ir'}\sqrt{n\pi}}$ est égal à

$$\frac{H^{(i)}(\sqrt{-1})^{2i}}{e^{4ir'}}\, e^{-\mu^2}\int ds\, e^{-s^2}(\mu + s\sqrt{-1})^{2i};$$

il faut donc démontrer que l'on a

$$o = \int_{-\infty}^{\infty}\int_{-\infty}^{\infty} \mu^{2q} ds\, d\mu\, e^{-\mu^2 - s^2}(\mu + s\sqrt{-1})^{2i}.$$

En intégrant d'abord par rapport à μ, ce terme devient

$$\frac{2q-1}{2}\int_{-\infty}^{\infty}\int_{-\infty}^{\infty} \mu^{2q-2} d\mu\, ds\, e^{-\mu^2-s^2}(\mu + s\sqrt{-1})^{2i}$$
$$+ i\int_{-\infty}^{\infty}\int_{-\infty}^{\infty} \mu^{2q-1} d\mu\, ds\, e^{-\mu^2-s^2}(\mu + s\sqrt{-1})^{2i-1}.$$

En continuant d'intégrer ainsi par parties, on arrive à des termes de la forme

$$K\int_{-\infty}^{\infty}\int_{-\infty}^{\infty} d\mu\, ds\, e^{-\mu^2-s^2}(\mu + s\sqrt{-1})^{2r}.$$

c n'étant pas zéro ; et, par ce qui précède, ce terme est nul. On prouvera de la même manière que l'on a

$$o = \mathrm{L}^{(i)} \int_{-\infty}^{\infty} \mu^{2q+1}\, d\mu\, \mathrm{U}_i'\, e^{-\mu^2}.$$

De là il suit que l'on a généralement

$$o = \int_{-\infty}^{\infty} \mathrm{U}_i \mathrm{U}_{i'}\, d\mu\, e^{-\mu^2},$$

$$o = \int_{-\infty}^{\infty} \mathrm{U}_i' \mathrm{U}_{i'}'\, d\mu\, e^{-\mu^2},$$

i et i' étant des nombres différents ; car, si, par exemple, i' est plus grand que i, toutes les puissances de μ dans U_i seront moindres que $2i'$; chacun des termes de U donnera donc, par les théorèmes précédents, un résultat nul dans l'intégrale $\int_{-\infty}^{\infty} \mathrm{U}_i \mathrm{U}_{i'}\, d\mu\, e^{-\mu^2}$. Le même raisonnement a lieu pour l'intégrale $\int_{-\infty}^{\infty} \mathrm{U}_i' \mathrm{U}_{i'}'\, d\mu\, e^{-\mu^2}$.

Mais ces intégrales ne sont pas nulles lorsque $i' = i$; on les obtiendra, dans ce cas, de cette manière. On a, par ce qui précède,

$$\mathrm{U}_i = \frac{2^i (\sqrt{-1})^{2i} \int_{-\varepsilon}^{a} ds\, e^{-s^2} (\mu + s\sqrt{-1})^{2i}}{1.3.5\ldots(2i-1)\sqrt{\pi}}.$$

Le terme qui a pour facteur μ^{2i} dans cette expression est

$$\frac{2^i (\sqrt{-1})^{2i} \mu^{2i}}{1.3.5\ldots(2i-1)};$$

or on peut ne considérer que ce terme dans le premier facteur U_i de l'intégrale $\int_{-\infty}^{a} \mathrm{U}_i \mathrm{U}_{i'}\, d\mu\, e^{-\mu^2}$; car les puissances inférieures de μ dans ce facteur donnent un résultat nul dans l'intégrale ; on a donc

$$\int_{-\varepsilon}^{\infty} \mathrm{U}_i \mathrm{U}_{i'}\, d\mu\, e^{-\mu^2} = \frac{2^{2i}}{[1.2.3\ldots(2i-1)]^2 \sqrt{\pi}} \int_{-\infty}^{\infty}\int_{-\infty}^{\infty} \mu^{2i}\, d\mu\, ds\, e^{-\mu^2-s^2}(\mu + s\sqrt{-1})^{2i}.$$

On a, en intégrant par rapport à μ, depuis $\mu = -\infty$ jusqu'à $\mu = \infty$,

$$\int_{-\infty}^{\infty}\int_{-\infty}^{\infty} \mu^{2i}\, d\mu\, ds\, e^{-\mu^2-s^2}\left(\mu + s\sqrt{-1}\right)^{2i}$$

$$= \frac{2i-1}{2}\int_{-\infty}^{\infty}\int_{-\infty}^{\infty} \mu^{2i-2}\, d\mu\, ds\, e^{-\mu^2-s^2}\left(\mu + s\sqrt{-1}\right)^{2i}$$

$$+ \frac{2i}{3}\int_{-\infty}^{\infty}\int_{-\infty}^{\infty} \mu^{2i-1}\, d\mu\, ds\, e^{-\mu^2-s^2}\left(\mu + s\sqrt{-1}\right)^{2i-1}.$$

Le premier terme du second membre de cette équation est nul par ce qui précède; ce membre se réduit donc à son second terme; on trouve de la même manière que l'on a

$$\int_{-\infty}^{\infty}\int_{-\infty}^{\infty} \mu^{2i-1}\, d\mu\, ds\, e^{-\mu^2-s^2}\left(\mu + s\sqrt{-1}\right)^{2i-1}$$

$$= \frac{2i-1}{2}\int_{-\infty}^{\infty}\int_{-\infty}^{\infty} \mu^{2i-2}\, d\mu\, ds\, e^{-\mu^2-s^2}\left(\mu + s\sqrt{-1}\right)^{2i-2},$$

et ainsi de suite; on a donc

$$\int_{-\infty}^{\infty}\int_{-\infty}^{\infty} \mu^{2i}\, d\mu\, ds\, e^{-\mu^2-s^2}\left(\mu + s\sqrt{-1}\right)^{2i} = \frac{1.2.3\ldots 2i\,\pi}{2^{2i}},$$

par conséquent

$$\int_{-\infty}^{\infty} U_i\, U_i\, d\mu\, e^{-\mu^2} = \frac{2.4.6\ldots 2i\sqrt{\pi}}{1.3.5\ldots(2i-1)}.$$

On trouvera de la même manière

$$\int_{-\infty}^{\infty} U_i'\, U_i'\, d\mu\, e^{-\mu^2} = \frac{1}{2}\frac{2.4.6\ldots 2i\sqrt{\pi}}{1.3.5\ldots(2i+1)};$$

on a évidemment

$$\int_{-\infty}^{\infty} U_i\, U_i'\, d\mu\, e^{-\mu^2} = 0$$

dans le cas même où i et i' ne sont pas différents, parce que le produit $U_i'\, U_i$ ne contient que des puissances impaires de μ.

Cela posé, l'expression générale de U donne, pour sa valeur initiale, que nous avons désignée par X,

$$X = \frac{2 e^{-\mu^2}}{\sqrt{n\pi}} \left[1 + Q^{(1)}(1 - 2\mu^2) + \ldots + L^{(0)}\mu + L^{(1)}\mu(1 - \tfrac{2}{3}\mu^2) + \ldots \right].$$

Si l'on multiplie cette équation par $U_i\, d\mu$, et si l'on prend les intégrales depuis $\mu = -\infty$ jusqu'à $\mu = \infty$, on aura, en vertu des théorèmes précédents,

$$\int_{-\infty}^{\infty} X U_i\, d\mu = \frac{2}{\sqrt{n\pi}} Q^{(i)} \int U_i U_i\, d\mu\, e^{-\mu^2};$$

d'où l'on tire

$$Q^{(i)} = \frac{1 . 3 . 5 \ldots (2i - 1) \frac{1}{2}\sqrt{n}}{2 . 4 . 6 \ldots 2i} \int_{-\infty}^{\infty} X U_i\, d\mu;$$

on trouvera de la même manière

$$L^{(i)} = \frac{1 . 3 . 5 \ldots (2i + 1)\sqrt{n}}{2 . 4 . 6 \ldots 2i} \int_{-\infty}^{\infty} X U_i\, d\mu.$$

On aura donc ainsi les valeurs successives de $Q^{(1)}, Q^{(2)}, \ldots, L^{(0)}, L^{(1)}, \ldots$, au moyen d'intégrales définies, lorsque X ou la valeur initiale de U sera donnée.

Dans le cas où X est égal à $\dfrac{2i}{\sqrt{n\pi}} e^{-n\mu^2}$, l'expression générale de U prend une forme très simple. Alors la fonction arbitraire $\Gamma\!\left(\dfrac{s - \mu\sqrt{-1}}{e^{2t}}\right)$ de la formule (Λ) est de la forme $k e^{-\varepsilon\left(\frac{s - \mu\sqrt{-1}}{e^{2t}}\right)^2}$. Pour déterminer les constantes ε et k, nous observerons que, en supposant

$$\varepsilon' = \frac{\varepsilon}{e^{4t}},$$

on aura

$$U = k\, e^{\frac{-\mu^2}{1 + \varepsilon'}} \int_{-\infty}^{\infty} ds\, e^{-(1 + \varepsilon')\left(s - \frac{\varepsilon'\mu\sqrt{-1}}{1 + \varepsilon'}\right)^2};$$

en faisant ensuite

$$\sqrt{1 + \varepsilon'}\left(s - \frac{\varepsilon'\mu\sqrt{-1}}{1 + \varepsilon'}\right) = s',$$

et observant que l'intégrale relative à s devant être prise depuis

$s = -\infty$ jusqu'à $s = +\infty$, l'intégrale relative à s' doit être prise dans les mêmes limites, on aura

$$U = \frac{k\sqrt{\pi}}{\sqrt{1+\theta'}}\, e^{\frac{-\mu^2}{1+\theta'}}.$$

En comparant cette expression à la valeur initiale de U, qui est

$$U = \frac{2i}{\sqrt{n\pi}}\, e^{-i^2\mu^2},$$

et observant que θ est la valeur initiale de θ', on aura

$$i^2 = \frac{1}{1+\theta},$$

d'où l'on tire

$$\theta = \frac{1-i^2}{i^2}, \qquad \theta' = \frac{1-i^2}{i^2 e^{br'}}.$$

On doit avoir ensuite

$$\frac{k\sqrt{\pi}}{\sqrt{1+\theta}} = \frac{2i}{\sqrt{n\pi}},$$

ce qui donne

$$k\sqrt{\pi} = \frac{2}{\sqrt{n\pi}},$$

valeur que l'on obtient encore par la condition que

$$\frac{1}{2}\int_{-\infty}^{\infty} U\, d\mu\sqrt{n} = 1;$$

on aura donc pour l'expression de U, quel que soit r',

$$U = \frac{2}{\sqrt{n\pi(1+\theta')}}\, e^{\frac{-\mu^2}{1+\theta'}}.$$

On trouve, en effet, que cette valeur de U, substituée dans l'équation aux différentielles partielles en U, y satisfait. θ' diminuant sans cesse quand r' augmente, la valeur de U varie sans cesse et devient à sa limite, lorsque r' est infini,

$$U = \frac{2}{\sqrt{n\pi}}\, e^{-\mu^2}.$$

Pour donner une application de ces formules, imaginons dans une urne C un très grand nombre m de boules blanches et un pareil nombre de boules noires. Ces boules ayant été mêlées, supposons que l'on tire de l'urne n boules que l'on met dans l'urne A. Supposons ensuite que l'on mette dans l'urne B autant de boules blanches qu'il y a de boules noires dans l'urne A, et autant de boules noires qu'il y a de boules blanches dans la même urne. Il est clair que le nombre des cas dans lesquels on aura x boules blanches, et par conséquent $n - x$ boules noires dans l'urne A, est égal au produit du nombre des combinaisons des m boules blanches de l'urne C, prises x à x, par le nombre des combinaisons des m boules noires de la même urne, prises $n - x$ à $n - x$. Ce produit est égal à

$$\frac{m(m-1)(m-2)\ldots(m-x+1)}{1.2.3\ldots x} \cdot \frac{m(m-1)(m-2)\ldots(m-n+x+1)}{1.2.3\ldots(n-x)}$$

ou à

$$\frac{(1.2.3\ldots m)^2}{1.2.3\ldots x . 1.2.3\ldots(m-x).1.2.3\ldots(n-x).1.2.3\ldots(m-n+x)} .$$

Le nombre de tous les cas possibles est le nombre des combinaisons des $2m$ boules prises n à n; ce nombre est

$$\frac{1.2.3\ldots 2m}{1.2.3\ldots n . 1.2.3\ldots(2m-n)} ;$$

en divisant donc la fraction précédente par celle-ci, on aura pour la probabilité de x ou pour la valeur initiale de U

$$\frac{(1.2.3\ldots m)^2 . 1.2.3\ldots n . 1.2.3\ldots(2m-n)}{1.2.3\ldots x . 1.2.3\ldots(m-x).1.2.3\ldots(n-x).1.2.3\ldots(m-n+x).1.2.3\ldots 2m} .$$

Maintenant, si l'on observe que l'on a à très peu près, lorsque s est un très grand nombre,

$$1.2.3\ldots s = s^{s+\frac{1}{2}} e^{-s} \sqrt{2\pi},$$

on trouvera après toutes les réductions, en faisant

$$x = \frac{n + \mu\sqrt{n}}{2}$$

et négligeant les quantités de l'ordre $\frac{1}{n}$,

$$U = \frac{2}{\sqrt{n\pi}} \sqrt{\frac{m}{2m-n}}\, e^{\frac{-m\mu^2}{2m-n}};$$

en faisant donc

$$i^2 = \frac{m}{2m-n},$$

on aura

$$U = \frac{2i}{\sqrt{n\pi}}\, e^{-i^2\mu^2}.$$

Si le nombre m est infini, alors $i^2 = \frac{1}{2}$, et la valeur initiale de U est

$$U = \frac{\sqrt{2}}{\sqrt{m\pi}}\, e^{-\frac{1}{2}\mu^2}.$$

Sa valeur, après un nombre quelconque de tirages, est

$$U = \frac{2}{\sqrt{n\pi\left(1+e^{-\frac{4r}{n}}\right)}}\, e^{-\frac{\mu^2}{1+e^{-\frac{4r}{n}}}}.$$

Le cas de m infini revient à celui dans lequel l'urne A serait remplie, en projetant n fois une pièce qui amènerait indifféremment *croix* ou *pile*, et en mettant dans l'urne A une boule blanche chaque fois que *croix* arriverait, et une boule noire chaque fois que *pile* arriverait; car il est visible que la probabilité de tirer une boule blanche ou noire de l'urne C est $\frac{1}{2}$ comme celle d'amener *croix* ou *pile*. En prenant l'intégrale $\int U\,dx$ ou $\frac{1}{2}\int U\,d\mu\sqrt{n}$ depuis $\mu = -a$ jusqu'à $\mu = a$, on aura la probabilité que le nombre des boules blanches de l'urne A sera compris dans les limites $\pm a\sqrt{n}$.

VI.

Du milieu qu'il faut choisir entre les résultats des observations.

Lorsque l'on veut corriger un élément déjà connu à fort peu près, par l'ensemble d'un grand nombre d'observations, on forme des équations de condition de la manière suivante. Soient z la correction de

l'élément et θ l'observation; l'expression analytique de celle-ci sera
une fonction de l'élément. En y substituant, au lieu de l'élément, sa
valeur approchée, plus la correction z; en réduisant en série par rapport à z et négligeant le carré de z, cette fonction prendra la forme
$m + pz$, à laquelle on égale la quantité observée θ, ce qui donne

$$\theta = m + pz;$$

z serait donc ainsi déterminé, si l'observation était rigoureuse; mais,
comme elle est susceptible d'erreur, en nommant ε cette erreur, on a
rigoureusement

$$\theta + \varepsilon = m + pz$$

ou, en faisant $\theta - m = \gamma$, on a

$$\varepsilon = pz - \gamma.$$

Chaque observation fournit une équation de condition semblable, que
l'on peut représenter pour l'observation $(i + 1)^{\text{ième}}$ par celle-ci

$$\varepsilon^{(i)} = p^{(i)} z - \gamma^{(i)}.$$

En réunissant toutes ces équations, on a

$$S\varepsilon^{(i)} = z S p^{(i)} - S\gamma^{(i)},$$

le signe S se rapportant à toutes les valeurs de i, depuis $i = 0$ jusqu'à
$i = s - 1$, s étant le nombre total des observations. En supposant nulle
la somme des erreurs, cette équation donne

$$z = \frac{S\gamma^{(i)}}{Sp^{(i)}};$$

c'est ce que l'on nomme ordinairement *résultat moyen* des observations.

J'ai donné dans le Volume précédent (¹) la loi de la probabilité des
erreurs de ce résultat; mais, au lieu de supposer nulle la somme
des erreurs, on peut supposer nulle une fonction quelconque linéaire
de ces erreurs que nous représenterons ainsi

$$(m) \qquad q\varepsilon + q^{(1)}\varepsilon^{(1)} + q^{(2)}\varepsilon^{(2)} + \ldots + q^{(s-1)}\varepsilon^{(s-1)},$$

(¹) *Voir*, plus haut, p. 322 et suivantes.

q, $q^{(1)}$, $q^{(2)}$, ... étant des nombres positifs ou négatifs que nous supposerons être entiers. En substituant dans la fonction (m), au lieu de ε, $\varepsilon^{(1)}$, ..., leurs valeurs données par les équations de condition, elle devient

$$z\, Sp^{(i)}q^{(i)} - Sq^{(i)}\varphi^{(i)}.$$

En égalant donc à zéro la fonction (m), on a

$$z = \frac{Sq^{(i)}\varphi^{(i)}}{Sp^{(i)}q^{(i)}}.$$

Soit z' l'erreur de ce résultat, en sorte que l'on ait

$$z = \frac{Sq^{(i)}\varphi^{(i)}}{Sp^{(i)}q^{(i)}} + z',$$

ce qui donne pour l'expression de la fonction (m)

$$z'\, Sp^{(i)}q^{(i)};$$

et déterminons la loi de probabilité de l'erreur z' du résultat, lorsque les observations sont en grand nombre. Pour cela, considérons le produit

$$S\,\Psi\!\left(\frac{x}{a}\right)e^{qx\varpi\sqrt{-1}} \times S\,\Psi\!\left(\frac{x}{a}\right)e^{q^{(1)}x\varpi\sqrt{-1}} \times \ldots \times S\,\Psi\!\left(\frac{x}{a}\right)e^{q^{(i-1)}x\varpi\sqrt{-1}},$$

le signe S s'étendant ici depuis la valeur négative extrême de x jusqu'à sa valeur positive extrême : $\Psi\!\left(\frac{x}{a}\right)$ est la probabilité d'une erreur x dans chaque observation, x étant supposé, ainsi que a, formé d'une infinité de parties prises pour unité. Il est clair que le coefficient d'une exponentielle quelconque $e^{t\varpi\sqrt{-1}}$ dans ce produit sera la probabilité que la somme des erreurs de chaque observation, multipliées respectivement par q, $q^{(1)}$, ..., c'est-à-dire la fonction (m), sera égale à t; en multipliant donc le produit précédent par $e^{-t\varpi\sqrt{-1}}$, le terme indépendant de ϖ, dans ce nouveau produit, exprimera cette probabilité. Si l'on suppose, comme nous le ferons ici, la probabilité des erreurs de chaque observation la même pour les erreurs, soit positives, soit négatives, on pourra, dans la somme $S\,\Psi\!\left(\frac{x}{a}\right)e^{qx\varpi\sqrt{-1}}$, réunir les deux termes multipliés; l'un par $e^{qx\varpi\sqrt{-1}}$ et l'autre par $e^{-qx\varpi\sqrt{-1}}$, alors cette somme prend la forme $2\,S\,\Psi\left(\dfrac{x}{a}\right)\cos qx\varpi$. Il en est de même des autres sommes semblables. De là il suit que la probabilité que la fonction (m) sera égale à l est le terme indépendant de ϖ dans la fonction

$$e^{-l\varpi\sqrt{-1}}\times 2\,S\,\Psi\left(\frac{x}{a}\right)\cos q\,x\varpi\times 2\,S\,\Psi\left(\frac{x}{a}\right)\cos q^{(1)}x\varpi\times\ldots$$
$$\times 2\,S\,\Psi\left(\frac{x}{a}\right)\cos q^{(t-1)}x\varpi.$$

En y changeant $-l$ dans l, on aura la probabilité que la fonction (m) sera égale à $-l$; en réunissant ces deux expressions, le terme indépendant de ϖ dans le produit

$$2\cos l\varpi\times 2\,S\,\Psi\left(\frac{x}{a}\right)\cos q\,x\varpi\times 2\,S\,\Psi\left(\frac{x}{a}\right)\cos q^{(1)}x\varpi\times\ldots$$
$$\times 2\,S\,\Psi\left(\frac{x}{a}\right)\cos q^{(s-1)}x\varpi$$

est la probabilité que la fonction (m) sera ou $+l$ ou $-l$; cette probabilité est donc

$$\frac{2}{\pi}\int_0^{\pi} d\varpi\cos l\varpi\times 2\,S\,\Psi\left(\frac{x}{a}\right)\cos q\,x\varpi\times 2\,S\,\Psi\left(\frac{x}{a}\right)\cos q^{(1)}x\varpi\times\ldots$$
$$\times 2\,S\,\Psi\left(\frac{x}{a}\right)\cos q^{(t-1)}x\varpi.$$

On a, en réduisant les cosinus en séries,

$$S\,\Psi\left(\frac{x}{a}\right)\cos q\,x\varpi = S\,\Psi\left(\frac{x}{a}\right) - \tfrac{1}{2}q^2 a^2\varpi^2\,S\,\frac{x^2}{a^2}\,\Psi\left(\frac{x}{a}\right) + \ldots.$$

Si l'on fait $\dfrac{x}{a}=x'$, et si l'on observe que, la variation de x étant l'unité, on a $dx'=\dfrac{1}{a}$, on aura

$$S\,\Psi\left(\frac{x}{a}\right) = a\int dx'\,\Psi(x').$$

Nommons k l'intégrale $2\int dx'\,\Psi(x')$, prise depuis x nul jusqu'à sa valeur extrême; nommons pareillement k' l'intégrale $\int x'^2\, dx'\, \Psi(x')$ étendue dans les mêmes limites, et ainsi de suite; nous aurons

$$2\,\mathrm{S}\,\Psi\left(\frac{x}{a}\right)\cos q\,x\varpi = ak\left(1 - \frac{k'}{k}\,q^2 a^2\varpi^2 + \dots\right);$$

son logarithme est

$$-\frac{k'q^2}{k}\,a^2\varpi^2 - \dots + \log ak.$$

ak ou $2a\int dx'\,\Psi(x')$ étant égal à $2\,\mathrm{S}\,\Psi\left(\frac{x}{a}\right)$, il exprime la probabilité que l'erreur de chaque observation sera comprise dans ses limites, ce qui est certain; on a donc $ak = 1$, ce qui réduit le logarithme précédent à

$$-\frac{k'q^2}{k}\,a^2\varpi^2 - \dots.$$

De là il est aisé de conclure que le logarithme du produit

$$2\,\mathrm{S}\,\Psi\left(\frac{x}{a}\right)\cos q\,x\varpi \times 2\,\mathrm{S}\,\Psi\left(\frac{x}{a}\right)\cos q^{(1)}\,x\varpi \times \dots \times 2\,\mathrm{S}\,\Psi\left(\frac{x}{a}\right)\cos q^{(s-1)}\,x\varpi$$

est égal à

$$-\frac{k'}{k}\,\mathrm{S}\,q^{(i)^2}a^2\varpi^2 - \dots,$$

le signe S s'étendant ici depuis $i = 0$ jusqu'à $i = s - 1$. Lorsque les observations sont en très grand nombre, on peut ne conserver que le premier terme de la série; car il est facile de voir que la somme des carrés ou des cubes, ... de q, $q^{(1)}$, ... étant de l'ordre s, chacun des termes de la série a pour facteur une quantité de cet ordre; mais, si l'on suppose que $sa^2\varpi^2$ soit toujours d'un ordre moindre que $\sqrt{s}$, alors le second terme de la série étant de l'ordre $sa^4\varpi^4$, il sera très petit et deviendra nul dans le cas de s infini; on peut donc négliger vis-à-vis du premier terme le second, et à plus forte raison les suivants. Maintenant si l'on repasse des logarithmes aux nombres, on aura

$$2\,\mathrm{S}\,\Psi\left(\frac{x}{a}\right)\cos q\,x\varpi \times 2\,\mathrm{S}\,\Psi\left(\frac{x}{a}\right)\cos q^{(1)}\,x\varpi \times \dots = c^{-\frac{k'}{k}a^2\varpi^2 S q^{(i)^2}};$$

la probabilité que la fonction (m) sera égale à $+l$ ou à $-l$ est donc, en intégrant depuis ϖ nul jusqu'à $\varpi = \pi$,

$$\frac{2}{a\pi}\int_0^\pi a\,d\varpi\,\cos l\varpi\, e^{-\frac{k'}{k}a^2\varpi^2 Sq^{(i)2}}.$$

Si l'on fait $a\varpi = t$, cette intégrale devient

$$\frac{2}{a\pi}\int_0^{a\pi} dt\,\cos\frac{l}{a}t\, e^{-\frac{k'}{k}t^2 Sq^{(i)2}}.$$

L'intégrale relative à ϖ devant être prise depuis ϖ nul jusqu'à $\varpi = \pi$, l'intégrale relative à t doit être prise depuis t nul jusqu'à $t = a\pi$ ou jusqu'à l'infini, a étant supposé d'un nombre infini d'unités. A la vérité, nous sommes parvenus à l'intégrale précédente, en supposant $sa^2\varpi^2$ ou st^2 d'un ordre plus petit que $\sqrt{s}$; mais, lorsque st^2 est de l'ordre $\sqrt{s}$, l'exponentielle $e^{-\frac{k'}{k}t^2 Sq^{(i)2}}$ devient si excessivement petite que l'on peut, sans crainte d'aucune erreur sensible, étendre l'intégrale au delà jusqu'à l'infini. Cela posé, cette intégrale devient, par l'article II,

$$\frac{1}{a\sqrt{\pi}}\,\frac{1}{\sqrt{\dfrac{k'}{k}Sq^{(i)2}}} = e^{-\frac{kl^2}{4k'a^2 Sq^{(i)2}}}.$$

En faisant donc $l = ar$, et observant que, la variation de l étant l'unité, on a $a\,dr = 1$, on aura

$$\frac{1}{\sqrt{\dfrac{k'}{k}\pi\,Sq^{(i)2}}}\int dr\, e^{-\frac{kr^2}{4k'Sq^{(i)2}}}$$

pour la probabilité que la fonction (m) sera comprise dans les limites $\pm ar$.

Déterminons présentement la valeur moyenne de l'erreur à craindre, en adoptant pour résultat moyen des observations la correction

$$\frac{Sq^{(i)}\rho^{(i)}}{Sp^{(i)}q^{(i)}},$$

qui résulte, comme on l'a vu, de l'égalité de la fonction (m) à zéro.

z' étant supposé la correction de ce résultat, la fonction (m) devient $z'\,Sp^{(i)}q^{(i)}$. En faisant cette quantité égale à ar, on aura

$$\frac{dr\,c^{-\frac{ar^2}{4k'Sq^{(i)2}}}}{2\sqrt{\dfrac{k'\pi}{k}Sq^{(i)2}}} = \frac{dz'\,Sp^{(i)}q^{(i)}}{2a\sqrt{\pi}\sqrt{\dfrac{k'}{k}Sq^{(i)2}}}\,c^{-\frac{a^2(Sp^{(i)}q^{(i)})^2}{4k'a^2Sq^{(i)2}}};$$

le coefficient de dz' dans le second membre de cette équation est donc l'ordonnée de la courbe des probabilités des erreurs z' qui représentent les abscisses de cette courbe, que l'on peut étendre à l'infini de chaque côté de l'ordonnée qui répond à z' nul. Cela posé, toute erreur, soit positive, soit négative, doit être considérée comme un désavantage ou une perte réelle à un jeu quelconque; or, par les principes connus du Calcul des probabilités, on évalue ce désavantage en prenant la somme de tous les produits de chaque désavantage par sa probabilité; la valeur moyenne de l'erreur à craindre est donc la somme des produits de chaque erreur, abstraction faite du signe, par sa probabilité; par conséquent elle est égale à l'intégrale

$$\frac{\displaystyle\int_0^\infty z'\,dz'\,Sp^{(i)}q^{(i)}}{2a\sqrt{\dfrac{k'\pi}{k}Sq^{(i)2}}}\,c^{-\frac{a^2(Sp^{(i)}q^{(i)})^2}{4k'a^2Sq^{(i)2}}};$$

l'erreur moyenne à craindre est donc

$$(\mathrm{B}) \qquad\qquad 2a\sqrt{\frac{k'}{k\pi}}\,\frac{\sqrt{Sq^{(i)i}}}{Sp^{(i)}q^{(i)}}\,.$$

Les valeurs de p, $p^{(i)}$, ... sont données par les équations de condition; mais les valeurs de q, $q^{(i)}$, ... sont arbitraires et doivent être déterminées par la condition que l'expression précédente soit un minimum. Cette condition donne, en ne faisant varier que $q^{(i)}$,

$$\frac{q^{(i)}}{Sq^{(i)2}} = \frac{p^{(i)}}{Sp^{(i)}q^{(i)}}\,\cdot$$

Cette équation a lieu quel que soit i; et, comme la variation de i ne fait point changer la fraction $\dfrac{Sq^{(i)}}{Sp^{(i)}q^{(i)}}$, en la nommant μ, on aura

$$q = \mu p, \qquad q^{(1)} = \mu p^{(1)}, \qquad \ldots, \qquad q^{(i-1)} = \mu p^{(i-1)},$$

et l'on peut, quels que soient p, $p^{(1)}$, ..., prendre μ tel que les nombres q, $q^{(1)}$, ... soient des nombres entiers, comme l'analyse précédente l'exige. Alors la formule (B) donne, pour l'erreur moyenne à craindre,

$$(\mathrm{D}) \qquad\qquad \sqrt{\frac{k\pi}{k'} S p^{(i)2}};$$

c'est, dans toutes les suppositions que l'on peut faire sur les valeurs de q, $q^{(1)}$, ..., la plus petite erreur moyenne possible. Le résultat moyen des observations devient alors

$$z = \frac{Sp^{(i)}\varphi^{(i)}}{Sp^{(i)2}}.$$

Si l'on suppose les valeurs de q, $q^{(1)}$, ... égales à ± 1, l'erreur moyenne à craindre sera la plus petite lorsque le signe $\pm$ sera déterminé de manière que $p^{(i)}q^{(i)}$ soit positif, ce qui revient à supposer $1 = q = q' = \ldots$, et à préparer les équations de condition, de sorte que le coefficient de z dans chacune d'elles soit positif : c'est ce que l'on fait dans la méthode ordinaire. Alors le résultat moyen est

$$z = \frac{S\varphi^{(i)}}{Sp^{(i)}},$$

et l'erreur moyenne à craindre est

$$\frac{2a\sqrt{s}}{Sp^{(i)}\sqrt{\dfrac{k\pi}{k'}}};$$

mais cette erreur surpasse la précédente (D), puisque celle-ci est la plus petite possible. On peut s'en convaincre d'ailleurs de cette manière : on a

$$\frac{\sqrt{s}}{Sp^{(i)}} > \frac{1}{\sqrt{Sp^{(i)2}}} \quad \text{ou} \quad sSp^{(i)2} > (Sp^{(i)})^2.$$

En effet, $2pp^{(1)}$ est moindre que $p^{(2)} + p^{(1)2}$, puisque $(p^{(1)} - p)^2$ est une quantité positive; on peut donc, dans le second membre de l'inégalité précédente, substituer pour $2pp^{(1)}$, $p^2 + p^{(1)2} - f$, f étant une quantité positive. En faisant des substitutions semblables pour tous les produits semblables, ce second membre sera égal à $s(p^2 + p^{(1)2} + \ldots + p^{(s-1)2})$ moins une quantité positive.

Le résultat

$$z = \frac{S p^{(i)} z^{(i)}}{S p^{(i)2}},$$

auquel correspond le minimum d'erreur à craindre, est celui que donne la méthode des moindres carrés des erreurs, car la somme de ces carrés étant

$$(pz - \varphi)^2 + (p^{(1)}z - \varphi^{(1)})^2 + \ldots + (p^{(s-1)}z - \varphi^{(s-1)})^2,$$

la condition du minimum de cette fonction, en faisant varier z, donne pour cette variable l'expression précédente; cette méthode doit donc être employée de préférence, quelle que soit la loi de facilité des erreurs, loi dont dépend le rapport $\frac{k}{k'}$. Quoique cette loi soit presque toujours ignorée, cependant on peut supposer $\frac{k}{k'} > 6$. En effet, si l'on suppose que les limites des erreurs de chaque observation sont $\pm a$, alors x' étant $\frac{x}{a}$, la valeur de x' s'étendra depuis zéro jusqu'à l'unité de sorte qu'on obtiendra les intégrales

$$2 \int_0^1 dx'\, \Psi(x')$$

et

$$\int_0^1 x'^2 dx'\, \Psi(x'),$$

que k et k' représentent; il faut donc faire voir qu'alors

$$2 \int_0^1 dx'\, \Psi(x') > 6 \int_0^1 x'^2 dx'\, \Psi(x').$$

Pour cela, il suffit de prouver que l'on a

$$x'^2 \int_0^{x'} dx' \, \Psi(x') > 3 \int_0^{x'} x'^2 \, dx' \, \Psi(x').$$

En effet, si l'on différentie cette inégalité, on aura

$$2x' \int_0^{x'} dx' \, \Psi(x') > 2 x'^2 \, \Psi(x')$$

ou

$$\int_0^{x'} dx' \, \Psi(x') > x' \, \Psi(x').$$

Différentiant encore cette inégalité, on aura

$$0 > x' \frac{d\Psi(x')}{dx'};$$

or cette inégalité est juste, si l'on suppose que la probabilité $\Psi(x')$ de l'erreur x de chaque observation est d'autant plus petite que l'erreur est plus grande, ce qu'il est naturel d'admettre; la différentielle de $\Psi(x')$ est alors négative, et, par conséquent, moindre que zéro.

De là il suit que la fonction (D) est moindre que

$$\frac{2a}{\sqrt{6\pi S p^{(n)}}}.$$

La moitié de cette fonction est l'erreur moyenne à craindre en plus, en adoptant le résultat donné par la méthode des moindres carrés; cette moitié, prise avec le signe —, est l'erreur moyenne à craindre en moins. On peut donc apprécier par là le degré d'approximation de ce résultat, en prenant pour a l'écart du résultat moyen qui ferait rejeter une observation. Dans l'ignorance entière où l'on est le plus souvent de la loi des erreurs, on peut également prendre toutes celles qui satisfont aux deux conditions de donner la même probabilité pour les erreurs positives et négatives égales, et de rendre les erreurs d'autant moins probables qu'elles sont plus grandes. Alors il faut choisir la loi moyenne entre toutes ces lois, et que j'ai déterminée dans les

Mémoires de l'Académie des Sciences, année 1778, page 258 ([1]). Cette loi donne, pour la probabilité de l'erreur $\pm x$,

$$\frac{1}{2a}\log\frac{a}{x};$$

on trouve alors

$$\frac{k}{k'}=18,$$

ce qui donne $\dfrac{2a}{3\sqrt{2\pi S p^{(i)2}}}$ pour l'erreur moyenne à craindre.

Si l'on fait

$$z' = \frac{2at\sqrt{\dfrac{k}{k'}}}{\sqrt{S p^{(i)2}}},$$

on aura par ce qui précède, dans la méthode des moindres carrés des erreurs, où $q^{(i)} = \mu p^{(i)}$,

$$\frac{2}{\sqrt{\pi}}\int dt\, e^{-t^2}$$

pour la probabilité que l'erreur du résultat moyen sera comprise dans les limites

$$\frac{\pm 2at\sqrt{\dfrac{k'}{k}}}{\sqrt{S p^{(i)2}}}.$$

Dans la méthode ordinaire où $q^{(i)} = 1$, l'intégrale précédente exprime la probabilité que l'erreur du résultat moyen donné par cette méthode sera comprise dans les limites

$$\frac{\pm 2at\sqrt{\dfrac{k'}{k}}\sqrt{s}}{S p^{(i)}}.$$

La valeur de t étant supposée la même pour les résultats des deux méthodes, la probabilité que l'erreur sera contenue dans les limites correspondantes sera la même; mais ces limites sont plus resserrées dans la première méthode que dans la seconde. Si l'on suppose que

---

[1] *OEuvres de Laplace*, T. IX, p. 412.

ces limites sont les mêmes, relativement aux résultats des deux méthodes, la valeur de t sera plus grande, et par conséquent la probabilité que l'erreur du résultat moyen n'excédera pas ces limites sera plus considérable dans la première méthode que dans la seconde; ainsi, sous ce nouveau rapport, la méthode des moindres carrés mérite la préférence.

VII.

Supposons maintenant qu'un même élément soit donné : 1° par le résultat moyen de s observations d'un premier genre et qu'il soit, par ces observations, égal à A; 2° par le résultat moyen de s' observations d'un second genre et qu'il soit égal à $A + q$; 3° par le résultat moyen de s'' observations d'un troisième genre et qu'il soit égal à $A + q'$, et ainsi du reste. Si l'on représente par $A + x$ l'élément vrai, l'erreur du résultat des observations s sera $- x$; en supposant donc δ égal à

$$\sqrt{\frac{k}{k'}}\,\frac{\sqrt{s\,p^{(0)}}}{2a},$$

si l'on fait usage des moindres carrés des erreurs pour déterminer le résultat moyen, ou à

$$\sqrt{\frac{k}{k'}}\,\frac{s\,p^{(0)}}{2a\sqrt{s}}$$

si l'on emploie la méthode ordinaire, la probabilité de cette erreur sera, par l'article précédent, en supposant s un grand nombre,

$$\frac{\delta}{\sqrt{\pi}}\,e^{-\delta^2 x^2}.$$

L'erreur du résultat des observations s' sera $q - x$, et en désignant par δ', pour ces observations, ce que nous avons nommé δ pour les observations s, la probabilité de cette erreur sera

$$\frac{\delta'}{\sqrt{\pi}}\,e^{-\delta'^2(x-q)^2}.$$

Pareillement, l'erreur du résultat des observations s'' sera $q' - x$, et, en nommant pour elles δ'' ce que nous avons nommé δ pour les observations s, la probabilité de cette erreur sera

$$\frac{\delta''}{\sqrt{\pi}}\, e^{-\delta''^2(x-q')^2};$$

et ainsi de suite. Le produit de toutes ces probabilités sera la probabilité que $-x$, $q-x$, $q'-x$, ... seront les erreurs des résultats moyens des observations s, s', s'', ...; cette probabilité est donc égale à

$$\frac{\delta}{\sqrt{\pi}}\,\frac{\delta'}{\sqrt{\pi}}\,\frac{\delta''}{\sqrt{\pi}}\cdots e^{-\delta^2 x^2-\delta'^2(x-q)^2-\delta''^2(x-q')^2-\cdots}.$$

En la multipliant par dx et prenant l'intégrale depuis $x=-\infty$ jusqu'à $x=\infty$, on aura la probabilité que les résultats moyens des observations s', s'', ... surpasseront respectivement de q, q', ... le résultat moyen des observations s.

Si l'on prend l'intégrale dans des limites déterminées, on aura la probabilité que, la condition précédente étant remplie, l'erreur du premier résultat sera comprise dans ces limites; en divisant cette probabilité par celle de la condition elle-même, on aura la probabilité que l'erreur du premier résultat sera comprise dans les limites données, lorsqu'on est certain que la condition a effectivement lieu; cette probabilité est donc

$$\frac{\int dx\, e^{-\delta^2 x^2-\delta'^2(x-q)^2-\delta''^2(x-q')^2-\cdots}}{\int dx\, e^{-\delta^2 x^2-\delta'^2(x-q)^2-\delta''^2(x-q')^2-\cdots}};$$

l'intégrale du numérateur étant prise dans les limites données et celle du dénominateur étant prise depuis $x=-\infty$ jusqu'à $x=\infty$.

On a

$$\delta^2 x^2+\delta'^2(x-q)^2+\delta''^2(x-q')^2+\cdots$$
$$=(\delta^2+\delta'^2+\delta''^2+\cdots)x^2-2x(\delta'^2 q+\delta''^2 q'+\cdots)+\delta'^2 q^2+\delta''^2 q'^2+\cdots.$$

Soit

$$x=\frac{\delta'^2 q+\delta''^2 q'+\cdots}{\delta^2+\delta'^2+\delta''^2+\cdots}+t;$$

la probabilité précédente deviendra

$$\frac{\int dt\, e^{-(6^2+6'^2+6''^2+\ldots)t^2}}{\int dt\, e^{-(6^2+6'^2+6''^2+\ldots)t^2}},$$

l'intégrale du numérateur étant prise dans des limites données et celle du dénominateur étant prise depuis $t=-\infty$ jusqu'à $t=\infty$. Cette dernière intégrale est

$$\frac{\sqrt{\pi}}{\sqrt{6^2+6'^2+6''^2+\ldots}};$$

en faisant donc

$$t'=t\sqrt{6^2+6'^2+6''^2+\ldots},$$

la probabilité précédente devient

$$\frac{1}{\sqrt{\pi}}\int dt'\, e^{-t'^2}.$$

La valeur de t' la plus probable est celle qui répond à t' nul, d'où il suit que la valeur de x la plus probable est celle qui répond à $t=0$; ainsi la correction du premier résultat que donne avec le plus de probabilité l'ensemble de toutes les observations s, s', s'' est

$$\frac{6'^2 q+6''^2 q'+\ldots}{6^2+6'^2+6''^2+\ldots},$$

et l'on trouvera, par l'article précédent, que l'erreur moyenne à craindre est

$$\frac{1}{\sqrt{\pi(6^2+6'^2+6''^2+\ldots)}}$$

dont la moitié est l'erreur à craindre en plus, et l'autre moitié, prise avec le signe $-$, est l'erreur à craindre en moins.

La correction que nous venons de donner est celle qui rend un minimum la fonction

$$(6x)^2+[6'(x-q)]^2+[6''(x-q)]^2+\ldots;$$

or la plus grande ordonnée de la courbe des probabilités des erreurs du premier résultat est, par ce qui précède, $\dfrac{\theta}{\sqrt{\pi}}$; celle de la courbe des probabilités des erreurs du second résultat est $\dfrac{\theta'}{\sqrt{\pi}}$, et ainsi de suite. Le milieu qu'il faut choisir entre les divers résultats est donc celui qui rend un minimum la somme des carrés de l'erreur de chaque résultat multipliée par la plus grande ordonnée de la courbe de sa probabilité. Ce milieu est le premier résultat A, plus sa correction, ou

$$\frac{A\theta^2 + (A+q)\theta'^2 + (A+q')\theta''^2 + \dots}{\theta^2 + \theta'^2 + \theta''^2 + \dots};$$

ainsi la loi du minimum des carrés des erreurs devient nécessaire lorsque l'on doit prendre un milieu entre des résultats donnés chacun par un grand nombre d'observations.

VIII.

L'analyse exposée dans l'article VI peut être étendue à la correction d'un nombre quelconque d'éléments par les observations. Elle conduit toujours à ce résultat : savoir que la méthode des moindres carrés des erreurs des observations est celle qui donne sur la correction des éléments la plus petite erreur moyenne à craindre.

Quand on veut corriger un ou plusieurs éléments déjà connus, à fort peu près, par l'ensemble d'un grand nombre d'observations, on forme des équations de condition d'une manière analogue à celle que nous avons donnée dans l'article VI, relativement à un seul élément.

Considérons deux éléments, et nommons z la correction du premier et z' celle du second. Soit θ l'observation; son expression analytique sera fonction des deux éléments : en y substituant leurs valeurs approchées, augmentées respectivement des corrections z et z', en la réduisant ensuite en série et négligeant le produit et les carrés de z et z', cette fonction prendra la forme $A + pz + qz'$, et en lui égalant la quantité observée θ, on aura

$$\theta = A + pz + qz'.$$

Une seconde observation donnera une équation semblable, et l'on
aura, en résolvant ces deux équations, les valeurs de z et de z'. Ces
valeurs seraient exactes si les observations étaient rigoureuses; mais,
comme elles sont susceptibles d'erreur, on en considère un grand
nombre. En combinant ensuite les équations de condition que chacune d'elles fournit, de manière à les réduire à deux, on obtient les
corrections des éléments avec d'autant plus d'exactitude que l'on
emploie plus d'observations et qu'elles sont mieux combinées. La
recherche de la combinaison la plus avantageuse est une des plus
utiles de la théorie des probabilités et mérite à la fois l'attention
des géomètres et des observateurs.

Si dans l'équation de condition précédente on fait $\mathfrak{b} - A = \alpha$, et si
l'on nomme ε l'erreur de la première observation, on aura

$$\varepsilon = p z + q z' - \alpha.$$

L'observation $(i + 1)^{\text{ième}}$ donnera une équation semblable, que nous
représenterons par celle-ci

$$\varepsilon^{(i)} = p^{(i)} z + q^{(i)} z' - \alpha^{(i)},$$

$\varepsilon^{(i)}$ étant l'erreur de cette observation et s étant le nombre des observations, en sorte que i peut s'étendre depuis $i = 0$ jusqu'à $i = s - 1$.

Présentement, toutes les manières de combiner ensemble ces équations se réduisent à les multiplier respectivement par des constantes
et à les ajouter ensuite. En les multipliant d'abord respectivement
par $m, m^{(1)}, m^{(2)}, \ldots$ et les ajoutant, on aura l'équation finale

$$S m^{(i)} \varepsilon^{(i)} = z S m^{(i)} p^{(i)} + z' S m^{(i)} q^{(i)} - S m^{(i)} \alpha^{(i)}.$$

En multipliant encore les mêmes équations respectivement par $n,
n^{(1)}, \ldots$ et ajoutant ces produits, on aura une seconde équation
finale

$$S n^{(i)} \varepsilon^{(i)} = z S n^{(i)} p^{(i)} + z' S n^{(i)} q^{(i)} - S n^{(i)} \alpha^{(i)},$$

le signe S s'étendant dans ces deux équations à toutes les valeurs
de i, depuis $i = 0$ jusqu'à $i = s - 1$.

Si l'on suppose nulles les deux fonctions $S m^{(i)} \varepsilon^{(i)}$ et $S n^{(i)} \varepsilon^{(i)}$, sommes que nous désignerons respectivement par (m) et (n), les deux équations finales précédentes donneront les corrections z et z' des deux éléments. Mais ces corrections sont susceptibles d'erreurs, relatives à celle dont la supposition que nous venons de faire est susceptible elle-même. Concevons donc que les fonctions (m) et (n), au lieu d'être nulles, soient respectivement l et l'; et nommons u et u' les erreurs correspondantes des corrections z et z' déterminées par ce qui précède, les deux équations finales deviendront

$$l = u\, S\, m^{(i)} p^{(i)} + u'\, S\, m^{(i)} q^{(i)},$$
$$l' = u\, S\, n^{(i)} p^{(i)} + u'\, S\, n^{(i)} q^{(i)}.$$

Il faut maintenant déterminer les facteurs m, $m^{(1)}$, $\ldots$, n, $n^{(1)}$, $\ldots$, de manière que l'erreur moyenne à craindre soit un minimum. Pour cela, considérons le produit

$$\int_{-a}^{a} \varphi\left(\frac{x}{a}\right) e^{-(m\varpi + n\varpi')x\sqrt{-1}} \int_{-a}^{a} \varphi\left(\frac{x}{a}\right) e^{-(m^{(1)}\varpi + n^{(1)}\varpi')x\sqrt{-1}} \ldots \int_{-a}^{a} \varphi\left(\frac{x}{a}\right) e^{-(m^{(i-1)}\varpi + n^{(i-1)}\varpi')x\sqrt{-1}},$$

x étant l'erreur quelconque d'une observation, $-a$ et $+a$ étant les limites de cette erreur, $\varphi\left(\frac{x}{a}\right)$ étant la probabilité de cette erreur, et la probabilité d'une erreur positive étant supposée la même que celle de l'erreur négative correspondante; enfin e étant le nombre dont le logarithme hyperbolique est l'unité. La fonction précédente devient, en réunissant les deux exponentielles relatives à x et à $-x$,

$$2\int_{0}^{a} \varphi\left(\frac{x}{a}\right) \cos(m.x\varpi + n.x\varpi') \times 2\int_{0}^{a} \varphi\left(\frac{x}{a}\right) \cos(m^{(1)}x\varpi + n^{(1)}x\varpi') \times \ldots$$
$$\times 2\int_{0}^{a} \varphi\left(\frac{x}{a}\right) \cos(m^{(i-1)}.x\varpi + n^{(i-1)}.x\varpi'),$$

x étant supposé, ainsi que a, divisé dans une infinité de parties prises pour unité. Maintenant, il est clair que le terme indépendant des exponentielles, dans le produit de la fonction précédente par $e^{-l\varpi\sqrt{-1} - l'\varpi'\sqrt{-1}}$, est la probabilité que la somme des erreurs de chaque observation,

multipliées respectivement par m, $m^{(1)}$, ..., ou la fonction (m) sera
égale à l en même temps que la fonction (n), somme des erreurs de
chaque observation, multipliées respectivement par (n), $n^{(1)}$, ..., sera
égale à l'; cette probabilité est donc, en supposant m, $m^{(1)}$, ..., n.
$n^{(1)}$, ... des nombres entiers,

$$(1) \quad \left\{ \begin{aligned} &\frac{1}{4\pi^2} \int_{-\pi}^{\pi} \int_{-\pi}^{\pi} d\varpi\, d\varpi'\, e^{-l\varpi\sqrt{-1} - l'\varpi'\sqrt{-1}} \\ &\times \left[2\int_0^a \varphi\left(\frac{x}{a}\right) \cos(m\, x\varpi + n\, x\varpi') \times \ldots \times 2\int_0^a \varphi\left(\frac{x}{a}\right) \cos(m^{(s-1)} x\varpi + n^{(s-1)} x\varpi') \right], \end{aligned} \right.$$

π étant la demi-circonférence dont le rayon est l'unité.

En réduisant les cosinus en série, et faisant

$$\frac{x}{a} = x', \qquad \frac{1}{a} = dx',$$

$$\mathrm{K} = 2\int_0^1 dx'\, \varphi(x'), \qquad \mathrm{K}'' = \int_0^1 x'^2 dx'\, \varphi(x'), \qquad \mathrm{K}^{\mathrm{IV}} = \int_0^1 x'^4 dx'\, \varphi(x'), \qquad \ldots.$$

on a

$$2\int_0^a \varphi\left(\frac{x}{a}\right) \cos(m\, x\varpi + n\, x\varpi')$$
$$= a\mathrm{K}\left[1 - \frac{\mathrm{K}'' a^2}{\mathrm{K}} (m\varpi + n\varpi')^2 + \frac{\mathrm{K}^{\mathrm{IV}}}{12\,\mathrm{K}} a^4 (m\varpi + n\varpi')^4 + \ldots \right];$$

$a\mathrm{K}$ ou $2a\int_0^1 dx'\, \varphi(x')$ exprime la probabilité que l'erreur de chaque
observation sera comprise dans ses limites, ce qui est certain; on a
donc $a\mathrm{K} = 1$. En prenant donc le logarithme du second membre de
l'équation précédente, on aura

$$- \frac{\mathrm{K}''}{\mathrm{K}} a^2 (m\varpi + n\varpi')^2 + \frac{\mathrm{K}\mathrm{K}^{\mathrm{IV}} - 6\mathrm{K}''^2}{12\,\mathrm{K}^2} a^4 (m\varpi + m\varpi')^4 - \ldots$$

De là il est facile de conclure que le logarithme du produit des facteurs

$$2\int_0^a \varphi\left(\frac{x}{a}\right) \cos(m\, x\varpi + n\, x\varpi'), \qquad 2\int_0^a \varphi\left(\frac{x}{a}\right) \cos(m^{(1)} x\varpi + n^{(1)} x\varpi'), \qquad \ldots$$

est, le signe S se rapportant à toutes les valeurs de i,

$$- \frac{K'}{K} a^2 (\varpi^2 S\, m^{(i)2} + 2 \varpi \varpi' S\, m^{(i)} n^{(i)} + \varpi'^2 S\, n^{(i)2})$$

$$+ \frac{K K^{IV} - 6 K''^2}{12 K^3} a^4 (\varpi^4 S\, m^{(i)4} + 4 \varpi^3 \varpi' S\, m^{(i)3} n^{(i)} + \dots) + \dots.$$

En repassant des logarithmes aux nombres, on aura, pour le produit lui-même,

$$\left[1 + \frac{K K^{IV} - 6 K''^2}{12 K^3} a^4 (\varpi^4 S\, m^{(i)4} + \dots) + \dots \right] e^{- \frac{K'}{K} a^2 (\varpi^2 S\, m^{(i)2} + 2 \varpi \varpi' S\, m^{(i)} n^{(i)} + \varpi'^2 S\, n^{(i)2})}.$$

En substituant donc, au lieu de ce produit, cette valeur dans la fonction intégrale (1), elle devient

$$\frac{1}{4\pi^2} \int_{-\pi}^{\pi} \int_{-\pi}^{\pi} d\varpi\, d\varpi' \left[1 + \frac{K K^{IV} - 6 K''^2}{12 K^3} a^4 (\varpi^4 S\, m^{(i)4} + \dots) + \dots \right]$$

$$\times e^{- t \varpi \sqrt{-1} - t' \varpi' \sqrt{-1} - \frac{K'}{K} a^2 (\varpi^2 S\, m^{(i)2} + 2 \varpi \varpi' S\, m^{(i)} n^{(i)} + \varpi'^2 S\, n^{(i)2})};$$

s étant le nombre des observations que nous supposerons très grand; faisons

$$a \varpi \sqrt{s} = t, \qquad a \varpi' \sqrt{s} = t',$$

cette intégrale devient

$$\frac{1}{4\pi^2 a^2 s} \int \int dt\, dt' \left[1 + \frac{K K^{IV} - 6 K''^2}{12 K^3} \left(\frac{t^4 S\, m^{(i)4}}{s^2} + \dots \right) + \dots \right]$$

$$\times e^{- \frac{t \sqrt{-1}}{a \sqrt{s}} - \frac{t' \sqrt{-1}}{a \sqrt{s}}} e^{- \frac{K'}{K} \left(\frac{t^2 S\, m^{(i)2}}{s} + \frac{2 t t' S\, m^{(i)} n^{(i)}}{s} + \frac{t'^2 S\, n^{(i)2}}{s} \right)}.$$

$S\, m^{(i)2}$, $S\, m^{(i)4}$, $S\, m^{(i)} n^{(i)}$, … sont évidemment des quantités de l'ordre s; en négligeant donc les termes de l'ordre $\frac{1}{s}$, vis-à-vis de l'unité, l'intégrale précédente se réduit à

$$(2) \qquad \frac{1}{4\pi^2 a^2 s} \int \int dt\, dt'\, e^{- \frac{t \sqrt{-1}}{\sqrt{s}} - \frac{t' \sqrt{-1}}{a \sqrt{s}} - \frac{K'}{K} \left(\frac{t^2 S\, m^{(i)2}}{s} + \frac{2 t t' S\, m^{(i)} n^{(i)}}{s} + \frac{t'^2 S\, n^{(i)2}}{s} \right)}.$$

L'intégrale relative à ϖ étant prise depuis $\varpi = -\pi$ jusqu'à $\varpi = \pi$, l'intégrale relative à t doit être prise depuis $t = - a\pi\sqrt{s}$ jusqu'à $t = + a\pi\sqrt{s}$; et, dans ces deux cas, l'exponentielle sous le signe $\int$ est insensible à ces deux limites, soit parce que s est un grand nombre, soit parce que a est ici supposé divisé dans une infinité de parties prises pour unité; on peut donc prendre l'intégrale relative à t depuis $t = -\infty$ jusqu'à $t = \infty$, et il en est de même de l'intégrale relative à t'. Cela posé, si l'on fait

$$t'' = t + t'\,\frac{S\,m^{(i)}n^{(i)}}{S\,m^{(i)2}} + \frac{K\,t\sqrt{s}\sqrt{-1}}{2\,K'a\,S\,m^{(i)2}},$$

$$t''' = t' - \frac{K\sqrt{s}}{2\,K'a}\,\frac{(t\,S\,m^{(i)}n^{(i)} - t'\,S\,m^{(i)2})\sqrt{-1}}{S\,m^{(i)2}\,S\,n^{(i)2} - (S\,m^{(i)}n^{(i)})^2};$$

si l'on fait ensuite

$$E = S\,m^{(i)2}\,S\,n^{(i)2} - (S\,m^{(i)}n^{(i)})^2,$$

la double intégrale précédente devient

$$e^{-\frac{K}{4K'a^2E}(t^2 S\,n^{(i)2} - 2tt'\,S\,m^{(i)}n^{(i)} + t'^2 S\,m^{(i)2})}\iint\frac{dt''\,dt'''}{4\pi^2 a^2 s}\,e^{-\frac{K^2}{K}t''^2\frac{S\,m^{(i)2}}{s} - \frac{K^2}{K}t'''^2\frac{E}{s\,S\,m^{(i)2}}}.$$

Les intégrales relatives à t'' et t''' doivent être prises comme celles qui sont relatives à t et t' entre les limites infinies positives et négatives; or on a dans ces limites, par les théorèmes connus,

$$\int_{-\infty}^{\infty} dt\,e^{-b^2 t^2} = \frac{\sqrt{\pi}}{b};$$

la fonction (2) se réduit donc ainsi à

$$(3)\qquad \frac{K}{4\,K''\pi a^2\sqrt{E}}\,e^{-\frac{K}{4K'a^2E}(t^2 S\,n^{(i)2} - 2tt'\,S\,m^{(i)}n^{(i)} + t'^2 S\,m^{(i)2})}.$$

Il faut maintenant, pour avoir la probabilité que les valeurs de t et de t' seront comprises dans des limites données, multiplier cette quantité par $dt\,dt'$ et l'intégrer ensuite dans ces limites; en nommant donc x cette quantité, la probabilité dont il s'agit sera $\iint x\,dt\,dt'$; mais, pour avoir la probabilité que les erreurs u et u' des corrections des éléments seront comprises dans des limites données, il faut substituer dans cette intégrale, au lieu de l et de l', leurs valeurs en u et u'. Si l'on différentie ces valeurs en supposant l' constant, on a

$$dl = du\, \mathrm{S}\, m^{(i)} p^{(i)} + du'\, \mathrm{S}\, m^{(i)} q^{(i)},$$
$$o = du\, \mathrm{S}\, n^{(i)} p^{(i)} + du'\, \mathrm{S}\, n^{(i)} q^{(i)},$$

ce qui donne, en faisant

$$1 = \mathrm{S}\, m^{(i)} p^{(i)}\, \mathrm{S}\, n^{(i)} q^{(i)} - \mathrm{S}\, n^{(i)} p^{(i)}\, \mathrm{S}\, m^{(i)} q^{(i)},$$

$$dl = \frac{1\, du}{\mathrm{S}\, n^{(i)} q^{(i)}}.$$

Si l'on différentie ensuite l'expression de l' en supposant u constant, on a

$$dl' = du'\, \mathrm{S}\, n^{(i)} q^{(i)};$$

on aura donc

$$dl\, dl' = 1\, du\, du';$$

ainsi, en supposant

$$\mathrm{F} = \mathrm{S}\, n^{(i)2}(\mathrm{S}\, m^{(i)} p^{(i)})^2 - 2\mathrm{S}\, m^{(i)} n^{(i)}\, \mathrm{S}\, m^{(i)} p^{(i)}\, \mathrm{S}\, n^{(i)} p^{(i)} + \mathrm{S}\, m^{(i)2}(\mathrm{S}\, n^{(i)} p^{(i)2}).$$

$$\mathrm{G} = \mathrm{S}\, n^{(i)2}\, \mathrm{S}\, m^{(i)} p^{(i)}\, \mathrm{S}\, m^{(i)} q^{(i)} + \mathrm{S}\, m^{(i)2}\, \mathrm{S}\, n^{(i)} p^{(i)}\, \mathrm{S}\, n^{(i)} q^{(i)}$$
$$- \mathrm{S}\, m^{(i)} n^{(i)}(\mathrm{S}\, n^{(i)} p^{(i)}\, \mathrm{S}\, m^{(i)} q^{(i)} + \mathrm{S}\, m^{(i)} p^{(i)}\, \mathrm{S}\, n^{(i)} q^{(i)}),$$

$$\mathrm{H} = \mathrm{S}\, n^{(i)2}(\mathrm{S}\, m^{(i)} q^{(i)})^2 - 2\mathrm{S}\, m^{(i)} n^{(i)}\, \mathrm{S}\, m^{(i)} q^{(i)}\, \mathrm{S}\, n^{(i)} q^{(i)} + \mathrm{S}\, m^{(i)2}(\mathrm{S}\, n^{(i)} q^{(i)})^2,$$

la fonction (3), multipliée par $dl\, dl'$ et ensuite affectée du signe intégral, devient

$$(4) \qquad \int\int \frac{\mathrm{K}}{4\mathrm{K}''\pi}\, \frac{1}{\sqrt{\mathrm{E}}}\cdot\frac{du\, du'}{a^2}\, e^{-\frac{\mathrm{K}(\mathrm{F} u^2 + 2\mathrm{G} uu' + \mathrm{H} u'^2)}{4\mathrm{K}'' a\mathrm{E}}}.$$

Intégrons d'abord cette fonction par rapport à u' et dans toute l'étendue de ses limites. La valeur de $\dfrac{u'}{a}$ est finie à ces limites; mais, comme dans l'exponentielle elle est multipliée par $\dfrac{\mathrm{G}}{\mathrm{E}}$ et $\dfrac{\mathrm{H}}{\mathrm{E}}$, et ces quantités étant de l'ordre s, parce que G et H sont de l'ordre s^3, tandis que E est de l'ordre s^2, cette exponentielle devient insensible à ces limites, et l'on peut étendre l'intégrale depuis $u' = -\infty$ jusqu'à $u'' = \infty$. En faisant

$$t = \frac{\sqrt{\dfrac{\mathrm{KH}}{4\mathrm{K}''}}\left(u' + \dfrac{\mathrm{G} u}{\mathrm{H}}\right)}{a\sqrt{\mathrm{E}}},$$

et prenant l'intégrale relative à t depuis $t = -\infty$ jusqu'à $t = \infty$, la fonction (4) se réduit à

$$\int \sqrt{\frac{\mathrm{K}}{4\,\mathrm{K}''\pi}}\,\frac{du}{a}\,\frac{1}{\sqrt{\mathrm{H}}}\,e^{-\frac{\mathrm{K}\mathrm{D}u^2}{4\mathrm{K}^2 a^2\mathrm{H}}},$$

parce que

$$\frac{\mathrm{FH} - \mathrm{G}^2}{\mathrm{E}} = \mathrm{I}^2.$$

Maintenant, si l'on conçoit une courbe dont u soit l'abscisse et dont l'ordonnée soit

$$\sqrt{\frac{\mathrm{K}}{4\,\mathrm{K}''\pi}}\,\frac{1}{a\sqrt{\mathrm{H}}}\,e^{-\frac{\mathrm{K}\mathrm{D}u^2}{4\mathrm{K}^2 a^2\mathrm{H}}},$$

cette courbe, que l'on peut étendre à l'infini de chaque côté de l'ordonnée qui répond à u nul, sera la courbe des probabilités des erreurs u de la correction du premier élément. Cela posé, toute erreur, soit positive, soit négative, doit être considérée comme un désavantage ou une perte réelle à un jeu quelconque; or, par les principes connus du Calcul des probabilités, on évalue ce désavantage en prenant la somme des produits de chaque erreur par sa probabilité; la valeur moyenne de l'erreur à craindre, en plus ou en moins, sur le premier élément, est donc

$$\pm \sqrt{\frac{\mathrm{K}}{4\,\mathrm{K}''\pi}}\,\frac{1}{a\sqrt{\mathrm{H}}}\int_0^\infty u\,du\,e^{-\frac{\mathrm{K}\mathrm{D}u^2}{4\mathrm{K}^2 a^2\mathrm{H}}},$$

le signe $+$ indiquant l'erreur moyenne à craindre en plus, et le signe $-$ indiquant l'erreur à craindre en moins. Cette erreur devient ainsi

$$\pm \sqrt{\frac{\mathrm{K}''}{\mathrm{K}\pi}}\,\frac{a\sqrt{\mathrm{H}}}{\mathrm{I}}.$$

En y changeant H en F, on aura

$$\pm \sqrt{\frac{\mathrm{K}''}{\mathrm{K}\pi}}\,\frac{a\sqrt{\mathrm{F}}}{\mathrm{I}}$$

pour l'erreur moyenne à craindre sur le second élément.

Déterminons présentement les facteurs $m^{(i)}$ et $n^{(i)}$, de manière que cette erreur soit un minimum. En faisant varier $m^{(i)}$ seul, on a

$$d \log \frac{\sqrt{\Pi}}{I} = dm^{(i)} q^{(i)} \frac{\mathrm{S}\, n^{(i)} p^{(i)} - p^{(i)}\, \mathrm{S}\, n^{(i)} q^{(i)}}{I}$$
$$+ dm^{(i)} \frac{\left[\begin{array}{c} q^{(i)}\, \mathrm{S}\, n^{(i)2}\, \mathrm{S}\, m^{(i)} q^{(i)} - n^{(i)}\, \mathrm{S}\, m^{(i)} q^{(i)}\, \mathrm{S}\, n^{(i)} q^{(i)} \\ - q^{(i)}\, \mathrm{S}\, m^{(i)} n^{(i)}\, \mathrm{S}\, n^{(i)} q^{(i)} + m^{(i)} (\mathrm{S}\, n^{(i)} q^{(i)})^2 \end{array} \right]}{\Pi}.$$

Il est facile de voir que cette différentielle disparaît si l'on suppose dans les coefficients de $dm^{(i)}$

$$m^{(i)} = \mu\, p^{(i)}, \qquad n^{(i)} = \mu\, q^{(i)},$$

μ étant un coefficient arbitraire indépendant de i, et au moyen duquel on peut rendre m, $m^{(i)}$, ... des nombres entiers, comme l'analyse précédente l'exige. La supposition précédente rend donc nulle la différentielle de $\frac{\sqrt{\Pi}}{I}$ prise par rapport à $m^{(i)}$. On verra de la même manière qu'elle rend nulle la différentielle de la même quantité, prise par rapport à $n^{(i)}$; ainsi cette supposition rend un minimum l'erreur moyenne à craindre sur la correction du premier élément, et l'on verra de la même manière qu'elle rend encore un minimum l'erreur moyenne à craindre sur la correction du second élément. Dans cette supposition, les corrections des deux éléments sont

$$z = \frac{\mathrm{S}\, q^{(i)2}\, \mathrm{S}\, p^{(i)} \alpha^{(i)} - \mathrm{S}\, p^{(i)} q^{(i)}\, \mathrm{S}\, q^{(i)} x^{(i)}}{\mathrm{S}\, p^{(i)2}\, \mathrm{S}\, q^{(i)2} - (\mathrm{S}\, p^{(i)} q^{(i)})^2},$$
$$z' = \frac{\mathrm{S}\, p^{(i)2}\, \mathrm{S}\, q^{(i)} x^{(i)} - \mathrm{S}\, p^{(i)} q^{(i)}\, \mathrm{S}\, p^{(i)} \alpha^{(i)}}{\mathrm{S}\, p^{(i)2}\, \mathrm{S}\, q^{(i)2} - (\mathrm{S}\, p^{(i)} q^{(i)})^2},$$

Ces corrections sont celles que donne la méthode des moindres carrés des erreurs des observations, ou la condition du minimum de la fonction

$$\mathrm{S}(p^{(i)} z + q^{(i)} z' - x^{(i)})^2,$$

d'où il suit que cette méthode a généralement lieu, quel que soit le nombre des éléments à déterminer; car il est visible que l'analyse précédente peut s'étendre à un nombre quelconque d'éléments. L'erreur moyenne à craindre sur le premier élément devient alors

$$\pm a\,\frac{\sqrt{\dfrac{k'}{k\pi}}\sqrt{Sq^{(i)2}}}{\sqrt{Sp^{(i)2}\,Sq^{(i)2}-(Sp^{(i)}q^{(i)})^2}},$$

et sur le second élément elle devient

$$\pm a\,\frac{\sqrt{\dfrac{k'}{k\pi}}\sqrt{Sp^{(i)2}}}{\sqrt{Sp^{(i)2}\,Sq^{(i)2}-(Sp^{(i)}q^{(i)})^2}}.$$

On voit ainsi que le premier élément sera plus ou moins bien déterminé, que le second, suivant que $Sq^{(i)2}$, sera plus petit ou plus grand que $Sp^{(i)2}$.

Si les r premières équations de condition ne renferment point q, et si les $s-r$ dernières ne renferment point p, alors $Sp^{(i)}q^{(i)}$ est nul et la première des deux formules précédentes devient

$$\pm\,\frac{a\sqrt{\dfrac{k'}{k\pi}}}{\sqrt{Sp^{(i)2}}}.$$

Le signe S se rapportant à toutes les valeurs de i, depuis $i=o$ jusqu'à $i=r-1$, c'est la formule relative à un seul élément déterminé par un grand nombre r d'observations; elle s'accorde avec celle que nous avons trouvée dans l'article VI.

Dans toutes ces formules, le facteur $a\sqrt{\dfrac{k'}{k}}$ est inconnu. On peut prendre pour a l'écart du résultat moyen, qui ferait rejeter une observation. Si l'on suppose $\varphi\!\left(\dfrac{x}{a}\right)$ égal à une constante, on a

$$\frac{k'}{k}=\tfrac{1}{3};$$

c'est la plus grande valeur que l'on puisse supposer à la fraction $\dfrac{k'}{k}$, comme on l'a vu dans l'article cité; mais la remarque suivante ôte toute incertitude sur le facteur dont il s'agit. J'ai reconnu, et je prouverai dans un Ouvrage que je vais bientôt publier sur les probabilités, que la somme des carrés des erreurs d'un grand nombre s d'observations peut être supposée à très peu près égale à $2s\dfrac{a^2 K''}{K}$; or on a cette somme en substituant, dans chaque équation de condition, les corrections des éléments, déterminées par la méthode des moindres carrés des erreurs des observations; car, si l'on nomme $\varepsilon^{(i)}$ ce qui reste après ces substitutions dans l'équation de condition $(i+1)^{\text{ième}}$, cette somme sera à très peu près $S\varepsilon^{(i)2}$; en l'égalant donc à $2sa^2\dfrac{K''}{K}$, on aura

$$a\sqrt{\frac{K''}{K}} = \sqrt{\frac{S\varepsilon^{(i)2}}{2s}}.$$

Pour un seul élément, l'erreur moyenne devient donc ainsi

$$(a) \qquad \sqrt{\frac{S\varepsilon^{(i)2}}{2s\pi}}\; \frac{1}{\sqrt{Sp^{(i)2}}}.$$

De là résulte cette règle générale pour avoir l'erreur moyenne à craindre, quel que soit le nombre des éléments. Représentons généralement les équations de condition par la suivante

$$\varepsilon^{(i)} = p^{(i)}z + q^{(i)}z' + r^{(i)}z'' + t^{(i)}z''' + \ldots - \alpha^{(i)},$$

z, z', z'', z''', … étant les corrections de ces éléments.

Lorsqu'il y a deux éléments, on aura l'erreur moyenne à craindre sur le premier élément, en changeant dans la fonction (a)

$$Sp^{(i)2} \quad \text{dans} \quad Sp^{(i)2} - \frac{(Sp^{(i)}q^{(i)})^2}{Sq^{(i)2}}.$$

On aura ainsi une expression que nous désignerons par (a').

Lorsqu'il y aura trois éléments, on aura l'erreur à craindre sur le premier élément, en changeant dans l'expression (a')

$$Sp^{(i)2} \quad \text{dans} \quad Sp^{(i)2} - \frac{(Sp^{(i)}r^{(i)})^2}{Sr^{(i)2}},$$

$$Sq^{(i)2} \quad \text{dans} \quad Sq^{(i)2} - \frac{(Sq^{(i)}r^{(i)})^2}{Sr^{(i)2}}$$

et

$$\mathrm{S}\,p^{(i)}q^{(i)} \quad \text{dans} \quad \mathrm{S}\,p^{(i)}q^{(i)} - \frac{\mathrm{S}\,p^{(i)}r^{(i)}\,\mathrm{S}\,q^{(i)}r^{(i)}}{\mathrm{S}\,r^{(i)2}}.$$

On formera ainsi une expression que nous désignerons par (a'').

Lorsqu'il y a quatre éléments, on aura l'erreur moyenne à craindre sur le premier élément, en changeant dans l'expression (a'')

$$\mathrm{S}\,p^{(i)2} \quad \text{dans} \quad \mathrm{S}\,p^{(i)2} - \frac{\mathrm{S}\,p^{(i)}t^{(i)2}}{\mathrm{S}\,t^{(i)2}},$$

$$\mathrm{S}\,p^{(i)}q^{(i)} \quad \text{dans} \quad \mathrm{S}\,p^{(i)}q^{(i)} - \frac{\mathrm{S}\,p^{(i)}t^{(i)}\,\mathrm{S}\,q^{(i)}t^{(i)}}{\mathrm{S}\,t^{(i)2}}, \quad \dots$$

En continuant ainsi, on aura l'erreur moyenne à craindre sur le premier élément, quel que soit le nombre des éléments. En changeant dans l'expression de cette erreur ce qui est relatif au premier élément, dans ce qui est relatif au second et réciproquement, on aura l'erreur moyenne à craindre sur cet élément, et ainsi des autres.

MÉMOIRE

SUR

LA FIGURE DE LA TERRE.

MÉMOIRE

SUR

LA FIGURE DE LA TERRE [1].

Mémoires de l'Académie des Sciences, IIe Série, T. II, année 1817; 1819.

Les géomètres ont, jusqu'à présent, considéré la Terre comme un sphéroïde formé de couches de densités quelconques et recouvert en entier d'un fluide en équilibre. Ils ont donné les expressions de la figure de ce fluide et de la pesanteur à sa surface; mais ces expressions, quoique fort étendues, ne représentent pas exactement la nature. L'océan laisse à découvert une partie du sphéroïde terrestre, ce qui doit altérer les résultats obtenus dans l'hypothèse d'une inondation générale, et donner naissance à de nouveaux résultats. A la vérité, la recherche de la figure de la Terre présente alors plus de difficultés; mais le progrès de l'Analyse, surtout dans cette partie, fournit le moyen de les vaincre et de considérer les continents et les mers tels que l'observation nous les présente. C'est l'objet de l'analyse suivante, qui, comparée aux expériences du pendule, aux mesures des degrés et aux observations lunaires, conduit à ces résultats :

1° La densité des couches du sphéroïde terrestre croit de la surface au centre;

2° Ces couches sont à très peu près régulièrement disposées autour de son centre de gravité;

3° La surface de ce sphéroïde, dont la mer recouvre une partie, a

[1] Lu à l'Académie des Sciences le 4 août 1818.

une figure peu différente de celle qu'elle prendrait en vertu des lois de l'équilibre, si, la mer cessant de la recouvrir, elle devenait fluide;

4° La profondeur de la mer est une petite fraction de la différence des deux axes de la Terre;

5° Les irrégularités de la Terre et les causes qui troublent sa surface ont peu de profondeur;

6° Enfin, la Terre entière a été primitivement fluide.

Ces résultats de l'analyse, des observations et des expériences me semblent devoir être placés dans le petit nombre des vérités que nous offre la Géologie.

1. La figure de chaque couche du sphéroïde terrestre étant à fort peu près sphérique, j'exprimerai, comme dans le troisième Livre de la *Mécanique céleste*, son rayon par $a(1 + \alpha y)$, α étant un très petit coefficient constant. Je désignerai par ρ la densité de cette couche, ρ étant fonction de a. Je nommerai V la somme des quotients de chaque molécule du sphéroïde terrestre, divisée par sa distance à un point extérieur attiré, r étant la distance de ce point à l'origine des rayons terrestres placée très près du centre de gravité de la Terre. Enfin, je nommerai μ le cosinus de l'angle que r fait avec l'axe du sphéroïde, et ω l'angle que le plan passant par cet axe et par r forme avec un méridien fixe sur la surface du sphéroïde. On peut supposer y développé dans une série de cette forme

$$y = Y^{(0)} + Y^{(1)} + Y^{(2)} + \ldots,$$

$Y^{(i)}$ étant une fonction de a, μ, $\sqrt{1-\mu^2}\sin\omega$, $\sqrt{1-\mu^2}\cos\omega$, rationnelle et entière de l'ordre i, relativement à ces trois dernières quantités, et telle que l'on ait généralement

$$0 = -\frac{\partial\left[(1-\mu^2)\dfrac{\partial Y^{(i)}}{\partial\mu}\right]}{\partial\mu} + \frac{\dfrac{\partial^2 Y^{(i)}}{\partial\omega^2}}{1-\mu^2} + i(i+1)Y^{(i)}.$$

La formule (5) du n° 14 du troisième Livre de la *Mécanique céleste* devient ainsi

$$V = \frac{4\pi}{3r}\int \rho\,da^3 + 4\alpha\pi\int \rho\,d\left(\frac{a^4\,Y^{(1)}}{3r^2} + \frac{a^5\,Y^{(2)}}{5r^3} + \frac{a^6\,Y^{(3)}}{7r^4} + \dots\right),$$

π étant le rapport de la demi-circonférence au rayon : les différentielles et les intégrales étant relatives à la variable a, celles-ci étant prises depuis a nul jusqu'à sa valeur à la surface du sphéroïde, valeur que je prendrai pour l'unité.

Concevons maintenant la mer en équilibre sur ce sphéroïde doué d'un mouvement de rotation. Soit $\alpha\varrho$ le rapport de la force centrifuge à la pesanteur à l'équateur, et désignons par V' la somme de toutes les molécules de la mer, divisées par leurs distances respectives au point attiré. Si l'on suppose ce point à la surface de la mer, on aura, par le n° 23 du troisième Livre de la *Mécanique céleste*, pour l'équation de l'équilibre,

$$(1)\quad\begin{cases} \text{const.} = \dfrac{4\pi}{3r}\int \rho\,da^3 + 4\,\alpha\pi\int \rho\,d\left(\dfrac{a^4\,Y^{(1)}}{3r^2} + \dfrac{a^5\,Y^{(2)}}{5r^3} + \dfrac{a^6\,Y^{(3)}}{7r^4} + \dots\right) \\[2ex] \qquad\qquad + V' - \dfrac{1}{3}\pi\int \rho\,da^3\,\dfrac{\alpha\varrho\,r^2}{2}\,(\mu^2 - \tfrac{1}{3}). \end{cases}$$

Pour déterminer V', je supposerai que le rayon mené de l'origine des rayons terrestres à la surface de la mer soit $1 + \alpha\overline{y} + \alpha y'$, $\overline{y}$ étant la valeur de y à la surface du sphéroïde : $\alpha y'$ sera, à très peu près, la profondeur de la mer. Je supposerai ensuite

$$y' = Y'^{(0)} + Y'^{(1)} + Y'^{(2)} + Y'^{(3)} + \dots,$$

$Y'^{(i)}$ étant une fonction rationnelle et entière de μ, $\sqrt{1 - \mu^2}\sin\omega$, $\sqrt{1 - \mu^2}\cos\omega$, assujettie à la même équation aux différences partielles que $Y^{(i)}$. On peut considérer la mer comme égalant un sphéroïde dont le rayon est $1 + \alpha\overline{y} + \alpha y'$, moins un second sphéroïde dont le rayon est $1 + \alpha\overline{y}$, plus la partie de ce second sphéroïde qui se relève au-dessus du premier et où, par conséquent, $\alpha y'$ est négatif. La somme des molécules du premier sphéroïde divisées par leurs distances au point attiré est, par ce qui précède, en prenant pour unité la densité de la mer,

$$\frac{4\pi}{3r} + 4\alpha\pi\left(\frac{Y'^{(0)}}{r} \div \frac{\overline{Y}^{(1)} \div Y'^{(1)}}{3r^2} + \frac{\overline{Y}^{(2)} \div Y'^{(2)}}{5r^3} + \dots\right),$$

$\overline{Y}^{(1)}$, $\overline{Y}^{(2)}$, … étant ce que deviennent $Y^{(1)}$, $Y^{(2)}$, … à la surface du sphéroïde terrestre. La même somme relative au second sphéroïde est

$$\frac{4\pi}{3r} + 4\alpha\pi\left(\frac{\overline{Y}^{(1)}}{3r^2} + \frac{\overline{Y}^{(2)}}{5r^3} + \frac{\overline{Y}^{(3)}}{7r^4} + \dots\right).$$

La différence de ces deux quantités est

$$4\alpha\pi\left(\frac{Y'^{(0)}}{r} + \frac{Y'^{(1)}}{3r^2} + \frac{Y'^{(2)}}{5r^3} + \dots\right).$$

En nommant donc V'' la somme des molécules de la partie du second sphéroïde qui se relève au-dessus du premier, divisées par leurs distances respectives au point attiré, on aura

$$V' = V + 4\alpha\pi\left(\frac{Y'^{(0)}}{r} + \frac{Y'^{(1)}}{3r^2} + \frac{Y'^{(2)}}{5r^3} + \dots\right).$$

L'équation précédente de l'équilibre deviendra donc

$$(2)\quad \left\{\begin{aligned}
\text{const.} &= \frac{4\pi}{3r}\int \rho\, da^3 + 4\alpha\pi \int \rho\, d\left(\frac{a^3 Y^{(1)}}{3r^2} + \frac{a^3 Y^{(2)}}{5r^3} + \frac{a^6 Y^{(3)}}{7r^4} + \dots\right)\\
&\quad + 4\alpha\pi\left(\frac{Y'^{(0)}}{r} + \frac{Y'^{(1)}}{3r^2} + \frac{Y'^{(2)}}{5r^3} + \dots\right)\\
&\quad + V'' - \frac{\alpha 2}{2} r^2 \frac{4\pi}{3}\int \rho\, da^3(\mu^2 - \tfrac{1}{3}),
\end{aligned}\right.$$

r devant être supposé égal à $1 + \alpha \overline{y} + \alpha y'$, et par conséquent égal à l'unité dans les termes multipliés par α, puisqu'on néglige les termes de l'ordre α^2. Cette équation a cela de remarquable, savoir que la différentielle de son second membre, prise par rapport à r, et divisée par $-dr$, est l'expression de la pesanteur, comme il résulte du n° 33 du troisième Livre de la *Mécanique céleste*. En nommant donc p la pesanteur, on aura

$$(3) \quad \begin{cases} p = \dfrac{4\pi}{3\,r^3}\int \rho\,da^3 + 4\,a\pi\int \rho\,d\left(\dfrac{2\,a^4\,Y^{(1)}}{3\,r^3} + \dfrac{3\,a^5\,Y^{(2)}}{5\,r^4} + \ldots\right) \\[2ex] \qquad\qquad + 4\,a\pi\left(\dfrac{Y'^{(0)}}{r^2} + \dfrac{2\,Y'^{(1)}}{3\,r^3} + \dfrac{3\,Y'^{(2)}}{5\,r^4} + \ldots\right) \\[2ex] \qquad\qquad - \dfrac{\partial V'}{\partial r} + x\,\rho\,r\,\dfrac{4\pi}{3}\int \rho\,da^3(\mu^2 - \tfrac{1}{3}). \end{cases}$$

On a, par le n° 10 du troisième Livre de la *Mécanique céleste*, à la surface de la mer,

$$(a) \qquad\qquad 0 = \frac{\partial V'}{\partial r} + \tfrac{1}{2}V'.$$

Cette équation remarquable étant très utile pour ce qui va suivre, je vais en rappeler ici la démonstration. Si l'on conçoit une sphère homogène du rayon a, et dont la densité soit exprimée par l'unité, la somme de ses molécules divisées par leurs distances respectives à un point extérieur attiré dont r soit la distance à son centre sera la masse de la sphère divisée par r. En désignant donc par V cette somme, on aura

$$V = \tfrac{4}{3}\pi\frac{a^3}{r}.$$

Maintenant, si l'on imagine à la surface de la sphère une molécule dm, sa distance au point attiré sera $\sqrt{r^2 - 2\,ar\cos\gamma + a^2}$, γ étant l'angle compris entre le rayon r mené au point attiré et le rayon a mené à la molécule dm; V ou la somme des molécules divisées par leurs distances au point attiré sera donc, relativement à cette molécule,

$$\frac{dm}{\sqrt{r^2 - 2\,ar\cos\gamma + a^2}},$$

et la valeur de $\dfrac{\partial V}{\partial r}$ sera

$$\frac{-\,dm(r - a\cos\gamma)}{(r^2 - 2\,ar\cos\gamma + a^2)^{\frac{3}{2}}}.$$

Si le point attiré est à la surface de la sphère, on aura

$$r = a,$$

et alors $\dfrac{\partial V}{\partial r}$ sera

$$\frac{-\,dm}{2a\sqrt{2a^2(1-\cos\gamma)}} \quad \text{ou} \quad -\frac{V}{2a},$$

ce qui donne

$$(b) \qquad a\frac{\partial V}{\partial r}+\tfrac{1}{2}V=0,$$

et, comme cette équation a lieu pour chaque molécule d'un système de molécules disséminées à la surface de la sphère, elle aura lieu pour le système entier, en supposant V relatif à ce système.

Cette équation cesse d'avoir lieu, si l'on suppose la molécule dm très près du point attiré et très peu élevée au-dessus de la sphère, en sorte que, en désignant par a' son rayon, la différence $r - a'$ soit fort petite. La fonction $a'\dfrac{\partial V}{\partial r} + \tfrac{1}{2}V$ étant égale à

$$(f) \qquad \frac{r-a'}{2}\int \frac{dm(r-a'-2a'\cos\gamma)}{(r^2-2a'r\cos\gamma+a'^2)^{\frac{1}{2}}},$$

cette intégrale, à cause de la petitesse de son diviseur, pourrait alors ne pas devenir insensible par la petitesse du facteur $r - a'$; mais on voit que si, près du point attiré, la molécule dm diminue comme le carré $r^2 - 2ar'\cos\gamma + a'^2$ de la distance de ce point à cette molécule, alors l'intégrale (f) devient insensible et l'équation (b) subsiste.

Si l'on conçoit maintenant un sphéroïde très peu différent d'une sphère, et si l'on suppose le point attiré à sa surface, et à ce point une sphère osculatrice d'un rayon a fort peu différent du rayon du sphéroïde, alors V désignant la somme des molécules de l'excès du sphéroïde sur la sphère divisées par leurs distances au point attiré, l'intégrale (f) deviendra nulle, parce que les molécules dm de cet excès sont nulles au point de contact et que, près de ce point, elles croissent comme le carré de leur distance à ce point. L'équation (b) subsiste donc pour ce point. Relativement à la sphère, on a

$$a\frac{\partial V}{\partial r}+\tfrac{1}{2}V=-\tfrac{2}{3}\pi\frac{a^3}{r};$$

en supposant donc V relatif au sphéroïde entier, on aura pour le point
situé à ce contact

$$(c) \qquad a\frac{\partial V}{\partial r} + \tfrac{1}{2}V = -\tfrac{1}{3}\pi a^{2};$$

c'est l'équation que j'ai donnée dans le n° 10 du troisième Livre de la
Mécanique céleste. Ici, l'origine de r est fixée au centre de la sphère
osculatrice du rayon a. Fixons cette origine à un point quelconque
très proche du centre de gravité du sphéroïde, et désignons par
$a(1+\alpha y)$ le rayon du sphéroïde, α étant un très petit coefficient.
L'attraction du sphéroïde, décomposée vers l'origine des r, est $-\frac{\partial V}{\partial r}$,
et il est facile de voir qu'elle est la même, aux quantités près de
l'ordre α^2, quelle que soit cette origine, pourvu qu'elle ne s'écarte
du centre de gravité du sphéroïde que d'une quantité de l'ordre α,
puisque ces attractions partielles sont les résultantes de l'attraction
totale composée avec des forces de l'ordre α qui lui sont perpendiculaires. Ainsi l'équation précédente (c) subsiste en fixant l'origine
des r à un point quelconque pris très près du centre de gravité.

Telle est la démonstration que j'ai donnée de cette équation dans
l'endroit cité de la *Mécanique céleste*. Quelques géomètres ne l'ayant
pas bien saisie l'ont jugée inexacte. Lagrange, dans le Tome VIII du
Journal de l'École Polytechnique, a démontré cette équation par une
analyse à peu près semblable à celle qui me l'avait fait découvrir
(*Mémoires de l'Académie des Sciences*, année 1775, p. 83) (¹). C'est
pour simplifier cette matière que j'ai préféré donner, dans la *Mécanique
céleste*, la démonstration précédente.

Si le point attiré est élevé d'une quantité $\alpha a y'$ au-dessus du sphéroïde, V étant de la forme $\tfrac{1}{3}\pi\frac{a^3}{r} + \alpha Q$, il ne variera, par ce déplacement du point et en négligeant les quantités d'ordre α^2, que de la
quantité $-\tfrac{1}{3}\pi a^2 \alpha y'$: la différence partielle $a\frac{\partial V}{\partial r}$ variera de la quantité $\tfrac{8}{3}\pi a^2 \alpha y'$. La variation du premier membre de l'équation (c) sera

____

(¹) *OEuvres de Laplace*, T. IX, p. 82.

donc $2\pi a^2 \alpha y$, et cette équation deviendra

$$a\frac{\partial V}{\partial r} + \tfrac{1}{2}V = -\frac{2a^2\pi}{3} + 2a^2\pi\alpha y'.$$

Mais l'équation (a) subsistera toujours, malgré ce déplacement du point attiré, parce que, V'' étant de l'ordre α, ce déplacement ne peut y produire que des termes de l'ordre α^2.

Cela posé, si l'on substitue, dans les équations (2) et (3), $1+\alpha y+\alpha y'$ au lieu de r, elles deviendront, en négligeant les termes de l'ordre α^2,

$$(4)\quad \begin{cases} \text{const.} = \alpha\bar{y} + \alpha y' - \dfrac{3\alpha}{\int\rho\, da^3}\displaystyle\int\rho\, d\left(\frac{a^3 Y^{(1)}}{3} + \frac{a^5 Y^{(2)}}{5} + \frac{a^7 Y^{(3)}}{7} + \ldots\right) \\ \qquad - \dfrac{3\alpha}{\int\rho\, da^3}\left(Y'^{(0)} + \dfrac{Y'^{(1)}}{3} + \dfrac{Y'^{(2)}}{5} + \ldots\right) \\ \qquad - \dfrac{V'}{\frac{4}{3}\pi\int\rho\, da^3} + \dfrac{\alpha\varphi}{2}\left(\mu^2 - \tfrac{1}{3}\right), \end{cases}$$

$$(5)\quad \begin{cases} p = \tfrac{4}{3}\pi\int\rho\, da^3(1 - 2\alpha\bar{y} - 3\alpha y') \\ \qquad + 4\alpha\pi\displaystyle\int\rho\, d\left(\frac{2a^3 Y^{(1)}}{3} + \frac{3a^5 Y^{(2)}}{5} + \frac{4a^7 Y^{(3)}}{7} + \ldots\right) \\ \qquad + 4\alpha\pi\left(Y'^{(0)} + \dfrac{2Y'^{(1)}}{3} + \dfrac{3Y'^{(2)}}{5} + \dfrac{4Y'^{(3)}}{7} + \ldots\right) \\ \qquad + \tfrac{1}{2}V' + \dfrac{4\pi}{3}\displaystyle\int\rho\, da^3\,\alpha\varphi\left(\mu^2 - \tfrac{1}{3}\right). \end{cases}$$

Si l'on ajoute cette dernière équation à la précédente, multipliée par $\frac{2}{3}\pi\int\rho\, da^3$, on aura

$$(6)\quad \begin{cases} p = \text{const.} - 2\pi\alpha(\bar{y} + y')\displaystyle\int\rho\, da^3 \\ \qquad + 2\alpha\pi\displaystyle\int\rho\, d(a^3 Y^{(1)} + a^5 Y^{(2)} + a^7 Y^{(3)} + \ldots) \\ \qquad + 2\alpha\pi y' + \tfrac{4}{3}\pi\displaystyle\int\rho\, da^3\,\tfrac{5}{4}\alpha\varphi\left(\mu^2 - \tfrac{1}{3}\right). \end{cases}$$

Si l'on suppose la Terre homogène ou ρ constant, on aura

$$p = \text{const.} - 2\alpha\pi(\rho - 1)y' + \tfrac{4}{3}\pi\rho\,\tfrac{5}{4}\alpha\varphi\left(\mu^2 - \tfrac{1}{3}\right),$$

où l'on doit observer que $\frac{4}{3}\pi\rho$ est à très peu près la pesanteur à l'équateur. On a donc, dans le cas de $\rho = 1$, ce qui donne à la mer la densité du sphéroïde terrestre,

$$p = \mathrm{P}\left(1 + \tfrac{5}{4}\alpha\rho\mu^2\right),$$

P étant la pesanteur à l'équateur.

Cette valeur de p subsisterait encore dans le cas où des plateaux d'une densité quelconque et de hautes montagnes recouvriraient les continents. Ces corps ajouteraient à l'équation (1) un terme V'' qui serait la somme de leurs molécules divisées par leurs distances respectives au point attiré. En supposant ce point à la surface de la mer, on aurait

$$\frac{\partial \mathrm{V}''}{\partial r} + \tfrac{1}{4}\mathrm{V}'' = 0.$$

Ainsi V'' disparaîtrait de l'expression de p par le même procédé qui a fait disparaître V' de cette expression, qui se réduirait ainsi à la précédente; le terme V'' changerait donc la figure de la mer sans altérer la loi de la pesanteur.

II. Pour déterminer la figure de la mer, lorsque celle du sphéroïde est donnée, la méthode la plus simple consiste à ordonner les approximations suivant les puissances du rapport de la densité de la mer à la moyenne densité de la Terre, rapport égal à $\tfrac{1}{5}$, à fort peu près. Nous allons donc considérer d'abord la figure de la mer en négligeant ce rapport ou en supposant la mer un fluide infiniment rare. Cela revient à négliger les termes qui ont pour dénominateur $\tfrac{4}{3}\pi\int\rho\,da^3$, et qui n'ont pas ρ au numérateur dans l'équation (4), qui donne alors, en ne négligeant, pour plus d'exactitude, que le terme dépendant de V'',

$$\alpha y' = \mathrm{const.} - \alpha\bar{y} + \frac{3\alpha}{\int\rho\,da^3}\int\rho\,d\left(\frac{a^3\,\mathrm{Y}^{(1)}}{3} + \frac{a^5\,\mathrm{Y}^{(2)}}{5} + \frac{a^6\,\mathrm{Y}^{(3)}}{7} + \dots\right)$$

$$+ \frac{3\alpha}{\int\rho\,da^3}\left(\frac{\mathrm{Y}'^{(1)}}{3} + \frac{\mathrm{Y}'^{(2)}}{5} + \dots\right)$$

$$- \frac{\alpha\rho}{3}\left(\mu^2 - \tfrac{1}{3}\right).$$

En substituant pour y' et $\bar{y}$ leurs valeurs

$$Y'^{(0)} + Y'^{(1)} + \ldots, \quad \overline{Y}^{(1)} + \overline{Y}^{(1)} + \ldots,$$

et comparant les termes semblables, on aura généralement

$$Y'^{(i)} \left[1 - \frac{3}{(2i+1) \int \rho \, da^3} \right] = - \overline{Y}^{(i)} + \frac{3 \int \rho \, d(a^{i+3} Y^{(i)})}{(2i+1) \int \rho \, da^3}.$$

Dans le cas de $i = 2$, il faut ajouter au second membre de cette équation le terme $-\frac{\varphi}{3}(\mu^2 - \frac{1}{3})$. L'équation (6), dans laquelle rien n'est négligé, donnera ensuite la pesanteur p à la surface de la mer.

Les expériences du pendule font voir que $Y^{(3)}, Y^{(4)}, \ldots, \overline{Y}^{(3)}, \overline{Y}^{(4)}, \ldots$ sont des quantités très petites relativement à $Y^{(2)}$ et $\overline{Y}^{(2)}$, et que ces deux dernières fonctions se réduisent, à fort peu près, aux suivantes $-h(\mu^2 - \frac{1}{3})$ et $-\bar{h}(\mu^2 - \frac{1}{3})$, h et $\bar{h}$ étant des constantes; ce qui donne aux couches du sphéroïde terrestre la figure d'un ellipsoïde de révolution. Examinons donc ce cas particulièrement. L'expression précédente donne alors

$$Y'^{(2)} \left(1 - \frac{3}{5 \int \rho \, da^3} \right) = \left[\bar{h} - \frac{3 \int \rho \, d(a^3 h)}{5 \int \rho \, da^3} - \frac{\varphi}{2} \right] (\mu^2 - \frac{1}{3}).$$

En faisant donc h' égal à

$$\frac{- h + \dfrac{3 \int \rho \, d(a^3 h)}{5 \int \rho \, da^3} + \dfrac{\varphi}{2}}{1 - \dfrac{3}{\int \rho \, da^3}},$$

on aura

$$\alpha y' = \alpha l - \alpha h' \mu^2,$$

l étant une constante; h' serait nul si, en supposant la mer anéantie, la surface du sphéroïde supposée fluide était en équilibre. En supposant donc cette surface moins aplatie que dans ce cas, h' sera positif et la mer recouvrira l'équateur du sphéroïde. Sa profondeur sera

$$\alpha l - \alpha h' \mu^2;$$

elle s'étendra vers les deux pôles, à des latitudes égales. Soit ε le sinus de ces latitudes; la profondeur de la mer étant nulle à ces points, on aura

$$\alpha l = \alpha h' \varepsilon^2,$$

et en fixant l'origine des rayons terrestres au centre de gravité du sphéroïde, ce qui rend $Y^{(1)}$ nul, la profondeur de la mer sera

$$\alpha h'(\varepsilon^2 - \mu^2);$$

la masse de la mer sera

$$\tfrac{8}{3}\alpha\pi h'\varepsilon^3.$$

Cette masse étant donnée fera donc connaître ε. L'équation (6), combinée avec l'expression précédente de h', donnera pour l'expression de la pesanteur à la surface de la mer

$$\mathrm{P}\left\{1 + \left[\tfrac{5}{2}\alpha\varphi - \alpha(\overline{h} + h')\right]\right\}\mu^2,$$

P étant la pesanteur à l'équateur, qui est, aux quantités près de l'ordre α, égale à $\tfrac{4}{3}\pi \int \rho \, da^3$.

Si la surface du sphéroïde a un aplatissement plus grand que celui qui convient à son équilibre en la supposant fluide, et qui résulte de l'égalité à zéro du numérateur de l'expression de h', h' devient négatif, et la mer ne peut plus recouvrir l'équateur. Alors elle se portera vers les deux pôles et elle formera deux mers distinctes dont les masses pourront être dans un rapport quelconque. En faisant $h' = -g$, g étant positif, la profondeur de la mer boréale sera, en supposant que ε se rapporte à cette mer,

$$\alpha g(\mu^2 - \varepsilon^2).$$

La profondeur de la mer située vers le pôle austral sera

$$\alpha g(\mu^2 - \varepsilon'^2),$$

ε' exprimant le sinus de la latitude australe. Les masses des deux mers seront respectivement

$$\frac{2\,\alpha\pi\,g}{3}(1-\varepsilon)^2(1+2\varepsilon), \qquad \frac{2\,\alpha\pi\,g}{3}(1-\varepsilon')^2(1+2\varepsilon').$$

Leur somme étant donnée, on voit qu'elle peut se partager d'une infinité de manières. La pesanteur à la surface de la mer boréale sera

$$P+\left[\tfrac{3}{2}\alpha\varphi-\alpha(\bar{h}-g)\right]P\mu^2,$$

P étant la pesanteur à la surface et au pôle du sphéroïde. Au pôle et à la surface de la mer, la pesanteur est égale à

$$P\left[1-2\alpha g(1-\varepsilon^2)\right],$$

$\alpha g(1-\varepsilon^2)$ étant à ce point la profondeur de la mer; on a donc

$$P'=P\left[1-2\alpha g(1-\varepsilon^2)-\tfrac{3}{2}\alpha\varphi+\alpha(\bar{h}-g)\right].$$

La pesanteur à un point quelconque de la surface de cette mer sera donc

$$P\left\{1-2\alpha g(1-\varepsilon^2)-\left[\tfrac{3}{2}\alpha\varphi-\alpha(\bar{h}-g)\right](1-\mu^2)\right\}.$$

A la surface de la mer australe, la pesanteur sera

$$P\left\{1-2\alpha g(1-\varepsilon'^2)-\left[\tfrac{3}{2}\alpha\varphi-\alpha(\bar{h}-g)\right](1-\mu^2)\right\}.$$

Pour avoir une seconde approximation, il faut déterminer la valeur analytique du terme $\dfrac{V'}{\frac{4}{3}\pi\int\rho\,da^3}$ de l'équation (4) pour l'ajouter à la première valeur approchée de $\alpha y'$; or on a

$$(o) \qquad V''=\alpha\int\frac{y_1\,d\mu'\,d\omega'}{\sqrt{2(1-\cos\gamma)}},$$

y_1 étant ce que devient l'expression trouvée par une première approximation pour y', et dans laquelle on change μ en μ', ω en ω', μ' et ω' étant relatifs au point attirant, tandis que μ et ω se rapportent au

point attiré; γ est l'angle compris entre les rayons terrestres menés
à ces deux points, en sorte que l'on a

$$\cos\gamma = \mu\mu' + \sqrt{1 - \mu^2}\sqrt{1 - \mu'^2}\cos(\omega' - \omega);$$

l'intégrale précédente est relative à toute la surface des continents.
Développons le radical

$$\frac{1}{\sqrt{r^2 - 2r\cos\gamma + 1}}$$

suivant les puissances de $\frac{1}{r}$. En nommant $P^{(i)}$ le coefficient de $\frac{1}{r^{i+1}}$
dans ce développement, on aura par le n° 23 du troisième Livre de la
Mécanique céleste, en faisant $\cos\gamma = \lambda$,

$$P^{(i)} = \frac{1.3.5\ldots(2i-1)}{1.2.3\ldots i}\left[\lambda^i - \frac{i(i-1)}{2(2i-1)}\lambda^{i-2} + \frac{i(i-1)(i-2)(i-3)}{2.4(2i-1)(2i-3)}\lambda^{i-4} - \ldots\right].$$

Si l'on fait $\frac{1}{r} = x$, ce coefficient sera celui de x^i, dans le développement de la fonction $(1 - 2x\lambda + x^2)^{-\frac{1}{2}}$, fonction que l'on peut
mettre sous cette forme

$$\frac{1}{\sqrt{1 - \lambda^2}\sqrt{1 + \dfrac{(x - \lambda)^2}{1 - \lambda^2}}}.$$

Le coefficient de x^i dans le développement de

$$\frac{1}{\sqrt{1 + \dfrac{(x - \lambda)^2}{1 - \lambda^2}}}$$

est égal à

$$\frac{1}{1.2.3\ldots i}\frac{d^i}{dx^i}\frac{1}{\sqrt{1 + \dfrac{(x - \lambda)^2}{1 - \lambda^2}}},$$

en faisant $x = 0$ après les différentiations. J'ai fait voir, dans le n° 38
du Livre Ier de ma *Théorie des probabilités*, que l'on a

$$\frac{1}{1.2.3\ldots i}\frac{d^i}{d\zeta^i}\frac{1}{\sqrt{1 - \zeta^2}} = \frac{1}{\pi(1 - \zeta^2)^{i+\frac{1}{2}}}\int d\omega(\zeta + \cos\omega)^i,$$

l'intégrale étant prise depuis $\omega = 0$ jusqu'à $\omega = \pi$. En faisant donc

$$\frac{x - \lambda}{\sqrt{1 - \lambda^2}} = \zeta\sqrt{-1},$$

on aura

$$\frac{1}{1.2.3\ldots i}\frac{d^i}{dx^i}\frac{1}{\sqrt{1 - 2\lambda.x + x^2}} = \frac{1}{\pi\,(\sqrt{-1})^i}\int_0^\pi d\omega(\lambda\sqrt{-1} + \sqrt{1 - \lambda^2}\cos\omega)^i.$$

L'intégrale précédente est égale à cette même intégrale prise depuis ω nul jusqu'à $\omega = \frac{\pi}{2}$, plus à l'intégrale

$$\int_0^{\frac{\pi}{2}} d\omega'(\lambda\sqrt{-1} - \sqrt{1 - \lambda^2}\cos\omega')^i,$$

comme il est facile de s'en assurer en changeant ω en $\pi - \omega'$, au delà de $\omega = \frac{\pi}{2}$. Soit donc $\gamma = \frac{\pi}{2} - \gamma'$, ce qui donne

$$\lambda = \sin\gamma',$$

on aura

$$\frac{1}{1.2.3\ldots i}\frac{d^i}{dx^i}\frac{1}{\sqrt{1 - 2\lambda.x + x^2}}$$

$$= \frac{1}{\pi\,(\sqrt{-1})^i}\int_0^{\frac{\pi}{2}} d\omega\left[(\sqrt{-1}\sin\gamma' + \cos\gamma'\cos\omega)^i + (\sqrt{-1}\sin\gamma' - \cos\gamma'\cos\omega)^i\right].$$

On peut mettre le second membre de cette équation sous cette forme

$$(q)\quad \left\{\begin{array}{l}\dfrac{1}{\pi\,(\sqrt{-1})^i}\displaystyle\int d\omega\left\{(\cos i\gamma' + \sqrt{-1}\sin i\gamma')\left[1 - 2(\cos\gamma' - \sqrt{-1}\sin\gamma')\cos\gamma'\sin^2\tfrac{1}{2}\omega\right]^i\right.\\[2ex] \left.+ (-1)^i(\cos i\gamma' - \sqrt{-1}\sin i\gamma')\left[1 - 2(\cos\gamma' + \sqrt{-1}\sin\gamma')\cos\gamma'\sin^2\tfrac{1}{2}\omega\right]^i\right\}.\end{array}\right.$$

On a généralement

$$(1 - q)^i = e^{i\log(1 - q)} = e^{-iq\left(1 + \frac{q}{2} + \frac{q^2}{3} + \ldots\right)},$$

e étant le nombre dont le logarithme hyperbolique est l'unité; i étant infini, cette exponentielle est nulle ou se réduit à e^{-iq}. En effet, lorsqu'elle n'est pas nulle, iq est une quantité finie ou infiniment petite, que nous désignerons par q'; alors cette exponentielle devient

$$e^{-q'}\, e^{-\frac{q'^2}{2i}-\frac{q'^3}{3i^2}-\dots},$$

ou $e^{-q'}$; le facteur $e^{-\frac{q'^2}{2i}-\frac{q'^3}{3i^2}-\dots}$ devenant l'unité, parce que son exposant est infiniment petit.

Il suit de là que, i étant un grand nombre, on peut supposer dans l'intégrale précédente

$$[1-2(\cos\gamma'-\sqrt{-1}\,\sin\gamma')\cos\gamma'\sin^2\tfrac{1}{2}\omega]^i = e^{-2i\cos\gamma'(\cos\gamma'-\sqrt{-1}\sin\gamma')\sin^2\frac{1}{2}\omega},$$

$$[1-2(\cos\gamma'+\sqrt{-1}\,\sin\gamma')\cos\gamma'\sin^2\tfrac{1}{2}\omega]^i = e^{-2i\cos\gamma'(\cos\gamma'+\sqrt{-1}\sin\gamma')\sin^2\frac{1}{2}\omega},$$

d'où il est facile de conclure que la fonction (q), dans le cas de i un nombre pair et très considérable, devient

$$\frac{2}{\pi(-1)^{\frac{i}{2}}}\int d\omega\, e^{-2i\cos^2\gamma'\sin^2\frac{1}{2}\omega}\cos(i\gamma'+2i\sin\gamma'\cos\gamma'\sin^2\tfrac{1}{2}\omega).$$

et que, dans le cas de i impair, cette fonction devient

$$\frac{2}{\pi(-1)^{\frac{i-1}{2}}}\int d\omega\, e^{-2i\cos^2\gamma'\sin^2\frac{1}{2}\omega}\sin(i\gamma'+2i\sin\gamma'\cos\gamma'\sin^2\tfrac{1}{2}\omega).$$

Si l'on a $\lambda=1$, ce qui donne $\gamma'=\frac{\pi}{2}$, ces deux quantités se réduisent à l'unité, comme cela doit être, car alors $\sqrt{1-2\lambda x+x^2}$ devient $1-x$. et l'on a, en faisant x nul après les différentiations,

$$\frac{1}{1.2.3\dots i}\frac{d^i}{dx^i}\frac{1}{1-x}=1=P^{(i)}.$$

Mais, quelque petit que l'on suppose $\sqrt{1-\lambda^2}$ ou $\cos\gamma'$, on peut toujours supposer i assez grand pour que $2i\cos^2\gamma'$ soit fort grand, et alors on a, à fort peu près, l'intégrale

$$\int d\omega\, e^{-2i\cos^2\gamma'\sin^2\frac{1}{2}\omega \pm 2i\sqrt{-1}\sin\gamma'\cos\gamma'\sin^2\frac{1}{2}\omega},$$

égale à cette même intégrale, dans laquelle on change $\sin^2\tfrac{1}{2}\omega$ dans

$\frac{1}{2}\omega^2$, et que l'on prend depuis ω nul jusqu'à ω infini. Il est facile d'en conclure que, dans le cas de i pair, on a, lorsque i est un très grand nombre,

$$P^{(i)} = \frac{2(-1)^{\frac{i}{2}}\cos(i+\tfrac{1}{2})\gamma'}{\sqrt{2i\pi}(1-\lambda^2)^{\frac{1}{4}}},$$

et dans le cas de i impair et très grand, on a

$$P^{(i)} = \frac{2(-1)^{\frac{i-1}{2}}\sin(i+\tfrac{1}{2})\gamma'}{\sqrt{2i\pi}(1-\lambda^2)^{\frac{1}{4}}}.$$

Pour peu que λ soit moindre que l'unité, on peut supposer i assez grand pour que ces expressions de $P^{(i)}$ soient fort approchées; elles deviennent exactes lorsque i est infini.

Considérons maintenant l'intégrale $\alpha\displaystyle\int\int\frac{y_1\,d\mu'\,d\omega'}{\sqrt{r'^2-2\lambda r'+1}}$, qui devient V'', ou l'intégrale (o), lorsqu'on suppose $r=1$. Cette intégrale, développée par rapport aux puissances de $\frac{1}{r'}$, devient, en ne considérant que la puissance $\frac{1}{r'^{i+1}}$, i étant un nombre pair,

$$\frac{2(-1)^{\frac{i}{2}}}{\sqrt{2i\pi}}\int\int\alpha\frac{y'\,d\mu'\,d\omega'\cos(i+\tfrac{1}{2})\gamma}{(1-\lambda^2)^{\frac{1}{4}}}.$$

En intégrant cette fonction par rapport à μ', on a

$$\frac{2(-1)^{\frac{i}{2}}}{(i+\tfrac{1}{2})\sqrt{2i\pi}}\int\alpha\frac{y_1\,d\omega'\sin(i+\tfrac{1}{2})\gamma\frac{\partial\mu'}{\partial\gamma}}{(1-\lambda^2)^{\frac{1}{4}}}$$

$$-\frac{2(-1)^{\frac{i}{2}}}{(i+\tfrac{1}{2})\sqrt{2i\pi}}\int\int\alpha\,d\omega'\,d\mu'\sin(i+\tfrac{1}{2})\gamma\frac{\partial}{\partial\mu'}\frac{y_1\frac{\partial\mu'}{\partial\gamma}}{(1-\lambda^2)^{\frac{1}{4}}}.$$

Si i est un nombre impair, il suffit de changer dans cette expression le sinus en — cosinus, et $(-1)^{\frac{i}{2}}$ dans $(-1)^{\frac{i-1}{2}}$. On voit ainsi que, quel que soit y, on arrivera toujours par le développement du radical, suivant les puissances de $\frac{1}{r}$, à une série convergente et finie, à cause

du diviseur $\dfrac{1}{(i+\frac{1}{2})\sqrt{2i\pi}}$. Or $P^{(i)}$ étant le coefficient de $\dfrac{1}{r'+1}$ dans ce

développement, on a, par le n° 15 du Livre III de la *Mécanique céleste*,

$$P^{(i)} = 2\left[\frac{1.3.5\ldots(2i-1)}{1.2.3\ldots i}\right]^2$$

$$\times \sum \left\{ \frac{i(i-1)(i-2)\ldots(i-n+1)}{(i+1)(i+2)\ldots(i+n)}(1-\mu^2)^{\frac{n}{2}}\left[\mu^{i-n} - \frac{(i-n)(i-n-1)}{2(2i-1)}\mu^{i-n-2} + \ldots\right]\right.$$

$$\left. \times (1-\mu'^2)^{\frac{n}{2}}\left[\mu'^{i-n} - \frac{(i-n)(i-n-1)}{2(2i-1)}\mu'^{i-n-2} + \ldots\right]\cos n(\omega'-\omega)\right\},$$

le signe $\sum$ comprenant toutes les valeurs de la fonction qu'il enveloppe, depuis $n = 0$ jusqu'à $n = i$. Dans le cas de $n = 0$, il ne faut
prendre que la moitié de cette fonction. La première approximation
nous a donné y' sous cette forme

$$Y'^{(0)} + Y'^{(1)} + Y'^{(2)} + \ldots;$$

en la prenant négativement et en y changeant μ en μ', on aura la valeur de y_1, qui, substituée dans l'intégrale

$$\int \frac{2 y_1\, d\mu'\, d\omega'}{\sqrt{r^2 - 2 r' + 1}},$$

développée par rapport aux puissances de $\frac{1}{r}$, donne, par une série fort
convergente, cette intégrale, et par conséquent la valeur de V'''. On
aura ainsi, au moyen de l'équation (4), une seconde approximation
de $2y'$, et, au moyen de l'équation (6), une seconde approximation de
la pesanteur p. Ces approximations seront suffisantes, vu le peu de
densité de la mer et son peu de profondeur, comme on le verra bientôt.

III. Considérons présentement les phénomènes de la pesanteur et
de la variation des degrés à la surface des continents ou du sphéroïde
terrestre. Ces phénomènes sont, en effet, les seuls de ce genre que
nous puissions observer. Pour en avoir l'expression analytique, imaginons une atmosphère infiniment rare, très peu élevée, mais qui

cependant embrasse toute la Terre. Soit $\alpha y''$ l'élévation d'un de ses points au-dessus de la surface du sphéroïde terrestre. L'équation (1) du n° I, qui détermine la figure de la mer, déterminera la partie de la figure de l'atmosphère qui s'élève au-dessus de la mer, car il est clair que la valeur de V étant de l'ordre α est, aux quantités près de l'ordre α^2, la même à ces deux surfaces; mais, relativement à la surface de la mer, r doit être changé dans $1 + \alpha y' + \alpha \overline{y}$, et, relativement à la surface de l'atmosphère, il doit être changé dans $1 + \alpha y'' + \alpha \overline{y}$. Cela posé, si l'on retranche ces deux équations l'une de l'autre, on aura

$$\alpha y'' - \alpha y' = \text{const.};$$

ainsi, tous les points de la surface de l'atmosphère qui correspondent à celle de la mer sont également élevés au-dessus de cette dernière surface, en sorte que ces deux surfaces sont semblables à très peu près.

Si l'on nomme p' la pesanteur à la surface de l'atmosphère, il est facile de voir que sa valeur sera donnée par l'équation (3), en y substituant, pour r, $1 + \alpha y'' + \alpha \overline{y}$; tandis que, pour avoir la valeur de p relative à la surface de la mer, il faut changer r dans $1 + \alpha y' + \alpha \overline{y}$; en retranchant ces deux valeurs l'une de l'autre, et observant que $\alpha y'' - \alpha y'$ est, par ce qui précède, une quantité constante que nous désignons par αl, on aura

$$p' = p - 2 P \alpha l,$$

P étant la pesanteur à l'équateur. Ainsi la loi de la pesanteur est la même aux deux surfaces. On a vu, dans le n° I, que, dans le cas du sphéroïde terrestre homogène et de même densité que la mer, on a

$$p = P(1 + \tfrac{1}{2}\alpha \gamma \mu^2);$$

on a donc alors

$$p' = P(1 - 2\alpha l + \tfrac{1}{2}\alpha \gamma \mu^2).$$

Pour avoir l'équation de la surface de l'atmosphère au-dessus des continents, nous nommerons V_1 la somme des molécules de la mer, divisées par leurs distances respectives à un point de cette surface;

alors l'équation (1) du n° I deviendra celle de cette surface, en y changeant V' en V, et en y substituant $1 + \alpha y'' + \alpha \overline{y}$ pour r. Or on a

$$V' = \int \frac{\alpha y' d\mu' d\omega'}{\sqrt{r^2 - 2r \cos\gamma + 1}},$$

l'intégrale étant prise pour toutes les valeurs de μ' et de ω' relatives à l'étendue de la mer, r devant être supposé égal à l'unité, et $\cos\gamma$ étant

$$\mu\mu' + \sqrt{1 - \mu^2}\sqrt{1 - \mu'^2} \cos(\omega' - \omega).$$

En développant le radical, relativement aux puissances de $\frac{1}{r}$, on voit, par ce qui précède, que V' est composé de termes de la forme

$$6(1 - \mu^2)^{\frac{n}{2}}(\mu^{i-n} - \ldots) \int y' d\mu' d\omega' \cos n(\omega' - \omega)(1 - \mu'^2)^{\frac{n}{2}}(\mu'^{i-n} - \ldots).$$

La valeur de V_1 se compose exactement des mêmes termes ; on a donc

$$V' = V_1.$$

Cela posé, si l'on retranche l'une de l'autre les équations relatives aux deux surfaces, on aura

$$\alpha y'' = \text{const.} + \alpha y',$$

pourvu que les coordonnées μ et ω de la fonction y' se rapportent au point de la surface de l'atmosphère que nous considérons.

Pour avoir l'expression de la pesanteur, il faut changer, dans l'équation (1), V' dans V_1 ; mais on ne peut pas supposer

$$\frac{\partial V'}{\partial r} = \frac{\partial V_1}{\partial r},$$

à cause de la grandeur que le radical acquiert lorsque $\cos\gamma = 1$ dans la fonction $\frac{\partial V'}{\partial r}$. Pour avoir la valeur de $\frac{\partial V'}{\partial r}$, nous observerons qu'elle égale, par ce qui précède,

$$\frac{\partial V''}{\partial r} - 4\alpha\pi\left(Y'^{(0)} + 2\frac{Y'^{(1)}}{3} + 3\frac{Y'^{(2)}}{5} + \ldots\right),$$

ce qui donne

$$\frac{\partial V'}{\partial r} + \tfrac{1}{2}V' = \frac{\partial V''}{\partial r} + \tfrac{1}{2}V'' - 2\alpha\pi y';$$

mais on a

$$\frac{\partial V''}{\partial r} + \tfrac{1}{2}V'' = 0;$$

on a donc

$$\frac{\partial V'}{\partial r} = -\tfrac{1}{2}V' - 2\alpha\pi y'.$$

Le second membre de l'équation (1), différentié par rapport à r et divisé par $-dr$, donne la valeur de p, en y faisant $r = 1 + \alpha \overline{y} + \alpha y'$. Il donne la valeur de la pesanteur p' à la surface de l'atmosphère, en le différentiant de la même manière et en y changeant r en $1 + \alpha \overline{y} + \alpha y''$, et V' en V_1. Si l'on retranche ensuite cette valeur de p' de celle de p; si l'on substitue, au lieu de $\frac{\partial V'}{\partial r}$ et de $\frac{\partial V_1}{\partial r}$, leurs valeurs $-\tfrac{1}{2}V' - 2\alpha\pi y'$ et $-\tfrac{1}{2}V_1$, et si l'on observe que $V' = V_1$ et que $\alpha y'' - \alpha y'$ est constant, on aura

$$p' = \text{const.} + p - 2\alpha\pi y',$$

p étant la valeur de p déterminée précédemment, et dans laquelle on substitue, pour μ et ω, les valeurs relatives au point de la surface de l'atmosphère que l'on considère.

A la surface du sphéroïde, la pesanteur p' est augmentée dans le rapport de l'unité à $1 + 2\alpha y''$; en nommant donc p'' la pesanteur à cette surface, on aura

$$p'' = \text{const.} + 2 P \alpha y'' - 2\alpha\pi y' + p.$$

En substituant au lieu de p sa valeur donnée par l'équation (6), et observant que $\alpha y'' - \alpha y'$ est une quantité constante, et que

$$P = \tfrac{4}{3}\pi \int \rho \, da^3,$$

il est facile de conclure

$$(7) \quad \left\{ \begin{aligned} p'' = {}&\text{const.} - \tfrac{1}{3}P(2l - \alpha y'') + 2\alpha\pi \overline{y} \int d\rho\, a^3 \\ &- 2\alpha\pi \int d\rho (a^4 Y^{(1)} + a^5 Y^{(2)} + a^6 Y^{(3)} + \ldots) + \tfrac{3}{4}\alpha\gamma P \mu^2, \end{aligned} \right.$$

αl étant la hauteur de l'atmosphère supposée, au-dessus du niveau de la mer, en sorte que $\alpha l - \alpha y''$ est la hauteur du point du sphéroïde correspondant à p'' au-dessus de ce niveau, hauteur que l'on peut déterminer au moyen du baromètre.

Cette équation peut se déduire directement de l'équation de l'équilibre au-dessus de la surface des continents, en observant que cette équation est donnée par l'équation (1) en y changeant V' en V_1, V_1 représentant ici la somme des molécules de la mer, divisées par leurs distances respectives au point de l'atmosphère que l'on considère, et en substituant pour r, $1 + \alpha \overline{y_1} + \alpha y''$.

On peut supposer, pour plus de généralité, que V_1 comprend encore la somme semblable relative aux montagnes et même aux cavités de la surface du sphéroïde terrestre, en observant que, par rapport à ces cavités, V_1 devient une quantité négative. La pesanteur p' sera donnée par la différentielle du second membre de l'équation (1), prise par rapport à r et divisée par $- dr$, en y supposant

$$r = 1 + \alpha \overline{y} + \alpha y'$$

et en y changeant V' en V_1. Si l'on en retranche l'équation (1) multipliée par $\frac{1}{2}$, et si l'on observe que l'on a

$$\frac{\partial V_1}{\partial r} + \tfrac{1}{2} V_1 = 0,$$

on aura

$$p' = \text{const.} - 2\alpha\pi \left(\overline{y} + y'' \right) \int \rho \, da^3$$
$$+ 2\alpha\pi \int \rho \, d(a^4 Y^{(1)} + a^5 Y^{(2)} + a^6 Y^{(3)} + \ldots) + \tfrac{1}{2}\alpha\varphi P \mu^2.$$

Si l'on substitue, au lieu de p' sa valeur $\dfrac{p''}{1 + 2\alpha y''}$, ou, à fort peu près, $p'' - 2\alpha P y''$, on aura l'expression précédente de p'', expression qui, comme l'on voit, embrasse les attractions des montagnes et, généralement, tous les effets des irrégularités du sphéroïde terrestre, pourvu que le point attiré en soit éloigné, car cette condition est nécessaire à l'existence de l'équation

$$0 = \frac{\partial V_1}{\partial r} + \tfrac{1}{2} V_1,$$

qui fait disparaître ces effets.

Si le sphéroïde terrestre était homogène, $d\rho$ serait nul, et l'on aurait

$$p'' = P\left[1 - \tfrac{1}{3}(\alpha l - \alpha \gamma'') + \tfrac{5}{4}\alpha \rho \mu^2\right],$$

P étant ici la pesanteur à l'équateur au niveau de la mer. On peut, au moyen de cette équation, vérifier l'hypothèse de cette homogénéité, car alors, en ajoutant à toutes les valeurs de p'', observées au moyen du pendule, la quantité $\tfrac{1}{3}P(\alpha l - \alpha \gamma'')$, l'expression de la pesanteur ainsi corrigée deviendrait $P(1 + \tfrac{5}{4}\alpha \rho \mu^2)$. Ainsi l'accroissement de la pesanteur serait $\tfrac{5}{4}\alpha \rho P \mu^2$; or on a $\tfrac{5}{4}\alpha \rho = 0,004325$; cet accroissement serait donc $0,004325 P\mu^2$. Les expériences multipliées du pendule dans les deux hémisphères indiquent un accroissement proportionnel à μ^2, ou au carré du sinus de la latitude; mais elles donnent à μ^2 un coefficient plus grand que le précédent, et à fort peu près égal à $0,0054 P$. L'hypothèse de l'homogénéité du sphéroïde terrestre est donc exclue par ces expériences; on voit même que l'hétérogénéité de ses couches doit s'étendre, depuis sa surface, fort au delà des quantités de l'ordre α, ou de l'aplatissement de la Terre, afin que la quantité

$$- \tfrac{3}{5}\alpha\pi \int d\rho\,(a^4 Y^{(1)} + a^5 Y^{(2)} + \dots)$$

soit de l'ordre α et devienne égale à

$$(0,0054\,P - 0,004325\,P)(\mu^2 - \tfrac{1}{3}).$$

IV. Comparons maintenant l'analyse aux observations. L'équation (1) donne à la surface de l'atmosphère, au-dessus des continents,

$$(\alpha \bar{y} + \alpha y'')\tfrac{1}{3}\pi \int \rho \, da^3$$
$$= \text{const.} + \tfrac{1}{4}\alpha\pi \int \rho \, d\left(\frac{a^4 Y^{(1)}}{3} + \frac{a^5 Y^{(2)}}{5} + \dots\right) + V_1 - \tfrac{1}{2}\alpha\gamma(\mu^2 - \tfrac{1}{3})\tfrac{1}{3}\pi\int \rho \, da^3;$$

elle donne ensuite, en observant que $\frac{\partial V_1}{\partial r} = -\frac{1}{2} V_1$, et que la valeur de $-\frac{1}{2} V_1$ étant fort convergente, il convient de la substituer au lieu de $\frac{\partial V_1}{\partial r}$,

$$p' = \text{const.} - \tfrac{1}{3}\pi \int \rho\, da^3\left(2\, x\bar{y} + 2\, x y''\right)$$
$$+ 4\,x\pi \int \rho\, d\left(\frac{2\, a^3 Y^{(1)}}{3} + \frac{3\, a^5 Y^{(2)}}{5} + \frac{4\, a^6 Y^{(3)}}{7} + \dots\right)$$
$$+ \tfrac{1}{2} V_1 + x\rho(\mu^2 - \tfrac{1}{3})\tfrac{1}{3}\pi \int \rho\, da^3.$$

Si l'on retranche de cette équation le double de la précédente, on aura

$$p' = \text{const.} + 4\,x\pi \int \rho\, d\left(\frac{a^3 Y^{(2)}}{5} + \frac{3\, a^5 Y^{(3)}}{7} + \dots\right)$$
$$- \tfrac{3}{2} V_1 + 2\, x\rho(\mu^2 - \tfrac{1}{3})\tfrac{1}{3}\pi \int \rho\, da^3.$$

En développant V_1 suivant les puissances de $\frac{1}{r}$, on aura une expression de cette forme

$$V_1 = \frac{U_1^{(0)}}{r} + \frac{U_1^{(1)}}{r^2} + \frac{U_1^{(2)}}{r^4} + \frac{U_1^{(3)}}{r^5} + \dots,$$

$U_1^{(i)}$ étant une fonction rationnelle et entière de μ, $\sqrt{1-\mu^2}\,\sin\omega$ et $\sqrt{1-\mu^2}\,\cos\omega$, assujettie à la même équation aux différences partielles que $Y^{(i)}$; l'équation précédente devient ainsi

$$p' = \text{const.} + 4\,x\pi \int \rho\, d\left(\frac{a^3 Y^{(2)}}{5} + 2\,\frac{a^5 Y^{(3)}}{7} + \dots\right)$$
$$- \tfrac{3}{2}(U_1^{(1)} + U_1^{(2)} + U_1^{(3)} + \dots) + 2\, x\rho(\mu^2 - \tfrac{1}{3})\tfrac{1}{3}\pi \int \rho\, da^3.$$

Il résulte des expériences nombreuses du pendule que l'on a, à fort peu près,

$$p' = \text{const.} + x q\, P(\mu^2 - \tfrac{1}{3}),$$

$x q$ étant à très peu près égal à 0,0054. De là il suit que la fonction

$$4\, x\pi \int \rho\, d\left(\frac{2\, a^5 Y^{(3)}}{7} + \frac{3\, a^7 Y^{(3)}}{9} + \dots\right) - \tfrac{3}{2}(U_1^{(1)} + U_1^{(3)} + U_1^{(4)} + \dots)$$

est très petite relativement au terme $\alpha q \, \mathrm{P}(\mu^2 - \tfrac{1}{3})$, et que la fonction

$$4\,\alpha\pi \int \rho\, d\left(\frac{a^5 \mathrm{Y}^{(1)}}{5}\right) - \tfrac{2}{3}\mathrm{U}_1^{(1)}$$

est à fort peu près égale à

$$(\alpha q - 2\alpha\varrho)\,\mathrm{P}(\mu^2 - \tfrac{1}{3}).$$

L'expression générale de cette fonction est de la forme

$$\mathrm{A}(\mu^2 - \tfrac{1}{3}) + \mathrm{A}^{(1)}\mu\sqrt{1 - \mu^2}\sin\omega + \mathrm{A}^{(2)}\mu\sqrt{1 - \mu^2}\cos\omega$$
$$+ \mathrm{A}^{(3)}(1 - \mu^2)\sin 2\omega + \mathrm{A}^{(4)}(1 - \mu^2)\cos 2\omega;$$

ainsi les constantes $\mathrm{A}^{(1)}$, $\mathrm{A}^{(2)}$, $\mathrm{A}^{(3)}$, $\mathrm{A}^{(4)}$ sont très petites relativement à la constante A, et l'on a, à fort peu près,

$$\mathrm{A} = \mathrm{P}(\alpha q - 2\alpha\varrho).$$

Les observations donnent

$$\alpha\varrho = \tfrac{1}{289} = 0,0034602;$$

on aura ainsi

$$\mathrm{A} = -0,00152\,\mathrm{P}.$$

On peut encore déterminer A au moyen des deux inégalités de la Lune, qui dépendent de l'aplatissement de la Terre. Il résulte du Chapitre II du Livre VII de la *Mécanique céleste*, que, si l'on désigne par $k(\mu^2 - \tfrac{1}{3})$ la partie de

$$\frac{4\,\alpha\pi}{5}\int \rho\, d(a^5 \mathrm{Y}^{(1)} + \mathrm{U}_1^{(1)}),$$

qui est indépendante de l'angle ω, l'inégalité lunaire en latitude, sera

$$\frac{k}{(g-1)\mathrm{T}}\, f^2 \sin\lambda . \cos\lambda . \sin u,$$

u étant la longitude de la Lune, $g - 1$ le rapport du moyen mouvement de ses nœuds à son moyen mouvement, f sa parallaxe, λ l'obli-

quité de l'écliptique, et T la masse de la Terre, à très peu près égale
à P. Suivant M. Burg, cette inégalité est, en secondes sexagésimales,

$$- 8'',0 \sin u ;$$

et la comparaison de quatre mille observations a conduit M. Burkhardt
au même résultat, qui donne

$$k = - 0,0015588\,P.$$

Maintenant, il est facile de voir que, si l'on nomme $Q(\mu^2 - \frac{1}{3})$ la
partie de $U_1^{(2)}$ indépendante de l'angle ω, on a

$$k = A + \frac{2}{5}Q ;$$

on a donc

$$A = - 0,0015588\,P - \frac{2}{5}Q.$$

Si l'on compare cette valeur de A à la précédente, conclue des expériences du pendule, on voit que $\frac{2}{5}Q$ est une quantité insensible, ce
qui indique que la masse de la mer est très petite, et qu'ainsi elle a
très peu de profondeur. En effet, on a vu précédemment que

$$\alpha y' = \text{const.} + \alpha y'' ;$$

les variations de la profondeur $\alpha y'$ de la mer sont donc du même ordre
que les élévations des grands plateaux des continents au-dessus de son
niveau, élévations dont les plus grandes n'excèdent pas 2000^{m}, et
dont la moyenne ne surpasse pas 1000^{m}. Cela joint au peu de densité
de la mer, rend la valeur de Q presque insensible. La comparaison des
deux valeurs de A donne

$$Q = - 0,0000152\,P ;$$

mais on sent combien les erreurs des observations et des expériences
répandent d'incertitude sur cette valeur.

Les mesures des degrés des méridiens, réduites au niveau de la
mer ou de l'atmosphère supposée, nous offrent un troisième moyen
pour obtenir A.

L'équation (1) donne

$$P(z\bar{y} + zy') = \text{const.} + 4\alpha\pi \int \rho\, d\left(\frac{a^5 Y^{(2)}}{5} + \frac{a^6 Y^{(3)}}{7} + \ldots\right) + U_1^{(1)} + U_1^{(2)} + U_1^{(3)} + \ldots - P\frac{\alpha?}{2}(\mu^2 - \tfrac{1}{3})$$

Les mesures des degrés s'écartent peu de la figure d'un ellipsoïde de révolution; elles présentent cependant des anomalies plus grandes que les longueurs du pendule, ce qui tient, en partie, aux erreurs dont les observations d'amplitude des arcs mesurés sont susceptibles, et qui sont beaucoup plus considérables, relativement à l'arc mesuré, que les erreurs des expériences du pendule, et, en partie, à ce que les petites irrégularités de la Terre affectent plus les degrés que les longueurs du pendule, comme je l'ai fait voir dans le Livre III de la *Mécanique céleste*. Mais, lorsque l'on compare des degrés éloignés, tels que ceux de France et de l'équateur, l'influence de ces irrégularités devient peu sensible. La comparaison des degrés dont je viens de parler a donné à M. Delambre

$$\alpha(\bar{y} + y') = \text{const.} - 0{,}00324(\mu^2 - \tfrac{1}{3}).$$

En comparant cette expression de $\alpha(\bar{y} + y'')$ à la précédente, on voit que les quantités $Y^{(2)}$, Y'', ..., $U_1^{(1)}$, $U_1^{(2)}$, ... sont très petites, comme cela résulte pareillement des expériences du pendule. La première de ces expressions donne, en désignant par

$$- \alpha h(\mu^2 - \tfrac{1}{3}), \quad - \alpha\bar{h}(\mu^2 - \tfrac{1}{3}), \quad - \alpha h''(\mu^2 - \tfrac{2}{3})$$

les parties de $\alpha Y^{(2)}$, $\alpha\bar{Y}^{(2)}$ et de $\alpha Y''^{(2)}$, qui sont indépendantes de l'angle ω,

$$- P(\alpha\bar{h} + \alpha h') = A + \tfrac{1}{2}Q - \frac{\alpha?}{2}P;$$

on aura donc, en substituant pour $- P(\alpha\bar{h} + \alpha h'')$ sa valeur

$$- 0{,}00324\,P,$$

que donnent les mesures des degrés de France et de l'équateur,

$$A = - 0,00151\,P - \tfrac{3}{2}Q.$$

On voit encore, par ces mesures, que $\tfrac{3}{2}Q$ est insensible; on a ainsi pour A ces trois valeurs

$$A = - 0,00152\,P,$$
$$A = - 0,0015588\,P - \tfrac{3}{2}Q,$$
$$A = - 0,00151\,P - \tfrac{3}{2}Q.$$

En supposant donc Q nul, ces valeurs s'accordent aussi bien qu'on peut le désirer.

La précession des équinoxes donne des limites entre lesquelles la valeur de A est comprise. Ce phénomène dépend de la somme des molécules du sphéroïde terrestre et de la mer, divisées par leurs distances respectives aux centres du Soleil et de la Lune. En supposant que r se rapporte au centre du Soleil, et que S soit la masse de cet astre, la partie de la précession annuelle due à cette action sera, en rejetant les quantités périodiques,

$$- \frac{1}{C\,n\,\sin\lambda}\, \frac{S}{r^3}\, \frac{d}{d\lambda} \left[\frac{4\,\alpha\pi}{3} \int \rho\, d(a^3 Y^2 + U_1^2) \right] T.$$

λ est l'obliquité de l'écliptique, n est la vitesse de rotation de la Terre, C est le moment d'inertie de la Terre par rapport à son axe de rotation; enfin T exprime une année julienne. (*Voir* la *Connaissance des Temps* pour l'année 1821, page 262).

Si l'on nomme ε le rapport de la masse de la Lune, divisée par le cube de sa moyenne distance à la Terre, à la masse du Soleil divisée par le cube de sa moyenne distance, et si l'on désigne par N la vitesse angulaire de la Terre autour du Soleil, on aura

$$\frac{S}{r^3} = N^2,$$

et la précession moyenne des équinoxes, en vertu des actions réunies du Soleil et de la Lune, sera

$$- \frac{N^2(1+\xi)}{Cn \sin\lambda} \frac{d}{d\lambda}\left[\frac{4\alpha\pi}{5} \int \rho\, d(a^3 Y^{(2)} + U_1^{(2)}) \right] T.$$

En supposant, comme ci-dessus, que la partie indépendante de ω, dans la fonction

$$\frac{4\alpha\pi}{5} \int \rho\, d(a^3 Y^{(2)} + U_1^{(2)}),$$

soit $k(\mu^2 - \frac{1}{3})$, μ sera le sinus de la déclinaison du Soleil. En nommant donc ε sa longitude, on aura

$$\mu = \sin\lambda \sin\varepsilon,$$

ce qui donne

$$\mu^2 = \tfrac{1}{2} \sin^2\lambda - \tfrac{1}{2} \sin^2\lambda \cos 2\varepsilon.$$

En négligeant les quantités périodiques dépendantes de l'angle ε, on aura

$$\mu^2 = \tfrac{1}{2} \sin^2\lambda,$$

et alors l'expression précédente de la précession annuelle devient

$$- \frac{k(1+\xi) N^2 T \cos\lambda}{Cn};$$

ainsi, en désignant par lT la précession annuelle observée, on aura

$$k = \frac{-CnlT}{NT(1+\xi) N \cos\lambda}.$$

On a, pour les n°s 2 et 13 du Livre V de la *Mécanique céleste*,

$$\frac{C}{P} = \frac{2}{5} \cdot \frac{\int \rho\, da^5}{\int \rho\, da^3},$$

P étant toujours la pesanteur, qui est à très peu près égale à la masse de la Terre, son rayon étant pris pour l'unité. On a ensuite, en secondes décimales,

$$lT = 155'',20, \qquad NT = 3999930'';$$

on a, de plus,

$$\frac{N}{n} = 0,00273033.$$

Enfin, par un milieu pris entre les résultats des phénomènes des marées, de la nutation, de la parallaxe lunaire et de l'équation lunaire des Tables du Soleil, on trouve

$$\varepsilon = 2,57;$$

on a donc

$$k = - \text{P}.0,001736 \cdot \frac{\int \rho \, da^3}{\int \rho \, da^3}$$

Si l'on compare cette valeur de k à celle que nous avons trouvée précédemment par les inégalités lunaires, et qui est

$$k = - \text{P}.0,0015588,$$

on voit que la fraction $\dfrac{\int \rho \, da^3}{\int \rho \, da^3}$ est un peu moindre que l'unité, ce qui doit être, si, conformément aux lois de l'Hydrostatique, la densité ρ des couches terrestres diminue du centre à la surface. Les limites de cette fraction étant zéro et l'unité, les limites de k sont

$$0 \quad \text{et} \quad -0,001736\,\text{P}.$$

Les trois valeurs précédentes de k sont entre ces limites; le milieu entre ces trois valeurs donne, à fort peu près,

$$k = - \text{P}.0,0015 3,$$

ce qui donne

$$(i) \qquad \int \rho \, da^3 = \frac{0,001736}{0,00153} . \int \rho \, da^5.$$

Supposons la densité ρ croître en progression arithmétique de la surface au centre, en sorte que (ρ) étant la densité de la couche extérieure du sphéroïde terrestre, la densité d'une de ses couches soit $(\rho)(1 + e - ea)$. On aura, en nommant D la moyenne densité de la Terre,

$$\text{D} = \int \rho \, da^3 = (\rho)(1 + \tfrac{1}{3}e);$$

et l'équation (i) donnera

$$\text{D} = 1,552\,(\rho).$$

En supposant la densité de la première écorce du sphéroïde terrestre égale à celle du granit, ou à trois fois la densité de l'eau prise pour unité, on aurait

$$D = 4{,}656,$$

ce qui s'accorde avec les observations de M. Maskelyne et avec la belle expérience de M. Cavendish, autant qu'on peut le désirer, vu l'incertitude des observations et des hypothèses que nous venons de faire sur la loi de densité des couches du sphéroïde terrestre et sur la densité de sa couche extérieure.

L'ellipticité $\alpha\bar{h} + \alpha h'$ de la surface de la mer est, par ce qui précède,

$$\tfrac{1}{2}\alpha q = \frac{A + \tfrac{5}{4}Q}{P}.$$

En prenant pour A le milieu des trois valeurs précédentes, on aura, pour cette ellipticité,

$$0{,}00326 + \frac{5}{6}\frac{Q}{P} \quad \text{ou} \quad 0{,}00326,$$

en négligeant le terme $\dfrac{5}{6}\dfrac{Q}{P}$.

Le rayon du sphéroïde terrestre est

$$1 + \alpha\bar{h}\left(\mu^2 - \tfrac{1}{3}\right) + \alpha x,$$

αx étant une quantité peu considérable par rapport à $\alpha\bar{h}$ et du même ordre que l'élévation moyenne des continents. Pareillement, l'expression du rayon de la surface de la mer est

$$\alpha l' + \left(\alpha h' + \alpha\bar{h}\right)\left(\mu^2 - \tfrac{1}{3}\right) + \alpha x',$$

$\alpha l'$ étant une constante et $\alpha x'$ étant de l'ordre de αx. La profondeur de la mer est, à très peu près, la différence de ces rayons, et par conséquent égale à

$$\alpha l' + \alpha h'\left(\mu^2 - \tfrac{1}{3}\right) + \alpha x' - \alpha x.$$

À l'équateur, les continents occupent une grande étendue sur laquelle cette expression devient négative. La mer y occupe une étendue plus grande encore, sur laquelle la même expression est positive. Dans le premier cas, $\alpha l' - \tfrac{1}{3}\alpha h'$ est moindre que $\alpha x - \alpha x'$;

dans le second cas, il est plus grand : $\alpha l' - \frac{1}{3}\alpha h'$ est donc une quantité de l'ordre de αx. Fort près du pôle boréal, où l'on a, à fort peu près, $\mu = 1$, la quantité $\alpha l' + \frac{2}{3}\alpha h' + \alpha x' - \alpha x$ est positive aux points que la mer recouvre et négative aux points qu'elle laisse à découvert : ainsi $\alpha l' + \frac{2}{3}\alpha h'$ est une quantité très petite de l'ordre αx; donc $\alpha l' - \frac{1}{3}\alpha h'$ étant du même ordre, la somme et la différence de ces deux quantités, ou $2\alpha l'$ et $\alpha h'$, seront encore de cet ordre. Par conséquent, la mer est peu profonde et ses profondeurs sont du même ordre que les élévations des continents au-dessus de son niveau.

De là il suit que la surface du sphéroïde terrestre est à peu près elliptique, et celle qui convient à l'équilibre de cette surface supposée fluide. Ses diverses couches sont elles-mêmes à peu près elliptiques, car on a vu que les quantités $Y^{(3)}$, $Y^{(4)}$, ... sont fort petites relativement à $Y^{(2)}$.

Tout cela suppose que les degrés mesurés à la surface du sphéroïde terrestre et réduits au niveau de l'atmosphère supposée sont ceux de la surface de cette atmosphère. Pour le démontrer, il suffit de faire voir que la direction de la pesanteur est, aux quantités près de l'ordre α, la même à la surface du sphéroïde et à la surface de l'atmosphère. L'angle que cette direction forme avec le rayon r dans le sens du méridien, par exemple, est égal au rapport de la différentielle du second membre de l'équation (1) du n° I, prise par rapport à θ et divisée par $d\theta$, à cette différentielle prise par rapport à r et divisée par $- dr$; or il est visible que ce rapport est, aux quantités près de l'ordre α^2, le même à la surface du sphéroïde qu'à celle de l'atmosphère.

V. Supposons maintenant qu'un vaste plateau recouvre une partie du sphéroïde terrestre, et déterminons la loi de pesanteur à la surface de ce plateau. Nommons $1 + \alpha\overline{y} + \alpha y$, le rayon mené du centre de la Terre à ce plateau, en sorte que αy, soit l'élévation d'un de ses points au-dessus du sphéroïde. Soit $\alpha y''$ l'élévation au-dessus du plateau du point correspondant de l'atmosphère supposée. Si l'on conçoit deux sphéroïdes dont les rayons soient $1 + \alpha \bar{y}$ et $1 + \alpha \bar{y} + \alpha y_{\prime\prime}$, le plateau sera évidemment l'excès du second sphéroïde sur le premier, plus la partie de la différence des deux sphéroïdes correspondante à $y_\prime$ négatif. Soient, relativement aux deux sphéroïdes et à cette partie de leur différence, $V_\prime$, $V_{\prime\prime}$, V_π les sommes de leurs molécules divisées par leurs distances au point attiré de l'atmosphère; on aura l'équation de l'équilibre de cette atmosphère, en augmentant, dans l'équation (1), V' de la quantité $V_{\prime\prime} - V_\prime + V_\pi$. En différentiant le second membre de cette équation par rapport à r, et le divisant par $- dr$, on aura l'expression de la pesanteur p' à la surface de l'atmosphère. On retranchera ensuite de cette expression le second membre de l'équation (1), multipliée par $\frac{1}{2}$, et l'on observera que, relativement à un sphéroïde quelconque de la densité $\rho_\prime$, on a, par ce qui précède,

$$\frac{\partial V}{\partial r} + \tfrac{1}{2} V = 2 \alpha \pi \rho_\prime h,$$

h étant la hauteur du point attiré au-dessus de la surface du sphéroïde; ce qui donne, en représentant par ρ, la densité du plateau,

$$\frac{\partial V_\prime}{\partial r} + \tfrac{1}{2} V_\prime = 2 \alpha \pi \rho_\prime (y_\prime + y^{\prime\prime}),$$

$$\frac{\partial V_\pi}{\partial r} + \tfrac{1}{2} V_\pi = 2 \alpha \pi \rho_\prime y^{\prime\prime};$$

on a ensuite

$$\frac{\partial V_\pi}{\partial r} + \tfrac{1}{2} V_\pi = 0,$$

$$\frac{\partial V'}{\partial r} + \tfrac{1}{2} V' = 0;$$

on aura ainsi

$$p' = \text{const.} - 2 \alpha \pi \left(\bar{y}_\prime + y_\prime + y^{\prime\prime} \right) \int \rho \, d\omega$$

$$+ 2 \alpha \pi \int \rho \, d(a^\prime Y^{(1)} + a^3 Y^{(2)} + a^5 Y^{(3)} + \dots)$$

$$+ 2 \alpha \pi \rho_\prime y_\prime + \tfrac{5}{4} \alpha \varphi P \mu^2.$$

Si l'on désigne par $p_\prime$ la pesanteur à la surface du plateau, il faudra, pour l'obtenir, augmenter p' de la quantité $2\mathrm{P}\alpha y''$; on aura donc

$$p_1 = \text{const.} - 2\alpha\pi(\bar{y} + y_1 + y'')\int \rho\,da^3$$
$$+ 2\alpha\pi\int \rho\,d(a^4\,\mathrm{Y}^{(1)} + a^5\,\mathrm{Y}^{(2)} + \ldots)$$
$$+ 2\alpha\pi\rho_1 y_1 + 2\mathrm{P}ay'' + \tfrac{3}{5}\alpha\rho\mathrm{P}\mu^2.$$

Si le sphéroïde terrestre était homogène, cette équation donnerait

$$(o)\qquad \mathrm{P}_1 = \mathrm{P}[1 - \tfrac{1}{2}(\alpha l - \alpha y'') + \tfrac{3}{5}\alpha\rho\mu^2 - \tfrac{1}{2}\alpha(1 - \rho_1)(y_1 - k)],$$

k étant la valeur de y, au bord de la mer, à l'équateur et au point où
la pesanteur est P, et ρ_1 étant ici le rapport de la densité du plateau
à la moyenne densité de la Terre. Si ces deux densités étaient égales,
on aurait

$$p_1 = \mathrm{P}[1 - \tfrac{1}{2}(\alpha l - \alpha y'') + \tfrac{3}{5}\alpha\rho\mu^2)].$$

En appliquant cette formule aux expériences de Bouguer sur la
pesanteur, à Quito, au bord de la mer et à l'équateur, on a

$$- \tfrac{1}{2}(\alpha l - \alpha y'')\mathrm{P}$$

pour la diminution de la pesanteur à Quito; $\alpha l - \alpha y''$ est la hauteur
de Quito au-dessus du niveau de la mer, et cette hauteur est $\frac{1}{2217}$, le
rayon terrestre étant pris pour unité; la diminution de la pesanteur
à Quito serait donc $\frac{1}{4434}$. L'expérience donne $\frac{1}{1434}$ pour cette diminution, c'est-à-dire une quantité plus que triple de la précédente; ainsi
l'hypothèse du sphéroïde terrestre homogène et de même densité que
les Cordillères est exclue par les observations du pendule qui prou-
vent incontestablement que la moyenne densité de la Terre surpasse
la densité de ces montagnes.

L'expression de p_1, donnée par l'équation (o), aurait encore lieu
pour un point situé sous l'équateur si le sphéroïde terrestre était de
révolution, comme il est facile de s'en assurer. On peut d'ailleurs
supposer sans erreur sensible, relativement à Quito, que $\alpha(y - k)$
exprime la hauteur de cette ville au-dessus du niveau de la mer,
hauteur égale à $\alpha l - \alpha y'''$; on aura ainsi

$$p_1 = \mathrm{P}[1 - (2 - \tfrac{1}{2}\rho_1)(\alpha l - \alpha y'')].$$

La diminution de la pesanteur, depuis le bord de la mer jusqu'à Quito, serait donc

$$(2 - \tfrac{3}{2}l)(\alpha l - \alpha r'').$$

En substituant, au lieu de $\alpha l - \alpha r''$, $\frac{1}{1191}$, et en égalant la diminution précédente à la diminution observée $\frac{1}{1311}$, on trouve

$$\rho_1 = 0,2129.$$

La densité des Cordillères est donc peu différente de celle de l'eau qui, suivant l'expérience de Cavendish, est $0,182$, la moyenne densité de la Terre étant prise pour unité. Le peu de densité de ces montagnes résulte encore du peu d'effet de leur attraction sur le fil à plomb dans les observations des astronomes français, qui ont remarqué que ces montagnes, comme étant volcaniques, doivent renfermer de grandes cavités dans leur intérieur.

L'expression précédente de p_1 est déduite de la considération du plateau, comme résultant de la différence de deux sphéroïdes très peu différents d'une même sphère; et, vu la rapidité avec laquelle le plateau sur lequel la ville de Quito est située s'élève à partir du bord de la mer, cette considération peut sembler inexacte. Mais cette expression est encore très approchée en considérant ce plateau comme la partie supérieure d'une montagne dont les dimensions horizontales sont beaucoup plus grandes que sa hauteur, ce qui est à peu près conforme à la nature. Si l'on conçoit une série de couches circulaires horizontales et disposées de manière que leurs centres soient sur une verticale et que l'on place Quito au centre de la tranche supérieure; en nommant ρ_1 la densité de ces couches, R le rayon de l'une d'elles, dont r est la distance de son centre à Quito, la somme des molécules de cette couche, divisées par leurs distances à Quito, sera

$$2\pi\rho_1(\sqrt{r^2 + R^2} - r).$$

R étant supposé fort grand relativement à r, cette fonction se réduit, à fort peu près, à

$$2\pi\rho_1(R - r);$$

elle reste donc toujours très petite si, comme on doit le supposer ici,
R est une petite fraction du rayon terrestre; elle n'apporte ainsi qu'un
terme insensible dans l'équation de l'équilibre de l'atmosphère, et par
conséquent la somme de ces fonctions ne produit aucun changement
sensible dans la valeur de $\alpha y'''$. Il n'en est pas de même de la pesanteur p_1. L'attraction de la couche que nous venons de considérer produit un accroissement égal à la différentielle de la fonction précédente, prise par rapport à r et divisée par $- dr$, et par conséquent
égale à $2\pi p_1$: ainsi, par l'attraction de la montagne, cet accroissement sera

$$2\pi p_1 r',$$

r' étant la hauteur de la montagne, hauteur toujours égale à $\alpha l - \alpha y'''$,
puisque $\alpha y'''$ n'est point altéré sensiblement par cette attraction. La
pesanteur sera donc augmentée de la quantité

$$\tfrac{3}{2} p_1 \mathrm{P}(\alpha l - \alpha y'''),$$

ce qui est conforme à ce qui précède. On déterminera, par la même
analyse, la variation de la pesanteur, due à un corps dense ou à une
cavité située dans l'intérieur de la Terre.

Considérons maintenant l'effet de l'attraction d'une montagne sur
la mesure des degrés du méridien. L'expression d'un degré du méridien, mesuré sur la surface de l'atmosphère supposée, est, en exprimant par c un degré moyen,

$$c\left(1 + \alpha y + \alpha \frac{d^2 y}{d\theta^2}\right),$$

θ étant la latitude du milieu de ce degré et $1 + \alpha y$ étant le rayon mené
du centre de la Terre à ce milieu. Concevons maintenant une mon-
tagne dont la masse soit m et θ' la latitude. La distance de cette
montagne au milieu du degré mesuré sera $2\sin\tfrac{1}{2}\gamma$, γ étant l'angle
que forment entre eux les deux rayons terrestres, menés à la mon-
tagne et au milieu du degré. En considérant ce milieu comme un
point attiré par la montagne, la masse de la montagne, divisée par

sa distance à ce point, sera $\dfrac{m}{2\sin\frac{1}{2}\gamma}$. C'est la quantité dont la valeur de V'' de l'équation (1) du n° I s'accroît par l'accession de la montagne. Cette accession ajoute donc à la valeur du rayon terrestre mené à la surface de l'atmosphère, que donne cette équation, le terme

$$\frac{m}{2P\sin\frac{1}{2}\gamma},$$

P étant la masse de la Terre.

De là il suit que l'accession de la montagne ajoute au degré mesuré la quantité

$$(i)\qquad \frac{mc}{2P}\left(\frac{1}{\sin\frac{1}{2}\gamma}+\frac{d^2}{d\vartheta^2}\frac{1}{\sin\frac{1}{2}\gamma}\right)$$

ou

$$\frac{mc}{2P\sin\frac{1}{2}\gamma}\left[1-\frac{1}{4}\left(\frac{d\gamma}{d\vartheta}\right)^2+\frac{\left(\frac{d\gamma}{d\vartheta}\right)^2-\frac{d^2\gamma}{d\vartheta^2}\frac{1}{2}\sin\gamma}{2\sin^2\frac{1}{2}\gamma}\right].$$

On a

$$\cos\gamma=\cos\vartheta\cos\vartheta'+\sin\vartheta\sin\vartheta'\cos(\omega'-\omega);$$

ω et ω' étant les longitudes du milieu du degré mesuré et de la montagne. Si la montagne est dans la direction même du degré mesuré, on a

$$\gamma=\pm(\vartheta'-\vartheta).$$

Le signe $+$ ayant lieu si la montagne est plus près du pôle que le point attiré, le signe $-$ a lieu dans le cas contraire; la quantité précédente devient

$$\pm\frac{mc}{2P\sin\frac{1}{2}(\vartheta'-\vartheta)}\left[\frac{3}{4}+\frac{1}{2\sin^2\frac{1}{2}(\vartheta'-\vartheta)}\right].$$

Le second terme de cette expression est le seul sensible lorsque la montagne est peu éloignée de l'arc mesuré. Pour une montagne de même densité que la Terre et égale à une sphère dont le rayon serait $\frac{1}{1000}$ du rayon terrestre, et qui serait éloignée du point attiré de $\frac{1}{50}$ de ce dernier rayon, ce terme donnerait 25^{m} d'accroissement dans le degré décimal du méridien : cet accroissement resterait le même si l'on doublait le rayon de la sphère égale à la montagne, ainsi que son éloignement. Une sphère d'un pareil rayon aurait une masse bien supérieure à celle des plus hautes montagnes de la Terre.

Si la montagne était assez près de l'arc mesuré pour que la moitié de cet arc fût une partie sensible de sa distance, alors il faudrait, dans l'expression (i) de l'effet de la montagne, changer c en $d\theta$ et l'intégrer, ce qui donne

$$\frac{m}{2\mathrm{P}}\left(\frac{d}{d\theta}\,\frac{1}{\sin\frac{1}{2}\gamma}+\int\frac{d\theta}{\sin\frac{1}{2}\gamma}+\text{const.}\right),$$

la constante devant être déterminée par la condition que cette fonction soit nulle à la première extrémité de l'arc mesuré. Si la montagne est dans la direction du méridien, cette fonction devient

$$\frac{m}{2\mathrm{P}}\left[2\log\frac{\operatorname{tang}\frac{1}{4}(\theta'-\theta_{,})}{\operatorname{tang}\frac{1}{4}(\theta'-\theta_{,,})}+\frac{1}{2}\,\frac{\cos\frac{1}{2}(\theta'-\theta_{,,})}{\sin^2\frac{1}{2}(\theta'-\theta_{,,})}-\frac{1}{2}\,\frac{\cos\frac{1}{2}(\theta'-\theta_{,})}{\sin^2\frac{1}{2}(\theta'-\theta_{,})}\right],$$

$\theta_{,}$ et $\theta_{,,}$ étant les latitudes des deux extrémités de l'arc mesuré c, dont le milieu a θ pour latitude. Lorsque $\theta'-\theta_{,}$ et $\theta-\theta_{,,}$ sont de petits arcs, cette fonction se réduit à peu près à

$$\frac{\frac{2mc}{\mathrm{P}}(\theta'-\theta)}{\left[(\theta'-\theta)^2-\frac{1}{4}c^2\right]},$$

cette quantité exprime d'une manière fort approchée l'action de la montagne lorsqu'elle devient sensible.

Nous n'avons considéré jusqu'ici que l'action directe de la montagne; mais elle a sur la mesure du degré une action indirecte, en changeant la figure de la mer, qui, par là, change la figure de l'atmosphère supposée. Nous allons faire voir que l'effet de cette action indirecte est insensible.

L'équation (4) du n° I donne, pour la variation de $\alpha y'$, due à l'action de la montagne,

$$\frac{m}{2\mathrm{P}\sin\frac{1}{2}\gamma'},$$

γ' étant l'angle compris entre les rayons terrestres menés à la montagne et à une molécule de la surface de la mer. L'élément de la mer, dû à cette variation, est donc le produit de cette quantité par $d\gamma'\sin\gamma'\,d\varepsilon'$, ε' étant l'angle que l'arc intercepté entre cette molécule et la montagne forme avec le méridien de la montagne. L'action de cet élément de la mer produit, dans la valeur de $\alpha y''$, en vertu de l'équation (1), transportée à la partie de la surface de l'atmosphère qui s'élève au-dessus des continents, le terme

$$\frac{m\,d\gamma'\,d\varepsilon'\sin\gamma'}{3\,\mathrm{P}\sin\frac{1}{2}\gamma'}\cdot\frac{1}{2\,\mathrm{P}\sin\frac{1}{4}\gamma'},$$

γ'' étant l'angle formé par les rayons terrestres menés aux molécules de la mer et de l'atmosphère. La variation de $\alpha y'$, due à l'action de la montagne sur la mer, est

$$\int\int \frac{m\,d\gamma'\,d\varepsilon'\cos\frac{1}{2}\gamma'}{\mathrm{P}}\cdot\frac{1}{2\,\mathrm{P}\sin\frac{1}{4}\gamma''};$$

cette double intégrale n'a de valeur sensible que dans le petit espace où $\sin\frac{1}{2}\gamma''$ est une très petite quantité, et alors il est visible qu'elle est beaucoup moindre que la variation $\dfrac{m}{2\,\mathrm{P}\sin\frac{1}{2}\gamma'}$, introduite dans $\alpha y''$ par l'action directe de la montagne.

En suivant les raisonnements qui nous ont conduit à l'équation (7) du n° III, on voit qu'elle subsiste encore dans le cas où l'on suppose une montagne sensiblement éloignée de l'observateur. La variation de la pesanteur, due à l'action de la montagne, est donc le produit de $\frac{1}{2}\mathrm{P}$ par la variation correspondante de $\alpha y''$ ou par $\dfrac{m}{2\,\mathrm{P}\sin\frac{1}{2}\gamma'}$; ainsi la variation de la pesanteur est beaucoup plus petite que la variation correspondante du degré du méridien.

Nous observerons à cette occasion que l'existence de l'équation (a) du n° I contribue singulièrement à la régularité de la pesanteur et de la variation du pendule.

VI. Je terminerai ces recherches par les considérations suivantes sur la stabilité de la figure de la Terre. Cette stabilité repose sur ces deux conditions : savoir, que la mer soit en équilibre et que la Terre tourne autour d'un axe invariable relativement à sa surface. J'ai prouvé, dans la *Connaissance des Temps* de 1821, la possibilité d'un pareil axe, lorsque la mer recouvre tout le sphéroïde terrestre, et je suis parvenu à ce théorème :

La Terre étant supposée un sphéroïde formé de couches de densités variables suivant une loi quelconque, et recouvert d'un fluide; que l'on imagine un second sphéroïde qui pénètre le premier, et dont les couches soient les mêmes, avec la seule différence que leurs densités soient diminuées de la densité du fluide : si l'on fait tourner le premier sphéroïde autour de l'un des axes principaux du second, le fluide pourra toujours être en équilibre, et alors la figure et l'axe de rotation seront invariables; en sorte que les trois axes principaux du sphéroïde imaginaire deviendront ceux de la Terre entière.

Dans la nature, la mer laisse à découvert une partie du sphéroïde terrestre; mais on voit, par l'analyse précédente, que, en faisant tourner ce sphéroïde autour d'un axe quelconque retenu dans une position fixe, la mer pourra toujours prendre une figure d'équilibre. En supposant nulle la densité ρ de la mer, l'axe principal de rotation du sphéroïde sera celui de la Terre entière. Si l'on nomme x, y, z les trois coordonnées d'une molécule dm de la mer, rapportées à cet axe et aux deux autres axes principaux, les trois intégrales $\int xy\, dm$, $\int xz\, dm$, $\int yz\, dm$, étendues à tout l'océan, seront nulles, parce que dm est proportionnel à ρ supposé nul; mais, si ρ n'est pas nul, les valeurs de ces intégrales s'opposeront, par les propriétés connues des axes principaux, à ce que l'axe principal du sphéroïde soit celui de la Terre entière. Prenons maintenant pour nouvel axe fixe de rotation l'axe principal du corps formé par le sphéroïde terrestre et par la mer dans ce premier état d'équilibre, la durée de rotation étant toujours supposée la même. Soient x', y', ζ' les coordonnées d'une molécule dm de la mer, dans ce premier état, et rapportées aux nouveaux axes principaux; la mer ne sera plus alors en équilibre, mais elle prendra un second état d'équilibre autour du nouvel axe de rotation. Soient alors x'', y'', ζ'' les coordonnées d'une molécule dm de la mer; il est facile de voir que les valeurs des fonctions $\int x''y'' \, dm - \int x'y' \, dm$, $\int x''\zeta'' \, dm - \int x'\zeta' \, dm$, $\int y''\zeta'' \, dm - \int y'\zeta' \, dm$ s'opposent à ce que ce nouvel axe soit un axe principal : or x'', y'', ζ'' ne diffèrent de x', y', ζ' que de quantités de l'ordre ρ, puisque leur différence est due à l'écart du second axe de rotation du premier, écart qui serait nul avec ρ, et qui est par conséquent de l'ordre ρ. Les valeurs des fonctions précédentes sont donc de l'ordre ρ^2. Prenons encore pour troisième axe fixe de rotation l'axe principal du corps formé par le sphéroïde terrestre et par la mer dans son second état d'équilibre. Ce troisième axe ne s'écartera du second que d'une quantité de l'ordre ρ^2, car les valeurs qu'il faut détruire par un déplacement du second axe pour en former un axe principal étant de cet ordre, ce déplacement sera du même ordre. Soient x''', y''', ζ''' les coordonnées d'une molécule dm de la mer dans son second état d'équilibre et rapportées au troisième axe de rotation. Soient, de plus, x^{iv}, y^{iv}, ζ^{iv} les coordonnées de cette molécule dans le troisième état d'équilibre; les valeurs des fonctions $\int x^{iv}y^{iv} \, dm - \int x'''y''' \, dm$, $\int x^{iv}\zeta^{iv} \, dm - \int x'''\zeta''' \, dm$, $\int y^{iv}\zeta^{iv} \, dm - \int y'''\zeta''' \, dm$ s'opposent à ce que le troisième axe de rotation soit un axe principal. Mais l'écart de ce troisième axe du second n'étant que de l'ordre ρ^2, x^{iv}, y^{iv}, ζ^{iv} ne diffèrent de x''', y''', ζ''' que de quantités de cet ordre; les valeurs des fonctions précédentes sont donc de l'ordre ρ^3. En continuant ainsi, on voit que ces fonctions décroissent sans cesse, et qu'à leurs limites l'axe de rotation devient un axe principal, la mer étant en équilibre, ce qui démontre la possibilité d'un pareil axe. Son existence est prouvée par toutes les observations astronomiques suivant lesquelles les hauteurs du pôle sont invariables, et qui, de plus, font voir que les mouvements primitifs de cet axe sont depuis longtemps anéantis, et que la durée du jour moyen, prise généralement pour étalon de temps, est constante. Je n'ai point eu égard aux variations de la rotation, dues aux passages de la mer d'un état d'équilibre à un nouvel état d'équilibre. Ces variations ne pouvant être que de l'ordre $\alpha \rho$, la variation qui en résulte dans la force centrifuge et, par conséquent, dans la figure de la mer, est de l'ordre $\alpha^2 \rho$, quantité que nous avons négligée.

ADDITION AU MÉMOIRE

SUR

LA FIGURE DE LA TERRE.

ADDITION AU MÉMOIRE

SUR

LA FIGURE DE LA TERRE.

Mémoires de l'Académie des Sciences, IIe Série, T. III, 1818; 1820.

Les expériences multipliées du pendule ont fait voir que l'accroissement de la pesanteur suit une marche fort régulière et, à très peu près, proportionnelle au carré du sinus de la latitude. Cette force étant la résultante des attractions de toutes les molécules terrestres, ses observations comparées à la théorie de l'attraction des sphéroïdes offrent le seul moyen qui puisse nous faire pénétrer dans la constitution intérieure de la Terre; et, sous ce rapport, elles sont très importantes pour l'avancement de la Géologie. J'ai publié sur cet objet, dans le Volume précédent (¹), un théorème fondé sur une propriété remarquable de l'attraction que les corps placés à la surface d'une sphère exercent sur un point situé près de cette surface.

Si l'on imagine un fluide très rare et qui, en s'élevant à une petite hauteur, enveloppe la Terre entière et ses montagnes, ce fluide prendra un état d'équilibre, et j'ai fait voir, dans le Volume cité, que les points de sa surface extérieure seront tous également élevés au-dessus de la mer. Les points intérieurs des continents, autant abaissés que ceux de la surface de la mer, au-dessous de la surface extérieure du fluide supposé, forment par leur continuité ce que je nomme *niveau prolongé de la mer*. La hauteur d'un point des continents au-dessus de ce niveau sera déterminée par la différence de pression du fluide à ce point et au niveau de la mer, différence que

______

(¹) *Voir* le Mémoire qui précède.

les observations du baromètre feront connaitre, car notre atmosphère, supposée réduite partout à sa densité moyenne, devient le fluide que nous venons d'imaginer.

Cela posé, concevons que la Terre soit un sphéroïde homogène d'une forme quelconque et recouvert en partie par la mer. Si l'on prend pour unité la longueur du pendule à secondes à l'équateur, et si à la longueur de ce pendule, observée à un point quelconque de la surface du sphéroïde terrestre, on ajoute la moitié de la hauteur de ce point au-dessus du niveau de l'océan, hauteur que donne l'observation barométrique, l'accroissement de cette longueur ainsi corrigée sera égal au produit du carré du sinus de la latitude par $\frac{5}{4}$ du rapport de la force centrifuge à la pesanteur à l'équateur ou par $\frac{11}{10000}$.

Ce théorème est vrai à très peu près, quelles que soient la densité de la mer et la manière dont elle recouvre en partie la Terre, dans le cas même où la surface des continents serait discontinue et formée de plusieurs surfaces tangentes les unes aux autres : il s'étend aux plateaux élevés, un peu vastes, pourvu qu'ils soient de même densité que le sphéroïde terrestre. Enfin, il n'est point sensiblement altéré par l'attraction des montagnes éloignées. Il me parait mériter d'autant plus l'attention des analystes, que, dans tous ces cas où il donne une expression si simple de la pesanteur, il est impossible de déterminer la figure de la mer.

Les expériences du pendule faites dans les deux hémisphères s'accordent à donner au carré du sinus de la latitude un coefficient qui surpasse $\frac{11}{10000}$ et à peu près égal à $\frac{51}{10000}$; il est donc bien prouvé, par ces expériences, que la Terre n'est point homogène dans son intérieur et que les densités de ses couches croissent de la surface au centre.

Mais la Terre, hétérogène dans le sens mathématique, serait homogène dans le sens chimique si l'accroissement de la densité de ses couches n'était dû qu'à l'accroissement de la pression qu'elles éprouvent à mesure qu'elles sont plus près du centre. On conçoit, en effet, que le poids immense des couches supérieures peut augmenter con-

sidérablement leur densité, dans le cas même où elles ne seraient pas
fluides, car on sait que les corps solides se compriment par leur
propre poids. La loi des densités résultantes de ces compressions
étant inconnue, nous ne pouvons pas savoir jusqu'à quel point la
densité des couches terrestres peut ainsi s'accroître. La densité d'un
gaz quelconque est proportionnelle à sa compression lorsque sa température reste la même. Cette loi, trouvée juste dans les limites de
densité des gaz où l'on a pu l'éprouver, ne peut évidemment convenir
aux liquides et aux solides dont la densité est très grande relativement à celle des gaz, lorsque la pression est très petite ou nulle. Il
est naturel de penser que ces corps résistent d'autant plus à la compression qu'ils sont plus comprimés; en sorte que le rapport de la
différentielle de la pression à celle de la densité, au lieu d'être constant, comme dans les gaz, croit avec la densité : la fonction la plus
simple qui puisse représenter ce rapport est la première puissance de
la densité multipliée par une constante. C'est celle que j'ai adoptée,
parce qu'elle réunit à l'avantage de représenter de la manière la plus
simple ce que nous savons sur la compression des liquides et des
solides, celui de se prêter facilement au calcul dans la recherche de
la figure de la Terre. Jusqu'ici les géomètres n'ont point fait entrer
dans cette recherche l'effet résultant de la compression des couches.
M. Young vient d'appeler leur attention sur cet objet, par la remarque
ingénieuse que l'on peut expliquer de cette manière l'accroissement
de densité des couches du sphéroïde terrestre. J'ai pensé que l'on
verrait avec intérêt l'analyse suivante, de laquelle il résulte qu'il est
possible de satisfaire ainsi à tous les phénomènes connus dépendant
de la loi de densité de ces couches. Ces phénomènes sont : les variations des degrés des méridiens et de la pesanteur; la précession des
équinoxes; la nutation de l'axe terrestre; les inégalités que l'aplatissement de la Terre produit dans le mouvement de la Lune; enfin le
rapport de la moyenne densité de la Terre à celle de l'eau, rapport que
Cavendish a fixé, par une belle expérience, à $5\frac{1}{2}$. En partant de la loi
précédente sur la compression des liquides et des solides, je trouve

que, si la Terre était entièrement formée d'eau, son aplatissement serait $\frac{1}{360}$; le coefficient du carré du sinus de la latitude, dans l'expression de la longueur du pendule à secondes, serait $\frac{59}{10000}$; et la densité moyenne de la Terre serait neuf fois celle de l'eau. Tous ces résultats s'écartent des observations au delà des limites des erreurs dont elles sont susceptibles.

Si l'on suppose la Terre formée d'une substance homogène dans le sens chimique, dont la densité soit $2\frac{1}{4}$ de celle de l'eau commune, et qui, comprimée par une colonne verticale de sa propre substance, égale à la millionième partie du demi-axe terrestre, augmente en densité de 5,5345 millionièmes de sa densité primitive, on satisfait à tous les phénomènes que je viens de citer. L'existence d'une telle substance est très admissible et il y en a vraisemblablement de pareilles à la surface de la Terre. Au reste, je suis loin d'affirmer que ce cas soit celui de la nature; il est même probable, vu la grande variété des substances qui sont à la surface de la Terre, que, dans l'intérieur de cette planète, il en existe semblablement un grand nombre qui n'ont pu être disposées régulièrement autour de son centre de gravité que dans un état primitif de fluidité due à une chaleur excessive. Mais l'hypothèse d'une substance unique, dont les couches ne varient en densité que par la compression qu'elles éprouvent, n'offrant rien d'impossible, elle m'a paru digne de l'attention des géomètres.

Je suppose la température uniforme dans toute l'étendue du sphéroïde terrestre; mais il est possible que la chaleur soit plus grande vers le centre, et cela serait ainsi dans le cas où la Terre, douée primitivement d'une grande chaleur, se refroidirait continuellement. L'ignorance où nous sommes de la constitution intérieure de cette planète ne nous permet pas de calculer la loi de ce refroidissement et la diminution qui en résulte dans la température moyenne des climats; mais nous pouvons établir d'une manière certaine que cette diminution est insensible depuis deux mille ans.

Imaginons, dans un espace d'une température constante, une sphère douée d'un mouvement de rotation; concevons ensuite qu'après un

long temps la température de l'espace diminue d'un degré; la sphère
finira par prendre ce nouveau degré de température : sa masse n'en
sera point altérée, mais ses dimensions diminueront d'une quantité
que je suppose être 1 cent-millième, ce qui a lieu à peu près pour le
verre. En vertu du principe des aires, la somme des aires que chaque
molécule de la sphère décrit autour de son axe de rotation sera, dans
un temps donné, la même qu'auparavant. Il est facile d'en conclure
que la vitesse angulaire de rotation sera augmentée de 1 cinquante-
millième. Ainsi, en supposant que la durée de la rotation soit d'un
jour ou de cent mille secondes décimales, elle sera diminuée de deux
secondes par la diminution d'un degré dans la température de l'espace. Si l'on étend cette conséquence à la Terre, et si l'on considère
que la durée du jour n'a pas varié, depuis Hipparque, d'un centième
de seconde, comme je l'ai fait voir par la comparaison des observations avec la théorie de l'équation séculaire de la Lune, on jugera que,
depuis cette époque, la variation de la chaleur intérieure de la Terre
est insensible. A la vérité, la dilatation, la chaleur spécifique, la per-
méabilité plus ou moins grande à la chaleur et la densité des diverses
couches du sphéroïde terrestre, toutes choses inconnues, peuvent
mettre une différence sensible entre les résultats relatifs à la Terre et
ceux de la sphère que nous venons de considérer, suivant lesquels une
diminution d'un centième de seconde dans la durée du jour répond à
une diminution d'un deux-centième de degré dans la température;
mais cette différence ne peut jamais élever d'un deux-centième de
degré à un dixième la perte de la chaleur terrestre, correspondante à
la diminution d'un centième de seconde dans la durée du jour. On
voit même que la diminution d'un centième de degré près de la surface suppose une diminution plus grande dans la température des
couches inférieures, car on sait qu'à la longue la température de
toutes les couches diminue suivant la même progression géométrique :
en sorte que la diminution d'un degré près de la surface répond à des
diminutions plus grandes dans les couches plus voisines du centre.
Les dimensions de la Terre et son moment d'inertie diminuent donc

plus que dans le cas de la sphère que nous avons imaginée. Il suit de
là que, si dans la suite des temps l'on observe quelques changements
dans la hauteur moyenne du thermomètre placé au fond des caves de
l'Observatoire, il faudra l'attribuer, non à une variation dans la température moyenne de la Terre, mais à un changement dans le climat
de Paris, dont la température peut varier par beaucoup de causes accidentelles. Il est remarquable que la découverte de la vraie cause de
l'équation séculaire de la Lune nous fasse connaître en même temps
l'invariabilité de la durée du jour et celle de la température de la
Terre, depuis l'époque des plus anciennes observations.

Je reprends l'équation (1) du n° 29 du Livre III de la *Mécanique céleste;* en la différentiant et ne comparant que les termes constants de
ses deux membres, on aura

$$\frac{d\Pi}{\rho} = -\frac{4\pi\,da}{a^2}\int \rho\,a^2\,da.$$

Π est ici la pression à la surface d'une courbe de niveau du sphéroïde
terrestre dont le rayon est a; ρ est la densité de cette couche, et π est
le rapport de la circonférence au diamètre. L'intégrale doit être prise
depuis $a = 0$. Maintenant, si l'on suppose $d\Pi = 2k\rho\,d\rho$, k étant une
constante, on aura

$$\Pi = k\rho^2 - k(\rho)^2;$$

(ρ) étant la densité à la surface où Π est nul; l'équation précédente
donnera donc

$$\frac{d\rho}{da} = -\frac{n^2}{a^2}\int \rho\,a^2\,da,$$

en faisant $n^2 = \frac{2\pi}{k}\cdot$ Supposons $\rho' = a\rho$, on aura

$$a^2\,d\rho = a\,d\rho' - \rho'\,da;$$

l'équation précédente devient ainsi

$$\frac{a\,d\rho'}{da} - \rho' = -n^2\int a\rho'\,da.$$

En différentiant, on aura

$$\frac{d^2\rho'}{da^2} + a^2\rho' = 0.$$

L'intégrale de cette équation est

$$\rho' = A \sin an + B \cos an,$$

A et B étant deux constantes arbitraires; on aura donc

$$\rho = \frac{A}{a} \sin an + \frac{B}{a} \cos an.$$

La densité n'étant point infinie au centre où a est nul, on a

$$B = 0,$$

par conséquent

$$\rho = \frac{A}{a} \sin an.$$

Telle est donc la loi de densité des couches du sphéroïde terrestre relative à la loi supposée entre la pression et la densité. A la surface de la Terre, où nous supposerons $a = 1$, on a

$$\rho = A \sin n,$$

$$\frac{d\rho}{da} = - A \sin n \left(1 - \frac{n}{\tang n} \right).$$

En faisant donc à cette surface

$$\frac{-\dfrac{d\rho}{da}}{\rho} = q,$$

on aura

$$(a) \qquad q = 1 - \frac{n}{\tang n}.$$

Si l'on nomme D la moyenne densité de la Terre, on aura

$$\int \rho a^2 da = D \int a^2 da = \tfrac{1}{3} D.$$

Or l'équation

$$\frac{d\rho}{da} = \frac{-n^2}{a^2} \int \rho a^2 da$$

donne à la surface

$$q\rho = n^2 \int \rho a^2 da;$$

on a donc

(b)
$$\frac{D}{\rho} = \frac{3q}{n^2},$$

$\frac{D}{\rho}$ étant le rapport de la densité moyenne de la Terre à la densité de la couche à sa surface. Cette équation, combinée avec l'équation (a), donnera q et $\frac{D}{\rho}$ lorsque l'une de ces deux quantités sera connue.

Mais il existe deux autres éléments que les observations font connaître, et qui, dépendant comme q et D de la loi de densité des couches du sphéroïde terrestre, sont liés aux quantités précédentes. L'un de ces éléments est l'ellipticité du sphéroïde. Si l'on nomme h l'ellipticité de la couche du sphéroïde dont le rayon est a et la densité ρ, on a, par le n° 30 du Livre cité,

$$\frac{d^2 h}{da^2} - \frac{6h}{a^2} + \frac{2\rho a}{\int \rho a^2 da} \cdot \frac{a\,dh + h\,da}{da} = 0.$$

Si l'on met cette équation sous la forme

$$0 = \frac{d^2 \left(h \int \rho a^2 da \right)}{da^2} - \frac{6h \int \rho a^2 da}{a^2} - \frac{ha^2 d\rho}{da},$$

et si, au lieu de

$$\frac{d\rho}{da},$$

on substitue sa valeur

$$-\frac{n^2}{a^2} \int \rho a^2 da,$$

on aura

$$0 = \frac{d^2 \left(h \int \rho' a\, da \right)}{da^2} - \frac{6h \int \rho' a\, da}{a^2} + n^2 h \int \rho' a\, da.$$

Il est facile de voir que l'on satisfait à cette équation en faisant

$$h \int \rho' a\, da = B\rho' \left(1 - \frac{3}{n^2 a^2} \right) + \frac{3B}{n^2 a} \frac{d\rho'}{da},$$

B étant une arbitraire, et en observant que $\frac{d^2\rho'}{da^2} = -n^2\rho'$. Cette expression donne, en substituant pour ρ' sa valeur $A\sin an$,

$$h = B\left(\frac{n^2\tang an}{\tang an - na} - \frac{3}{a^2}\right),$$

expression qui devient nulle au centre. On voit, par le n° 30 du Livre cité, que cette expression de h est la seule admissible dans la question présente; par le même numéro, l'ellipticité de la Terre est à la surface, où $a = 1$.

$$\frac{\alpha\varphi h \int \rho'a\, da}{2h\int \rho'a\, da - \frac{2}{3}a^3 h\rho + \frac{1}{3}\int a^3 h\, d\rho},$$

les intégrales étant prises depuis a nul; $\alpha\varphi$ est le rapport de la force centrifuge à la pesanteur à l'équateur. Substituant, au lieu de $h\, d\rho$, $-\frac{hn^2}{a^2}da\int \rho'a\, da$, et, au lieu de $h\int \rho'a\, da$, sa valeur précédente, on aura

$$\int a^3 h\, d\rho = -n^2 B\int a^3\left(\rho' - \frac{3\rho'}{n^2 a^2} + \frac{3\, d\rho'}{n^2 a\, da}\right)da;$$

on aura facilement cette intégrale, en observant que l'on a généralement

$$\int a^i \rho'\, da = -\frac{1}{n^2}\int a^i \frac{d^2\rho'}{da},$$

et en intégrant par parties. On trouvera ainsi à la surface de la Terre, où $a = 1$, l'ellipticité égale à

$$\frac{\frac{5}{2}\alpha\varphi\left(1 - \frac{3q}{n^2}\right)}{3 - q - \frac{n^2}{q}}.$$

Je dois observer ici que M. Legendre a déjà déterminé l'aplatissement de la Terre, dans le cas où la densité ρ des couches est exprimée par $\frac{A}{a}\sin an$ (*Mémoires de l'Académie des Sciences*, année 1789).

En combinant les phénomènes de la précession et de la nutation avec les inégalités lunaires dépendantes de l'aplatissement de la Terre et avec les observations des degrés des méridiens et de la pesanteur, je suis parvenu, dans le Tome II des *Nouveaux Mémoires de l'Académie des Sciences* (¹), à cette équation

$$\frac{\int \rho\, da^5}{\int \rho\, da^3} = \frac{0,00153}{0,001736}.$$

Cette équation suppose le rapport de la masse de la Lune, divisée par le cube de sa moyenne distance à la Terre, à la masse du Soleil, divisée par le cube de sa moyenne distance, égal à 2,57. Mais, si ce rapport était $3,57i - 1$, i étant une indéterminée, on aurait

$$\frac{\int \rho\, da^5}{\int \rho\, da^3} = \frac{i.0,00153}{0,001736}.$$

Or, on a

$$\frac{\int \rho a^4\, da}{\int \rho a^2\, da} = 1 + \frac{2}{q} - \frac{6}{n^2};$$

on aura donc

$$1 + \frac{2}{q} - \frac{6}{n^2} = i.0,52880.$$

On a ainsi les quatre équations suivantes :

$$q = 1 - \frac{n}{\operatorname{tang} n},$$

$$D = \frac{3q}{n^2},$$

$$\text{ellipticité de la Terre} = \frac{0,00865\left(1 - \frac{3q}{n^2}\right)}{3 - q - \frac{n^2}{q}},$$

$$1 + \frac{2}{q} - \frac{6}{n^2} = i.0,52880.$$

Si l'on suppose $n = \frac{5}{6}\pi$, π étant le rapport de la circonférence au diamètre, on aura

$$q = 5,5345,$$

$$\frac{D}{\rho} = 2,4225,$$

$$\text{ellipticité} = \frac{1}{306,6},$$

$$i = 0,919;$$

(¹) *Voir*, plus haut, p. 443.

le rapport de la densité du centre à celle de la surface sera $\frac{3}{4}\pi$ ou 5,236, et la nutation en secondes sexagésimales sera 9″,32. L'ellipticité précédente satisfait à l'ensemble des observations des degrés, de la pesanteur et des inégalités lunaires dépendantes de l'aplatissement de la Terre. La nutation 9″,30 est, à fort peu près, celle qui résulte des observations de la hauteur et de l'ascension droite de l'étoile polaire. En supposant, conformément à l'expérience de Cavendish, le rapport de la moyenne densité de la Terre à celle de l'eau égal à 5,5, la densité de la couche de la surface sera 2,27, celle de l'eau étant prise pour unité.

Si la Terre était entièrement formée d'eau, en supposant, conformément aux expériences de Canton, que, à la température de 16° C., elle augmente, en densité, de 44 millionièmes, sous la pression d'une colonne d'eau de 10ᵐ, on a

$$q = 28,012,$$

d'où l'on tire

$$n = 3,02970.$$

$$\frac{D}{\rho} = 9,0479.$$

$$\text{ellipticité} = \frac{1}{359,54};$$

le coefficient du carré du sinus de la latitude, dans l'expression de la longueur du pendule à secondes, la longueur à l'équateur étant prise pour unité, est égal à 0,00587; enfin la nutation est, en secondes sexagésimales, 8″,6. Tous ces résultats s'éloignent des observations, au delà des limites des erreurs dont elles sont susceptibles.

MÉMOIRE

SUR

LE FLUX ET LE REFLUX DE LA MER.

MÉMOIRE

SUR

LE FLUX ET LE REFLUX DE LA MER.

Mémoires de l'Académie des Sciences, IIe Série, Tome III, année 1818; 1820.

Ce phénomène mérite particulièrement l'attention des observateurs, en ce qu'il est le résultat de l'action des astres, le plus près de nous et le plus sensible, et que les nombreuses variétés qu'il présente sont très propres à vérifier la loi de la pesanteur universelle. Sur l'invitation de l'Académie des Sciences, on fit, au commencement du dernier siècle, dans le port de Brest, une suite d'observations qui furent continuées pendant six années consécutives et dont la plus grande partie a été publiée par Lalande, dans le quatrième Volume de son *Astronomie*. La situation de ce port est très favorable à ce genre d'observations : il communique avec la mer par un canal fort vaste, au fond duquel le port a été construit. Les irrégularités de la mer parviennent ainsi, dans ce port, très affaiblies, à peu près comme les oscillations que le mouvement irrégulier d'un vaisseau produit dans le baromètre sont atténuées par un étranglement fait au tube de cet instrument. D'ailleurs, les marées étant considérables à Brest, les variations accidentelles n'en sont qu'une faible partie : aussi l'on remarque dans les observations de ces marées, pour peu qu'on les multiplie, une grande régularité que ne doit point altérer la petite rivière qui vient se perdre dans la rade immense de ce port. Frappé de cette régularité, je priai le Gouvernement d'ordonner que l'on fît, à Brest, une nouvelle suite d'observations des marées, pendant une période entière du mouvement des nœuds de l'orbe lunaire. C'est ce que l'on a bien voulu entreprendre. Ces nouvelles observations datent du 1er juin de l'année 1806, et depuis cette époque elles ont été continuées sans interruption jusqu'à ce jour. Elles laissent encore à désirer : elles ne se rapportent ni au même endroit du port, ni à la même échelle. Les observations des cinq premières années ont été faites au lieu du port que l'on nomme *la mâture*; les autres l'ont été près du bassin ; mais le peu de distance de ces deux endroits n'a dû produire que de très légères différences, et j'ai reconnu par les observations que ces différences sont insensibles. Cependant, il vaudrait mieux faire les observations dans le même point et avec la même échelle. Il est temps enfin d'observer ce genre de phénomènes avec autant de soin que les phénomènes astronomiques.

J'ai considéré, dans ces nouvelles observations, celles de l'année 1807 et des sept années suivantes. J'ai choisi dans chaque équinoxe et dans chaque solstice les trois syzygies et les trois quadratures les plus voisines de l'équinoxe et du solstice. Dans les syzygies, j'ai pris l'excès de la haute mer du soir sur les basses mers du matin, du jour qui précède la syzygie, du jour même de la syzygie et des quatre jours qui la suivent, parce que la plus haute mer arrive vers le milieu de cet intervalle. J'ai fait une somme des excès correspondants à chaque jour, en doublant les excès relatifs à la syzygie intermédiaire, ou la plus voisine de l'équinoxe ou du solstice. Par ce procédé, les effets des variations des distances du Soleil et de la Lune à la Terre se trouvent détruits; car, si la Lune était, par exemple, vers son périgée, dans la syzygie intermédiaire, elle était vers son apogée dans les deux syzygies extrêmes. Les sommes d'excès qu'on obtient ainsi sont donc, à fort peu près, indépendantes des variations du mouvement et de la distance des astres. Elles le sont encore des inégalités des marées, différentes de l'inégalité dont la période est d'environ un demi-jour, et qui, dans nos ports, est beaucoup plus grande que les autres : car, en considérant à la fois les observations des deux équinoxes et des deux solstices, les effets de la petite inégalité dont la période est à peu près d'un jour se détruisent mutuellement; les sommes dont il s'agit sont donc unique-

ment dues à la grande inégalité. Les vents doivent avoir sur elles peu
d'influence ; car, s'ils élèvent la haute mer, ils doivent également soulever la basse mer. J'ai déterminé la loi de ces sommes pour chaque
année, en observant que leur variation est, à fort peu près, proportionnelle au carré de leur distance en temps, au maximum ; ce qui
m'a donné l'intervalle dont ce maximum suit la moyenne des marées
syzygies et le coefficient du carré du temps. Le peu de différence que
présentent, à l'égard de ce coefficient, les résultats des observations
de chaque année prouve la régularité de ces observations.

J'ai considéré de la même manière les marées quadratures en prenant les excès de la haute mer du matin sur la basse mer du soir, du
jour même de la quadrature et des trois jours qui la suivent. L'accroissement des marées, à partir du minimum, étant beaucoup plus rapide
que leur diminution à partir du maximum, j'ai dû restreindre à un plus
petit intervalle la loi de variation proportionnelle au carré du temps.

Dans tous ces résultats, l'influence de la déclinaison des astres sur
les hauteurs des marées et sur la loi de leur variation dans les syzygies
et dans les quadratures se montre avec évidence. En considérant, par
la même méthode, neuf syzygies équinoxiales vers le périgée de la
Lune, et neuf syzygies équinoxiales vers son apogée, l'influence des
changements de la distance lunaire sur la hauteur et sur la loi de
variation des marées se manifeste avec la même évidence. C'est ainsi
que, en combinant les observations de manière à dégager l'élément
que l'on veut connaitre de tout ce qui lui est étranger, on parvient à
démêler les lois des phénomènes, confondues dans les recueils d'observations.

Les résultats des observations étant toujours susceptibles d'erreurs,
il est nécessaire de connaitre la probabilité que ces erreurs sont contenues dans des limites données. On sent, il est vrai, que la probabilité restant la même, ces limites sont d'autant plus rapprochées, que
les observations sont plus nombreuses et plus concordantes entre
elles. Mais cet aperçu général ne suffit pas pour assurer l'exactitude
des résultats des observations et l'existence des causes régulières

qu'elles paraissent indiquer : quelquefois même il a fait rechercher la cause de phénomènes qui n'étaient que des accidents du hasard. Le Calcul des probabilités peut seul faire apprécier ces objets, ce qui rend son usage de la plus haute importance dans les sciences physiques et morales. Les recherches précédentes m'offraient une occasion trop favorable d'appliquer à l'un des grands phénomènes de la nature les nouvelles formules auxquelles je suis parvenu dans ma Théorie analytique des probabilités pour ne pas la saisir. J'expose donc ici l'application que j'en ai faite aux lois de la variation des hauteurs et des intervalles des marées syzygies et quadratures, et à l'influence qu'exercent, à leur égard, les déclinaisons des astres. On verra que ces lois sont déterminées par les observations avec une précision très remarquable, ce qui explique l'accord des résultats des observations modernes avec ceux des observations faites, il y a plus d'un siècle, dans le port de Brest, et que j'ai discutées dans le quatrième Livre de la *Mécanique céleste*. On sentira l'utilité de cette application du Calcul des probabilités, si l'on considère que plusieurs savants, et spécialement Lalande, pour n'avoir pas soumis à ce calcul l'ensemble des observations, et pour s'être attachés à quelques observations partielles où les marées, vers les solstices, s'étaient fort élevées par le concours de causes accidentelles, ont révoqué en doute l'influence des déclinaisons des astres dans ces phénomènes, influence indiquée à la fois par les hauteurs des marées et par les lois de leur variation, avec une probabilité bien supérieure à celle de la plupart des choses sur lesquelles on ne se permet aucun doute.

Je compare ensuite tous ces résultats à la théorie de la pesanteur universelle. Celle que j'ai donnée dans le Livre cité est fondée sur le principe suivant de Dynamique, qui peut être utile dans tous les cas où les circonstances sont trop compliquées pour être soumises au calcul. *L'état d'un système de corps dans lequel les conditions primitives du mouvement ont disparu par les résistances qu'il éprouve est périodique comme les forces qui l'animent.* En réunissant ce principe à celui de la coexistence des oscillations très petites, je suis parvenu à une expression de la hauteur des marées, dont les arbitraires comprennent l'effet des circonstances locales du port. Pour cela, j'ai réduit en séries de sinus et de cosinus d'angles croissant proportionnellement au temps, l'expression génératrice des forces lunaires et solaires sur l'océan. Chaque terme de la série peut être considéré comme représentant l'action d'un astre particulier qui se meut uniformément, et à une distance constante, dans le plan de l'équateur. De là naissent plusieurs espèces de flux partiels dont les périodes sont à peu près d'un demi-jour, d'un jour, d'une demi-année, d'une année, enfin de dix-huit ans et demi, durée du mouvement périodique des nœuds de l'orbe lunaire. En suivant cette idée, que j'ai exposée dans le n° 19 du Livre IV de la *Mécanique céleste*, je parviens ici à des formules plus exactes encore que celles dont j'ai fait usage dans le Livre cité.

J'ai comparé ces nouvelles formules aux observations faites dans le port de Brest, et j'ai trouvé entre elles un parfait accord. Il était curieux de voir si les constantes arbitraires déterminées par cette comparaison se retrouvent les mêmes que celles qui résultent des observations faites il y a plus d'un siècle, ou si elles ont éprouvé des altérations par les changements que les opérations de la nature et de l'art ont pu produire dans ce long intervalle, au fond de la mer, dans le port et sur les côtes adjacentes. Il résulte de cet examen que les hauteurs actuelles des marées surpassent de $\frac{1}{7}$ environ les hauteurs déterminées par les observations anciennes; mais, ces observations n'ayant point été faites au même lieu que les observations modernes, cette considération, jointe à l'incertitude de la graduation de l'ancienne échelle, ne permet pas de prononcer sur ce point qui doit fixer, à l'avenir, l'attention des observateurs. Du reste, les observations anciennes et modernes présentent l'accord le plus satisfaisant, soit entre elles, soit avec la théorie de la pesanteur, par rapport aux variations des hauteurs des marées, dépendantes des déclinaisons et des distances des astres à la Terre, et par rapport aux lois de leur accroissement et de leur diminution, à mesure qu'elles s'éloignent de leur minimum et de leur maximum. Je n'avais point considéré, dans la *Mé-*

canique céleste, ces lois, relativement aux variations des distances de la Lune à la Terre. Ici je les considère, et je trouve le même accord entre l'observation et la théorie.

Le retard des plus grandes et des plus petites marées sur les instants des syzygies et des quadratures a été observé par les anciens, comme on le voit dans Pline le Naturaliste. Daniel Bernoulli, dans sa Pièce sur le flux et le reflux de la mer, couronnée en 1740 par l'Académie des Sciences, attribue ce retard à l'inertie des eaux, et peut-être encore, ajoute-t-il, au temps que l'action de la Lune, emploie à se transmettre à la Terre. Mais j'ai prouvé, dans le Livre IV de la *Mécanique céleste*, que, en ayant égard à l'inertie des eaux, les plus grandes marées coïncideraient avec les syzygies, si la mer recouvrait régulièrement la Terre entière. Quant au temps de la transmission de l'action de la Lune, j'ai reconnu, par l'ensemble des phénomènes célestes, que l'attraction de la matière se transmet avec une vitesse incomparablement supérieure à la vitesse même de la lumière. Il faut donc chercher une autre cause du retard dont il s'agit.

J'ai fait voir, dans le Livre cité, que ce phénomène dépend de la rapidité du mouvement de l'astre dans son orbite, combinée avec les circonstances locales du port. Nous aurons une idée juste de l'influence de ces causes, en imaginant un vaste canal communiquant avec la mer, et s'avançant dans les terres sous le méridien de son embouchure. Si l'on suppose le Soleil et la Lune mus dans le plan de l'équateur, et qu'à l'embouchure la pleine mer, arrivant à l'instant même du passage de l'astre au méridien, emploie un demi-jour à parvenir à l'extrémité du canal, il est visible qu'à ce dernier point tous les phénomènes qui ont lieu à l'embouchure se reproduisent après un demi-jour. Ainsi les maxima et les minima des marées n'auront lieu qu'un demi-jour après la syzygie et la quadrature. Si le flux lunaire, à raison de sa grandeur, mettait un trentième de jour moins que le flux solaire à parcourir le canal, le maximum à l'extrémité du canal arrivant lorsque les deux flux partiels solaire et lunaire coïncident, il correspondrait au cas où la Lune traverse le méridien, un trentième de jour après le Soleil, ce qui suit d'un jour à peu près la syzygie. En l'ajoutant au demi-jour que la marée solaire est supposée employer à parcourir le canal, on aurait un jour et demi pour le temps dont le maximum de la marée suivrait la syzygie à son extrémité.

Concevons maintenant que le port soit au point de jonction de deux canaux, dont les embouchures soient très peu distantes entre elles. Supposons que la marée solaire emploie un quart de jour à parcourir le premier canal, et un jour et demi à parcourir le second. Il est clair que la basse mer solaire du premier canal correspond alors à la haute mer du second; et si, à l'extrémité commune des deux canaux, les deux marées sont d'égale grandeur, la mer y sera stationnaire, à ne considérer que l'action du Soleil; mais, le jour lunaire surpassant le jour solaire de $0^j,035$, la basse mer lunaire du premier canal ne correspondra point à la haute mer lunaire du second canal; les deux flux partiels lunaires ne se détruiront point mutuellement, et leur différence pourra être augmentée par leurs mouvements propres dans les canaux; il y aura donc un flux lunaire sensible à leurs extrémités. Le rapport de l'action solaire à l'action lunaire qui, dans le port de Brest, est à très peu près un tiers, sera donc nulle à cette extrémité. On voit par là que les circonstances locales peuvent influer considérablement sur le rapport des actions des deux astres sur la mer. J'ai donné, dans le Livre cité de la *Mécanique céleste*, une méthode pour déterminer par les observations l'accroissement que le rapport de l'action de la Lune à celle du Soleil reçoit des circonstances locales. En comparant les marées équinoxiales et solsticiales, observées à Brest, dans les syzygies et dans les quadratures, je fus conduit, par cette méthode, à un accroissement d'un dixième dans ce rapport; mais je remarquai qu'un élément aussi délicat devait être déterminé par un plus grand nombre d'observations. L'ensemble des observations modernes m'a prouvé cet avantage. Ces observations, deux fois plus nombreuses que les anciennes, confirment l'accroissement dont il s'agit et le portent à un neuvième, en sorte que son existence est très vraisemblable. En appliquant à cet objet les formules de probabilité, je trouve que la

probabilité de cet accroissement est $\frac{2565}{2582}$ par les seules observations
modernes. Ainsi la réunion de ces observations avec les anciennes ne
doit laisser aucun doute à cet égard. Pour conclure des phénomènes
des marées le vrai rapport des actions du Soleil et de la Lune, il faut
corriger de cet accroissement l'action lunaire. Alors on a $\frac{1}{69}$ environ
pour la masse de la Lune, celle de la Terre étant prise pour unité, d'où
il est facile de conclure les valeurs des phénomènes astronomiques
qui dépendent de cette masse. Mais, en considérant la petitesse des
quantités qui m'ont servi à déterminer l'accroissement de l'action lunaire, et en réfléchissant que ces quantités sont du même ordre que
les petites erreurs dont l'application du principe de la coexistence des
ondulations très petites aux phénomènes des marées est susceptible,
je n'ose garantir l'exactitude de cette valeur de la masse lunaire, et
j'incline à penser que les phénomènes astronomiques sont plus propres à la fixer.

J'ai déterminé pareillement les heures et les intervalles des marées
dans les syzygies et dans les quadratures, vers les équinoxes et les
solstices, et dans l'apogée et le périgée de la Lune. L'influence des
déclinaisons et des distances des astres est indiquée par ces observations avec une extrême probabilité dont je détermine la valeur : j'ai
retrouvé les mêmes résultats que m'avait donnés la discussion des observations anciennes et le même accord de ces résultats avec la théorie.
Les intervalles des marées peuvent servir à déterminer le rapport des
actions de la Lune et du Soleil sur la mer. On conçoit, en effet, que
plus l'action lunaire l'emporte sur l'action solaire, plus l'intervalle
journalier des marées se rapproche du jour lunaire. Le retard observé
des marées syzygies donne, à fort peu près, le même rapport que le
retard des marées quadratures; le milieu de ces rapports est $3,14782$.
Les hauteurs des marées donnent, pour ce rapport, $2,88347$. La différence, quoique assez petite, ne me paraît pas devoir être attribuée aux
seules erreurs des observations, et je pense qu'une partie de cette différence vient de l'erreur de l'hypothèse de la coexistence des oscillations, qui ne peut plus être considérée comme très approchée quand

les ondulations, comme celles de la mer à Brest, sont considérables. L'intervalle moyen des marées est exactement la durée moyenne du jour lunaire, en sorte que, dans nos ports, il y a autant de marées que de passages de la Lune au méridien. On peut donc considérer le flux et le reflux de la mer comme un phénomène lunaire, modifié par l'action solaire, qui rend les intervalles des flux consécutifs alternativement plus grands et plus petits que la durée d'un demi-jour lunaire, et les hauteurs des marées alternativement plus petites et plus grandes que les hauteurs dues à l'action seule de la Lune.

Des hauteurs des marées.

I. J'ai considéré les syzygies équinoxiales suivantes :

1807...	9 mars	23 mars	8 avril	2 septembre	16 septembre	1ᵉʳ octobre
1808...	12 »	27 »	10 »	4 »	20 »	4 »
1809...	2 »	15 »	31 mars	9 »	23 »	9 »
1810...	5 »	21 »	4 avril	13 »	28 »	12 »
1811...	10 »	24 »	8 »	2 »	17 »	2 »
1812...	13 »	28 »	11 »	5 »	20 »	7 »
1813...	2 »	17 »	1 »	10 »	24 »	10 »
1814...	6 »	21 »	4 »	13 »	29 »	15 »

J'ai pris dans les syzygies l'excès de la haute mer du soir sur la basse mer du matin, relatif au jour qui précède la syzygie, au jour même de la syzygie et aux quatre jours qui la suivent. J'ai fait pour chaque année une somme des excès relatifs à chacun de ces jours, en doublant les résultats correspondants à la syzygie la plus voisine de l'équinoxe, et qui est la moyenne des trois syzygies considérées dans chaque équinoxe. J'ai obtenu ainsi les résultats suivants exprimés en mètres.

1807	44,425	49,020	51,460	50,720	48,830	44,070
1808	44,740	49,155	51,116	51,005	48,495	43,910
1809	44,495	48,530	50,910	51,115	49,305	44,910
1810	46,366	49,910	51,686	50,371	48,069	42,890
1811	44,205	49,030	51,290	51,110	48,865	43,825
1812	43,210	48,448	51,512	51,530	49,526	45,561
1813	45,317	49,071	51,043	50,797	49,957	43,264
1814	44,219	48,651	50,553	50,707	48,791	44,708

Si l'on nomme f, f', f'', f''', f^{IV}, f^{V}, les sommes des hauteurs relatives à chacun des six jours, et que l'on représente la loi de ces sommes par

$$\zeta t^2 + \zeta' t + \zeta',$$

t étant le temps écoulé depuis la haute marée du soir du jour qui précède la syzygie, l'intervalle de deux marées consécutives du soir étant pris pour unité, on aura les six équations de condition suivantes :

$$\zeta'' = f,$$
$$\zeta + \zeta' + \zeta'' = f',$$
$$4\zeta + 2\zeta' + \zeta'' = f'',$$
$$9\zeta + 3\zeta' + \zeta'' = f''',$$
$$16\zeta + 4\zeta' + \zeta'' = f^{IV},$$
$$25\zeta + 5\zeta' + \zeta'' = f^{V}.$$

Si l'on multiplie chacune de ces équations respectivement par le coefficient de ζ, et que l'on fasse la somme de ces produits ; si l'on fait des sommes semblables relativement aux coefficients de ζ' et de ζ'', ces trois sommes formeront les équations suivantes :

$$979\zeta + 225\zeta' + 55\zeta'' = f' + 4f'' + 9f''' + 16f^{IV} + 25f^{V},$$
$$225\zeta + 55\zeta' + 15\zeta'' = f' + 2f'' + 3f''' + 4f^{IV} + 5f^{V},$$
$$55\zeta + 15\zeta' + 6\zeta'' = f + f' + f'' + f''' + f^{IV} + f^{V}.$$

Ces équations donnent

$$\zeta = \frac{10(f + f^{V} - f'' - f''') + 2(f''' + f'' - f' - f^{IV})}{112},$$

$$\zeta' = \frac{5(f^{V} - f) + 3(f^{IV} - f') + f'' - f'''}{35} - 5\zeta,$$

$$\zeta'' = \frac{f + f' + f'' + f''' + f^{IV} + f^{V}}{6} - \frac{5}{2}\zeta' - \frac{55}{6}\zeta.$$

Maintenant on a, le mètre étant pris pour unité,

$$f = 356{,}977, \qquad f' = 391{,}815,$$
$$f'' = 409{,}570, \qquad f''' = 407{,}385,$$
$$f^{IV} = 391{,}838, \qquad f^{V} = 353{,}138.$$

On trouve ainsi

$$\zeta = -\,8,9446,$$
$$\zeta' = 44,114,$$
$$\zeta'' = 356,828.$$

L'expression $\zeta t^2 + \zeta' t + \zeta''$ ou $\zeta'' - \dfrac{\zeta'^2}{4\zeta} + \zeta\left(t + \dfrac{\zeta'}{2\zeta}\right)^2$ des valeurs de f, f', ..., devient ainsi

$$411^m,220 - 8^m,9446(t - 2,46596)^2.$$

Exprimons par t' la distance d'une haute marée du soir à l'instant de la syzygie, t' étant supposé positif pour les marées qui suivent la syzygie, et représentons par $\alpha - 6t'^2$ cette haute marée. La basse marée qui la précède sera, d'après la loi de la pesanteur universelle,

$$-\alpha + 6\left(t' - \frac{1}{4}\right)^2;$$

l'excès de la haute mer sur la basse mer sera donc

$$2\alpha - \frac{6}{32} - 26\left(t' - \frac{1}{8}\right)^2.$$

Ainsi, en désignant par i le nombre des syzygies employées pour former les valeurs de f, f', ..., l'expression générale de ces valeurs sera

$$(a) \qquad 2i\alpha - \frac{i6}{32} - 2i6\left(t' - \frac{1}{8}\right)^2.$$

Désignons par k la valeur moyenne des quantités dont les syzygies ont précédé, dans les observations précédentes, les instants des hautes marées du soir des jours mêmes des syzygies, on aura

$$t' = t - 1 + k.$$

On a vu, dans le quatrième Livre de la *Mécanique céleste*, qu'il faut diminuer t', d'une quantité constante que nous nommerons u; la formule (a) devient ainsi

$$2\alpha i - \frac{2i6}{64} - 2i6\left(t - \frac{9}{8} + k - u\right)^2.$$

Cette formule doit coïncider avec celle-ci

(b)
$$\zeta' - \frac{\zeta''}{4\zeta} + \zeta\left(t + \frac{\zeta'}{2\zeta}\right)^2;$$

on a donc

$$\frac{\zeta'}{2\zeta} = -\frac{9}{8} + k - u,$$

ce qui donne

$$u = -\frac{\zeta'}{2\zeta} - \frac{9}{8} + k.$$

En substituant les valeurs précédentes de ζ' et de ζ, on a

$$u = 1,34096 + k.$$

Dans les syzygies précédentes, le retard journalier des marées a été $0^j,026736$, en sorte que l'intervalle pris pour unité est $1^j,026736$; on a ainsi, en parties du jour

$$1,34096 = 1^j,37682.$$

La valeur moyenne k dont les syzygies ont précédé les marées du soir est $0^j,10417$; on a ainsi

$$u = 1^j,48099.$$

Cette valeur diffère peu de la valeur $1^j,50724$ à laquelle je suis parvenu dans le n° 24 du Livre IV de la *Mécanique céleste*.

La comparaison des expressions (a) et (b) donne

$$2i\delta = \ \ 8,9446,$$
$$2i\alpha = 411,359.$$

Le nombre i des syzygies employées est ici égal à 64, en comptant pour deux les syzygies intermédiaires dont on a doublé les résultats.

II. Pour que l'on puisse apprécier la régularité des résultats des observations des marées dans le port de Brest, je vais déterminer la loi de probabilité des erreurs dont la valeur précédente de $2i\delta$ est susceptible, et pour cela je vais conclure cette valeur correspondante aux observations de chaque année. En désignant par $f, f', f'', \ldots$ les

hauteurs précédentes relatives à chaque année, j'exprimerai, comme
ci-dessus, la loi de ces hauteurs par la fonction $\zeta t^2 + \zeta' t + \zeta''$. En
déterminant ensuite la valeur de ζ par la méthode précédente, on
aura celle de $2i\varsigma$; mais, comme le nombre des syzygies employées
dans chaque année n'est qu'un huitième du nombre des syzygies
employées dans les huit années, il faut, pour comparer cette valeur
de $2i\varsigma$ à la précédente, la multiplier par 8. Je trouve ainsi :

$$2i\varsigma.$$

	m
1807	9,15643
1808	8,98343
1809	8,43286
1810	8,56071
1811	9,62071
1812	9,46958
1813	9,06900
1814	8,26386

Le peu de différence de ces valeurs à leur moyenne 8,9446 montre
la régularité des marées dans le port de Brest. Suivant la théorie que
j'ai exposée dans le second Livre de ma *Théorie analytique des probabilités*, si l'on nomme ε la somme des carrés des écarts de chacune
de ces valeurs, de la moyenne, et n le nombre des années, la probabilité d'une erreur u' dans cette moyenne sera proportionnelle à l'exponentielle

$$e^{-\frac{n^2 u'^2}{2\varepsilon}},$$

e étant le nombre dont le logarithme hyperbolique est l'unité. Cette
proportionnalité est d'autant plus exacte, que n est un plus grand
nombre; mais ici ce nombre est égal à huit. Le nombre total des observations employées est beaucoup plus grand, et égal à 288; car le
nombre des syzygies employées dans chaque année est six, et chaque
syzygie a donné six observations. Ainsi l'erreur u' de ζ étant une fonction linéaire des erreurs de chaque observation, la probabilité de cette
erreur sera, par le n° 20 de l'Ouvrage cité, proportionnelle à une exponentielle de la forme $e^{-ku'^2}$. On pourra déterminer k par le même

numéro, au moyen des carrés des erreurs de chaque observation ; mais
on obtiendra sa valeur d'une manière beaucoup plus simple et suffi-
samment exacte par le procédé suivant.

Nommons a, $a^{(1)}$, $a^{(2)}$, ... les valeurs de ζ relatives à chacune des
huit années, et désignons par b la moyenne de ces valeurs ou la valeur
de ζ ; u' étant l'erreur de cette valeur, celle de la valeur a sera $b-a+u'$:
en supposant donc que l'erreur r des valeurs de a, $a^{(1)}$, ... soit proportionnelle à l'exponentielle e^{-kr^2}, la probabilité de l'erreur $b-a+u'$
sera proportionnelle à

$$e^{-k(b-a+u')^2}.$$

Elle sera donc égale à

$$\frac{du'\sqrt{k}\,e^{-k(b-a+u')^2}}{\int du'\sqrt{k}\,e^{-k(b-a+u')^2}},$$

l'intégrale du dénominateur étant prise depuis $u'=-\infty$ jusqu'à
$u'=\infty$, ce qui donne $\sqrt{\pi}$ pour cette intégrale, π étant la demi-circonférence dont le rayon est l'unité. En effet, la somme de ces probabilités
relatives à toutes les valeurs possibles de u' doit être l'unité. La probabilité de l'erreur $b-a+u'$ est donc proportionnelle à

$$\sqrt{k}\,e^{-k(b-a+u')^2}.$$

Pareillement $b-a^{(1)}+u'$ est l'erreur de la valeur $a^{(1)}$, et la probabilité
de cette erreur est proportionnelle à

$$\sqrt{k}\,e^{-k(b-a^{(1)}+u')^2},$$

et ainsi de suite. La probabilité des erreurs simultanées $b-a+u'$,
$b-a^{(1)}+u'$, ... sera donc proportionnelle au produit des probabilités
de ces erreurs, produit égal à

$$k^{\frac{n}{2}}e^{-k[(b-a+u')^2+(b-a^{(1)}+u')^2+\ldots]}$$

ou à

$$k^{\frac{n}{2}}e^{-k[(b-a)^2+(b+a^{(1)})^2-\ldots]-nku'^2}.$$

La probabilité de k sera proportionnelle à l'intégrale de cette fonction multipliée par du' et intégrée depuis $u' = -\infty$ jusqu'à u' infini; en désignant donc par ε la somme des carrés $(b-a)^2$, $(b-a'')^2$, ..., cette probabilité sera proportionnelle à

$$k^{\frac{n-1}{2}} e^{-k\varepsilon}.$$

La valeur de k qu'il faut choisir n'est pas, comme plusieurs géomètres le pensent, celle qui rend la fonction précédente un maximum : elle est, comme je l'ai fait voir dans le n° 23 de ma *Théorie analytique des probabilités*, la moyenne des produits de chaque valeur de k par sa probabilité ; cette valeur est donc

$$\frac{\int k^{\frac{n+1}{2}} e^{-k\varepsilon}\,dk}{\int k^{\frac{n-1}{2}} e^{-k\varepsilon}\,dk},$$

les intégrales étant prises depuis $k = 0$ jusqu'à k infini. L'intégrale du numérateur est

$$-\frac{k^{\frac{n+1}{2}} e^{-k\varepsilon}}{\varepsilon} + \frac{n+1}{2\varepsilon} \int k^{\frac{n-1}{2}}\,dk\, e^{-k\varepsilon},$$

et elle se réduit à son second terme. La valeur de k qu'il faut choisir est donc $\frac{n+1}{2\varepsilon}$; ainsi la probabilité de u' étant, par ce qui précède, proportionnelle à $e^{-ku'^2}$, elle sera proportionnelle à

$$e^{-\frac{n(n+1)}{2\varepsilon} u'^2},$$

et par conséquent elle sera

$$\frac{du' \sqrt{\dfrac{n(n+1)}{2\varepsilon}}\, e^{-\frac{n(n+1)}{2\varepsilon} u'^2}}{\sqrt{\pi}}.$$

En prenant l'intégrale du numérateur dans des limites données, on aura la probabilité que la valeur de a' sera comprise dans ces limites. Dans le cas présent, on a

$$n = 8 \qquad \text{et} \qquad \varepsilon = 1,6672.$$

La probabilité d'une erreur u' est donc proportionnelle à

$$e^{-21,6831\,u'^2}.$$

Le coefficient de $-u'^2$ ou du carré de l'erreur, pris en moins, est ce que je nomme *poids* du résultat, parce que, les mêmes erreurs devenant moins problables lorsque ce poids augmente, le résultat pèse plus, si je puis ainsi dire, vers la vérité. Si l'on désigne par P ce coefficient, et si l'on fait $u'\sqrt{P} = t$, la probabilité que l'erreur u' sera comprise dans les limites $\pm \dfrac{T}{\sqrt{P}}$ sera égale à

$$\frac{2\int e^{-t^2}dt}{\sqrt{\pi}},$$

l'intégrale étant prise depuis t nul jusqu'à $t = T''$.

En formant donc une Table des valeurs de cette formule, correspondantes aux diverses valeurs de T, on aura la probabilité que l'erreur du résultat sera comprise dans des limites données. M. Kramp a formé une Table des valeurs de l'intégrale $\int dt\, e^{-t^2}$, prise depuis $t = T$ jusqu'à t infini; il est facile d'en déduire celle dont je viens de parler. Je trouve ainsi $\dfrac{982,3}{983,3}$ pour la probabilité que l'erreur est comprise dans les limites $\pm 0^m,5$, et $\dfrac{8,6}{9,6}$ pour la probabilité que cette erreur est comprise dans les limites $\pm 0^m,25$.

On déterminera facilement la probabilité des erreurs dont la valeur précédente de $2i\alpha$ est susceptible, en observant que cette valeur est très peu différente de la somme des hauteurs des marées f, f', … divisée par 6, et à laquelle on ajoute le sixième du produit de $2i\delta$ par la somme des carrés des fractions $-\frac{5}{2}$, $-\frac{3}{2}$, $-\frac{1}{2}$, $+\frac{1}{2}$, $+\frac{3}{2}$, $+\frac{5}{2}$; car le maximum des marées tombant à peu près au milieu de l'intervalle qui sépare les marées extrêmes, il est clair que, en ajoutant à chacune des valeurs de f, f', … le produit de $2i\delta$ par le carré de la fraction qui lui correspond, on aura six valeurs de $2i\alpha$; le sixième de la somme de ces six valeurs sera donc la valeur moyenne de $2i\alpha$. Cette valeur moyenne est ainsi le sixième de la somme des valeurs de f, f, …

plus le produit de $2i\zeta$ par $\frac{23}{12}$. De là il est aisé de conclure que l'on aura la valeur très approchée de $2i\alpha$, relative à chaque année, en multipliant par $1 + \frac{1}{3}$ la somme des six hauteurs des marées qui lui sont relatives, et en ajoutant à cette somme le produit de $\frac{23}{12}$ par la valeur précédente de $2i\zeta$, qui correspond à cette année. On trouve de cette manière

	$2i\alpha$.
1807	$411^{m},406$
1808	$410,763$
1809	$410,323$
1810	$410,692$
1811	$412,493$
1812	$414,003$
1813	$412,383$
1814	$407,607$

La moyenne de ces valeurs est $411^{m},209$; la valeur de 2ζ est ici $50,1954$, ce qui donne le poids P égal à $1,4344$; en sorte que les erreurs également probables des valeurs de $2i\zeta$ et de $2i\alpha$ sont dans le rapport de 1 à $3,88$.

III. J'ai considéré de la même manière les syzygies solsticiales suivantes :

1807...	6 juin	20 juin	5 juillet	15 décembre	29 décembre	
1808...	13 janvier	8 »	24 juin	7 juillet	3 »	17 décembre
1809...	1 »	12 »	27 »	11 »	7 »	21 »
1810...	5 »	2 »	17 »	1 »	10 »	26 »
1811...	9 »	6 »	20 »	6 »	15 »	29 »
1812...	14 »	9 »	24 »	8 »	4 »	18 »
1813...	2 »	14 »	28 »	13 »	7 »	22 »
1814...	6 »	3 »	17 »	2 »	11 »	26 »
1815...	10 »					

J'ai fait, comme ci-dessus, les sommes des excès des hautes marées du soir sur les basses marées du matin, du jour qui précède la syzygie, du jour même de la syzygie, et des quatre jours qui la suivent, en doublant les résultats relatifs à la syzygie intermédiaire dans chaque solstice. J'ai obtenu ainsi les résultats suivants :

	^{h}	^{m}	^{m}	^{m}	^{m}	^{m}
1807	41,030	43,040	44,745	45,550	43,830	41,843
1808	41,365	44,260	46,075	45,920	44,877	42,405
1809	39,762	43,180	45,620	46,020	44,875	41,820
1810	41,957	45,247	46,571	46,676	44,969	40,998
1811	40,695	44,163	45,559	46,111	45,140	43,282
1812	42,059	44,690	45,927	45,642	43,725	40,910
1813	41,736	44,164	45,822	44,860	43,357	39,771
1814	40,068	43,937	45,782	45,276	43,964	41,124

L'ensemble de ces hauteurs donne, en mètres,

$$f = 328,672, \qquad f' = 352,681, \qquad f'' = 336,104,$$

$$f''' = 366,055, \qquad f^{\text{IV}} = 354,737, \qquad f^{\text{V}} = 332,153;$$

on trouve ainsi

$$\zeta = -\,5,92730, \qquad \zeta' = 30,3086, \qquad \zeta'' = 328,630,$$

et l'expression générale $\zeta t^2 + \zeta' t + \zeta''$ des valeurs de $f, f', \ldots$ devient

$$367,375 - 5,92730\,(t - 2,556705)^2,$$

ce qui donne

$$2i\delta = \;\;5,92730,$$

$$2i\alpha = 367,468;$$

on a, comme dans le numéro précédent,

$$\frac{\zeta'}{2\zeta} = -\tfrac{?}{8} + k - u,$$

ce qui donne

$$u = 1,4317 + k.$$

Dans les syzygies des solstices, le retard journalier des marées est $0^j,028076$, en sorte que l'intervalle, pris pour unité, est ici $1^j,028076$; on a ainsi, en parties du jour,

$$1,4317 = 0^j,47193.$$

Dans les syzygies précédentes, on a

$$k = 0^j,14166,$$

ce qui donne
$$u = 5,6136.$$

Cette valeur de u surpasse un peu celle du numéro précédent, donnée par les syzygies équinoxiales.

La différence des valeurs de ζ indique, avec une extrême probabilité, l'influence des déclinaisons des astres sur cette valeur. Pour le faire voir, déterminons la probabilité des erreurs de ζ. Les valeurs de ζ, multipliées par 8, sont pour chacune des huit années :

$$2\,i\,\zeta.$$

1807	$4,81214$
1808	$5,46672$
1809	$6,67071$
1810	$6,92014$
1811	$5,15686$
1812	$5,69228$
1813	$6,10200$
1814	$6,59614$

Le peu de différence de ces valeurs à la moyenne $5,927$ est une nouvelle preuve de la régularité des marées dans le port de Brest. La somme des carrés des différences de chacune de ces valeurs à la moyenne est ici $4,1206$. On trouve ainsi, par les formules du numéro précédent, la probabilité que l'erreur de la valeur moyenne est u', proportionnelle à
$$e^{-8,7366\,u'^{2}},$$

ou le poids P de la valeur moyenne $5,927$, égal à $8,7366$; d'où l'on conclut la probabilité que l'erreur est comprise dans les limites $\pm\,1^{m}$, égale à
$$\frac{34524}{34525}.$$

La probabilité qu'elle est comprise dans les limites $\pm\,\dfrac{1^{m}}{2}$ est égale à
$$\frac{26,32}{27,32}.$$

Si l'on forme, d'après la méthode du numéro précédent, les valeurs de $2i\alpha$, d'année en année, on aura

$$2i\alpha.$$

$$
\begin{array}{ll}
1807\dots\dots\dots\dots\dots\dots\dots\dots & 360,752 \\
1808\dots\dots\dots\dots\dots\dots\dots\dots & 369,147 \\
1809\dots\dots\dots\dots\dots\dots\dots\dots & 367,825 \\
1810\dots\dots\dots\dots\dots\dots\dots\dots & 375,411 \\
1811\dots\dots\dots\dots\dots\dots\dots\dots & 368,308 \\
1812\dots\dots\dots\dots\dots\dots\dots\dots & 367,207 \\
1813\dots\dots\dots\dots\dots\dots\dots\dots & 364,078 \\
1814\dots\dots\dots\dots\dots\dots\dots\dots & 366,106
\end{array}
$$

La moyenne de ces valeurs est 367,354. La valeur de 2ε est ici 230,322, ce qui donne le poids P égal à 0,31275; ainsi les erreurs également probables dans les valeurs de $2i\delta$ et de $2i\alpha$ sont ici dans le rapport de 1 à 5,2854.

Dans les syzygies équinoxiales, la valeur moyenne de $2i\delta$ est, par ce qui précède, égale à 8,9446. Elle surpasse la précédente de 3,073. Il est donc extrêmement probable que cette différence n'est point l'effet du hasard. Pour avoir cette probabilité, nous observerons que la probabilité d'une erreur u' dans la valeur de $2i\delta$ relative aux équinoxes est proportionnelle à $e^{-11,5911.u'^2}$, et que la probabilité d'une erreur u'' dans cette valeur relative aux solstices est $e^{-3,7336.u''^2}$; la probabilité des erreurs simultanées u' et u'' est donc proportionnelle à l'exponentielle $e^{-\mathrm{P}u'^2-\mathrm{P}'u''^2}$, en faisant

$$\mathrm{P}=21,5931, \qquad \mathrm{P}'=8,7366.$$

Si l'on fait $u''=u'-t$, l'exponentielle précédente prendra cette forme

$$e^{-(\mathrm{P}+\mathrm{P}')\left(u'-\frac{\mathrm{P}'t}{\mathrm{P}+\mathrm{P}'}\right)^2-\frac{\mathrm{P}\mathrm{P}'}{\mathrm{P}+\mathrm{P}'}t^2}.$$

On aura une quantité proportionnelle à la probabilité de t, en multipliant cette exponentielle par du' et prenant l'intégrale depuis $u'=-\infty$ jusqu'à $u'=\infty$. Cette probabilité est donc proportionnelle à

$$e^{-\frac{\mathrm{P}\mathrm{P}'}{\mathrm{P}+\mathrm{P}'}t^2}.$$

Le poids de la différence 3,073 des valeurs moyennes de $2i\delta$ est donc $\frac{PP'}{P+P'}$, qui devient ici 6,22285. On trouve ainsi la probabilité que l'erreur t est hors des limites $\pm 3,0173$ égale à une fraction dont le numérateur est l'unité, et dont le dénominateur surpasse 4 suivi de vingt-cinq zéros. On ne peut donc pas douter que la différence observée entre les valeurs de $2i6$, relatives aux solstices et aux équinoxes, ne soit l'effet d'une cause spéciale qui diminue cette valeur dans les solstices.

La même cause est indiquée avec une probabilité plus grande encore par la différence des valeurs de $2i\alpha$, relatives aux équinoxes et aux solstices, différence égale à $43^m,855$. Le poids de cette différence, par ce qui précède, est $\frac{PP'}{P+P'}$; il devient, en substituant les valeurs de P et de P' relatives aux valeurs de $2i\alpha$, 0,25675, d'où il suit que les erreurs également probables des différences relatives aux valeurs de $2i6$ et de $2i\alpha$ sont entre elles comme 1 à 4,9231. La différence observée $3^m,0173$ des valeurs de $2i6$ répond ainsi à 15^m environ de différence entre les valeurs de $2i\alpha$, différence beaucoup moindre que la différence 43,855. La cause dont il s'agit est donc à la fois indiquée par les hauteurs des marées dans les équinoxes et dans les solstices, et par les lois de leur variation, avec une extrême probabilité qui ne laisse aucun doute. On peut observer ici que le poids précédent de la différence 43,855 des valeurs moyennes de $2i\alpha$, relatives aux syzygies des équinoxes et des solstices, est aussi le poids de leur somme $778^m,563$, comme il est facile de le voir. On aura, d'une manière plus approchée, le poids de la différence $43^m,855$ en formant, pour chaque année, la différence des valeurs correspondantes de $2i\alpha$, relatives aux équinoxes et aux solstices. Voici le Tableau de cette différence :

$$
\begin{array}{lr}
1807 \dots\dots\dots & 50,654 \\
1808 \dots\dots\dots & 41,616 \\
1809 \dots\dots\dots & 42,498 \\
1810 \dots\dots\dots & 35,281 \\
1811 \dots\dots\dots & 44,185 \\
1812 \dots\dots\dots & 46,796 \\
1813 \dots\dots\dots & 48,305 \\
1814 \dots\dots\dots & 41,501 \\
\end{array}
$$

La moyenne de ces valeurs est $43^m,855$. En formant la somme des
carrés des différences de cette moyenne à chacune de ces valeurs, on
aura

$$2\varepsilon = 361,390,$$

ce qui donne le poids P de cette moyenne égal à $0,22403$. Il est un
peu moindre que celui que nous venons de trouver, ce qui tient à
ce que le nombre d'années que nous avons considéré n'est pas fort
grand. En adoptant ce poids, on trouve que la probabilité d'une
erreur égale à $+3^m,9054$ est inférieure à $\frac{1}{223,6}$.

IV. J'ai considéré d'une manière à peu près semblable les quadratures équinoxiales suivantes :

1807...	1ᵉʳ mars	17 mars	3o mars	8 septembre	24 septembre	8 octobre
1808...	5 »	19 »	4 avril	13 »	26 »	12 »
1809...	8 »	24 »	7 »	1ᵉʳ »	16 »	1ᵉʳ »
1810...	13 »	28 »	11 »	6 »	20 »	5 »
1811...	2 »	17 »	31 mars	9 »	25 »	9 »
1812...	6 »	19 »	4 avril	13 »	27 »	13 »
1813...	9 »	25 »	7 »	2 »	17 »	2 »
1814...	14 »	28 »	12 »	7 »	21 »	6 »

J'ai pris l'excès de la haute mer du matin sur la basse mer du soir,
relatif au jour même de la quadrature et aux trois jours qui la suivent.
Je n'ai pas considéré six jours, comme je l'ai fait relativement aux
syzygies, parce que, la variation des marées quadratures étant plus
rapide que celle des marées syzygies, la loi de variation, proportionnelle au carré du temps, ne pourrait pas, sans erreur sensible, com-
prendre un intervalle de six jours. J'ai fait, pour chaque année, une
somme des excès relatifs à chacun des quatre jours, en doublant les
résultats relatifs à la quadrature intermédiaire des quadratures considérées dans chaque équinoxe. J'ai obtenu ainsi les résultats suivants :

	m	ω	ϖ	ω
1807	25,130	20,100	20,180	26,106
1808	26,770	20,950	20,935	26,304
1809	26,130	21,400	21,130	25,286
1810	24,432	20,584	21,715	26,858
1811	26,055	21,440	21,130	26,185
1812	26,896	21,500	20,625	26,117
1813	25,437	20,341	20,682	25,917
1814	23,808	19,907	19,930	25,911

Si l'on nomme f, f', f'', f''' les sommes des hauteurs relatives à chacun des quatre jours et que l'on représente la loi de ces sommes par

$$\zeta t^2 + \zeta' t + \zeta'',$$

t étant le temps écoulé depuis la haute marée du matin du jour de la quadrature, l'intervalle de deux marées quadratures du matin étant pris pour unité, on aura les quatre équations de condition suivantes :

$$\zeta'' = f,$$
$$\zeta + \zeta' + \zeta'' = f',$$
$$4\zeta + 2\zeta' + \zeta'' = f'',$$
$$9\zeta + 3\zeta' + \zeta'' = f'''.$$

Si l'on multiplie chacune de ces équations respectivement par leurs coefficients de ζ, et que l'on fasse une somme de leurs produits; si l'on fait les sommes semblables, relativement aux coefficients de ζ' et de ζ'', ces trois sommes forment les équations suivantes :

$$98\zeta + 36\zeta' + 14\zeta'' = \qquad f' + 4f'' + 9f''',$$
$$36\zeta + 14\zeta' + 6\zeta'' = \qquad f' + 2f'' + 3f''',$$
$$14\zeta + 6\zeta' + 4\zeta'' = f + f' + f'' + f'''.$$

Ces équations donnent

$$\zeta = \frac{f - f' - f'' + f'''}{4},$$

$$\zeta' = \frac{\frac{21}{2}(f - f' - f'' + f''') + 3(f'' - f') + 4(f''' - f')}{10},$$

$$\zeta'' = \frac{f + f' + f'' + f'''}{4} - \frac{3}{2}\zeta' - \frac{7}{2}\zeta.$$

Maintenant on a

$$f = 204^m,658, \quad f' = 166^m,022, \quad f' = 166^m,327, \quad f'' = 307^m,711,$$

ce qui donne

$$\zeta = 20^m,005, \quad \zeta' = -59^m,0686, \quad \zeta' = 204^m,7649.$$

L'expression $\zeta t^2 + \zeta' t + \zeta''$ devient ainsi

$$(a) \qquad\qquad 161^m,162 + 20^m,005(t - 1,47635)^2.$$

Nommons t' la distance d'une haute marée du matin à l'instant de la quadrature, et représentons par $\alpha + \mathcal{E} t'^2$ cette haute marée. La basse mer qui la suit sera

$$-\alpha - \mathcal{E}\left(t' + \frac{1}{2}\right)^2;$$

l'excès de la haute sur la basse mer sera donc

$$(a') \qquad\qquad 2\alpha + \frac{2\mathcal{E}}{64} + 2\mathcal{E}\left(t' + \frac{1}{8}\right)^2.$$

Nommons k' la valeur moyenne des quantités dont les quadratures ont suivi les hautes marées du matin, et désignons, comme ci-dessus, par u la quantité dont le maximum et le minimum des marées suivent respectivement la syzygie et la quadrature; on aura

$$t' = t - k' - u.$$

La formule (a') devient, en la multipliant par le nombre i de quadratures considérées,

$$2i\alpha + \frac{2i\mathcal{E}}{64} + 2i\mathcal{E}\left(t - k' - u + \frac{1}{8}\right)^2.$$

Cette formule sera l'expression des valeurs de $f, f', \ldots$ En la comparant à la formule (a), on aura

$$k' + u - \frac{1}{8} = 1,47635,$$

ce qui donne

$$u = 1,60135 - k'.$$

L'intervalle pris pour unité est ici $1^{j},056223$. En multipliant donc
$1,60135$ par cet intervalle, on aura $1^{j},6914$. D'ailleurs, la valeur de
k' relative aux quadratures précédentes est $0^{j},1937$. On aura donc
ainsi

$$u = 1^{j},4977,$$

ce qui diffère peu de la valeur $1^{j},5378$ donnée par l'ensemble des
syzygies. On a ensuite

$$2 i \delta = 20^{m},005,$$
$$2 i \alpha = 160^{m},850.$$

Déterminons présentement la probabilité de la valeur de ζ ou de $2 i \delta$.
Ces valeurs, relatives à chacune des huit années et multipliées par 8,
sont :

$$2 i \delta.$$

	m
1807	21,912
1808	22,378
1809	17,760
1810	17,982
1811	19,340
1812	19,776
1813	20,662
1814	20,230

La somme des carrés des différences de ces valeurs à la moyenne
$20,005$ est $19,3770$; il est facile d'en conclure que le poids P de cette
moyenne est $1,85787$, le mètre étant pris pour unité d'erreur. On
trouve ainsi la probabilité que l'erreur de cette valeur moyenne est
comprise dans les limites $\pm 1^{m}$ égale à $\frac{17,55}{18,55}$: la probabilité que cette
erreur est comprise dans les limites $\pm 2^{m}$ est $\frac{8382}{8383}$.

On aura, à très peu près, la valeur de $2 i \alpha$ en diminuant les valeurs
de f, f', f'', f''', respectivement du produit de $20,005$ par les carrés
des fractions $-\frac{3}{2}$, $-\frac{1}{2}$, $\frac{1}{2}$, $\frac{3}{2}$, ce qui donne $2 i \alpha$ égal au quart de la
somme de ces quatre valeurs, diminuée du produit de $20,005$ par $\frac{5}{4}$ ou
à $161^{m},173$. De là il est aisé de conclure que l'on aura la valeur fort
approchée de $2 i \alpha$ relative à chaque année, en faisant une somme des

quatre valeurs de f, f', f'', f''' correspondantes à l'année, en doublant cette somme et en lui ajoutant $\frac{3}{1}$ de la valeur de $2i6$ relative à la même année. On formera ainsi le Tableau suivant :

$$
\begin{array}{ll}
 & 2i2. \\
 & \overset{m}{} \\
1807 \dots\dots\dots\dots\dots\dots\dots\dots & 155,6\r12 \\
1808 \dots\dots\dots\dots\dots\dots\dots\dots & 161,9\r16 \\
1809 \dots\dots\dots\dots\dots\dots\dots\dots & 165,680 \\
1810 \dots\dots\dots\dots\dots\dots\dots\dots & 164,700 \\
1811 \dots\dots\dots\dots\dots\dots\dots\dots & 165,\r1\r15 \\
1812 \dots\dots\dots\dots\dots\dots\dots\dots & 163,5\r16 \\
1813 \dots\dots\dots\dots\dots\dots\dots\dots & 158,925 \\
1814 \dots\dots\dots\dots\dots\dots\dots\dots & 153,\r190 \\
\end{array}
$$

On trouvera ici

$$2\varepsilon = 3o3,8\r12, \quad .$$

le poids P de l'erreur de la valeur moyenne $161,173$ est donc $0,23699$, d'où il suit que les erreurs également probables des valeurs moyennes de $2i6$ et de $2iz$ sont dans le rapport de 1 à $2,80$.

V. J'ai considéré les quadratures solsticiales suivantes :

1807...	13 juin	28 juin	12 juillet	6 décembre	22 décembre		
1808...	5 janvier	2 »	15 juin	1er juillet	10 »	24 décembre	
1809...	9 »	5 »	20 »	4 »	13 »	29 »	
1810...	12 »	10 »	23 »	9 »	3 »	19 »	
1811...	1 »	13 »	29 »	12 »	6 »	22 »	
1812...	6 »	2 »	16 »	1 »	11 »	25 »	
1813...	9 »	5 »	21 »	5 »	1 »	14 »	30 décembre
1814...	11 juin	24 »	10 juillet	4 décembre	19 »		
1815...	2 janvier						

J'ai pris, comme dans les quadratures précédentes, l'excès de la haute mer du matin sur la basse mer du soir, relativement au jour même de la syzygie et aux trois jours qui la suivent. J'ai fait, pour chaque année, une somme des excès relatifs à chacun de ces jours, en doublant les résultats relatifs à la quadrature intermédiaire entre les quadratures considérées dans chaque solstice. J'ai obtenu ainsi les résultats suivants :

1807	28,720	26,495	25,310	27,135
1808	28,830	25,780	25,345	27,215
1809	28,985	26,872	25,154	26,798
1810	29,817	26,217	26,655	28,261
1811	29,319	26,458	25,999	28,008
1812	28,108	25,818	25,820	27,711
1813	26,585	24,909	26,235	28,685
1814	27,196	24,431	25,446	28,383

L'ensemble de ces hauteurs donne, en mètres,

$$f = 227^{\mathrm{m}},560, \quad f' = 206^{\mathrm{m}},980, \quad f'' = 205^{\mathrm{m}},964, \quad f''' = 222^{\mathrm{m}},196,$$

d'où l'on tire

$$\zeta = 9^{\mathrm{m}},203, \quad \zeta' = -29^{\mathrm{m}},3198, \quad \zeta'' = 227^{\mathrm{m}},4592.$$

L'expression $\zeta t^2 + \zeta' t + \zeta''$ devient ainsi

$$204^{\mathrm{m}},0917 + 9^{\mathrm{m}},203(t - 1,5929)^2,$$

ce qui donne

$$2i\delta = 9^{\mathrm{m}},203,$$
$$2i\alpha = 203^{\mathrm{m}},948;$$

on aura ensuite, comme dans le numéro précédent,

$$k' + u = 1,5976 + \tfrac{1}{8}.$$

L'intervalle pris pour unité est ici $1^{\mathrm{j}},04796$, et la valeur de k' relative à ces marées quadratures est $0^{\mathrm{j}},20972$, d'où l'on tire, pour la quantité u dont le minimum de la marée suit les quadratures solsticiales,

$$u = 1^{\mathrm{j}},5907.$$

Les marées quadratures équinoxiales ont donné, pour u, $1^{\mathrm{j}},4977$; les marées syzygies équinoxiales ont donné $1^{\mathrm{j}},4810$; les marées syzygies solsticiales ont donné $1^{\mathrm{j}},6136$. La moyenne de ces valeurs est

$$u = 1^{\mathrm{j}},5458.$$

L'ensemble des syzygies anciennes m'a donné, dans le Livre IV de la *Mécanique céleste*,

$$u = \mathrm{ii},56445;$$

la différence est insensible.

Déterminons la probabilité de la valeur de ζ ou de $2i\zeta$. Ces valeurs, relatives à chacune des huit années et multipliées par 8, sont :

$$2i\zeta.$$

1807	$8^m,100$
1808	$9,840$
1809	$7,514$
1810	$10,412$
1811	$9,740$
1812	$8,362$
1813	$8,252$
1814	$11,404$

La somme des carrés des différences de ces valeurs à la moyenne $9,203$ est $12,6813$; on trouve ainsi le poids P de la valeur moyenne égal à $2,83882$, d'où il est aisé de conclure la probabilité que l'erreur de cette valeur est comprise dans les limites $\pm 1^m$ égale $\frac{57,23}{58,23}$. La probabilité que cette erreur est comprise dans les limites $\pm 1^m,5$ est $\frac{2839}{2840}$.

On aura, à très peu près, les valeurs de $2i\alpha$ par la méthode du numéro précédent; j'ai formé ainsi le Tableau suivant :

$$2i\alpha.$$

1807	$205^m,195$
1808	$202,040$
1809	$206,226$
1810	$208,885$
1811	$207,393$
1812	$204,461$
1813	$202,513$
1814	$196,657$

La valeur moyenne est $204,171$; on a ici

$$2\varepsilon = 223,406;$$

d'où l'on conclut le poids P de l'erreur moyenne égal à 0,32228. Ainsi les erreurs également probables des valeurs de $2i6$ et de $2i\alpha$ sont entre elles comme 1 à 2,9679.

La différence moyenne des valeurs de $2i\alpha$, relative aux quadratures des solstices et des équinoxes, est $42^{m},998$; on trouvera, par ce qui précède, le poids P de cette différence égal à 0,13656. C'est aussi le poids de la somme 365,345 de ces valeurs. De là il suit que la probabilité d'une erreur négative, égale ou supérieure à $+ 2,5983$, est

$$\frac{1}{11,4564}.$$

Maintenant, si l'on compare ces valeurs de $2i\alpha$, leur différence montre avec évidence l'influence des déclinaisons des astres sur ces marées. Cette influence est pareillement indiquée avec une extrême probabilité par les valeurs de $2i6$; celle qui est relative aux marées quadratures équinoxiales s'élève à $20^{m},005$, tandis que la valeur relative aux marées quadratures solsticiales n'est que de $9^{m},203$. D'après la probabilité des erreurs de ces valeurs, déterminée ci-dessus, on voit qu'une erreur de 9^{m} dans chacune d'elles est invraisemblable, et qu'il est par conséquent impossible de les faire coïncider.

Les valeurs de $2i\alpha$ et de $2i6$, relatives aux marées syzygies et quadratures dans les équinoxes et dans les solstices, sont les résultats des observations, les plus propres à vérifier la théorie de ces phénomènes, fondée sur la loi de la pesanteur universelle; mais, avant que de les comparer à cette théorie, je vais les comparer avec les résultats semblables que j'ai déduits, dans le Livre IV de la *Mécanique céleste*, des observations faites à Brest un siècle auparavant.

VII. Les résultats de ces observations anciennes sont relatifs à vingt-quatre syzygies et à vingt-quatre quadratures, tandis que ceux des observations modernes se rapportent à soixante-quatre syzygies et à soixante-quatre quadratures. Il faut donc, pour comparer aux résultats anciens les résultats modernes, diminuer ceux-ci dans le rapport de 3 à 8; on aura ainsi :

| | Observations ||
	anciennes.	modernes.
Syzygies équinoxiales.		
182.........................	$154,260^{m}$	$150,235^{m}$
186.........................	3,3542	3,1623
Syzygies solsticiales.		
182.........................	137,766	132,371
186.........................	2,2227	1,9451
Quadratures équinoxiales.		
182.........................	60,319	58,033
186.........................	7,5019	7,495
Quadratures solsticiales.		
182.........................	76,480	75,517
186.........................	3,4511	3,4100

On voit, par l'inspection de ce Tableau, que les résultats des observations modernes s'accordent avec ceux des observations anciennes aussi bien qu'on peut le désirer, vu surtout la petite différence que doivent y produire les déclinaisons de la Lune, plus grandes aux époques des anciennes observations qu'aux époques des observations modernes. On voit encore que les valeurs de $2i\alpha$ indiqueraient des marées plus fortes maintenant qu'au commencement du dernier siècle d'environ $\frac{1}{31}$, si l'on était bien certain de l'exactitude de la graduation de l'échelle qui a servi aux observations anciennes.

VIII. Comparons maintenant les résultats des observations avec ceux de la théorie de la pesanteur universelle. J'ai donné, dans le Livre IV de la *Mécanique céleste*, les formules nécessaires à cette comparaison; mais je vais ici reprendre cet objet par une nouvelle analyse. Ma théorie des marées, exposée dans le Livre cité, repose sur ce principe, savoir, que l'état d'un système de corps, dans lequel les conditions primitives du mouvement ont disparu par les résistances qu'il

éprouve, est périodique comme les forces qui l'animent. Ce principe,
combiné avec celui de la coexistence des oscillations très petites, explique, d'une manière singulièrement heureuse, tous les phénomènes
des marées, indépendants des circonstances locales. Les forces pro-
ductrices de ces phénomènes, relatives à l'action d'un astre L, sont,
comme on le voit dans le n° 16 du Livre IV de la *Mécanique céleste*,
exprimées par les différences partielles de la fonction

$$(a) \qquad \frac{3L}{2r^3}[\sin v \cos\theta + \cos v \sin\theta \cos(nt + \omega - \psi)]^2,$$

en désignant par L la masse de l'astre, par r sa distance au centre de
la Terre, par v sa déclinaison, par ψ son ascension droite comptée de
l'intersection de son orbite avec l'équateur, et par φ sa distance angulaire à cette intersection : $nt + \omega$ est l'angle horaire de cette intersection et θ est le complément de la latitude du port. Soit ε l'inclinaison
de l'orbite à l'équateur; on aura, par les formules de la Trigonométrie
sphérique,

$$\sin v = \sin\varepsilon \sin\varphi,$$
$$\cos v \sin\psi = \cos\varepsilon \sin\varphi,$$
$$\cos v \cos\psi = \cos\varphi,$$
$$\cos^2 v = \tfrac{1}{2}(1 + \cos^2\varepsilon) + \tfrac{1}{2}\sin\varepsilon \cos 2\varphi,$$
$$\cos^2 v \sin 2\psi = \cos\varepsilon \sin 2\varphi,$$
$$\cos^2 v \cos 2\psi = \tfrac{1}{2}\sin^2\varepsilon + \tfrac{1}{2}(1 + \cos^2\varepsilon) \cos 2\varphi.$$

La formule (a) devient ainsi

$$\frac{3L}{2r^3}[\tfrac{1}{2}\cos^2\theta \sin^2\varepsilon + \tfrac{1}{4}\sin^2\theta(1 + \cos^2\varepsilon) - \tfrac{1}{2}\sin^2\varepsilon(\cos^2\theta - \tfrac{1}{4}\sin^2\theta)\cos 2\varphi]$$

$$+ \frac{3L}{2r^3}\sin\theta\cos\theta[\sin\varepsilon \cos\varepsilon \sin(nt + \omega)$$
$$- \tfrac{1}{2}\sin\varepsilon(1 + \cos\varepsilon)\sin(nt + \omega - 2\varphi)$$
$$+ \tfrac{1}{2}\sin\varepsilon(1 - \cos\varepsilon)\sin(nt + \omega + 2\varphi)]$$

$$+ \frac{3L}{4r^3}\sin^2\theta\Big[\cos^4\tfrac{\varepsilon}{2}\cos(2nt + 2\omega - 2\varphi)$$
$$+ \sin^4\tfrac{\varepsilon}{2}\cos(2nt + \omega + 2\varphi) + \tfrac{1}{2}\sin^2\varepsilon \cos(2nt + 2\omega)\Big].$$

Si, comme nous l'avons fait, on ne considère dans les observations des marées que l'excès d'une haute mer sur l'une des deux basses mers voisines; si, de plus, on prend ces excès en nombre égal dans les syzygies et dans les quadratures des équinoxes du printemps et d'automne, et des solstices d'hiver et d'été; enfin, si, comme nous l'avons fait encore, pour détruire l'effet des variations de la parallaxe lunaire, on considère les trois syzygies ou les trois quadratures les plus voisines de l'équinoxe ou du solstice, en doublant les observations relatives à la syzygie intermédiaire, les résultats de l'observation ne dépendront que des inégalités relatives aux angles $2nt+2\omega$, $2nt+2\omega-2\varphi$, $2nt+2\omega+2\varphi$, inégalités dont la période est d'environ un demi-jour, et dont les deux premières sont, dans nos ports, beaucoup plus grandes que toutes les inégalités des marées. $\sin^2\frac{1}{2}\varepsilon$ est un coefficient toujours très petit dans les observations que nous avons considérées et au milieu desquelles l'inclinaison de l'orbe lunaire à l'équateur est parvenue à son minimum. On peut donc négliger le terme que ce coefficient multiplie, et alors les flux partiels, dont les périodes sont d'environ un demi-jour, dépendent des termes

$$\frac{3L}{4r^3}\sin^2\theta\cos^4\frac{\varepsilon}{2}\cos(2nt+2\omega-2\varphi)+\frac{3L}{8r^3}\sin^2\theta\sin^2\varepsilon\cos(2nt+2\omega).$$

Ces termes produisent, comme on l'a vu dans le n° 7 du Livre IV de la *Mécanique céleste*, deux flux partiels que l'on peut représenter par

$$A\frac{L}{r^3}\cos^4\frac{\varepsilon}{2}\cos(2nt-2mt-2\lambda)+\tfrac14 B\frac{L}{r^3}\sin^2\varepsilon\cos(2nt-2\gamma),$$

mt étant le moyen mouvement de l'astre L dans son orbite, A, B, λ et γ sont des constantes dépendantes des circonstances locales du port.

Ces deux flux sont les mêmes que ceux qui seraient produits par deux astres mus dans le plan de l'équateur, à la distance r du centre de la Terre, et dont le premier, représenté par $L\cos^4\frac{\varepsilon}{2}$, aurait le même moyen mouvement que l'astre L dans son orbite et passerait en même temps que lui par l'intersection de cette orbite avec le plan de l'équateur. Le second astre, représenté par $\frac{1}{2} L \sin^2\varepsilon$, correspondrait constamment au point de cette intersection. Le maximum des hautes marées de l'astre L a lieu vers la conjonction ou l'opposition des deux astres fictifs, lorsque la haute mer du premier coïncide avec celle du second. Le minimum des hautes marées a lieu vers les quadratures de ces astres fictifs, lorsque la haute mer du premier coïncide avec la basse mer du second. Ce maximum et ce minimum donneront donc le rapport de leurs actions et, par conséquent, la fraction $\frac{A}{B}$. Si cette fraction surpasse l'unité, l'action de l'astre L est augmentée par les circonstances locales et par le mouvement mt de l'astre dans son orbite, ce dont j'ai fait voir la possibilité dans le n° 18 du Livre IV de la *Mécanique céleste*; $\cos^4\frac{\varepsilon}{2}$ est égal à $\cos\varepsilon + \sin^4\frac{\varepsilon}{2}$. Sans l'accroissement dû au mouvement de l'astre fictif $L\cos^4\frac{\varepsilon}{2}$, la hauteur de la mer qu'il produit serait, en négligeant $\sin^4\frac{\varepsilon}{2}$,

$$B \frac{L}{r^3} \cos\varepsilon \cos(2nt - 2mt - 2\lambda).$$

L'accroissement en hauteur de la mer, dû au mouvement de l'astre L, est donc

$$(A - B) \frac{L}{r^3} \cos\varepsilon \cos(2nt - 2mt - 2\lambda),$$

ce qui est conforme au n° 20 du Livre IV de la *Mécanique céleste*, en observant que B est ce que nous avons nommé $2P$ dans le numéro cité, et que $(A - B)\cos\varepsilon$ est ce que nous avons désigné par

$$- 4mPQ\cos\varepsilon.$$

Supposons maintenant que les quantités L, r, m, A, ε, λ et γ se rapportent au Soleil, et marquons d'un trait les mêmes quantités relatives à la Lune; on aura, par l'action réunie de ces deux astres, et en n'ayant égard qu'aux inégalités dont la période est d'environ un demi-jour, la hauteur de la mer au-dessus de son niveau, due à l'action du Soleil et de la Lune, égale à

$$A \frac{L}{r^3} \cos^4 \frac{\varepsilon}{2} \cos(2nt - 2mt - 2\lambda) + \tfrac{1}{4} B \frac{L}{r^3} \sin^2\varepsilon \cos(2nt - 2\gamma)$$

$$+ A' \frac{L'}{r'^3} \cos^4 \frac{\varepsilon'}{2} \cos(2nt - 2m't - 2\lambda') + \tfrac{1}{4} B \frac{L'}{r'^3} \sin^2\varepsilon' \cos(2nt - 2\gamma'),$$

la constante B devant être la même pour le Soleil et pour la Lune, parce que les cosinus des angles $2nt - 2\gamma$ et $2nt - 2\gamma'$ varient à très peu près de la même manière, vu la lenteur du mouvement des nœuds de l'orbe lunaire. La différence des quantités γ et λ serait nulle si m était nul; nous la supposerons donc proportionnelle à m et égale à $m\zeta$, en sorte que l'on ait $\lambda = \gamma - m\zeta$. On aura pareillement $\lambda' = \gamma - m'\zeta$; γ' serait égale à γ si l'intersection de l'orbe lunaire avec l'équateur coïncidait avec l'équinoxe du printemps. En comptant les angles nt, mt et $m't$ de cet équinoxe, et désignant par δ l'ascension droite de l'intersection de l'orbe lunaire avec l'équateur, on aura

$$\gamma' = \gamma + \delta.$$

Cela posé, lorsque la marée syzygie est parvenue à sa plus grande hauteur, les cosinus des deux angles

$$2nt - 2mt - 2\lambda, \quad 2nt - 2m't - 2\lambda'$$

sont très peu différents de l'unité. En supposant donc la demi-circonférence dont le rayon est l'unité égale à π, et

$$nt - mt - \lambda = i\pi + q,$$
$$nt - m't - \lambda' = i'\pi + q',$$

i et i' étant des nombres entiers, q et q' seront de petites quantités, et l'on aura, à fort peu près,

$$\cos(2nt - 2mt - 2\lambda) = 1 - 2q^2,$$
$$\cos(2nt - 2m't - 2\lambda') = 1 - 2q'^2;$$

on aura ensuite

$$t = \frac{i\pi + q + \lambda}{n - m} = \frac{i'\pi + q' + \lambda'}{n - m'};$$

d'où, en substituant pour λ' sa valeur $\lambda - (m' - m)\delta$ et faisant

$$\delta' = (m' - m)\delta - \frac{\lambda(m' - m)}{n - m} - \frac{i\pi(m' - m)}{n - m} - (i' - i)\pi,$$

on tire

$$q' = \frac{n - m'}{n - m} q + \delta'.$$

L'expression précédente de la hauteur de la mer devient ainsi, en substituant, pour t, sa valeur précédente et, pour γ, $\lambda + m\delta$,

$$A \frac{L}{r^3}(1 - 2q^2)\cos^4\frac{\varepsilon}{2} + A'\frac{L'}{r'^3}(1 - 2q'^2)\cos^4\frac{\varepsilon'}{2}$$

$$+ \tfrac{1}{2}B\frac{L}{r^3}\sin^2\varepsilon\cos\left[\frac{2m(i\pi + \lambda)}{n - m} - 2m\delta + \frac{2nq}{n - m}\right]$$

$$+ \tfrac{1}{2}B\frac{L'}{r'^3}\sin^2\varepsilon'\cos\left[\frac{2m(i\pi + \lambda)}{n - m} - m\delta - 2\delta + \frac{2nq}{n - m}\right].$$

La condition de la haute mer exige que la différentielle de cette fonction soit nulle ; en la différentiant donc et observant que l'on a

$$dq = (n - m)\,dt,$$
$$dq' = (n - m')\,dt,$$

on aura

$$0 = -4A\frac{L}{r^3}(n - m)q\cos^4\frac{\varepsilon}{2} - 4A'\frac{L'}{r'^3}(n - m')q'\cos^4\frac{\varepsilon'}{2}$$

$$- nB\frac{L}{r^3}\sin^2\varepsilon\left\{\sin\left[\frac{2m(i\pi + \lambda)}{n - m} - 2m\delta\right]\right.$$

$$\left. + \frac{2nq}{n - m}\cos\left[\frac{2m(i\pi + \lambda)}{n - m} - 2m\delta\right]\right\}$$

$$- nB\frac{L'}{r'^3}\sin^2\varepsilon'\left\{\sin\left[\frac{2m(i\pi + \lambda)}{n - m} - 2m\delta - 2\delta\right]\right.$$

$$\left. + \frac{2nq}{n - m}\cos\left[\frac{2m(i\pi + \lambda)}{n - m} - 2m\delta - 2\delta\right]\right\};$$

ce qui donne, en faisant, pour abréger,

$$2\,A\,\frac{L}{r^3}\cos^4\frac{\varepsilon}{2}=a, \qquad 2\,A'\,\frac{L'}{r'^3}\cos^4\frac{\varepsilon'}{2}=a',$$

$$B\,\frac{L}{r^3}\sin^2\varepsilon\cos\left(2\,m\,\frac{\pi+\lambda}{n-m}-2\,m\varepsilon\right)$$
$$+\,B\,\frac{L'}{r'^3}\sin^2\varepsilon'\cos\left(2\,m\,\frac{i\pi+\lambda}{n-m}-2\,m\varepsilon-2\delta\right)=b,$$

$$B\,\frac{L}{r^3}\sin^2\varepsilon\sin\left(2\,m\,\frac{i\pi+\lambda}{n-m}-2\,m\varepsilon\right)$$
$$+\,B\,\frac{L'}{r'^3}\sin^2\varepsilon'\sin\left(2\,m\,\frac{i\pi+\lambda}{n-m}-2\,m\varepsilon-2\delta\right)=2h,$$

les valeurs suivantes :

$$q=-\frac{(n-m)\left[(n-m')a'\delta'+nh\right]}{(n-m)^2a+(n-m')^2a'+n^2b},$$

$$q'=\frac{\left[(n-m)^2a+n^2b\right]\delta'-(n-m')nh}{(n-m)^2a+(n-m')^2a'+n^2b}.$$

L'expression entière de la hauteur de la marée au-dessus de la basse mer, expression double de la valeur précédente de la haute mer, devient ainsi, à très peu près, en négligeant le carré de h, à cause de son extrême petitesse, surtout dans les équinoxes et dans les solstices,

$$a+a'+b\,\frac{2\,a'\left[(n-m)^2a+n^2b\right]\delta^2+4\,n(n-m')a'h\delta'}{(n-m)^2a+(n-m')^2a'+n^2b}.$$

Si l'on suppose, dans les expressions de ε', b et h,

$$i'-i=i'', \qquad i=i''+s,$$

et si l'on nomme ε'', b' et h' ce que deviennent ces expressions lorsqu'on y change i en i'', la fonction précédente devient, à très peu près,

$$a+a'+b'-\frac{2\,ns\pi h'}{n-m}$$
$$-2\,a'\,\frac{\left\{\left[(n-m)^2a+n^2b')\right]\left[\dfrac{s^2\pi^2(m'-m)^2}{(n-m)^2}-2\delta's\pi\dfrac{m'-m}{n-m}+\varepsilon''^2\right]\right.}{(n-m)^2a+(n-m')^2a'+n^2b'}$$
$$\left.-2\,n(n-m')\left[\varepsilon''-\dfrac{s\pi(m'-m)}{n-m}\right]\left(h'+\dfrac{ms\pi}{n-m}b'\right)\right\}.$$

Si l'on détermine les constantes ε et λ de l'expression de ξ'', de manière que le coefficient de la première puissance de s soit nul, cette fonction devient à très peu près, en observant que l'on peut négliger les termes affectés de $m^2 b'$, etc.,

$$a + a' + b' - \frac{2 s^2 \pi^2 \left[aa'(m' - m)^2 - a' b' m^2 + a' b' m'^2 \right]}{(n - m)^2 a + (n - m')^2 a' + n^2 b'}$$

ou

$$(\text{o}) \quad a + a' + b' - \frac{2\left(s\pi \frac{m' - m}{n - m} \right)^2 a'}{a + a' + b'} - \left(a + b' \frac{m' + m}{m' - m} \right) \left[1 + 2 \frac{(m' - m) a' - m b'}{(n - m)(a + a' + b')} \right].$$

s étant supposé nul, on a la plus grande marée vers les syzygies. Si l'on fait successivement $s = \pm 1$, $s = \pm 2$, $s = \pm 3$, ..., on a les hautes marées qui suivent ou précèdent cette plus grande marée ; et, en ne considérant que les nombres pairs de ces valeurs de s, on aura les plus hautes mers qui suivent ou précèdent cette plus haute mer d'un ou de plusieurs jours.

Au moment de la syzygie, $m' t' - m t'$ est nul ou un multiple de la demi-circonférence, t' désignant le temps relatif à cette phase. Soit $t' + T$ le temps relatif à la plus haute mer ; $nt - mt - \lambda$ et $nt - m't - \lambda'$ étant, au moment de cette marée, multiples de la demi-circonférence, $m' t - m t - \lambda' + \lambda$ sera un multiple de la demi-circonférence ; d'où il est aisé de conclure que

$$(m' - m) T - \lambda' + \lambda \quad \text{ou} \quad (m' - m)(T - \varepsilon)$$

est égal à zéro, ce qui donne

$$T = \varepsilon.$$

De là, il suit que

$$\cos(2nt - 2\gamma) \quad \text{ou} \quad \cos(2nt - 2mt - 2\lambda + 2mt - 2m\varepsilon)$$

devient, au moment de la plus haute mer,

$$\cos(2mt - 2m\varepsilon) \quad \text{ou} \quad \cos 2mt'.$$

Pareillement,

$$\cos(2mt - 2\gamma - 2\delta) = \cos(2mt' - 2\delta);$$

ainsi les cosinus de l'expression de $\mathscr{G}'$ se rapportent à l'instant même de la syzygie, ce qui a également lieu pour les marées quadratures.

Soit p le carré du cosinus de la déclinaison du Soleil, à l'instant de la syzygie ; on aura, par ce qui précède,

$$p = \frac{1 + \cos^2\varepsilon}{2} + \frac{1}{2}\sin^2\varepsilon \cos 2mt';$$

or on a

$$\cos^4\frac{\varepsilon}{2} = \frac{1 + \cos^2\varepsilon}{2} - \sin^4\frac{\varepsilon}{2}.$$

En négligeant donc, comme nous l'avons fait, $\sin^4\frac{\varepsilon}{2}$, on aura

$$2A\frac{L}{r^3}\cos^4\frac{\varepsilon}{2} + B\frac{L}{r^3}\sin^2\varepsilon \cos 2mt'$$

$$= 2A\frac{L}{r^3}p - (A - B)\frac{L}{r^3}\sin^2\varepsilon \cos 2mt'.$$

En nommant pareillement p' le carré du cosinus de la déclinaison de la Lune à l'instant de la syzygie, on aura

$$2A'\frac{L'}{r'^3}\cos^4\frac{\varepsilon'}{2} + B\frac{L'}{r'^3}\sin^2\varepsilon' \cos(2m't' - 2\delta)$$

$$= 2A'\frac{L'}{r'^3}p' - (A' - B)\frac{L'}{r'^3}\sin^2\varepsilon' \cos(2m't' - 2\delta).$$

Dans les syzygies des solstices, mt' et $m't'$ sont augmentés de $\frac{\pi}{2}$. En désignant donc par $\frac{\pi}{2} + mt''$ et $\frac{\pi}{2} + m't''$ les angles mt' et $m't'$, ce qui revient à compter du solstice les arcs mt'' et $m't''$, on aura

$$\cos 2mt' = -\cos 2mt'',$$
$$\cos(2mt' - 2\delta) = -\cos 2(m't'' - \delta).$$

En désignant par q et q' les carrés des cosinus des déclinaisons solaire et lunaire à l'instant de la syzygie, on aura

$$2 A \frac{L}{r^3} \cos^1 \frac{\varepsilon}{2} + B \frac{L}{r^3} \sin^2 \varepsilon \cos 2 m t'$$

$$= 2 q A \frac{L}{r^3} + (A - B) \frac{L}{r^3} \sin^2 \varepsilon \cos 2 m t'',$$

$$2 A' \frac{L'}{r'^3} \cos^1 \frac{\varepsilon'}{2} + B \frac{L'}{r'^3} \sin^2 \varepsilon' \cos(2 m' t' - 2 \delta)$$

$$= 2 q' A' \frac{L'}{r'^3} + (A' - B) \frac{L'}{r'^3} \sin^2 \varepsilon' \cos(2 m' t'' - 2 \delta).$$

On peut supposer que, dans l'ensemble des syzygies considérées ci-dessus, la somme des cosinus de $2 m t'$ est égale à la somme des cosinus de $2 m t''$, et que la somme des cosinus de $2 m t' - 2 \delta$ égale la somme des cosinus de $2 m' t'' - 2 \delta$, parce que ces angles diffèrent peu de l'unité, et parce que leurs cosinus sont multipliés dans les expressions précédentes par les très petits facteurs

$$(A - B) \sin^2 \varepsilon \quad \text{et} \quad (A' - B) \sin^2 \varepsilon'.$$

En supposant donc que p et q expriment les sommes des carrés des cosinus des déclinaisons du Soleil aux instants des syzygies équinoxiales et solsticiales, et que p' et q' expriment les mêmes sommes pour la Lune, la somme des quantités $\sin^2 \varepsilon \cos 2 m t'$ sera $p - q$, et la somme des quantités $\sin^2 \varepsilon' \cos(2 m t' - 2 \delta)$ sera $p' - q'$.

On aura donc, dans les syzygies équinoxiales,

$$2 i \alpha = 2 A \frac{L}{r^3} p + 2 A' \frac{L'}{r'^3} p' - (A - B)(p - q) \frac{L}{r^3} - (A' - B)(p' - q') \frac{L'}{r'^3},$$

et, dans les syzygies solsticiales,

$$2 i \alpha' = 2 A \frac{L}{r^3} q + 2 A' \frac{L'}{r'^3} q' + (A - B) \frac{L}{r^3} (p - q) + (A' - B) \frac{L'}{r'^3} (p' - q'),$$

$2 i \alpha'$ étant la valeur de $2 i \alpha$ relative aux syzygies solsticiales.

Dans les quadratures, la haute marée lunaire coïncide avec la basse marée solaire, ce qui revient à supposer $\frac{L}{r^3}$ négatif dans les expressions précédentes. De là il suit que, si l'on désigne par p_1 et q_1 les carrés des cosinus des déclinaisons du Soleil dans les quadratures équinoxiales et solsticiales; si l'on désigne par p'_1 et q'_1 les carrés des cosinus des déclinaisons de la Lune dans les mêmes quadratures; enfin, si l'on nomme $2i\alpha'$ et $2i\alpha''$ ce que devient $2i\alpha$ dans ces quadratures, on aura

$$2i\alpha' = 2A'\frac{L'}{r'^3}q'_1 - 2A\frac{L}{r^3}p_1 + (A-B)\frac{L}{r^3}(p_1 - q_1) + (A'-B)\frac{L'}{r'^3}(p'_1 - q'_1),$$

$$2i\alpha'' = 2A'\frac{L'}{r'^3}p'_1 - 2A\frac{L}{r^3}q_1 - (A-B)\frac{L}{r^3}(p_1 - q_1) - (A'-B)\frac{L'}{r'^3}(p'_1 - q'_1).$$

J'ai observé, dans le n° 25 du Livre IV de la *Mécanique céleste*, que, à raison de l'argument de la variation dans l'expression de la parallaxe lunaire, l'action de la Lune sur la mer est augmentée d'environ $\frac{1}{40}$ dans les syzygies et diminuée de la même quantité dans les quadratures. Ayant traité depuis, avec un soin particulier, la théorie de la Lune, dans le septième Livre de la *Mécanique céleste*, j'ai reconnu que cet accroissement et cette diminution sont un peu plus petits et qu'ils sont environ $\frac{1}{45}$ de la valeur moyenne ou, plus exactement, le produit de cette valeur par 0,022486, lorsque l'on considère, comme nous l'avons fait, autant de pleines que de nouvelles lunes.

Dans les syzygies que nous avons considérées, on a

$$p = 63{,}632467, \qquad q = 54{,}260856,$$
$$p' = 63{,}546581, \qquad q' = 56{,}879696,$$
$$p_1 = 63{,}635484, \qquad q_1 = 54{,}301142,$$
$$p'_1 = 63{,}497242, \qquad q'_1 = 56{,}962913,$$

et, par ce qui précède, on a

$$2i\alpha = 411^m{,}359, \qquad 2i\alpha' = 367^m{,}468,$$
$$2i\alpha'' = 160^m{,}850, \qquad 2i\alpha''' = 303^m{,}948.$$

On aura ainsi les quatre équations suivantes :

$$(1)\quad \begin{cases} 411^m{,}359 = 63{,}546581 . 1{,}022486 . 2A'\dfrac{L'}{r'^3} + 63{,}632467 . 2A\dfrac{L}{r^3} \\ \qquad - 3{,}333442 . 2(A'-B) . 1{,}022486\dfrac{L'}{r'^3} - 4{,}685805 . 2(A-B)\dfrac{L}{r^3}, \end{cases}$$

$$(2) \quad \left\{ \begin{aligned} 367^m,468 = {}& 56,879696 . 1,022486 . 2 A' \frac{L'}{r'^3} + 54,260856 . 2 A \frac{L}{r^3} \\ & + 3,333442 . 2(A' - B) . 1,022486 \frac{L'}{r'^3} + 4,685805 . 2(A - B)\frac{L}{r^3}, \end{aligned} \right.$$

$$(3) \quad \left\{ \begin{aligned} 160^m,850 = {}& 56,962913 . 0,977514 . 2 A' \frac{L'}{r'^3} - 63,635484 . 2 A \frac{L}{r^3} \\ & + 3,267165 . 0,977514 . 2(A' - B)\frac{L'}{r'^3} + 4,667171 . 2(A - B)\frac{L}{r^3}, \end{aligned} \right.$$

$$(4) \quad \left\{ \begin{aligned} 203^m,948 = {}& 63,497242 . 0,977514 . 2 A' \frac{L'}{r'^3} - 54,301142 . 2 A \frac{L}{r^3} \\ & - 3,267165 . 0,977514 . 2(A' - B)\frac{L'}{r'^3} - 4,667171 . 2(A - B)\frac{L}{r^3}. \end{aligned} \right.$$

Dans toutes ces équations, les valeurs $\frac{L'}{r'^3}$ et $\frac{L}{r^3}$ sont relatives aux moyennes distances de la Lune et du Soleil à la Terre.

Le système $+ (1) + (2)$ des équations précédentes donne

$$(5) \qquad 778^m,708 = 120,426377 . 1,022486 . 2 A' \frac{L'}{r'^3} + 117,893323 . 2 A \frac{L}{r^3};$$

le système des équations $+ (3) + (4)$ donne

$$(6) \qquad 364^m,798 = 120,460155 . 0,977514 . 2 A' \frac{L'}{r'^3} - 117,936626 . 2 A \frac{L}{r^3}.$$

De ces deux équations on tire

$$2 A' \frac{L'}{r'^3} = 4^m,74788, \qquad 2 A \frac{L}{r^3} = 1^m,64658.$$

Le système des équations $+ (1) - (2)$ donne

$$(7) \quad \left\{ \begin{aligned} 43^m,891 = {}& 6,666885 . 1,022486 . 2 A' \frac{L'}{r'^3} + 9,371611 . 2 A \frac{L}{r^3} \\ & - 6,666885 . 1,022486 . 2 \frac{A' - B}{A'} A' \frac{L'}{r'^3} - 9,371611 . 2 \frac{A - B}{A} A \frac{L}{r^3}; \end{aligned} \right.$$

le système des équations $+ (4) - (3)$ donne

$$(8) \quad \begin{cases} 43^{m},098 - 6,534329 . 0,977514 . 2 \, A' \dfrac{L'}{r'^3} + 9,334342 . 2 \, A \dfrac{L}{r^3} \\[2ex] \qquad\quad - 6,534329 . 0,977514 . 2 \dfrac{A'-B}{A'} A' \dfrac{L'}{r'^3} - 9,334842 . 2 \dfrac{A-B}{A} A \dfrac{L}{r^3} . \end{cases}$$

En substituant pour $2 A' \dfrac{L'}{r'^3}$ et $2 A \dfrac{L}{r^3}$ leurs valeurs précédentes, l'équation (7) donne

$$(9) \qquad 3,9054 = 32,3653 \dfrac{A'-B}{A'} + 15,4311 \dfrac{A-B}{A},$$

et l'équation (8) donne

$$(10) \qquad 2,5983 = 30,3266 \dfrac{A'-B}{A'} + 15,3697 \dfrac{A-B}{A} .$$

Si l'on suppose $A' = (1 + x)B$, xB sera l'accroissement de A' dû à la rapidité du mouvement de l'astre L' dans son orbite; alors on a

$$\dfrac{A'-B}{A'} = \dfrac{x}{1+x}.$$

On peut supposer ici, sans erreur sensible, cet accroissement proportionnel à la vitesse angulaire m' de l'astre dans son orbite et, dans ce cas,

$$A - B = \dfrac{m}{m'} x,$$

ce qui donne

$$\dfrac{A-B}{A} = \dfrac{m x}{m' - m x} = \dfrac{m}{m'} x,$$

en négligeant le carré de la petite fraction $\dfrac{m}{m'}$. On peut même supposer, sans erreur sensible, vu la petitesse de x,

$$\dfrac{m}{m'} x = \dfrac{m}{m'} \dfrac{x}{1+x};$$

de plus

$$\dfrac{m}{m'} = 0,0748.$$

En ajoutant donc les équations (9) et (10), on aura

$$x = 0,11119,$$

ce qui donne

$$2 B \frac{L'}{r'^3} = 4^m,27279,$$

$$2 B \frac{L}{r^3} = 1^m,63289$$

et, par conséquent,

$$\frac{\dfrac{L'}{r'^3}}{\dfrac{L}{r^3}} = 2,6167.$$

On voit, par les équations (9) et (10), qu'une valeur positive de x, peu différente de $\frac{1}{9}$, est à la fois indiquée par les observations des marées syzygies et des marées quadratures.

On aura, d'une manière approchée, la probabilité de l'existence d'une valeur positive de x, en observant que, si elle n'existait pas, l'erreur de la différence 43,891 des valeurs de $2ix$, relatives aux syzygies des équinoxes et des solstices, serait 3,9054 ou au-dessus, et, par le n° 3, sa probabilité est $\frac{1}{223,6}$. L'erreur de la différence 43,098 des valeurs de $2ix$ relatives aux quadratures des solstices et des équinoxes serait 2,5983 ou au-dessus, et, par le n° 5, sa probabilité est $\frac{1}{11,4564}$. La probabilité de l'existence simultanée de ces erreurs est le produit des deux probabilités précédentes : elle est donc $\frac{1}{2562}$, en sorte que la probabilité d'une valeur positive de x est $\frac{2561}{2562}$.

Les observations anciennes des marées syzygies m'ont donné, pour x, 0,10637 (*Mécanique céleste*, Livre IV, n° 26). Les observations anciennes des marées quadratures m'ont donné, pour x, 0,1061, ce qui diffère très peu de la valeur précédente de x, qui me semble préférable, à cause du plus grand nombre d'observations que nous venons d'employer. L'existence d'une valeur de x positive étant donc à la fois prouvée par les observations anciennes et modernes, il me semble impossible de la révoquer en doute.

Les observations anciennes m'ont donné

$$2\,\mathrm{A}'\,\frac{\mathrm{L}'}{r'^3} = 4^{\mathrm{m}},6740, \qquad \frac{2\,\mathrm{A L}}{r^3} = 1^{\mathrm{m}},5750;$$

ces valeurs diffèrent peu des précédentes, $4^{\mathrm{m}},74788$ et $1^{\mathrm{m}},64658$. La somme des valeurs de $48z$ est $416,156$ par les observations anciennes, et $430,825$ par les observations modernes; il faut donc, pour comparer les valeurs anciennes et modernes de $2\,\mathrm{A}'\frac{\mathrm{L}'}{r'^3}$ et de $\frac{2\,\mathrm{A L}}{r^3}$, multiplier les valeurs modernes par la fraction $\frac{416,156}{430,825}$, et alors elles deviennent $4^{\mathrm{m}},5968$ et $1^{\mathrm{m}},5905$; mais, les valeurs modernes étant fondées sur un plus grand nombre d'observations, elles doivent être préférées.

Le rapport de $\frac{\mathrm{L}'}{r'^3}$ à $\frac{\mathrm{L}}{r^3}$ est un élément important de l'Astronomie. Le rapport précédent donne $\frac{1}{69,3}$ pour le rapport de la masse de la Lune à celle de la Terre; il donne encore, en secondes décimales, le coefficient de la nutation égal à $29'',940$, ce qui correspond à $9'',70$ en secondes sexagésimales.

Newton a déterminé le rapport des actions du Soleil et de la Lune sur la mer dans la proposition 37 du Livre III des *Principes mathématiques de la Philosophie naturelle*. Il suppose, d'après les observations de Sturmius, qu'aux jours des équinoxes la marée, à Bristol, est de quinze pieds dans les quadratures et de vingt-cinq pieds dans les syzygies, et il en conclut que, dans les moyennes distances du Soleil et de la Lune à la Terre, les actions de ces astres sur la mer sont dans le rapport de 1 à $4,4815$. Pour déterminer ce rapport, Newton observe que le maximum des marées syzygies et le minimum des marées quadratures n'ont pas lieu les jours mêmes de ces phases, mais environ quarante-trois heures sexagésimales après leur arrivée. A ce moment, la Lune s'est éloignée sensiblement du Soleil, ce qui, selon ce grand géomètre, doit affaiblir l'action solaire dans le rapport du cosinus du double de cette distance à l'unité. Mais cela n'est pas exact; et l'on a vu précédemment qu'il faut, pour avoir le maximum ou le minimum des marées, supposer cette distance nulle, comme au moment de la phase, et employer les déclinaisons des astres qui ont lieu à ce moment. C'est ce que Newton avait fait dans la première édition de son Ouvrage. Il a pensé, dans les deux éditions suivantes, qu'il obtiendrait plus d'exactitude en considérant les actions des astres à l'instant même de la marée. Ce n'est pas le seul exemple des erreurs que l'on commet en cherchant à s'approcher de la vérité.

IX. Considérons maintenant le coefficient de $2i\theta$; ce coefficient, par ce qui précède, est, dans les syzygies des équinoxes,

$$(x)\qquad \frac{2a'\left(a + b'\dfrac{m'+m}{m'-m}\right)}{a+a'+b'}\left(2\pi\frac{m'-m}{n-m}\right)^2\left[1 + \frac{2a'(m'-m)-2mb'}{(n-m)(a+a'+b')}\right];$$

on peut faire disparaître le terme $\dfrac{2a'(m'-m)-2mb'}{(n-m)(a+a'+b')}$, en observant que le retard journalier des marées syzygies est, à fort peu près, $\dfrac{a'(m'-m)-mb'}{(n-m)(a+a'+b')}$, comme on le verra dans la suite; d'où il suit que, si l'on prend pour unité de temps, comme nous l'avons fait ci-dessus, l'intervalle de deux marées syzygies d'un jour à l'autre, et si l'on désigne par e le mouvement synodique de la Lune dans cet intervalle, la formule de la hauteur des marées deviendra, pour le nombre t d'intervalles, à partir du maximum,

$$(y)\qquad a+a'+b' - \frac{2a'\left(a+b'\dfrac{m'+m}{m'-m}\right)}{a+a'+b'}t^2e^2.$$

Voyons maintenant comment on peut y faire entrer les inégalités du mouvement lunaire. Si l'on développe, dans une série d'angles croissants proportionnellement au temps, la fonction

$$2\frac{L'}{r'^3}\left[\cos^3\frac{\varepsilon'}{2}\cos(2nt+2\omega-2\varphi') + \tfrac{1}{4}\sin^2\varepsilon'\cos(2nt+2\omega)\right]$$
$$+ 2\frac{L}{r^4}\left[\cos^3\frac{\varepsilon}{2}\cos(2nt+2\omega-2\varphi) + \tfrac{1}{4}\sin^2\varepsilon\cos(2nt+2\omega)\right],$$

en désignant cette série par

$$b\cos(2nt+2\omega) + b'\cos(2nt+2\omega-2mt)$$
$$+ b''\cos(2nt+2\omega-2m't) + b'''\cos(2nt+2\omega-2m''t) + \ldots$$

chacun de ces termes produira un flux partiel, dont la somme sera de
la forme

$$b\cos(2nt - 2\gamma) + a\cos(2nt - 2mt - 2\lambda)$$
$$+ a'\cos(2nt - 2m't - 2\lambda')$$
$$+ a''\cos(2nt - 2m''t - 2\lambda'') + \dots.$$

Le plus grand flux possible a lieu lorsque tous les cosinus deviennent égaux à l'unité. Supposons qu'à partir de cet état on ait

$$nt - \gamma = s\pi + p,$$
$$nt - mt - \lambda = i\pi + nq,$$
$$nt - m't - \lambda' = i'\pi + q'.$$
$$\dots\dots\dots\dots\dots\dots\dots\dots$$

En réduisant en série l'expression précédente de la hauteur des
marées, elle deviendra

$$b + a + a' + a'' + \dots - 2bp^2 - 2aq^2 - 2a'q'^2 - \dots.$$

La supposition d'une grande marée donne la différentielle de cette
fonction nulle, et par conséquent

$$bp = - aq - a'q' - a''q'' - \dots,$$

à cause de

$$dp = dq = dq' = \dots,$$

toutes ces différentielles étant à très peu près égales à $n\,dt$. Maintenant les équations

$$nt - \gamma = s\pi + p,$$
$$nt - mt - \lambda = i\pi + q$$

donnent

$$q = p\,\frac{n - m}{n} - \frac{ms\pi}{n} - (i - s)\pi - \lambda + \frac{n - m}{n}\,\gamma.$$

En faisant $i - s = s'$ et déterminant γ et λ, de manière que
$- s'\pi - \lambda + \dfrac{n - m}{n}\,\gamma$ soit nul, on aura, à très peu près,

$$q = p - \frac{ms\pi}{n},$$

à cause de la petitesse de m relativement à n; on aura pareillement

$$q' = p - \frac{m's\pi}{n},$$

. . . .

et alors on aura

$$p = \frac{s\pi}{n}\,\frac{am + a'm' + a''m'' + \ldots}{b + a + a' + a'' + \ldots} = \frac{s\pi}{n}\,p',$$

en exprimant par p' la quantité

$$\frac{am + a'm' + \ldots}{b + a + a' + \ldots}.$$

L'expression de la hauteur de la mer devient ainsi

$$b + a + a' + \ldots - 2\left(\frac{s\pi}{n}\right)^2\left[bp'^2 + a(p' - m)^2 + a'(p' - m')^2 + \ldots\right].$$

Considérons le terme

$$2\,\frac{L'}{r'^3}\cos^4\frac{\varepsilon'}{2}\cos(2nt + 2\omega - 2\varphi')$$

de l'expression des forces perturbatrices. Soit $h\sin(lt - \delta')$ une des inégalités de φ' qui devienne nulle constamment au moment des syzygies. En n'ayant égard qu'à cette inégalité et négligeant le carré de h, le terme précédent devient

$$2\,\frac{L'}{r'^3}\cos^4\frac{\varepsilon'}{2}\Big[\quad\cos(2nt + 2\omega - 2m't)$$
$$+\,h\cos(2nt + 2\omega - 2m't - lt + \delta')$$
$$-\,h\cos(2nt + 2\omega - 2m't + lt - \delta')\Big],$$

ce qui produit, dans l'expression de la hauteur de la mer, trois termes de la forme

$$(i)\quad\left\{\begin{array}{l} a'\cos(2nt - 2m't \qquad - 2\lambda')\\[4pt] +\,a'h'\cos(2nt - 2m't - lt - 2\lambda'')\\[4pt] -\,a'h''\cos(2nt - 2m't + lt - 2\lambda''').\end{array}\right.$$

Il en résulte, par ce qui précède, dans l'expression du maximum de la marée, les trois termes $a' + a'h' - a'h''$; h' et h'' seraient égaux à h, si l'action des astres n'était point accrue par la rapidité de leur mouvement. Mais on a vu précédemment que cette augmentation, que nous avons désignée par x, est $\frac{1}{9}$ environ pour la Lune, d'où il suit que l'on a, à fort peu près, en supposant, comme nous l'avons fait, l'accroissement proportionnel au mouvement de l'astre dans son orbite,

$$a'h' = a'h + \frac{l}{2m'} x a'h,$$

$$a'h'' = a'h - \frac{l}{2m'} x a'h,$$

et qu'ainsi les trois termes

$$a' + a'h' - a'h''$$

se réduisent à

$$a' + \frac{l}{m'} x a'h.$$

Le second terme de cette quantité peut être négligé, sans erreur sensible, relativement à l'argument de la variation.

Les trois termes précédents produisent encore, dans l'expression de la hauteur de la marée, la quantité

$$- 2 \left(\frac{s\pi}{n}\right)^2 \left[a'(p' - m')^2 + a'h'\left(p' - m' - \frac{l}{2}\right)^2 - a'h''\left(p' - m' + \frac{l}{2}\right)^2 \right];$$

elle se réduit, à très peu près, à

$$- 2 \left(\frac{s\pi}{n}\right)^2 \left\{ a'(p' - m' - hl)^2 + x\frac{l}{m'} a'h \left[(p' - m')^2 + \frac{l^2}{4} \right] \right\}.$$

Ce dernier terme peut être négligé sans erreur sensible. D'ailleurs, hl est l'accroissement de la vitesse angulaire de la Lune, en vertu de l'argument $h\sin(h - \delta')$. Il suffit donc, pour avoir égard à cet argument, de prendre pour m' la vitesse angulaire de la Lune au moment de la syzygie.

La valeur de p' est

$$\frac{am + a'm' + a''m'' + \dots}{b + a + a' + a'' + \dots};$$

les trois termes (i) introduisent dans le numérateur de cette expression les suivants :

$$a'm' + a'h'\left(m' + \frac{l}{2}\right) - a'h''\left(m' - \frac{l}{2}\right);$$

en substituant pour $a'h'$ et $a'h''$ leurs valeurs précédentes et négligeant x, ces trois termes se réduisent à $a'm' + a'hl$, ce qui revient encore à prendre dans p', au lieu de m', la vitesse angulaire de la Lune.

De là il suit que l'on aura égard à toutes les inégalités du mouvement ς' de la Lune dans son orbite, en supposant, dans la formule (y), que v est le mouvement angulaire de cet astre pendant l'intervalle t.

Considérons maintenant l'influence des variations de r', et supposons que $\frac{h}{r'}\cos(lt - \delta')$ soit une des inégalités de $\frac{1}{r'}$ ou de la parallaxe lunaire : il en résultera, dans la fonction

$$2\frac{L'}{r'^3}\cos^1\frac{\varepsilon'}{2}\cos(2nt + 2\omega - 2\varphi'),$$

les trois termes

$$2\frac{L}{r'^3}\cos^1\frac{\varepsilon'}{2}\big[\quad \cos(2nt + 2\omega - 2m't)$$
$$+ \tfrac{1}{2}h\cos(2nt + 2\omega - 2m't - lt + \delta')$$
$$+ \tfrac{1}{2}h\cos(2nt + 2\omega - 2m't + lt - \delta')\big],$$

ce qui produit, dans l'expression de la hauteur de la mer, les trois inégalités

$$a'\cos(2nt - 2m't - \lambda')$$
$$+ \tfrac{1}{2}a'h'\cos(2nt - 2m't - lt - 2\lambda')$$
$$+ \tfrac{1}{2}a'h''\cos(2nt - 2m't + lt - 2\lambda''),$$

et, par conséquent, dans l'expression du maximum des marées, les trois termes

$$a' + \tfrac{1}{2}a'h' + \tfrac{1}{2}a'h''$$

ou simplement

$$a'(1 + 3h),$$

en substituant pour $a'h'$ et $a'h''$ leurs valeurs précédentes. On aura donc égard à la variation du rayon vecteur dépendante de h, en augmentant la parallaxe lunaire de la quantité h.

Les termes précédents produisent encore, dans l'expression des marées, la quantité

$$- 2\left(\frac{s\pi}{n}\right)^2 \left[a'(p'-m')^2 + \frac{3}{2}a'h'\left(p'-m'-\frac{l}{2}\right)^2 + \frac{3}{2}a'h''\left(p'-m'+\frac{l'}{3}\right)^2\right].$$

Cette quantité se réduit, à fort peu près, à

$$- 2\left(\frac{s\pi}{n}\right)^2 \left[a'(1+3h)(p'-m')^2 + 3a'h\frac{l'}{4}\right].$$

Le premier terme revient à augmenter, dans le calcul de a' ou de l'action lunaire, la parallaxe lunaire de h. Le second terme devient

$$- 6a'h\left(\frac{s\pi l}{3n}\right)^2.$$

Le terme

$$\pm \frac{1}{2}\frac{L'}{r'^3}\sin^2\varepsilon'\cos(2nt+2\varpi)$$

de l'expression des forces perturbatrices ajoutera, à fort peu près, à la hauteur des marées les termes

$$\pm \frac{a'(1+3h)\sin^2\varepsilon'}{3(1+x)\cos^4\frac{\varepsilon'}{2}}\left[1 - 6h\frac{(\frac{1}{4}s\pi l)^2}{n}\right].$$

De là il suit que l'on aura égard à la variation de r' en substituant, pour la parallaxe lunaire, sa valeur réduite dans une série ordonnée par rapport aux puissances du mouvement angulaire de la Lune pendant l'intervalle t, et en négligeant les puissances supérieures au carré de t.

Le seul terme de φ' qui soit constamment nul dans les syzygies et dans les quadratures est celui qui dépend de l'argument de la variation, et dans lequel $l = 2m' - 2m$. Alors la variation de r' produit le terme

$$- 6a'h\left(1 + \frac{\frac{1}{2}\sin^2\varepsilon'}{\cos^4\frac{\varepsilon'}{2}}\right)l^2v^2,$$

Dans les syzygies, il faut ici, pour avoir a', multiplier la valeur précédente de $2A'\dfrac{L'}{r'^3}$ par $1,022486\,\dfrac{p'+q'}{2}$ et multiplier la valeur moyenne de c par $1,02091$ pour avoir égard à l'argument de la variation. On aura

$$a'h\left(1\pm\frac{1}{2}\frac{\sin^2\varepsilon'}{\cos^4\dfrac{\varepsilon'}{2}}\right)$$

en multipliant la valeur de $2A'\dfrac{L'}{r'^3}\cdot 1,022486$ par $p'h$ dans les syzygies équinoxiales, et $q'h$ dans les syzygies solsticiales. $3h$ est égal à $0,022486$.

Dans les quadratures, on aura a' en multipliant la valeur de $2A'\dfrac{L'}{r'^3}$ par

$$\frac{p'_1+q'_1}{2}\,0,975514.$$

On aura c en multipliant sa valeur moyenne par $0,97909$; $3h$ devient négatif et égal à $-0,022486$. On aura

$$a'h\left(1\pm\frac{1}{2}\frac{\sin^2\varepsilon'}{\cos^4\dfrac{\varepsilon'}{2}}\right)$$

en multipliant la valeur de $2A'\dfrac{L'}{r'^3}0,975514$ par q'_1h dans les quadratures équinoxiales, et par p'_1h dans les quadratures solsticiales.

On aura généralement
$$a+a'+b'=2ix$$
et, par conséquent,
$$a'+b'=2ix-a';$$

et cela a lieu dans les équinoxes où b est positif, et dans les solstices où il est négatif. La formule (y) devient ainsi

$$(z)\qquad\qquad 2ix-\frac{2a'(2ix-a')}{2ix}t^2c^2;$$

cette formule s'étend aux quadratures comme aux syzygies : $2ix-a'$ est négatif dans les quadratures; c est le moyen mouvement synodique de la Lune dans un intervalle de $1^{j},026736$ pour les syzygies équinoxiales, de $1^{J},028076$ pour les syzygies solsticiales, de $1^{J},056223$ pour les quadratures équinoxiales et de $1^{J},047796$ pour les quadratures solsticiales. Cela posé, on trouve dans les syzygies équinoxiales

$$2i\delta = 9^{m},1065.$$

Les observations nous ont donné $8^{m},9446$. La différence $0^{m},01619$ est dans les limites des erreurs des approximations et des observations.

On trouve par la formule, dans les syzygies solsticiales,

$$2i\delta = 6^{m},5817.$$

Les observations nous ont donné $5^{m},9273$. La différence $0^{m},5546$ est encore dans les limites des erreurs des approximations et des observations.

La formule donne, dans les quadratures équinoxiales,

$$2i\delta = 19^{m},4392.$$

Les observations nous ont donné $20^{m},005$. La différence $0^{m},5658$ est encore dans les limites des erreurs des approximations et des observations.

Dans les quadratures solsticiales, la formule donne

$$2i\delta = 9^{m},2722.$$

Les observations nous ont donné $9^{m},203$, ce qui s'accorde bien avec la théorie.

X. Je vais présentement considérer l'influence des distances de la Lune à la Terre sur les marées. J'ai choisi, pour cela, parmi les syzygies équinoxiales considérées ci-dessus, les dix-huit suivantes, dans lesquelles la Lune était vers son apogée ou vers son périgée :

	Apogée.	Périgée.
1807...............	9 mars	23 mars
	8 avril	2 septembre
	16 septembre	1er octobre
1808...............	27 mars	12 mars
		10 avril
1811...............	17 septembre	2 septembre
		2 octobre
1812...............	28 mars	13 mars
	5 septembre	11 avril
	5 octobre	20 septembre

J'ai pris, comme ci-dessus, dans chaque équinoxe, l'excès de la haute marée du soir sur la basse marée du matin, du jour qui précède la syzygie, du jour même de la syzygie et des quatre jours qui la suivent, et j'ai doublé les résultats relatifs à la syzygie la plus voisine de l'équinoxe. En faisant ensuite une somme des résultats relatifs aux mêmes jours, j'ai obtenu les résultats suivants :

	Apogée.	Périgée.
	^{m}	^{m}
1807...................	20,040	24,385
	21,430	27,590
	21,750	29,710
	21,615	29,105
	20,970	27,860
	19,790	24,280
1808 et 1811..............	20,290	23,641
	21,370	27,405
	21,890	29,205
	21,740	29,035
	20,750	27,925
	19,360	25,495
1812...................	19,944	23,267
	21,340	27,108
	22,459	29,053
	22,186	29,344
	21,403	28,123
	20,533	25,018

Si l'on ajoute les hauteurs correspondantes de chacun de ces trois groupes, on obtient les sommes suivantes :

Apogée.	Périgée.
m	m
60,274	71,293
64,140	82,103
66,000	87,768
65,541	87,184
63,123	83,908
59,683	73,803

Si l'on détermine la loi de ces nombres par les formules du n° 1, on trouve

$$\text{Apogée...} \quad 65^m,966 - 0^m,96496(t - 2,40281)^2,$$

$$\text{Périgée...} \quad 88^m,457 - 2^m,52748(t - 3,5999)^2,$$

t étant, comme dans le n° 1, le nombre des intervalles pris pour unité et écoulés depuis la haute mer du soir du jour qui précède la syzygie.

Si l'on désigne toujours par $2iz$ et $2i\mathcal{E}$ ce que nous avons désigné par là dans les n°ˢ 1 et suivants, on aura $65^m,981$ et $80^m,497$ pour les valeurs respectives de $2iz$ dans les hauteurs précédentes des marées apogées et périgées. La valeur de $2i\mathcal{E}$ est près de trois fois plus grande dans le périgée que dans l'apogée : ainsi l'effet des distances de la Lune à la Terre se manifeste, non seulement dans les hauteurs des marées, mais encore d'une manière fort remarquable dans la loi de variation de ces hauteurs. La somme des deux valeurs de $2iz$ est $154^m,478$. Elle se rapporte à vingt-quatre syzygies équinoxiales; elle doit être, par conséquent, les $\frac{2}{5}$ de la valeur de $2iz$ relative aux soixante-quatre syzygies équinoxiales du n° 1, et qui est égale à $411^m,359$. Ces $\frac{2}{5}$ sont $154^m,260$, ce qui diffère très peu de la somme précédente. La somme des valeurs de $2i\mathcal{E}$, relative aux marées apogées et périgées précédentes, est $3^m,5047$. La valeur de $2i\mathcal{E}$, relative aux marées syzygies du n° 1, est $8^m,9446$, dont les $\frac{2}{5}$ sont $3^m,4723$, ce qui ne diffère que de $\frac{1}{100}$ environ de la somme précédente.

Comparons maintenant les expressions précédentes à la théorie. La différence des deux valeurs de $2iz$ est $22^m,291$; c'est l'effet du changement de la distance de la Lune à la Terre. Par ce qui précède, la hauteur de la marée due à l'action de la Lune sur la mer est, en négligeant le carré de x,

$$2\,\mathrm{A}'\frac{\mathrm{L}'}{r'^3}(1+3h)\left(1+\frac{1}{3}\frac{\sin^2\varepsilon'}{\cos^4\frac{\varepsilon'}{2}}\right)\cos^4\frac{\varepsilon'}{2}$$

$$+\,2\,x\,\frac{hl}{m'}\,\mathrm{A}'\frac{\mathrm{L}'}{r'^3}(1+3h)\cos^4\frac{\varepsilon'}{2}-2\,x\,\mathrm{A}'\frac{\mathrm{L}'}{r'^3}(1+3h)\frac{\frac{1}{2}\sin^2\varepsilon'}{\cos^4\frac{\varepsilon'}{2}}\cos^4\frac{\varepsilon'}{2},$$

r étant la moyenne distance de la Lune. Or on a, à très peu près, en
ayant égard à l'équation du centre et à l'évection,

$$\frac{hl}{m'}+1=\frac{\overline{r'^2}}{r'^2};$$

ensuite

$$1+3h=\frac{\overline{r'^3}}{r'^3}.$$

L'expression précédente devient ainsi

$$2\,\mathrm{B}\frac{\mathrm{L}'}{r'^3}\,p'\frac{\overline{r'^3}}{r'^3}+2\,\mathrm{B}\frac{\mathrm{L}'}{r'^3}\,x\,\frac{\overline{r'^5}}{r'^5}\,p'\cos^4\frac{\varepsilon'}{2}.$$

p' étant le carré du cosinus de la déclinaison de la Lune à l'instant de
la syzygie. Il suit de là que l'on aura la première partie de l'effet du
changement de la distance lunaire : 1° en multipliant dans chaque
syzygie le carré du cosinus de la déclinaison de la Lune, à l'instant de
la syzygie, par le cube du rapport de son demi-diamètre vrai à son
demi-diamètre moyen égal à 2881″,8; 2° en faisant une somme de ces
produits relatifs aux douze syzygies périgées que nous avons considérées et dans chacune desquelles le demi-diamètre vrai a surpassé
3000″, les syzygies dont on a doublé les résultats comptant toujours
pour deux; 3° en retranchant de cette somme la somme des mêmes
produits relatifs aux douze syzygies apogées; 4° enfin, en multipliant
la différence de ces deux sommes par $2\,\mathrm{B}\frac{\mathrm{L}'}{r'^3}$. On trouve ainsi pour ce
produit

$$4,59027.\,2\,\mathrm{B}\frac{\mathrm{L}'}{r'^3}.$$

Pour avoir l'autre partie de l'effet de la variation des distances lunaires, il faut : 1° faire une somme des produits du carré du cosinus de la déclinaison lunaire par la cinquième puissance du rapport du demi-diamètre vrai de la Lune dans chaque syzygie périgée à son demi-diamètre moyen, $2881'',8$, et en retrancher la même somme relative aux syzygies apogées; 2° multiplier la différence par

$$2\,\mathrm{B}\,\frac{\mathrm{L}'}{r'^3}\,x\cos^4\frac{\varepsilon'}{2}\cdot$$

On trouve ainsi pour ce produit

$$7,86126\,x\cdot 2\,\mathrm{B}\,\frac{\mathrm{L}'}{r'^3}\cos^4\frac{\varepsilon'}{2}\cdot$$

On voit que ces résultats sont conformes à ceux que j'ai obtenus par une autre méthode dans le n° 28 du Livre IV de la *Mécanique céleste*. On peut prendre, pour $\cos^4\frac{\varepsilon'}{2}$, la quantité $\frac{p'+q'}{128}$, p' et q' étant les valeurs données dans le n° VIII. On aura ainsi, pour l'effet dû au changement des distances lunaires,

$$4,59027\,\frac{2\,\mathrm{B}\mathrm{L}'}{r'^3}+7,3961\,x\,\frac{2\,\mathrm{B}\mathrm{L}'}{r'^3}$$

ou

$$4,59027\,\frac{2\,\mathrm{A}'\mathrm{L}'}{r'^3}+2,8058\,x\,\frac{2\,\mathrm{B}\mathrm{L}'}{r'^3}\cdot$$

Substituant pour $2\mathrm{A}'\dfrac{\mathrm{L}'}{r'^3}$ sa valeur trouvée dans le n° VIII, on aura

$$21^{m},794+2,8058\,x\,\frac{2\,\mathrm{B}\mathrm{L}'}{r'^3},$$

quantité qu'il faut égaler à l'effet observé, $22^{m},291$, ce qui donne

$$x\cdot 2,8058\,\frac{2\,\mathrm{B}\mathrm{L}'}{r'^3}=0^{m},197\cdot$$

Ainsi l'accroissement de l'action lunaire est encore indiqué par la comparaison des observations apogées et périgées lunaires. Les observations anciennes, que j'ai discutées dans le n° 28 du Livre IV de la *Mécanique céleste*, m'avaient paru indiquer le contraire; mais j'avais pris pour $4ix$ la somme des marées des deux jours qui suivent la syzygie; et l'on voit, par ce qui précède, que cette somme est sensiblement plus petite que $4ix$ dans les observations périgées, où la diminution des hauteurs des marées à partir du maximum est très rapide et beaucoup plus grande que dans les observations apogées. Il faut donc augmenter la différence $39^m,6961$ des marées syzygies apogées et périgées, donnée dans le numéro cité; et, d'après les résultats précédents, cette augmentation est $1^m,220$. Alors on a, par le numéro cité,

$$\frac{x}{1+x} 25^m,819 = 0^m,354;$$

ce qui donne, pour x, une valeur positive, et ce qui indique, par conséquent, un accroissement dans l'action lunaire dû aux circonstances locales. Mais toutes ces observations apogées et périgées sont trop peu nombreuses pour déterminer la valeur de x : il vaut beaucoup mieux employer, pour cet objet, les observations des équinoxes et des solstices. Peut-être aussi n'est-il pas très exact de supposer, comme nous le faisons, que l'accroissement de l'action d'un astre, dû aux circonstances locales, est proportionnel au mouvement de l'astre dans son orbite.

Nous allons maintenant comparer à la théorie la loi de diminution des marées, à mesure qu'elles s'éloignent de leur maximum dans l'apogée et dans le périgée de la Lune. Considérons d'abord l'apogée; cette diminution est composée de deux parties : la première est égale, par ce qui précède, à

$$- \frac{2a'(a+b')}{a+a'+b'} l^2 c^2,$$

c étant le mouvement réel de la Lune dans l'intervalle d'une marée syzygie à la marée correspondante du jour suivant. On aura a' en multipliant $2A' \dfrac{L'}{r'^3} \cos^2 \dfrac{\epsilon'}{2}$ par 12 et par le cube du rapport du demi-diamètre lunaire dans les douze marées syzygies apogées précédentes à son demi-diamètre moyen ; et l'on peut prendre pour $\cos^{\frac{1}{2}} \frac{\varepsilon'}{2}$ le rapport de $\frac{p' + q'}{2}$ à p' ; p' et q' étant donnés par le n° 7. Il faut employer pour e le mouvement de la Lune dans cette syzygie apogée, pendant l'intervalle t, qui est ici $1^{\text{J}},0227331$, et qui devient $1^{\text{J}},0305744$ dans les syzygies périgées.

La seconde partie est due à la variation de la distance lunaire, à partir de l'apogée, en ayant égard aux inégalités de l'équation du centre, de l'évection et de la variation. Cela posé, on trouve $-0^{\text{m}},8711$ pour le coefficient de t^2; un calcul semblable donne $-2^{\text{m}},9635$ pour ce coefficient dans les observations périgées. Les observations nous ont donné $-0^{\text{m}},96496$ et $-2^{\text{m}},52748$. La différence tient aux erreurs des observations et des approximations, et surtout à ce que, dans les observations précédentes, la Lune n'était point exactement, soit à son périgée, soit à son apogée, comme nous l'avons supposé dans le calcul.

XI. Je vais présenter ici quelques réflexions sur l'accroissement de l'action respective des astres par les circonstances locales. Supposons que le port soit situé à la jonction de deux canaux, qui lui transmettent le flux qui a lieu à leur embouchure. Soient

$$A \cos(2nt - 2mt - 2\lambda)$$

l'expression du flux transmis par le premier canal, et

$$B \cos(2nt - 2mt - 2\lambda')$$

le flux transmis par le second ; le flux total dans le port sera exprimé par

$$C \cos(2nt - 2mt - 2Q),$$

en faisant

$$C = \sqrt{A^2 + B^2 + 2AB \cos(2\lambda' - 2\lambda)},$$

$$\sin 2Q = \frac{A \sin 2\lambda + B \sin 2\lambda'}{C}.$$

Les constantes A, B, λ et λ' dépendent de l'intensité du flux aux embouchures des canaux, de la longueur et de la figure de ces canaux.

Cependant, toutes choses égales d'ailleurs, A et B, et par conséquent
C, sont proportionnels à la masse L de l'astre attirant; car, en doublant cette masse, on ne fait que réunir les deux flux partiels que produit chacune de ces moitiés. λ et λ' relatifs à chacun de ces flux ont
également lieu pour le flux total; ils ne varient donc d'un astre à un
autre qu'à raison de la différence des mouvements propres de ces
astres. Ces mouvements étant supposés fort petits par rapport au
mouvement de rotation de la Terre, il est naturel de faire

$$\lambda = (n - m)\,\mathrm{T}, \qquad \lambda' = (n - m)\,\mathrm{T}',$$

T et T' étant les temps que les flux respectifs emploient à se transmettre des embouchures au port, et de supposer, comme nous l'avons
fait, l'accroissement de l'action de l'astre dû aux circonstances locales proportionnel à m. Mais on voit que cela n'est pas rigoureux,
en admettant même le principe de la coexistence des oscillations très
petites, principe qui, vu la grandeur des oscillations de la mer dans
le port de Brest, ne leur est pas exactement applicable; mais il résulte,
de la précision avec laquelle les formules précédentes représentent les
observations, que ces causes d'erreur sont peu considérables.

Des heures et des intervalles des marées.

XII. Pour déterminer les heures et les intervalles des marées, j'ai
considéré, dans les syzygies que j'ai employées précédemment pour
leurs hauteurs, les heures des basses mers du matin et des hautes
mers du soir, des premiers et des seconds jours qui suivent ceux des
syzygies, en doublant toujours les résultats relatifs à la syzygie la plus
voisine de l'équinoxe ou du solstice. J'ai fait une somme des heures
relatives à chaque année, et, en la divisant par 8, nombre des syzygies correspondantes, j'ai obtenu les résultats suivants. Les heures
observées ont été comptées en temps vrai; mais il est facile de s'assurer que l'équation du temps disparaît des heures suivantes conclues
de l'ensemble des syzygies.

SYZIGIES DES ÉQUINOXES.

Années.	Heure du premier jour après la syzygie.	Accroissement de l'heure au second jour.	Premier jour.	Accroissement.
	Basse mer.		*Haute mer.*	
1807	0,41988	0,027214	0,67795	0,026293
1808	0,42769	0,025608	0,68442	0,023785
1809	0,42418	0,025304	0,67943	0,024523
1810	0,43116	0,026997	0,68837	0,025781
1811	0,42448	0,025347	0,68125	0,025000
1812	0,42873	0,027691	0,68533	0,027604
1813	0,43611	0,028559	0,69262	0,027344
1814	0,42899	0,027170	0,68551	0,026476
Moyennes de ces valeurs.	0,42765	0,026736	0,68438	0,025901

SYZIGIES DES SOLSTICES.

Années.	Heure du premier jour après la syzygie.	Accroissement de l'heure au second jour.	Premier jour.	Accroissement.
	Basse mer.		*Haute mer.*	
1807	0,43255	0,026913	0,68841	0,026746
1808	0,42444	0,028342	0,68494	0,028212
1809	0,42044	0,026693	0,67769	0,028082
1810	0,42930	0,028082	0,68646	0,025091
1811	0,42036	0,027908	0,67791	0,028048
1812	0,42778	0,028906	0,68620	0,027604
1813	0,42843	0,028819	0,68498	0,028472
1814	0,42153	0,028906	0,67830	0,028906
Moyennes de ces valeurs.	0,42556	0,028076	0,68286	0,027718

Quadratures.

J'ai considéré pareillement, dans les quadratures que j'ai employées
pour les hauteurs, les heures des hautes mers du matin et des basses
mers du soir, du premier et du second jour qui suivent la quadrature,
en doublant encore les résultats relatifs à la quadrature la plus voi-

sine de l'équinoxe ou du solstice. J'ai fait une somme des heures relatives à chaque année, et, en la divisant par le nombre des quadratures correspondantes, j'ai obtenu les résultats suivants :

QUADRATURES DES ÉQUINOXES.

Années.	Heure du premier jour après la quadrature.	Accroissement de l'heure au second jour.	Premier jour.	Accroissement.
	Haute mer.		Basse mer.	
1807	0,38589	0,061675	0,64948	0,063021
1808	0,39891	0,056250	0,66411	0,054123
1809	0,39097	0,055035	0,65417	0,057248
1810	0,40278	0,057118	0,66563	0,057639
1811	0,39958	0,054080	0,65655	0,053689
1812	0,38941	0,053038	0,65148	0,054777
1813	0,40139	0,052432	0,66658	0,053211
1814	0,39792	0,060156	0,65981	0,063715
Moyennes de ces valeurs.	0,39511	0,056223	0,65851	0,057178

QUADRATURES DES SOLSTICES.

Années.	Heure du premier jour après la quadrature.	Accroissement de l'heure au second jour.	Premier jour.	Accroissement.
	Haute mer.		Basse mer.	
1807	0,40469	0,050521	0,66806	0,048611
1808	0,40004	0,047129	0,66693	0,044924
1809	0,39470	0,045269	0,65816	0,045139
1810	0,40360	0,048437	0,66641	0,047596
1811	0,40147	0,044097	0,66220	0,046137
1812	0,40312	0,049653	0,66515	0,050317
1813	0,41398	0,047483	0,67596	0,047396
1814	0,41059	0,051042	0,67352	0,049132
Moyennes de ces valeurs.	0,40402	0,047960	0,66709	0,047385

XIII. L'ensemble des observations syzygies donne, en prenant un milieu entre les retards journaliers des hautes et basses mers,

$$0^j,0271075$$

pour le retard journalier moyen. Les observations anciennes m'ont donné, dans le Livre IV de la *Mécanique céleste*,

$$0^j,027052$$

pour ce retard, ce qui s'accorde aussi bien qu'on peut le désirer.

Les observations précédentes donnent $0^j,42660$ pour l'heure de la basse mer du matin du jour qui suit la syzygie. L'heure de la basse mer du matin du jour de la syzygie est donc $0^j,39949$. Dans ces observations, la syzygie a précédé la haute mer du soir de $0^j,12229$; elle a donc suivi la basse mer du matin de $0^j,1339$. De là il est facile de conclure que, si la syzygie arrivait au moment de la basse mer du matin, l'heure de cette basse mer serait $0^j,40312$. Il résulte du n° 35 du Livre IV de la *Mécanique céleste* que, par les observations anciennes, cette heure est $0^j,98826$. La différence 486^s me paraît tenir à ce que la méridienne dont on fit usage dans ces observations n'était point exacte. Elle était d'abord en erreur de $17'$. On corrigea cette erreur; mais il y a lieu de croire qu'on en laisse subsister une partie, ce qui va être confirmé par les observations des quadratures.

L'ensemble des observations précédentes donne $0^j,0521865$ pour le retard journalier des marées quadratures. Les observations anciennes m'avaient donné, pour ce retard, $0^j,052067$, ce qui s'accorde à très peu près. Les observations précédentes donnent $0^j,66280$ pour l'heure de la basse mer du jour qui suit la quadrature, ce qui donne $0^j,61061$ pour l'heure de la basse mer du soir du jour de la quadrature. La haute mer du matin de ce jour a précédé, par le n° 6, la quadrature de $0^j,20171$, et elle a précédé la basse mer du soir de

$$0^j,25 + \{.0^j,0521865.$$

La quadrature a donc précédé la basse mer du soir de $0^j,06134$. De là il est facile de conclure que l'heure de cette basse mer serait $0^j,60741$, si elle coïncidait avec la quadrature. Dans les observations anciennes, cette même heure était $0^j,60326$. La différence est 415^s au lieu de 486^s que donnent les observations anciennes. Il n'est donc pas douteux que la différence entre les heures des observations modernes et des observations anciennes tient à l'inexactitude de la méridienne dont on fit usage dans les observations anciennes; car, dans les observations modernes, le temps a été déterminé avec soin par des observations astronomiques.

L'effet des déclinaisons des astres sur les retards journaliers des marées est sensible dans la comparaison de ces retards vers les équinoxes et vers les solstices. En prenant un milieu entre les retards des hautes et des basses mers, le retard moyen a été $0^j,026318$ dans les syzygies précédentes des équinoxes, et $0^j,0278997$ dans les syzygies des solstices. Les observations anciennes m'avaient donné $0^j,025503$, $0^j,028600$.

Pour déterminer la probabilité avec laquelle l'influence des déclinaisons est indiquée par les observations modernes, j'ai considéré les retards des hautes et des basses mers dans les syzygies équinoxiales de chaque année, et je les ai comparés au retard moyen $0^j,026318$. J'ai pris le carré de chaque différence, ce qui m'a donné seize carrés, dont la somme est ce que nous avons désigné par ε dans le n° II. La probabilité d'une erreur u du résultat moyen est, par le numéro cité, proportionnelle à

$$e^{-\frac{n\cdot n+1}{15}u^2};$$

n est ici égal à 16. En supposant que u exprime un nombre de minutes décimales ou de millièmes du jour, j'ai trouvé que l'exponentielle précédente devient

$$e^{-5.1591u^2}.$$

En considérant de la même manière les retards observés dans les syzygies des solstices, j'ai trouvé la probabilité d'une erreur u du retard moyen $0^j,027897$ proportionnelle à

$$e^{-2.3741u^2};$$

de là j'ai conclu, par la méthode du n° III, la probabilité que la valeur de u' surpassera u de la différence $1^m,579$ des deux retards $27^m,897$ et

$26^m,318$, égale à la fraction $\frac{1}{25498}$; d'où il suit que l'influence des déclinaisons est indiquée par cette différence, avec une probabilité de 25497 contre l'unité.

Cette probabilité, déjà fort grande, le devient beaucoup plus par la comparaison des observations des marées des quadratures. En faisant, sur les retards de ces marées dans les équinoxes, le même calcul que je viens de présenter sur les retards des marées des syzygies, j'ai trouvé la probabilité d'une erreur u'' de minutes dans le retard moyen proportionnelle à

$$c^{-0.67910\,u''^2};$$

et, relativement aux marées quadratures des solstices, j'ai trouvé la probabilité d'une erreur de u'' minutes proportionnelle à

$$c^{-1.95297\,u''^2}.$$

Le retard moyen des marées quadratures équinoxiales est $56^m,700$, et celui des marées quadratures solsticiales est $47^m,673$. Leur différence est $9^m,027$. J'en conclus qu'il y a plus de 8.10^{18} à parier contre 1 que cette différence est l'effet des déclinaisons des astres.

Les observations syzygies précédentes donnent $0^j,68362$ pour l'heure moyenne de la haute mer du soir du jour de la syzygie; elles donnent $0^j,42660$ pour l'heure moyenne de la basse mer du même jour, en sorte que l'excès de la première sur la seconde est $0^j,25700$. Cet excès doit être égal à un quart de jour, plus un quart du retard journalier des marées syzygies, retard qui, par ce qui précède, est $0^j,0271075$. L'excès dont il s'agit doit donc être $0^j,25678$, ce qui ne diffère que de 22^s de l'excès observé. Pareillement, les observations quadratures précédentes donnent $0^j,66286$ pour l'heure moyenne des basses mers du soir du jour de la quadrature, et $0^j,39956$ pour l'heure moyenne des hautes mers du même jour. Cet excès doit être $0^j,25$ plus le quart de $0^j,0521865$, retard moyen journalier des marées quadratures. Il doit donc être $0^j,26305$, ce qui ne diffère que de 19^s du retard observé. Les différences 22^s et 19^s sont dans les limites des erreurs des observations. Leur petitesse prouve que la mer emploie le même temps à monter qu'à descendre. Les observations anciennes m'avaient paru indiquer le temps de l'ascension un peu plus petit que celui de la descente; mais il paraît que cela tient aux erreurs des observations anciennes.

L'heure moyenne de la haute mer du soir qui suit la syzygie a été, dans les observations précédentes, $0^j,68362$. En lui ajoutant un demi-jour, plus un demi-retard journalier des marées syzygies, retard égal à $0^j,0271075$, on aura $0^j,19717$ pour l'heure de la haute mer du matin du second jour qui suit la syzygie. La haute mer du soir du jour de la syzygie a suivi, dans ces observations, la syzygie de $0^j,1229$; la haute mer du matin du second jour après la syzygie a donc suivi la syzygie de $0^j,1229 + \frac{3}{2}.1^j,0271075$ ou de $1^j,66356$.

En nommant u l'intervalle dont le maximum des hautes mers suit la syzygie, on aura l'instant de ce maximum, en ajoutant à l'heure de la haute mer du matin du second jour après la syzygie la quantité $(u - 1^j,66356).0^j,0271075$. Cette heure est donc

$$(u - 1^j,66356).0^j,0271075 + 0^j,19717.$$

L'heure de la basse mer du jour qui suit la quadrature a été, dans les observations précédentes, $0^j,66280$. En lui ajoutant

$$0^j,5 + \tfrac{1}{2}.0^j,0521865,$$

on aura $0^j,18889$ pour l'heure de la basse mer du matin du second jour après la quadrature. La haute mer du matin du jour de la quadrature a précédé de $0^j,20171$ la quadrature dans les observations précédentes; elle a donc suivi la basse mer du soir de $0^j,06134$. En lui ajoutant

$$0^j,5 + \tfrac{3}{2}.0^j,0521865,$$

on aura $1^j,63962$ pour le temps dont la quadrature a précédé la basse mer du matin du second jour après la quadrature. Pour avoir l'heure de cette basse mer, lorsqu'elle correspond au maximum des basses mers quadratures, il faut lui ajouter

$$(u - 1^j,63962).0^j,0521865$$

on a donc cette heure égale à

$$(u - 1^j,63964).o^j,0531865 + o^j,18889.$$

À cette heure, la marée solaire est à son maximum, comme dans le maximum des hautes mers syzygies : les deux heures du maximum des basses mers quadratures et du maximum des hautes mers syzygies doivent donc être égales, ce qui donne

$$(u - 1^j,66356).o,0371075 + o^j,19717 = (u - 1^j,63964).o,0531865 + o^j,18889,$$

d'où l'on tire

$$u = 1^j,94466.$$

Les hauteurs des marées nous ont donné, dans le n° VII,

$$u = 1^j,5458.$$

La différence me parait trop considérable pour être attribuée aux seules erreurs des observations; elle indique une anticipation dans l'heure des marées quadratures relativement à celle des marées syzygies. En supposant cette anticipation de 10^m, les deux valeurs de u, déduites des heures et des hauteurs des marées, seraient à fort peu près les mêmes. Les marées anciennes m'avaient donné cette anticipation, égale à 8$^m \frac{1}{2}$, dans le n° 39 du Livre IV de la *Mécanique céleste*. Je l'attribuais aux légers écarts de la supposition que les deux flux partiels solaire et lunaire se superposent l'un à l'autre, comme ils se disposeraient séparément sur la surface du niveau de la mer. Je ne vois encore maintenant aucune autre cause de cette anticipation.

XIV. Je vais maintenant comparer les résultats précédents à la théorie. Pour cela, je reprends l'expression de la hauteur des marées que j'ai donnée dans le n° VIII,

$$(o) \quad \begin{cases} A\,\dfrac{L}{r^3}\cos^4\dfrac{\varepsilon}{2}\cos(2nt - 2mt - 2\lambda) + \tfrac{1}{4}B\,\dfrac{L}{r^3}\sin^2\varepsilon\,\cos(2nt - 2\gamma) \\[2ex] + A'\,\dfrac{L'}{r'^3}\cos^4\dfrac{\varepsilon'}{2}\cos(2nt - 2m't - 2\lambda') + \tfrac{1}{4}B\,\dfrac{L'}{r'^3}\sin^2\varepsilon'\cos(2nt - 2\gamma'). \end{cases}$$

Dans les plus hautes marées syzygies ou quadratures des équinoxes ou des solstices, les cosinus de cette expression sont à peu près égaux à ± 1. Je suppose que T soit le temps de la plus haute marée syzygie équinoxiale, et que $\iota^{\mathrm{J}} + \mathrm{T} + \mathrm{Q}$ soit le temps de la plus haute marée du jour suivant; en sorte que Q soit le retard journalier de la marée syzygie équinoxiale. La différentielle de la fonction (o) prise par rapport au temps t, étant nulle au moment de la haute mer, si l'on différentie cette fonction, en y faisant d'abord $t = \mathrm{T}$ et ensuite $t = \iota^{\mathrm{J}} + \mathrm{T} + \mathrm{Q}$; si l'on observe ensuite que $(n - m).\iota^{\mathrm{J}} = 2\pi$, 2π étant la circonférence dont le rayon est l'unité, on aura, par l'ensemble des marées,

$$Q = \frac{[(n - m')(m' - m)a' - nmb')]\,\iota^{\mathrm{J}}}{(n - m)^2 a + (n - m')^2 a' + n^2 b'},$$

a, a' et b' étant ce que nous avons désigné par ces lettres dans le n° VIII, et se rapportant à l'ensemble des marées syzygies équinoxiales. Nous avons donné, dans le n° IX, le moyen de les obtenir numériquement. Pour réduire plus facilement en nombres la formule précédente, je lui donne cette forme très approchée

$$(f) \qquad Q = \frac{m' - m}{n - m}\,\frac{a'}{2i\alpha} + \left(\frac{m' - m}{n - m}\,\frac{a'}{2i\alpha}\right)^2 \frac{2a' - 2i\alpha}{a'}.$$

On a, dans les syzygies,

$$Q = 292^{\mathrm{m}},313;$$

et, en ayant égard à la variation,

$$\frac{m' - m}{n - m} = 0,033863.$$

Dans les syzygies des équinoxes,

$$2i\alpha = 411^{\mathrm{m}},350,$$

ce qui donne

$$Q = 0^{\mathrm{J}},024924.$$

Les observations nous ont donné

$$Q = 0^j,026318;$$

mais cette dernière valeur de Q est exprimée en temps vrai, et, dans les équinoxes, le jour moyen surpasse le jour vrai, de $0^j,000218$, ce qui réduit la valeur observée de Q à $0^j,026100$. La différence $0^j,001176$ est dans les limites des erreurs, soit des observations, soit des suppositions sur lesquelles le calcul est fondé.

Dans les syzygies des solstices, b' est négatif, et l'on a

$$2\,i\,x = 367^m,468,$$

ce qui donne

$$Q = 0^j,028063.$$

Les observations donnent, en temps vrai,

$$Q = 0^j,027897;$$

mais, dans les solstices, le jour vrai surpasse le jour moyen d'environ $0^j,000238$, ce qui donne $0^j,028135$ pour cette valeur de Q réduite en temps moyen. L'excès de la valeur calculée n'est que $0^j,000072$, ce qui est insensible.

Dans les quadratures,

$$a' = 279^m,535;$$

dans les quadratures des équinoxes,

$$2\,i\,x = 160^m,850,$$

ce qui donne

$$Q = 0^j,062300.$$

Les observations, réduites au temps moyen, donnent

$$Q = 0^j,056462.$$

La différence $0^j,005838$ est dans les limites des erreurs et des suppositions du calcul, ce que l'on verra si l'on considère que, par le n° XII, le poids de Q, ou le coefficient du carré de ces erreurs possibles, pris négativement dans l'exponentielle qui représente leur probabilité, est très petit.

Dans les quadratures des solstices,

$$2i\alpha = 302^{m},948,$$

ce qui donne

$$Q = 0^{j},048815.$$

Les observations, réduites au temps moyen, donnent

$$Q = 0^{j},047911.$$

La différence $0^{j},000904$ est dans les limites des erreurs des observations.

XV. Considérons maintenant les variations des intervalles des marées dues aux variations de la parallaxe lunaire. Pour cela, j'ai pris les heures des basses mers du matin et des hautes mers du soir, des jours des syzygies périgées du n° X, et je les ai retranchées des heures correspondantes des troisièmes jours qui suivent ces syzygies. J'ai fait une somme de toutes ces différences, et je l'ai divisée par 72; car il y a douze syzygies, et chaque syzygie produit trois retards journaliers relatifs aux basses mers, et trois semblables retards relatifs aux hautes mers. J'ai trouvé ainsi $0^{j},0305744$ pour les retards journaliers des marées syzygies périgées. Un calcul semblable, fait sur les marées syzygies apogées du même numéro, m'a donné $0^{j},0227331$ pour le retard journalier correspondant des mêmes marées. On voit donc que ce retard augmente et diminue avec la parallaxe lunaire. Le demi-diamètre moyen apparent de la Lune était $3094'',65$ dans les syzygies périgées, et $2734'',57$ dans les syzygies apogées. Ainsi l'accroissement du retard journalier, dû à une minute d'accroissement dans le demi-diamètre lunaire apparent, a été $217^{s},76$. Les observations anciennes m'avaient donné 258^{s} pour cet accroissement; mais elles se rapportaient à des syzygies, tant équinoxiales que solsticiales. Il faut donc, pour ramener l'accroissement observé $217^{s},76$ à l'accroissement moyen, le diviser par le carré du cosinus de l'inclinaison de l'orbe lunaire à l'équateur dans les observations précédentes, ce qui donne

231^s,77 pour cet accroissement. En le fixant par un milieu à 245^s, on sera fort près de la vérité.

Je trouve, dans les syzygies apogées précédentes,

$$a' = 45^m,658.$$

En ayant égard aux arguments de la variation, de l'évection et à l'équation du centre, je trouve

$$\frac{m'-m}{n-m} = 0,029569;$$

on a, de plus,

$$2\,i\alpha = 65^m,982.$$

La formule (f) donne ainsi

$$Q = 0^j,020590.$$

Les observations donnent

$$Q = 0^j,022731.$$

La différence 2^m,143 est dans les limites des erreurs, soit des observations, soit des suppositions employées dans le calcul.

Dans les syzygies périgées précédentes, je trouve

$$a' = 66^m,405, \qquad \frac{m'-m}{n-m} = 0,039493;$$

on a, de plus,

$$2\,i\alpha = 88^m,497.$$

La formule (f) donne ainsi

$$Q = 0^j,029983.$$

Les observations donnent

$$Q = 0^j,030574.$$

La différence est presque insensible.

XVI. L'expression de Q, donnée dans le n° XIV, peut servir à déterminer le rapport des actions de la Lune et du Soleil sur la mer, soit par les retards journaliers des marées syzygies, soit par ceux des marées quadratures. Elle donne, à très peu près,

$$Q\left(a + a' + b' - 3\frac{m'-m}{n-m}a' + \frac{2m}{n-m}b'\right)$$
$$= \left(\frac{m'-m}{n-m}a' - \frac{mb'}{n-m}\right)\mathrm{i}\mathrm{j}\left(1 - \frac{m'-m}{n-m}\right).$$

Si l'on nomme Q' ce que devient Q dans les syzygies solsticiales, cette équation subsistera en y changeant Q en Q' et en y faisant b' négatif, ce qui donne

$$Q'\left[a + a' - b' - \frac{2(m'-m)}{n-m}a' - \frac{2mb'}{n-m}\right]$$
$$= \left(\frac{m'-m}{n-m}a' + \frac{mb'}{n-m}\right)\mathrm{i}\mathrm{j}\left(1 - \frac{m'-m}{n-m}\right).$$

En réunissant ces deux équations et négligeant le terme

$$\frac{mb'}{n-m}(Q'-Q),$$

à raison de la petitesse de m, b' et $Q'-Q$, on aura

$$(Q+Q')\left[a + a' - \frac{2(m'-m)}{n-m}a'\right] - (Q'-Q)b'$$
$$= 3\frac{m'-m}{n-m}a'\,\mathrm{i}\mathrm{j}\left(1 - \frac{m'-m}{n-m}\right).$$

Nommons R la fraction

$$\frac{\mathrm{A}'\frac{\mathrm{L}'}{r'^3}}{\mathrm{A}\frac{\mathrm{L}}{r^3}}$$

ou le rapport des actions lunaires et solaires sur l'océan dans les syzygies; l'équation précédente donnera, par le n° VIII, en négligeant les termes de l'ordre $(Q'-Q)b'\frac{\mathrm{A}'-\mathrm{B}}{\mathrm{A}'}$,

$$(Q+Q')\left[\frac{p+q}{2} + \frac{p'+q'}{3}\mathrm{R}\left(1 - 3\frac{m'-m}{n-m}\right)\right] - (Q'-Q)\left(\frac{p-q}{2} + \frac{p'-q'}{2}\mathrm{R}\right)$$
$$= \frac{m'-m}{n-m}\left(1 - \frac{m'-m}{n-m}\right)(p'+q')\,\mathrm{i}\mathrm{j}\,\mathrm{R},$$

d'où l'on tire

$$(z) \quad R = \dfrac{(Q + Q')\dfrac{p + q}{2} - (Q' - Q)\dfrac{p - q}{2}}{(p' + q')\dfrac{m' - m}{n - m}\left(1 - \dfrac{m' - m}{n - m}\right)\mathrm{u} - (Q + Q')\left(1 - 2\dfrac{m' - m}{n - m}\right)\dfrac{p' + q'}{2} + (Q' - Q)\dfrac{p' - q'}{2}}.$$

Pour réduire cette valeur de R à la moyenne distance de la Lune à la Terre, il faut, par le n° VIII, la diviser par $1^{j},022486$.

On a, par le numéro précédent, en temps moyen,

$$Q = 0^{j},026100,$$
$$Q' = 0^{j},028135.$$

De plus, en ayant égard à l'argument de la variation,

$$\frac{m' - m}{n - m} = 0,0345239.$$

En employant les valeurs précédentes de p, q, p' et q', on trouve, pour la valeur de R dans les moyennes distances du Soleil et de la Lune,

$$R = 3,17738.$$

On pourra encore déterminer la valeur de R par les intervalles des marées quadratures, en observant que la formule (z) s'étend à ces marées, pourvu que l'on change les signes du dénominateur, et p, q, p' et q' en p_1, q_1, p'_1 et q'_1; on a alors

$$R = \dfrac{(Q + Q')\dfrac{p_1 + q_1}{2} + (Q - Q')\dfrac{p_1 - q_1}{2}}{(Q + Q')\left(1 - 2\dfrac{m' - m}{n - m}\right)\dfrac{p'_1 + q'_1}{2} + (Q - Q')\dfrac{p'_1 - q'_1}{2} - (p'_1 + q'_1)\dfrac{m' - m}{n - m}\left(1 - \dfrac{m' - m}{n - m}\right)\mathrm{u}};$$

ici l'on a, par le numéro précédent,

$$Q = 0^{j},056462,$$
$$Q' = 0^{j},047911.$$

En ayant égard à l'argument de la variation, on a

$$\frac{m' - m}{n - m} = 0,0331898.$$

De plus, pour réduire la valeur de R à la moyenne distance de la Lune
à la Terre, il faut diviser la valeur que donne la formule précédente
par 0,977514. On trouve ainsi, par les intervalles des marées quadratures,

$$R = 3,11826.$$

Cette valeur diffère peu de la précédente. Leur milieu donne

$$R = 3,14782.$$

Les hauteurs des marées donnent, par le n° VII,

$$R = 2,88347;$$

la moyenne de ces trois valeurs est

$$R = 3,05970,$$

ce qui coïncide, à fort peu près, avec la valeur 3, que j'ai trouvée
pour R dans le quatrième Volume de la *Mécanique céleste*.

L'ensemble des hauteurs des marées syzygies et quadratures nous a
donné, dans le n° VII,

$$2A'\frac{L'}{r'^3} = 4^m,74788;$$

en adoptant la valeur moyenne de R, donnée par les intervalles des
marées, on a

$$2A\frac{L}{r^3} = 1^m,50831.$$

Le second membre de l'équation (5) du n° VII serait par là diminué
de 16ᵐ environ, et le second membre de l'équation (6) serait augmenté de la même quantité. Il faudrait supposer une erreur de 16ᵐ
dans chacun des premiers membres de ces équations, qui sont donnés
par les observations. Cette erreur est peu vraisemblable, et il me paraît naturel d'en rejeter au moins une partie sur l'hypothèse de la
coexistence des oscillations très petites, hypothèse qui cesse d'avoir
lieu quand les oscillations sont considérables.

Remarque.

Dans les applications que je viens de faire du Calcul des probabilités aux phénomènes des marées, j'ai déterminé la constante que la loi inconnue des erreurs des observations partielles introduit dans ce calcul, par les différences du résultat moyen aux résultats semblables donnés par les observations de chaque année. Le petit nombre des années que j'ai considérées rend incertaine la valeur de cette constante. On l'obtiendrait plus exactement en déterminant les résultats semblables par l'ensemble des observations des deux syzygies correspondantes vers chaque équinoxe ou vers chaque solstice, ce qui donnerait trois résultats pour chaque année, et, par conséquent, vingt-quatre résultats pour les huit années. Il faudrait, de plus, corriger les résultats de l'effet du mouvement des nœuds de l'orbe lunaire, effet donné par les formules précédentes de la théorie. Mais mon objet a été moins d'avoir exactement la probabilité des résultats, que de constater qu'ils indiquent, avec une extrême probabilité, l'influence des déclinaisons des astres; les formules de probabilité auxquelles je suis parvenu remplissent parfaitement cet objet.

MÉMOIRE

SUR LE DÉVELOPPEMENT

DE L'ANOMALIE VRAIE ET DU RAYON VECTEUR ELLIPTIQUE,

EN SÉRIES ORDONNÉES SUIVANT LES PUISSANCES DE L'EXCENTRICITÉ.

MÉMOIRE

SUR LE DÉVELOPPEMENT

DE L'ANOMALIE VRAIE ET DU RAYON VECTEUR ELLIPTIQUE,

EN SÉRIES ORDONNÉES SUIVANT LES PUISSANCES DE L'EXCENTRICITÉ.

Mémoires de l'Académie des Sciences, IIe Série, Tome VI, année 1843; 1827.

I.

Le développement des fonctions en séries est un des objets les plus importants de l'Analyse : la plupart des applications du calcul aux phénomènes en dépendent. Ce développement pouvant se faire d'une infinité de manières, le choix de celle qui donne les séries les plus convergentes est une des choses les plus utiles à la solution des problèmes. Il est donc intéressant de connaître les conditions qui font converger les séries et l'expression la plus simple dont leurs termes successifs approchent de plus en plus, et avec laquelle ils finissent par coïncider. Les méthodes que j'ai données dans ma *Théorie analytique des probabilités*, sur les approximations des formules fonctions de grands nombres, sont fort avantageuses pour cet objet. Je vais considérer ici les développements en séries des coordonnées du mouvement elliptique.

L'excentricité des orbes elliptiques planétaires étant peu considérable, on développe le plus souvent le rayon vecteur et l'anomalie vraie en séries ordonnées suivant ses puissances. Mais, si l'excentricité qui, dans les orbes elliptiques, ne surpasse jamais l'unité, en devenait fort approchante, on conçoit que les séries pourraient cesser d'être convergentes. Il importe donc de connaître si parmi les valeurs comprises entre zéro et l'unité, que l'excentricité peut avoir, il en est une au-dessus de laquelle ces séries seraient divergentes, et dans ce cas, de la déterminer. Prenons pour unité le demi grand axe de l'ellipse ; désignons par c son excentricité, par t l'anomalie moyenne comptée du périgée, et par R le rayon vecteur. On aura, par le n° 22 du second Livre de la *Mécanique céleste,*

$$R = 1 + \frac{c^2}{2} - c\cos t$$

$$- \frac{c^2}{1.2}\cos 2t$$

$$- \frac{c^3}{1.2.3^2}(3\cos 3t - 3\cos t)$$

$$- \frac{c^4}{1.2.3.2^3}(4^2\cos 4t - 4.2^2\cos 2t)$$

$$- \frac{c^5}{1.2.3.4.2^4}\left(5^3\cos 5t - 5.3^3\cos 3t + \frac{5.4}{1.2}\cos t\right)$$

$$- \frac{c^6}{1.2.3.4.5.2^5}\left(6^4\cos 6t - 6.4^4\cos 4t + \frac{6.5}{1.2}2^4\cos 2t\right)$$

$$- \ldots\ldots\ldots\ldots\ldots\ldots\ldots\ldots\ldots\ldots\ldots\ldots\ldots\ldots\ldots$$

Le terme général de cette expression est

$$- \frac{c^i}{1.2.3\ldots(i-1)2^{i-1}}\left[\; i^{i-2}\cos it - i(i-2)^{i-2}\cos(i-2)t \right.$$

$$+ \frac{i(i-1)}{1.2}(i-4)^{i-2}\cos(i-4)t$$

$$- \frac{i(i-1)(i-2)}{1.2.3}(i-6)^{i-2}\cos(i-6)t.$$

$$\left. + \ldots\ldots\ldots\ldots\ldots\ldots\ldots\ldots\ldots\ldots\ldots\ldots \right];$$

la série étant continuée jusqu'à ce que l'on arrive à un facteur $(i-2r)^{i-2}$ dans lequel $i-2r$ soit négatif. Si l'on fait t égal à un angle droit, ce terme devient nul lorsque i est impair ; et, dans le cas de i pair, il devient, abstraction faite du signe, égal à .

$$(a) \quad \frac{c^i}{1.2.3\ldots(i-1)2^{i-1}}\left[i^{i-2}+\frac{i}{1}(i-2)^{i-2}+\frac{i(i-1)}{1.2}(i-4)^{i-2}+\ldots\right].$$

et il est alors le plus grand possible. Déterminons sa valeur lorsque i est un très grand nombre.

Il est facile de voir que les termes de la série

$$(a') \qquad i^{i-2}+\frac{i}{1}(i-2)+\frac{i(i-1)}{1.2}(i-4)^{i-2}+\ldots$$

vont d'abord en croissant et qu'ils ont un maximum après lequel ils diminuent. A ce maximum, deux termes consécutifs sont à très peu près égaux. Soit

$$\frac{i(i-1)(i-2)\ldots(i-r+1)}{1.2.3\ldots r}(i-2r)^{i-2}$$

le terme maximum. Le terme qui le précède sera

$$\frac{i(i-1)\ldots(i-r+2)}{1.2.3\ldots(r-1)}(i-2r+2)^{i-2};$$

en égalant donc ces deux termes, on aura

$$\frac{i-r+1}{r}(i-2r)^{i-2}=(i-2r+2)^{i-2}.$$

Cette équation donne la valeur de r et, par conséquent, le rang que le terme le plus grand occupe dans la série. Si l'on prend les logarithmes des deux membres, on a   .

$$\log\frac{i-r+1}{r}=(i-2)\log\left(1+\frac{2}{i-2r}\right)$$

ou

$$(b) \qquad \log\frac{i-r}{r}+\log\left(1+\frac{1}{i-r}\right)=(i-2)\log\left(1+\frac{2}{i-2r}\right);$$

or on a, lorsque i et r sont de très grands nombres,

$$\log\left(1+\frac{1}{i-r}\right)=\frac{1}{i-r}-\frac{1}{2(i-r)^2}+\ldots,$$

$$\log\left(1+\frac{2}{i-2r}\right)=\frac{2}{i-2r}-\frac{2}{(i-2r)^2}+\ldots;$$

l'équation (b) deviendra donc, en négligeant les termes de l'ordre $\frac{1}{i}$,

$$\log\frac{i-r}{r} = \frac{2i}{i-2r},$$

ce qui donne

$$\frac{i-r}{r} = e^{\frac{2i}{i-2r}},$$

e étant le nombre dont le logarithme hyperbolique est l'unité. En faisant $r = \omega i$, on aura

$$(c) \qquad\qquad \frac{1-\omega}{\omega} = e^{\frac{2}{1-2\omega}}.$$

Si l'on nomme p le terme maximum

$$\frac{i(i-1)\ldots(i-r+1)}{1.2.3\ldots r}(i-2r)^{i-2},$$

le terme qui en est éloigné du rang l sera

$$p\frac{(i-r)(i-r-1)\ldots(i-r-l+1)}{(r+1)(r+2)\ldots(r+l)}\left(\frac{i-2r-2l}{i-2r}\right)^{i-2}.$$

Son logarithme sera donc

$$\log p + l\log(i-r) + \log\left(1 - \frac{1}{i-r}\right) + \log\left(1 - \frac{2}{i-r}\right) + \ldots$$
$$+ \log\left(1 - \frac{l-1}{i-r}\right) - l\log r - \log\left(1 + \frac{1}{r}\right) - \log\left(1 + \frac{2}{r}\right) - \ldots$$
$$- \log\left(1 + \frac{l}{r}\right) + (i-2)\log\left(1 - \frac{2l}{i-2r}\right).$$

En développant en séries ces logarithmes et négligeant les termes de l'ordre $\frac{1}{i^2}$, on aura

$$\log p + l\log\frac{i-r}{r} - \frac{1+2+3+\ldots+(l-1)}{i-r}$$
$$- \frac{1+2+3+\ldots+l}{r} - (i-2)\left[\frac{2l}{i-2r} + \frac{2l^2}{(i-2r)^2}\right].$$

Par la nature de r, on a à très peu près, par ce qui précède,

$$\log\frac{i-r}{r}+\frac{1}{i-r}=(i-2)\left[\frac{2}{i-2r}-\frac{2}{(i-2r)^2}\right];$$

la fonction précédente deviendra donc

$$\log p-(1+2+3+\ldots+t)\frac{i}{r(i-r)}-\frac{2t(i-2)(t+1)}{(i-2r)^2}.$$

En ne conservant ainsi parmi les termes de l'ordre $\frac{1}{i}$ que ceux qui sont multipliés par t^2, et observant que

$$1+2+3+\ldots+t=\frac{t^2+t}{2},$$

cette fonction prendra la forme

$$\log p-\frac{i^3t^2}{2r(i-r)(i-2r)^2},$$

ce qui donne pour le terme placé à la distance t du terme p

$$pe^{-\frac{i^3t^2}{2r(i-r)(i-2r)^2}}.$$

Il est facile de s'assurer que cette même valeur a lieu à très peu près pour le terme placé avant p à la même distance. La somme de tous ces termes sera la série entière (a'). On aura, comme on sait, cette somme à très peu près égale à

$$p\int dt\,e^{-\frac{i^3t^2}{2r(i-r)(i-2r)^2}},$$

l'intégrale étant prise depuis $t=-\infty$ jusqu'à $t=\infty$, ce qui donne, par les méthodes connues, la série (a') égale à

$$p\sqrt{\pi}\,\frac{i-2r}{i}\sqrt{\frac{2r(i-r)}{i}},$$

π étant la circonférence dont le diamètre est l'unité. On a

$$p=\frac{1.2.3\ldots i(i-2r)^{i-2}}{1.2.3\ldots(i-r)\,1.2.3\ldots r}.$$

La série (a) devient ainsi, abstraction faite du signe,

$$\frac{i(i-2r)^{i-2}\sqrt{\pi}}{1.2.3\ldots(i-r)\,1.2.3\ldots r}\,\frac{i-2r}{i}\sqrt{\frac{2r(i-r)}{i}}\,\frac{e^i}{2^{i-1}}.$$

On a à très peu près, par les théorèmes connus,

$$1.2.3\ldots(i-r)=(i-r)^{i-r+\frac{1}{2}}\,e^{-(i-r)}\sqrt{2\pi},$$

$$1.2.3\ldots r\qquad=r^{r+\frac{1}{2}}e^{-r}\sqrt{2\pi}.$$

La série (a) devient donc

$$\frac{\dfrac{2}{\sqrt{i}}(i-2r)^{i-1}\left(\dfrac{ec}{2}\right)^i}{r^r(i-r)^{i-r}\sqrt{2\pi}}$$

ou

$$(d) \qquad \frac{2}{i\sqrt{i}(1-2\omega)\sqrt{2\pi}}\left[\frac{ec(1-2\omega)}{2\omega^\omega(1-\omega)^{1-\omega}}\right]^i,$$

ω étant donné par l'équation (c).

On doit observer ici que la valeur de ω donnée par cette équation n'est pas rigoureuse. Nous avons négligé, pour former cette équation, les quantités de l'ordre $\frac{1}{i}$, et de plus nous avons supposé que le terme maximum p était égal à celui qui le précède, ce qui n'est qu'approché. De là il suit que la valeur exacte de ω est celle que donne l'équation (c), plus une correction de l'ordre $\frac{1}{i}$, que nous désignerons par $\frac{q}{i}$. Mais cette correction disparaît d'elle-même par la condition de p maximum. En effet, si l'on nomme D la fonction

$$\frac{ec(1-2\omega)}{2\omega^\omega(1-\omega)^{1-\omega}}$$

et D' cette fonction, lorsqu'on y change ω dans $\omega+\frac{q}{i}$, on aura

$$\log \mathrm{D}'^i = i\log\left[\left(1+\frac{q}{i}\frac{d\mathrm{D}}{\mathrm{D}\,d\omega}+\frac{q^2}{2i^2}\frac{d^2\mathrm{D}}{\mathrm{D}\,d\omega^2}+\ldots\right)\mathrm{D}\right].$$

En repassant des logarithmes aux membres et négligeant ensuite les quantités de l'ordre $\frac{1}{i}$, on aura

$$D''= D' c^{q\frac{dD}{D\,d\omega}}.$$

On a

$$\frac{dD}{D\,d\omega} = -\frac{2}{1-2\omega} + \log\frac{1-\omega}{\omega},$$

et l'équation (c) donne

$$\log\frac{1-\omega}{\omega} = \frac{3}{1-2\omega};$$

on a donc, aux quantités près de l'ordre $\frac{1}{i}$,

$$D''= D',$$

d'où il est facile de conclure que, par le changement de ω dans $\omega + \frac{q}{i}$, la formule (d) reste la même. Si la quantité

$$\frac{ec(1-2\omega)}{2\omega^{\omega}(1-\omega)^{1-\omega}}$$

surpasse l'unité, la fonction (d) devient infinie lorsque i est infini; l'expression du rayon vecteur devient donc alors divergente. La valeur de l'excentricité déduite de l'équation

$$c = \frac{2\omega^{\omega}(1-\omega)^{1-\omega}}{(1-2\omega)c}$$

est, par conséquent, la limite des valeurs de l'excentricité qui font converger l'expression du rayon vecteur développé suivant les puissances de l'excentricité. En substituant au lieu de c sa valeur

$$\left(\frac{1-\omega}{\omega}\right)^{\frac{1-2\omega}{2}}$$

donnée par l'équation (c), cette expression de e devient

$$c = \frac{2\sqrt{\omega(1-\omega)}}{1-2\omega}.$$

L'équation (c) donne à peu près

$$\omega = 0,08307,$$

d'où l'on tire

$$c = 0,66195.$$

L'équation précédente de la limite de l'excentricité c donne à cette limite

$$1 - 2\omega = \frac{1}{\sqrt{1+c^2}},$$

d'où il est facile de conclure

$$\frac{1-\omega}{\omega} = \frac{1+\sqrt{1+c^2}}{c^2};$$

l'équation (c) donnera donc

$$(m) \qquad\qquad 1 + \sqrt{1+c^2} = e^c \sqrt{1+c^2}.$$

Les valeurs de c, supérieures à celle que cette équation donne, rendent l'expression en série du rayon vecteur R divergente lorsque t est un angle droit. Pour toutes les valeurs inférieures, cette série est convergente quel que soit t. En effet, le terme général de l'expression de R développée en série ordonnée par rapport aux puissances de l'excentricité est, comme on l'a vu,

$$-\frac{c^i}{1.2.3\ldots(i-1)2^{i-1}}\left[i^{i-2}\cos it - i(i-2)^{i-2}\cos(i-2)t + \ldots\right].$$

La plus grande valeur de ce terme, abstraction faite du signe, ne peut surpasser

$$\frac{c^i}{1.2.3\ldots(i-1)2^{i-1}}\left[i^{i-1} + i(i-2)^{i-2} + \frac{i(i-1)}{1.2}(i-4)^{i-2} + \ldots\right].$$

On vient de voir que cette valeur, lorsque i est infini, devient nulle par un facteur moindre que l'unité élevé à la puissance i, lorsque l'excentricité c est au-dessous de celle qui résulte de l'équation aux limites; la série est donc convergente quel que soit t. Je vais maintenant établir qu'alors la série de l'expression de l'anomalie vraie développée de la même manière est pareillement convergente.

II.

u étant l'anomalie excentrique et v l'anomalie vraie, on a, par le n° 20 du second Livre de la *Mécanique céleste*,

$$t = u - e \sin u,$$
$$R = 1 - e \cos u,$$

ce qui donne

$$\frac{du}{dt} = \frac{1}{R};$$

or on a, par la loi des aires proportionnelles aux temps,

$$\frac{dv}{dt} = \frac{\sqrt{1 - e^2}}{R^2};$$

on a donc

$$\frac{dv}{dt} = \left(\frac{du}{dt}\right)^2 \sqrt{1 - e^2}.$$

L'expression en série de u du n° 22 du Livre cité donne

$$\frac{du}{dt} = 1 + e \cos t + \frac{e^2}{1.2.2} 2^2 \cos 2t + \frac{e^3}{1.2.3.2^2}(3^3 \cos 3t - 3 \cos t) + \dots$$

Le terme général de cette série est

$$\frac{e^i}{1.2.3\dots i.2^{i-1}}\left[i^i \cos it - i(i-2)^i \cos(i-2)t \right.$$
$$\left. + \frac{i(i-1)}{1.2}(i-4)^i \cos(i-4)t - \dots \right].$$

et, dans aucun cas, il ne peut surpasser

$$\frac{e^i}{1.2.3\dots i.2^{i-1}}\left[i^i + i(i-2)^i + \frac{i(i-1)}{1.2}(i-4)^i + \dots \right].$$

En suivant exactement l'analyse de l'article précédent, on trouve ce dernier terme égal à

$$(e) \qquad \frac{2}{\sqrt{i}} \frac{1 - 2\omega}{\sqrt{2\pi}} \left[\frac{ee(1 - 2\omega)}{2\omega^{\omega}(1 - \omega)^{1-\omega}} \right]^{i},$$

ω étant donné par l'équation (e) de l'article précédent.

Maintenant, si l'on désigne par A la série

$$1 + e + \frac{2^{2}e^{2}}{1.2.2} + \dots$$
$$+ \frac{e^{i'}}{1.2.3\dots i'.2^{i'-1}} \left[i'^{i'} + i'(i' - 2)^{i'} + \frac{i'(i' - 1)}{1.2} (i' - 4)^{i'} + \dots \right] + \dots,$$

la série étant continuée jusqu'à $i' = i$, il est facile de voir que l'expression en série de $\frac{du}{dt}$ sera moindre que le développement en série de la fonction

$$(o) \qquad A + \frac{2(1 - 2\omega)\, q^{i} e^{i}}{\sqrt{2\pi}(1 - qe)},$$

en désignant par q la quantité

$$\frac{(1 - 2\omega)\, e}{2\omega^{\omega}(1 - \omega)^{1-\omega}};$$

car il est visible que le coefficient d'une puissance quelconque e^{i} dans le développement de la fonction (o) est positif, et qu'il est plus grand, abstraction faite du signe, que le coefficient de la même puissance dans le développement de $\frac{du}{dt}$. L'expression de $\frac{dv}{dt}$ ou de $\left(\frac{du}{dt}\right)^{2} \sqrt{1 - e^{2}}$ est donc moindre

$$\left[A + \frac{2(1 - 2\omega)\, q^{i} e^{i}}{\sqrt{2\pi}(1 - qe)} \right]^{2} \sqrt{1 - e^{2}};$$

or le développement de $\sqrt{1 - e^{2}}$ est moindre que celui de $\frac{1}{1 - e^{2}}$; le développement de $\frac{dv}{dt}$ est donc moindre que celui de

$$(p) \qquad \frac{\left[A + \frac{2(1 - 2\omega)\, q^{i} e^{i}}{\sqrt{2\pi}(1 - qe)} \right]^{2}}{1 - e^{2}},$$

c'est-à-dire que le coefficient d'une puissance quelconque e' dans le développement de cette fonction est positif et plus grand, abstraction faite du signe, que le coefficient de la même puissance dans le développement de $\frac{de}{dt}$.

Donnons à la fonction (p) cette forme

$$\frac{A^2}{1-e^2} + \frac{4A(1-2\omega)q^ie^i}{\sqrt{2\pi}(1-qe)(1-e^2)} + \frac{2(1-2\omega)^2q^{2i}e^{2i}}{\pi(1-qe)^2(1-e^2)}.$$

Le terme $\frac{A^2}{1-e^2}$ développé en série donne une série convergente; car, quelque grand que l'on suppose i, pourvu qu'il soit fini, A^2 sera composé d'un nombre fini de termes. En désignant par me^i l'un de ces termes, $\frac{me^i}{1-e^2}$, développé en série, donnera une série convergente, e étant supposé moindre que l'unité. Ainsi $\frac{A^2}{1-e^2}$ donnera un nombre fini de séries convergentes, et, dans leur somme, le terme dépendant de e' deviendra nul lorsque s est infini.

Le terme

$$\frac{4A(1-2\omega)q^ie^i}{\sqrt{2\pi}(1-qe)(1-e^2)}$$

donnera un nombre fini de termes de la forme

$$\frac{ne^i}{(1-qe)(1-e^2)};$$

or la fraction

$$\frac{1}{(1-qe)(1-e^2)}$$

se décompose dans les trois suivantes :

$$\frac{1}{2(1-q)}\frac{1}{1-e} + \frac{1}{2(1+q)}\frac{1}{1+e} - \frac{q^2}{1-q^2}\frac{1}{1-qe}.$$

Chacune d'elles, développée en série, donne une série convergente; car, par la supposition, qe est moindre que l'unité. On voit donc que le terme

$$\frac{4A(1-2\omega)q^ie^i}{\sqrt{2\pi}(1-qe)(1-e^2)}$$

donne une série convergente; pareillement le terme

$$\frac{2(1-2\omega)^2 q^{2i} e^{2i}}{\pi(1-qe)^2(1-e^2)}$$

donne une série convergente, comme il est facile de le voir, en décomposant la fraction

$$\frac{1}{(1-qe)^2(1-e^2)}$$

en fractions partielles; $\frac{dv}{dt}$, développé en série ordonnée par rapport aux puissances de l'excentricité, donne par conséquent une série convergente, lorsque qe est moindre que l'unité. Il est facile d'en conclure que l'expression de $v-t$ ainsi développée forme une série convergente; car, l'intégration de dv faisant acquérir des diviseurs à ses termes, on voit que, quel que soit t, $v-t$ sera moindre que

$$\frac{\left[A+\frac{2(1-2\omega)q^i e^i}{\sqrt{2\pi}(1-qe)}\right]^2}{1-e^2},$$

qui, comme on vient de le voir, forme une série convergente.

Il résulte de ce qui précède que la condition nécessaire pour la convergence des séries qui expriment le rayon vecteur et l'anomalie vraie, développés suivant les puissances de l'excentricité, est que l'excentricité soit moindre que

$$\frac{2\sqrt{\omega(1-\omega)}}{1-2\omega},$$

ω étant donné par l'équation

$$\frac{1-\omega}{\omega}=e^{\frac{2}{1-2\omega}}.$$

Les deux séries sont alors convergentes; c'est ce qui a lieu pour toutes les planètes, même pour les planètes télescopiques. Les valeurs supérieures de l'excentricité font diverger la série du rayon vecteur, et alors il faut recourir à d'autres développements. Tel est le cas de la comète à courte période.

III.

On développe encore les expressions de l'anomalie vraie et du rayon vecteur, suivant les sinus et cosinus des multiples de l'anomalie moyenne. Soit alors

$$v = t + a^{(1)} \sin t + a^{(2)} \sin 2t + \ldots + a^{(i)} \sin it + \ldots,$$

$a^{(1)}$, $a^{(2)}$, ... étant des fonctions de l'excentricité. On peut facilement démontrer que la série est toujours convergente. En effet, on a

$$\int (v - t)\, dt \sin it = \pi a^{(i)},$$

l'intégrale étant prise depuis t nul jusqu'à t égal à 2π. Or on a, dans ces limites, en intégrant par parties,

$$\int dt (v - t) \sin it = \frac{1}{i} \int dt \left(\frac{dv}{dt} - 1 \right) \cos it = - \frac{1}{i^2} \int dt \sin it \frac{d^2 v}{dt};$$

on aura donc

$$a^{(i)} = - \frac{1}{i^2 \pi} \int dt \sin it \frac{d^2 v}{dt^2};$$

l'équation

$$\frac{dv}{dt} = \frac{\sqrt{1 - e^2}}{R^2}$$

donne

$$\frac{d^2 v}{dt^2} = - \frac{2 \sqrt{1 - e^2}}{R^3} \frac{dR}{dt}.$$

Au périhélie et à l'aphélie, $\frac{dR}{dt}$ est nul; $\frac{dR}{R^2 dt}$ est positif, en allant du premier de ces points au second, et négatif, du second au premier. Soit k sa plus grande valeur positive; $- k$ sera sa plus grande valeur négative. En supposant donc que les valeurs de $\sin it$ soient positives et égales à l'unité, depuis le périhélie jusqu'à l'aphélie, et négatives et égales à $- 1$, depuis l'aphélie jusqu'au périhélie, on voit que l'intégrale $\int \frac{1}{R^2} \frac{dR}{dt} \sin it\, dt$, prise depuis le périhélie jusqu'à l'aphélie, sera moindre, abstraction faite du signe, que $2k\pi$. De là il suit que $a^{(i)}$, abstraction faite du signe, est moindre que

$$\frac{4k\sqrt{1-e^2}}{i^3},$$

ce terme devient nul lorsque i est infini. De plus, la série de l'expression précédente de v, à partir de i supposé très grand, est moindre que

$$\frac{4k\sqrt{1-e^2}}{i};$$

quantité qui devient nulle lorsque i est infini. Cette série est donc convergente.

Considérons de la même manière l'expression de R, développée dans une série ordonnée par rapport aux cosinus de t et de ses multiples. Soit

$$R = b^{(0)} + b^{(1)}\cos t + \ldots + b^{(i)}\cos it + \ldots;$$

on aura

$$\pi b^{(i)} = \int R\, dt \cos it,$$

l'intégrale étant prise depuis t nul jusqu'à t égal à 2π, ce qui donne

$$\pi b^{(i)} = -\frac{1}{i^2}\int dt \cos it \frac{d^2 R}{dt^2}.$$

Les formules du mouvement elliptique donnent

$$\frac{d^2 R}{dt^2} = \frac{1-e^2-R}{R^3}.$$

Cette dernière quantité est toujours négative [1]. Désignons par $-k'$ son maximum, et supposons $\cos it$ égal à l'unité; on aura, abstraction faite du signe, $\pi b^{(i)}$ moindre que $\dfrac{2k'\pi}{i^2}$; d'où il suit que la série de l'expression de R est convergente.

On peut, en suivant la méthode exposée dans le numéro précédent,

____

[1] *Voir*, dans le Tome V des *OEuvres de Laplace*, la note de la page 486.

déterminer la valeur approchée de $b^{(i)}$ lorsque i est un grand nombre. Pour cela, j'observe que l'expression de R développée en série par rapport aux puissances de l'excentricité, que nous avons rapportée dans le n° 1, donne

$$b^{(i)} = -\frac{e^i \, i^{i-1}}{1.2.3\ldots i.2^{i-1}}\left[i - \frac{i+2}{1(i+1)}\left(\frac{ei}{2}\right)^2 + \frac{i+4}{1.2(i+1)(i+2)}\left(\frac{ei}{2}\right)^4\right.$$
$$\left. - \frac{i+6}{1.2.3(i+1)(i+2)(i+3)}\left(\frac{ei}{2}\right)^6 + \ldots\right].$$

Le terme général de cette expression est

$$\pm \frac{e^i \, i^{i-1}}{1.2.3\ldots i.2^{i-1}} \cdot \frac{i+2r}{1.2.3\ldots r(i+1)(i+2)\ldots(i+r)}\left(\frac{ei}{2}\right)^{2r}.$$

Si l'on observe que, r étant un très grand nombre, on a, à fort peu près,

$$1.2.3\ldots r.1.2.3\ldots(i+r) = r^{r+\frac{1}{2}}(i+r)^{i+r+\frac{1}{2}}c^{-i-2r}2\pi;$$

on peut donner à ce terme la forme

$$\pm \frac{e^i c^i \, i^{i-1}(i+2r)}{2^i \pi(i+r)^i \sqrt{r(i+r)}}\left[\frac{c^2 i^2 c^2}{4r(i+r)}\right]^r,$$

quantité qui devient nulle lorsque r est infini. La série de l'expression de $b^{(i)}$ est donc convergente.

Pour avoir sa valeur approchée, je considère la série

$$(m) \qquad i + \frac{i+2}{1(i+1)}\left(\frac{ei}{2}\right)^2 + \frac{i+4}{1.2(i+1)(i+2)}\left(\frac{ei}{2}\right)^4 + \ldots,$$

dont le terme général est

$$\frac{i+2r}{1.2.3\ldots r(i+1)(i+2)\ldots(i+r)}\left(\frac{ei}{2}\right)^{2r}.$$

On aura, par la méthode exposée dans l'article I, la somme de cette série, fort approchée lorsque i est un très grand nombre. Nommons p le terme précédent, et supposons qu'il soit le plus grand des termes de la série. Pour avoir le rang qu'il y occupe, on l'égalera, suivant la méthode citée, au terme qui le précède, ce qui donne

$$(i + 2r - 2)\,r\,(i + r) = (i + 2r)\,\frac{i^2 e^2}{4},$$

d'où l'on tire, à fort peu près,

$$r = \frac{i\sqrt{1 + e^2} - i}{2}.$$

Le terme qui suit p d'un rang supérieur de l est

$$\frac{p\,\dfrac{i + 2r - l}{i + 2r}\left(\dfrac{ei}{2}\right)^{2l}}{(r + 1)(r + 2)\ldots(r + l)(i + r + 1)(i + r + 2)\ldots(i + r + l)}.$$

En appliquant ici l'analyse de l'article I, il est facile de voir que le logarithme de ce terme est, à très peu près,

$$\log p - \frac{l}{i + 2r} + 2l\log\frac{ei}{2} - l\log r - \frac{1 + 2 + 3 + \ldots + l}{r}$$
$$- l\log(i + r) - \frac{1 + 2 + 3 + \ldots + l}{i + r}.$$

Mais on a, à très peu près,

$$\log r(i + r) = 2\log\frac{ei}{2};$$

en ne conservant donc, conformément à la méthode citée, parmi les termes de l'ordre $\frac{1}{i}$, que ceux qui sont multipliés par l^2, et observant que

$$1 + 2 + 3 + \ldots + l = \frac{l^2 + l}{2},$$

le logarithme du terme placé à la distance l du terme maximum sera

$$\log p - \frac{(i + 2r)l^2}{2r(i + r)};$$

ce terme sera donc

$$p\,e^{-\frac{(i + 2r)l^2}{2r(i + r)}}.$$

Il est facile de voir que ce sera aussi l'expression du terme qui précède p du même intervalle t. La somme de la série (m) sera donc, à très peu près,

$$p \int dt\, c^{-\frac{u+2r\, t^2}{2r(i+r)}},$$

l'intégrale étant prise depuis $t = -\infty$ jusqu'à $t = \infty$, ce qui donne cette somme égale à

$$p\sqrt{2\pi}\,\sqrt{\frac{r(i+r)}{i+2r}}.$$

Si, dans l'expression précédente de p, on substitue, au lieu du produit

$$1.2.3\ldots r(i+1)(i+2)\ldots(i+r)$$

sa valeur très approchée

$$\frac{[r(i+r)]^r (i+r)^i\, 2\pi\, c^{-i-2r}\sqrt{r(i+r)}}{1.2.3\ldots i},$$

on aura

$$p = \frac{1.2.3\ldots i(i+2r)\, c^{i+2r}}{2\pi\sqrt{r(i+r)}\,(i+r)^i};$$

ce qui, en observant que $i+2r$ est égal à $i\sqrt{1+c^2}$, et que $i+r$ est égal à

$$\frac{i\sqrt{1+c^2}+i}{2},$$

donne, pour la somme de la série (m),

$$\frac{1.2.3\ldots i(1+e^2)^{\frac14}\, 2^i\, c^{i\sqrt{1+c^2}}\sqrt{i}}{\sqrt{2\pi}\, i^i\big(\sqrt{1+c^2}+1\big)^i}.$$

En changeant c^2 dans $-c^2$ dans cette expression, on aura la valeur fort approchée de la série

$$i - \frac{i+2}{1(i+1)}\left(\frac{ci}{2}\right)^2 + \frac{(i+4)\left(\frac{ci}{2}\right)^4}{1.2(i+1)(i+2)} - \frac{(i+6)\left(\frac{ci}{2}\right)^6}{1.2.3(i+1)(i+2)(i+3)} + \ldots$$

Ces passages du positif au négatif, comme du réel à l'imaginaire, ne doivent être employés qu'avec une grande circonspection. Mais ici, c^2

étant indéterminé, on peut les employer sans crainte. J'en ai reconnu d'ailleurs l'exactitude par une autre analyse; on a ainsi

$$b'^0 = - \frac{2(1-e^2)^{\frac{1}{4}} e^{i\sqrt{1-e^2}} e^{it}}{i\sqrt{i}\sqrt{2\pi}(1+\sqrt{1-e^2})^i}.$$

Lorsque i est infini, cette valeur de b'^0 reste toujours infiniment petite quel que soit e, pourvu qu'il n'excède pas l'unité.

FIN DU TOME DOUZIÈME.

22647   Paris. — Imprimerie GAUTHIER-VILLARS ET FILS, quai des Grands-Augustins, 55.

QUAI DES GRANDS-AUGUSTINS, 55, A PARIS.

Le Catalogue général et les prospectus détaillés des principaux Ouvrages sont envoyés franco sur demande.

EXTRAIT DU CATALOGUE

DE LA LIBRAIRIE

GAUTHIER-VILLARS ET FILS.

DIVISIONS DU CATALOGUE.

I. — OUVRAGES

SUR LES

SCIENCES MATHÉMATIQUES ET PHYSIQUES.

ABEL (Niels-Henrik). -- Œuvres complètes d'Abel. Édition, publiée aux frais de l'État norwégien, par L. Sylow et S. Lie. 2 vol. in-4; 1881. 30 fr.

ANDRIEU (Pierre), Chimiste agronome. — Le vin et les vins de fruits. *Analyse du moût et du vin. Vinification. Sucrage. Maladies du vin. Étude sur les levures de vin cultivées. Distillation.* In-8, avec 78 figures; 1894. 6 fr. 50 c.

ANGOT (A.) Docteur ès Sciences, Météorologiste titulaire au Bureau central météorologique. — Instructions météorologiques. 3ᵉ édition, entièrement refondue. Gr. in-8, avec figures, suivi de nombreuses Tables pour la réduction des observations; 1891. 3 fr. 50 c.

ANDRÉ et RAYET, Astronomes adjoints de l'Observatoire de Paris, et **ANGOT** (A.). — L'Astronomie pratique et les Observatoires en Europe et en Amérique, depuis le milieu du XVII° siècle jusqu'à nos jours. 5 vol. in-18 jésus, avec figures et planches en couleur. 21 fr. (*Voir* pour la vente des volumes séparés le Catal. général.)

APPELL (Paul), Membre de l'Institut. — Traité de Mécanique rationnelle (Cours de Mécanique de la Faculté des Sciences). 3 volumes grand in-8, se vendant séparément.

    Tome I. — *Statique. Dynamique du point.* Avec 178 figures; 1893. 16 fr.

    In-4°; K.

    Tome II. — *Dynamique des systèmes. Mécanique analytique.* Avec 191 figures; 1896. 16 fr.

    Tome III. — *Hydrostatique. Hydrodynamique.*
    (*Sous presse.*)

APPELL (Paul), Membre de l'Institut, Professeur à la Faculté des Sciences, et **GOURSAT** (Edouard), Maître de Conférences à l'École Normale supérieure. -- Théorie des fonctions algébriques et de leurs intégrales. *Étude des fonctions analytiques sur une surface de Riemann.* Grand in-8, avec figures; 1895. 16 fr.

APPELL (Paul), Membre de l'Institut, Professeur à l'Université de Paris, et **LACOUR** (E.), Maître de Conférences à l'Université de Nancy. — Principes de la théorie des fonctions elliptiques et applications. Grand in-8, avec figures; 1897. 12 fr.

APPERT (Léon). Ingénieur. - Note sur les verres des vitraux anciens. In-8; 1896. 2 fr.

ARAGO (F.). — Astronomie populaire. 4 volumes in-8, avec un portrait d'Arago, 283 fig. et 27 pl. 30 fr.
Le Tome I est épuisé. Chacun des autres volumes se vend séparément. 7 fr. 50 c.
Voir le Catalogue général pour les *Œuvres complètes.* 17 vol. 127 fr. 50 c.

ARNAUDEAU (A.), chef du Bureau de Statistique de la Compagnie générale transatlantique. — Guide des Emprunts. Tables des valeurs intrinsèques et durées probables des obligations de 500ᶠ pour toutes les époques de l'emprunt et à tous les taux usuels, suivies des *Tables logarithmiques pour le calcul de l'intérêt composé, des annuités et des amortissements,* et précédés d'un *texte explicatif.* In-4, avec figures et 2 tableaux graphiques; 1891. 9 fr.

ATLAS INTERNATIONAL DES NUAGES, publié conformément aux décisions du *Comité météorologique international*, par H. Hildebrandsson, A. Riggenbach, L. Teisserenc de Bort, Membres de la Commission des nuages. In-4, avec 14 planches en photolithographie; 1896.   14 fr.

ASSOCIATION POUR PRÉVENIR LES ACCIDENTS DE FABRIQUE [Mulhouse (Alsace)]. — Collection de dispositions et d'appareils destinés à éviter les accidents de machines. 2ᵉ édition. Gr. in-4 cartonné de 37 planches avec texte explicatif français, allemand et anglais; 1895.   15 fr.

ATLAS PHOTOGRAPHIQUE DE LA LUNE, publié par l'Observatoire de Paris, exécuté par MM. Lœwy, Sous-Directeur de l'Observatoire, et P. Puiseux, Astronome adjoint à l'Observatoire.

> 1ᵉ Fascicule comprenant : 1ᵒ *Mémoire sur la constitution de l'écorce solaire*. Un volume grand in-4 de 44 pages; 2ᵒ *Atlas de 6 planches*. Planche A : Image obtenue au foyer du grand équatorial coudé; Planches I à V : Héliogravures d'après les agrandissements sur verre de trois clichés des années 1894 et 1895. Atlas in-plano (64ᶜᵐ × 80ᶜᵐ); 1896.   30 fr.

BAILLAUD (B.), Doyen de la Faculté des Sciences de Toulouse, Directeur de l'Observatoire. — Cours d'Astronomie *à l'usage des étudiants des Facultés des Sciences*. 2 volumes grand in-8, se vendant séparément.

> Iʳᵉ Partie : *Quelques théories applicables à l'étude des Sciences expérimentales. Probabilités : erreurs des observations. Instruments d'Optique. Instruments d'Astronomie. Calculs numériques, interpolations,* avec 58 figures; 1893.   8 fr.
>
> IIᵉ Partie : *Astronomie sphérique. Mouvements dans le système solaire. Éléments géographiques. Éclipses. Astronomie moderne,* avec 72 figures; 1896.   15 fr.

BARILLOT (Ernest). — Traité de Chimie légale. *Analyses toxicologiques. Recherches spéciales.* In-8, avec figures; 1894.   6 fr. 50 c.

BERTHELOT (M.), Sénateur, Secrétaire perpétuel de l'Académie des Sciences, Professeur au Collège de France. — Thermochimie. *Données et Lois numériques.*

> Tome I : *Les Lois numériques.* xvii-547 pages.
> Tome II : *Les Données expérimentales,* 878 pages.
> 2 beaux volumes grand in-8; 1897.   50 fr.

BERTHELOT (M.). — Sur la force des matières explosives, d'après la Thermochimie. 2 beaux volumes grand in-8, avec figures; 1883.   30 fr.

BERTHELOT (M.). — Leçons sur les Méthodes générales de synthèse en Chimie organique. In-8; 1864.   8 fr.

BERTRAND (J.), de l'Académie française, Secrétaire perpétuel de l'Académie des Sciences. — Thermodynamique. Grand in-8, avec figures; 1887.   10 fr.

BERTRAND (J.). — Calcul des probabilités. Grand in-8; 1889.   12 fr.

BERTRAND (J.). — Leçons sur la Théorie mathématique de l'Électricité. Grand in-8 avec fig.; 1890.   10 fr.

BLONDLOT, Professeur adjoint à la Faculté des Sciences de Nancy. — Introduction à l'étude de la Thermodynamique. Grand in-8, avec figures; 1888.   3 fr. 50 c.

BOUQUET DE LA GRYE (A.), Membre de l'Institut. — Paris Port de mer. Grand in-8 de 300 pages, avec 3 cartes dont 1 en couleur; 1892.   4 fr.

BOUR (Edm.), Ingénieur des Mines. — Cours de Mécanique et Machines, professé à l'École Polytechnique.

> *Cinématique.* 2ᵉ édition. In-8, avec Atlas de 30 planches in-4 gravées sur cuivre; 1887.   10 fr.

Statique et travail des forces dans les machines à l'état de mouvement uniforme, publié par *Phillips*, Professeur de Mécanique à l'École Polytechnique, avec la collaboration de *Collignon* et *Kretz*. In-8, avec Atlas de 8 planches contenant 106 figures. 2ᵉ édition; 1891.   6 fr.

Dynamique et Hydraulique, avec 125 figures; 1874.   7 fr. 50 c.

BOUSSAC, Inspecteur général des Postes et Télégraphes. — Construction des Lignes électriques aériennes. (École professionnelle supérieure des Postes et Télégraphes.) Ouvrage complété par E. Massin, Ingénieur des Télégraphes. Gr. in-8, avec 201 figures; 1894.   7 fr. 50 c.

BOUSSINESQ, Membre de l'Institut, Professeur à la Faculté des Sciences. — Cours élémentaire d'Analyse infinitésimale, à l'usage des personnes qui étudient cette Science *en vue de ses applications mécaniques et physiques*. 2ᵉ édition. 3 vol. grand in-8, avec figures.

> Tome I. — Calcul différentiel; 1887...   17 fr.
> Tome II. — Calcul intégral; 1890.....   23 fr. 50 c.

On vend séparément :

Tome I.
Partie élémentaire .... 7 fr. 50 c.
Compléments................................ 9 fr. 50 c.

Tome II.
Partie élémentaire .... 7 fr. 50 c.
Compléments................................ 16 fr.

BOUSSINESQ. — Leçons synthétiques de Mécanique générale, servant d'introduction au *Cours de Mécanique physique* de la Faculté des Sciences de Paris. Publiées par les soins de MM. Légay et Vigneron, élèves de la Faculté. Grand in-8; 1889.   3 fr. 50 c.

— Théorie de l'écoulement tourbillonnant et tumultueux des liquides dans les lits rectilignes à grande section. In-4; 1897.   3 fr.

BOUSSINGAULT, Membre de l'Institut. — Agronomie. Chimie agricole et Physiologie. 8 volumes in-8, avec planches sur cuivre et figures; 1886-1886-1864-1868-1874-1878-1884-1890.   45 fr.

> (*Voir le Catalogue général*).

BOUTY (E.), Professeur à la Faculté des Sciences. — Chaleur. Acoustique et Optique. Supplément au *Cours de Physique de l'École Polytechnique*, par Jamin et Bouty. In-8, avec 41 figures; 1896.   3 fr. 50 c.

BREITHOF (N.), Professeur à l'Université de Louvain. — Traités de Géométrie descriptive, de Perspective, Coupe des pierres, etc. (*Voir le Catalogue général.*)

BRESSE, Membre de l'Institut, Professeur de Mécanique à l'École des Ponts et Chaussées. — Cours de Mécanique appliquée professé à l'École des Ponts et Chaussées.

> Iʳᵉ Partie : *Résistance des matériaux et stabilité des constructions.* In-8, avec figures. 3ᵉ édition, revue et beaucoup augmentée; 1880.   15 fr.
>
> IIᵉ Partie : *Hydraulique.* In-8, avec figures et 1 planche. 3ᵉ édition; 1879.   10 fr.

BRIOT (Ch.), Professeur à la Faculté des Sciences de Paris. — Théorie des fonctions abéliennes. Un beau volume in-4; 1879.   15 fr.

BRIOT (Ch.). — Théorie mécanique de la chaleur. 2ᵉ édition, publiée par Mascart, Professeur au Collège de France. In-8, avec figures; 1883.   7 fr. 50 c.

BRISSE (Ch.), Professeur à l'École Centrale et au lycée Condorcet, Répétiteur à l'École Polytechnique. — Cours de Géométrie descriptive. 2 vol. grand in-8; 1891.

> Iʳᵉ Partie, à l'usage des élèves de la classe de Mathématiques élémentaires; avec 230 figures.   5 fr.
>
> IIᵉ Partie, à l'usage des élèves de la classe de Mathématiques spéciales; avec 203 figures.   7 fr.

BRISSE (Ch.). — **Cours de Géométrie descriptive,** à l'usage des *Candidats à l'École spéciale militaire.* Grand in-8, avec 328 figures ; 1891.   7 fr.

BRISSE (Ch.). — **Cours de Géométrie descriptive** à l'usage des *Élèves de l'Enseignement secondaire moderne.* Grand in-8, avec 315 figures ; 1893.   7 fr.

Les Tables détaillées des matières contenues dans les trois Cours de M. Brisse sont envoyées franco sur demande.

BRISSE (Ch.). — **Recueil de problèmes de Géométrie analytique,** à l'usage des classes de Mathématiques spéciales. *Solutions des problèmes donnés au concours d'admission à l'École Centrale depuis 1864.* 2ᵉ édition. In-8, avec figures ; 1892.   5 fr.

BRISSE (Ch.). — **Cours de Mécanique** *à l'usage de la classe de Mathématiques spéciales,* entièrement conforme au dernier programme d'admission à l'École Polytechnique. Grand in-8, avec 44 figures ; 1891.   3 fr. 25 c.

CASPARI (E.), Ingénieur hydrographe de la Marine. — **Cours d'Astronomie pratique. Application à la Géographie et à la navigation.** 2 beaux volumes grand in-8, se vendant séparément. (*Ouvrage couronné par l'Académie des Sciences.*)

Iʳᵉ Partie : *Coordonnées vraies et apparentes. Théorie des instruments,* avec figures ; 1888.   9 fr.

IIᵉ Partie : *Détermination des éléments géographiques. Applications pratiques,* avec fig. et 1 pl. ; 1889.   9 fr.

CATALOGUE DE L'OBSERVATOIRE DE PARIS.

Positions observées des étoiles (1837-1881).

Tome I (0ʰ à vıʰ). Grand in-4 ; 1887.   40 fr.
Tome II (vıʰ à xııʰ) ; 1891.   40 fr.
Tome III (xııʰ a xvııʰ) ; 1897.   40 fr.

Catalogue des étoiles observées aux instruments méridiens (1837-1881).

Tome I (0ʰ à vıʰ). Grand in-4 ; 1887.   40 fr.
Tome II (vıʰ à xııʰ) ; 1891.   40 fr.
Tome III (xııʰ à xvııʰ) ; 1897.   40 fr.

CHAPPUIS (J.). Agrégé, Docteur ès Sciences, Professeur de Physique générale à l'École Centrale, et **BERGET (A.),** Docteur ès Sciences, attaché au laboratoire des Recherches physiques de la Sorbonne. — **Leçons de Physique générale.** *Cours professé à l'École Centrale des Arts et Manufactures et complété suivant le programme de la Licence ès Sciences physiques.* 3 volumes grand in-8, se vendant séparément :

Tome I : *Instruments de mesure. Chaleur.* Avec 175 figures ; 1891.   13 fr.

Tome II : *Electricité et Magnétisme.* Avec 305 figures ; 1891.   13 fr.

Tome III : *Acoustique. Optique. Electro-Optique.* Avec 193 figures ; 1891.   10 fr.

CHAPPUIS (J.), et BERGET (A.). — **Cours de Physique** à l'usage des candidats aux Écoles du Gouvernement. Grand in-8 avec nombreuses figures ; 1897.
(*Sous presse.*)

CHARLON (H.). — **Théorie élémentaire des Opérations financières.** 2ᵉ éd. Gr. in-8, avec Tables ; 1887. 6 fr. 50 c.

CHASLES. — **Aperçu historique sur l'origine et le développement des méthodes en Géométrie, particulièrement de celles qui se rapportent à la Géométrie moderne,** suivi d'un *Mémoire de Géométrie sur deux principes généraux de la Science, la Dualité et l'Homographie.* 3ᵉ éd., conforme à la première. In-4 de 850 p. ; 1889.   30 fr.

CHEVALLIER et MÜNTZ. — **Problèmes de Physique** avec leurs solutions développées, à l'usage des Candidats au Baccalauréat ès Sciences et aux Écoles du Gouvernement. 2ᵉ édition. In-8 ; 1885.   6 fr.

CHEVREUL (E.). — **Recherches chimiques sur les corps gras d'origine animale.** Grand in-4, 2ᵉ édition ; 1889.
Broché........ 25 fr. | Cartonné...... 29 fr.

CHEVROT (René), ancien Directeur d'Agence de la Société Générale et du Crédit lyonnais. — **Pour devenir financier. — Traité théorique et pratique de Banque et de Bourse.** In-8 ; 1893.   6 fr.

COLLET (A.), Capitaine de Frégate, Répétiteur à l'École Polytechnique. — **Navigation astronomique simplifiée.** Grand in-4 ; 1891.   10 fr.

COLSON (R.), Capitaine du Génie. — **Traité élémentaire d'Électricité, avec les principales applications.** 2ᵉ édition. In-18 jésus, avec 91 fig. ; 1888.   3 fr. 75 c.

COMBEROUSSE (Charles de), Ingénieur, Professeur à l'École Centrale des Arts et Manufactures et au Conservatoire des Arts et Métiers, ancien Professeur de Mathématiques spéciales au collège Chaptal. — **Cours de Mathématiques,** à l'usage des Candidats à l'École Polytechnique, à l'École Normale supérieure et à l'École centrale des Arts et Manufactures. 4 vol. in-8, avec fig. et planches.

Chaque Volume se vend séparément :

Tome Iᵉʳ : *Arithmétique* et *Algèbre élémentaire* (avec 38 figures). 3ᵉ édition ; 1884.   10 fr.

Tome II : *Géométrie élémentaire, plane et dans l'espace ; Trigonométrie rectiligne et sphérique,* avec 543 fig. 3ᵉ édition, revue et augmentée ; 1893.   13 fr.

On vend à part

Géométrie élémentaire plane et dans l'espace.   8 fr.
Trigonométrie rectiligne et sphérique, suivie de Tables des valeurs des lignes trigonométriques naturelles.   5 fr.

Tome III : *Algèbre supérieure.* Iʳᵉ Partie : *Compléments d'Algèbre élémentaire (Déterminants, fractions continues, etc.). — Combinaisons. — Séries. — Etude des Fonctions. — Dérivées et Différentielles. — Premiers principes du Calcul intégral.* 2ᵉ édition (xxı-767 pages), avec 20 figures ; 1887.   15 fr.

Tome IV : *Algèbre supérieure.* IIᵉ Partie : *Etude des imaginaires. Théorie générale des équations.* 2ᵉ édition (xxxıv-831 pages), avec 63 figures ; 1890.   15 fr.

COMPAGNON (P.-F.). — *Voir* ses Cours de Géométrie dans le Catalogue général.

CRELLE (A.-L.), Docteur en Philosophie. — **Tables de Calcul** *où se trouvent les multiplications et divisions toutes faites de tous les nombres au-dessous de mille et qui facilitent et assurent le calcul.* Précédées d'un Avant-propos par C. Bremiker. 6ᵉ édition ; 1891.   18 fr. 75 c.

DARBOUX (G.), Membre de l'Institut, Doyen de la Faculté des Sciences. — **Leçons sur la Théorie générale des surfaces et les applications géométriques du Calcul infinitésimal.** 4 vol. gr. in-8, av. fig., se vendant séparément :

Iʳᵉ Partie : *Généralités. — Coordonnées curvilignes. — Surfaces minima ;* 1887.   15 fr.

IIᵉ Partie : *Les congruences et les équations linéaires aux dérivées partielles. — Des lignes tracées sur les surfaces ;* 1889.   15 fr.

IIIᵉ Partie : *Lignes géodésiques et courbure géodésique. — Paramètres différentiels. — Déformation des surfaces ;* 1894.   15 fr.

IVᵉ et dernière Partie : *Déformation infiniment petite et représentation sphérique ;* 1896.   15 fr.

DAUGE (Félix), Ingénieur en chef honoraire des Ponts et Chaussées, Professeur ordinaire à la Faculté des Sciences de l'Université de Gand, Inspecteur des études à l'École préparatoire du Génie civil et des Arts et Manufactures, annexée à cette Université. — **Cours de Méthodologie mathématique.** 2° édition, revue et augmentée. Grand in-8; 1896. 12 fr.

DELAMBRE. — **Œuvres de Delambre.** (*Voir le Catalogue général.*)

DESFORGES (J.), Professeur de travaux manuels à l'École industrielle de Versailles; Ancien Chef aux ateliers des Forges et Fonderies de la Marine, à Ruelle. — **Cours pratique d'Enseignement manuel,** à l'usage des candidats aux Écoles nationales d'arts et métiers et aux Écoles d'apprentis et d'Élèves mécaniciens de la flotte, des aspirants au certificat d'aptitude pour l'enseignement du travail manuel, des Élèves des écoles professionnelles-industrielles. — Ajustage. — Forge. — Fonderie. — Chaudronnerie. — Menuiserie. In-4 oblong, contenant 76 planches de dessins avec texte explicatif; 1889. 5 fr.

DESLANDRÉS (H.). — **Observations de l'éclipse totale du Soleil du 16 avril 1893.** Rapport de la Mission envoyée au Sénégal par le Bureau des Longitudes, pour l'étude physique du phénomène. In-4, avec figures et 3 planches; 1895. 3 fr.

DIEN et FLAMMARION. — **Atlas céleste,** comprenant toutes les Cartes de l'ancien Atlas de Ch. Dien, rectifié, augmenté et enrichi de 5 Cartes nouvelles relatives aux principaux objets d'études astronomiques, par C. Flammarion, avec une *Instruction* détaillée pour les diverses Cartes de l'Atlas. In-folio, cartonné avec luxe, de 31 planches gravées sur cuivre, dont 4 doubles. 9° édition; 1891.

> Prix | En feuilles, dans une couverture imprimée.. 12 fr.
> | Cartonné avec luxe, toile pleine............ 14 fr.

On vend séparément le Fascicule contenant les 5 Cartes nouvelles (n° 25 a 29) de l'Atlas celeste. 15 fr.

La liste des 29 planches est envoyée franco sur demande.

DORMOY (Émile). — **Théorie mathématique des assurances sur la vie.** Deux volumes grand in-8; 1878. 20 fr. *Chaque volume se vend séparément.* 10 fr.

DUHAMEL, Membre de l'Institut. — **Éléments de Calcul infinitésimal.** 4° édit., revue et annotée par *J. Bertrand,* Membre de l'Institut. 2 vol. in-8, avec planches; 1886-1887. 15 fr.

DUHAMEL. — **Des Méthodes dans les sciences de raisonnement.** 5 vol. in-8. 27 fr. 50 c.
> Ire PARTIE : *Des Méthodes communes à toutes les sciences de raisonnement.* 3° édition. In-8; 1885. 2 fr. 50 c.
> II° PARTIE : *Application des Méthodes à la science des nombres et à la science de l'étendue.* 3° édition. In-8; 1896. 7 fr. 50 c.
> III° PARTIE : *Application de la science des nombres à la science de l'étendue.* 2°édit. In-8, avec fig.;1882. 7 fr. 50 c.
> IV° PARTIE : *Application des Méthodes générales à la science des forces.* 2°édit. In-8, avec fig.; 1886. 7 fr. 50 c.
> V° PARTIE : *Essai d'une application des Méthodes à la science de l'homme moral.* 2°édit. In-8; 1879. 2 fr. 50 c.

DUHEM, Chargé d'un cours complémentaire de Physique mathématique et de Cristallographie à la Faculté des Sciences de Lille. — **Leçons sur l'Électricité et le Magnétisme.** 3 volumes grand in-8, avec 215 figures se vendant séparément.
> TOME I : *Conducteurs à l'état permanent;* 1891. 16 fr.
> TOME II : *Les aimants et les corps diélectriques;* 1891. 14 fr.
> TOME III : *Les courants linéaires;* 1892. 15 fr.

DULOS (Pascal), Professeur de Mécanique à l'École d'Arts et Métiers et à l'École des Sciences d'Angers. — **Cours de Mécanique,** à l'usage des Écoles d'Arts et Métiers et de l'enseignement spécial des Lycées. 5 vol. In-8, avec 608 figures; 1885-1886-1887-1891-1892. (*Ouvrage honoré*

d'une souscription des Ministères de l'Instruction publique, de l'Agriculture et des Travaux publics.) 37 fr. 50 c.

> On vend séparément :
> TOME I, II, III, chaque volume. 7 fr. 50 c.
> TOME IV. 9 fr. 50 c.
> TOME V. 5 fr. 50 c.

(Le prospectus détaillé est envoyé franco sur demande.)

DUMAS (J.-B.), Membre de l'Académie française, Secrétaire perpétuel de l'Académie des Sciences. — **Eloges et discours académiques.** Deux beaux volumes in-8, avec un portrait de *Dumas,* gravé par *Henriquel Dupont;* 1885. Chaque volume se vend séparément :
> Papier vélin... 6 fr. 50 c. — Papier vergé.. 8 fr.

DUMAS. — **Leçons sur la Philosophie chimique** professées au Collège de France en 1836, recueillies par *Bineau.* 2° édition. In-8; 1878. 7 fr.

DUPLAIS (ainé). — **Traité de la fabrication des liqueurs et de la distillation des alcools,** suivi du *Traité de la fabrication des eaux et boissons gazeuses.* 6° édition, revue et augmentée par *Duplais jeune.* 2 vol. in-8, avec 15 planches; 1893. 16 fr.

ENDRÈS (E.), Inspecteur général honoraire des Ponts et Chaussées. — **Manuel du Conducteur des Ponts et Chaussées,** d'après le dernier *Programme officiel des examens.* Ouvrage indispensable aux Conducteurs et Employés secondaires des Ponts et Chaussées et des Compagnies de Chemins de fer, aux Gardes-Mines, aux Gardes et Sous-Officiers de l'Artillerie et du Génie, aux Agents voyers et à tous les Candidats à ces emplois. (*Honoré d'une souscription des Ministères du Commerce et des Travaux publics, et recommandé pour le service vicinal par le Ministère de l'Intérieur.*) 7° édition, modifiée conformément au Décret du 9 juin 1888. 3 vol. in-8. 27 fr.

> On vend séparément :
> TOME 1er, *Partie théorique,* avec 407 figures; et TOME II, *Partie pratique,* avec 346 fig. 2 vol. in-8; 1884. 18 fr.
> TOME III, *Partie technique.* Ce dernier volume est consacré à l'exposition des doctrines spéciales qui se rattachent à l'*Art de l'ingénieur* en général et au service des Ponts et Chaussées en particulier. In-8, avec 241 figures; 1888. 9 fr.

ERMEL. — *Voir* **Fernique.**

FAYE (H.), Membre de l'Institut et du Bureau des Longitudes. — **Cours d'Astronomie nautique.** In-8, avec figures; 1880. 10 fr.

FAYE (H.). — **Sur l'origine du Monde,** *Théories cosmogoniques des anciens et des modernes.* 3° édition revue et augmentée. Un beau volume in-8, avec fig.; 1896. 6 fr.

FAYE (H.). — **Sur les Tempêtes.** *Théories et discussions nouvelles.* Grand in-8, avec figures; 1887. 2 fr. 50 c.

FAYE (H.). — **Nouvelle étude sur les tempêtes, cyclones, trombes ou tornados.** Grand in-8, avec belles belles figures; 1897. 4 fr. 50 c.

FERNIQUE (A.), Chef des travaux graphiques, Répétiteur du Cours de construction de machines à l'École centrale des Arts et Manufactures. — **Album d'Eléments et organes de machines,** composé et dessiné d'après le Cours professé par *F. Ermel,* et suivi de planches relatives aux machines soufflantes, d'après des documents fournis par *Jordan.* 2° édition, revue et corrigée. Portefeuille oblong contenant 19 planches de texte explicatif ou tableaux, et 102 planches de dessins cotés; 1882. 16 fr.

FLAMMARION (Camille). — **La planète Mars et ses conditions d'habitabilité.** *Synthèse générale de toutes les observations.* Climatologie, météorologie, aréographie, continents, mers et rivages, eaux et neiges, saisons, variations observées. Grand in-8 jésus, avec 580 dessins télescopiques et 23 cartes; 1891.
> Broché. 12 fr. | Cartonné avec luxe. 15 fr.

FRANCŒUR (L.-B.). — **Traité de Géodésie**, comprenant la Topographie, l'Arpentage, le Nivellement, la Géomorphie terrestre et astronomique, la Construction des Cartes, la Navigation ; augmenté de Notes sur la mesure des bases, par *Hossard*, et de deux Notes par le Général *Perrier*, Membre de l'Institut et du Bureau des Longitudes. 8ᵉ éd. In-8, avec fig. et 11 pl.; 1895.   12 fr.

FRENET (F.), Professeur honoraire de la Faculté des Sciences de Lyon. — **Recueil d'Exercices sur le Calcul infinitésimal.** Ouvrage destiné aux Candidats à l'École Polytechnique et à l'École Normale, aux Élèves de ces Écoles et aux aspirants à la licence ès Sciences mathématiques. 5ᵉ édition augmentée d'un *Appendice sur les résidus, les fonctions elliptiques, les équations aux dérivées partielles, les équations aux différentielles totales*, par H. Laurent, Examinateur d'admission à l'École Polytechnique. In-8, avec figures; 1891.   8 fr.

FREYCINET (Charles de), de l'Institut. — **Essais sur la Philosophie des Sciences.** *Analyse. Mécanique.* In-8; 1896.   6 fr.

GALOPIN-SCHAUB (Ch.). Docteur ès Sciences. Professeur extraordinaire à l'Université de Genève. — **Premières notions du calcul des Quaternions.** Petit in-8, avec figures; 1896.   1 fr. 50 c.

GARÇON (Jules). — **La pratique du Teinturier.** 3 volumes in-8, se vendant séparement (Ouvrage honoré d'un prix de la Société d'encouragement à l'Industrie nationale) :
Tome I : *Les méthodes et les essais de teinture. Le succès en teinture;* 1893.   3 fr. 50 c.
Tome II : *Le matériel de teinture,* avec 245 figures: 1894.   10 fr.
Tome III : *Les recettes et procédés spéciaux de teinture:* 1897.   (Sous presse.)

GAUTIER (Henri), et CHARPY (Georges), Anciens élèves de l'École Polytechnique, Docteurs ès Sciences. — **Leçons de Chimie,** *à l'usage des élèves de Mathématiques spéciales.* 2ᵉ édition, entièrement refondue (notation atomique). Gr. in-8, avec 92 fig.; 1894.   9 fr.

GÉRARD (Eric), Directeur de l'Institut électrotechnique Montefiore. — **Leçons sur l'Electricité,** professées à l'Institut électrotechnique Montefiore, annexé à l'Université de Liège. 5ᵉ édition entièrement refondue. 2 vol. grand in-8, se vendant séparement :
Tome I : *Théorie de l'électricité et du magnétisme. Électrométrie. Théorie et construction des générateurs et des transformateurs électriques.* avec 381 figures; 1897.   11 fr.
Tome II : *Canalisation et distribution de l'énergie électrique. Applications de l'électricité à la production et à la transmission de la puissance motrice, à la Traction, à la Télégraphie, à la Téléphonie, à l'Éclairage et à la Métallurgie.*   (Sous presse.)

GÉRARD (Eric), Directeur de l'Institut électrotechnique Montefiore, Ingénieur principal des Télégraphes, Professeur à l'Université de Liège. — **Mesures électriques.** Leçons professées à l'Institut électrotechnique Montefiore, annexé à l'Université de Liège. Gr. in-8 de 710 p., avec 198 figures. Cartonné, toile anglaise; 1896.   12 fr.

GIRARD (Aimé). — **Recherches sur la culture de la pomme de terre industrielle.** 2ᵉ édition revue et augmentée. Un volume grand in-8, avec figures et un atlas cartonné de 6 belles planches en héliogravure; 1891. 8 fr.
On vend séparement :
Texte....... 3 fr. 75 | Atlas...... 5 fr.

GIRARD (Aimé), Professeur au Conservatoire national des Arts et Métiers. — **Amélioration de la culture de la pomme de terre industrielle et fourragère** (*Instructions pratiques*). In-18 jésus, avec 1 planche frontispice; 1893.   25 c.
Franco, par la poste, 35 c.

In-4° K.

GRAY (John), Associé de l'École Royale des Mines, de l'Institut des Ingénieurs électriciens, etc. — **Les machines électriques à influence.** *Exposé complet de leur histoire et de leur théorie,* suivi *d'Instructions pratiques sur la manière de les construire.* Traduit de l'anglais et annoté par Georges Pellissier, Rédacteur à la *Lumière électrique.* In-8, avec 124 fig.; 1891.   5 fr.

GRÉVY (A.), Agrégé, Professeur au Lycée de Bar-le-Duc. — **Compositions données depuis 1872 aux Examens de Saint-Cyr. Algèbre et Géométrie.** *Énoncés et solutions.* 2ᵉ édition. In-8; 1893.   2 fr. 50 c.

GUILHON (E.), Lieutenant de vaisseau. — **Théories météorologiques et Prévision du temps.** Grand in-8, avec 29 figures et Tables: 1894.   2 fr. 50 c.

GUILLAUME (Ch.-Ed.), Docteur ès Sciences, attaché au Bureau international des Poids et Mesures. — **Traité pratique de la Thermométrie de précision.** Grand in-8, avec figures et 4 pl.; 1889.   12 fr.

GUILLAUME (Ch.-Ed.). — **Les Rayons X** *et la Photographie à travers les corps opaques.* 3ᵉ édition. Un volume in-8 de viii-110 pages avec 29 figures et 8 planches; 1897.   3 fr.

GUYOU, Capitaine de frégate, Examinateur d'admission à l'École Navale. — **Sur les approximations numériques.** 2ᵉ édition. In-8; 1891.   75 c.

HALPHEN (G.-H.), Membre de l'Institut. — **Traité de fonctions elliptiques et de leurs applications.** 3 volumes grand in-8 se vendant séparement :
Iʳᵉ Partie : *Théorie des fonctions elliptiques et de leurs développements en séries;* 1886.   15 fr.
IIᵉ Partie : *Applications à la Mécanique, à la Physique, à la Géodésie, à la Géométrie et au Calcul intégral:* 1888.   20 fr.
IIIᵉ Partie : *Fragments (quelques applications à l'Algèbre, et, en particulier, à l'équation du 5ᵉ degré. Quelques applications à la théorie des nombres. Questions diverses.)* Publié par les soins de la Section de Géométrie de l'Académie des Sciences; 1891.   8 fr. 50 c.

HERZBERG (Wilhelm), Directeur du Bureau Royal d'Analyse des papiers à Berlin. — **Analyse et essais des papiers** suivie d'une *Étude sur les Pâtes destinées à l'usage administratif en Prusse* (Normal-Papier) par *Carl Hofmann,* Ingénieur civil, Directeur de la « Papier Zeitung ». Ouvrage traduit par G.-E. Martin, Ingénieur des Arts et Manufactures. In-8, avec fig. et 2 pl.; 1894.   5 fr.

HIRN (G.-A.), Correspondant de l'Institut. — **La Constitution de l'Espace céleste.** Grand in-4, 350 pages, avec 1 planche; 1889.   20 fr.

HIRN (G.-A.). — **Théorie mécanique de la Chaleur.** *Exposition analytique et expérimentale de la Théorie mécanique de la Chaleur.* 3ᵉ édition. 2 vol. grand in-8, avec figures, 1875-1876, se vendant séparement.   11 fr.

HIRN (G.-A.). — *Voir le Catalogue général.*

HOÜEL (J.), Professeur de Mathématiques à la Faculté des Sciences de Bordeaux. — **Cours de Calcul infinitésimal.** Quatre beaux volumes grand in-8, avec figures ; 1878-1879-1880-1881.
On vend séparement :
Tome I : 15 fr. | Tome III : 10 fr.
Tome II : 15 fr. | Tome IV : 10 fr.

HOÜEL (J.). — **Tables de Logarithmes à cinq décimales** pour les nombres et les lignes trigonométriques, suivies des Logarithmes d'addition et de soustraction ou Logarithmes de Gauss et de diverses Tables usuelles. Nouvelle éd., revue et augm. Grand in-8; 1896. (*Autorisé par décision ministérielle.*) Broché 2 fr.
Cartonné 2 fr. 75 c.

HOÜEL (J.). — Recueil de formules et de Tables numériques. 3ᵉ édit. Grand In-8; 1885.   4 fr. 50 c

HOUZEAU (J.-C.), Directeur de l'observatoire royal de Bruxelles, et **LANCASTER (A.)**, bibliothécaire de cet établissement. — Bibliographie générale de l'Astronomie. *Voir* le Catalogue général.

HUYGENS (C.). — Œuvres complètes de Christiaan Huygens, publiées par la Société hollandaise des Sciences. 6 volumes in-4, se vendant séparément. 35 fr. *Voir pour les détails le Catalogue général.*

INSTITUT DE FRANCE. — *Voir* au Catalogue général : Mémoires de l'Académie des Sciences. — Tables générales des Travaux contenus dans les Mémoires de l'Académie des Sciences. — Recueil de Mémoires, Rapports et Documents relatifs à l'observation du passage de Vénus sur le Soleil, en 1874. — Mémoires relatifs à la nouvelle maladie de la vigne. — Mission du Cap Horn.
— Notices nécrologiques lues à l'Académie (1886-1890). Grand in-8; 1891.   3 fr. 50 c.

INSTITUT DES ACTUAIRES DE LONDRES. — Text-Book de l'Institut des Actuaires de Londres, contenant la *Théorie de l'Intérêt des annuités viagères et des assurances sur la vie avec leurs applications pratiques.* Traduit de l'anglais avec l'autorisation et sous le contrôle de l'Institut des Actuaires de Londres, par André Bigault, ancien Officier d'Artillerie, Actuaire de la Compagnie belge d'assurances générales sur la vie. 2 volumes in-8 jésus ne se vendant pas séparément. Prix pour les souscripteurs, 50 fr. payables d'avance : 40 fr. en recevant la IIᵉ Partie qui vient de paraître et 10 fr. après la réception de la Iʳᵉ Partie.

Iʳᵉ PARTIE : *Théorie de l'intérêt simple, de l'intérêt composé et des annuités certaines,* par M. WILLIAM SUTTON.   (*Sous presse.*)
IIᵉ PARTIE : *Opérations viagères. Annuités viagères et assurances;* par M. GEORGE KING, Membre de l' « Institute of Actuaries » et de la « Faculty of Actuaries », Actuaire de la Compagnie l' « Atlas », Membre correspondant de l'Institut des Actuaires français, avec une Préface de LÉON MARILLON, Directeur général de la Caisse générale d'épargne et de retraite de Belgique. In-8 jésus de 2-500 pages.
(*En distribution.*)

JACQUIER (Edme), Licencié ès Sciences mathématiques et physiques, ancien Membre du Conseil supérieur de l'Instruction publique. — De l'esprit des Mathématiques supérieures. *Premiers principes de la Géométrie analytique et du Calcul différentiel et intégral appliqués aux lois de la pesanteur et de l'attraction universelle.* Nouvelle édition. In-8; 1894.   3 fr. 50 c.

JACQUIER. — Problèmes de Physique, de Mécanique, de Cosmographie et de Chimie, à l'usage des Candidats aux Baccalauréats ès Sciences, au Baccalauréat de l'Enseignement spécial et aux Écoles du Gouvernement. In-8, avec fig.; 1884.   6 fr.

JAMIN (J.), Secrétaire perpétuel de l'Académie des Sciences, Professeur de Physique à l'École Polytechnique, et **BOUTY (E.)**, Professeur à la Faculté des Sciences. — Cours de Physique de l'École Polytechnique, 4ᵉ édition, augmentée et entièrement refondue par E. BOUTY. 4 forts vol. in-8 de plus de 5000 pages, avec 1587 figures et 14 planches sur acier, dont 2 en couleur; 1885-1891. (*Autorisé par décision ministérielle.*) OUVRAGE COMPLET.   72 fr.

On vend séparément :

TOME I. — 9 fr.

(*) 1ᵉʳ fascicule. — *Instruments de mesure. Hydrostatique ;* avec 150 figures et 1 planche; 1888.   5 fr.

2ᵉ fascicule. — *Physique moléculaire;* avec 93 figures; 1891.   4 fr.

TOME II. — CHALEUR. — 15 fr.
(*) 1ᵉʳ fascicule. — *Thermométrie. Dilatations;* avec 93 figures; 1885.   5 fr.
(*) 2ᵉ fascicule. — *Calorimétrie;* avec 48 figures et 2 planches; 1885.   5 fr.
3ᵉ fascicule. — *Thermodynamique. Propagation de la chaleur;* avec 47 figures; 1886.   5 fr.

TOME III. — ACOUSTIQUE; OPTIQUE. — 22 fr.
1ᵉʳ fascicule. — *Acoustique;* avec 123 fig.; 1887.   4 fr.
(*) 2ᵉ fascicule. — *Optique géométrique;* avec 139 fig. et 3 planches; 1886.   4 fr.
3ᵉ fascicule. — *Étude des radiations lumineuses, chimiques et calorifiques. Optique physique;* avec 249 fig. et 5 planches, dont 2 planches de spectres en couleur; 1887.   14 fr.

TOME IV (1ʳᵉ Partie). — ÉLECTRICITÉ STATIQUE ET DYNAMIQUE. — 13 fr.
1ᵉʳ fascicule. — *Gravitation universelle. Électricité statique;* avec 155 figures et 1 planche; 1890.   7 fr.
2ᵉ fascicule. — *La pile. Phénomènes électrothermiques et électrochimiques;* avec 161 fig. et 1 pl.; 1888.   6 fr.

TOME IV (2ᵉ Partie). — MAGNÉTISME; APPLICATIONS. — 13 fr.
3ᵉ fascicule. — *Les aimants. Magnétisme. Électromagnétisme. Induction;* avec 240 figures; 1889.   8 fr.
4ᵉ fascicule. — *Météorologie électrique. Applications de l'électricité. Théories générales,* avec 84 fig. et 1 planche; 1891.   5 fr.

TABLES GÉNÉRALES.
Tables générales, par ordre de matières et par noms d'auteurs, des quatre volumes du Cours de Physique. In-8; 1891.   60 c.

Des suppléments destinés à exposer les progrès accomplis viendront successivement compléter ce grand Traité et le maintenir au courant des derniers travaux.

1ᵉʳ SUPPLÉMENT. — Chaleur. Acoustique et Optique : par E. BOUTY, Professeur à la Faculté des Sciences. In-8, avec 41 figures; 1896.   3 fr. 50
(*Un prospectus très détaillé est envoyé sur demande.*)

JAMIN et BOUTY. — Cours de Physique à l'usage de la classe de Mathématiques spéciales. 2ᵉ édition. Deux beaux volumes in-8, contenant ensemble plus de 1080 pages, avec 458 figures géométriques ou ombrées et 5 planches sur acier; 1895.   20 fr.

On vend séparément :

TOME I. — *Instruments de Mesure. Hydrostatique. — Optique géométrique. Notions sur les phénomènes capillaires.* In-8, avec 314 figures et 4 planches.   10 fr.
TOME II. — *Thermométrie. Dilatations. — Calorimétrie.* In-8, avec 146 fig. et 2 pl.   10 fr.

JANET (Paul), Chargé de Cours à la Faculté des Sciences de Paris, Directeur du Laboratoire Central d'Électricité. — Premiers principes d'Électricité industrielle. *Piles. Accumulateurs. Dynamos. Transformateurs.* 2ᵉ édition revue et corrigée. In-8, avec 173 fig.; 1896.   6 fr.

JORDAN (Camille), Membre de l'Institut, Professeur à l'École Polytechnique. — Cours d'Analyse de l'École Polytechnique. 2ᵉ édition, entièrement refondue; 3 volumes in-8, avec figures, se vendant séparément.
TOME I. — CALCUL DIFFÉRENTIEL; 1893.   17 fr.

Les matières du programme d'admission à l'École Polytechnique sont comprises dans les parties suivantes de l'Ouvrage : Tome I, 1er fascicule; Tome II, 1er et 2e fascicules. Tome III, 2e fascicule. Les élèves de Mathématiques spéciales qui posséderont ces quatre fascicules auront ainsi entre les mains le commencement d'un grand Traité qu'ils pourront compléter ultérieurement, si, poursuivant l'étude de la Physique, ils se préparent à la Licence ou entrent dans une des grandes Écoles du Gouvernement.
On peut aussi se procurer ces fascicules réunis en deux volumes. (Voir Cours de Physique à l'usage de la Classe de Mathématiques spéciales.)

Tome II. — Calcul intégral (*Intégrales définies et indéfinies*); 1894. 17 fr.

Tome III. — Calcul intégral (*Equations différentielles*); 1896. 15 fr.

KŒNIGS (G.), Professeur suppléant au Collège de France. — **La Géométrie réglée et ses applications.** *Coordonnées. Systèmes linéaires. Propriétés infinitésimales du premier ordre.* In-4; 1895. 5 fr.

LACOUTURE (Charles). — **Répertoire chromatique.** *Solution raisonnée et pratique des problèmes les plus usuels dans l'étude et l'emploi des couleurs.* 29 tableaux en chromo représentant 952 teintes différentes et définies, groupées en plus de 600 gammes typiques. In-4, contenant un texte de XI-144 pages, vrai Traité de la science pratique des couleurs, accompagné de nombreux diagrammes, et suivi d'un Atlas de 29 Tableaux en chromo qui offrent à la fois l'illustration du texte et de nouvelles ressources pour les applications; 1890. (Ouvrage honoré de la *Médaille d'or* de la Société industrielle du nord de la France, 9 janvier 1891.)

Broché............ 25 fr. | Cartonné avec luxe. 30 fr.

LACROIX.—**Éléments de Géométrie**, suivis de *Notions sur les courbes usuelles.* 25ᵉ édition, revue par *Prouhet.* In-8, avec 220 figures; 1897. (*Autorisé par décision ministérielle.*) 4 fr.

LACROIX. — **Éléments d'Algèbre.** 25ᵉ édit., revue par *Prouhet.* In-8; 1888. 6 fr.

LACROIX. — Autres Ouvrages de *Lacroix*, voir le Catalogue général.

LA GOURNERIE (de), Membre de l'Institut. — **Traité de Géométrie descriptive.** 2ᵉ édition. In-4, publié en trois *Parties* avec Atlas; 1891-1880-1885. 30 fr.

Chaque Partie se vend séparément. 10 fr.

La Iʳᵉ **Partie** (3ᵉ édition) revue et augmentée de la *théorie de l'intersection de deux polyèdres,* par Ernest Lebon, contient tout ce qui est exigé pour l'*admission à l'École Polytechnique.* Elle est suivie d'un *Supplément contenant la solution de deux problèmes et des figures cavalières pour l'explication des constructions les plus difficiles.*

La IIᵉ **Partie** et la IIIᵉ **Partie** (2ᵉ édition) sont le développement du *Cours de Géométrie descriptive* professé à l'École Polytechnique.

LA GOURNERIE (de). — Supplément au *Traité de Stéréotomie* de Leroy. Théorie et construction de l'appareil hélicoïdal des arches biaises; rédigées par Ernest Lebon, Agrégé de l'Université, Professeur de Mathématiques au Lycée Charlemagne. In-4, avec 2 planches in-folio; 1887. (On a tiré des exemplaires à part de ce Supplément pour les acquéreurs des précédentes éditions du Traité de Leroy.) 3 fr.

LA GOURNERIE (de). — **Traité de perspective linéaire.** 1 vol. in-4, avec atlas in-folio de 40 planches dont 8 doubles. 3ᵉ édition, entièrement revue; 1884. 25 fr.

LAGRANGE (Ch.), Membre de l'Académie, Professeur à l'École militaire, Astronome à l'Observatoire royal. — **Étude sur le système des forces du monde physique.** In-4; 1891. 20 fr.

LAGUERRE, Membre de l'Institut. — **Notes sur la résolution des équations numériques.** In-8; 1880. 2 fr.

LAGUERRE. — **Théorie des équations numériques.** Iʳᵉ Partie. In-4; 1884. 2 fr. 75 c.

LAGUERRE. — **Recherches sur la Géométrie de direction.** *Méthodes de transformation. Anticaustiques.* In-8; 1885. 2 fr.

LAISANT (C.-A.), Docteur ès Sciences. — **Recueil de problèmes de Mathématiques** *classés par divisions scientifiques,* contenant les énoncés avec renvoi aux solutions de tous les problèmes posés, depuis l'origine, dans divers journaux : *Nouvelles Annales de Mathématiques. Journal de Mathématiques élémentaires et de Mathématiques spéciales. Nouvelle Correspondance mathématique. Mathésis.* 7 volumes in-8, se vendant séparément.

Classes de Mathématiques élémentaires.

I : *Arithmétique. Algèbre élémentaire. Trigonométrie;* 1893. 2 fr. 50 c.

II : *Géométrie à deux dimensions. Géométrie à trois dimensions. Géométrie descriptive;* 1893. 5 fr.

Classes de Mathématiques spéciales.

III : *Algèbre. Théorie des nombres. Probabilités. Géométrie de situation;* 1895. 6 fr.

IV : *Géométrie analytique à deux dimensions (et Géométrie supérieure);* 1893. 6 fr. 50 c.

V : *Géométrie analytique à trois dimensions (et Géométrie supérieure);* 1893. 2 fr. 50 c.

VI : *Géométrie du triangle;* 1896. 3 fr.

Licence ès Sciences mathématiques.

VII : *Calcul infinitésimal et calcul des fonctions. Mécanique. Astronomie.* (*En préparation.*)

LAISANT (C.-A.). — **Introduction à la méthode des quaternions.** In-8, avec fig.; 1881. 3 fr.

LAISANT (C.-A.). — **Théorie et applications des Équipollences.** In-8, avec 73 figures; 1887. 7 fr. 50 c.

LAISANT (C.-A.) et LEMOINE (E.), Directeurs de l'Intermédiaire des Mathématiciens. — **Traité d'Arithmétique,** suivi de *Notes sur l'ortografe simplifiée,* par P. Malvezin, Directeur de la Société filologique française. Petit in-8 en caractères elzévirs et titre en deux couleurs; 1895. 5 fr.

(Ouvrage imprimé avec l'ortografe adoptée par la Société filologique française.)

LALANDE. — **Tables de Logarithmes pour les Nombres et les Sinus à CINQ DÉCIMALES**; revues par le baron *Reynaud.* Nouvelle édition, augmentée de *Formules pour la Résolution des Triangles,* par *Bailleul,* typographe. In-18; 1888. (*Autorisé par décision du Ministre de l'Instruction publique.*)

Broché. 2 fr.

Cartonné. 2 fr. 40 c.

LALANDE. — **Tables de Logarithmes,** étendues à SEPT DÉCIMALES, par *Marie,* précédées d'une Instruction par le baron *Reynaud.* Nouvelle édition, augmentée de *Formules pour la Résolution des Triangles,* par *Bailleul,* typographe. In-12; 1895. Broché. 3 fr. 50 c.

Cartonné. 3 fr. 90 c.

LAMÉ (G.), Membre de l'Institut. — **Leçons sur les fonctions inverses des transcendantes et les Surfaces isothermes.** In-8, avec figures; 1857. 5 fr.

LAMÉ (G.). — **Leçons sur les Coordonnées curvilignes et leurs diverses applications.** In-8, av. fig.; 1859. 5 fr.

LAMÉ (G.). — **Leçons sur la théorie analytique de la chaleur.** In-8, avec fig.; 1861. 6 fr. 50 c.

LAPLACE. — **Essai philosophique sur les Probabilités.** 6ᵉ édition. In-8; 1840. 5 fr.

LAPLACE. — **Précis de l'Histoire de l'Astronomie.** 2ᵉ édition. In-8; 1863. 3 fr.

LAURENT (H.), Examinateur d'admission à l'École Polytechnique. — **Traité d'Analyse.** 7 volumes in-8, avec figures. 73 fr.

Tome I : Calcul différentiel. *Applications analytiques et géométriques;* 1885. 10 fr.

Tome II : *Applications géométriques;* 1887. 12 fr.

Tome III : **Calcul intégral**. *Intégrales définies et indéfinies*; 1888. 12 fr.

Tome IV : *Théorie des fonctions algébriques et de leurs intégrales*; 1889. 12 fr.

Tome V : *Équations différentielles ordinaires*; 1890. 10 fr.

Tome VI : *Équations aux dérivées partielles*; 1890. 8 fr. 50 c.

Tome VII et dernier : *Applications géométriques de la théorie des équations différentielles*; 1891. 8 fr. 50 c.

LAURENT (H.). — **Traité d'Algèbre**, à l'usage des Candidats aux Écoles du Gouvernement. Revu et mis en harmonie avec les derniers Programmes, par J.-H. MARCHAND, ancien Élève de l'École Polytechnique. 4 vol. in-8; se vendant séparément.

Ire Partie : ALGÈBRE ÉLÉMENTAIRE, à l'usage des *Classes de Mathématiques élémentaires*. 5e éd.; 1897. 4 fr.

IIe Partie : ANALYSE ALGÉBRIQUE, à l'usage des *Classes de Mathématiques spéciales*. 5e édition: 1891. 4 fr.

IIIe Partie : THÉORIE DES ÉQUATIONS, à l'usage des *Classes de Mathématiques spéciales*. 5e édition; 1891. 4 fr.

IVe Partie : COMPLÉMENTS. — THÉORIE DES POLYNÔMES A PLUSIEURS VARIABLES; 1891. 1 fr. 50 c.

LEBON (Ernest). — (*Voir La Gournerie*)

LECOQ DE BOISBAUDRAN. — **Spectres lumineux, Spectres prismatiques et en longueurs d'onde, destinés aux recherches de Chimie minérale.** Grand in-8, avec atlas contenant 29 belles planches sur acier; 1893. 20 fr.

LEMAN (G.), Major du Génie, Examinateur permanent à l'École militaire. — **Cours de résistance des matériaux,** donné de 1882 à 1893 à l'École d'application de l'Artillerie et du Génie de Belgique. Grand in-8, avec 202 figures; 1896. 25 fr.

LENOBLE, Professeur de Chimie à l'Université libre de Lille. — **La théorie atomique et la théorie dualistique.** *Transformation des formules. Différences essentielles entre les deux théories.* In-18 jésus; 1896. 2 fr.

LEROY (C.-F.-A.), ancien Professeur à l'École Polytechnique et à l'École Normale supérieure. — **Traité de Géométrie descriptive,** suivi de la *Méthode des plans cotés* et de la *Théorie des engrenages cylindriques et coniques,* 14e édition, revue et annotée par *Martelet.* In-4, avec Atlas de 71 pl.; 1896. 16 fr.

LEROY (C.-F.-A.). — **Traité de Stéréotomie,** comprenant les **Applications de la Géométrie descriptive à la Théorie des Ombres, la Perspective linéaire, la Gnomonique, la Coupe des Pierres et la Charpente.** 12e édition, revue et annotée par *E. Martelet,* ancien élève de l'École Polytechnique, professeur de Géométrie descriptive à l'École centrale des Arts et Manufactures. Augmentée d'un Supplément: **Théorie et construction de l'appareil hélicoïdal des arches biaises,** par J. DE LA GOURNERIE, rédigés par *Ernest Lebon,* Agrégé de l'Université, professeur au Lycée Charlemagne. In-4, avec Atlas de 76 pl. in-folio; 1890. 16 fr.

LE VERRIER (U.), Ingénieur en chef des Mines. — **Les applications de l'électrolyse à la métallurgie.** In-8, avec 17 figures; 1896. 2 fr.

LÉVY (Maurice), Membre de l'Institut, Ingénieur en chef des Ponts et Chaussées, Professeur au Collège de France et à l'École Centrale des Arts et Manufactures. — **La Statique graphique et ses applications aux constructions.** 2e édition. 4 vol. grand in-8 avec 4 Atlas de même format. (*Ouvrage honoré d'une souscription du Ministère des Travaux publics.*)

Ire Partie. — *Principes et applications de Statique graphique pure.* Grand in-8 de XXVIII-549 pages, avec figures et un Atlas de 26 planches; 1886. 22 fr.

IIe Partie. — *Flexion plane. Lignes d'influence. Poutres droites.* Gr. in-8 de XIV-345 pages, avec figures et un Atlas de 6 pl.; 1886. 15 fr.

IIIe Partie. — *Arcs métalliques. Ponts suspendus rigides. Coupoles et corps de révolution.* Grand in-8 de IX-418 p., avec fig. et un Atlas de 8 pl.; 1887. 17 fr.

IVe Partie. — *Ouvrages en maçonnerie. Systèmes réticulaires à lignes surabondantes. Index alphabétique des quatre Parties.* Grand in-8 de IX-350 pages, avec figures et un Atlas de 4 pl.; 1888. 15 fr.

LUCAS (Édouard). — **L'Arithmétique amusante.** Introduction aux RÉCRÉATIONS MATHÉMATIQUES. *Amusements scientifiques pour l'enseignement et la pratique du Calcul.* Petit in-8 en caractères elzévirs et titre en deux couleurs; 1895. 7 fr. 50 c.

LUCAS (Édouard). — **Récréations mathématiques.** 4 volumes petit in-8, caractères elzévirs, titres en deux couleurs se vendant séparément.

Tome I. — *Les Traversées. — Les Ponts. — Les Labyrinthes. — Les Reines. — Le Solitaire. — La Numération. — Le Baguenaudier. — Le Taquin.* 2e édition; 1891. Prix : Papier hollande, 12 fr. — Vélin, 7 fr. 50.

Tome II. — *Qui perd gagne. — Les Dominos. — Les Marelles. — Le Parquet. — Le Casse-tête. — Les Jeux de demoiselles. — Le Jeu icosien d'Hamilton;* 2e édition; 1896. Prix : Papier hollande, 12 fr. — Vélin, 7 fr. 50.

Tome III. — *Le Calcul digital. — Machines arithmétiques. — Le Caméléon. — Les jonctions de points. — Le Jeu militaire. — La prise de la Bastille. — La Patte d'oie. — Le Fer à cheval. — Le Jeu américain. — Amusements par les jetons. — L'Étoile nationale. — Rouge et Noire;* 1893. Prix : Papier hollande, 9 fr. 50. — Vélin, 6 fr. 50.

Tome IV et dernier. — *Le Calendrier perpétuel — L'Arithmétique en boules. — L'Arithmétique en bâtons. — Les Mérelles au XVIe siècle. — Les carrés magiques de Fermat. — Les réseaux et les dominos. — Les régions et les quatre couleurs. — La machine à marcher;* 1894. Prix : Papier hollande, 12 fr. — Vélin, 7 fr. 50 c.

LUCAS (Edouard). — **Théorie des nombres.** *Le calcul des nombres entiers. Le calcul des nombres rationnels. La divisibilité arithmétique.* Grand in-8, avec 78 figures; 1891. 15 fr.

MANNHEIM (Le Colonel A.), Professeur à l'École Polytechnique. — **Principes et Développements de la Géométrie cinématique,** *Ouvrage contenant de nombreuses applications à la Théorie des surfaces.* In-4, avec 186 figures; 1894. 25 fr.

MANNHEIM (A.). — **Cours de Géométrie descriptive de l'École Polytechnique, comprenant les ÉLÉMENTS DE LA GÉOMÉTRIE CINÉMATIQUE.** 2e édition. Grand in-8, avec 256 figures; 1886. 17 fr.

MANSION (P.). — **Éléments de la théorie des déterminants,** avec de nombreux exercices. 4e éd. In-8; 1883. 3 fr.

MARIE (Léon), Actuaire, Examinateur à l'École des Hautes Études commerciales. — **Traité mathématique et pratique des opérations financières.** Grand in-8, avec figures; 1890. 10 fr.

MARIE (Maximilien), Répétiteur de Mécanique et Examinateur d'admission à l'École Polytechnique. — **Histoire des Sciences mathématiques et physiques.** 12 volumes petit in-8, caractères elzévirs, titre en deux couleurs; 1883-1888. 72 fr.

Chaque volume est vendu séparément. 6 fr.

MASCART (E.), Membre de l'Institut, Professeur au Collège de France, Directeur du Bureau Central météorologique. — **Traité d'Optique.** 3 volumes grand in-8 avec Atlas, se vendant séparément.

Tome I : *Systèmes optiques. Interférences. Vibrations. Diffraction. Polarisation. Double réfraction.* Avec 199 figures et 2 pl.; 1889. 20 fr.

Tome II et Atlas : *Propriété des cristaux. Polarisation rotatoire. Réflexion vitrée. Réflexion métallique.*

Reflexion cristalline. Polarisation chromatique. Avec 113 fig. et Atlas contenant 2 planches sur cuivre dont une en couleur. (Propriétés des cristaux. Colorations des cristaux par les interférences.) 1891. 25 fr.

Tome III : *Polarisation par diffraction. Propagation de la lumière. Photométrie. Réfractions astronomiques.* Avec 83 figures; 1893. 20 fr.

MASCART (E.) et JOUBERT (J.). — **Leçons sur l'Électricité et le Magnétisme.** 2ᵉ édition entièrement refondue par E. Mascart, membre de l'Institut, Professeur au Collège de France, Directeur du Bureau central météorologique. 2 volumes grand in-8. 45 fr.

On vend séparément :

Tome I : *Phénomènes généraux et Théorie.* Avec 126 figures; 1896. . . . . 25 fr.

Tome II : *Méthodes de mesure et applications.* Avec 160 figures; 1897. 25 fr.

MASCART. — *Voir* Moureaux.

MATHIEU (Emile), Professeur à la Faculté des Sciences de Nancy. — **Traité de Physique mathématique.**
(*Voir* le détail des volumes au Catalogue général.)

MATHIEU (Émile). — **Dynamique analytique.** In-4; 1878. 15 fr.

MAXWELL (James Clerk), Professeur de Physique expérimentale à l'Université de Cambridge. — **Traité de l'Électricité et du Magnétisme.** Traduit de l'anglais sur la 2ᵉ édition, par Seligmann-Lui, Ingénieur des Télégraphes, avec *Notes et Éclaircissements,* par Cornu, Membre de l'Institut, et Potier, Professeur à l'École Polytechnique, et suivi d'un *Appendice sur la théorie des Quaternions,* par P. Sarrau, Membre de l'Institut, Professeur à l'École Polytechnique. Deux forts volumes grand in-8, avec 122 figures et 20 planches; 1885-1889. 30 fr.
Chaque volume. . . . . 15 fr.

MÉRAY, Professeur à la Faculté des Sciences de Dijon. **Leçons nouvelles d'Analyse infinitésimale et ses applications géométriques.** 4 volumes grand in-8.
Iʳᵉ Partie : *Principes généraux;* 1894. 13 fr.
IIᵉ Partie : *Étude monographique des principales fonctions d'une seule variable;* 1895. 14 fr.
IIIᵉ Partie : *Questions analytiques classiques;* 1897. 6 fr.
IVᵉ Partie : *Applications géométriques.* (*Sans pr.*)

MÉRAY (Ch.). — **Nouveaux éléments de Géométrie.** In-8, avec 11 planches; 1874. 5 fr.

MEYER (W. Fr.). Professeur à l'École royale des mines de Clausthal (Hanovre). — **Sur les progrés de la théorie des invariants projectifs.** Traduction annotée par H. Fehr, Privat-Docent à l'Université de Genève, avec une préface de M. d'Ocagne, Professeur à l'École des Ponts et Chaussées, Répétiteur à l'École Polytechnique. Grand in-8; 1897. 4 fr.

MICHAUT, Commis principal à la Direction technique des Télégraphes de Paris, et **GILLET,** Commis principal au poste central des Télégraphes de Paris. — **Leçons élémentaires de Télégraphie électrique.** *Système Morse. Manipulation. Notions de Physique et de Chimie. Piles. Appareils et accessoires. Installation des postes.* 1ʳᵉ édition. In-18 jésus, avec 81 figures. 1895. 3 fr. 75 c.

MINISTÈRES DE LA MARINE ET DE L'INSTRUCTION PUBLIQUE. — **Mission scientifique du Cap Horn (1882-1883).** Tomes I à VII. (Le Tome VI comprend trois Parties.) *Voir* le Catalogue général.

MIQUEL (Dᵣ P.). Docteur ès Sciences et en Médecine, Chef du service micrographique à l'Observat. municipal de Montsouris. — **Manuel pratique d'analyse bactériologique des eaux.** In-18 jésus, avec figures; 1891. 2 fr. 75

In-4: K.

MONOD (Édouard-Gabriel). — **Stéréochimie.** *Exposé des théories de* Le Bel *et* Van't Hoff, *complétées par les travaux de MM.* Fischer, Bial, Guye *et* Friedel, *avec une préface de M.* C. Friedel. In-8, avec nombreuses figures; 1895. 5 fr.

MOUTIER (J.), Examinateur de l'École Polytechnique. — **La Thermodynamique et ses principales applications.** Petit in-8, avec 96 figures; 1885. 12 fr.

NIEWENGLOWSKI (B.), Professeur de Mathématiques au Lycée Louis-le-Grand, Membre du Conseil supérieur de l'Instruction publique. — **Cours de Géométrie analytique,** à l'usage des Élèves de la classe de Mathématiques spéciales et des Candidats aux Écoles du Gouvernement. 3 volumes grand in-8, avec nombreuses figures.

Tome I : *Sections coniques,* avec 130 figures; 1894. 10 fr.

Tome II : *Construction des courbes planes. Compléments relatifs aux coniques,* avec 180 figures; 1895. 8 fr.

Tome III : *Géométrie dans l'espace* (avec une *Note sur les transformations en Géométrie;* par E. Borel, Maître de Conférences à la Faculté des Sciences de Lille) avec 43 figures; 1896. 11 fr.

OCAGNE (Maurice d'). Ingénieur des Ponts et Chaussées, Répétiteur à l'École Polytechnique. — **Nomographie. Les calculs usuels effectués au moyen des abaques.** Essai d'une théorie générale. *Règles pratiques. Exemples d'application.* In-8, avec nombreuses figures et 8 planches; 1891 (*Ouvrage couronné par l'Académie des Sciences et honoré d'une souscription du Ministère des Travaux publics*). 3 fr. 50 c.

OCAGNE (Maurice d'). — **Coordonnées parallèles et axiales.** *Méthode de transformation géométrique et procédé nouveau de calcul graphique, déduits de la considération des coordonnées parallèles.* In-8, avec figures et 1 planche; 1885. 3 fr.

OPPOLZER (Le Chevalier Théodore d'). Docteur en Médecine, Professeur d'Astronomie à l'École de Vienne, Conseiller aulique, Membre de l'Académie des Sciences de Vienne, Correspondant de l'Institut de France. — **Traité de la détermination des orbites des comètes et des planètes;** édition française, publiée d'après la 2ᵉ édition allemande, par Ernest Pasquier, Docteur en Sciences physiques et mathématiques, Professeur d'Astronomie à l'Université de Louvain, Membre de la Société de Bruxelles. Grand in-8; 1886. 20 fr.

PADÉ, Professeur agrégé de l'Université. — **Premières Leçons d'Algèbre élémentaire.** *Nombres positifs et négatifs. Opérations sur les polynômes.* Avec une Préface de M. Jules Tannery, S.-Direct. des Études scientifiques à l'École Normale supérieure. In-8; 1892. 2 fr. 50 c.

PARIS (Vice-Amiral), Membre de l'Institut et du Bureau des Longitudes, Conservateur du Musée de Marine. — **Souvenirs de Marine.** — Collections de plans ou dessins de navires et de bateaux anciens et modernes, existants ou disparus, *avec les éléments nécessaires à leur construction.* Cinq beaux albums reliés, de 60 pl. in-folio chacun, se vendant séparément. 25 fr.

PASTEUR (Jubilé de M.) (1822-1892). — **Compte rendu de la cérémonie du 27 décembre 1892.** *Discours. Adresses. Télégrammes.* In-4, avec 5 planches, titre en 2 couleurs; 1893. (*Se vend au profit de la Société des Amis des Sciences.*) 10 fr.

PASTEUR (1822-1895). — **Notice biographique;** par M. C. Chappuis, Recteur honoraire de l'Académie de Dijon. In-8; 1896. 75 c.

PEREIRE (Eugène). — **Tables de l'intérêt composé, des annuités et de l'amortissement.** 4ᵉ édit. In-4; 1896. 10 fr.

PETERSEN (Julius), Professeur à l'Université de Copenhague. — **Méthodes et théories pour la résolution des problèmes de constructions géométriques** *avec application à plus de 400 problèmes.* Traduit par O. Chemin, Ing' en chef des P. et Chaussées, Prof' à l'École des P. et Chaussées. 2' éd. Petit in-8, avec fig.; 1892.   4 fr.

PETERSEN (J.). — **Théorie des équations algébriques.** Traduit par M. H. Laurent, Examinateur d'admission à l'École Polytechnique. In-8, avec fig.; 1897.   10 fr.

PICARD (Émile), Membre de l'Institut, Prof' à la F' des Sciences. — **Traité d'Analyse** (Cours de la Faculté des Sciences). 4 vol. grand in-8, se vendant séparément.

Tome I : *Intégrales simples et multiples. — L'équation de Laplace et ses applications. — Développements en séries, — Applications géométriques du Calcul infinitésimal,* avec figures; 1891.   15 fr.

Tome II : *Fonctions harmoniques et fonctions analytiques. — Introduction à la théorie des équations différentielles. Intégrales abéliennes et surfaces de Riemann,* avec figures; 1893.   15 fr.

Tome III : *Des singularités des intégrales des équations différentielles. Étude du cas où la variable reste réelle et des courbes définies par des équations différentielles. Équations linéaires; analogies entre les équations algébriques et les équations linéaires;* avec figures; 1896.   18 fr.

Tome IV : *Équations aux dérivées partielles.* (En prép.)

PICARD (Émile), Membre de l'Institut, Professeur à la Faculté des Sciences et SIMART, Lieutenant de vaisseau. — **Théorie des fonctions algébriques de deux variables indépendantes.** Gr. in-8.   (Sous presse.)

POINCARÉ (H.), Membre de l'Institut, Professeur à la Faculté des Sciences. — **Les Méthodes nouvelles de la Mécanique céleste.** 3 vol. grand in-8, se vendant séparément.

Tome I : *Solutions périodiques. — Non-existence des intégrales uniformes. — Solutions asymptotiques.* Avec figures; 1892.   12 fr.

Tome II : *Méthodes de MM. Newcomb, Gyldén, Lindstedt et Bohlin;* 1894.   14 fr.

Tome III et dernier : *Invariants intégraux. — Solutions périodiques du deuxième degré. — Solutions doublement asymptotiques.*   (Sous presse.)

POLLARD (J.) et DUDEBOUT (A.), Ingénieurs de la Marine, Professeurs à l'École du génie maritime. — **Architecture navale. Théorie du navire.** Quatre beaux volumes grand in-8, avec fig. et pl., se vendant séparément (*Ouvrage couronné par l'Académie des Sciences et honoré d'une souscription du Ministère de la Marine et des Colonies*).

Tome I : *Calcul des éléments géométriques des carènes droites et inclinées. — Géométrie du navire;* avec 191 figures et 2 planches; 1890.   13 fr.

Tome II : *Statique du navire. — Dynamique du navire, roulis en milieu calme, résistant ou non résistant,* avec 229 figures; 1891.   13 fr.

Tome III : *Dynamique du navire : mouvement de roulis sur houle, mouvement rectiligne horizontal direct (résistance des carènes),* avec 163 figures; 1891.   15 fr.

Tome IV : *Dynamique du navire : mouvement rectiligne horizontal oblique, mouvement curviligne horizontal. — Propulsion. — Vibrations des coques des navires à hélices.* Avec 182 figures; 1894.   13 fr.

PONSOT (G.), ancien Élève de l'École Normale spéciale. Agrégé de l'Enseignement secondaire spécial, Docteur ès Sciences. — **Recherches sur la congélation des solutions aqueuses étendues.** Gr. in-8, avec figures; 1896.   3 fr.

RAFFY, Maître de Conférences à la Faculté des Sciences et à l'École Normale supérieure. — **Leçons sur les applications géométriques de l'Analyse** (*Éléments de la théorie des courbes et des surfaces*). Grand in-8, avec figures; 1897.   7 fr. 50 c.

RÉPERTOIRE BIBLIOGRAPHIQUE DES SCIENCES MATHÉMATIQUES, publié par la *Commission permanente du Répertoire.* Paraît successivement par séries de 100 fiches format in-32 (14^{cm} × 9^{cm}), renfermées dans un étui en papier fort. Prix de chaque série.   2 fr.

Les quatre premières séries (fiches 1 à 100, 101 à 200, 201 à 300, 301 à 400), 1894-1895-1896, sont mises en vente.

— INDEX DU RÉPERTOIRE BIBLIOGRAPHIQUE des Sciences mathématiques, publié par la Commission permanente du Répertoire. Grand in-8; 1894.   2 fr.

RESAL (H.), Membre de l'Institut, Professeur à l'École Polytechnique et à l'École supérieure des Mines. — **Traité de Mécanique générale,** comprenant les *Leçons professées à l'École Polytechnique et à l'École des Mines.* 7 vol. in-8, avec 1371 fig. levées et dessinées d'après les meilleurs types, se vendant séparément :

Mécanique rationnelle.

Tome I : *Cinématique. — Théorèmes généraux de la Mécanique. — De l'équilibre et du mouvement des corps solides.* 2' édition. In-8, avec 47 fig.; 1895.   6 fr. 50 c.

Tome II : *Hydrostatique. — Hydrodynamique. — Hydraulique. — Du mouvement des solides en égard aux frottements. — Équilibre intérieur. — Élasticité.* 2' édition. In-8, avec 41 figures; 1895.   3 fr.

Mécanique appliquée (moteurs et machines).

Tome III : *Des machines considérées au point de vue des transformations de mouvement et de la transformation du travail des forces. — Application de la Mécanique à l'Horlogerie.* In-8, avec 213 fig.; 1875.   11 fr.

Tome IV : *Moteurs animés. — De l'eau et du vent considérés comme moteurs. — Machines hydrauliques et élévatoires. — Machines à vapeur, à air chaud et à gaz.* In-8, avec 200 figures; 1876.   15 fr.

Construction.

Tome V : *Résistance des matériaux. — Constructions en bois. — Maçonneries. — Fondations. — Murs de soutènement. — Réservoirs.* In-8, avec 3.8 figures; 1880.   12 fr. 50 c.

Tome VI : *Voûtes droites et biaises, en dôme, etc. — Ponts en bois. — Planchers et combles en fer. — Ponts suspendus. — Ponts-levis. — Cheminées. — Fondations de machines industrielles. — Amélioration des cours d'eau. — Substruction des chemins de fer. — Navigation intérieure. — Ports de mer.* In-8, avec 519 fig. et 5 pl. chromolithographiques; 1881.   15 fr.

Développements et Exercices.

Tome VII : *Développements sur la Mécanique rationnelle et la Cinématique pure, comprenant de nombreux exercices.* In-8, avec 46 figures; 1889.   11 fr.

RESAL (H.). — **Exposition de la Théorie des surfaces.** In-8, avec figures; 1891.   4 fr. 50

RODET (J.) et BUSQUET, Ingénieurs des Arts et Manufactures. — **Les Courants polyphasés.** Grand in-8, avec 71 figures; 1893.   3 fr. 50

ROGER (E.), Inspecteur général des Mines, Docteur ès Sciences mathématiques. — **Recherches sur le Système du monde.** 2' édition entièrement refondue. In-4; 1896.   5 fr.

ROUCHÉ (E.), Membre de l'Institut, Professeur au Conservatoire des Arts et Métiers, Examinateur de sortie à l'École Polytechnique, et DE COMBEROUSSE (Ch.), Ingénieur des Arts et Manufactures, Professeur à l'École Centrale et au Conservatoire des Arts et Métiers. — **Leçons de Géométrie,** rédigées suivant les derniers programmes officiels, et accompagnées, pour chaque leçon, d'exercices et de problèmes gradués, *à l'usage des Élèves de l'Enseignement secondaire moderne.* 4 vol. petit in-8, se vendant séparément :

Iʳᵉ Partie : *La ligne droite et la circonférence de cercle,* à l'usage des élèves de la classe de quatrième (moderne), avec 137 fig.; 1896.

Broché... 2 fr. 75 c. | Cartonné. 3 fr. 25 c.

IIᵉ Partie : *La similitude et les aires. — Premières Notions de Topographie,* à l'usage des élèves de la classe de troisième (moderne), avec 91 fig.; 1896.

Broché... 2 fr. 75 c. | Cartonné. 3 fr. 25 c.

IIIᵉ et IVᵉ Partie, à l'usage des élèves des classes de seconde (moderne) et première (Sciences).
(Sous presse.)

— **Solutions détaillées des exercices et problèmes énoncés dans les Leçons de Géométrie.**

Iʳᵉ Partie, 1 vol. petit in-8, avec 115 figures; 1896.
Broché... 2 fr. 75 c. | Cartonné. 3 fr. 25 c.

IIᵉ, IIIᵉ et IVᵉ Partie *(Sous presse.)*

ROUCHÉ (Eugène), et COMBEROUSSE (Charles de). — **Traité de Géométrie,** conforme aux Programmes officiels, renfermant un très grand nombre d'Exercices et plusieurs Appendices consacrés à l'exposition des PRINCIPALES MÉTHODES DE LA GÉOMÉTRIE MODERNE. 6ᵉ éd., revue et notablement augmentée. In-8 de LVI-1116 pages, avec 707 fig., et 1154 questions proposées; 1891. 17 fr.

Prix de chaque Partie :

Iʳᵉ Partie. — *Géométrie plane*............ 7 fr. 50 c.

IIᵉ Partie. — *Géométrie de l'espace ; Courbes et Surfaces usuelles.* 9 fr. 50 c.

ROUCHÉ (Eugène) et COMBEROUSSE (Charles de). — **Eléments de Géométrie,** conformes aux derniers programmes officiels, suivis d'un Complément à l'usage des Élèves de Mathématiques élémentaires et de Mathématiques spéciales, et de *Notions sur le Lever des plans, l'Arpentage et le Nivellement.* 5ᵉ édit., revue et augmentée. In-8 de XL-604 pages, avec 483 figures et 543 questions proposées et exercices; 1891. 6 fr

SAINT-GERMAIN (de), Doyen de la Faculté des Sciences de Caen. — **Recueil d'Exercices sur la Mécanique rationnelle,** à l'usage des candidats à la Licence et à l'Agrégation des Sciences mathématiques. 2ᵉ édition, entièrement refondue. In-8, avec fig.; 1889. 9 fr. 50 c.

SALMON (G.). — **Traité de Géométrie analytique (Courbes planes),** destiné à faire suite au *Traité des Sections coniques.* Traduit de l'anglais, sur la 3ᵉ édition, par O. Chemin, Ingénieur des Ponts et Chaussées, Professeur à l'Ecole nationale des P. et Ch., et augmenté d'une *Étude sur les points singuliers des courbes algébriques planes,* par G. Halphen. In-8, avec fig.; 1884. 12 fr.

SALMON (G.). — **Traité de Géométrie analytique à trois dimensions.** Traduit de l'anglais, sur la quatrième édition, par O. Chemin.

Iʳᵉ Partie : *Lignes et surfaces du 1ᵉʳ et du 2ᵉ ordre.* In-8, avec figures; 1882. 7 fr.

IIᵉ Partie : *Théorie des surfaces. Courbes gauches et surfaces développables. Famille de surfaces.* In-8, avec figures; 1891. 6 fr.

IIIᵉ Partie : *Surfaces dérivées des quadriques. Surfaces du troisième et du quatrième degré. Théorie générale des surfaces.* In-8, avec figures; 1892. 4 fr. 50 c.

SALMON (G.). — **Traité d'Algèbre supérieure.** 2ᵉ édition française, publiée d'après la 4ᵉ édition anglaise, par O. Chemin. In-8; 1890. 10 fr.

SAUVAGE (L.), Professeur à la Faculté des Sciences de Marseille. — **Théorie générale des systèmes d'équations différentielles linéaires et homogènes.** In-4; 1895. 6 fr.

SAUVAGE (P.), Professeur au Lycée de Montpellier. — **Les lieux géométriques en Géométrie élémentaire.** In-8, avec 17 figures; 1893. 3 fr.

SCHRÖN (L.). — **Tables de Logarithmes à sept décimales** pour les nombres depuis 1 jusqu'à 108 000, et pour les fonctions trigonométriques de 10 en 10 secondes; et **Table d'Interpolation** pour le calcul des parties proportionnelles; précédées d'une Introduction par J. Houël. Grand in-8 jésus. Paris; 1896.

Broché......... 10 fr. | Cartonné... 11 fr. 75.

On vend séparément : **PRIX :**

	Broché.	Cartonné.
Tables de Logarithmes	8 fr.	9 fr. 75 c.
Table d'interpolation	2	3. 25

SECCHI (le P. A.), Directeur de l'Observatoire du Collège Romain, Correspondant de l'Institut de France. **Le Soleil.** 2ᵉ édition. Deux beaux volumes grand in-8, avec Atlas; 1875-1877.

Broché. 30 fr. | Relié. 40 fr.

On vend séparément :

Iʳᵉ Partie. Un volume grand in-8, avec 150 figures et un Atlas comprenant 6 grandes planches gravées sur acier; 1875. 18 fr.

IIᵉ Partie. Un beau volume grand in-8, avec 280 figures et 13 planches, dont 12 en couleur; 1877. 18 fr.

SERRET (J.-A.), Membre de l'Institut. — **Traité d'Arithmétique,** à l'usage des candidats au Baccalauréat ès Sciences et aux Écoles spéciales. 7ᵉ édition, revue et mise en harmonie avec les derniers Programmes officiels par J.-A. Serret et par Ch. de Comberousse, Professeur de Cinématique à l'École Centrale et de Mathématiques spéciales au Collège Chaptal. In-8; 1887. *(Autorisé par décision ministérielle.)*

Broché.. 4 fr. 50 c. | Cartonné. 5 fr. 25 c.

SERRET (J.-A.). — **Traité de Trigonométrie.** 7ᵉ édition, revue et augmentée. In-8, avec figures; 1888. *(Autorisé par décision ministérielle.)* 4 fr.

SERRET (J.-A.). — **Cours d'Algèbre supérieure.** 5ᵉ édition. 2 forts volumes in-8, avec figures; 1885. 25 fr.

SERRET (J.-A.). — **Cours de Calcul différentiel et intégral.** 4ᵉ édit. augmentée d'une *Note sur les fonctions elliptiques;* par M. Ch. Hermite. 2 forts vol. in-8, avec fig.; 1894. 25 fr.

SERRET (Paul). — **Théorie nouvelle géométrique et mécanique des lignes à double courbure.** In-8, avec 67 figures; 1860. 8 fr.

SOCIÉTÉ FRANÇAISE DE PHYSIQUE. — **Collection de Mémoires sur la Physique,** publiés par la Société française de Physique.

Tome I : *Mémoires de Coulomb* (publiés par les soins de A. Potier). Un beau volume grand in-8, avec figures et planches; 1884. 12 fr.

Tome II : *Mémoires sur l'Électrodynamique.* Iʳᵉ Partie (publiés par les soins de J. Joubert). Grand in-8, avec figures et planches; 1885. 12 fr.

Tome III : *Mémoires sur l'Électrodynamique.* IIᵉ Partie (publiés par les soins de J. Joubert). Grand in-8, avec figures; 1887. 12 fr.

Tome IV : *Mémoires sur le pendule, précédés d'une Bibliographie* (publiés par les soins de C. Wolf). Ce volume contient des Mémoires de La Condamine, Borda et Cassini, de Prony, Henry Kater, F.-W. Bessel. Gr. in-8, avec figures et 7 planches; 1889. 12 fr.

Tome V : *Mémoires sur le pendule* (publiés par les soins de C. Wolf). Ce volume contient des Mémoires

de *F.-W. Bessel, Sabine, Baily, Stokes*. Grand in-8, avec figures et 1 planche; 1891.   12 fr.
Tome VI : *Mémoires sur la Thermodynamique et Recueil des données expérimentales de la Physique.*
(*Sous presse.*)

STIELTJES (T.-J.), Professeur à la Faculté des Sciences de Toulouse. — **Sur la Théorie des Nombres.** *Premiers éléments. Sur la divisibilité des nombres, des congruences. Equations linéaires indéterminées. Systèmes des congruences linéaires.* In-4; 1895.   3 fr. 50 c.

STOFFAES (l'abbé), Professeur à la Faculté catholique des Sciences de Lille. — **Cours de Mathématiques supérieures** à l'usage des candidats à la Licence ès Sc. physiques. In-8, avec figures; 1891.   8 fr. 50 c.

STURM, Membre de l'Institut. — **Cours d'Analyse de l'École Polytechnique**, revu et corrigé par *Prouhet*, Répétiteur à l'École Polytechnique, et augmenté de la Théorie élémentaire des Fonctions elliptiques, par *H. Laurent*. 10ᵉ édition, mise au courant des nouveaux programmes de la Licence, par *A. de Saint-Germain*, Professeur à la Fac. des Sc. de Caen. 2 vol. in-8, avec fig.; 1895.
Broché..... 15 fr. | Cartonné. 16 fr. 50 c.

STURM. — **Cours de Mécanique de l'École Polytechnique**, publié, d'après le vœu de l'Auteur, par *E. Prouhet*. 5ᵉ édition, revue et annotée par *de Saint-Germain*. 2 volumes in-8, avec 189 figures; 1883.   14 fr.

TABLES DE MORTALITÉ du Comité des Compagnies d'Assurances à primes fixes sur la Vie (Compagnie d'Assurances générales, Union, Nationale et Phénix). Grand in-8 de XXVI-415 pages, cartonné toile anglaise; avec 3 tableaux graphiques en 5 couleurs; 1895.   50 fr.

TABLES MÉTÉOROLOGIQUES INTERNATIONALES, publiées conformément à une décision du *Congrès* tenu à Rome en 1889. Grand in-4, avec texte en français, anglais et allemand; 1890.   35 fr.

TAIT (P.-G.), Professeur de Sciences physiques à l'Université d'Édimbourg. — **Traité élémentaire des Quaternions.** Traduit sur la 2ᵉ édition anglaise, avec *Additions de l'Auteur et Notes du Traducteur*, par G. PLARR, Docteur ès Sciences mathématiques. Deux beaux volumes grand in-8, avec figures, se vendant séparément :
Iʳᵉ PARTIE : *Théorie. Applications géométriques*; 1882.   7 fr. 50 c.
IIᵉ PARTIE : *Géométrie des courbes et des surfaces. Cinématique. Applications à la Physique*; 1884. 7 fr. 50 c.

TAIT (P.-G.). — **Conférences sur quelques-uns des progrès récents de la Physique.** Traduit de l'anglais sur la 3ᵉ édition, par *Krouchkoll*, licencié ès sciences phys. et math. Grand in-8, avec fig.; 1887.   7 fr. 50 c.

TANNERY (Jules), Sous-Directeur des Études scientifiques à l'École Normale supérieure et **MOLK (Jules)**, Professeur à la Faculté des Sciences de Nancy. — **Éléments de la théorie des Fonctions elliptiques.** 4 volumes grand in-8 se vendant séparément.
Tome I. — *Introduction.* — *Calcul différentiel* (Iʳᵉ Partie); 1893.   7 fr. 50 c.
Tome II. — *Calcul différentiel* (IIᵉ Partie). 1896.   9 fr.
Tome III. — *Calcul intégral* 1897.   (*Sous presse.*)
Tome IV. — *Applications.*

THOMSON (Sir William) [Lord Kelvin], L.L.D., F.R.S., F.R.S.E., etc., Professeur de Philosophie naturelle à l'Université de Glasgow, et Membre du Collège Saint-Pierre, à Cambridge. — **Conférences scientifiques et allocutions,** *Constitution de la matière.* Traduites et annotées sur la 2ᵉ édition, par M. P. LUGOL, Agrégé des Sciences physiques, professeur; avec des *Extraits de Mémoires récents* de Sir W. Thomson et quelques *Notes* par M. Brillouin, maître de Conférences à l'École Normale. In-8, avec 76 figures; 1893.   7 fr. 50 c.

TISSERAND (F.), Membre de l'Institut et du Bureau des Longitudes, Professeur à la Faculté des Sciences, Directeur de l'Observatoire de Paris. — **Traité de Mécanique céleste.** 4 beaux volumes in-4, se vendant séparément.
Tome I : *Perturbations des planètes d'après la méthode de la variation des constantes arbitraires*, avec figures; 1889.   25 fr.
Tome II : *Théorie de la figure des corps célestes et de leur mouvement de rotation*, avec figures; 1891. 28 fr.
Tome III : *Exposé de l'ensemble des théories relatives au mouvement de la Lune* avec fig.; 1894.   22 fr.
Tome IV et dernier : *Théories des satellites de Jupiter et de Saturne. Perturbations des petites planètes*, avec figures; 1896.   28 fr.

TISSERAND (F.). — **Recueil complémentaire d'Exercices sur le Calcul infinitésimal**, à l'usage des candidats à la Licence et à l'Agrégation de Sc. math. avec de nouveaux Exercices sur les *variables imaginaires*, par M. PAINLEVÉ. (Cet Ouvrage forme une suite naturelle à l'excellent *Recueil d'Exercices* de FRENET.) 2ᵉ éd. In-8, avec figures; 1896.   9 fr.

VILLIÉ (E.), ancien Ingénieur des Mines, Docteur ès sciences, Professeur à la Faculté libre des Sciences de Lille. — **Compositions d'Analyse, de Mécanique et d'Astronomie** données depuis 1869 à la Sorbonne pour la *Licence ès Sciences mathématiques*, suivies d'EXERCICES SUR LES VARIABLES IMAGINAIRES. Énoncés et Solutions. 2 vol. in-8, avec fig., se vendant séparément.
Iʳᵉ PARTIE : *Compositions données depuis 1869*. In-8 ; 1885.   9 fr.
IIᵉ PARTIE : *Compositions données depuis 1885*. In-8 ; 1890.   8 fr. 50
IIIᵉ PARTIE : *Compositions données depuis 1890*. In-8 ; 1897.   (*Sous presse.*)

VILLIÉ (E.). — **Traité de Cinématique** à l'usage des candidats à la Licence et à l'agrégation. In-8, avec figures; 1888.   7 fr. 50 c.

VIOLEINE (A.-P.). — **Nouvelles Tables pour les calculs d'Intérêts composés, d'Annuités et d'Amortissement.** 6ᵉ édition, revue et augmentée par *Laass d'Aguen*, gendre de l'Auteur. In-4; 1895.   15 fr.

WITZ (Aimé), Docteur ès Sciences, Ingénieur des Arts et Manufactures, Professeur aux Facultés catholiques de Lille. — **Cours élémentaire de manipulations de Physique**, à l'usage des Candidats aux Écoles et au Certificat d'études physiques, chimiques et naturelles (P.C.N.). (École pratique de Physique). 2ᵉ édition, revue et augmentée. In-8, avec 77 figures; 1895. 5 fr.
— **Cours supérieur de manipulations de Physique,** *préparatoire aux certificats d'études supérieures et à la Licence.* (École pratique de Physique). 2ᵉ édition, revue et augmentée. In-8, avec 148 figures; 1897.   10 fr.

WITZ (Aimé). — **Exercices de Physique et applications,** préparatoires à la Licence (École pratique de Physique). In-8; 1889.   12 fr.

WITZ (Aimé). — **Problèmes et Calculs pratiques d'Électricité.** (École pratique de Physique.) In-8, avec figures; 1893.   7 fr. 50

WYROUBOFF (G.). — **Manuel pratique de Cristallographie.** *Détermination des formes cristallines.* In-8, avec figures et 6 pl. sur cuivre; 1889.   12 fr.

— 13 —

II. — COLLECTION

DES

ŒUVRES DES GRANDS GÉOMÈTRES.

CAUCHY (A.). — Œuvres complètes d'Augustin Cauchy, publiées sous la direction scientifique de l'Académie des Sciences et sous les auspices du Ministre de l'Instruction publique, avec le concours de *Valson, Collet* et *Borel*, docteurs ès Sciences. 28 volumes in-4.

Ire Série. — Mémoires, Notes et Articles extraits des Recueils de l'Académie des Sciences. 13 volumes in-4.

IIe Série. — Mémoires extraits de divers Recueils, Ouvrages classiques, Mémoires publiés en corps d'Ouvrage. Mémoires publiés séparément. 15 volumes in-4.

VOLUMES PARUS.

Ire Série. — Tome I, 1882 : *Théorie de la propagation des ondes à la surface d'un fluide pesant, d'une profondeur indéfinie. — Mémoire sur les intégrales définies.* 25 fr.

Tome IV, 1884; Tome V, 1885; Tome VI, 1888; Tome VII, 1891; Tome VIII, 1893; Tome IX, 1896 : *Extraits des Comptes rendus de l'Académie des Sciences.* Chaque volume. 25 fr.

IIe Série. — Tome III, 1897 : *Cours d'Analyse de l'École royale Polytechnique;* Tome VI, 1887; Tome VII, 1889; Tome VIII, 1890; Tome IX, 1891 : *Anciens Exercices de Mathématiques* (1re, 2e, 3e, 4e et 5e années); Tome X, 1894 : *Résumés analytiques de Turin. Nouveaux Exercices de Prague.* Chaque volume. 25 fr.

SOUSCRIPTION.

Ire Série. — Tome X. *Extraits des Comptes rendus de l'Académie des Sciences.* 20 fr.

FERMAT. — Œuvres de Fermat, publiées par les soins de MM. *Paul Tannery* et *Charles Henry*, sous les auspices du Ministère de l'Instruction publique. In-4.

Tome I : *Œuvres mathématiques diverses. — Observations sur Diophante.* Avec 3 planches en Héliogravure (Portrait de Fermat, fac-similé du titre de l'édition de 1679, et fac-similé d'une page de son écriture); 1891. 21 fr.

Tome II : *Correspondance de Fermat;* 1894. 22 fr.

Ce volume contient la correspondance de Fermat avec Mersenne, Roberval, Pascal, Descartes, Huygens, etc.

Tome III : *Traductions par M. Paul Tannery des écrits latins de Fermat, de l'« Inventum novum » de Jacques de Billy, du « Commercium epistolicum » de Wallis;* 1896. 28 fr.

Tome IV et dernier : *Appendice (pièces diverses) et Index.* (*En préparation.*)

FOURIER. — Œuvres de Fourier, publiées par les soins de *Gaston Darboux*, Membre de l'Institut, sous les auspices du Ministère de l'Instruction publique.

Tome I : *Théorie analytique de la chaleur.* In-4. xxviii-564 pages; 1888. 25 fr.

Tome II : *Mémoires divers.* In-4, xvi-636 pages, avec un portrait de Fourier en héliogravure; 1890. 25 fr.

GALOIS. — Œuvres mathématiques d'Évariste Galois, publiées sous les auspices de la Société mathématique de France, avec une *Introduction* par M. Émile Picard, Membre de l'Institut. Grand in-8, avec un portrait de Galois en héliogravure; 1897. 3 fr.

LAGRANGE. — Œuvres complètes de Lagrange, publiées par les soins de J.-A. Serret et G. Darboux, Membres de l'Institut, sous les auspices du Ministère de l'Instruction publique. In-4, avec un beau portrait de Lagrange, gravé sur cuivre par Ach. Martinet. (OUVRAGE COMPLET.)

La Ire Série comprend tous les *Mémoires* imprimés dans les *Recueils des Académies de Turin, de Berlin et de Paris,* ainsi que les *Pièces diverses* publiées séparément. Cette Série forme 7 volumes (Tomes I à VII; 1867-1877), qui se vendent séparément. 30 fr.

La IIe Série se compose de 7 vol., qui renferment les Ouvrages didactiques, la Correspondance et les Mémoires inédits; savoir :

Tome VIII : *Résolution des équations numériques;* 1879. 18 fr.

Tome IX : *Théorie des fonctions analytiques;* 1881. 18 fr.

Tome X : *Leçons sur le calcul des fonctions;* 1884. 18 fr.

Tome XI : *Mécanique analytique,* avec Notes de J. Bertrand et G. Darboux (1re Partie); 1888. 20 fr.

Tome XII : *Mécanique analytique,* avec Notes de J. Bertrand et G. Darboux (2e Partie); 1889. 20 fr.

Tome XIII : *Correspondance inédite de Lagrange et d'Alembert,* publiée d'après les manuscrits autographes et annotée par Ludovic Lalanne; 1882. 15 fr.

Tome XIV et dernier : *Correspondance de Lagrange avec Condorcet, Laplace, Euler et divers Savants,* publiée et annotée par Ludovic Lalanne, avec deux fac-similés; 1892. 15 fr.

LAPLACE. — Œuvres complètes de Laplace, publiées sous les auspices de l'Académie des Sciences, par les Secrétaires perpétuels, avec le concours de *Puiseux,* Membre de l'Institut, de *F. Tisserand,* Membre de l'Institut, de *J. Houël,* Professeur à la Faculté des Sc. de Bordeaux, de *H. Poincaré,* Membre de l'Institut, et *Souillart,* Professeur à la Faculté des Sciences de Lille. Nouvelle édition, avec un beau portrait de Laplace, gravé sur cuivre par *Tony Goutière.* In-4.

Les éditions précédentes, qui sont devenues très rares, ne contenaient que 3 volumes, savoir : *Traité de Mécanique céleste* (5 volumes), *Exposition du système du Monde* et *Théorie analytique des probabilités.* La nouvelle édition comprendra de plus 6 volumes renfermant tous les autres Mémoires de Laplace, dont la dissémination dans de nombreux Recueils académiques et périodiques rendait jusqu'à ce jour l'étude si difficile.

Traité de Mécanique céleste. Tomes I à V (1878-1882).

Tirage sur papier vergé, au chiffre de Laplace; 5 vol. in-4. 100 fr.

Tirage sur papier de Hollande, au chiffre de Laplace (à petit nombre), 5 vol. in-4. 130 fr.

Les Tomes II, I et V, papier vergé, se vendent séparément. 22 fr.

Les Tomes II à V, papier hollande, se vendent séparément. 26 fr.

Exposition du système du Monde. Tome VI (1884).

Tirage sur papier vergé, au chiffre de Laplace. 10 fr.

Tirage sur papier de Hollande, au chiffre de Laplace. 15 fr.

Théorie des probabilités. Tome VII (1886).

Tirage sur papier vergé fort, au chiffre de Laplace. 35 fr.

Tirage sur papier de Hollande, au chiffre de Laplace. 44 fr.

Ce Volume, qui comprend 1652 pages sur papier fort, est d'un maniement peu facile pour les lecteurs qui veulent faire une longue étude de la *Théorie des probabilités;* aussi nous avons divisé un certain nombre d'exemplaires en deux fascicules. Pour permettre de relier ultérieurement ces deux fascicules en un volume unique, nous avons joint au premier fascicule un titre de l'Ouvrage complet. — Les fascicules se vendent séparément :

Premier fascicule.

Tirage sur papier vergé fort, au chiffre de Laplace. 15 fr.

Tirage sur papier de Hollande, au chiffre de Laplace. 18 fr.

Second fascicule.

Tirage sur papier vergé fort, au chiffre de Laplace. 29 fr.

Tirage sur papier de Hollande au chiffre de Laplace. 35 fr.

Mémoires divers, Tomes VIII à XIII.

Tomes VIII, IX, X et XI. — *Mémoires extraits des Recueils de l'Académie des Sciences;* 1891-1896.

Tirage sur papier vergé fort, au chiffre de Laplace. Chaque vol. 20 fr.

Tirage sur papier de Hollande au chiffre de Laplace. Chaque vol. 25 fr.

Le Tome XII est sous presse et paraîtra dans le cours de 1897.

— 14 —

III. — COLLECTION

DE

TRADUCTIONS D'OUVRAGES SCIENTIFIQUES.

Voir, pour les détails, le Catalogue général.

ABEL (Niels-Henrik). — Tableau de sa vie et de son action scientifique, par BJERKNES. Grand in-8, avec un portrait d'Abel (suédois). 7 fr.

BLATER (Joseph). — Table des quarts de carrés de tous les nombres entiers de 1 à 200 000. Grand in-4; 1888 (allemand).
Broché, 15 fr. | Cartonné avec signets de parchemin, 20 fr.

BOYS (C.-V.). — Bulles de savon. In-18 jésus, avec 60 figures et 1 planche (anglais). 2 fr. 75 c.

CLAUSIUS (R.). — Théorie mécanique de la chaleur (allemand). In-8.
Tome I... 10 fr. | Tome II... 10 fr.
— De la fonction potentielle et du potentiel. In-8 (allemand). 4 fr.

CLEBSCH (C.). — Leçons sur la Géométrie. 3 vol. grand in-8, avec figures (allemand). 42 fr.
Tome I... 12 fr. | Tome II... 14 fr. | Tome III... 16 fr.

CREMONA. — Les figures réciproques en Statique graphique. Gr. in-8 et atlas de 34 pl. (italien). 5 fr. 50

CULLEY. — Manuel de Télégraphie pratique. Grand in-8, avec 252 figures et 7 planches (anglais).
Broché... 18 fr. | Cartonné... 20 fr.

CUNDILL. — Dictionnaire des Explosifs. Gr. in-8; 1893 (anglais). 6 fr.

EBERT (Dr H.). — Guide pour le soufflage du verre. Traduit sur la 2e édition et annoté par P. Lecoq, Professeur de Physique au Lycée de Clermont-Ferrand. In-18 jésus, avec 63 fig.; 1897 (allemand). 3 fr.

EVERETT. — Unités et constantes physiques. In-18 jésus; 1883 (anglais). 4 fr.

FAVARO. — Leçons de Statique graphique. 2 vol. grand in-8, avec 289 fig. et 2 planches (italien). 19 fr.
Tome I..... 7 fr. | Tome II.... 12 fr.

FLEMING. — Le Laboratoire d'Électricité. *Notes et formules* (anglais). In-8, avec figures: 1897. (*Sous pr.*)

GRAY (John). — Les machines électriques à influence. In-8, avec 124 figures; 1892 (anglais). 5 fr.

HERZBERG (Wilhelm). — Analyse et Essais des papiers. In-8 avec nombreuses figures et 2 planches; 1895 (allemand). 5 fr.

JENKIN. — Électricité et Magnétisme. In-8, avec 270 figures (anglais). 12 fr.

JÜPTNER DE JONSTORFF. — Traité pratique de Chimie métallurgique. Grand in-8, avec 79 figures et 3 planches (allemand). 10 fr.

KEMPE. — Traité pratique des mesures électriques. In-8, avec 145 figures (anglais). 12 fr.

LODGE. — Les théories modernes de l'Électricité. In-8, avec 53 figures (anglais). 5 fr.

MAXWELL. — Traité de l'Électricité et du Magnétisme. 2 vol. gr. in-8, avec 122 fig. et 20 pl. (anglais). 30 fr.
Tome I... 15 fr. | Tome II... 15 fr.
— Traité élémentaire d'Électricité. In-8, avec figures (anglais). 7 fr.

MEYER (Fr.) (de Clausthal). — Sur les progrès de la théorie des invariants projectifs. Grand in-8; 1897 (allemand). 1 fr.

OPPOLZER (I. d'). — Traité de la détermination des orbites des comètes et des planètes. Gr. in-8 (allemand). 20 fr.

PROCTOR (Richard). — Nouvel Atlas céleste. In-8, avec 12 cartes célestes et 2 planches (anglais).
Broché... 6 fr. | Cartonné... 7 fr.

SALISBURY (Marquis de). — Les limites actuelles de notre Science. In-18 jésus; 1895 (anglais). 1 fr. 50 c.

SALMON. — Traité de Géométrie analytique (Courbes planes) avec Appendice, par G. HALPHEN. In-8 (anglais). 12 fr.
— Traité de Géométrie analytique à deux dimensions (Sections coniques). 3e édition française (conforme à la 2e). In-8 (anglais); 1897. 12 fr.
— Traité de Géométrie analytique à trois dimensions. 3 vol. in-8 (anglais).
Tome I, 7 fr. — Tome II, 6 fr. — Tome III. 4 fr. 50 c.
— Leçons d'Algèbre supérieure. In-8 (anglais). 10 fr.

SCHŒNFLIES. — La Géométrie du mouvement. Exposé synthétique. In-8 avec figures; 1893 (allemand). 6 fr. 50

SCHWARZ (H.-A). — Formules et Propositions pour l'emploi des Fonctions elliptiques *d'après des Leçons et des Notes manuscrites* de M. K. WEIERSTRASS (allemand). In-4.
Broché...... 12 fr. | Cartonné.... 15 fr.

SCOTT. — Cartes du temps et avertissements de tempêtes. In-8, avec figures et 2 planches en couleurs (anglais). 4 fr. 50

SERPIERI. — Traité élémentaire des mesures absolues, mécaniques, électrostatiques et électromagnétiques, avec application à de nombreux problèmes. In-8 (italien). 3 fr. 50

TAIT. — Traité élémentaire des Quaternions. 2 vol. gr. in-8, avec fig. (anglais). Chaque vol. séparément. 7 fr. 50
— Conférences sur quelques-uns des progrès récents de la Physique. Gr. in-8, avec fig. (anglais). 7 fr. 50

THOMSON (Sir William) [Lord Kelvin]. — Conférences scientifiques et allocutions. *Constitution de la matière* (anglais). In-8, avec figures; 1893. 7 fr. 50 c.

TYNDALL (John). — La Chaleur, *Mode de mouvement*. Avec 110 figures (anglais). 8 fr.

WEIERSTRASS. — (*Voir* SCHWARZ).

ZEUNER. — Théorie mécanique de la chaleur, *avec ses applications aux machines*. 2e édition. In-8, avec figures (allemand). 10 fr.

Voir à la Bibliothèque photographique les traductions (format in-18 jésus et in-8) de Bunten-Pritchard, Burton, Eder, Horsley-Hinton, Liesegang, Miethe, Robinson, Rodrigues, Verlasser, Vogel.

IV. — BIBLIOTHÈQUE

DES

ACTUALITÉS SCIENTIFIQUES

150 Ouvrages in-18 jésus, ou petit in-8.

(Voir le Catalogue général ou le prospectus détaillé.

DERNIERS OUVRAGES PARUS :

Manuel de l'analyse des vins, par E. Barillot. 3 fr. 50 c.

Les Alliages, par C.-R. Austen. 1 fr. 75 c.

Influence des grands centres d'action de l'atmosphère sur le temps, par Raymond. 1 fr. 50 c.

Fabrication des tubes sans soudure (procédé Mannesmann), par Berlaux. 75 c.

Manuel pratique d'analyse bactériologique des eaux, par Miquel. 1 fr. 75 c.

Bulles de savon. Quatre conférences populaires sur la *Capillarité,* par Boys, avec 60 fig. et 1 planche. Traduit de l'anglais par Ch.-Ed. Guillaume. 3 fr. 75 c.

Les projections scientifiques. *Étude des appareils, accessoires et manipulations diverses pour l'enseignement scientifique par les projections;* par H. Fourtier et A. Moltent, avec 113 figures.
Broché... 3 fr. 50 | Cartonné... 4 fr. 50

Récréations mathématiques. — Tome IV et dernier. — *Le Calendrier perpétuel. — L'Arithmétique en boules. — L'Arithmétique en bâtons. — Les Mérelles au XIII° siècle. — Les Carrés magiques de Fermat. — Les réseaux et les dominos. — Les régions et les quatre couleurs. — La machine à marcher,* par Éd. Lucas.
Prix : Papier hollande, 12 fr. — Vélin, 7 fr. 50 c.

Les Limites actuelles de notre Science. Discours présidentiel prononcé le 8 août 1894, par le Marquis de Salisbury, Premier Ministre d'Angleterre, devant la *British Association,* dans sa session d'Oxford. Traduit par M. W. de Fonvielle, avec autorisation de l'auteur. In-18 jésus; 1895. 1 fr. 50 c.

La Théorie atomique et la théorie dualistique, *Transformation des formules. Différences essentielles entre les deux théories,* par Lanodle, Professeur de Chimie à l'Université libre de Lille. In-18 jésus; 1896. 2 fr.

Les Ballons-sondes de MM. E. Hermite et Besançon et **les ascensions internationales,** par M. W. de Fonvielle, Secrétaire de la Commission internationale aéronautique, avec une Notice historique et une description des appareils de prise d'air de M. Cailletet, Membre de l'Institut; In-18 jésus, avec figures; 1897.
(Sous presse)

V. — EXTRAIT DU CATALOGUE

DE LA

BIBLIOTHÈQUE PHOTOGRAPHIQUE.

Abney (le capitaine), Professeur de Chimie et de Photographie à l'École militaire de Chatham. — *Cours de Photographie.* Traduit de l'anglais par Léonce Rommelaer. 3° éd. Gr. in-8, avec planche photoglyptique; 1877. 5 fr.

Agie. — *Manuel pratique de Photographie instantanée.* 2° tirage. In-18 jésus, avec 20 figures; 1891. 2 fr. 75 c.

Aide-Mémoire de Photographie, publié depuis 1876 sous les auspices de la Société photographique de Toulouse, par C. Fabre. In-18, avec figures et spécimens.
Broché.... 1 fr. 75 c. | Cartonné.. 2 fr. 25 c.

Les volumes des années précédentes, sauf 1877, 1878, 1879, 1880 et 1883, se vendent aux mêmes prix.

Audra. — *Le gélatinobromure d'argent.* Nouveau tirage. In-18 jésus; 1887. 1 fr. 75 c.

Baden-Pritchard (H.). Directeur du *Year-Book of Photography.* — **Les ateliers photographiques de l'Europe** (Descriptions, Particularités anecdotiques, Procédés nouveaux, Secrets d'atelier). Traduit de l'anglais sur la 2° éd. par C. Bave. In-18 jés., av. fig.; 1885. 5 fr.
On vend séparément :
1° Fascicule : *Les ateliers de Londres*..... 2 fr. 50 c.
II° Fascicule : *Les ateliers d'Europe*....... 3 fr. 50 c.

Balaguy (George), Membre de la Société française de Photographie, Docteur en droit. — *Traité de Photographie par les procédés pelliculaires.* Deux volumes grand in-8, avec figures; 1889-1890.
On vend séparément :
Tome I : *Généralités. Plaques souples. Théorie et pratique des trois développements au fer, à l'acide pyrogallique et à l'hydroquinone.* 5 fr.
Tome II : *Papiers pelliculaires. Applications générales des procédés pelliculaires. Phototypie. Contre-Types. Transparents.* 5 fr.
— *Hydroquinone et potasse. Nouvelle méthode de développement à l'hydroquinone pour négatifs sur glace et sur papiers pelliculaires.* 2° édition revue et augmentée. In-18 jésus; 1895. 1 fr.
— *Les Contretypes ou les Copies de clichés.* In-18 jésus; 1893. 1 fr. 25 c.

Berget (Alphonse), Docteur ès Sciences, Attaché au Laboratoire des Recherches de la Sorbonne. — *Photographie des Couleurs, par la méthode interférentielle de M. Lippmann.* In-18 j., avec fig.; 1891. 1 fr. 50 c.

Berthier (A.). — *Manuel de Photochromie interférentielle. Procédés de reproduction directe des couleurs.* In-18 jésus, avec figures: 1895. 2 fr. 50 c.

Boursault (H.), Chimiste à la C° des Chem. de fer du Nord. — *Calcul des temps de pose en Photographie.* Petit in-8; 1896.
Broché.. 2 fr. 50 c. | Cartonné. 3 fr.

Burais (D° A.). — *Applications de la Photographie à la Médecine.* In-4. avec fig. et 6 planches hors texte, dont une en couleurs; 1896. 4 fr.

Burton (W.-K.). — *ABC de la Photographie moderne.* Traduit de l'anglais sur la 6° édition par G. Huberson. 4° édition, revue et augmentée. In-18 jésus, avec fig.; 1892. 3 fr. 25 c.

Cavilly (Georges de). — *Le Curé du Bénizon.* Un vol. in-4. (Nouvelle, avec illustrations photographiques dans le texte et 1 pl. en héliogravure d'après nature), par Magnon; 1895. 5 fr.

Clément (R.). — *Méthode pratique pour déterminer exactement le temps de pose,* applicable à tous les procédés et à tous les objectifs, indispensable pour l'usage des nouveaux procédés rapides. 3° éd. In-18 j.; 1889. 2 fr. 25 c.

Colson (R.). — *La Photographie sans objectif au moyen d'une petite ouverture. Propriétés, usage, applications.* 2° édition, revue et augmentée. In-18 jésus, avec planche spécimen; 1891. 1 fr. 75 c.
— *Procédés de reproduction des dessins par la lumière.* In-18 jésus; 1883. 1 fr.
— *La Perspective en Photographie.* In-18 jésus avec figures; 1894. 1 fr. 50 c.

Courrèges (A.), Praticien. — *Ce qu'il faut savoir pour réussir en Photographie.* 2° édition. Petit in-8, avec une planche photocollographique; 1896. 2 fr. 50 c.

Davanne. — *La Photographie. Traité théorique et pra-

tique. 2 beaux volumes grand in-8, avec 234 figures et 4 planches spécimens. 32 fr.

On vend séparément :

Ire Partie : Notions élémentaires. — Historique. — Épreuves négatives. — Principes communs à tous les procédés négatifs. — Épreuves sur albumine, sur collodion, sur gélatinobromure d'argent, sur pellicules, sur papier. Avec 2 planches et 120 figures; 1886. 16 fr.

IIe Partie : Épreuves positives : aux sels d'argent, de platine, de fer, de chrome. — Épreuves par impressions photomécaniques. — Divers : Les couleurs en Photographie. Épreuves stéréoscopiques. Projections, agrandissements, micrographie. Réductions, épreuves microscopiques. Notions élémentaires de Chimie, vocabulaire. Avec 2 planches et 114 figures; 1888. 16 fr.

Un Supplément, mettant cet important ouvrage au courant des derniers travaux, paraîtra prochainement.

Donnadieu (A.-L.), Docteur ès Sciences, Professeur à la Faculté des Sciences de Lyon. — *Traité de Photographie stéréoscopique*. Gr. in-8, avec 110 fig. et un atlas de 20 pl. stéréoscopiques en photocollographie; 1892. 9 fr.

Ducos du Hauron (Alcide). — *La Triplice photographique des couleurs et l'imprimerie*, système de photochromographie Louis Ducos du Hauron. Nouvelles descriptions théoriques et pratiques mises en rapport avec les progrès généraux de la Photographie, de l'Optique et des diverses sortes de phototirages soit industriels, soit d'amateurs. In-18 jésus; 1897. 6 fr. 50 c.

Dumoulin. — *Les Couleurs reproduites en Photographie*. Procédés Becquerel, Ducos du Hauron, Lippmann, etc. Historique, théorie et pratique. 2e édition. In-18 jésus; 1894. 1 fr. 50 c.

Eder (Dr J.-M.) et Valenta (E.). — *Versuche über Photographie mittelst der Röntgen'schen Strahlen*. Grand in-4 (50 × 35), avec 15 planches; 1896. 25 fr.

Étiquettes établies conformément aux décisions du *Congrès international de Photographie* (1889) et destinées à être collées sur les envois contenant des produits photographiques. (Craint la lumière. N'ouvrir qu'en présence du destinataire.)

Grande étiquette rouge avec étoile conventionnelle et indications en français seulement (16[cm] × 10[cm],5). Prix de l'exemplaire. 0[fr],03

Petite étiquette rouge avec indications en toutes les langues (10[cm] × 4[cm],5). Prix de l'exemplaire. 0[fr],02

Fabre (C.), Docteur ès Sciences. — *Traité encyclopédique de Photographie*. 4 beaux volumes gr. in-8, avec plus de 700 figures et 2 planches; 1889-1891. 48 fr.

Chaque volume se vend séparément 14 fr.

Des suppléments, destinés à exposer les progrès accomplis viendront compléter ce Traité et le maintenir au courant des dernières découvertes.

Premier Supplément (A.). Un beau volume grand in-8 de 400 pages, avec 176 figures; 1892. 14 fr.

Les cinq volumes se vendent ensemble 60 fr.

Deuxième supplément (B.). Un beau volume grand in-8 de 400 pages avec nombreuses figures, paraissant en 5 fascicules de 80 pages chacun, régulièrement le 15 de chaque mois à partir du 1er juillet 1897.

Prix pour les souscripteurs .... 10 fr.
Dès que le volume sera complet le prix sera porté à .. 14 fr.

Féry (Charles), Chef des Travaux pratiques à l'École de Physique et de Chimie industrielles de la Ville de Paris, et **Burais (Dr Auguste)**, Chargé du Service photomicrographique à l'Institut Pasteur. — *Traité de Photographie industrielle. Théorie et pratique*. In-18 jésus, avec 94 figures et 9 planches; 1896. 5 fr.

Fourtier (H.). — *Dictionnaire pratique de Chimie photographique*, contenant une *Étude méthodique des divers corps usités en Photographie*, précédé de *Notions usuelles de Chimie* et suivi d'une Description détaillée des *Manipulations photographiques*. Gr. in-8, avec fig.; 1892. 8 fr.

Fourtier (H.). — *Les Positifs sur verre. Théorie et pratique. Les Positifs pour projections. Stéréoscopes et vitraux. Méthodes opératoires. Coloriage et montage*. Grand in-8, avec figures; 1892. 4 fr. 50 c.

Fourtier (H.). — *La pratique des Projections. Étude méthodique des appareils. Les accessoires. Usages et applications diverses des projections. Conduite des séances*. 2 volumes in-18 jésus, se vendant séparément.

Tome I. *Les appareils*, avec 66 figures; 1892. 2 fr. 75 c.
Tome II. *Les accessoires. La séance de Projections*, avec 67 figures; 1893. 2 fr. 75 c.

Fourtier (H.). — *Les Tableaux de projections mouvementés. Étude des Tableaux mouvementés; leur confection par les méthodes photographiques, montage des mécanismes*. In-18 jésus, avec 42 figures; 1893. 2 fr. 25 c.

Fourtier (H.). — *Les Lumières artificielles en Photographie*. Étude méthodique et pratique de différentes sources artificielles de lumière, suivie de recherches inédites sur la puissance des photopoudres et des lampes au magnésium. Grand in-8, avec figures et 8 planches; 1895. 4 fr. 50 c.

Fourtier (H.), Bourgeois et Bucquet. — *Le Formulaire classeur du Photo-club de Paris*. Collection de formules sur fiches, renfermées dans un élégant cartonnage et classées en trois Parties : *Phototypes, Photocopies et Photocalques, Notes et Renseignements divers*, divisées chacune en plusieurs Sections.

Première Série; 1892. 4 fr.
Deuxième série; 1894. 3 fr. 50 c.

Garin et Aymard, Émailleurs. — *La Photographie vitrifiée*. Opérations pratiques. In-18 jésus; 1890. 1 fr.

Gauthier-Villars (Henry). — *Manuel de Ferrotypie*. In-18 jésus, avec figures; 1891. 1 fr.

Geymet. — *Traité pratique de Photographie*. Éléments complets, méthodes nouvelles. Perfectionnements. 4e édition, revue et augmentée par *Eugène Dumoulin*. In-18 jésus; 1894. 4 fr.

— *Traité pratique de Photolithographie*. 3e édition. In-18 jésus; 1888. 2 fr. 75 c.

— *Traité pratique de Phototypie*. 3e édition. In-18 jésus; 1888. 2 fr. 50 c.

Voir le Catalogue général *pour les autres Ouvrages de* Geymet.

Guerronnan (Anthony). — *Dictionnaire synonymique français, allemand, anglais, italien et latin des mots techniques et scientifiques employés en Photographie*. In-18 jésus; 1895. 5 fr.

Guillaume (Ch.-Ed.), Docteur ès Sciences, Adjoint au Bureau international des Poids et Mesures. — *Les radiations nouvelles. — Les rayons X et la Photographie à travers les corps opaques*. 2e édition. In-8 de VIII-150 pages, avec 22 figures et 8 pl.; 1897. 3 fr.

Horsley-Hinton. — *L'Art photographique dans le paysage. Étude et pratique*. Traduit de l'anglais, par H. Colard. Grand in-8, avec 11 planches; 1894. 3 fr.

Karl (von). — *La Miniature photographique*. Procédé supprimant le ponçage, le collage, le transparent, les verres bombés et tout le matériel ordinaire de la Photominiature, donnant sans aucune connaissance de la peinture les miniatures les plus artistiques. In-18 jésus; 1894. 75 c.

Klary, Artiste photographe. — *Traité pratique d'impression photographique sur papier albuminé*. In-18 jésus, avec figures; 1888. 3 fr. 50 c.

— *L'Art de retoucher en noir les épreuves positives sur papier*. 2e édition. In-18 jésus; 1891. 1 fr.

— *L'Art de retoucher les négatifs photographiques*. 4e tirage. In-18 jésus, avec figures; 1897. 2 fr.

— *Traité pratique de la peinture des épreuves photographiques* avec les couleurs à l'aquarelle et les couleurs à l'huile, suivi de *différents procédés de peinture appliqués aux photographies*. In-18 jésus; 1888. 3 fr. 50 c.

— *L'éclairage des portraits photographiques*. 7e édition, revue et considérablement augmentée par Henry Gauthier-Villars. In-18 jésus, avec fig.; 1893. 1 fr. 75 c.

— *Les Portraits au crayon, au fusain et au pastel obtenus au moyen des agrandissements photographiques*. In-18 jésus; 1889. 2 fr. 50 c.

La Baume Pluvinel (A. de). — *Le développement de l'image latente* (Photographie au gélatinobromure d'argent). In-18 jésus; 1889. 2 fr. 50 c.

— *Le Temps de pose* (Photographie au gélatinobromure d'argent). In-18 jésus, avec figures; 1890. 2 fr. 75 c.

— *La formation des images photographiques*. In-18 jésus, avec figures; 1891. 2 fr. 75 c.

— *La théorie des procédés photographiques*. Petit-in-8; 1895.

Broché 2 fr. 50 | Cartonné 3 fr.

Le Bon (D' Gustave). — *Les Levers photographiques et la Photographie en voyage*. 2 volumes in-18 jésus, avec figures; 1889. 5 fr.

On vend séparément :

I™ PARTIE : Application de la Photographie à l'étude géométrique des monuments et à la topographie. 2 fr. 75 c.
II™ PARTIE : Opérations complémentaires des levers topographiques. 2 fr. 75 c.

Londe (A.), Chef du service photographique à la Salpêtrière. — *La Photographie et de ses applications à l'Industrie et à la Science*. 2™ édition complètement refondue et considérablement augmentée. Grand in-8 avec 346 figures et 5 planches; 1896. Cartonné toile anglaise. 15 fr.

— *La Photographie instantanée théorique et pratique*. 3™ édition entièrement refondue in-18 jésus, avec belles figures; 1897. 2 fr. 75.

— *La Photographie médicale. Application aux sciences médicales et physiologiques*. Grand in-8, avec 80 figures et 19 planches; 1893. 9 fr.

— *La Photographie dans les Arts, les Sciences et l'Industrie*. In-18 j., avec spécimen; 1888. 1 fr. 50

Lumière (Auguste et Louis). — *Les Développateurs organiques en Photographie et le Paramidophénol*. In-18 jésus; 1893. 1 fr. 75

Marco Mendoza. — *La Photographie la nuit*. Traité pratique des opérations photographiques que l'on peut faire à la lumière artificielle. In-18 j., avec fig.; 1893. 1 fr. 25

Mercier (P.), Chimiste, Lauréat de l'École supérieure de Pharmacie de Paris. — *Virages et fixages. Traité historique, théorique et pratique*. 2 vol. in-18 j.; 1891. 5 fr.

On vend séparément :

I™ PARTIE : Notice historique. Virages aux sels d'or. 2 fr. 75 c.
II™ PARTIE : Virages aux divers métaux. Fixages. 2 fr. 75 c.

Miethe (le D' Ad.). Membre d'honneur de la Société photographique de Grande-Bretagne. — *Optique photographique sans développements mathématiques, à l'usage des photographes et des amateurs*. Traduit de l'allemand par A. Noailles et V. Hasluiouin, Membres de l'Association belge de Photographie. Grand in-8, avec 71 figures et 2 tableaux; 1896. 4 fr. 50 c.

Moëssard (le commandant P.). — *Le Cylindrographe, appareil panoramique*. 2 vol. in-18 j., avec fig., contenant chacun une grande pl. phototypique; 1889. 3 fr.

On vend séparément :

I™ PARTIE : Le Cylindrographe photographique. Chambre universelle pour portraits, groupes, paysages et panoramas. 1 fr. 75 c.
II™ PARTIE : Le Cylindrographe topographique. Application nouvelle de la Photographie aux levés topographiques. 1 fr. 75 c.

— *Étude des lentilles et objectifs photographiques. Étude expérimentale complète d'une lentille ou d'un objectif photographique sans développements mathématiques (à l'aide de l'appareil dit « le tourniquet »)*, avec fig. et une grande pl. (feuille analytique). In-18 jésus; 1889. 1 fr. 75 c.

Chaque feuille analytique seule. 0 fr. 15 c.

Monet (A.-L.). — *Procédés de reproductions graphiques appliquées à l'Imprimerie*. Grand in-8, avec 103 fig. et 13 pl. dont 9 en couleurs; 1888. 10 fr.

Mullin (A.), Professeur de Physique au lycée de Grenoble, officier de l'Instruction publique. — *Instructions pratiques pour produire des épreuves irréprochables au point de vue technique et artistique*. In-18 jésus, avec 11 figures; 1895. 2 fr. 75 c.

Pauajou, Chef du Service photographique à la Faculté de Médecine de Bordeaux. — *Manuel du photographe amateur*. 2™ édit., entièrement refondue. Petit in-8, avec fig.; 1893. 2 fr. 50 c.

Peligot (Maurice), Ingénieur Chimiste. — *Traitement des résidus photographiques*. In-18 j., av. fig.; 1891. 1 fr. 25

Perrot de Chaumeux (L.). — *Premières Leçons de Photographie*. 4™ édition, revue et augmentée. In-18 jésus, avec figures; 1882. 1 fr. 50 c.

Piquepé (P.). — *Traité pratique de la Retouche des clichés photographiques*, suivi d'une *Méthode très détaillée d'émaillage et de Formules et Procédés divers*. 3™ tirage. In-18 jésus, avec deux photoglypties; 1890. 4 fr. 50 c.

Pizzighelli et Hübl. — *La Platinotypie. Exposé théorique et pratique d'un procédé photographique aux sels de platine, permettant d'obtenir rapidement des épreuves inaltérables*. Traduit de l'allemand par Henry Gauthier-Villars. 2™ édit., revue et augmentée. In-8, avec figures et platinotypie spécimen; 1887.

Broché.... 3 fr. 50 c. | Cartonné avec luxe. 4 fr. 50 c.

Poitevin (A.). — *Traité des impressions photographiques*; suivi d'Appendices relatifs aux procédés usuels de *Photographie négative et positive sur gélatine, d'héliogravure, d'hélioplastie, de photolithographie, de phototypie, de tirage au charbon, d'impressions aux sels de fer*, etc.; par Léon Vidal. In-18 jésus, avec un portrait phototypique de Poitevin. 2™ édition, entièrement revue et complétée; 1883. 4 fr.

Puyo (C.). — *Notes sur la Photographie artistique*. Texte et illustrations. Plaquette de grand luxe in-4 raisin, contenant 11 héliogravures de Dujardin et 39 phototypogravures dans le texte; 1896. 10 fr.

Il reste quelques exemplaires sur Japon, avec planches également sur Japon. 20 fr.

Robinson (H.-P.). — *La Photographie en plein air. Comment le photographe devient un artiste*. Traduit de l'anglais par Hector Colard. 2™ édit. 2 vol. gr. in-8; 1889. 5 fr.

On vend séparément :

I™ PARTIE : Des plaques à la gélatine. — Nos outils. — De la composition. — De l'ombre et de la lumière. — A la campagne. — Ce qu'il faut photographier. — Des modèles. — De la genèse d'un tableau. — De l'origine des Idées. Avec fig. et 3 pl. phototypiques. 2 fr. 75 c.
II™ PARTIE : Des sujets. — Qu'est-ce qu'un paysage? — Des figures dans le paysage. — Un effet de lumière. — Le Soleil. — Sur terre et sur mer. — Le Ciel. — Les animaux. — Vieux babils? — Du portrait fait en dehors de l'atelier. — Points forts et points faibles d'un tableau. — Conclusion. Avec fig. et 3 pl. phototypiques. 2 fr. 50 c.

Rouillé-Ladevèze, Membre correspondant du Photo-Club de Paris. — *Sépia-Photo et Sanguine-Photo* (procédé à la gomme bichromatée). In-18 jésus; 1894... 75 c.

Roux (V.), Opérateur. — *Traité pratique de Zincographie. Photogravure, Autogravure, Reports*, etc. 2™ édition, entièrement refondue, par l'abbé J. Ferret. In-18 jésus; 1891. 1 fr. 25 c.

— *Traité pratique de gravure héliographique en taille-douce, sur cuivre, bronze, zinc, acier, et de galvanoplastie*. In-18 jésus; 1886. 1 fr. 25 c.

Voir le Catal. général pour les autres ouvrages de Roux.

Sauvel (E.), Avocat au Conseil d'État et à la Cour de Cassation. — *De la propriété artistique en Photographie, spécialement en matière de portraits*. In-18 jésus; 1897. *(Sous presse.)*

Simons (A.). — *Traité pratique de photominiature, photopeinture et photo-aquarelle*. 2™ éd. In-18 j.; 1892. 1 fr. 25

Soret (A.), Professeur de Physique au Lycée du Havre — *Optique photographique. Notions nécessaires aux photographes amateurs. Étude de l'objectif. Applications. In-18 jésus, avec 72 figures; 1891. 3 fr.

Tranchant (L.), rédacteur en chef de la *Photographie.* — *La Linotypie ou l'Art de décorer photographiquement les étoffes, pour faire des écrans, des éventails, des paravents, menus photographiques.* In-18 jésus; 1895. 1 fr. 25 c.

Trutat (E.), Directeur du Musée d'Histoire naturelle de Toulouse, Président de la section des Pyrénées Centrales du Club Alpin français, Président de la Société photographique de Toulouse. — *Les épreuves positives sur papiers émulsionnés.* In-18 jésus; 1895. 2 fr.

— *La Photographie en montagne.* In-18 jésus, avec 2 figures et 1 planche; 1894. 2 fr. 75 c.

— — *Traité pratique des agrandissements photographiques.* 2 vol. in-18 jésus, avec 111 figures. 5 fr.

Ire Partie : Obtention des petits clichés; avec 52 figures; 1891. 2 fr. 75 c.

IIe Partie : Agrandissements; 2e édition entièrement refondue avec 65 figures; 1897. 2 fr. 75 c.

— *Impressions photographiques aux encres grasses. Traité pratique de photocollographie à l'usage des amateurs.* In-18 jésus, avec nombreuses figures et une planche en photocollographie; 1892. 2 fr. 75 c.

Verfasser (Julius). — *La Phototypogravure à demi-teintes. Manuel pratique des procédés de demi-teintes. sur zinc et sur cuivre.* Traduit de l'anglais par M. E. Cousin, Secrétaire-agent de la Société française de Photographie. In-18 jésus, avec 56 fig. et 3 pl.; 1895. 3 fr.

Viallanes (H.), Docteur ès sciences et Docteur en médecine. — *Microphotographie. La Photographie appliquée aux études d'Anatomie microscopique.* In-18 jésus, avec une planche phototypique et figures; 1886. 2 fr.

Vidal (Léon), Officier de l'Instruction publique, Professeur à l'École nationale des Arts décoratifs. — *Traité de Photolithographie.* Photolithographie directe et par voie de transfert. Photozincographie. Photocollographie. Autographie. Photographie sur bois et sur métal à graver. Tours de main et formules diverses. In-18 jésus, avec 25 figures, 2 planches et spécimens de papiers autographiques; 1893. 6 fr. 50 c.

— *Traité pratique de Photogravure en relief et en creux.* In-18 jésus. (*En préparation.*)

— *Photographie des couleurs. Sélection photographique des couleurs primaires. Son application à l'exécution des clichés et des tirages propres à la production d'images polychromes à trois couleurs.* In-18 jésus, avec 10 figures et 5 planches en couleurs; 1896. 2 fr. 75 c.

— *Photomètre négatif,* avec une Instruction. Renfermé dans un étui cartonné. 5 fr.

— *Manuel du touriste photographe.* 2 vol. in-18 jésus, avec fig. Nouvelle édition, revue et augmentée; 1889. 10 fr.

On vend séparément.

Ire Partie : Couches sensibles négatives — Objectifs. — Appareils portatifs. — Obturateurs rapides — Pose et Photométrie. — Développement et fixage. — Renforçateurs et réducteurs. — Vernissage et retouche des négatifs. 6 fr.

IIe Partie : Impressions positives aux sels d'argent et de platine — Retouche et montage des épreuves — Photographie instantanée. — Appendice indiquant les derniers perfectionnements. — Devis de la première dépense à faire pour l'achat d'un matériel photographique de campagne et prix courant des produits. 4 fr.

— *La Photographie des débutants.* Procédé négatif et positif. 2e édit. In-18 j., avec fig.; 1890. 2 fr. 75 c.

— *La Photographie appliquée aux arts industriels de reproduction.* In-18 jésus; 1880. 1 fr. 50 c.

— *Manuel pratique d'orthochromatisme.* In-18 jésus, avec figures et deux planches dont une en photocollographie et un spectre en couleur; 1891. 2 fr. 75.

Vidal (Léon), Rapporteur de la classe XII. — *La Photographie à l'Exposition universelle de 1889.* Procédés négatifs. Procédés positifs. Impressions photochimiques

et photomécaniques. Appareils. Produits. Applications nouvelles. Grand in-8; 1891. 2 fr.

Vieuille (G.). — *Nouveau guide pratique du photographe amateur.* 3e édition, entièrement refondue et beaucoup augmentée. In-18 jésus; 1892. 2 fr. 75 c.

Vogel. — *La Photographie des objets colorés avec leurs valeurs réelles.* Traduit de l'allemand par Henry Gauthier-Villars. Petit in-8, avec fig. et 2 pl.; 1887. Broché 6 fr. | Cartonné avec luxe. 7 fr.

Wallon (E.), Professeur de Physique au Lycée Janson de Sailly. — *Traité élémentaire de l'objectif photographique.* Grand in-8, avec 135 figures; 1891. 7 fr. 50 c.

Wallon (E.). — *Choix et usage des objectifs photographiques.* Petit in-8 avec 25 figures; 1893. Broché 2 fr. 50. | Cartonné toile anglaise. 3 fr.

VI. — JOURNAUX.

(Les abonnements sont annuels et partent de janvier.)

ANNALES DE LA FACULTÉ DES SCIENCES DE TOULOUSE pour les Sciences mathématiques et les Sciences physiques, publiées par un *Comité de rédaction composé des Professeurs de Mathématiques, de Physique et de Chimie de la Faculté,* sous les auspices du Ministère de l'Instruction publique et de la Municipalité de Toulouse, avec le concours du Conseil général de la Haute-Garonne. In-4, trimestriel.

Les dix premiers volumes (1887-1895) se vendent ensemble. 200 fr.

Chacun des Tomes I à X (1887-1896) séparément 20 fr.

Prix pour un an (4 fascicules) :

Paris. 25 fr.
Départements et Union postale. 25 fr.
Chaque année depuis 1897. 25 fr.

ANNALES DE L'ENSEIGNEMENT SUPÉRIEUR DE GRENOBLE, publiées par les *Facultés de Droit, des Sciences et des Lettres,* et par *l'École de Médecine.* Grand in-8.

Ces *Annales,* fondées en 1889, comprennent annuellement 3 numéros de 16 à 18 feuilles chacun, paraissant le 1er mars, le 1er juin, le 1er décembre. Chaque numéro contient une partie réservée au Droit, aux Sciences, aux Lettres, ainsi qu'à la Chimie, aux Sciences naturelles et à la Médecine.

Prix de l'abonnement (3 numéros) :

France. 12 fr. | Étranger. 15 fr.

Par exception, l'année 1889 ne comprend que les numéros du 1er juin et du 1er décembre; le prix de cette année est de 8 fr.

ANNALES DU CONSERVATOIRE NATIONAL DES ARTS ET MÉTIERS, publiées par les *Professeurs.* IIe Série. In-8, trimestriel.

Cette IIe Série, commencée en 1889, paraît chaque trimestre par fascicule de 6 feuilles in-8, avec figures et planches.

Prix pour un an (4 numéros) :

France et Algérie. 12 fr. | Autres pays. 13 fr.

ANNALES SCIENTIFIQUES DE L'ÉCOLE NORMALE SUPÉRIEURE, publiées sous les auspices du Ministre de l'Instruction publique, par un *Comité de Rédaction composé des Maîtres de Conférences.* In-4, mensuel, avec figures et planches sur cuivre.

1re Série, 7 volumes, années 1864 à 1870. 150 fr.

2e Série, 12 volumes, années 1872 à 1883. 150 fr.

Table des matières et noms d'auteurs contenus dans les 2 premières Séries. In-4; 1887. 2 fr.

La 3ᵉ Série, commencée en 1884, paraît, chaque mois, par numéro contenant 4 à 5 feuilles in-4, avec fig. et pl.

On vend séparément.

Chaque année des 2 premières Séries.... 25 fr.
Chaque année suivante................. 30 fr.

Table des matières et noms d'auteurs contenus dans les dix premiers volumes de la troisième Série (1884-1893). In-4; 1894. 1 fr.

Prix pour un an (12 numéros):

Paris............................ 30 fr.
Départements et Union postale......... 35 fr.
Autres pays...................... 40 fr.

BULLETIN ASTRONOMIQUE, publié par l'Observatoire de Paris. Commission de rédaction: *H. Poincaré*, président, *G. Bigourdan, O. Callandreau, R. Radau* et *H. Deslandres.* Grand in-8, mensuel.

Ce Bulletin mensuel, fondé en 1884, forme par an un beau volume grand in-8, avec figures et planches, de 30 à 35 feuilles.

Les dix premiers volumes (1884-1893) se vendent ensemble. 110 fr.
Chacun des Tomes I à X (1884-1893) séparément 14 fr.
Chaque année à partir du Tome XI (1894) se vend séparément. 16 fr.

Prix pour un an (12 numéros):

Paris............................ 16 fr.
Départements et Union postale...... 18 fr.
Autres pays...................... 20 fr.

BULLETIN DE LA SOCIÉTÉ ASTRONOMIQUE DE FRANCE et REVUE MENSUELLE D'ASTRONOMIE, DE MÉTÉOROLOGIE ET DE PHYSIQUE DU GLOBE, publié sous la Direction d'un Comité de Rédaction. (Rédacteur en chef: M. C. Flammarion; Membres: MM. Gerigny, Deslandres, Guillaume et Angelin.) Grand in-8, avec figures.

Ce *Bulletin* paraît chaque année en 12 numéros de 2 feuilles environ.

Prix de l'abonnement annuel pour tous pays. 10 fr.
Chaque numéro se vend séparément........ 1 fr.

BULLETIN DE LA SOCIÉTÉ INTERNATIONALE DES ÉLECTRICIENS.

Ce *Bulletin*, fondé en 1884, paraît chaque année, en dix numéros, formant un beau volume de 30 feuilles environ, grand in-8 jésus.

L'abonnement est annuel et part de janvier.

Prix pour un an:

Paris............................ 25 fr.
Départements et Union postale..... 27 fr.
Autres pays...................... 30 fr.

Prix du numéro: 2 fr. 50 c.

Prix de chaque année depuis 1884.. 25 fr.

BULLETIN DE LA SOCIÉTÉ MATHÉMATIQUE DE FRANCE, publié par les Secrétaires. Grand in-8.

Ce *Bulletin*, qui a été fondé en 1873, comprend chaque année de 8 à 10 numéros.

Prix pour un an:

Paris............................ 15 fr.
Départements et Union postale...... 16 fr.
Autres pays...................... 18 fr.

Chaque année depuis 1873......... 15 fr.

BULLETIN DES SCIENCES MATHÉMATIQUES, rédigé par *Gaston Darboux* et *Jules Tannery*, avec la collaboration de *Ch. André, Beltrami, Bougaieff, Brocard, Brunel, Goursat, Ch. Henry, G. Kœnigs, Laisant, Lampe, Lespiault, S. Lie, Mansion, A. Marre, Molk, Pokrovski, Radau, Royer, Raffy, S. Rindi, Sauvage, Schunte, P.*

Tannery. Ed. Wey, Zeuthen, etc., sous la direction de la Commission des Hautes Études. Grand in-8, mensuel. IIᵉ Série.

Publication fondée en 1870 par G. Darboux et J. Houel et continuée de 1876 à 1896 par G. Darboux, J. Houel et J. Tannery.

Le Bulletin des Sciences mathématiques, fondé en 1870, a formé par an, jusqu'en 1872, un volume grand in-8 (Tomes I, II, III). — A partir de cette époque, jusqu'en décembre 1876, le Journal s'est composé de 2 volumes grand in-8 par an (1 volume par semestre, avec tables).

La 1ʳᵉ Série, Tomes I à XI, 1870 à 1876, suivie de la Table générale des onze années, se vend. 90 fr.
Chaque année de cette 1ʳᵉ Série se vend séparément. 15 fr.

Table générale des matières et noms d'auteurs, contenus dans la 1ʳᵉ Série. Grand in-8; 1877. 1 fr. 50 c.

La 2ᵉ Série, qui a commencé en janvier 1877, continue à paraître par livraisons mensuelles. Les 10 premières années de cette 2ᵉ Série (1877 à 1886) se vendent ensemble. 120 fr.

Les 10 années suivantes (1887-1896) se vendent ensemble. 120 fr.

Chacune des 20 premières années de la 2ᵉ Série (1877 à 1896) se vend séparément. 15 fr.
Chaque année suivante. 18 fr.

Prix pour un an (12 numéros):

Paris............................ 18 fr.
Départements et Union postale..... 20 fr.
Autres pays...................... 24 fr.

La Table d'or des volumes du Bulletin est envoyée franco, comme spécimen, à toute personne qui en fait la demande par lettre affranchie.

BULLETIN MENSUEL DU BUREAU CENTRAL MÉTÉOROLOGIQUE DE FRANCE, publié par E. Mascart, Directeur du Bureau Central Météorologique. In-4, mensuel.

Prix pour un an:

Paris. 5 fr. | Départements et Union postale. 6 fr.

COMPTES RENDUS HEBDOMADAIRES DES SÉANCES DE L'ACADÉMIE DES SCIENCES. In-4, hebdomadaire.

Ces Comptes rendus paraissent régulièrement tous les dimanches, en un cahier de 32 à 40 pages, quelquefois de 40 à 112.

Prix pour un an (52 numéros et 2 Tables).
Paris. 20 fr. | Départements. 30 fr.
Union postale. 34 fr.

La *Collection complète*, de 1835 à 1896, forme 123 volumes in-4. 922 fr. 50 c.
Chaque année, sauf 1844, 1845, 1870, 1871 à 1884, *se vend séparément.* 15 fr.

— **Table générale des Comptes rendus des Séances de l'Académie des Sciences,** par ordre de matières et par ordre alphabétique de noms d'auteurs. 2 vol. in-4, savoir:
Tables des tomes I à XXXI (1835-1850). In-4, 1853. 15 fr.
Tables des tomes XXXII à LVI (1851-1865). In-4, 1870. 15 fr.
Tables des tomes LVII à XCI (1866 à 1880). In-4, 1888. 15 fr.

— **Supplément aux Comptes rendus des Séances de l'Académie des Sciences.**
Tomes I et II, 1856 et 1851, séparément. 15 fr.

JOURNAL DE L'ÉCOLE POLYTECHNIQUE, publié par le Conseil d'instruction de cet établissement.

1ʳᵉ Série, 64 Cahiers in-4, avec figures et pl..... 1000 fr.
Prix d'un des derniers Cahiers jusqu'au LIVᵉ inclus. 12 fr.
Prix de chacun des Cahiers LV à LVII. 14 fr.
Prix du LVIIIᵉ Cahier. 10 fr.

Tables décennales par ordre de matières et par noms d'auteurs.

Tomes I à X (1855 à 1864)............ 1 fr. 50 c.
Tomes XI à XX (1865 à 1874).......... 1 fr. 50 c.
Tomes XXI à XXX (1875 à 1884)....... 1 fr. 50 c.

La 2ᵉ Série, commencée en 1885 a continué de paraître chaque mois par numéro de 2 feuilles jusqu'en 1891 et chacune des années séparées pendant cette période se vend 12 fr. — Depuis 1891, le *Bulletin* paraît deux fois par mois, et forme chaque année un beau volume de 30 feuilles avec planches spécimens et figures.

Prix pour un an depuis de 1892 (24 numéros):
Paris et Départements. 15 fr. | Étranger. 18 fr.

BULLETIN DE L'ASSOCIATION BELGE DE PHOTOGRAPHIE. Grand in-8, mensuel.

1ʳᵉ Série, 10 volumes, années 1874 à 1883. 250 fr.
Les volumes des années précédentes, sauf 1889 et 1890, se vendent séparément. 25 fr.

Prix pour un an (12 numéros) :
France et Union postale.. ... 27 fr.

BULLETIN DU PHOTO-CLUB DE PARIS. Organe officiel de la Société. Grand in-8, mensuel.

Cette Revue, fondée en 1891, est enrichie de nombreux spécimens obtenus à l'aide des procédés les plus nouveaux.

Prix pour un an (12 numéros) :
France et Étranger. 15 fr.
Chaque numéro se vend séparément 1 fr. 50 c.

LE MONITEUR DE LA PHOTOGRAPHIE. Revue internationale et universelle des progrès de la Photographie et des Arts qui s'y rattachent. Organe de la Société d'Études photographiques. (Fondé en 1861 et publié jusqu'en 1879 par *Ernest Lacan*). Directeur : *Léon Vidal*. Gr. in-8 illustré. Bimensuel. 2ᵉ Série. Tome III (tome XXXV de la collection).

La 2ᵉ Série (grand in-8) paraît deux fois par mois, depuis 1894.

Prix de l'abonnement (24 numéros).
Paris : un an 15 fr. | Six mois 8 fr.
Départements : un an 17 fr. | Six mois 9 fr.
Étranger : un an 19 fr. | Six mois 10 fr.

VII. — RECUEILS SCIENTIFIQUES.

ANNALES DE L'OBSERVATOIRE DE PARIS, fondées par *Le Verrier*, publiées de 1877 à 1891 par l'Amiral *Mouchez* et depuis 1892 par M. *F. Tisserand*, Directeur. Mémoires, Tomes I à XXII. In-4, avec planches ; 1855-1897.

Les Tomes I à X, XII, XIII et XV à XXII se vendent séparément. 27 fr.
Le Tome XI (1876) et le Tome XIV (1877) comprennent deux *Parties* qui se vendent séparément. 20 fr.
Le Tome XXIII est *sous presse*.

Voir Catalogue de l'Observatoire de Paris.

ANNALES DU BUREAU CENTRAL MÉTÉOROLOGIQUE DE FRANCE, publiées par E. *Mascart*, Directeur.

Les Annales ont formé, par an, de 1878 à 1885, quatre volumes grand in-4 avec planches (voir pour les détails le Catalogue général) :

I. — Études des orages en France. Mémoires divers.
Chaque volume........... 15 fr.
II. — Bulletin des Observations françaises. Revue climatologique. Chaque volume........... 15 fr.
III. — Pluies en France. Chaque volume..... 15 fr.

IV. — Météorologie générale. Années 1878 et 1879 et années 1882 à 1885. Chaque volume......... 15 fr.
Années 1880 et 1881. Chaque volume......... 25 fr.

Depuis l'année 1886, les Annales du Bureau central forment trois volumes par an :

I. — Mémoires. Grand in-4.
Années : 1886, avec 56 pl.; — 1887, avec 38 pl.; — 1888, avec 69 pl.; — 1889, avec 25 pl. — 1890, avec 28 pl. 1891, avec 40 pl.; 1892, avec 27 pl., 1893, avec 31 pl.; 1894, avec 28 pl.; 1895, avec 29 pl. Chaque volume. 15 fr.

II. — Observations. Grand in-4.
Années : 1886, 1887, 1888, 1889, 1890, 1891, 1893, 1894, 1895. Chaque volume. 15 fr.

III. — Pluies en France. Grand in-4. Années : 1886, 1887, 1888, 1889, 1891, 1892, avec 5 pl. chacune ; 1893, avec 13 pl.; 1894, avec 13 pl.; 1895, avec 13 pl. Chaque volume. 15 fr.

ANNALES DU BUREAU DES LONGITUDES. Travaux faits à l'observatoire astronomique de Montsouris, et Mémoires divers.

Tome I. In-4, avec une planche sur acier donnant la vue de l'Observatoire ; 1877. 25 fr.
Tome II. In-4; 1881. 25 fr.
Tome III. In-4; 1883. 25 fr.
Tome IV. In-4; avec 2 pl.; 1890. 25 fr.
Tome V. In-4; avec 4 pl.; 1897. 25 fr.

ANNALES DE L'OBSERVATOIRE DE BORDEAUX, publiées par *Rayet*, Directeur de l'Observatoire.

Tome I. In-4, avec figures et un plan de l'Observatoire ; 1885. 30 fr.
Tome II, avec figures ; 1887. 30 fr.
Tome III, avec 3 planches ; 1889. 30 fr.
Tome IV, V, VI et VII; 1892-1894-1896-1897. Chaque volume. 30 fr.

ANNALES DE L'OBSERVATOIRE ASTRONOMIQUE, MAGNÉTIQUE ET MÉTÉOROLOGIQUE DE TOULOUSE. Tome I, renfermant les travaux exécutés de 1873 à la fin de 1878, sous la direction de *F. Tisserand*, ancien Directeur de l'Observatoire de Toulouse, Membre de l'Institut, etc.; publié par *Baillaud*, Directeur de l'observatoire, Doyen de la Faculté des Sciences de Toulouse. In-4, avec planche ; 1880. 30 fr.

Tome II, renfermant les travaux exécutés de 1879 à 1884, sous la direction de *B. Baillaud*. In-4; 1886. 30 fr.
Tome III; in-4. (*Sous presse.*)

ANNALES DE L'OBSERVATOIRE DE NICE, publiées sous les auspices du *Bureau des Longitudes*, par M. *Perrotin*, Directeur (Fondation R. Bischoffsheim).

Tome I. Grand in-4 avec pl. sur cuivre. (*Sous presse.*)
Tome II. Grand in-4, avec 7 belles planches, dont 3 en couleur ; 1887.............................. 30 fr.
Tome III. Gr. in-4, avec 1 pl. et atlas contenant 17 belles pl. (spectre solaire de M. Thollon); 1890. 40 fr.
Tome IV. Gr. in-4; 1895. 30 fr.
Tome V. Gr. in-4, avec 41 planches ; 1895. 30 fr.
Tome VI. Gr. in-4; 1897. 30 fr.

ANNUAIRE DE L'OBSERVATOIRE MUNICIPAL DE MONTSOURIS pour 1897; Météorologie, Chimie, Micrographie, Application à l'hygiène (contenant le résumé des travaux de l'Observatoire durant l'année 1895). 25ᵉ année. In-18 avec diagrammes, figures et 1 planche.

Broché...... 2 fr. » | Cartonné.. 2 fr. 50 c.

Les années 1873, 1876, 1879, 1881, 1883 ne se vendent plus séparément.

ANNUAIRE pour l'an 1897, publié par le Bureau des Longitudes, contenant les Notices suivantes :

Notice sur le mouvement propre du système solaire; par M. F. Tisserand. — Les rayons cathodiques et les rayons Röntgen; par M. H. Poincaré. — Notice sur la quatrième Réunion du Comité international pour l'exécution de la Carte photographique du Ciel; par M. F. Tisserand. — *Notice sur les travaux de la Commission internationale des étoiles fondamentales*; par M. F. Tisserand. — *Les époques dans l'histoire astronomique des planètes*; par M. J. Janssen. — *Discours prononcé aux funérailles de M. Hippolyte Fizeau*; par M. A. Cornu. — *Discours prononcés aux funérailles de M. Tisserand*; par MM. H. Poincaré, J. Janssen et M. Loewy. — *Travaux au mont Blanc en 1896*; par M. J. Janssen.

Broché.. 1 fr. 50 c. | Cartonné...... 2 fr.

Pour recevoir l'Annuaire franco par la poste, dans tous les pays faisant partie de l'Union postale, ajouter 35 c.

CONNAISSANCE DES TEMPS ou des mouvements célestes, à l'usage des Astronomes et des Navigateurs, pour l'an 1899, publiée par le *Bureau des Longitudes*. Gr. in-8 de x-898 pages, avec 2 cartes en couleur; 1896.

Broché... 4 fr. | Cartonné... 4 fr. 75 c.

Pour recevoir l'Ouvrage franco dans les pays de l'Union postale, ajouter 1 fr.

Le volume pour l'année 1900 paraîtra dans le cours de 1897.

EXTRAIT DE LA CONNAISSANCE DES TEMPS, à l'usage des Écoles d'Hydrographie et des marins du Commerce, pour l'an 1898, publié depuis l'an 1889 par le *Bureau des Longitudes*. Grand in-8; 1896. 1 fr. 50 c.

L'Extrait *pour 1897 est également en vente*. 1 fr. 50 c.

Par arrêté ministériel en date du 11 juillet 1857, l'emploi de cet Extrait ou de la Connaissance des Temps est prescrit comme base des calculs effectués par les aspirants aux grades de Capitaine au long cours et de Capitaine au cabotage. — Les circulaires du Ministre de la Marine, en date des 1er et 22 décembre 1884, recommandent expressément et exclusivement ces deux ouvrages aux Capitaines du Commerce.

MÉMORIAL DE L'OFFICIER DU GÉNIE, ou Recueil de Mémoires, expériences, observations et Procédés généraux propres à perfectionner la fortification et les constructions militaires, rédigé par les soins du Comité des Fortifications avec l'approbation du Ministre de la Guerre. In-8, avec planches et nombreuses fig. Chaque volume, à partir du n° 21, se vend 7 fr. 50 c.

Une collection complète (n°s 1 à 28) est à vendre.

OBSERVATOIRE DE LYON. — Travaux de l'Observatoire de Lyon, publiés sous les auspices du Conseil général du Rhône, par Ch. André, Directeur. Grand in-4; Tome I; 1888. 15 fr.

TRAVAUX ET MÉMOIRES DES FACULTÉS DE LILLE. — Fascicules grand in-8, paraissant à époques irrégulières.

Ce Recueil, fondé en 1889, est publié par fascicules grand in-8 (avec n°s d'ordre), qui paraissent à des époques irrégulières. Chaque fascicule ne comprend qu'un seul travail et se vend séparément (Le détail des fascicules parus est donné dans le Catalogue général).

VIII. — ENCYCLOPÉDIE

DES

TRAVAUX PUBLICS,

ET ENCYCLOPÉDIE INDUSTRIELLE,

FONDÉES PAR M.-C. LECHALAS,
Inspecteur général
des Ponts et Chaussées en retraite.

ALHEILIG, Ingénieur de la Marine, Ex-Professeur à l'École d'application du Génie maritime, et **ROCHE (Camille)**, Industriel, ancien Ingénieur de la Marine. — **Traité des machines à vapeur**, rédigé conformément au programme du *Cours de machines à vapeur de l'École Centrale*. Deux volumes grand in-8, se vendant séparément. (E. I.)

TOME I : *Thermodynamique théorique et applications. La machine à vapeur et les métaux qui y sont*

emploYés. Puissance des machines, diagrammes indicateurs. Freins. Dynamomètres. Calcul et dispositions des organes d'une machine à vapeur. Régulation, épures de détente et de régulation. Théorie des mécanismes de distribution, détente et changement de marche. Condensation, alimentation. Pompes de service. Vol. de XI-604 p., avec 411 fig.; 1895. 20 fr.

TOME II : *Forces d'inertie. Moments moteurs. Volants. Régulateurs. Description et classification des machines à vapeur. Machines marines. Moteurs à gaz, à pétrole et à air chaud. Graissage, joints et presse-étoupes. Montage des machines. Essais des moteurs. Passation des marchés. Prix de revient d'exploitation et de construction. Annexe : Note sur les servo-moteurs. Tables numériques.* Volume de IV-560 pages, avec 281 figures; 1895. 18 fr.

APPERT (Léon) et HENRIVAUX (Jules), Ingénieurs. — **Verre et verrerie**. Grand in-8, de 500 pages avec 130 fig. et un atlas de 14 planches in-4; 1894 (E. I.). 20 fr.

Historique. Classification. Composition. Action des agents physiques et chimiques. Produits réfractaires. Fours de verrerie. Combustibles. Verres ordinaires. Glaces et produits spéciaux. Verres de Bohême. Cristal. Verres d'optique. Phares. Strass. Émail. Verres colorés. Mosaïque. Vitraux. Verres durs. Verres malléables. Verres durcis par la trempe. Étude théorique et pratique des défauts du verre.

BOURRY, Ingénieur des Arts et Manufactures. — **Traité des industries céramiques**. *Terres cuites. Produits réfractaires. Faïences. Grès. Porcelaines.* Gr. in-8 de 755 pages avec 349 figures; 1897. (E. I.) 20 fr.

BRICKA (C.), Ingénieur en Chef des Ponts et Chaussées, Ingénieur en Chef de la voie et des bâtiments aux Chemins de fer de l'État. — **Cours de chemins de fer** professé à l'École nationale des Ponts et Chaussées. 2 beaux volumes grand in-8 se vendant séparément (E. T. P.).

TOME I : *Études. — Construction. — Voie et appareils de voie.* Volume de VIII-634 pages. Avec 346 figures; 1894. 20 fr.

TOME II : *Matériel roulant et Traction. — Exploitation technique, Tarifs. — Dépenses de construction et d'exploitation. — Régime des concessions. Chemins de fer de systèmes divers.* Volume de 709 p. Avec 177 figures; 1894. 20 fr.

CRONEAU (A.), Ingénieur de la Marine, Professeur à l'École d'application du Génie maritime. — **Architecture navale. — Construction pratique des navires de guerre.** 2 volumes grand in-8 et un Atlas de 11 planches (E. I.)

TOME I : *Plans et devis. — Matériaux. — Assemblages. Différents types de navires. — Charpente. — Revêtement de la coque et des ponts.* Grand in-8, de 339 pages avec 305 figures et un Atlas de 11 planches in-4 doubles dont 2 en trois couleurs; 1894. 18 fr.

TOME II : *Compartimentage. — Cuirassement. — Pavois et garde-corps. — Ouvertures pratiquées dans la coque, les ponts et les cloisons. — Pièces rapportées sur la coque. — Ventilation. — Service d'eau. — Gouvernails. — Corrosion et salissure. — Poids et résistance des coques.* Grand in-8, de 616 pages avec 359 figures; 1894. 15 fr.

DEHARME (E.), Ingénieur principal du Service central de la Compagnie du Midi, Professeur du Cours de Chemins de fer à l'École Centrale des Arts et Manufactures, et **PULIN (A.)**, Ingénieur des Arts et Manufactures, Ingénieur-Inspecteur principal de l'atelier central du Chemin de fer du Nord. — **Chemins de fer. Matériel roulant. Résistance des trains. Traction.** Un volume grand in-8 de XXII-441 pages, avec 95 figures et 1 planche; 1895 (E. I.). 15 fr.

Ce livre est une première suite à l'Ouvrage, *Superstructure*, publié par l'un des auteurs dans l'Encyclopédie des Travaux publics. M. Deharme était alors sur le terrain des Ingénieurs de l'État et des Ingénieurs des Compagnies chargés de la construction et de l'entretien. Aujourd'hui, il pénètre avec M. Pulin dans le domaine de l'Ingénieur de l'exploitation technique et de celui de la construction des machines. Est-il nécessaire d'ajouter que les types les plus récents sont discutés dans le plus grand détail, et qu'on n'a rien négligé pour se mettre au niveau de tout ce qui a été réalisé depuis quelques années, en s'efforçant même de guider les inventeurs qui chercheraient à l'avenir à réaliser des progrès nouveaux ? Le lecteur jugera bien vite de l'utilité actuelle et des promesses d'une œuvre ainsi comprise.

DENFER (J.). Architecte, Professeur à l'Ecole Centrale. — **Architecture et constructions civiles.** — Couverture des édifices. *Ardoises, tuiles, métaux, matières diverses, chéneaux et descentes.* Grand in-8 de 469 pages, avec 423 figures ; 1893. (E. T. P.) 20 fr.

M. Denfer, qui a déjà donné dans l'Encyclopédie des Travaux publics deux Ouvrages importants : *Maçonnerie et Charpentes en bois et menuiserie*, publie dans la même collection, sous le titre de *Couverture des édifices*, l'Ouvrage que nous annonçons et qui est digne de ses devanciers. Il n'est pas d'être pris de sujet, en ce qui concerne les travaux du bâtiment, qu'il importe davantage de mettre en pleine lumière ; d'abord parce qu'il est souvent négligé par les personnes qui sont censées le bien connaître, ensuite parce qu'il concerne les travaux les plus importants pour l'entretien des maisons et des édifices publics.
Chaque division de cet Ouvrage essentiellement pratique est complétée par les bases de la détermination des prix, puis par les sous-détails des prix de règlement, par les prix moyens des matériaux, etc. En un mot, il s'adresse aux architectes, entrepreneurs et propriétaires.

DENFER (J.). Architecte, Professeur à l'Ecole Centrale. — **Charpenterie métallique.** *Menuiserie en fer et serrurerie.* 2 volumes grand in-8. (E. T. P.)

Tome I : *Généralités sur la fonte, le fer et l'acier. — Résistance de ces matériaux. — Assemblage des éléments métalliques. — Chaînages, linteaux et poitrails. — Planchers en fer. — Supports verticaux. — Colonnes en fonte. Poteaux et piliers en fer.* Gr. in-8, de 584 pages et 479 fig. ; 1891. 20 fr.

Tome II : *Pans métalliques. — Combles. — Passerelles et petits ponts. — Escaliers en fer. — Serrurerie : Ferrements des charpentes et menuiseries. — Paratonnerres. — Clôtures métalliques. — Menuiserie en fer. — Serres et vérandas.* Grand in-8 de 696 pages avec 571 figures ; 1894. 20 fr.

GOUILLY (Alexandre), Ingénieur des Arts et Manufactures, Répétiteur de Mécanique appliquée à l'Ecole Centrale. — **Eléments et organes des machines.** Un vol. grand in-8, de 396 pages avec 710 fig. ; 1894. (E. L.) 14 fr.

Généralités. La fonte et les principes du moulage. L'acier et le fer fondu. Le fer, cuivre, zinc, étain, nickel, plomb. Bronzes, laitons. Le bois, cuirs, caoutchouc, lubrifiants, etc. Rivure, boulons, écrous et clés. Vis à bois et à métaux, tirefonds, clavettes. Assemblages des bois et ferrures, assemblages des tuyaux. Robinets. Valves, clapets, soupapes, ventouses. Appareils de graissage. Généralités sur les machines à vapeur. Cylindres et presse-étoupe. Pistons et tiges de piston, boîtes à balancier et parallélogramme de Watt. Manivelles, excentriques, arbres, excentrique, poulies, volants. Mécanismes de modifications de mouvement, paliers, coussinets. Travail des forces, rendement des machines, formulaire pour le calcul des organes de machines.

GUIGNET (Ch.-Er.), Ingénieur (Ecole Polytechnique). Directeur des teintures aux Manufactures nationales des Gobelins et de Beauvais; **DOMMER (F.),** Ingénieur des Arts et Manufactures, Professeur à l'Ecole de Physique et de Chimie industrielles de la ville de Paris, et **GRANDMOUGIN (E.),** Chimiste, Ancien préparateur à l'Ecole de Chimie de Mulhouse. — **Industries textiles.** Blanchiment et apprêts. Teinture et impression. Matières colorantes. Un volume grand in-8 de 674 pages, avec 345 figures et échantillons de tissus imprimés ; 1895. (E. I.) 30 fr.

Cet important Ouvrage, avec les figures dans le texte, et un choix d'échantillons de tissus, s'adresse surtout aux industriels ; mais il sera aussi très apprécié par ceux qui désirent connaître l'état actuel des grandes industries textiles. Rien n'a été négligé par les auteurs pour donner une idée aussi exacte que possible des merveilleuses machines récemment mises pour le traitement des fibres textiles à l'état brut ou sous la forme de fils et de tissus. L'emploi des matières colorantes nouvelles est décrit avec tous les détails nécessaires pour guider les praticiens.

HENRY (Ernest), Inspecteur général des Ponts et Chaussées, Directeur du personnel au Ministère des Travaux publics. — **Ponts sous-rails et Ponts-routes à travées métalliques indépendantes.** Formules, Barèmes et Tableaux. Un volume grand in-8 de VIII-632 pages, avec 267 figures ; 1894. (E. T. P.) 20 fr.

Cet Ouvrage a pour but de supprimer les recherches, les calculs ou les épures que comporte actuellement la détermination des moments fléchissants et des efforts tranchants.
Les charges roulantes prévues, tant pour les ponts sous-rails que pour les ponts-routes, sont celles qui ont été prescrites par le règlement ministériel du 29 août 1891.
Les moments fléchissants et les efforts tranchants sont fournis, suivant les cas, soit par des formules simples, ou des constructions faciles, soit par des tableaux qui les donnent tout calculés, à des intervalles égaux au dixième de la longueur de la poutre, pour des portées variant de mètre en mètre jusqu'à 100m, en ce qui concerne les chemins de fer à voie large, et jusqu'à 75m en ce qui concerne les chemins de fer à voie de 1m ainsi que les voies de tramway.

JOANNIS (A.), Professeur à la Faculté des Sciences de Bordeaux, Chargé de Cours à la Faculté des Sciences de Paris. — **Traité de Chimie organique appliquée.** (E. I.) 2 volumes grand in-8 se vendant séparément.

Tome I : *Généralités. Carbures. Alcools. Phénols. Ethers. Aldéhydes. Cétones. Quinones. Sucres.* Volume de 688 pages, avec figures ; 1896. 20 fr.

Tome II : *Hydrates de carbone. Acides monobasiques à fonction simple. Acides polybasiques à fonction simple. Acides à fonctions mixtes. Alcalis organiques. Amides. Nitriles. Carbylamines. Composés azotiques et diazoïques. Composés organo-métalliques. Matières albuminoïdes. Fermentations. Conservation des matières alimentaires.* Volume de 718 pages, avec figures ; 1896. 15 fr.

LAPPARENT (Henri de), Inspecteur général de l'Agriculture. — **Le vin et l'eau-de-vie de vin.** *Introduction. Influence des cépages, des climats, des sols, etc., sur la qualité du vin. Le raisin, les vendanges, vinification, cuveries et chais. Le vin après le décuvage. Eau-de-vie. Économie et législation.* Gr. in-8 de 574 p. avec 111 fig. et 28 cartes dans le texte ; 1895. (E. I.) 12 fr.

Dans cet excellent Ouvrage, qui sera là pour tous les viticulteurs soucieux de leurs intérêts, l'Auteur a retracé les progrès les plus récents dans l'art de fabriquer le vin et l'eau-de-vie. Après une impartiale appréciation des territoires vinicoles, question délicate, que sa position et la fréquentation du monde agricole lui permettaient de faire, l'Auteur passe en revue les diverses opérations qui constituent l'art de fabriquer le vin; le raisin, les vendanges, la vinification, les cuveries et chais, le vin après le décuvage, le vin en bouteilles font l'objet d'autant de chapitres où les propriétaires trouveront le moyen de réaliser de grandes améliorations et de réelles économies.
Viennent ensuite la fabrication de l'eau-de-vie, la statistique de la production et de la consommation (vins et eaux-de-vie), les prix de revient, l'étude détaillée du commerce et du transport des vins, la législation fiscale, le régime douanier, les tarifs des chemins de fer, etc. Vingt-huit cartes détaillées et minutieusement exactes des régions vinicoles accompagnent et complètent cette œuvre magistrale.

LECHALAS (Georges), Ingénieur en Chef des Ponts et Chaussées. — **Manuel de droit administratif.** *Service des Ponts et Chaussées et des Chemins vicinaux.* 2 volumes grand in-8, se vendant séparément. (E. T. P.)

Tome I : *Notions sur les trois pouvoirs. Personnel des Ponts et Chaussées. Principes d'ordre financier. Travaux intéressant plusieurs services. Expropriations. Dommages et occupations temporaires.* Grand in-8 de CXXVII-416 pages ; 1889. 20 fr.

Tome II (1re Partie) : *Participation des tiers aux dépenses des travaux publics. Adjudications. Fournitures. Régie. Entreprises. Concessions.* Gr. in-8 de 397 p. ; 1893. 10 fr.

Le Tome II, 1re Partie comprend les matières suivantes :
1° Participation des tiers aux dépenses des travaux publics ; 2° adjudication ; 3° fournitures ; 4° régie ; 5° entreprises ; 6° concessions.
C'est un volume de 400 pages, grand in-8, dans lequel toutes les questions comprises dans ce vaste programme ont été traitées au point de vue pratique ; les questions d'équité s'appariaient avec le temps, en temps, lorsqu'il s'agit d'apprécier une jurisprudence contestable ou non encore bien fixée. À signaler particulièrement le chapitre des *Entreprises* qui comporte d'amples développements sur la jurisprudence concernant le Cahier des clauses et conditions générales, imposées aux entrepreneurs, avec les détails sur les changements qui résultent du Cahier des charges modifié, récemment mis en vigueur.

OCAGNE (Maurice d'). Ingénieur des Ponts et Chaussées, Professeur à l'Ecole des Ponts et Chaussées, Répétiteur à l'Ecole Polytechnique. — **Cours de Géométrie descriptive et de Géométrie infinitésimale.** Gr. in-8 de XI-428 pages, avec 360 fig. ; 1896. (E. T. P.) 14 fr.

Cet Ouvrage, développement du Cours que l'Auteur professe aux élèves de l'Ecole préparatoire de l'Ecole des Ponts et Chaussées, comprend tous les compléments de Géométrie descriptive et toutes les notions de Géométrie infinitésimale qui peuvent être utiles à des ingénieurs.

Ces deux branches de connaissances donnent lieu, dans l'Ouvrage, à deux Parties tout à fait distinctes.

La première comprend les *Projections cotées*, la *Perspective axonométrique*, les *Ombres usuelles* et la *Perspective*.

La seconde Partie présente un exposé à la fois élémentaire et méthodique de la Géométrie infinitésimale des *Courbes planes*, des *Courbes gauches* et des *Surfaces*, dans lequel, outre une coordination rationnelle des matières, l'Auteur a apporté une large part de contribution personnelle.

A ce point de vue, l'Ouvrage n'est pas susceptible d'intéresser les seuls élèves ingénieurs, mais tous les étudiants en Mathématiques, curieux des choses de la Géométrie.

IX. — ENCYCLOPÉDIE SCIENTIFIQUE

DES

AIDE-MÉMOIRE.

PUBLIÉE SOUS LA DIRECTION DE M. LÉAUTÉ,
Membre de l'Institut.

250 VOLUMES ENVIRON, PETIT IN-8, PARAISSANT DE MOIS EN MOIS.

Chaque volume est vendu séparément :

Broché........ 2 fr. 50 c. | Cartonné, toile anglaise, 3 fr.

Le prospectus détaillé de l'ENCYCLOPÉDIE est envoyé franco sur demande.

Cette publication, qui se distingue par son caractère pratique, reste cependant une œuvre hautement scientifique.

Embrassant le domaine entier des Sciences appliquées depuis la Mécanique, l'Électricité, l'Art de l'Ingénieur, la physique et la Chimie industrielles, etc., jusqu'à l'Agronomie, la Biologie, la Médecine, la Chirurgie et l'Hygiène, elle se compose d'environ 300 volumes petit in-8.

Chacun d'eux, signé d'un nom autorisé, donne, *sous une forme condensée*, l'état précis de la Science sur la question traitée et toutes les indications pratiques qui s'y rapportent.

La publication est divisée en deux Sections : **Section de l'Ingénieur, Section du Biologiste**, qui paraissent simultanément depuis février 1892 et se continuent avec régularité de mois en mois.

Les Ouvrages qui constitueront ces deux Séries permettront à l'Ingénieur, au Constructeur, à l'Industriel, d'établir un projet sans reprendre la théorie; au Chimiste, au Médecin, à l'Hygiéniste, d'appliquer la technique d'une préparation, d'un mode d'examen ou d'un procédé sans avoir à lire tout ce qui a été écrit sur le sujet. Chaque Volume se termine par une Bibliographie méthodique permettant au lecteur de pousser plus loin et d'aller aux sources.

DERNIERS VOLUMES PARUS DANS LA SECTION DE L'INGÉNIEUR.
(Demander le prospectus détaillé.)

Jacquet (Louis), Ingénieur des Arts et Manufactures. — *La fabrication des eaux-de-vie.*

Bourlet (C.), Ancien Élève de l'École Normale supérieure, Docteur ès Sciences mathématiques, Professeur au Lycée Henri IV. — *Traité des Bicycles et des Bicyclettes*, suivi d'une *application à la construction des Vélodromes.*

Dudebout (A.), et Croneau, Ingénieurs de la Marine. — *Appareils accessoires des chaudières à vapeur.*

Vallier, Chef d'escadron d'Artillerie, Correspondant de l'Institut. — *La Balistique des nouvelles poudres.*
— *La Balistique extérieure.*

La Baume Pluvinel (de), de l'Observatoire d'Astronomie physique de Meudon. — *La Théorie des procédés photographiques.*

Hatt (Ph.), Ingénieur hydrographe de la Marine. — *Des marées.*

Leloutre (G.), Ingénieur civil. — *Le fonctionnement des machines à vapeur.*

Léauté (H.), Membre de l'Institut, et Bérard (A.), Ingénieur en chef des Poudres et Salpêtres. — *Transmissions par câbles métalliques.*

Laurent (H.), Examinateur d'admission à l'École Polytechnique, Membre de l'Institut des Actuaires. — *Théorie et pratique des Assurances sur la vie.*

Dariès (G.), Conducteur des Ponts et Chaussées, attaché à la Direction des Eaux de Paris. — *Cubature des terrasses et mouvement des terres.* Avec une Préface de M. Maurice d'Ocagne.

Sidersky (D.), Ingénieur-Chimiste. — *Polarisation et saccharimétrie.*

Niewenglowski (G.-H.). — *Applications scientifiques de la Photographie.*

Rocques (X.), Expert-Chimiste, ancien Chimiste principal au Laboratoire municipal de Paris. — *Analyse des alcools et des eaux-de-vie.*

Moëssard (P.), Lieutenant-Colonel du Génie, en retraite. — *La Topographie.*

Gouilly (A.), Répétiteur à l'École Centrale. — *Géométrie descriptive (3 vol.).*

Boursault (H.). — *Calcul du temps de pose en Photographie.*

Sequela (R.), ancien Élève de l'École Polytechnique. — *Les Tramways : voie et matériel.*

Lelièvre (Julien), Professeur à l'École des Sciences et à l'École de Médecine de Nantes. — *Spectroscopie.*
— *La Spectrométrie. Appareils et Mesures.*
— *Éclairage électrique.*
— *Éclairage aux gaz, aux huiles, aux acides gras.*

Moissan (H.) et Ouvrard (L.). — *Le Nickel.*

Barillot (Ernest), Directeur technique d'usines de distillation de bois, Membre de la Société chimique de Paris, Expert-Chimiste près les Tribunaux. — *La Distillation des bois.*

Ariès (E.), Chef de bataillon du Génie. — *Chaleur et Énergie.*

Loppé (F.), Ingénieur des Arts et Manufactures. — *Les accumulateurs électriques.*

Urbain (V.), Ingénieur des Arts et Manufactures, Répétiteur à l'École Centrale. — *Les succédanés du chiffon en papeterie.*

Vallier (E.), Chef d'escadron d'Artillerie, Correspondant de l'Institut. — *Projectiles de campagne, de siège et de place. Fusées.*

Fabry (Ch.), Ancien Élève de l'École Polytechnique, Maître de Conférences à la Faculté des Sciences de Marseille. — *Les piles électriques.*

Henriet, Chimiste à l'Observatoire de Montsouris. — *Les gaz de l'atmosphère.*

Loppé (F.), Ingénieur des Arts et Manufactures. — *Les courants électriques à haute tension.*

Dumont (G.), Ingénieur des Arts et Manufactures, vice-président de la Société des ingénieurs civils. — *Électromoteurs et leurs applications.*

Picou (R.-V.), Ingénieur des Arts et Manufactures. — *La distribution de l'électricité. Installations isolées.*

24621 Paris. — Imp. GAUTHIER-VILLARS ET FILS, Quai des Grands-Augustins, 55.

www.ingramcontent.com/pod-product-compliance
Ingram Content Group UK Ltd.
Pitfield, Milton Keynes, MK11 3LW, UK
UKHW020114130726
13696UKWH00001B/33